COURS

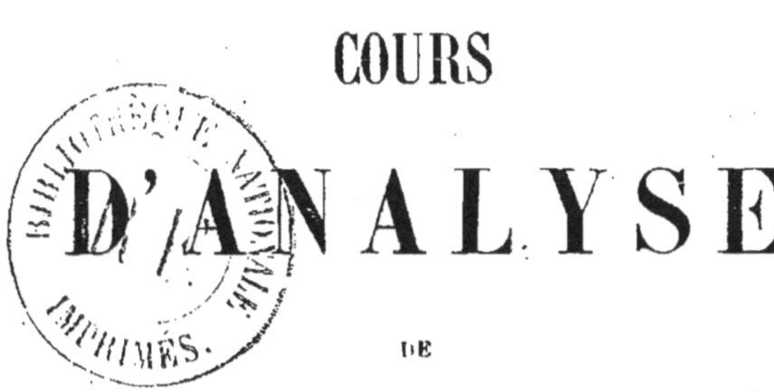

D'ANALYSE

DE

L'ÉCOLE POLYTECHNIQUE.

PARIS. — IMPRIMERIE GAUTHIER-VILLARS,
29912 Quai des Grands-Augustins, 55.

COURS
D'ANALYSE
DE
L'ÉCOLE POLYTECHNIQUE,

PAR CH. STURM,
Membre de l'Institut;

REVU ET CORRIGÉ
PAR E. PROUHET,
Répétiteur d'Analyse à l'École Polytechnique,

ET AUGMENTÉ DE LA
THÉORIE ÉLÉMENTAIRE DES FONCTIONS ELLIPTIQUES,
PAR H. LAURENT.

DOUZIÈME ÉDITION,
REVUE ET MISE AU COURANT DU NOUVEAU PROGRAMME DE LA LICENCE,
PAR A. DE SAINT-GERMAIN,
Professeur à la Faculté des Sciences de Caen.

TOME SECOND.

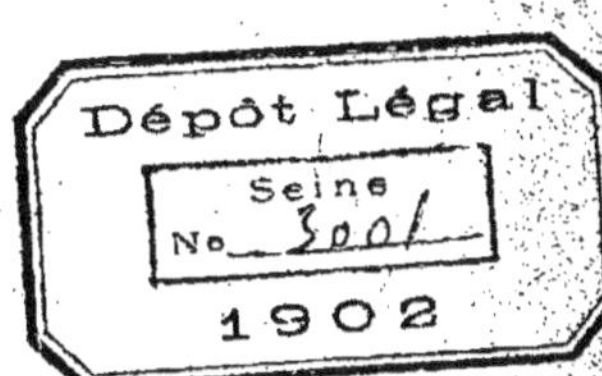

PARIS,
GAUTHIER-VILLARS, IMPRIMEUR-LIBRAIRE
DE L'ÉCOLE POLYTECHNIQUE, DU BUREAU DES LONGITUDES
Quai des Grands-Augustins, 55

1901

TABLE DES MATIÈRES.

SUITE DU CALCUL INTÉGRAL.

TRENTE-SEPTIÈME LEÇON.

Pages.

Différentiation et intégration sous le signe. — Détermination des intégrales définies. — Différentiation d'une intégrale définie par rapport à ses limites ; interprétation géométrique. — Différentiation d'une intégrale définie par rapport à un paramètre variable ; interprétation géométrique. — Différentiation d'une intégrale indéfinie. — Intégration sous le signe. — Détermination de l'intégrale $\int_0^{\frac{\pi}{2}} \sin^n x\,dx$. — Formule de Wallis 1

TRENTE-HUITIÈME LEÇON.

Suite de la détermination des intégrales définies. — Intégrales eulériennes de seconde espèce. — Intégrales obtenues par la différentiation ou l'intégration sous le signe, — par des considérations géométriques, — par la séparation des quantités réelles et des imaginaires, — par une équation différentielle 12

TRENTE-NEUVIÈME LEÇON.

Suite des intégrales définies. — Intégrales eulériennes. — Formule fondamentale ; applications. — Développements en séries. — Des intégrales eulériennes. — Définition. — Propriété des intégrales de première espèce. — Relations entre les intégrales eulériennes. — Intégrales multiples qui s'expriment à l'aide des fonctions Γ. — Applications aux volumes et aux centres de gravité 24

QUARANTIÈME LEÇON.

Intégration des différentielles totales et des équations différentielles. — Condition d'intégrabilité et intégration dans le cas de deux variables. — Extension au cas d'un nombre quelconque de variables. — Équations différentielles. — Définitions. — Équations du premier ordre. — Séparation des variables. — Équations homogènes. — Équations rendues homogènes 38

QUARANTE ET UNIÈME LEÇON.

Pages.

Suite de l'intégration des équations du premier ordre. — Équations linéaires. — Équations qui se ramènent aux équations linéaires. — Problème de de Beaune. — Problème des trajectoires. — Équations du premier ordre et d'un degré quelconque. — Cas où l'équation ne renferme pas explicitement les variables, ou l'une des variables. — Cas où l'équation peut être résolue par rapport à l'une des variables.. 49

QUARANTE-DEUXIÈME LEÇON.

Suite des équations du premier ordre. — Existence de l'intégrale d'une équation différentielle du premier ordre. — Existence d'un facteur propre à rendre intégrable le premier membre de l'équation. — Détermination de ce facteur.......................... 62

QUARANTE-TROISIÈME LEÇON.

Solutions singulières des équations à deux variables. — Comment elles se déduisent de l'intégrale générale. — Solutions singulières obtenues au moyen du facteur qui rend intégrable le premier membre de l'équation. — Exemples de solutions singulières. — La solution singulière est l'enveloppe des courbes représentées par l'équation intégrale.................................. 72

QUARANTE-QUATRIÈME LEÇON.

Équations différentielles d'un ordre quelconque. — Existence de l'intégrale d'une équation différentielle quelconque. — Conditions que doivent remplir les constantes qui entrent dans l'intégrale générale. — Intégrales de divers ordres d'une équation différentielle. — Intégration de l'équation $\frac{d^n y}{dx^n} = X$............ 81

QUARANTE-CINQUIÈME LEÇON.

Intégration de quelques équations d'un ordre quelconque. — Équations de la forme $f\left(\frac{d^{n-1}y}{dx^{n-1}}, \frac{d^n y}{dx^n}\right) = 0$. — Équations de la forme $f\left(\frac{d^{n-2}y}{dx^{n-2}}, \frac{d^n y}{dx^n}\right) = 0$. — Équations susceptibles d'abaissement — Applications géométriques. — Équations homogènes....... 92

QUARANTE-SIXIÈME LEÇON.

Intégration des équations linéaires sans second membre. — Définition. — Propriétés de l'équation privée de second membre. — Équations à coefficients constants. — Cas des racines imaginaires inégales. — Cas des racines égales. — Méthode de d'Alembert. — Autres méthodes.. 106

QUARANTE-SEPTIÈME LEÇON.

Pages

Intégration de l'équation linéaire complète. — Réduction de l'équation complète à l'équation privée de second membre. — Cas où les coefficients du premier membre sont constants. — Abaissement de l'équation linéaire quand on connaît un certain nombre d'intégrales de l'équation privée de second membre. — Autre méthode. — Équations linéaires que l'on sait intégrer. — Propriétés de l'équation du second ordre.... 119

QUARANTE-HUITIÈME LEÇON.

Résolution des équations différentielles par les séries. — Développement par la série de Maclaurin. — Méthode des coefficients indéterminés. — Autre forme de développement. — Intégration d'une équation différentielle par des intégrales définies.... 140

QUARANTE-NEUVIÈME LEÇON.

Équations différentielles simultanées. — Élimination d'une variable entre deux équations différentielles. — Systèmes d'équations du premier ordre équivalents à une ou plusieurs équations d'un ordre quelconque. — Théorèmes sur les intégrales des équations simultanées du premier ordre. — Intégration des équations simultanées du premier ordre.... 156

CINQUANTIÈME LEÇON.

Suite des équations simultanées. — Équations linéaires : cas de deux équations, méthode de d'Alembert; — cas de trois équations. — Réduction du cas général au cas où les équations sont privées de second membre. — Méthode de Cauchy. — Remarque sur les équations linéaires.... 165

CINQUANTE ET UNIÈME LEÇON.

Intégration des équations aux dérivées partielles. — Des différentes espèces d'intégrales. — Équations qui se ramènent aux équations différentielles ordinaires. — Équations linéaires du premier ordre à deux variables indépendantes. — Cas d'un nombre quelconque de variables indépendantes. — Équations aux différentielles totales. — Équations aux dérivées partielles du premier ordre, non linéaires, à deux variables indépendantes.... 177

CINQUANTE-DEUXIÈME LEÇON.

Applications géométriques des équations aux dérivées partielles. — Surfaces cylindriques, — coniques, — conoïdes. — Surfaces de révolution. — Lignes de niveau, — de plus grande pente.... 200

CINQUANTE-TROISIÈME LEÇON.

Pages

Suite des applications géométriques des équations aux dérivées partielles. — Surfaces développables. — Intégration de l'équation des surfaces développables. — Surfaces réglées. — Équation de la corde vibrante.. 213

CINQUANTE-QUATRIÈME LEÇON.

Courbure des surfaces. — Courbure d'une ligne située sur une surface. — Théorème de Meunier. — Courbure d'une section normale. — Sections principales. — Variation des rayons de courbure des sections normales faites en un même point d'une surface. — Détermination des ombilics.. 225

CINQUANTE-CINQUIÈME LEÇON.

Suite de la courbure des surfaces. — Surface dont tous les points sont des ombilics. — Théorie de l'indicatrice. — Conséquences géométriques. — Cas où l'expression du rayon de courbure se présente sous une forme illusoire. — Tangentes conjuguées.. 235

CINQUANTE-SIXIÈME LEÇON.

Suite de la courbure des surfaces. — Lignes de courbure. — Propriétés des lignes de courbure. — Centres de courbure des sections principales. — Rayons de courbure principaux. — Applications.. 246

CINQUANTE-SEPTIÈME LEÇON.

Calcul des différences finies. — *Calcul inverse des différences.* — Notions préliminaires. — Différence $n^{\text{ème}}$ du premier terme d'une suite, en fonction des termes de cette suite. — Terme général d'une suite, en fonction du premier et de ses différences successives. — Différences des fonctions entières. — Différences de quelques fonctions fractionnaires, ou transcendantes. — Théorèmes généraux. — Intégration de quelques fonctions.. 258

CINQUANTE-HUITIÈME LEÇON.

Suite du calcul inverse des différences. — *Formules d'interpolation.* — Intégration des fonctions entières. — Évaluation des sommes par les intégrales ordinaires, et des intégrales par les sommes. — Formule de Newton. — Formule de Lagrange. — Approximation des quadratures.. 271

CALCUL DES VARIATIONS.

CINQUANTE-NEUVIÈME LEÇON.

Pages.

Variation d'une intégrale définie. — But du calcul des variations. — Définitions et notations. — Théorèmes sur la permutation des signes d et δ, $\int$ et δ. — Variations d'une intégrale définie $\int V\,dx$. — Cas où V ne dépend pas des limites. — Cas où V contient deux fonctions de x. — Cas où V dépend des limites 281

SOIXANTIÈME LEÇON.

Suite de la variation d'une intégrale définie. — *Applications.* — Autre moyen d'obtenir la variation d'une intégrale définie. — Maximum et minimum d'une intégrale définie. — Conditions relatives aux limites. — Cas où la fonction V contient deux fonctions de x. — Ligne la plus courte entre deux points, — d'un point à une courbe, — entre deux courbes 293

SOIXANTE ET UNIÈME LEÇON.

Suite des applications du calcul des variations. — Autre manière de résoudre les problèmes précédents. — Ligne la plus courte entre deux points dans l'espace. — Ligne la plus courte sur une surface donnée. — Surface de révolution minimum 306

SOIXANTE-DEUXIÈME LEÇON.

Suite des applications du calcul des variations. — Brachistochrone. — Remarques sur l'équation $K = 0$. — Maximum ou minimum relatif. — Problèmes sur les isopérimètres 319

NOTES.

Note I. — Sur un cas particulier de la formule du binôme, par M. E. Catalan 339

Note II. — Sur les fonctions elliptiques, par M. Despeyrous 342

Note III. — Analogie des équations différentielles linéaires à coefficients variables avec les équations algébriques, par M. E. Brassinne 345

Note IV. — Sur les propriétés de quelques fonctions et sur la représentation des racines des équations par des intersections de courbes, par M. E. Prouhet 362

Pages.

NOTE V. — Exercices sur la rectification des courbes planes, par M. E. Prouhet 379

NOTE VI. — Sur la réduction des sommes aux intégrales, par M. E. Prouhet 385

TABLE DES DÉFINITIONS, DES PROPOSITIONS ET DES FORMULES PRINCIPALES. 391

LEÇONS COMPLÉMENTAIRES,

PAR A. DE SAINT-GERMAIN.

TROISIÈME LEÇON.

Propriétés des surfaces courbes. — Surfaces réglées. — Lignes de striction. — Plans tangents à une surface réglée, gauche ou développable. — Lignes asymptotiques. — Contact de deux surfaces 429

QUATRIÈME LEÇON.

Séries de Lagrange et de Fourier. — Nombre de racines d'une équation comprises dans un contour donné. — Série de Lagrange. — Problème de Kepler. — Série de Fourier... 456

THÉORIE ÉLÉMENTAIRE DES FONCTIONS ELLIPTIQUES 465

APPENDICE.

EXERCICES SUR LE CALCUL INTÉGRAL 649

FIN DE LA TABLE DES MATIÈRES.

COURS
D'ANALYSE.

SUITE DU

CALCUL INTÉGRAL.

TRENTE-SEPTIÈME LEÇON.

DIFFÉRENTIATION ET INTÉGRATION SOUS LE SIGNE. — DÉTERMINATION DES INTÉGRALES DÉFINIES

Différentiation d'une intégrale définie par rapport à ses limites; interprétation géométrique. — Différentiation d'une intégrale définie par rapport à un paramètre variable; interprétation géométrique. — Différentiation d'une intégrale indéfinie. — Intégration sous le signe. — Détermination de l'intégrale $\int_0^{\frac{\pi}{2}} \sin^n x\,dx$. — Formule de Wallis.

DIFFÉRENTIATION D'UNE INTÉGRALE DÉFINIE PAR RAPPORT A SES LIMITES.

448. On sait qu'étant donnée une fonction quelconque de x, $f(x)$, il existe toujours une autre fonction $\varphi(x)$ telle, que l'on ait

$$\varphi'(x) = f(x),$$

et que l'intégrale générale de $f(x)\,dx$ est alors représentée par

$$\varphi(x) + C,$$

C étant une constante arbitraire.

Désignons par u l'intégrale de $f(x)\,dx$, prise entre deux limites a et b; on aura

$$u = \int_a^b f(x)\,dx = \varphi(b) - \varphi(a).$$

L'intégrale définie u ne dépend plus de x, mais elle est une fonction des limites a et b, et l'on peut se proposer de la différentier par rapport à l'une ou à l'autre de ces limites. On y parvient aisément sans effectuer l'intégration. En effet, de l'égalité

$$u = \varphi(b) - \varphi(a),$$

on déduit

$$\frac{du}{da} = -\varphi'(a), \quad \frac{du}{db} = \varphi'(b),$$

et puisque $\varphi'(x) = f(x)$,

$$(1) \qquad \frac{du}{da} = -f(a), \quad \frac{du}{db} = f(b).$$

449. Si a et b sont des fonctions d'une certaine variable t, indépendante de x, en désignant par du la différentielle totale de u considérée comme fonction de la variable indépendante t, on aura (I, 46) [*]

$$du = \frac{du}{da}da + \frac{du}{db}db,$$

et, par conséquent,

$$(2) \qquad du = -f(a)\,da + f(b)\,db.$$

On obtiendra du en fonction de t en remplaçant dans cette formule a, b, da, db, par leurs valeurs en fonction de t.

Interprétation géométrique.

450. Soit

$$y = f(x)$$

Fig. 101.

l'équation en coordonnées rectangulaires de la courbe CD' : l'intégrale définie

$$u = \int_a^b f(x)\,dx$$

(*) (I, 46) indique un renvoi au n° 46 du premier volume. Les renvois au second volume seront simplement indiqués par le numéro du paragraphe.

représente l'aire ABCD. Donnons aux limites a et b les accroissements infiniment petits

$$AA' = da, \quad BB' = db:$$

on aura

$$A'C'D'B' = u + du$$

et

$$du = -AA'C'C + BB'D'D.$$

Or, on peut remplacer AA'C'C et BB'D'D par les rectangles ACEA' et BDFB' qui n'en diffèrent que de quantités infiniment petites du second ordre (I, 17); on aura donc

$$AA'C'C = f(a)\,da, \quad BB'D'D = f(b)\,db,$$

et, par suite,

$$du = -f(a)\,da + f(b)\,db.$$

DIFFÉRENTIATION D'UNE INTÉGRALE DÉFINIE PAR RAPPORT A UN PARAMÈTRE QUELCONQUE.

451. Supposons que la fonction placée sous le signe $\int$ dépende d'une variable t, autre que x, et soit

$$u = \int_a^b f(x, t)\,dx.$$

Si les limites a et b sont indépendantes de t, on aura, pour l'accroissement Δt donné à t,

$$u + \Delta u = \int_a^b f(x, t + \Delta t)\,dx,$$

d'où

$$\Delta u = \int_a^b f(x, t + \Delta t)\,dx - \int_a^b f(x, t)\,dx$$

$$= \int_a^b [f(x, t + \Delta t) - f(x, t)]\,dx;$$

par suite,

$$\frac{\Delta u}{\Delta t} = \int_a^b \frac{f(x, t + \Delta t) - f(x, t)}{\Delta t}\,dx,$$

et, si l'on fait décroître indéfiniment Δt, on aura, à la limite,

$$\frac{du}{dt} = \int_a^b \frac{df(x,t)}{dt}\,dx. \tag{3}$$

452. Quand a et b dépendent de t, du désignant la différentielle totale de u, et $\frac{du}{da}, \frac{du}{db}, \frac{du}{dt}$ les dérivées partielles de cette fonction, on a

$$du = \frac{du}{da}da + \frac{du}{db}db + \frac{du}{dt}dt.$$

Mais (448, 451)

$$\frac{du}{da} = -f(a,t), \quad \frac{du}{db} = f(b,t), \quad \frac{du}{dt} = \int_a^b \frac{df(x,t)}{dt}\,dx;$$

donc

$$du = -f(a,t)\,da + f(b,t)\,db + dt\int_a^b \frac{df(x,t)}{dt}\,dx. \tag{4}$$

Interprétation géométrique.

453. Soit CD la courbe dont l'équation est, en coordonnées rectangulaires,

Fig. 102.

$$y = f(x,t).$$

Si $OA = a$, $OB = b$, on aura

$$u = \int_a^b f(x,t)\,dx = \text{aire ACDB}.$$

Donnons à t l'accroissement infiniment petit dt : a et b qui sont des fonctions de t reçoivent des accroissements $AA' = da$, $BB' = db$. En même temps la courbe CD se change en une autre courbe EH infiniment voisine, et l'on a

$$u + du = \int_{a+da}^{b+db} f(x, t+dt)\,dx = \text{aire A'GHB'}.$$

Mais

$$\text{aire A'GHB'} = \text{AEFB} - \text{AEGA'} + \text{BFHB'};$$

donc

$$du = \text{A'GHB'} - \text{ACDB} = (\text{AEFB} - \text{ACDB}) - \text{AEGA'} + \text{BFHB'},$$

ou, en négligeant des infiniment petits du second ordre,

$$du = \int_a^b f(x, t + dt)\,dx - \int_a^b f(x, t)\,dx$$
$$- f(a, t)\,da + f(b, t)\,db;$$

et enfin

$$du = dt \int_a^b \frac{df(x, t)}{dt}\,dx - f(a, t)\,da + f(b, t)\,db.$$

DIFFÉRENTIATION D'UNE INTÉGRALE INDÉFINIE, PAR RAPPORT A UN PARAMÈTRE VARIABLE.

454. Soit u l'intégrale indéfinie de $f(x, t)\,dx$, dans laquelle t désigne un paramètre variable qui ne dépend pas de x; on peut, sans rien ôter à la généralité de cette intégrale, l'écrire sous la forme

$$u = \int_a^x f(x, t)\,dx + \psi(t),$$

$\psi(t)$ étant une fonction arbitraire de t. Différentions maintenant par rapport à t, en supposant que a ne dépende pas de t : nous aurons (451)

$$\frac{du}{dt} = \int_a^x \frac{df(x, t)}{dt}\,dx + \psi'(t);$$

mais comme $\psi'(t)$ est une constante par rapport à x, le second membre revient à l'intégrale indéfinie de $\frac{df}{dt}dx$, et l'on peut écrire

$$(5) \qquad \frac{du}{dt} = \int \frac{df(x, t)}{dt}\,dx.$$

Ainsi, *pour différentier une intégrale indéfinie, par rapport à un paramètre variable, il suffit de différen-*

tier, par rapport à ce paramètre, la fonction placée sous le signe $\int$.

INTÉGRATION SOUS LE SIGNE.

455. Si l'on multiplie par dy l'intégrale définie

$$\int_a^b f(x, y)\,dx,$$

et qu'on intègre ensuite par rapport à y, on aura

$$\int dy \int_a^b f(x, y)\,dx.$$

Or, je dis que l'on peut intervertir l'ordre des intégrations, et écrire la formule

$$\int dy \int_a^b f(x, y)\,dx = \int_a^b dx \int f(x, y)\,dy.$$

En effet, on a (451)

$$\frac{d}{dy}\int_a^b \left[dx \int f(x, y)\,dy\right] = \int_a^b dx\,\frac{d\int f(x, y)\,dy}{dy}$$
$$= \int_a^b f(x, y)\,dx;$$

donc, en intégrant les deux membres de cette équation par rapport à y, il en résultera

$$\int_a^b dx \int f(x, y)\,dy = \int dy \int_a^b f(x, y)\,dx.$$

En prenant pour limites de y les constantes c et d, on aura

$$(6)\quad \int_a^b dx \int_c^d f(x, y)\,dy = \int_c^d dy \int_a^b f(x, y)\,dx.$$

456. L'interprétation géométrique de cette formule est

facile; car ses deux membres représentent également le volume ABCD A'B'C'D' compris entre la surface qui a pour équation $z = f(x, y)$, le plan des xy et les quatre plans qui ont pour équations

Fig. 103.

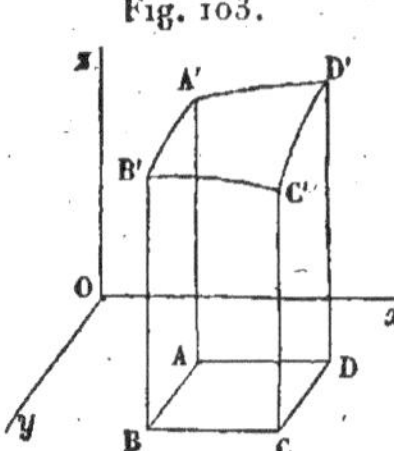

$$x = a, \quad x = b,$$
$$y = c, \quad y = d.$$

DÉTERMINATION DE L'INTÉGRALE

$$\int_0^{\frac{\pi}{2}} \sin^n x\, dx.$$

457. On peut déterminer une intégrale définie quand on connaît l'intégrale indéfinie; mais il y a souvent des simplifications. Ainsi, quand on a

$$\int f(x)\, dx = \varphi(x) + \int \psi(x)\, dx,$$

il en résulte

$$\int_a^b f(x)\, dx = \varphi(b) - \varphi(a) + \int_a^b \psi(x)\, dx,$$

et si $\psi(x)$ est une fonction plus simple que $f(x)$, l'intégrale cherchée sera ramenée par cette formule à une intégrale plus simple.

Soit, par exemple, l'intégrale

$$u_n = \int_0^{\frac{\pi}{2}} \sin^n x\, dx.$$

En intégrant par parties, on a

$$\int \sin^n x\, dx = \int \sin^{n-1} x\, d(-\cos x)$$
$$= -\sin^{n-1} x \cos x + (n-1)\int \sin^{n-2} x \cos^2 x\, dx;$$

ou bien, en remplaçant $\cos^2 x$ par $1 - \sin^2 x$,

$$\int \sin^n x\,dx = -\sin^{n-1} x \cos x + (n-1)\int \sin^{n-2} x\,dx - (n-1)\int \sin^n x\,dx.$$

De là on tire

$$\int \sin^n x\,dx = -\frac{1}{n}\sin^{n-1} x \cos x + \frac{n-1}{n}\int \sin^{n-2} x\,dx.$$

Intégrons maintenant entre les limites 0 et $\frac{\pi}{2}$, et observons que le premier terme du second membre s'annule à ces deux limites, n étant plus grand que 1 : il viendra

(1) $$u_n = \frac{n-1}{n}\,u_{n-2}.$$

Soit n un nombre pair : nous aurons successivement

$$u_{n-2} = \frac{n-3}{n-2}\,u_{n-4},$$

$$u_{n-4} = \frac{n-5}{n-4}\,u_{n-6},$$

$$\ldots\ldots\ldots\ldots\ldots,$$

$$u_2 = \frac{1}{2}\,u_0,$$

$$u_0 = \int_0^{\frac{\pi}{2}} dx = \frac{\pi}{2}.$$

Si l'on multiplie toutes ces équations membre à membre, il vient

(2) $$u_n = \frac{\pi}{2}\cdot\frac{1}{2}\cdot\frac{3}{4}\cdot\frac{5}{6}\cdots\frac{n-1}{n}.$$

En changeant n en $n+1$ dans la formule (1), on aura

$$u_{n+1} = \frac{n}{n+1}\,u_{n-1},$$

et ensuite

$$u_{n-1} = \frac{n-2}{n-1} u_{n-3},$$

$$u_{n-3} = \frac{n-4}{n-3} u_{n-5},$$

$$\dots\dots\dots\dots\dots,$$

$$u_3 = \frac{2}{3} u_1,$$

$$u_1 = \int_0^{\frac{\pi}{2}} \sin x\, dx = 1.$$

En multipliant toutes ces équations membre à membre, on aura

$$(3) \qquad u_{n+1} = \frac{2}{3} \cdot \frac{4}{5} \cdot \frac{6}{7} \cdots \frac{n}{n+1}.$$

458. La formule (1) ne peut plus servir à la détermination de u_n quand n n'est pas un nombre entier; mais on peut l'employer, dans ce cas, à réduire l'indice au-dessous de l'unité.

Dans tous les cas, en faisant $y = \sin x$, l'intégrale

$$\int_0^{\frac{\pi}{2}} \sin^n x\, dx$$

se ramène à la suivante

$$\int_0^1 \frac{y^n dy}{\sqrt{1-y^2}},$$

qui est algébrique.

FORMULE DE WALLIS.

459. Les formules (2) et (3) conduisent à la valeur de $\frac{\pi}{2}$ exprimée par un produit d'une infinité de facteurs. En effet, puisque $\sin x$ est moindre que l'unité, on a

$$\sin^n x > \sin^{n+1} x$$

pour toutes les valeurs de x comprises entre 0 et $\frac{\pi}{2}$; donc on a

$$\int_0^{\frac{\pi}{2}} \sin^n x\,dx > \int_0^{\frac{\pi}{2}} \sin^{n+1} x\,dx,$$

c'est-à-dire

$$u_n > u_{n+1}.$$

De là, et des formules (2) et (3) trouvées plus haut (457), on tire

$$\frac{\pi}{2} > \frac{2}{1}\cdot\frac{2}{3}\cdot\frac{4}{3}\cdot\frac{4}{5}\cdots\frac{n}{n-1}\cdot\frac{n}{n+1}.$$

On aura de même

$$u_{n+2} < u_{n+1},$$

ou bien

$$\frac{\pi}{2} < \frac{2}{1}\cdot\frac{2}{3}\cdot\frac{4}{3}\cdot\frac{4}{5}\cdots\frac{n}{n-1}\cdot\frac{n}{n+1}\cdot\frac{n+2}{n+1}.$$

Donc, si l'on pose

$$A = \frac{2}{1}\cdot\frac{2}{3}\cdot\frac{4}{3}\cdot\frac{4}{5}\cdots\frac{n}{n-1}\cdot\frac{n}{n+1},$$

on aura

$$\frac{\pi}{2} > A \quad \text{et} \quad \frac{\pi}{2} < A\,\frac{n+2}{n+1} = A\left(1 + \frac{1}{n+1}\right).$$

Il en résulte que

$$\frac{\pi}{2} = A(1+\alpha),$$

α étant une quantité plus petite que $\frac{1}{n+1}$, et comme ceci est vrai, quelque grand que soit n, on aura, en supposant $n = \infty$,

$$\frac{\pi}{2} = \frac{2}{1}\cdot\frac{2}{3}\cdot\frac{4}{3}\cdot\frac{4}{5}\cdot\frac{6}{5}\cdots.$$

Cette formule remarquable a été découverte par Wallis.

EXERCICES.

1. *Démontrer que*

$$\int_0^\pi \frac{\sin mx}{\sin x}\,dx = \pi,$$

m étant un nombre entier positif et impair.

2. $$\int_0^1 \frac{1-x}{1+x^2}\,dx = \frac{\pi}{4} - \frac{1}{2}\,\mathrm{l}\,2.$$

3. *Étant donnée l'intégrale*

$$\int_a^b f(x)\,ax,$$

la changer en une autre qui ait pour limites deux nombres donnés, à l'aide de la substitution $x = my + n$, m et n étant deux nombres inconnus.

TRENTE-HUITIÈME LEÇON.

SUITE DE LA DÉTERMINATION DES INTÉGRALES DÉFINIES.

Intégrales eulériennes de seconde espèce. — Intégrales obtenues par la différentiation ou l'intégration sous le signe, — par des considérations géométriques, — par la séparation des quantités réelles et des imaginaires, — par une équation différentielle.

INTÉGRALES EULÉRIENNES DE SECONDE ESPÈCE.

460. On donne le nom d'*intégrale eulérienne de seconde espèce* à l'intégrale définie

$$(1) \qquad \Gamma(n) = \int_0^\infty x^{n-1}e^{-x}dx.$$

On doit supposer n positif; car si n était égal au nombre négatif $-p$, l'intégrale considérée aurait une valeur infinie. En effet, on a, a étant compris entre o et 1,

$$\int_a^1 e^{-x}\frac{dx}{x^{1+p}} > \int_a^1 \frac{1}{e}\frac{dx}{x} = \frac{1}{e}\,l\frac{1}{a};$$

or, pour $a=0$, $\frac{1}{e}\,l\frac{1}{a}$ est infini : l'intégrale $\int_0^1 x^{-p-1}e^{-x}dx$ est donc infinie, et il en est de même, *à fortiori*, de l'intégrale $\int_0^\infty x^{-p-1}e^{-x}dx$.

461. L'intégrale $\Gamma(n+1)$ peut se ramener à $\Gamma(n)$. En intégrant par parties, on a

$$\int x^n e^{-x}dx = -x^n e^{-x} + n\int e^{-x}x^{n-1}dx.$$

Or, $x^n e^{-x}$ s'annule pour $x=0$, et aussi pour $x=\infty$. En effet, puisque

$$e^x = 1 + \frac{x}{1} + \frac{x^2}{1.2} + \ldots + \frac{x^t}{1.2.3\ldots t} + \ldots,$$

on a, quel que soit i,

$$e^x > \frac{x^i}{1.2.3\ldots i};$$

par conséquent

$$x^{-n}e^x > \frac{x^{i-n}}{1.2\ldots i}.$$

Or, quand on prend $i > n$, ce qui est évidemment permis, le second membre devient infini pour $x = \infty$. Donc le produit $x^{-n}e^x$ devient aussi infini, et par conséquent son inverse $x^n e^{-x}$ devient nul pour $x = \infty$.

D'après cela, si l'on intègre entre les limites o et ∞, on aura

$$\int_0^\infty x^n e^{-x}dx = n\int_0^\infty e^{-x}x^{n-1}dx,$$

ou

$$(2) \qquad \Gamma(n+1) = n\Gamma(n).$$

462. On aura de même

$$\Gamma(n) = (n-1)\Gamma(n-1), \quad \Gamma(n-1) = (n-2)\Gamma(n-2),$$

et si n est entier, on arrivera à

$$\Gamma(2) = 1\,\Gamma(1),$$
$$\Gamma(1) = \int_0^\infty e^{-x}dx = 1.$$

Par conséquent, on aura pour n entier et positif

$$(3) \qquad \Gamma(n) = 1.2.3\ldots(n-1).$$

Si n, sans être entier, est plus grand que 1, la formule

$$\Gamma(n) = (n-1)\Gamma(n-1)$$

permettra de réduire l'intégrale $\Gamma(n)$ à l'intégrale $\Gamma(\nu)$, dans laquelle ν désigne un nombre positif moindre que 1; de sorte que, pour calculer $\Gamma(n)$, il suffit d'avoir les valeurs de cette fonction pour les valeurs de l'indice n comprises entre o et 1.

463. L'intégrale $\Gamma(n)$ peut prendre une autre forme;

en posant $e^{-x}=y$, on a

$$x = \mathrm{l}\frac{1}{y},\quad dx = -\frac{dy}{y},$$

$$\int_0^\infty x^{n-1}e^{-x}dx = -\int_1^0\left(\mathrm{l}\frac{1}{y}\right)^{n-1}dy = \int_0^1\left(\mathrm{l}\frac{1}{y}\right)^{n-1}dy;$$

donc

$$\Gamma(n) = \int_0^1\left(\mathrm{l}\frac{1}{y}\right)^{n-1}dy.$$

INTÉGRALES QUI SE DÉDUISENT D'UNE INTÉGRALE CONNUE, PAR LA DIFFÉRENTIATION SOUS LE SIGNE.

484. La différentiation sous le signe permet de déduire d'une intégrale définie connue de nouvelles intégrales.

En voici quelques exemples :

1° $$\int_0^\infty \frac{dx}{x^2+a} = \frac{\pi}{2}a^{-\frac{1}{2}}.$$

Différentions n fois par rapport à a : il en résulte (n° 451)

$$\int_0^\infty \frac{1.2.3\ldots n}{(x^2+a)^{n+1}}dx = \frac{1}{2}\cdot\frac{3}{2}\cdot\frac{5}{2}\cdots\frac{2n-1}{2}\cdot\frac{1}{a^{n+\frac{1}{2}}}\cdot\frac{\pi}{2},$$

et, par suite,

$$(1)\qquad \int_0^\infty \frac{dx}{(x^2+a)^{n+1}} = \frac{1.3.5\ldots(2n-1)}{2.4.6\ldots 2n}\cdot\frac{\pi}{2a^{n+\frac{1}{2}}}.$$

2° $$\int_0^\infty e^{-ax}dx = \frac{1}{a}.$$

Si l'on différentie les deux membres de cette égalité $n - 1$ fois de suite par rapport à a, on aura

$$\int_0^\infty e^{-ax}x^{n-1}dx = 1.2.3\ldots(n-1)a^{-n},$$

ou bien

$$(2) \qquad \int_0^\infty e^{-ax} x^{n-1}\, dx = \frac{\Gamma(n)}{a^n}.$$

465. Ce dernier résultat subsiste quand on remplace la quantité réelle a par l'expression imaginaire $a + b\sqrt{-1}$, dans laquelle la partie réelle a est positive.

En effet, on a

$$\int e^{-(a+b\sqrt{-1})x}\, dx = \frac{-e^{-(a+b\sqrt{-1})x}}{a+b\sqrt{-1}} + C$$
$$= \frac{-e^{-ax}(\cos bx - \sqrt{-1}\sin bx)}{a+b\sqrt{-1}} + C,$$

et, par conséquent,

$$\int_0^\infty e^{-(a+b\sqrt{-1})x}\, dx = \frac{1}{a+b\sqrt{-1}}.$$

Si maintenant on différentie cette égalité $n-1$ fois par rapport à a, on aura

$$(3) \qquad \int_0^\infty e^{-(a+b\sqrt{-1})x} x^{n-1}\, dx = \frac{1.2.3\ldots(n-1)}{(a+b\sqrt{-1})^n},$$

ce qui est la dernière formule du n° 464 étendue au cas plus général où a représente une expression imaginaire $a + b\sqrt{-1}$.

466. Cette formule fournira d'autres intégrales, au moyen de la séparation des quantités réelles et des imaginaires. Posons

$$a + b\sqrt{-1} = \rho(\cos\theta + \sqrt{-1}\sin\theta),$$

c'est-à-dire

$$\rho = \sqrt{a^2+b^2}, \quad \cos\theta = \frac{a}{\sqrt{a^2+b^2}}, \quad \sin\theta = \frac{b}{\sqrt{a^2+b^2}}:$$

l'équation (3) devient

$$\int_0^\infty e^{-ax}(\cos bx - \sqrt{-1}\sin bx)\, x^{n-1}\, dx$$
$$= \frac{\Gamma(n)}{\rho^n}(\cos n\theta - \sqrt{-1}\sin n\theta),$$

équation qui se partage en deux autres :

$$(4)\qquad \left\{\begin{aligned} &\int_0^\infty e^{-ax}x^{n-1}\sin bx\,dx = \frac{\Gamma(n)}{\rho^n}\sin n\theta,\\ &\int_0^\infty e^{-ax}x^{n-1}\cos bx\,dx = \frac{\Gamma(n)}{\rho^n}\cos n\theta. \end{aligned}\right.$$

Notre démonstration suppose que n est un nombre entier; mais ces formules subsistent quel que soit n.

INTÉGRALES DÉDUITES D'AUTRES INTÉGRALES, AU MOYEN DE L'INTÉGRATION SOUS LE SIGNE.

407. L'intégration des intégrales définies, par rapport aux constantes qu'elles renferment, fournit encore de nouvelles intégrales. Soit, par exemple, l'intégrale

$$\int_0^\infty e^{-ax}\cos bx\,dx = \frac{a}{a^2+b^2},$$

qui se déduit de la dernière formule (406) en faisant $n=1$. Il en résulte, c étant une constante moindre que a,

$$\int_c^a da\int_0^\infty e^{-ax}\cos bx\,dx = \int_c^a \frac{a\,da}{a^2+b^2}.$$

Mais (455),

$$\int_c^a da\int_0^\infty e^{-ax}\cos bx\,dx = \int_0^\infty dx\int_c^a e^{-ax}\cos bx\,da$$
$$= \int_0^\infty \frac{e^{-cx}-e^{-ax}}{x}\cos bx\,dx;$$

d'un autre côté,

$$\int_c^a \frac{a\,da}{a^2+b^2} = \frac{1}{2}\,l\,\frac{a^2+b^2}{c^2+b^2}.$$

Donc

$$(1)\qquad \int_0^\infty \frac{e^{-cx}-e^{-ax}}{x}\cos bx\,dx = \frac{1}{2}\,l\,\frac{a^2+b^2}{c^2+b^2}.$$

468. Si l'on fait $b = 0$, on a

$$(2) \qquad \int_0^\infty \frac{e^{-cx} - e^{-ax}}{x}\,dx = 1\frac{a}{c}.$$

On obtiendrait encore ce résultat en intégrant relativement à a, entre les limites c et a, les deux membres de la formule

$$\int_0^\infty e^{-ax}\,dx = \frac{1}{a}.$$

469. Par le même procédé, de la formule

$$\int_0^\infty e^{-ax} \sin bx\,dx = \frac{b}{a^2 + b^2},$$

on déduira

$$\int_c^a da \int_0^\infty e^{-ax} \sin bx\,dx = \int_c^a \frac{b\,da}{a^2 + b^2}$$

$$= \text{arc tang}\,\frac{a}{b} - \text{arc tang}\,\frac{c}{b} = \text{arc tang}\,\frac{b(a-c)}{b^2 + ac}.$$

Mais

$$\int_c^a da \int_0^\infty e^{-ax} \sin bx\,dx = \int_0^\infty dx \int_c^a e^{-ax} \sin bx\,da$$

$$= \int_0^\infty \frac{e^{-cx} - e^{-ax}}{x} \sin bx\,dx;$$

donc

$$(3) \qquad \int_0^\infty \frac{e^{-cx} - e^{-ax}}{x} \sin bx\,dx = \text{arc tang}\,\frac{b(a-c)}{b^2 + ac}.$$

470. Si l'on fait $a = \infty$, $c = 0$, on a

$$(4) \qquad \int_0^\infty \frac{\sin bx}{x}\,dx = \frac{\pi}{2},$$

pourvu que b soit > 0. Si l'on avait $b < 0$, le second membre serait $-\frac{\pi}{2}$. Cette intégrale présente donc une discontinuité remarquable : constante lorsque b varie en conserayant le même signe, elle passe brusquement de $-\frac{\pi}{2}$ à $\frac{\pi}{2}$ lorsque b, en s'évanouissant, passe du négatif au positif.

EMPLOI DE CONSIDÉRATIONS GÉOMÉTRIQUES POUR LA DÉTERMINATION DE CERTAINES INTÉGRALES DÉFINIES.

471. L'intégrale

$$A = \int_0^\infty e^{-x^2} dx$$

a été déterminée par M. Poisson à l'aide d'un procédé très-remarquable. Si l'on change x en y, on aura encore

$$A = \int_0^\infty e^{-y^2} dy,$$

et, par suite,

$$A^2 = \int_0^\infty e^{-x^2} dx \int_0^\infty e^{-y^2} dy = \int_0^\infty \int_0^\infty e^{-x^2-y^2} dx\,dy.$$

Soient maintenant trois axes rectangulaires Ox, Oy, Oz; et

$$y = 0, \quad z = e^{-x^2},$$

Fig. 104.

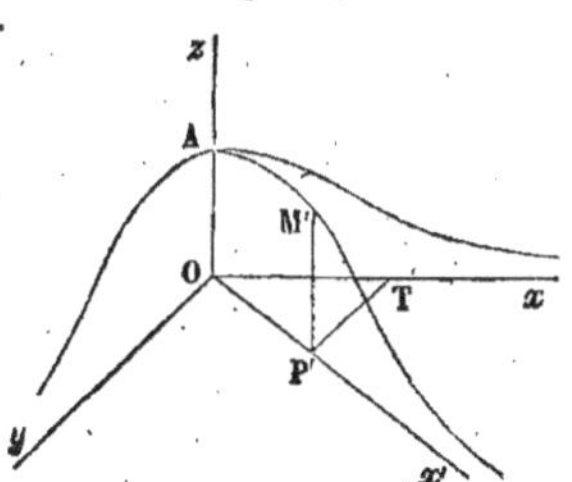

les équations d'une courbe située dans le plan zOx. Si cette courbe tourne autour de l'axe Oz, elle engendrera une surface ayant pour équation

$$z = e^{-x^2-y^2},$$

et l'intégrale double

$$\int_0^\infty \int_0^\infty e^{-x^2-y^2} dx\,dy$$

représentera le quart du volume compris entre la surface et le plan xOy. On peut évaluer ce volume en le partageant en une infinité de tranches cylindriques dont Oz soit l'axe commun. La tranche terminée aux surfaces qui ont pour rayons r et $r+dr$ est égale à sa base $2\pi r dr$ multipliée par sa hauteur z ou e^{-r^2} : on a donc

$$A^2 = \frac{1}{4}\int_0^\infty e^{-r^2} \times 2\pi r\, dr = \frac{1}{4}\pi;$$

d'où

(1) $$A = \frac{1}{2}\sqrt{\pi}.$$

472. Un procédé analogue peut être employé pour la détermination d'autres intégrales. Supposons que l'on ait à évaluer

$$\int_0^\infty dy \int_0^\infty f(x, y)\, dx.$$

Cette intégrale représente la portion située dans l'angle des coordonnées positives du volume compris entre la surface qui a pour équation

$$z = f(x, y)$$

et le plan xOy. Décomposons ce volume en éléments infiniment petits au moyen des plans zOS, zOR menés par l'axe des z, et des cylindres PQ, RS ayant Oz pour axe commun. Si l'on pose $OP = r$, $POx = \theta$, le prisme infiniment petit MPQRS ayant pour base le rectangle $PQRS = r d\theta dr$, et pour hauteur

Fig. 105.

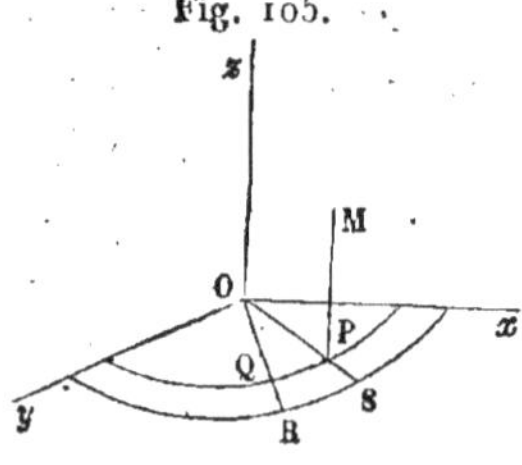

$$z = f(x, y) = f(r\cos\theta, r\sin\theta),$$

aura pour volume

$$r d\theta dr f(r\cos\theta, r\sin\theta).$$

L'intégrale proposée pourra donc être remplacée par la suivante

$$\int_0^\infty \int_0^{\frac{\pi}{2}} f(r\cos\theta, r\sin\theta)\, r d\theta dr,$$

dont la valeur sera quelquefois plus facile à trouver.

473. L'intégrale
$$\int_0^\infty e^{-x^2}dx = \frac{1}{2}\sqrt{\pi}$$
conduit à la suivante
$$\int_{-\infty}^{\infty} e^{-x^2}dx = \sqrt{\pi} \tag{2}$$
En effet,
$$\int_{-\infty}^{\infty} e^{-x^2}dx = \int_{-\infty}^{0} e^{-x^2}dx + \int_0^\infty e^{-x^2}dx.$$
Si l'on change x en $-x$, on a
$$\int_{-\infty}^{0} e^{-x^2}dx = \int_0^\infty e^{-x^2}dx = \frac{1}{2}\sqrt{\pi};$$
donc
$$\int_{-\infty}^{\infty} e^{-x^2}dx = \sqrt{\pi}.$$

474. Plus généralement, si $f(x)$ est une fonction paire de x, c'est-à-dire une fonction telle, que l'on ait identiquement $f(x) = f(-x)$, on aura
$$\int_{-\infty}^{\infty} f(x)\,dx = 2\int_0^\infty f(x)\,dx.$$
En effet,
$$\int_{-\infty}^{\infty} f(x)\,dx = \int_{-\infty}^{0} f(x)\,dx + \int_0^\infty f(x)\,dx.$$
Mais
$$\int_{-\infty}^{0} f(x)\,dx = \int_0^\infty f(-x)\,dx = \int_0^\infty f(x)\,dx;$$
donc
$$\int_{-\infty}^{\infty} f(x)\,dx = 2\int_0^\infty f(x)\,dx.$$

On prouverait de la même manière que si $f(x)$ est une fonction impaire, c'est-à-dire si $f(-x) = -f(x)$, on aura
$$\int_{-\infty}^{\infty} f(x)\,dx = 0.$$

475. Si, dans l'intégrale (2), on remplace x par $x\sqrt{a}$, on aura

$$(3)\qquad \int_{-\infty}^{\infty} e^{-ax^2}\,dx = \frac{\sqrt{\pi}}{\sqrt{a}}.$$

En différentiant cette dernière équation n fois de suite par rapport à a, on aura

$$(4)\qquad \int_{-\infty}^{\infty} e^{-ax^2} x^{2n}\,dx = \sqrt{\pi}\,\frac{1.3.5\ldots(2n-1)}{2^n}\,a^{-\left(n+\frac{1}{2}\right)},$$

et, si l'on fait $a=1$,

$$(5)\qquad \int_{-\infty}^{\infty} e^{-x^2} x^{2n}\,dx = \sqrt{\pi}\,\frac{1.3.5\ldots(2n-1)}{2^n}.$$

EMPLOI DES IMAGINAIRES.

476. En changeant x en $x+a$ dans l'équation (2), elle devient

$$(6)\qquad \int_{-\infty}^{\infty} e^{-(x+a)^2}\,dx = \sqrt{\pi},$$

ou

$$\int_{-\infty}^{\infty} e^{-x^2-2ax}\,dx = e^{a^2}\sqrt{\pi}.$$

Mais on a

$$\int_{-\infty}^{\infty} e^{-x^2-2ax}\,dx = \int_{-\infty}^{\infty} e^{-x^2}(e^{-2ax})\,dx$$
$$= \int_{0}^{\infty} e^{-x^2}(e^{2ax}+e^{-2ax})\,dx;$$

donc

$$(7)\qquad \int_{0}^{\infty} e^{-x^2}(e^{2ax}+e^{-2ax})\,dx = e^{a^2}\sqrt{\pi}.$$

Les deux membres de cette équation peuvent être développés en séries convergentes, suivant les puissances entières et ascendantes de a, et comme l'équation a lieu pour toutes les valeurs réelles de a, les coefficients des mêmes puissances de a doivent être égaux dans les deux membres; d'où il suit que l'équation subsistera si l'on y remplace a par une expression imaginaire. En posant $a=\alpha\sqrt{-1}$, d'où $e^{2ax}+e^{-2ax}=2\cos 2\alpha x$, elle devient

$$(6)\qquad \int_0^\infty e^{-x^2}\cos 2\alpha x\,dx=\frac{1}{2}e^{-\alpha^2}\sqrt{\pi}.$$

Ainsi, le passage des quantités réelles aux imaginaires peut faire découvrir de nouvelles intégrales, comme on l'a déjà fait remarquer au n° 406.

INTÉGRALE OBTENUE A L'AIDE D'UNE ÉQUATION DIFFÉRENTIELLE.

477. Un autre procédé consiste à former, entre l'intégrale proposée et l'une des indéterminées qu'elle renferme, une équation différentielle qu'on puisse intégrer. Soit, par exemple,

$$u=\int_0^\infty e^{-x^2}\cos 2\alpha x\,dx.$$

On a

$$\frac{du}{d\alpha}=-\int_0^\infty \sin 2\alpha x . e^{-x^2} 2x\,dx=\int_0^\infty \sin 2\alpha x . de^{-x^2}.$$

En intégrant par parties et en observant que $\sin 2\alpha x e^{-x^2}$ est nulle aux deux limites, on aura

$$\frac{du}{d\alpha}=-\int_0^\infty e^{-x^2}\cos 2\alpha x . 2\alpha\,dx,$$

c'est-à-dire

$$\frac{du}{d\alpha}=-2\alpha u,\quad \text{ou}\quad \frac{du}{u}=-2\alpha\,d\alpha;$$

d'où

$$u=Ce^{-\alpha^2}.$$

Pour déterminer C, on fait $\alpha=0$: alors (471)

$$u=\int_0^\infty e^{-x^2}dx=\frac{1}{2}\sqrt{\pi}=C;$$

donc

$$\int_0^\infty e^{-x^2}\cos 2\alpha x\,dx = \frac{1}{2}e^{-\alpha^2}\sqrt{\pi}.$$

EXERCICES.

1. *Démontrer la formule*

$$\int_0^{\sqrt[n]{m}}\left(1-\frac{x^n}{m}\right)^m dx = \frac{mn}{mn+1}\int_0^{\sqrt[n]{m}}\left(1-\frac{x^n}{m}\right)^{m-1} dx,$$

et en déduire la première de ces intégrales quand m est un nombre entier.

2. *Démontrer la formule*

$$\int_0^\infty e^{-x^n}dx = \sqrt[n]{\frac{n}{1}\left(\frac{n}{n+1}\right)^{n-1}\frac{2n}{n+1}\left(\frac{2n}{2n+1}\right)^{n-1}\frac{3n}{2n+1}\left(\frac{3n}{3n+1}\right)^{n-1}\cdots},$$

cas particulier de $n=2$.

TRENTE-NEUVIÈME LEÇON.

SUITE DES INTÉGRALES DÉFINIES. — INTÉGRALES EULÉRIENNES.

Formule fondamentale; applications. — Développements en séries. — Des intégrales eulériennes. — Définition. — Propriété des intégrales de première espèce. — Relations entre les intégrales eulériennes. — Intégrales multiples qui s'expriment à l'aide des fonctions Γ. — Applications aux volumes et aux centres de gravité.

MÉTHODE DE M. CAUCHY. — FORMULE FONDAMENTALE.

478. Soient z une variable imaginaire, r son module et p son argument, en sorte qu'on ait

$$z = r(\cos p + \sqrt{-1}\sin p) = re^{p\sqrt{-1}}.$$

Soit $f(z)$ une fonction de z qui reste finie et continue, ainsi que sa dérivée, pour toute valeur de z dont le module r est inférieur à une certaine limite R. Supposons, en outre, qu'en laissant le module constant et en faisant croître l'angle p d'une manière continue depuis une valeur quelconque α jusqu'à la valeur $\alpha + 2\pi$, la fonction reprenne, pour $p = \alpha + 2\pi$, la valeur qu'elle avait pour $p = \alpha$. Cette condition, que M. Cauchy omet dans ses énoncés, mais qu'il suppose dans ses démonstrations, n'est pas toujours remplie quand la fonction $f(z)$ a plusieurs valeurs différentes pour une même valeur de z. On ne considère ici qu'une des valeurs de $f(z)$ et la valeur correspondante de sa dérivée.

Cela posé, je dis qu'*on a la formule*

$$(1) \qquad f(0) = \frac{1}{2\pi}\int_{\alpha}^{\alpha+2\pi} f(z)\,dp,$$

ou

$$f(0)=\frac{1}{2\pi}\int_{\alpha}^{\alpha+2\pi} f\left(re^{p\sqrt{-1}}\right)dp,$$

pour tout module r moindre que R.

En effet, z étant une fonction de r et de p, si l'on différentie $f(z)$, tour à tour par rapport à r et à p, on aura

$$\frac{df(z)}{dr}=f'(z)\frac{dz}{dr}=f'(z)\,e^{p\sqrt{-1}},$$

$$\frac{df(z)}{dp}=f'(z)\frac{dz}{dp}=f'(z)\,re^{p\sqrt{-1}}\sqrt{-1},$$

et, par conséquent,

$$\frac{df(z)}{dr}=\frac{1}{r\sqrt{-1}}\frac{df(z)}{dp}.$$

Comme, par hypothèse, $f'(z)$ reste finie et continue pour toute valeur de z dont le module est moindre que R, la même propriété appartient aux deux membres de cette dernière équation. En les multipliant par $dr.dp$, et les intégrant par rapport à r depuis zéro jusqu'à r, et par rapport à p depuis α jusqu'à $\alpha+2\pi$, on a

$$\int_{\alpha}^{\alpha+2\pi}dp\int_{0}^{r}\frac{df(z)}{dr}dr=\int_{0}^{r}\frac{dr}{r\sqrt{-1}}\int_{\alpha}^{\alpha+2\pi}\frac{df(z)}{dp}dp;$$

or,

$$\int_{0}^{r}\frac{df(z)}{dr}dr=f(z)-f(0),$$

et puisque

$$\int\frac{df(z)}{dp}dp=f(z)=f\left(re^{p\sqrt{-1}}\right),$$

on a

$$\int_{\alpha}^{\alpha+2\pi}\frac{df(z)}{dp}dp=f\left[re^{(\alpha+2\pi)\sqrt{-1}}\right]-f\left(re^{\alpha\sqrt{-1}}\right).$$

Mais le second membre est nul par hypothèse; par conséquent

$$\int_0^r \frac{dr}{r\sqrt{-1}} \int_\alpha^{\alpha+2\pi} \frac{df(z)}{dp} dp = 0,$$

et

$$\int_\alpha^{\alpha+2\pi} [f(z) - f(0)] dp = 0;$$

donc

$$f(0) \int_\alpha^{\alpha+2\pi} dp = \int_\alpha^{\alpha+2\pi} f(z) dp,$$

ou

(I) $$f(0) = \frac{1}{2\pi} \int_\alpha^{\alpha+2\pi} f(z) dp,$$

ce qu'il fallait démontrer.

479. Si $f(z)$ et $f'(z)$ restent finies et continues pour toutes les valeurs de z dont le module est compris entre r et ρ, en appelant ζ la valeur de z qui a ρ pour module, on aura

$$\int_\alpha^{\alpha+2\pi} f(z) dp = \int_\alpha^{\alpha+2\pi} f(\zeta) dp:$$

ainsi la valeur de $\int_\alpha^{\alpha+2\pi} f(z) dp$ est indépendante du module r, ce qu'on vérifie en différentiant cette intégrale par rapport à r (451).

480. En faisant $\alpha = 0$ dans la formule (I), on aura

(II) $$f(0) = \frac{1}{2\pi} \int_0^{2\pi} f(re^{p\sqrt{-1}}) dp,$$

et si l'on y fait $\alpha = -2\pi$ et que l'on change p en $-p$, on aura

$$f(0) = \frac{1}{2\pi} \int_0^{-2\pi} f(re^{-p\sqrt{-1}}) dp.$$

481. En remplaçant $f(z)$ par $f(x+z)$ dans la for-

mule (I), on en déduit

$$\text{(III)} \qquad \mathrm{f}(x) = \frac{1}{2\pi}\int_{\alpha}^{\alpha+2\pi} \mathrm{f}\left(x + re^{p\sqrt{-1}}\right) dp,$$

car on a $f(o) = \mathrm{f}(x)$. Ainsi, une fonction $\mathrm{f}(x)$ d'une variable x, réelle ou imaginaire, peut être représentée par une intégrale définie, pourvu que $\mathrm{f}(x + re^{p\sqrt{-1}})$ reste finie et continue, ainsi que sa dérivée, pour la valeur attribuée à r et pour toute valeur moindre, et que cette fonction reprenne la même valeur quand p augmente de 2π.

Applications.

482. Les formules précédentes donnent les valeurs d'une classe nombreuse d'intégrales définies. Prenons d'abord

$$f(z) = \frac{1}{1-z}.$$

Cette fonction et sa dérivée deviennent infinies pour $z = 1$, valeur dont le module est $r = 1$; mais elles sont finies et continues pour toute valeur moindre que 1 attribuée au module. On peut donc appliquer la formule (II) qui donne, pour $r < 1$,

$$\text{(1)} \qquad 1 = \frac{1}{2\pi}\int_0^{2\pi} \frac{dp}{1-z},$$

d'où

$$2\pi = \int_0^{2\pi} \frac{dp}{1 - r\cos p - \sqrt{-1}\, r\sin p},$$

$$= \int_0^{2\pi} \frac{\left(1 - r\cos p + \sqrt{-1}\, r\sin p\right)}{1 - 2r\cos p + r^2}\, dp;$$

et, en séparant les parties réelles et les imaginaires,

$$\text{(2)} \qquad \left\{ \begin{aligned} &\int_0^{2\pi} \frac{(1 - r\cos p)\, dp}{1 - 2r\cos p + r^2} = 2\pi, \\ &\int_0^{2\pi} \frac{\sin p\, dp}{1 - 2r\cos p + r^2} = 0. \end{aligned} \right.$$

Cette dernière formule est d'ailleurs évidente, puisque les éléments de l'intégrale qui correspondent à des valeurs de p dont la somme est 2π sont égaux et de signes contraires.

483. On trouve directement la formule (1) en observant que la fonction $\frac{1}{1-z}$ peut être développée en une série convergente quand le module de z est moindre que l'unité. En effet, dans ce cas,

$$\frac{1}{1-z} = 1 + z + z^2 + z^3 + \ldots,$$

d'où résulte la série convergente

$$\int_0^{2\pi} \frac{dp}{1-z} = \int_0^{2\pi} dp + \int_0^{2\pi} z\,dp + \int_0^{2\pi} z^2 dp + \ldots.$$

Mais on a

$$\int_0^{2\pi} dp = 2\pi,$$

et, d'ailleurs, pour tout exposant positif différent de zéro,

$$\int_0^{2\pi} z^n dp = r^n \int_0^{2\pi} e^{np\sqrt{-1}} dp = 0;$$

donc

$$\int_0^{2\pi} \frac{dp}{1-z} = 2\pi.$$

484. Faisons dans la formule (II) $f(z) = e^{az}$. Cette fonction, ainsi que sa dérivée, est finie et continue pour toute valeur de z, et n'a qu'une seule valeur. On a donc, quel que soit le module r,

$$(3) \qquad 1 = \frac{1}{2\pi} \int_0^{2\pi} e^{ar\cos p + \sqrt{-1}\, ar \sin p}\, dp,$$

d'où l'on tire, en faisant $ar = b$ et en séparant les quantités réelles d'avec les imaginaires,

$$(4)\qquad \left\{\begin{aligned} &\int_0^{2\pi} e^{b\cos p}\cos(b\sin p)\,dp = 2\pi,\\ &\int_0^{2\pi} e^{b\cos p}\sin(b\sin p)\,dp = 0.\end{aligned}\right.$$

485. Soit encore

$$f(z) = l(1-z),\quad \text{d'où}\quad f'(z) = -\frac{1}{1-z}.$$

La fonction et sa dérivée deviennent infinies pour la valeur $z=1$ dont le module est 1. Il faut donc, dans la formule (II), supposer $r<1$. D'ailleurs, en faisant croître p d'une manière continue depuis une valeur quelconque α jusqu'à la valeur $\alpha+2\pi$, la fonction $l(1-z)$ reprendra pour $p=\alpha+2\pi$ la valeur qu'elle avait pour $p=\alpha$.

En effet, posons

$$1-z=\rho(\cos\theta+\sqrt{-1}\sin\theta):$$

ρ et θ seront déterminés par les équations

$$\rho\cos\theta = 1-r\cos p,\quad \rho\sin\theta = -r\sin p;$$

on en déduit

$$\rho = +\sqrt{1-2r\cos p+r^2},$$

$$\cos\theta = \frac{1-r\cos p}{\sqrt{1-2r\cos p+r^2}},\quad \sin\theta = \frac{-r\sin p}{\sqrt{1-2r\cos p+r^2}}.$$

On connaît donc $\cos\theta$ et $\sin\theta$ en fonction de p. Si l'on donne à p une première valeur arbitraire α, on a, par ces formules, des valeurs de $\cos\theta$ et de $\sin\theta$ auxquelles correspondent une infinité de valeurs de l'arc θ. Choisissons à volonté une de ces valeurs que nous désignerons par β. En faisant croître p d'une manière continue depuis α jusqu'à $\alpha+2\pi$, les valeurs de $\cos\theta$ et de $\sin\theta$ varieront par degrés insensibles, et reviendront, pour $p=\alpha+2\pi$, égales à leurs valeurs initiales pour $p=\alpha$. Par conséquent, l'arc θ variera aussi d'une manière continue à partir de sa valeur initiale 6 qui correspond à $p=\alpha$, et quand p atteindra la limite supérieure $\alpha+2\pi$, θ sera revenu à sa valeur initiale 6, ou bien il en différera d'une ou de plusieurs circonférences.

Mais si l'on suppose $r<1$, je dis qu'on aura $\theta=6$ pour $p=\alpha+2\pi$ comme pour $p=\alpha$; car la formule

$$\cos\theta=\frac{1-r\cos p}{\sqrt{1-2r\cos p+r^2}}$$

fait voir que si l'on a $r<1$, $\cos\theta$ reste positif pour toutes les valeurs de p. Donc l'extrémité mobile de l'arc variable 6, mesuré à partir d'une origine fixe sur un cercle, se trouvera toujours dans le premier ou dans le quatrième quart de cercle, et puisque son sinus et son cosinus reprennent pour $p=\alpha+2\pi$ leurs valeurs pour $p=\alpha$, l'arc 6 lui-même reprendra pour $p=\alpha+2\pi$ la valeur 6 qu'on lui avait assignée pour $p=\alpha$.

Ayant posé

$$1-z=\rho(\cos\theta+\sqrt{-1}\sin\theta)=\rho e^{\theta\sqrt{-1}},$$

on a

$$l(1-z)=l\rho+\theta\sqrt{-1},$$

et la formule (II) nous donne

$$(5)\qquad o=\int_0^{2\pi}(l\rho+\theta\sqrt{-1})\,dp,$$

équation qui revient aux suivantes :

$$(6)\qquad \begin{cases}\displaystyle\int_0^{2\pi} l(\sqrt{1-2r\cos p+r^2})\,dp=o,\\[2ex] \displaystyle\int_0^{2\pi}\operatorname{arc\,tang}\frac{-r\sin p}{1-r\cos p}\,dp=o.\end{cases}$$

DÉVELOPPEMENT DES FONCTIONS.

480. M. Cauchy a fait servir la formule (I) au développement des fonctions en séries, et il en a déduit les conditions sous lesquelles ces développements sont convergents. Il est arrivé ainsi à ce théorème remarquable :

Une fonction F(x) *d'une variable* x, *réelle ou imaginaire, peut être développée en série convergente suivant les puissances entières et positives de* x, *tant que le module de* x *est moindre que celui pour lequel la fonction ou sa dérivée première devient infinie ou discontinue.*

D'après ce théorème, dont la démonstration est donnée par M. Laurent dans l'*Appendice*, les fonctions

$$e^x, \quad \sin x, \quad e^{x^2}; \quad \cos(1 - x^2),$$

et leurs dérivées premières, ne cessant jamais d'être finies et continues, seront toujours développables suivant les puissances ascendantes de x. Mais les fonctions

$$\frac{1}{1-x}, \quad \frac{x}{1+\sqrt{1-x^2}}, \quad l(1-x), \quad \text{arc tang}\, x,$$

et leurs dérivées, cessant d'être continues quand le module de x devient égal à l'unité, ne seront développables que si ce module est moindre que l'unité. Les séries obtenues pourront devenir et deviendront en effet divergentes si le module de x surpasse l'unité.

Enfin les fonctions lx, $e^{\frac{1}{x}}$, $\cos\frac{1}{x}$ devenant discontinues avec leurs dérivées pour $x = 0$, et par conséquent lorsque le module de x est le plus petit possible, elles ne seront jamais développables en séries convergentes ordonnées suivant les puissances ascendantes de x.

487. Les dérivées des fonctions que nous venons de nommer deviennent infinies et discontinues en même temps que ces fonctions. S'il en était toujours ainsi, on pourrait, dans l'énoncé du théorème général, omettre la condition relative à la dérivée première; mais on n'a pas, à cet égard, une certitude suffisante.

DES INTÉGRALES EULÉRIENNES. — DÉFINITION. — PROPRIÉTÉS DE L'INTÉGRALE DE PREMIÈRE ESPÈCE.

488. On nomme *intégrale eulérienne de première espèce* et l'on représente par $\mathrm{B}(p, q)$ l'intégrale

$$(1) \qquad \int_0^1 x^{p-1}(1-x)^{q-1}\,dx,$$

dans laquelle p et q désignent des nombres positifs. On verra, comme précédemment (480), que l'intégrale (1) aurait une valeur infinie si p ou q était négatif ou nul.

L'*intégrale eulérienne de seconde espèce* est l'expression déjà considérée (480, 483)

$$\Gamma(n) = \int_0^\infty e^{-x}x^{n-1}\,dx = \int_0^1 \left(\mathrm{l}\,\frac{1}{x}\right)^{n-1} dx.$$

489. L'intégrale de première espèce peut se mettre sous l'une des deux formes

$$\int_0^\infty \frac{y^{p-1}\,dy}{(1+y)^{p+q}}, \qquad 2\int_0^{\frac{\pi}{2}} (\sin\theta)^{2p-1}(\cos\theta)^{2q-1}\,d\theta,$$

en posant $x = \dfrac{y}{1+y}$ dans le premier cas, $x = \sin^2\theta$ dans le second.

490. L'intégrale de première espèce est une fonction symétrique de p et de q; car si l'on pose $x = 1 - y$, on a

$$\mathrm{B}(p, q) = \int_0^1 (1-y)^{p-1}y^{q-1}\,dy = \mathrm{B}(q, p).$$

On a donc

$$(2) \qquad \mathrm{B}(p, q) = \mathrm{B}(q, p).$$

491. On peut diminuer d'une unité chacun des exposants p et q. Car, en intégrant par parties, on a

$$\int x^p(1-x)^{q-1}dx = -\frac{x^p(1-x)^q}{q} + \frac{p}{q}\int x^{p-1}(1-x)^{q-1}(1-x)dx$$

$$= -\frac{x^p(1-x)^q}{q} + \frac{p}{q}\int x^{p-1}(1-x)^{q-1}dx - \frac{p}{q}\int x^p(1-x)^{q-1}dx;$$

donc, en prenant pour limites 0 et 1,

$$\text{(3)} \qquad B(p+1, q) = \frac{p}{q}B(p, q) - \frac{p}{q}B(p+1, q),$$

d'où

$$\text{(4)} \qquad B(p+1, q) = \frac{p}{p+q}B(p, q);$$

on aura de même

$$\text{(5)} \qquad B(p, q+1) = \frac{q}{p+q}B(p, q).$$

RELATIONS ENTRE LES INTÉGRALES DE PREMIÈRE ET DE SECONDE ESPÈCE.

492. Toute intégrale de première espèce peut s'exprimer au moyen de deux intégrales de seconde espèce.

En effet, si dans l'intégrale $\Gamma(p)$ on change x en y^2, on aura

$$\Gamma(p) = 2\int_0^\infty e^{-y^2}y^{2p-1}dy.$$

On aura aussi

$$\Gamma(q) = 2\int_0^\infty e^{-x^2}x^{2q-1}dx;$$

donc

$$\Gamma(p)\Gamma(q) = 4\int_0^\infty\int_0^\infty e^{-x^2-y^2}x^{2q-1}y^{2p-1}dx\,dy.$$

Le second membre représente le volume compris entre la surface qui a pour équation

$$z = e^{-x^2-y^2}x^{2q-1}y^{2p-1}$$

et les plans coordonnés; en prenant des coordonnées

polaires r et θ, ce volume sera encore représenté par

$$2\int_0^{\frac{\pi}{2}} (\sin\theta)^{2p-1}(\cos\theta)^{2q-1}d\theta \times 2\int_0^{\infty} e^{-r^2}r^{2p+2q-1}dr.$$

Or, le premier facteur est égal à $B(p, q)$ (489), et le second à $\Gamma(p+q)$; on a donc

$$\Gamma(p)\Gamma(q) = B(p, q)\Gamma(p+q),$$

d'où

$$(1) \qquad B(p, q) = \frac{\Gamma(p)\Gamma(q)}{\Gamma(p+q)}.$$

493. Si dans le premier membre de l'équation précédente on pose $x = \frac{u}{a}$, on aura

$$\int_0^{a} \frac{u^{p-1}}{a^{p-1}} \frac{(a-u)^{q-1}}{a^{q-1}} \frac{du}{a} = \frac{\Gamma(p)\Gamma(q)}{\Gamma(p+q)};$$

d'où

$$(2) \qquad \int_0^{a} u^{p-1}(a-u)^{q-1}du = a^{p+q-1}\frac{\Gamma(p)\Gamma(q)}{\Gamma(p+q)}.$$

INTÉGRALES MULTIPLES QUI S'EXPRIMENT A L'AIDE DES FONCTIONS Γ.

494. La formule (2) est un cas particulier d'une formule plus générale au moyen de laquelle on exprime par des fonctions Γ l'intégrale multiple

$$\int\int\int \ldots x^{p-1}y^{q-1}z^{r-1}\ldots(a-x-y-z\ldots)^{s-1}dx\,dy\,dz\ldots,$$

étendue à toutes les valeurs positives de $x, y, z, \ldots,$ qui satisfont à l'inégalité

$$x+y+z+\ldots < a.$$

En effet, soit, pour fixer les idées, l'intégrale triple

$$A = \int_0^{a} x^{p-1}dx \int_0^{a-x} y^{q-1}dy \int_0^{a-x-y} z^{r-1}(a-x-y-z)^{s-1}dz.$$

J'intègre d'abord par rapport à z, et j'ai pour résultat

$$(a-x-y)^{r+s-1}\frac{\Gamma(r)\Gamma(s)}{\Gamma(r+s)}.$$

Multiplions par $y^{q-1}dy$ et intégrons par rapport à y depuis $y=0$ jusqu'à $y=a-x$, nous aurons

$$(a-x)^{q+r+s-1}\frac{\Gamma(q)\Gamma(r+s)}{\Gamma(q+r+s)}\frac{\Gamma(r)\Gamma(s)}{\Gamma(r+s)},$$

ou

$$(a-x)^{q+r+s-1}\frac{\Gamma(q)\Gamma(r)\Gamma(s)}{\Gamma(q+r+s)}.$$

Enfin, multiplions par $x^{p-1}dx$ et intégrons de $x=0$ à $x=a$, il vient

(1) $$A=a^{p+q+r+s-1}\frac{\Gamma(p)\Gamma(q)\Gamma(r)\Gamma(s)}{\Gamma(p+q+r+s)}.$$

Si dans cette formule on fait $s=1$, $a=1$, on aura

$$\int\!\!\int\!\!\int x^{p-1}y^{q-1}z^{r-1}dx\,dy\,dz=\frac{\Gamma(p)\Gamma(q)\Gamma(r)}{\Gamma(p+q+r+1)},$$

l'intégrale étant prise pour toutes les valeurs positives de x, y, z qui satisfont à l'inégalité

$$x+y+z<1.$$

495. De là on déduit la valeur de l'intégrale

$$B=\int\!\!\int\!\!\int x^{p-1}y^{q-1}z^{r-1}dx\,dy\,dz,$$

étendue à toutes les valeurs positives de x, y, z pour lesquelles la somme $\left(\frac{x}{a}\right)^\alpha+\left(\frac{y}{b}\right)^\beta+\left(\frac{z}{c}\right)^\gamma$ est inférieure ou au plus égale à 1. Car en posant

$$\left(\frac{x}{a}\right)^\alpha=\xi,\quad \left(\frac{y}{b}\right)^\beta=\eta,\quad \left(\frac{z}{c}\right)^\gamma=\zeta,$$

l'intégrale cherchée devient

$$\frac{a^p b^q c^r}{\alpha\beta\gamma}\int\!\!\int\!\!\int \xi^{\frac{p}{\alpha}-1}\eta^{\frac{q}{\beta}-1}\zeta^{\frac{r}{\gamma}-1}d\xi\,d\eta\,d\zeta,$$

avec la condition $\xi + \eta + \zeta < 1$. Donc

$$(2)\qquad B = \frac{a^p b^q c^r}{\alpha\beta\gamma} \cdot \frac{\Gamma\left(\frac{p}{\alpha}\right)\Gamma\left(\frac{q}{\beta}\right)\Gamma\left(\frac{r}{\gamma}\right)}{\Gamma\left(\frac{p}{\alpha}+\frac{q}{\beta}+\frac{r}{\gamma}+1\right)}.$$

APPLICATIONS A LA RECHERCHE DES VOLUMES ET DES CENTRES DE GRAVITÉ.

496. La formule (2) permet d'obtenir le volume compris entre les plans coordonnés et la surface dont l'équation est

$$\left(\frac{x}{a}\right)^\alpha + \left(\frac{y}{b}\right)^\beta + \left(\frac{z}{c}\right)^\gamma = 1.$$

Par exemple, en faisant $\alpha = \beta = \gamma = 2$, $p = q = r = 1$, l'intégrale désignée par B (493) représentera le volume V du 8e de l'ellipsoïde dont les axes sont $2a$, $2b$, $2c$. On aura donc

$$V = \frac{abc}{8} \cdot \frac{\left[\Gamma\left(\frac{1}{2}\right)\right]^3}{\Gamma\left(\frac{3}{2}+1\right)};$$

mais (461)

$$\Gamma\left(\frac{3}{2}+1\right) = \frac{3}{2}\Gamma\left(\frac{3}{2}\right) = \frac{3}{4}\Gamma\left(\frac{1}{2}\right),$$

d'ailleurs (492, 471)

$$\Gamma\left(\frac{1}{2}\right) = 2\int_0^\infty e^{-x^2}dx = \sqrt{\pi};$$

donc

$$V = \frac{\pi abc}{6}.$$

497. Si l'on demande les coordonnées x_1, y_1, z_1 du centre de gravité de ce volume, il faudra prendre la formule

$$Vx_1 = \int\int\int x\,dx\,dy\,dz,$$

et l'on aura, en faisant $\alpha = \beta = \gamma = 2$, $p = 2$, $q = r = 1$,

$$V x_1 = \frac{a^2 bc}{8} \frac{\Gamma(1)\left[\Gamma\left(\frac{1}{2}\right)\right]^2}{\Gamma(3)} = \frac{\pi a^2 bc}{16},$$

d'où

$$x_1 = \frac{3}{8} a.$$

On trouverait de la même manière $y_1 = \frac{3}{8} b$, $z_1 = \frac{3}{8} c$.

EXERCICES.

1. *Démontrer la relation*

$$\Gamma\left(\frac{1}{n}\right)\Gamma\left(\frac{2}{n}\right)\Gamma\left(\frac{3}{n}\right)\cdots\Gamma\left(\frac{n-1}{n}\right) = (2\pi)^{\frac{n-1}{2}} n^{-\frac{1}{2}},$$

n désignant un nombre entier et positif.

2. $$\int_0^1 \frac{x^{a-1}(1-x)^{b-1}}{(x+h)^{a+b}} dx = \frac{1}{h^b(1+h)^a} \frac{\Gamma(a)\Gamma(b)}{\Gamma(a+b)}.$$

3. $$\int_0^1 \frac{1x}{\sqrt{1-x^2}} dx = \frac{\pi}{2} 1 \tfrac{1}{2}$$

4. $$\int_0^\infty e^{-\left(x^2+\frac{a^2}{x^2}\right)} dx = \frac{\sqrt{\pi}}{2} e^{-2a}.$$

QUARANTIÈME LEÇON.

INTÉGRATION DES DIFFÉRENTIELLES TOTALES ET DES ÉQUATIONS DIFFÉRENTIELLES.

Condition d'intégrabilité et intégration dans le cas de deux variables. — Extension au cas d'un nombre quelconque de variables. — Équations différentielles. — Définitions. — Équations du premier ordre. — Séparation des variables. — Équations homogènes. — Équations rendues homogènes.

CONDITION D'INTÉGRABILITÉ DES FONCTIONS DE DEUX VARIABLES.

498. Intégrer une expression différentielle de la forme $M\,dx + N\,dy + P\,dz\ldots$, c'est chercher une fonction de $x, y, z\ldots$, dont cette expression soit la différentielle totale.

Une différentielle relative à une seule variable a toujours une intégrale (I, 320); il n'en est pas toujours ainsi d'une fonction différentielle de plusieurs variables, et certaines conditions doivent être remplies pour qu'une telle expression soit la différentielle totale d'une fonction. En effet, si $u = f(x, y)$, on a

$$du = \frac{du}{dx}dx + \frac{du}{dy}dy,$$

et

$$\frac{d\frac{du}{dx}}{dy} = \frac{d\frac{du}{dy}}{dx};$$

donc, si $M\,dx + N\,dy$ représente la différentielle totale de la fonction u, on aura

$$M = \frac{du}{dx}, \quad N = \frac{du}{dy}$$

et

$$\frac{dM}{dy} = \frac{dN}{dx}. \tag{1}$$

L'expression $M\,dx + N\,dy$ ne pourra donc être intégrée si cette relation n'a pas lieu.

499. Si la condition (I) est remplie, $M\,dx + N\,dy$ sera la différentielle totale d'une fonction u. En d'autres termes, il existera une fonction u telle que l'on ait

$$\frac{du}{dx} = M, \quad \frac{du}{dy} = N.$$

En effet, cherchons une fonction u telle que l'on ait

$$(1) \qquad du = M\,dx + N\,dy.$$

La fonction cherchée, devant avoir $M\,dx$ pour différentielle par rapport à x, sera égale à l'intégrale de $M\,dx$ augmentée d'une quantité $\varphi(y)$ indépendante de x, mais fonction de y; u sera donc de la forme

$$u = \int M\,dx + \varphi(y) = v + \varphi(y),$$

en posant $v = \int M\,dx$.

Il reste à déterminer $\varphi(y)$ de manière que $\frac{du}{dy} = N$. Or, on a

$$\frac{du}{dy} = \frac{dv}{dy} + \frac{d\varphi}{dy}$$

d'où

$$\frac{d\varphi}{dy} = N - \frac{dv}{dy}.$$

On voit par là que $N - \frac{dv}{ay}$ ne doit pas contenir x. On aura donc

$$\frac{d\left(N - \frac{dv}{dy}\right)}{dx} = 0,$$

ou

$$\frac{dN}{dx} = \frac{d\frac{dv}{dy}}{dx} = \frac{d\frac{dv}{dx}}{dy} = \frac{dM}{dy}.$$

On retrouve ainsi la condition

$$\frac{dN}{dx} = \frac{dM}{dy}.$$

Si cette condition est remplie, on aura

$$\varphi(y) = \int\left(N - \frac{dv}{dy}\right)dy,$$

et, par suite,

$$(2) \qquad u = \int M\,dx + \int\left(N - \frac{dv}{dy}\right)dy.$$

Exemple :

$$du = \left[\frac{1}{x} - \frac{y^2}{(x-y)^2}\right]dx + \left[\frac{x^2}{(x-y)^2} - \frac{1}{y}\right]dy.$$

On a :

$$\frac{dM}{dy} = -\frac{2yx}{(x-y)^2} = \frac{dN}{dx};$$

$$u = \int M\,dx + \varphi(y) = lx + \frac{y^2}{x-y} + \varphi(y);$$

$$\frac{du}{dy} = \frac{dv}{dy} + \frac{d\varphi}{dy} = \frac{2xy - y^2}{(x-y)^2} + \frac{d\varphi}{dy} = \frac{x^2}{(x-y)^2} - \frac{1}{y};$$

$$\frac{d\varphi}{dy} = 1 - \frac{1}{y}, \quad \varphi = y - ly + C;$$

$$u = \frac{xy}{x-y} + l\frac{x}{y} + C.$$

EXTENSION AU CAS DE PLUSIEURS VARIABLES.

500. Soit

$$M\,dx + N\,dy + P\,dz = du,$$

c'est-à-dire

$$\frac{du}{dx} = M, \quad \frac{du}{dy} = N, \quad \frac{du}{dz} = P;$$

on aura

$$\frac{d\frac{du}{dx}}{dy} = \frac{d\frac{du}{dy}}{dx}, \quad \frac{d\frac{du}{dx}}{dz} = \frac{d\frac{du}{dz}}{dx}, \quad \frac{d\frac{du}{dy}}{dz} = \frac{d\frac{du}{dz}}{dy},$$

ou bien

$$\text{(II)} \qquad \frac{dM}{dy} = \frac{dN}{dx}, \quad \frac{dM}{dz} = \frac{dP}{dx}, \quad \frac{dN}{dz} = \frac{dP}{dy}.$$

Telles sont les conditions nécessaires pour que la formule proposée soit intégrable.

501. Réciproquement, si ces conditions sont remplies, la formule proposée est intégrable. En effet, cherchons une fonction u telle que

$$(1) \qquad du = M\,dx + N\,dy + P\,dz.$$

Puisque la différentielle de u, par rapport à x, doit être $M\,dx$, on aura

$$u = \int M\,dx + \varphi(y, z) = v + \varphi(y, z),$$

en posant $v = \int M\,dx$.

Maintenant il faudra que l'on ait

$$\frac{du}{dy} = N, \quad \frac{du}{dz} = P,$$

c'est-à-dire

$$\frac{dv}{dy} + \frac{d\varphi}{dy} = N, \quad \frac{dv}{dz} + \frac{d\varphi}{dz} = P,$$

ou bien

$$\frac{d\varphi}{dy} = N - \frac{dv}{dy}, \quad \frac{d\varphi}{dz} = P - \frac{dv}{dz}.$$

Or, $\frac{d\varphi}{dy}$ et $\frac{d\varphi}{dz}$ ne doivent contenir que y et z, par hypothèse; donc on aura

$$\frac{d\left(N - \frac{dv}{dy}\right)}{dx} = 0, \quad \frac{d\left(P - \frac{dv}{dz}\right)}{dx} = 0,$$

ou

$$(2) \qquad \frac{dN}{dx} = \frac{dM}{dy}, \quad \frac{dP}{dx} = \frac{dM}{dz}.$$

En outre, la fonction φ doit satisfaire à la condition

$$\frac{d\frac{d\varphi}{dy}}{dz} = \frac{d\frac{d\varphi}{dz}}{dy};$$

on aura donc

$$\frac{d\left(\mathrm{N} - \frac{dv}{dy}\right)}{dz} = \frac{d\left(\mathrm{P} - \frac{dv}{dz}\right)}{dy},$$

ou

$$(3) \qquad \frac{d\mathrm{N}}{dz} = \frac{d\mathrm{P}}{dy}.$$

Si les trois conditions (2) et (3) sont remplies, il existera (499) une fonction φ de y et de z telle, que

$$d\varphi = \left(\mathrm{N} - \frac{dv}{dy}\right) dy + \left(\mathrm{P} - \frac{dv}{dz}\right) dz,$$

et l'on aura

$$u = v + \varphi.$$

802. La méthode précédente s'étend à un nombre quelconque de variables. En général, $\frac{n(n-1)}{2}$ est le nombre des conditions nécessaires et suffisantes pour l'intégrabilité d'une formule, n étant le nombre des variables.

ÉQUATIONS DIFFÉRENTIELLES. — DÉFINITIONS.

803. On nomme *équation différentielle du $n^{ième}$ ordre* une relation entre une variable, une fonction de cette variable, et les dérivées ou différentielles de divers ordres de cette fonction jusqu'au $n^{ième}$ ordre inclusivement.

Une équation différentielle du premier ordre à deux variables sera donc de la forme

$$\mathrm{F}\left(x, y, \frac{dy}{dx}\right) = 0.$$

En la résolvant par rapport à $\frac{dy}{dx}$, on aura une ou plusieurs équations de la forme

$$\frac{dy}{dx}=f(x,y),\quad \text{ou}\quad M\,dx+N\,dy=0$$

M et N étant des fonctions connues de x et de y.

INTÉGRATION DES ÉQUATIONS DU PREMIER ORDRE. — SÉPARATION DES VARIABLES.

504. L'intégration s'effectue immédiatement quand les variables peuvent être séparées, c'est-à-dire quand il est possible de mettre l'équation sous la forme

$$\varphi(x)\,dx=\psi(y)\,dy;$$

on aura

$$\int\varphi(x)\,dx=\int\psi(y)\,dy+C.$$

C'est ce qui arrive si l'équation est de la forme

$$\frac{dy}{dx}=\varphi(x)\,\psi(y):$$

on sépare les variables en écrivant

$$\varphi(x)\,dx=\frac{dy}{\psi(y)}.$$

505. Exemples :

1° $$x^m\,dx+y^n\,dy=0,$$

$$\frac{x^{m+1}}{m+1}+\frac{y^{n+1}}{n+1}=C.$$

2° $$x^2\,dy=(y+a)\,dx;$$

cette équation revient à

$$\frac{dy}{y+a}=\frac{dx}{x^2}.$$

On en déduit

$$l(y+a)=C-\frac{1}{x},$$

ou

$$y + a = e^{\frac{x^2}{2}}.$$

3° $$xy\,dx = (a - x)(y - b)\,dy,$$

d'où

$$\frac{y - b}{y}\,dy = \frac{x\,dx}{a - x}.$$

On en tire

$$y^b(a - x)^a = Ce^{x+y}.$$

ÉQUATIONS HOMOGÈNES.

506. On peut encore séparer les variables lorsque l'équation

(1) $$M\,dx + N\,dy = 0$$

est *homogène*, c'est-à-dire quand M et N sont des *fonctions* homogènes et du même degré des variables x et y. On a, dans ce cas, m étant le degré de l'homogénéité,

$$M = x^m \varphi\left(\frac{y}{x}\right), \quad N = x^m \psi\left(\frac{y}{x}\right).$$

L'équation différentielle, divisée par x^m, devient donc

(2) $$\varphi\left(\frac{y}{x}\right)dx + \psi\left(\frac{y}{x}\right)dy = 0.$$

Si l'on pose

$$\frac{y}{x} = z, \quad \text{d'où} \quad dy = x\,dz + z\,dx,$$

l'équation (2) deviendra, en divisant par $x[\varphi(z) + z\psi(z)]$:

(3) $$\frac{dx}{x} + \frac{\psi(z)\,dz}{\varphi(z) + z\psi(z)} = 0,$$

d'où

$$lx + \int \frac{\psi(z)\,dz}{\varphi(z) + z\psi(z)} = C.$$

507. Exemples. — 1°

$$(1) \qquad x\,dy - y\,dx = dx\sqrt{x^2+y^2}.$$

Cette équation est homogène et du premier degré. En appliquant la méthode précédente, on la ramène d'abord à

$$\frac{dx}{x} = \frac{dz}{\sqrt{1+z^2}},$$

d'où l'on tire, en intégrant,

$$\mathrm{l}x = \mathrm{l}c\left(z+\sqrt{1+z^2}\right),$$

ou

$$\frac{x}{z+\sqrt{1+z^2}} = c;$$

ce qui donne, en remplaçant z par $\frac{y}{x}$, et en faisant disparaître le radical,

$$(2) \qquad x^2 = 2cy + c^2.$$

On parvient à l'équation différentielle (1) quand on résout ce problème : *Trouver une courbe* MNP *telle, que le rayon vecteur* OM *soit égal au segment* OT *compris entre l'origine et le point où la tangente* MT *rencontre l'axe des* y. D'après l'équation (2), cette propriété appartient à toutes les paraboles qui ont pour axe la droite Oy et pour foyer le point O.

Fig. 106.

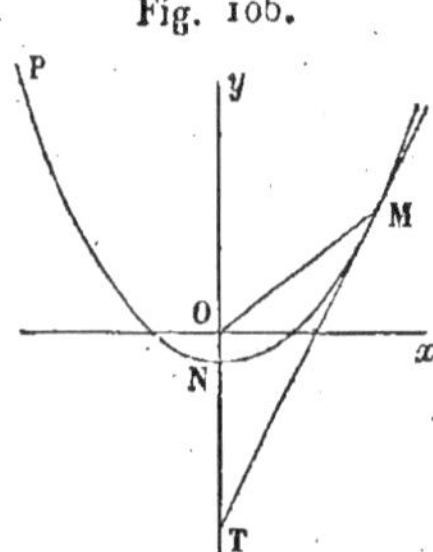

$$2^\circ. \qquad x\,dx + y\,dy = 2ny\,dx.$$

On trouve

$$\mathrm{l}x + \int \frac{z\,dz}{1-2nz+z^2} = \mathrm{C},$$

ou

$$lx + \frac{1}{2}l(1 - 2nz + z^2) + \int \frac{n\,dz}{1 - 2nz + z^2} = C.$$

Quand $n = 1$, on arrive à l'équation intégrale

$$(x - y)e^{\frac{y}{x-y}} = C.$$

3°
$$\int y\,dx = \frac{y^3}{x}.$$

En différentiant, on a

$$y\,dx = \frac{3y^2x\,dy - y^3dx}{x^2},$$

équation homogène dont l'intégrale est

$$(x^2 - 2y^2)^3 = Cx^2.$$

4°
$$(mx + ny)\,dx + (px + qy)\,dy = 0.$$

On a

$$lx + \int \frac{(p + qz)\,dz}{m + (n + p)z + qz^2} = C,$$

et l'intégration peut toujours s'achever.

ÉQUATIONS QUE L'ON PEUT RENDRE HOMOGÈNES.

808. On peut quelquefois rendre homogène une équation qui ne présente pas ce caractère. C'est ce qui arrive pour l'équation

$$(1)\qquad (a + mx + ny)\,dx + (b + px + qy)\,dy = 0.$$

En posant

$$x = x' + \alpha, \quad y = y' + \beta,$$

on a

$$(a + m\alpha + n\beta + mx' + ny')dx' + (b + p\alpha + q\beta + px' + qy')dy'.$$

Il suffira, pour rendre cette équation homogène, de poser

$$a + m\alpha + n\beta = 0,$$
$$b + p\alpha + q\beta = 0;$$

d'où l'on tire

$$\alpha = \frac{bn - aq}{mq - np}, \quad 6 = \frac{ap - bm}{mq - np},$$

et il restera l'équation

$$(2) \qquad (mx' + ny')\,dx' + (px' + qy')\,dy' = 0.$$

509. Cette transformation est impossible si $mq - np = 0$. Dans ce cas, on a $q = \frac{np}{m}$, et l'équation (1) devient

$$m(a + mx + ny)\,dx + [mb + (mx + ny)p]\,dy = 0.$$

On pose

$$mx + ny = z,$$

d'où

$$dy = \frac{dz - m\,dx}{n};$$

il en résulte

$$m(a + z)\,dx + (bm + pz)\frac{dz - m\,dx}{n} = 0$$

et

$$(3) \qquad m\,dx = \frac{(bm + pz)\,dz}{bm - an + (p - n)z},$$

équation où les variables sont séparées.

Si, en même temps que $mq - np = 0$, on a $q = 0$, il faut que n ou $p = 0$, et les variables se séparent immédiatement.

510. L'équation (1) peut encore s'intégrer en posant

$$a + mx + ny = u, \quad b + px + qy = v;$$

d'où

$$m\,dx + n\,dy = du, \quad p\,dx + q\,dy = dv.$$

Les valeurs de x, y, dx, dy, tirées de ces équations et substituées dans la proposée, conduisent à une équation homogène en u et v.

EXERCICES.

1. *Intégrer l'équation différentielle*

$$(x^2+y^2)\,dx + \frac{x^3-5x^2y}{x+y}\,dy = 0.$$

SOLUTION :

$$\frac{x^2(y-x)^4}{(y^2-3xy-x^2)^3}\left[\frac{2y+(\sqrt{13}-3)x}{2y-(\sqrt{13}+3)x}\right]^{\sqrt{13}} = C.$$

2. $$(3y^2x+2x^3)\,dx + y^3\,dy = 0.$$

SOLUTION :

$$y^2+2x^2 = C\sqrt{x^2+y^2}.$$

3. $$xy\,dy - y^2\,dx = (x+y)^2 e^{-\frac{y}{x}}\,dx.$$

SOLUTION :

$$(x+y)\,l\frac{x}{C} = xe^{\frac{y}{x}}.$$

QUARANTE ET UNIÈME LEÇON.

SUITE DE L'INTÉGRATION DES ÉQUATIONS DU PREMIER ORDRE.

Équations linéaires. — Équations qui se ramènent aux équations linéaires. — Problème de de Beaune. — Problème des trajectoires. — Équations du premier ordre et d'un degré quelconque. — Cas où l'équation ne renferme pas explicitement les variables, ou l'une des variables. — Cas où l'équation peut être résolue par rapport à l'une des variables

---

ÉQUATIONS LINÉAIRES.

511. On appelle *équation linéaire du premier ordre* une équation de la forme

$$\frac{dy}{dx} + Py = Q, \tag{1}$$

dans laquelle P et Q désignent des fonctions de x. Pour l'intégrer, on pose

$$y = uz;$$

d'où l'on tire

$$u\frac{dz}{dx} + \left(\frac{du}{dx} + Pu\right)z = Q. \tag{2}$$

On peut prendre à volonté un des facteurs de y : en posant

$$\frac{du}{dx} + Pu = 0, \tag{3}$$

l'équation (2) se réduit à

$$u\frac{dz}{dx} = Q \tag{4}$$

L'équation (3) donne

$$\frac{du}{u} = -P\,dx, \quad \text{d'où} \quad lu = -\int P\,dx, \quad \text{ou} \quad u = e^{-\int P\,dx}.$$

On n'ajoute pas de constante à cette intégrale, parce qu'il suffit qu'une valeur particulière de u satisfasse à l'équation (3).

En remplaçant u par $e^{-\int P dx}$ dans l'équation (4), on aura

$$\frac{dz}{dx} = Qe^{\int P dx}, \quad \text{d'où} \quad z = \int Qe^{\int P dx} dx + C,$$

et, par conséquent,

$$y = e^{-\int P dx}\left(\int Qe^{\int P dx} dx + C\right).$$

512. Exemples.

1°
$$\frac{dy}{dx} + y = x^3,$$

$$y = e^{-\int dx}\left(\int x^3 e^{\int dx} dx + C\right),$$

ou

$$y = Ce^{-x} + x^3 - 3x^2 + 6x - 6.$$

2°
$$(1 + x^2)\frac{dy}{dx} - xy = a.$$

Ici

$$P = \frac{-x}{1 + x^2}, \quad -\int P dx = \int \frac{x dx}{1 + x^2} = l\sqrt{1 + x^2};$$

donc

$$y = \sqrt{1 + x^2}\left[\int \frac{a dx}{(1 + x^2)^{\frac{3}{2}}} + C\right].$$

Mais

$$\int \frac{a dx}{(1 + x^2)^{\frac{3}{2}}} = \frac{ax}{\sqrt{1 + x^2}} + C;$$

donc

$$y = ax + C\sqrt{1 + x^2}.$$

ÉQUATIONS QUI SE RAMÈNENT AUX ÉQUATIONS LINÉAIRES.

513. On ramène aux équations linéaires les équations de la forme

$$\frac{dy}{dx} + Py = Qy^n,$$

ou

$$y^{-n}\frac{dy}{dx}+Py^{1-n}=Q.$$

En effet, si l'on pose $\frac{y^{1-n}}{1-n}=z$, d'où $y^{-n}dy=dz$, on aura l'équation linéaire

$$\frac{dz}{dx}+(1-n)Pz=Q.$$

514. On peut encore opérer directement sur l'équation proposée comme on l'a fait au n° 511. En posant $y=uz$, on aura

$$u\frac{dz}{dx}+z\left(\frac{du}{dx}+Pu\right)=Qu^nz^n,$$

équation qui se partage en deux :

$$\frac{du}{dx}+Pu=0,\quad \frac{dz}{dx}=Qu^{n-1}z^n.$$

On en tire

$$u=e^{-\int Pdx},\quad \frac{dz}{z^n}=Qe^{(1-n)\int Pdx}dx,$$

$$z^{1-n}=(1-n)\left(\int Qe^{(1-n)\int Pdx}dx+C\right),$$

et enfin

$$y^{1-n}=(1-n)\,e^{(n-1)\int Pdx}\left(\int Qe^{(1-n)\int Pdx}dx+C\right).$$

515. On peut obtenir l'intégrale générale de l'équation

$$(1)\qquad \frac{dy}{dx}+Py=Qy^2+R,$$

quand on en connaît une intégrale particulière. Soit u une fonction qui satisfasse à cette équation sans renfermer de constante arbitraire. Posons $y=u+z$, il vient

$$\frac{du}{dx}+\frac{dz}{dx}+Pu+Pz=Qu^2+2Quz+Qz^2+R;$$

mais on a, par hypothèse,

$$\frac{du}{dx} + Pu = Qu^2 + R;$$

l'équation (1) se réduit donc à

$$(2) \qquad \frac{dz}{dx} + (P - 2Qu)z = Qz^2$$

qu'on sait intégrer (513).

Par exemple, l'équation

$$\frac{dy}{dx} + Py = Qy^2 + 1 + Px - Qx^2$$

est satisfaite par $y = x$, et se ramène à l'équation

$$\frac{dz}{dx} + (P - 2Qx)z = Qz^2.$$

Si l'équation renfermait une puissance de y supérieure à y^2, la même substitution ferait disparaître R, mais elle introduirait de nouvelles puissances de z.

PROBLÈME DE DE BEAUNE.

516. *Trouver une courbe telle, que la sous-tangente soit à l'ordonnée comme une ligne constante est à la différence entre l'ordonnée et l'abscisse.*

L'équation différentielle de la courbe est

$$\frac{dy}{dx} = \frac{y - x}{a},$$

ou

$$\frac{dy}{dx} - \frac{1}{a}y = -\frac{1}{a}x,$$

équation linéaire et du premier ordre. En appliquant la formule du n° 511, on trouve pour intégrale

$$y = x + a + Ce^{\left(\frac{x}{a}\right)}.$$

Cette équation se simplifie quand on prend pour axe des x' la droite qui a pour équation

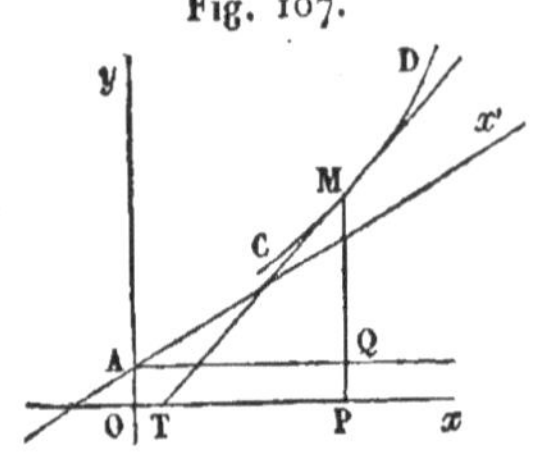

Fig. 107.

$$y = x + a,$$

en conservant le même axe des y; les formules de transformation sont dans ce cas

$$y = y' + \frac{x'}{\sqrt{2}} + a, \quad x = \frac{x'}{\sqrt{2}},$$

et l'équation de la courbe devient

$$y' = Ce^{\frac{x'}{a\sqrt{2}}}.$$

PROBLÈME DES TRAJECTOIRES.

517. *Trouver une courbe qui coupe sous un angle donné toutes les courbes renfermées dans l'équation*

$$(1) \qquad F(x, y, a) = 0,$$

a étant un paramètre variable.

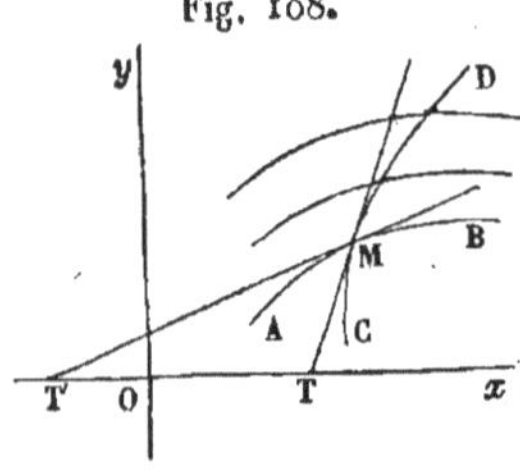

Fig. 108.

Soient x et y les coordonnées du point M commun à l'une des courbes AB et à la trajectoire CD, m la tangente de l'angle donné, enfin T' et T les angles que les tangentes à la courbe AB et à la trajectoire au point (x, y) font avec l'axe des x; on a

$$m = \frac{\tang T - \tang T'}{1 + \tang T \tang T'}.$$

Mais

$$\tang T = \frac{dy}{dx}, \quad \tang T' = -\frac{\frac{dF}{dx}}{\frac{dF}{dy}};$$

donc

$$m\left(1-\frac{dy}{dx}\,\frac{\frac{dF}{dx}}{\frac{dF}{dy}}\right)=\frac{dy}{dx}+\frac{\frac{dF}{dx}}{\frac{dF}{dy}},$$

ou encore

$$(2)\qquad m\left(\frac{dF}{dy}-\frac{dF}{dx}\,\frac{dy}{dx}\right)=\frac{dF}{dx}+\frac{dF}{dy}\,\frac{dy}{dx}.$$

L'élimination de a entre les équations (1) et (2) donnera l'équation différentielle du lieu.

818. Soit, par exemple,

$$y^n = ax^p.$$

On aura

$$m\left(ny^{n-1}+apx^{p-1}\frac{dy}{dx}\right)+apx^{p-1}-ny^{n-1}\frac{dy}{dx}=0.$$

Si l'on élimine a, après avoir multiplié la dernière équation par x, on aura, en divisant par y^{n-1},

$$m\left(nx+py\frac{dy}{dx}\right)-nx\frac{dy}{dx}+py=0,$$

ou

$$(mpy-nx)\frac{dy}{dx}+mnx+py=0,$$

équation homogène que l'on sait intégrer.

En particulier, si l'on suppose $n=p=1$, c'est-à-dire si l'on demande les trajectoires des droites représentées par l'équation

$$y=ax,$$

l'équation différentielle sera

$$m(x\,dx+y\,dy)+y\,dx-x\,dy=0;$$

divisée par x^2+y^2 et intégrée, elle donne

$$m\,l(x^2+y^2)^{\frac{1}{2}}=\text{arc tang}\,\frac{y}{x}+C,$$

et, en prenant des coordonnées polaires,

$$m\,l\,r = \theta + C, \quad \text{ou} \quad r = e^{\frac{\theta + C}{m}} = ce^{\frac{\theta}{m}}.$$

Donc les courbes qui coupent sous le même angle toutes les droites menées par l'origine sont des spirales logarithmiques semblables, ayant cette origine pour point asymptotique.

519. Le problème des trajectoires se simplifie quand l'angle donné est droit. Dans ce cas, les trajectoires sont dites *orthogonales*, et l'équation différentielle résulte de l'élimination de a entre les deux équations

$$F(x, y, a) = 0, \quad \frac{dF}{dx}dy - \frac{dF}{dy}dx = 0.$$

Ainsi, dans l'exemple du n° 518, il faut éliminer a entre les équations

$$y^n = ax^p, \quad ny^{n-1} + pax^{p-1}\frac{dy}{dx} = 0,$$

ce qui donne l'équation

$$nx + py\frac{dy}{dx} = 0,$$

dont l'intégrale est

$$nx^2 + py^2 = C.$$

Suivant que n et p seront de même signe ou de signes contraires, cette équation représentera une infinité d'ellipses ou d'hyperboles semblables et concentriques.

Si l'on se proposait de chercher les trajectoires orthogonales des courbes données par l'équation

$$nx^2 + py^2 = C,$$

on devrait évidemment retrouver l'équation

$$y^n = ax^p$$

dans laquelle a est une constante arbitraire.

ÉQUATION DU PREMIER ORDRE ET D'UN DEGRÉ QUELCONQUE. — CAS OU L'ÉQUATION NE CONTIENT PAS EXPLICITEMENT x ET y.

820. Soit

$$F\left(x, y, \frac{dy}{dx}\right) = 0,$$

ou, en posant $\frac{dy}{dx} = p$,

$$F(x, y, p) = 0$$

une équation différentielle du premier ordre et d'un degré quelconque par rapport à $\frac{dy}{dx}$. S'il est possible de la résoudre par rapport à $\frac{dy}{dx}$, on aura une ou plusieurs équations du premier degré que l'on tâchera d'intégrer.

821. Si l'équation se réduit à

$$F(p) = 0,$$

et qu'on puisse la résoudre par rapport à p, on aura plusieurs valeurs de p :

$$p = a, \quad p = a', \quad p = a'', \ldots;$$

de là les solutions

$$y = ax + C, \quad y = a'x + C', \ldots,$$

comprises dans l'équation unique

$$(y - ax - C)(y - a'x - C')(y - a''x - C'') \ldots = 0.$$

On ne diminue pas la généralité de cette intégrale en admettant que la même constante arbitraire C entre dans tous les facteurs; l'équation précédente peut alors s'écrire

$$\left(\frac{y - C}{x} - a\right)\left(\frac{y - C}{x} - a'\right) \cdots = 0,$$

ou bien

$$F\left(\frac{y - C}{x}\right) = 0,$$

résultat qu'on obtiendrait encore en éliminant α entre les équations

$$F(\alpha) = 0, \quad y = \alpha x + C.$$

Exemple.

$$\left(\frac{dy}{dx}\right)^2 - a^2 = 0:$$

on aura

$$\left(\frac{y - C}{x}\right)^2 - a^2 = 0,$$

d'où

$$y = \pm ax + C.$$

ÉQUATIONS QUI NE RENFERMENT PAS L'UNE DES VARIABLES.

522. Supposons maintenant que l'équation différentielle ne renferme pas y et qu'elle soit de la forme

$$F\left(\frac{dy}{dx}, x\right) = 0.$$

Si l'on peut la résoudre par rapport à $\frac{dy}{dx}$ et en tirer

$$\frac{dy}{dx} = f(x),$$

on aura $y = \int f(x)\,dx$, et le problème sera ramené à une quadrature.

Exemples.

1°

$$\left(\frac{dy}{dx}\right)^2 - ax = 0.$$

On en tire

$$\frac{dy}{dx} = \pm\sqrt{ax},$$

$$y = \pm\int\sqrt{ax}\,dx = \pm\frac{2}{3}x\sqrt{ax} + C,$$

ou

$$(y - C)^2 - \frac{4}{9}ax^3 = 0.$$

2°

$$\frac{dy^2}{dx^2} - (a + x)\frac{dy}{dx} + ax = 0.$$

On déduit de cette équation

$$\frac{dy}{dx}=a, \quad \frac{dy}{dx}=x,$$

d'où les deux solutions

$$y=ax+C, \quad y=\frac{x^2}{2}+C.$$

523. Si l'équation ne peut pas être résolue par rapport à, p mais qu'on la puisse résoudre par rapport à x, on aura

$$(1) \qquad x=f(p),$$

d'où

$$dy=pdx=p.df(p),$$

$$y=\int p.df(p)+C,$$

ou

$$(2) \qquad y=pf(p)-\int f(p)\,dp+C;$$

on aura l'intégrale en éliminant p entre les équations (1) et (2).

524. Si l'équation différentielle ne contient pas x et qu'on puisse la résoudre par rapport à y, on aura

$$y=f(p), \quad dx=\frac{df(p)}{p}=\frac{f'(p)\,dp}{p},$$

d'où

$$x=\int\frac{f'(p)}{p}dp+C.$$

CAS OU L'ÉQUATION PEUT ÊTRE RÉSOLUE PAR RAPPORT A L'UNE DES VARIABLES.

525. Si l'équation contient x, y et p, et qu'elle puisse se résoudre par rapport à l'une des variables, y par exemple, en sorte que l'on ait

$$y=f(x,p),$$

on aura

$$dy, \quad \text{ou} \quad p\,dx = \frac{df}{dx}\,dx + \frac{df}{dp}\,dp.$$

Si l'on peut intégrer cette équation, qui est du premier ordre et du premier degré, la relation cherchée s'obtiendra en éliminant p entre l'équation intégrale et l'équation $y = f(x, p)$.

526. Prenons pour exemple l'équation

$$(1) \qquad y = xf(p) + \varphi(p),$$

qui ne renferme x et y qu'au premier degré. On a

$$p\,dx = xf'(p)\,dp + f(p)\,dx + \varphi'(p)\,dp,$$

ou

$$\frac{dx}{dp} + \frac{f'(p)}{f(p) - p}\,x = -\frac{\varphi'(p)}{f(p) - p},$$

équation qui donne (511)

$$(2) \quad x = -e^{-\int \frac{f'(p)\,dp}{f(p)-p}} \left[\int \frac{\varphi'(p)}{f(p)-p}\, e^{\int \frac{f'(p)\,dp}{f(p)-p}}\, dp + C \right].$$

En éliminant p entre les équations (1) et (2), on aura l'intégrale demandée. Ordinairement cette élimination n'est pas praticable, parce que l'équation (2) contient des fonctions transcendantes de p; mais alors, en donnant à p une suite de valeurs arbitraires, les équations (1) et (2) détermineront les valeurs correspondantes de x et y.

527. Quand $f(p) = p$, l'équation (2) est illusoire. Mais alors l'équation (1) devient l'équation de Clairaut,

$$(\alpha) \qquad y = px + \varphi(p),$$

et en différentiant par rapport à x, on aura

$$p\,dx = p\,dx + x\,dp + \varphi'(p)\,dp,$$

d'où

$$dp[x + \varphi'(p)] = 0.$$

Cette équation peut être satisfaite de deux manières :

1° en posant

$$dp = 0, \quad \text{d'où} \quad p = C,$$

et, en substituant cette valeur de p dans (α),

$$(\beta) \qquad y = Cx + \varphi(C);$$

2° en posant

$$(\gamma) \qquad x + \varphi'(p) = 0;$$

on en déduira pour p une valeur $f(x)$ et l'on aura

$$(\delta) \qquad y = xf(x) + \varphi[f(x)],$$

relation qui ne contient aucune constante arbitraire et qui ne peut être déduite de l'intégrale générale en donnant à la constante une valeur particulière.

C'est ce qu'on nomme une *solution singulière*.

528. Les droites représentées par l'intégrale

$$y = Cx + \varphi(C)$$

sont tangentes à la courbe (δ). En effet, si l'on prend sur la courbe un point (x, y) correspondant à une valeur arbitraire de p, on a, en différentiant l'équation (δ),

$$\frac{dy}{dx} = p + [x + \varphi'(p)]\frac{dp}{dx} = p$$

Donc, en donnant à p une valeur quelconque C, on a pour ce point de la courbe $y = Cx + \varphi(C)$ et $\frac{dy}{dx} = C$. Donc, la tangente en ce point est la droite qui a pour équation $y = Cx + \varphi(C)$.

529. Nous avons dit que la seconde solution ne pouvait être déduite de l'intégrale générale en donnant à la constante une valeur particulière. Cela suppose que $\varphi'(p)$ n'est pas constant. Si $\varphi'(p)$ était égal à une constante b, on aurait

$$x + b = 0,$$

solution comprise dans l'intégrale générale en y faisant $C = \infty$ et $\frac{\varphi(C)}{C} = b$.

EXERCICES.

1. $$\frac{dy}{dx} - y = x^4.$$

SOLUTION :

$$y = Ce^x - x^4 - 4x^3 - 3.4.x^2 - 2.3.4x - 1.2.3.4.$$

2. *Trouver les trajectoires orthogonales des cercles inscrits dans un angle droit. Trouver l'asymptote sans intégrer. Prouver que les trajectoires sont des courbes semblables.*

3. $$y = x + 2\frac{dy}{dx} + \frac{dy^2}{dx^2}.$$

SOLUTION : Équation qui résulte de l'élimination de p entre les équations

$$y = x + 2p + p^2, \quad x = 2p + 4\log(p-1) + C.$$

QUARANTE-DEUXIÈME LEÇON.

SUITE DES ÉQUATIONS DU PREMIER ORDRE.

Existence de l'intégrale d'une équation différentielle du premier ordre — Existence d'un facteur propre à rendre intégrable le premier membre de l'équation. — Détermination de ce facteur.

TOUTE ÉQUATION DIFFÉRENTIELLE DU PREMIER ORDRE ADMET UNE INTÉGRALE.

530. Toute équation différentielle du premier ordre

$$\frac{dy}{dx}=f(x,y), \quad \text{ou} \quad \mathrm{M}dx+\mathrm{N}dy=0$$

admet une intégrale contenant une constante arbitraire, c'est-à-dire qu'il existe toujours une équation contenant x, y et une constante arbitraire telle, qu'en la différentiant et éliminant la constante, on retrouve l'équation proposée.

En effet, l'intégration de l'équation proposée consiste à trouver une fonction de x, désignée par y, telle, que sa dérivée soit égale à $f(x,y)$, ou encore, qu'en donnant à x l'accroissement infiniment petit dx, l'accroissement correspondant dy puisse être regardé comme égal à $f(x,y)dx$. Puisque l'équation différentielle $dy=f(x,y)\,dx$ ne détermine que l'accroissement de y, on peut se donner arbitrairement la valeur de y pour une valeur particulière de x. Si l'on prend $y=b$ pour $x=a$, $f(a,b)h$ sera l'accroissement infiniment petit de y lorsque x passera de la valeur a à une valeur infiniment voisine $a+h$. De même, si l'on pose

$$a+h=a' \quad \text{et} \quad b'=b+f(a,b)h,$$

$f(a',b')h$ sera l'accroissement de y lorsque x passera

de a' à $a'+h$. En continuant ainsi à faire croître x par degrés insensibles jusqu'à une valeur quelconque, l'équation différentielle déterminera les accroissements successifs de y, de sorte que la valeur de y correspondant à chaque valeur de x sera complétement déterminée. Par conséquent y sera une certaine fonction de x, et cette fonction dépendra nécessairement de la constante arbitraire b; ce qu'il fallait démontrer.

IL EXISTE UN FACTEUR PROPRE A RENDRE DIFFÉRENTIELLE EXACTE LE PREMIER MEMBRE D'UNE ÉQUATION DU PREMIER ORDRE.

531. On vient de démontrer que l'équation différentielle

$$(1)\qquad M dx + N dy = 0$$

admet toujours une intégrale contenant une constante arbitraire C. Cette équation intégrale, résolue par rapport à C, prendra la forme

$$(2)\qquad u = C,$$

u étant une fonction de x et y qui ne renferme pas C. On tire de l'équation (2)

$$\frac{du}{dx}dx + \frac{du}{dy}dy = 0, \quad \text{d'où} \quad \frac{dy}{dx} = -\frac{\frac{du}{dx}}{\frac{du}{dy}}.$$

Or, l'équation (1) donne $\frac{dy}{dx} = -\frac{M}{N}$. On doit donc avoir

$$(3)\qquad \frac{\frac{du}{dx}}{\frac{du}{dy}} = \frac{M}{N}.$$

Cette équation doit être identique, car s'il en était autrement, elle établirait entre les variables une relation en vertu de laquelle y serait une fonction de x sans constante arbitraire, puisque M, N, $\frac{du}{dx}$, $\frac{du}{dy}$ n'en contiennent pas. Or, à cause de l'équation $u = C$, y doit dépendre de x et de la constante C.

L'identité (3) peut être mise sous la forme

$$\frac{\frac{du}{dx}}{M} = \frac{\frac{du}{dy}}{N} = v,$$

en désignant par v chacun de ces quotients. On tire de là

$$\frac{du}{dx} = Mv, \quad \frac{du}{dy} = Nv;$$

donc

$$du = v(M\,dx + N\,dy).$$

Ainsi, *il existe toujours un facteur v, fonction de x et de y, propre à rendre le premier membre de l'équation une différentielle exacte.*

Quand on saura trouver ce facteur et l'intégrale u de la différentielle totale $v(M\,dx + N\,dy)$, $u = C$ sera l'intégrale de l'équation (1).

632. *Il existe une infinité de facteurs propres à rendre le premier membre de l'équation* (1) *une différentielle exacte.* En effet, si nous multiplions les deux membres de l'équation

$$v(M\,dx + N\,dy) = du$$

par une fonction quelconque de u, $\varphi(u)$, il vient

$$v\varphi(u)(M\,dx + N\,dy) = \varphi(u)\,du = d\int\varphi(u)\,du.$$

Ainsi, $v\varphi(u)(M\,dx + N\,dy)$ est encore une différentielle exacte, et le facteur $v\varphi(u)$ jouit de la même propriété que le facteur v.

Exemple. $x\,dy - y\,dx = 0$. Cette équation donne

$$\frac{dy}{y} = \frac{dx}{x}, \quad \text{d'où} \quad y = Cx, \quad \text{ou} \quad \frac{y}{x} = C = u.$$

Le facteur, v, le plus simple qui rend $x\,dy - y\,dx$ une différentiellle exacte est donc $\frac{1}{x^2}$. Tout autre facteur, $v\varphi(u)$, est de la forme $\frac{1}{x^2}\varphi\left(\frac{y}{x}\right)$.

Ainsi $\varphi(u) = \frac{1}{u}$ donne le facteur $\frac{1}{xy}$ et

$$\frac{dy}{y} - \frac{dx}{x} = d\,l\frac{y}{x};$$

$\varphi(u) = \frac{1}{1+u^2}$ donne le facteur $\frac{1}{x^2+y^2}$ et

$$\frac{x\,dy - y\,dx}{x^2+y^2} = d\,\text{arc tang}\,\frac{y}{x}.$$

533. *Réciproquement tout facteur* V *propre à rendre* $M\,dx + N\,dy$ *une différentielle exacte est de la forme* $v\varphi(u)$. En effet, soit

$$V(M\,dx + N\,dy) = dU:$$

on a

$$v(M\,dx + N\,dy) = du;$$

donc

$$dU = \frac{V}{v}\,du. \tag{1}$$

Soit $u = f(x, y)$. Si l'on tire de cette équation la valeur de y en fonction de u et de x, et qu'on la porte dans la valeur de U, on aura

$$U = \psi(u, x), \quad dU = \frac{d\psi}{du}du + \frac{d\psi}{dx}dx;$$

cette expression de la différentielle totale dU doit être identique à sa valeur (1); or cela exige que $\frac{d\psi}{dx}$ soit nul, et que la fonction ψ, indépendante de x, soit une simple fonction de u; il en sera de même pour sa dérivée $\frac{d\psi}{du}$, qui est égale à $\frac{V}{v}$.

534. D'une manière générale, u, U, q *étant des fonctions d'un nombre quelconque de variables, si l'on a*

$dU = q\,du$, *on aura* $U = \varphi(u)$; car en éliminant une de ces variables, x par exemple, on pourrait écrire

$$U = \psi(u, y, z\ldots).$$

Or, dU ne peut se réduire identiquement à $q\,du$ que si ψ est indépendant de y, z,... et se réduit à une fonction de u.

535. *Si deux facteurs* V *et* v *rendent différentielle exacte l'expression* $M\,dx + N\,dy$, *leur rapport égalé à une constante sera l'intégrale de l'équation*

$$M\,dx + N\,dy = 0.$$

Car de

$$\frac{V}{v} = C, \quad \text{ou} \quad \varphi(u) = C,$$

on tire $u = c$.

DÉTERMINATION DU FACTEUR v.

536. La condition nécessaire et suffisante pour que $v(M\,dx + N\,dy)$ soit une différentielle exacte est

$$\frac{d.vM}{dy} = \frac{d.vN}{dx},$$

ce qui revient à l'équation

$$(1) \qquad N\frac{dv}{dx} - M\frac{dv}{dy} = v\left(\frac{dM}{dy} - \frac{dN}{dx}\right)$$

Quoique cette équation soit en général aussi difficile à résoudre que la proposée, elle peut cependant, dans quelques cas, servir à trouver le facteur v:

1° Si v ne doit dépendre que d'une seule variable, x par exemple, on a $\frac{dv}{dy} = 0$, et l'équation (1) se réduit à

$$(2) \qquad \frac{1}{v}\frac{dv}{dx} = \frac{\frac{dM}{dy} - \frac{dN}{dx}}{N}.$$

Par hypothèse, le premier membre ne dépend que de x;

donc, on doit avoir

$$\frac{\frac{dM}{dy} - \frac{dN}{dx}}{N} = f(x).$$

Cette condition est suffisante; car si elle est remplie, on satisfera à l'équation (2) en prenant

$$v = e^{\int f(x)dx}.$$

Le calcul est plus simple si l'on suppose $N = 1$, c'est-à-dire si l'on met l'équation proposée sous la forme $dy + M\,dx = 0$, ce qui est permis. On a, dans ce cas,

$$\frac{dM}{dy} = f(x) = P,$$

d'où

$$M = Py + Q.$$

L'équation proposée devient

$$\frac{dy}{dx} + Py + Q = 0.$$

Il suffit donc, pour rendre différentielle exacte le premier membre de cette équation, de le multiplier par $e^{\int P dx}$. On a

$$e^{\int P dx}\frac{dy}{dx} + Py\,e^{\int P dx} + Q\,e^{\int P dx} = 0;$$

d'où (499)

$$e^{\int P dx}y + \int Q\,e^{\int P dx}\,dx = C.$$

C'est le cas de l'équation linéaire (511).

2° Si le facteur v est de la forme XY, X étant une fonction de x, et Y une fonction de y, on a

$$\frac{dv}{dx} = Y\frac{dX}{dx}, \quad \frac{dv}{dy} = X\frac{dY}{dy},$$

et l'équation (1) revient à

$$N\frac{dX}{X\,dx} - M\frac{dY}{Y\,dy} = \frac{dM}{dy} - \frac{dN}{dx}.$$

Or, $\frac{dX}{X\,dx} = \varphi(x)$, $\frac{dY}{Y\,dy} = \psi(y)$; donc

$$\frac{dM}{dy} - \frac{dN}{dx} = N\varphi(x) - M\psi(y).$$

Si cette condition est remplie, on aura

$$X = e^{\int\varphi(x)dx}, \quad Y = e^{\int\psi(y)dy}.$$

537. L'emploi du facteur ν donne les méthodes précédemment exposées : ainsi, la séparation des variables dans l'équation

$$XY\,dx + X_1Y_1\,dy = 0,$$

où X et X_1 désignent des fonctions de x, et Y, Y_1 des fonctions de y, revient à multiplier l'équation proposée par le facteur $\frac{1}{X_1 Y}$.

La transformation employée dans l'intégration de l'équation homogène revient aussi à la détermination d'un facteur qui rend le premier membre intégrable. En effet, l'équation (3) du n° 508 n'est autre chose que l'équation proposée divisée par $x^{m+1}[\varphi(z) + z\psi(z)]$. En remplaçant z par $\frac{y}{x}$, $x^m\varphi\left(\frac{y}{x}\right)$ par M, $x^m\psi\left(\frac{y}{x}\right)$ par N, on voit que le facteur ν est, dans ce cas,

$$\nu = \frac{1}{Mx + Ny}.$$

Il est d'ailleurs facile de vérifier que $\frac{M\,dx + N\,dy}{Mx + Ny}$ est alors une différentielle exacte. Il suffit, pour cela, de démontrer que

$$\frac{d\,\frac{M}{Mx + Ny}}{dy} = \frac{d\,\frac{N}{Mx + Ny}}{dx}.$$

Cette équation revient, après quelques transformations, à la suivante :

$$N\left(x\frac{dM}{dx} + y\frac{dM}{dy}\right) - M\left(x\frac{dN}{dx} + y\frac{dN}{dy}\right) = 0,$$

ou

$$NMm - NMm = 0,$$

car les fonctions M et N étant homogènes et de degré m, on a identiquement (I, 178)

$$x\frac{dM}{dx} + y\frac{dM}{dy} = Mm, \quad x\frac{dN}{dx} + y\frac{dN}{dy} = Nm.$$

Si le premier membre de l'équation homogène est déjà une différentielle exacte, on pourra prendre pour premier facteur 1, et pour second $\frac{1}{Mx + Ny}$. Leur rapport, égalé à une constante, donnera l'intégrale qui sera, par conséquent,

$$Mx + Ny = c.$$

EXERCICES.

1. $$ay\,dx + bx\,dy + x^m y^n (cy\,dx + ex\,dy) = 0.$$

Solution : Le premier binôme devient intégrable lorsqu'on le multiplie par $x^{a-1}y^{b-1}\varphi(x^a y^b)$, et le second par $\frac{x^{e-1}y^{c-1}}{x^m y^n}\psi(x^e y^c)$. On peut déterminer les fonctions φ et ψ de telle sorte que ces deux facteurs soient égaux.

2. *Trouver le facteur d'intégrabilité de l'équation*

$$(x + y)\,dx + dy = 0.$$

Solution : e^x.

3. *Trouver le facteur d'intégrabilité de l'équation*

$$(1 - x^2 y)\,dx + x^2(y - x)\,dy = 0.$$

Solution : $\frac{1}{x^2}$.

QUARANTE-TROISIÈME LEÇON.

SOLUTIONS SINGULIÈRES DES ÉQUATIONS A DEUX VARIABLES.

Comment elles se déduisent de l'intégrale générale. — Solutions singulières obtenues au moyen du facteur qui rend intégrable le premier membre de l'équation. — Exemples de solutions singulières. — La solution singulière est l'enveloppe des courbes représentées par l'équation intégrale.

COMMENT LES SOLUTIONS SINGULIÈRES DES ÉQUATIONS A DEUX VARIABLES SE DÉDUISENT DE L'INTÉGRALE GÉNÉRALE.

538. Soient

$$(1)\qquad M\,dx + N\,dy = 0 \quad \text{ou} \quad \frac{dy}{dx} = f(x, y)$$

une équation différentielle, et

$$(2)\qquad F(x, y, c) = 0$$

son intégrale. Différentions cette dernière équation par rapport à x; nous aurons

$$(3)\qquad \frac{dy}{dx} = -\frac{\frac{dF}{dx}}{\frac{dF}{dy}}.$$

Si l'on élimine c entre cette équation et la précédente, on doit obtenir l'équation (1), ce qui exige que $\frac{\frac{dF}{dx}}{\frac{dF}{dy}}$ devienne identique à $\frac{M}{N}$ quand on remplace dans ce quotient c par sa valeur tirée de l'équation (2), et cette élimination conduirait encore à une identité, lors même que c serait une fonction de x et de y.

539. Cela posé, je dis que si l'on connaît l'intégrale $F(x, y, c) = 0$ d'une équation différentielle, on peut déterminer les solutions singulières de cette équation.

Soit

$$\varphi(x, y) = 0 \tag{4}$$

une solution singulière, c'est-à-dire une équation qui satisfasse à l'équation (1), mais qui ne puisse se déduire de l'intégrale générale en attribuant à la constante une valeur particulière. On peut faire rentrer l'équation $\varphi(x, y) = 0$ dans cette intégrale, en y remplaçant c par une fonction convenable, car il suffit de poser

$$F(x, y, c) = \varphi(x, y), \tag{5}$$

d'où l'on déduit la valeur de c en fonction de x et de y. Cette valeur étant déterminée, si l'on différentie l'équation (2) par rapport à x, on aura

$$\frac{dF}{dx} + \frac{dF}{dy}\frac{dy}{dx} + \frac{dF}{dc}\frac{dc}{dx} = 0;$$

d'où l'on tire

$$\frac{dy}{dx} = -\frac{\frac{dF}{dx}}{\frac{dF}{dy}} - \frac{\frac{dF}{dc}}{\frac{dF}{dy}} \cdot \frac{dc}{dx}. \tag{6}$$

L'élimination de c entre les équations (2) et (6) doit conduire à l'équation $\frac{dy}{dx} = f(x, y)$. Donc l'équation (6) se réduit à $\frac{dy}{dx} = f(x, y)$. Or, $-\frac{\frac{dF}{dx}}{\frac{dF}{dy}}$ se réduit à $f(x, y)$ quand on remplace c par sa valeur tirée de l'équation $F(x, y, c) = 0$ (538); donc on doit avoir

$$\frac{\frac{dF}{dc}}{\frac{dF}{dy}} \cdot \frac{dc}{dx} = 0, \tag{7}$$

équation à laquelle il faut joindre $F(x, y, c) = 0$.

Le système de ces deux équations se ramène aux deux suivants :

$$\text{(I)}\quad \begin{cases} \dfrac{dc}{dx} = 0, \\ F(x, y, c) = 0, \end{cases} \qquad \text{(II)}\quad \begin{cases} \dfrac{\frac{dF}{dc}}{\frac{dF}{dy}} = 0, \\ F(x, y, c) = 0. \end{cases}$$

Or, le premier système donne $c =$ une constante, et, par suite, on retombe sur l'intégrale générale.

Le second se partage en deux :

$$\text{(III)}\quad \begin{cases} \dfrac{dF}{dc} = 0, \\ F(x, y, c) = 0, \end{cases} \qquad \text{(IV)}\quad \begin{cases} \dfrac{dF}{dy} = \infty, \\ F(x, y, c) = 0. \end{cases}$$

En éliminant c entre les deux équations de chacun de ces deux derniers systèmes, on obtiendra les solutions singulières de l'équation proposée, pourvu qu'on omette les valeurs de c qui rendent simultanément nulles, ou infinies, les deux fonctions $\dfrac{dF}{dc}$, $\dfrac{dF}{dy}$, parce que la première des équations (II) se présenterait sous la forme illusoire $\dfrac{0}{0} = 0$, ou $\dfrac{\infty}{\infty} = 0$; il faudra aussi rejeter les solutions qui rentreraient dans l'intégrale générale en attribuant à c une valeur constante.

Ainsi, *on obtiendra les solutions singulières d'une équation différentielle du premier ordre en éliminant la constante entre l'intégrale générale et sa dérivée par rapport à la constante, égalée à zéro, ou bien entre cette même intégrale et sa dérivée par rapport à y, égalée à l'infini.*

540. Quelle que soit la forme sous laquelle se présente l'équation intégrale $F(x, y, c) = 0$, l'application des règles précédentes doit toujours conduire aux mêmes solutions. En effet, le rapport $\dfrac{\frac{dF}{dc}}{\frac{dF}{dy}}$ restera toujours le même quand on éliminera c au moyen de l'équation $F=0$, quoique chacune de ces dérivées change quand on transforme cette équation. Car en regardant y comme une fonction de c, on a

$$-\frac{\frac{dF}{dc}}{\frac{dF}{dy}}=\frac{dy}{dc},$$

valeur qui sera toujours la même, quel que soit F. Ainsi, lorsqu'une transformation de l'équation $F(x,y,c)=0$ fera perdre des solutions à l'équation $\frac{dF}{dc}=0$, elle les fera acquérir à l'autre équation $\frac{dF}{dy}=\infty$.

SOLUTIONS SINGULIÈRES DÉDUITES DU FACTEUR QUI REND INTÉGRABLE LE PREMIER MEMBRE DE L'ÉQUATION.

541. Si l'on met l'intégrale sous la forme $u-c=0$, on aura

$$\frac{\frac{dF}{dc}}{\frac{dF}{dy}}=-\frac{1}{\frac{du}{dy}}.$$

Ainsi, toutes les solutions singulières seront données par l'équation $\dfrac{1}{\frac{du}{dy}}=0$. Mais $\frac{du}{dy}$ n'est autre que le facteur v par lequel $dy-f(x,y)\,dx$ devient une différentielle exacte (531). Donc l'équation

$$\frac{1}{v}=0, \quad \text{ou} \quad v=\infty$$

contient toutes les solutions singulières.

EXEMPLES DE SOLUTIONS SINGULIÈRES.

542. 1°

$$xdx + ydy = dy\sqrt{x^2+y^2-a^2}.$$

Divisons par $\sqrt{x^2+y^2-a^2}$, il vient

$$dy = \frac{xdx + ydy}{\sqrt{x^2+y^2-a^2}} = d\sqrt{x^2+y^2-a^2},$$

dont l'intégrale est

$$y + c = \sqrt{x^2+y^2-a^2},$$

ou

$$2cy + c^2 + a^2 - x^2 = 0;$$

on aura donc

$$\frac{dF}{dc} = 2y + 2c = 0, \quad \text{ou} \quad \frac{dF}{dy} = 2c = \infty.$$

Cette dernière équation ne conduirait qu'à la valeur illusoire $y = \infty$. La première donne $c = -y$, et, par suite,

$$x^2 + y^2 - a^2 = 0,$$

solution singulière. Cette solution, qui représente une circonférence, n'est pas comprise dans l'intégrale générale, puisque celle-ci représente une suite de paraboles.

Comme le facteur ν est $\frac{1}{\sqrt{x^2+y^2-a^2}}$, on voit bien que la solution singulière correspond à $\nu = \infty$.

543. 2° *Trouver la courbe dont la normale a une longueur constante.*

L'équation différentielle est

$$(1) \qquad y^2 + y^2\left(\frac{dy}{dx}\right)^2 = a^2,$$

d'où

$$dx = \frac{ydy}{\sqrt{a^2-y^2}},$$

et, par suite,

$$(x-c)^2+y^2=a^2, \tag{2}$$

équation d'un cercle. Pour avoir les solutions singulières, il faut poser

$$\frac{\frac{dF}{dc}}{\frac{dF}{dy}}=-\frac{x-c}{y}=0; \quad \text{d'où} \quad x=e,$$

et, par suite,

$$y^2=a^2. \tag{3}$$

On obtiendrait encore cette solution en égalant à l'infini le facteur $\frac{1}{\sqrt{y^2-a^2}}$ par lequel il faut multiplier l'équation proposée pour séparer les variables.

Il est à remarquer que les deux droites représentées par l'équation (3) sont tangentes à toutes les circonférences que représente l'intégrale générale (2).

544. 3° *Trouver une courbe dont les tangentes soient à une distance constante, a, de l'origine.*

L'équation de la tangente menée par un point quelconque (x, y) de la courbe, étant

$$Y-y=p(X-x),$$

l'équation différentielle du problème sera

$$\frac{y-px}{\sqrt{1+p^2}}=a$$

ou

$$y=px+a\sqrt{1+p^2}. \tag{1}$$

En différentiant par rapport à x, on a

$$0=dp\left(x+\frac{ap}{\sqrt{1+p^2}}\right),$$

équation qui se décompose en deux équations :

$$dp = 0, \quad x + \frac{ap}{\sqrt{1+p^2}} = 0.$$

La première donne $p = c$, d'où

(2) $$y = cx + a\sqrt{1+c^2}.$$

La seconde donne

(3) $$x = -\frac{ap}{\sqrt{1+p^2}};$$

cette valeur étant portée dans l'équation (1), il en résulte

(4) $$y = \frac{a}{\sqrt{1+p^2}};$$

élevant au carré et ajoutant les équations (3) et (4), on a

(5) $$x^2 + y^2 = a^2.$$

La solution générale (2) représente une infinité de droites, et la solution singulière (5) une circonférence à laquelle toutes ces droites sont tangentes.

845. 4°

(1) $$\frac{dy}{dx} = (y-a)^n.$$

Les variables se séparent immédiatement, et l'on trouve pour l'intégrale générale

(2) $$(y-a)^{1-n} - (1-n)(x-c) = 0.$$

Pour obtenir les solutions singulières, on posera

$$\frac{\frac{dF}{dc}}{\frac{dF}{dy}} = \frac{1}{(y-a)^{-n}} = (y-a)^n = 0,$$

d'où l'on déduit, en supposant $n > 0$,

(3) $$y = a.$$

Cette équation représente une solution singulière si n est < 1, car, dans ce cas, on ne peut pas déduire $y = a$ de l'intégrale générale. Si n est > 1, $y = a$ n'est plus une solution singulière, puisque l'équation intégrale étant mise sous la forme

$$(1-n)(y-a)^{n-1} = \frac{1}{x-c}$$

on obtient $y = a$ en faisant $c = \infty$. Enfin, si $n = 1$, l'intégrale générale est $y - a = ce^x$, qui devient $y = a$ pour $c = 0$, et il n'y a pas non plus, alors, de solution singulière.

On verra facilement que l'hypothèse $n < 0$ ne donne aucune solution singulière.

546. 5° *Trouver une courbe telle, que le produit des perpendiculaires abaissées de deux points fixes* F *et* F′ *sur la tangente soit constant et égal à* b^2.

Fig. 109.

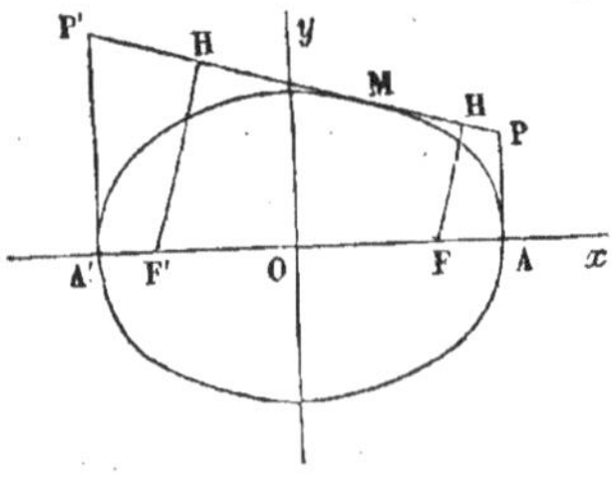

Prenons pour axes la droite FF′ et une perpendiculaire élevée au milieu de cette ligne. L'équation de la tangente est

$$Y - y = p(X - x),$$

et, par suite, les perpendiculaires abaissées des points donnés sur la tangente seront, en désignant OF par c,

$$FH = \frac{y - px + pc}{\sqrt{1+p^2}}, \quad F'H' = \frac{y - px - pc}{\sqrt{1+p^2}};$$

on aura donc

$$b^2 = \frac{(y-px)^2 - p^2c^2}{1+p^2},$$

d'où

$$(y-px)^2 = b^2 + (b^2+c^2)p^2,$$

et, si l'on pose $b^2 + c^2 = a^2$,

$$y = px + \sqrt{b^2 + a^2p^2}, \tag{1}$$

équation d'une forme connue (827). En la différentiant, on aura

$$(2)\qquad 0 = dp\left(x + \frac{a^2 p}{\sqrt{b^2 + a^2 p^2}}\right),$$

ce qui donne d'abord $dp = 0$, d'où $p =$ constante $= m$. L'intégrale générale est donc

$$(3)\qquad y = mx + \sqrt{a^2 m^2 + b^2}.$$

On satisfait encore à l'équation (2) en posant

$$(4)\qquad x + \frac{a^2 p}{\sqrt{b^2 + a^2 p^2}} = 0.$$

En éliminant p entre les équations (1) et (4), on aura la solution singulière

$$(5)\qquad \frac{x^2}{a^2} + \frac{y^2}{b^2} = 1,$$

équation d'une ellipse qui a pour tangentes les droites représentées par l'intégrale générale.

847. 6° *Trouver une courbe telle, que la portion de la tangente TS comprise entre les deux axes soit égale à une longueur constante a.*

Fig. 110.

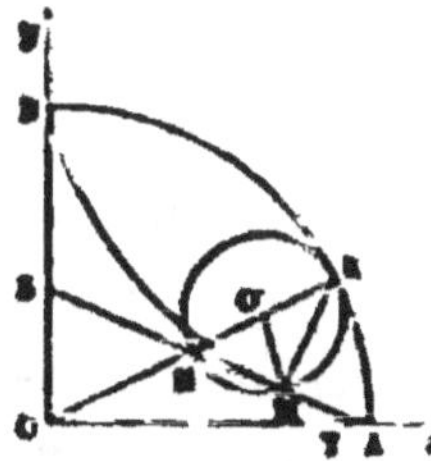

L'équation de la tangente est

$$Y - y = p(X - x),$$

et l'on a

$$OT = \frac{px - y}{p},\quad OS = y - px;$$

d'où, à cause de $\overline{OT}^2 + \overline{OS}^2 = \overline{TS}^2$,

$$(y - px)^2(1 + p^2) = a^2 p^2.$$

On aura donc

$$(1)\qquad y = px + \frac{ap}{\sqrt{1 + p^2}};$$

puis, en différentiant,

$$0 = dp\left[x + \frac{a}{(1 + p^2)^{\frac{3}{2}}}\right].$$

D'abord $dp = 0$ donne $p = c$, et, par suite,

$$y = cx + \frac{ac}{\sqrt{1 + c^2}}; \tag{2}$$

l'intégrale générale représente donc une infinité de droites.

La solution singulière sera donnée par l'équation

$$x = \frac{-a}{(1 + p^2)^{\frac{3}{2}}}.$$

Si l'on substitue cette valeur dans l'équation (1), on aura

$$y = -\frac{ap}{(1 + p^2)^{\frac{3}{2}}} + \frac{ap}{(1 + p^2)^{\frac{1}{2}}};$$

éliminant p, on aura

$$x^{\frac{2}{3}} + y^{\frac{2}{3}} = a^{\frac{2}{3}}. \tag{3}$$

Cette courbe est l'épicycloïde obtenue en faisant rouler un cercle dans un autre cercle de rayon quadruple. En effet, soient M le point de la circonférence mobile qui était placé primitivement en A, et K le point de contact actuel. On sait que KM est la normale de l'épicycloïde au point M, et, par suite, que MH est la tangente. Or, l'angle THK, qui, dans le petit cercle, a pour mesure $\frac{1}{2}$ arc KM ou $\frac{1}{2}$ AK, aura pour mesure 2 AK dans le grand cercle. Donc l'angle THK est double de l'angle AOK, et le triangle TOH est isocèle. On a donc OH = HT. Il résulte de là qu'on a également OH = HS; et, par suite, TS = 2OH = OK. Ainsi, TS conserve bien une grandeur constante.

UNE SOLUTION SINGULIÈRE REPRÉSENTE L'ENVELOPPE DES COURBES DONNÉES PAR L'INTÉGRALE GÉNÉRALE.

548. On a dû remarquer que dans tous les exemples traités plus haut (542 et suiv.), la solution singulière était l'enveloppe des lignes représentées par l'intégrale

générale. Nous allons démontrer qu'il doit toujours en être ainsi. Soit

$$F(x, y, c) = 0$$

l'intégrale générale. Elle représente une suite de courbes dont l'enveloppe s'obtient (I, 247) en éliminant c entre cette équation et sa dérivée par rapport à c. Or, c'est précisément le calcul qui fournit la solution singulière. Le théorème est donc démontré

Par chaque point de la courbe A qui représente la solution singulière passe l'une des lignes B comprises dans l'intégrale générale. Or, en ce point $\frac{dy}{dx}$ a la même valeur pour les deux courbes A et B, puisque leurs équations satisfont toutes deux à l'équation différentielle. Donc on peut obtenir l'équation de la courbe qui représente l'intégrale singulière en écrivant que, pour chacun de ses points, l'équation différentielle proposée donne deux valeurs égales pour $\frac{dy}{dx}$.

EXERCICES.

1. $$y + (y - x)\frac{dy}{dx} + (a - x)\frac{dy^2}{dx^2} = 0.$$

SOLUTION SINGULIÈRE :

$$(x + y)^2 - 4ay = 0.$$

2. $$y^2 = 2x + 1,$$
$$y^2 + x^2 = 0,$$

satisfont à l'équation différentielle $y\frac{dy^2}{dx^2} + 2x\frac{dy}{dx} - y = 0.$

Ces intégrales sont-elles singulières, ou particulières ?

SOLUTION : La première est une solution particulière, et la seconde une solution singulière.

3. $$y^2 - 2xy\frac{dy}{dx} + (1 + x^2)\frac{dy^2}{dx^2} = 1.$$

SOLUTION SINGULIÈRE : $y^2 = 1 + x^2$.

QUARANTE-QUATRIÈME LEÇON.

ÉQUATIONS DIFFÉRENTIELLES D'UN ORDRE QUELCONQUE.

Existence de l'intégrale d'une équation différentielle quelconque. — Conditions que doivent remplir les constantes qui entrent dans l'intégrale générale. — Intégrales de divers ordres d'une équation différentielle. — Intégration de l'équation $\frac{d^m y}{dx^m} = v$.

TOUTE ÉQUATION DIFFÉRENTIELLE ADMET UNE INTÉGRALE.

549. Considérons une équation différentielle de l'ordre m résolue par rapport à la dérivée de l'ordre le plus élevé

$$(1)\qquad \frac{d^m y}{dx^m} = f\left(x, y, \frac{dy}{dx}, \frac{d^2 y}{dx^2}, \ldots, \frac{d^{m-1} y}{dx^{m-1}}\right).$$

Cette équation détermine $\frac{d^m y}{dx^m}$ ou $d\,\frac{d^{m-1} y}{dx^{m-1}}$, quand on connaît les valeurs de y, $\frac{dy}{dx}, \ldots, \frac{d^{m-1} y}{dx^{m-1}}$ pour une valeur de x. On peut donc se donner, pour $x = a$, des valeurs arbitraires $b, b', b'', \ldots, b^{(m-1)}$ de y, $\frac{dy}{dx}, \frac{d^2 y}{dx^2}, \ldots, \frac{d^{m-1} y}{dx^{m-1}}$.

Maintenant, si l'on donne à x un accroissement dx, les accroissements de y et de ses dérivées seront

$$dy = b'\,dx,\quad d\,\frac{dy}{dx} = b''\,dx, \ldots,\quad d\,\frac{d^{m-2} y}{dx^{m-2}} = b^{(m-1)}\,dx,$$

et l'accroissement de $\frac{d^{m-1} y}{dx^{m-1}}$ sera ensuite donné par l'équation (1).

On déterminera de même la valeur de y et de ses dérivées pour $x = a + 2dx$, $x = a + 3dx, \ldots$. Ainsi, les valeurs successives de y sont déterminées, et, par conséquent, y dépend de x et des m constantes $b, b', \ldots, b^{(m-1)}$.

550. On peut encore établir l'existence de l'intégrale, au moyen du développement de y en série. En différentiant l'équation (1), on obtiendra successivement les coefficients différentiels $\frac{d^{m+1}y}{dx^{m+1}}, \frac{d^{m+2}y}{dx^{m+2}}, \ldots$, en fonction de $x, y, \frac{dy}{dx}, \ldots, \frac{d^{m-1}y}{dx^{m-1}}$: soit

$$\frac{d^{m+1}y}{dx^{m+1}} = f_1\left(x, y, \frac{dy}{dx}, \ldots, \frac{d^{m-1}y}{dx^{m-1}}\right),$$

$$\frac{d^{m+2}y}{dx^{m+2}} = f_2\left(x, y, \frac{dy}{dx}, \ldots, \frac{d^{m-1}y}{dx^{m-1}}\right),$$

$$\cdots\cdots\cdots\cdots\cdots\cdots\cdots\cdots$$

Mais on a (I, 122)

$$\varphi(x) = \varphi(a) + \varphi'(a)(x-a) + \varphi''(a)\frac{(x-a)^2}{1.2} + \ldots$$

Remplaçant $\varphi(x)$ par y, $\varphi(a)$ par b, $\varphi'(a)$ par b', ..., on aura donc

$$(2)\quad \left\{ \begin{aligned} y = {} & b + b'(x-a) + b''\frac{(x-a)^2}{1.2} + \ldots + b^{(m-1)}\frac{(x-a)^{m-1}}{1.2\ldots(m-1)} \\ & + f(a, b, b', \ldots, b^{(m-1)})\frac{(x-a)^m}{1.2\ldots m} \\ & + f_1(a, b, b', \ldots, b^{(m-1)})\frac{(x-a)^{m+1}}{1.2\ldots m(m+1)} \\ & + f_2(a, b, b', \ldots, b^{(m-1)})\frac{(x-a)^{m+2}}{1.2\ldots(m+2)} + \ldots \end{aligned} \right.$$

On voit encore que la valeur de y renferme m constantes arbitraires.

En faisant $a = 0$, on aurait le développement de l'intégrale suivant les puissances ascendantes de x : mais cette valeur pourrait rendre infinie la fonction, ou quelques-unes de ses dérivées, et le développement deviendrait alors impossible sous cette forme. Il vaut donc mieux conserver la série (2) sous sa forme la plus générale, en choisissant la valeur arbitraire a de telle sorte qu'aucune des fonctions ne soit infinie pour $x = a$.

551. Réciproquement, *toute équation*

$$(3) \qquad F[x, y, c, c', \ldots, c^{(m-1)}] = 0,$$

qui satisfait à l'équation différentielle donnée, et qui renferme m constantes arbitraires au moyen desquelles il soit possible de donner, pour $x = a$, *des valeurs arbitraires* $b, b', \ldots, b^{(m-1)}$ *à* $y, \frac{dy}{dx}, \ldots, \frac{d^{m-1}y}{dx^{m-1}}$, *est identique à l'intégrale générale*. En effet, si l'on détermine ainsi les constantes, on aura encore pour y le développement (2) puisque, l'équation (3) satisfaisant à l'équation (1), les valeurs de $\frac{d^m y}{dx^m}, \frac{d^{m+1}y}{dx^{m+1}}, \ldots$, pour $x = a$, ne dépendront que des valeurs $b, b', b'', \ldots, b^{(m-1)}$.

CONDITIONS QUE DOIT REMPLIR UNE ÉQUATION POUR ÊTRE L'INTÉGRALE D'UNE ÉQUATION DIFFÉRENTIELLE DU $m^{\text{ième}}$ ORDRE.

552. Pour qu'une équation renfermant m constantes soit l'intégrale générale d'une équation différentielle du $m^{\text{ième}}$ ordre, il faut que ces constantes soient bien distinctes, c'est-à-dire qu'elles ne puissent se réduire à un nombre inférieur à m. Par exemple, l'équation

$$y = ce^{\alpha x + \beta} + c'e^{\alpha x + \beta'}$$

semble contenir deux constantes arbitraires, mais en la mettant sous la forme

$$y = e^{\alpha x}(ce^{\beta} + c'e^{\beta'}),$$

on voit qu'elle n'en renferme qu'une : elle ne peut donc pas être l'intégrale générale d'une équation différentielle du second ordre.

Pour s'assurer que les constantes renfermées dans l'équation intégrale sont distinctes, il suffira de chercher si elles peuvent être déterminées de telle sorte, que y et ses $m-1$ premières dérivées aient des valeurs données quelconques $b, b', \ldots, b^{(n-1)}$, pour une valeur donnée à x.

553. Par exemple, soit

$$(1) \qquad y = ce^{\alpha x} + c'e^{\alpha' x},$$

on en tire

$$\frac{dy}{dx} = c\alpha e^{\alpha x} + c'\alpha' e^{\alpha' x},$$

et en résolvant ces deux équations par rapport à c et à c', le dénominateur commun des inconnues sera

$$(\alpha - \alpha')e^{(\alpha+\alpha')x}.$$

Donc, si α est différent de α', les valeurs de c et de c', correspondantes à des valeurs a, b, b', attribuées à x, y $\frac{dy}{dx}$, seront finies et déterminées, et dans ce cas l'équation (1) sera l'intégrale générale d'une équation différentielle du second ordre. Il n'en est plus ainsi quand $\alpha = \alpha'$, comme on l'a vu dans l'exemple précédent.

554. On reconnaîtra de même que

$$y = c\sin\alpha x + c'\sin\alpha' x$$

est l'intégrale générale d'une équation différentielle du second ordre; mais l'équation

$$(1) \qquad y = c\sin(x+\alpha) + c'\sin(x+\alpha') + c''\sin(x+\alpha'')$$

ne peut pas être l'intégrale générale d'une équation différentielle du troisième ordre, car on a

$$(2) \qquad \frac{dy}{dx} = c\cos(x+\alpha) + c'\cos(x+\alpha') + c''\cos(x+\alpha''),$$

$$(3) \qquad \frac{d^2y}{dx^2} = -c\sin(x+\alpha) - c'\sin(x+\alpha') - c''\sin(x+\alpha'').$$

Or, il résulte des équations (1) et (3)

$$\frac{d^2y}{dx^2} = -y,$$

et, la valeur de y étant déterminée, on ne peut pas donner de valeur arbitraire à $\frac{d^2y}{dx^2}$. On voit d'ailleurs sur l'équation même, en l'écrivant sous cette forme

$$y = (c\cos\alpha + c'\cos\alpha' + c''\cos\alpha'')\sin x$$
$$+ (c\sin\alpha + c'\sin\alpha' + c''\sin\alpha'')\cos x,$$

ou

$$y = A\sin x + B\cos x,$$

qu'elle ne renferme que deux constantes arbitraires A et B.

INTÉGRALES DE DIVERS ORDRES D'UNE ÉQUATION DIFFÉRENTIELLE.

555. Une équation différentielle de l'ordre m a pour intégrale une équation de la forme

$$(1) \qquad F[x, y, c, c', c'', \ldots, c^{(m-1)}] = 0.$$

Puisque les constantes $c, c', \ldots, c^{(m-1)}$ n'entrent pas dans l'équation différentielle, celle-ci ne peut se déduire de l'équation $F = 0$ qu'en la différentiant m fois, et éliminant ces m constantes entre l'équation (1) et les m équations différentielles ainsi obtenues. Or, cette élimination peut se faire de plusieurs manières.

Si d'abord on ne veut éliminer qu'une constante c, on pourra différentier l'équation $F = 0$, après l'avoir mise préalablement sous telle forme qu'on voudra, puis on éliminera c entre l'équation $F = 0$ et sa différentielle. On peut, en particulier, résoudre l'équation $F = 0$ par rapport à c, soit $u = c$, puis différentier cette dernière, ce qui fait disparaître la constante. En éliminant ainsi, tour à tour, chacune des m constantes $c, c', \ldots c^{(m-1)}$, on obtient m équations différentielles du premier ordre dont chacune contient seulement $m - 1$ constantes. Ces équations sont dites *des intégrales de l'ordre* $m - 1$.

556. Pour éliminer deux constantes c et c', on peut

différentier deux fois de suite l'équation $F = o$: on a ainsi trois équations

$$F = o, \quad dF = o, \quad d^2F = o,$$

entre lesquelles on éliminera c et c'. On peut aussi éliminer c entre $F = o$ et $dF = o$, puis éliminer c' entre l'équation ainsi obtenue et sa différentielle. De quelque manière que l'on opère, on doit arriver à la même équation différentielle du second ordre; car si l'on obtenait deux équations distinctes du second ordre, en éliminant entre elles $\frac{d^2y}{dx^2}$, on aurait une équation du premier ordre de la forme

$$\varphi\left[x, y, \frac{dy}{dx}, c'', c''', \ldots, c^{(m-1)}\right] = o.$$

En différentiant $m - 2$ fois cette équation, on aurait $m - 1$ équations entre $x, y, \frac{dy}{dx}, \ldots, \frac{d^{m-1}y}{dx^{m-1}}$ et $m - 2$ constantes, c'est-à-dire plus d'équations que d'inconnues. On ne pourrait donc pas se donner les valeurs de y, $\frac{dy}{dx}, \ldots, \frac{d^{m-1}y}{dx^{m-1}}$ pour $x = a$.

En éliminant successivement deux des m constantes, on aura $\frac{m(m-1)}{1.2}$ équations différentielles du second ordre contenant chacune $m - 2$ constantes, et qu'on nomme *intégrales de l'ordre* $m - 2$. Trois intégrales de cet ordre peuvent remplacer l'intégrale générale, car on la reproduit en éliminant entre elles $\frac{dy}{dx}$ et $\frac{d^2y}{dx^2}$.

557. On pourra de même éliminer un nombre quelconque de constantes et parvenir ainsi à des intégrales de l'ordre $m - 3$, de l'ordre $m - 4$, etc. Si l'on élimine toutes les constantes moins une, on aura m équations différentielles de l'ordre $m - 1$ qui seront dites *des intégrales du premier ordre*. Si entre ces m équations on élimine les

$m-1$ dérivées $\frac{dy}{dx}, \frac{d^2y}{dx^2}, \ldots, \frac{d^{m-1}y}{dx^{m-1}}$, on retrouvera l'équation primitive $F=0$ entre $x, y, c, c', \ldots, c^{(m-1)}$. Il suffira donc, pour intégrer l'équation

$$(2) \qquad \frac{d^m y}{dx^m} = f\left(x, y, \frac{dy}{dx}, \ldots, \frac{d^{m-1}y}{dx^{m-1}}\right),$$

d'avoir les m équations intégrales du premier ordre.

558. Les intégrales du premier ordre permettent de déterminer les constantes $c, c', \ldots, c^{(m-1)}$ en fonction de $x, y, \frac{dy}{dx}, \ldots, \frac{d^{m-1}y}{dx^{m-1}}$. En les résolvant par rapport aux constantes et en désignant, pour abréger, les dérivées de y par $y', y'', \ldots, y^{(m-1)}$, on aura m équations de la forme

$$c = \mathrm{f}[x, y, y', \ldots, y^{(m-1)}] = u;$$

d'où

$$\frac{du}{dx} + \frac{du}{dy}y' + \frac{du}{dy'}y'' + \ldots + \frac{du}{dy^{(m-1)}}\frac{d^m y}{dx^m} = 0.$$

Mais

$$\frac{d^m y}{dx^m} = f[x, y, y', \ldots, y^{(m-1)}];$$

on aura donc

$$(3) \quad \frac{du}{dx} + \frac{du}{dy}y' + \frac{du}{dy'}y'' + \ldots + \frac{du}{dy^{(m-1)}}f[x, y, y', \ldots, y^{(m-1)}] = 0.$$

Cette équation doit être identique, car autrement elle établirait une relation entre $x, y, y', \ldots, y^{(m-1)}$, et l'on ne pourrait plus se donner les valeurs de $y, y', \ldots, y^{(m-1)}$ pour $x = a$.

Ainsi, les équations du premier ordre étant mises sous la forme

$$u = c, \quad u_1 = c', \quad u_2 = c'', \ldots,$$

toutes les fonctions $u, u_1, \ldots$, satisfont à une même équation aux dérivées partielles.

INTÉGRATION DE L'ÉQUATION $\frac{d^ny}{dx^n} = v$.

539. Soit proposé d'intégrer l'équation

$$(1) \qquad \frac{d^ny}{dx^n} = v,$$

v étant une fonction de x. On en déduit

$$\frac{d^{n-1}y}{dx^{n-1}} = \int v\,dx + c,$$

$$\frac{d^{n-2}y}{dx^{n-2}} = \int dx \int v\,dx + cx + c',$$

$$\frac{d^{n-3}y}{dx^{n-3}} = \int dx \int dx \int v\,dx + cx^2 + c'x + c'',$$

et ainsi de suite. Donc, si l'on désigne en général par $\int v\,dx^n$ l'intégrale $\int dx \int dx \ldots \int v\,dx$ qui résulte de n intégrations successives par rapport à x, on aura

$$(2) \qquad y = \int v\,dx^n + cx^{n-1} + c'x^{n-2} + \ldots + c^{(n-1)}.$$

540. L'intégrale multiple qui entre dans la valeur de y peut s'exprimer à l'aide d'un certain nombre d'intégrales simples. En effet, l'intégration par parties donne successivement

$$\int dx \int v\,dx = x \int v\,dx - \int vx\,dx,$$

$$\int v\,dx^3 = \frac{1}{1.2}\left(x^2 \int v\,dx - 2x \int vx\,dx + \int vx^2\,dx\right),$$

$$\int v\,dx^4 = \frac{1}{1.2.3}\left(x^3 \int v\,dx - 3x^2 \int vx\,dx + 3x \int vx^2\,dx - \int vx^3\,dx\right),$$

et ainsi de suite; d'où l'on conclut, par induction,

$$(3)\left\{\begin{aligned}\int v\,dx^n &= \frac{1}{1.2\ldots(n-1)}\left[x^{n-1}\int v\,dx-(n-1)x^{n-2}\int vx\,dx\right.\\ &\left.+\frac{(n-1)(n-2)}{1.2}x^{n-3}\int vx^2\,dx-\ldots\pm\int vx^{n-1}\,dx\right].\end{aligned}\right.$$

Pour établir la généralité de cette formule, il suffit de montrer que si elle est vraie pour une intégrale de l'ordre n, elle conviendra encore à une intégrale de l'ordre $n+1$. Or, on peut mettre l'équation (3) sous cette forme

$$\begin{aligned}\int v\,dx^n &= \frac{1}{1.2\ldots n}\left[nx^{n-1}\int v\,dx - n(n-1)\,x^{n-2}\int vx\,dx\right.\\ &\left.+\frac{n(n-1)(n-2)}{1.2}x^{n-3}\int vx^2\,dx-\ldots\pm n\int vx^{n-1}\,dx\right].\end{aligned}$$

Multipliant les deux membres par dx, et intégrant par parties, il vient

$$\begin{aligned}\int v\,dx^{n+1} &= \frac{1}{1.2\ldots n}\left[x^n\int v\,dx - nx^{n-1}\int vx\,dx\right.\\ &\left.+\frac{n(n-1)}{1.2}x^{n-2}\int vx^2\,dx-\ldots\pm nx\int vx^{n-1}\,dx\right]\\ &-\frac{1}{1.2\ldots n}\left[1-n+\frac{n(n-1)}{1.2}-\ldots\pm n\right]\int vx^n\,dx.\end{aligned}$$

Mais

$$1-n+\frac{n(n-1)}{1.2}-\ldots\pm n=(1-1)^n\pm 1=\pm 1;$$

donc

$$\begin{aligned}\int v\,dx^{n+1} &= \frac{1}{1.2\ldots n}\left[x^n\int v\,dx - nx^{n-1}\int vx\,dx\right.\\ &\left.+\frac{n(n-1)}{1.2}x^{n-2}\int vx^2\,dx+\ldots\mp\int vx^n\,dx\right],\end{aligned}$$

ce qui établit la généralité de la formule (3).

561. Enfin, l'intégrale multiple $\int v\,dx^n$ peut s'expri-

mer par une seule intégrale simple. En effet, donnons aux intégrales qui entrent dans l'égalité (3) les limites a et x; posons $v=f(x)$, et, dans le second membre, remplaçons x par z sous le signe $\int$: nous aurons

$$\int_a^x f(x)dx^n = \frac{1}{1.2\ldots(n-1)}\left[x^{n-1}\int_a^x f(z)dz - (n-1)x^{n-2}\int_a^x zf(z)dz + \frac{(n-1)(n-2)}{1.2}x^{n-3}\int_a^x z^2f(z)dz - \ldots\right],$$

ou bien, en faisant passer les facteurs constants sous le signe $\int$, et remplaçant la somme des intégrales par une intégrale unique,

$$(4)\qquad \int_a^x f(x)\,dx^n = \frac{1}{1.2\ldots(n-1)}\int_a^x f(z)(x-z)^{n-1}dz.$$

502. Cette dernière formule conduit à une nouvelle démonstration de la série de Taylor. En remplaçant $f(x)$ par la dérivée $f^{(n+1)}(x)$, et n par $n+1$, on aura

$$\int_a^x f^{(n+1)}(x)\,dx^{n+1} = \frac{1}{1.2\ldots n}\int_a^x f^{(n+1)}(z)(x-z)^n dz.$$

D'un autre côté,

$$\int_a^x f^{(n+1)}(x)dx^{n+1} = f(x) - f(a) - f'(a)(x-a) - f''(a)\frac{(x-a)^2}{1.2} - \ldots - f^n(a)\frac{(x-a)^n}{1.2\ldots n};$$

donc

$$f(x) = f(a) + f'(a)(x-a) + f''(a)\frac{(x-a)^2}{1.2} + \ldots + f^n(a)\frac{(x-a)^n}{1.2\ldots n} + \frac{1}{1.2\ldots n}\int_a^x f^{(n+1)}(z)(x-z)^n dz;$$

et, si l'on pose $x = a + h$, et $z = a + h(1 - t)$,

$$f(a+h) = f(a) + f'(a)h + f''(a)\frac{h^2}{1.2} + \dots$$
$$+ f^{(n)}(a)\frac{h^n}{1.2\dots n} + \frac{h^{n+1}}{1.2\dots n}\int_0^1 f^{(n+1)}(a+h-th)t^n dt.$$

QUARANTE-CINQUIÈME LEÇON.

INTÉGRATION DE QUELQUES ÉQUATIONS D'UN ORDRE QUELCONQUE.

Équations de la forme $f\left(\frac{d^{m-1}y}{dx^{m-1}}, \frac{d^m y}{dx^m}\right) = 0$. — Équations de la forme $f\left(\frac{d^{m-2}y}{dx^{m-2}}, \frac{d^m y}{dx^m}\right) = 0$. — Équations susceptibles d'abaissement. — Applications géométriques. — Équations homogènes.

ÉQUATIONS DE LA FORME $f\left(\frac{d^{m-1}y}{dx^{m-1}}, \frac{d^m y}{dx^m}\right) = 0$.

803. Soit d'abord l'équation

$$\frac{d^2 y}{dx^2} = f\left(\frac{dy}{dx}\right).$$

En posant $\frac{dy}{dx} = p$, on aura $\frac{dp}{dx} = f(p)$; d'où

$$(2) \qquad x = \int \frac{dp}{f(p)} + c.$$

Si l'on peut tirer de cette équation p en fonction de x, on aura

$$p = \varphi(x), \quad \text{ou} \quad dy = \varphi(x)\,dx,$$

et, par suite,

$$(3) \qquad y = \int \varphi(x)\,dx + c'.$$

Cette équation est l'intégrale générale, car elle contient deux constantes arbitraires c et c'.

804. Si l'on ne peut pas tirer de l'équation (2) la valeur de p en fonction de x, on aura

$$dy = p\,dx = \frac{p\,dp}{f(p)},$$

d'où

(4)
$$y=\int\frac{p\,dp}{f(p)}+c';$$

on éliminera ensuite p entre les équations (2) et (4).

565. Exemple. *Trouver la courbe dont le rayon de courbure est constant et égal à a.*

L'équation différentielle du problème est (I, 257) :

(1)
$$\frac{(1+p^2)^{\frac{3}{2}}}{\frac{dp}{dx}}=a.$$

On aura donc
$$dx=\frac{a\,dp}{(1+p^2)^{\frac{3}{2}}};$$

et, en intégrant,

(2)
$$x=\frac{ap}{\sqrt{1+p^2}}+c;$$

par suite
$$dy=p\,dx=\frac{ap\,dp}{(1+p^2)^{\frac{3}{2}}},$$

d'où

(3)
$$y=-\frac{a}{\sqrt{1+p^2}}+c'.$$

En éliminant p entre les équations (2) et (3), on aura

(4)
$$(x-c)^2+(y-c')^2=a^2,$$

équation d'un cercle dont a est le rayon.

On peut aussi tirer de l'équation (2) la valeur de p en fonction de x; on a
$$p=\frac{x-c}{\sqrt{a^2-(x-c)^2}},$$

il en résulte
$$dy=\frac{(x-c)\,dx}{\sqrt{a^2-(x-c)^2}},$$

d'où, en intégrant,

$$y - c' = -\sqrt{a^2 - (x - c)^2},$$

et enfin

$$(x - c)^2 + (y - c')^2 = a^2.$$

566. Plus généralement, si l'on a l'équation

$$f\left(\frac{d^{m-1}y}{dx^{m-1}}, \frac{d^m y}{dx^m}\right) = 0$$

ne contenant que deux dérivées consécutives, en posant

$$\frac{d^{m-1}y}{dx^{m-1}} = p, \quad \text{d'où} \quad \frac{d^m y}{dx^m} = \frac{dp}{dx},$$

l'équation proposée se réduit à

$$f\left(p, \frac{dp}{dx}\right) = 0;$$

on en déduit successivement :

$$\frac{dp}{dx} = f(p), \quad dx = \frac{dp}{f(p)}, \quad \text{et} \quad x = \int \frac{dp}{f(p)} + c.$$

Si cette dernière équation peut être résolue par rapport à p, on aura

$$p = \varphi(x) \quad \text{ou} \quad \frac{d^{m-1}y}{dx^{m-1}} = \varphi(x),$$

et (559)

$$y = \int \varphi(x)\, dx^{m-1} + c' x^{m-2} + c'' x^{m-3} + \ldots + c^{(m-1)}.$$

Si p ne peut être exprimé en fonction de x, on aura

$$\frac{d^{m-1}y}{dx^{m-1}} = p,$$

ou

$$d\frac{d^{m-2}y}{dx^{m-2}} = p\,dx = \frac{p\,dp}{f(p)},$$

donc

$$\frac{d^{m-2}y}{dx^{m-2}} = \int \frac{p\,dp}{f(p)} + c'.$$

En multipliant par $dx = \frac{dp}{f(p)}$ et intégrant de nouveau, on aura

$$\frac{d^{m-3}y}{dx^{m-3}} = \int \frac{dp}{f(p)} \int \frac{p\,dp}{f(p)} + c'x + c'',$$

et ainsi de suite.

ÉQUATIONS DE LA FORME $f\left(\frac{d^{m-2}y}{dx^{m-2}}, \frac{d^m y}{dx^m}\right) = 0$.

567. Soit d'abord $\frac{d^2y}{dx^2} = f(y)$.

En multipliant les deux membres par $2dy$, et intégrant, il viendra

$$\left(\frac{dy}{dx}\right)^2 = 2\int f(y)\,dy + c,$$

d'où l'on tire

$$dx = \frac{dy}{\sqrt{c + 2\int f(y)dy}},$$

et enfin

$$x = c' + \int \frac{dy}{\sqrt{c + 2\int f(y)dy}}.$$

568. Exemples.

1°
$$\frac{d^2y}{dx^2} + n^2y = 0.$$

On aura

$$\left(\frac{dy}{dx}\right)^2 + n^2(y^2 - c^2) = 0,$$

$$n\,dx = \frac{dy}{\sqrt{c^2 - y^2}},$$

$$y = c\sin(nx + c'), \quad \text{ou} \quad y = A\sin nx + B\cos nx,$$

A et B désignant deux constantes arbitraires.

2°
$$\frac{d^2y}{dx^2} - n^2y = 0.$$

On aura

$$\left(\frac{dy}{dx}\right)^2 - n^2(y^2 + c^2) = 0, \quad n\,dx = \frac{dy}{\sqrt{y^2 + c^2}},$$

et, en intégrant,

(1) $$y + \sqrt{y^2 + c^2} = c' e^{mx};$$

d'ailleurs on a identiquement

$$(y + \sqrt{y^2 + c^2})(-y + \sqrt{y^2 + c^2}) = c^2,$$

d'où

(2) $$-y + \sqrt{y^2 + c^2} = \frac{c^2}{c'} e^{-mx}.$$

On tire des équations (1) et (2)

$$y = \frac{1}{2} c' e^{mx} - \frac{1}{2} \frac{c^2}{c'} e^{-mx}, \quad \text{ou} \quad y = Ae^{mx} + Be^{-mx}.$$

569. Pour ramener au cas précédent (567) les équations de la forme

$$f\left(\frac{d^{m-2} y}{dx^{m-2}}, \frac{d^m y}{dx^m}\right) = 0,$$

il suffit de poser $\frac{d^{m-2} y}{dx^{m-2}} = p$; il en résulte

(1) $$f\left(p, \frac{d^2 p}{dx^2}\right) = 0, \quad \text{ou} \quad \frac{d^2 p}{dx^2} = f(p),$$

et, par conséquent,

$$\frac{dp}{dx} = \sqrt{c + 2\int f(p)\, dp} = \psi(p);$$

ce qui donne

(2) $$x = \int \frac{dp}{\psi(p)} + c'.$$

Si l'on peut résoudre cette dernière équation par rapport à p, et en tirer p ou $\frac{d^{m-2} y}{dx^{m-2}} = \varphi(x)$, l'intégrale générale s'obtiendra au moyen de $m - 2$ quadratures qui introduiront $m - 2$ nouvelles constantes arbitraires.

Quand l'équation ne peut pas être résolue par rapport à p, on opère de la manière suivante.

On a $\frac{d^{m-2}y}{dx^{m-2}} = p$, d'où résulte

$$d\frac{d^{m-3}y}{dx^{m-3}} = p\,dx = \frac{p\,dp}{\psi(p)};$$

donc

$$\frac{d^{m-3}y}{dx^{m-3}} = \int\frac{p\,dp}{\psi(p)} + c''.$$

On trouvera de même

$$\frac{d^{m-4}y}{dx^{m-4}} = \int\frac{p\,dp}{\psi(p)}\int\frac{dp}{\psi(p)} + c''\int\frac{dp}{\psi(p)} + c''',$$

et ainsi de suite. On arrivera donc à une certaine équation

$$(3) \qquad y = \mathrm{F}(p),$$

contenant m constantes arbitraires. L'élimination de p entre les équations (2) et (3) donnera l'intégrale générale.

ÉQUATIONS QUI PEUVENT S'ABAISSER A UN ORDRE INFÉRIEUR.

570. Soit l'équation de l'ordre m

$$\mathrm{f}\left(x, \frac{d^n y}{dx^n}, \frac{d^{n+1}y}{dx^{n+1}}, \ldots, \frac{d^m y}{dx^m}\right) = 0.$$

En posant $\frac{d^n y}{dx^n} = p$, on la réduit à

$$\mathrm{f}\left(x, p, \frac{dp}{dx}, \ldots, \frac{d^{m-n}p}{dx^{m-n}}\right) = 0.$$

Si l'on peut intégrer cette équation qui n'est que de l'ordre $m-n$, et ensuite la résoudre par rapport à x, ou à p, le calcul s'achèvera comme dans le cas précédent.

571. Soit l'équation

$$(1) \qquad \mathrm{f}\left(y, \frac{dy}{dx}, \frac{d^2y}{dx^2}, \ldots, \frac{d^m y}{dx^m}\right) = 0,$$

qui ne contient pas x. On peut en abaisser l'ordre d'une

unité en prenant y pour variable indépendante et faisant $\frac{dy}{dx} = p$. On aura

$$\frac{d^2y}{dx^2} = \frac{dp}{dx} = p\frac{dp}{dy},$$

$$\frac{d^3y}{dx^3} = \frac{d\left(p\frac{dp}{dy}\right)}{dx} = p^2\frac{d^2p}{dy^2} + p\left(\frac{dp}{dy}\right)^2,$$

. . . .

En général, $\frac{d^ny}{dx^n}$, considérée comme fonction de p, sera du $(n-1)^{ième}$ ordre; en substituant ces valeurs dans l'équation (1) on arrivera donc à une équation de l'ordre $m-1$

$$(2) \qquad \varphi\left(y, p, \frac{dp}{dy}, \ldots, \frac{d^{m-1}p}{dy^{m-1}}\right) = 0,$$

dont l'intégrale renfermera $m-1$ constantes arbitraires, et l'intégration de l'équation $dy = p\,dx$ fournira encore une autre constante.

APPLICATIONS GÉOMÉTRIQUES.

872. *Quelle est la courbe dont le rayon de courbure est en raison inverse de l'abscisse?*

L'équation différentielle du problème est (I, 257) :

$$\frac{(1+p^2)^{\frac{3}{2}}}{\frac{dp}{dx}} = \frac{a^2}{2x},$$

en appelant $\frac{a^2}{2}$ le produit constant du rayon de courbure par l'abscisse du point correspondant de la courbe. On déduit de là

$$2x\,dx = \frac{a^2dp}{(1+p^2)^{\frac{3}{2}}},$$

et, en intégrant,

$$x^2 + c = \frac{a^2 p}{\sqrt{1 + p^2}},$$

d'où

$$p = \frac{x^2 + c}{\sqrt{a^4 - (x^2 + c)^2}},$$

et, en intégrant de nouveau,

$$y = \int \frac{(x^2 + c)\, dx}{\sqrt{a^4 - (x^2 + c)^2}} + c.$$

Cette équation représente la courbe affectée par une lame élastique, quand une de ses extrémités étant fixée, l'autre extrémité supporte un poids : on lui donne, pour cette raison, le nom de *courbe élastique*.

573. Plus généralement, si le rayon de courbure doit être une fonction $f(x)$ de l'abscisse, on aura l'équation

$$\frac{(1 + p^2)^{\frac{3}{2}}}{\frac{dp}{dx}} = f(x),$$

d'où l'on déduira

$$\frac{dp}{(1 + p^2)^{\frac{3}{2}}} = \frac{dx}{f(x)},$$

et, en intégrant,

$$\frac{p}{\sqrt{1 + p^2}} = \int \frac{dx}{f(x)} + c.$$

Cette équation, étant du second degré, pourra être résolue par rapport à p. Soit alors $p = \varphi(x)$, on aura

$$y = \int \varphi(x)\, dx + c',$$

équation de la courbe cherchée, qui renferme deux constantes arbitraires c et c'.

574. *Trouver une courbe dont le rayon de courbure soit proportionnel à la longueur de la normale comprise entre la courbe et l'axe des x.*

L'équation différentielle du problème est

$$(1)\qquad \frac{(1+p^2)^{\frac{3}{2}}}{\frac{dp}{dx}} = ny(1+p^2)^{\frac{1}{2}},$$

n désignant une constante positive ou négative, selon que la courbe est convexe ou concave par rapport à l'axe des x (I, 235).

En prenant y pour variable indépendante et remplaçant $\frac{dp}{dx}$ par $\frac{p\,dp}{dy}$, on aura

$$\frac{dy}{y} = \frac{np\,dp}{1+p^2}.$$

On tire de là

$$\mathrm{l}\frac{y}{c} = \frac{n}{2}\mathrm{l}(1+p^2) = \mathrm{l}(1+p^2)^{\frac{n}{2}},$$

ou

$$\frac{y}{c} = (1+p^2)^{\frac{n}{2}};$$

donc

$$p = \sqrt{\left(\frac{y}{c}\right)^{\frac{2}{n}} - 1},$$

et en remplaçant p par $\frac{dy}{dx}$,

$$(2)\qquad dx = \frac{dy}{\sqrt{\left(\frac{y}{c}\right)^{\frac{2}{n}} - 1}} = \left[\left(\frac{y}{c}\right)^{\frac{2}{n}} - 1\right]^{-\frac{1}{2}} dy.$$

Il suffit de prendre ce radical avec le signe +, car le signe — conduirait à la même intégrale.

Cette équation peut s'intégrer, d'après la théorie des intégrales binômes, quand n est un nombre entier, pair ou impair (I, 353 et 354).

Examinons les cas particuliers de $n = \pm 1$, $n = \pm 2$.

1° $n = -1$; l'équation différentielle (2) devient

$$dx = \frac{y\,dy}{\sqrt{c^2 - y^2}};$$

et, l'intégration donne

$$(x - c')^2 + y^2 = c^2.$$

Cette équation représente tous les cercles qui ont leur centre sur l'axe des x.

2° $n = 1$; dans ce cas, où la courbe est convexe vers l'axe des x, on a

$$dx = \frac{c\,dy}{\sqrt{y^2 - c^2}};$$

et, en intégrant

$$x = c\,l\left(y + \sqrt{y^2 - c^2}\right) + k.$$

Si l'on détermine k de manière que pour $y = c$ on ait $x = c'$, il faudra que

$$c' = c\,l\,c + k;$$

d'où

$$\frac{x - c'}{c} = l\,\frac{y + \sqrt{y^2 - c^2}}{c};$$

ce qui revient à

$$(\alpha) \qquad y + \sqrt{y^2 - c^2} = c e^{\frac{x - c'}{c}}.$$

Mais

$$\left(y + \sqrt{y^2 - c^2}\right)\left(y - \sqrt{y^2 - c^2}\right) = c^2;$$

donc

$$(\beta) \qquad y - \sqrt{y^2 - c^2} = c e^{-\frac{x - c'}{c}}.$$

En ajoutant membre à membre les équations (α) et (β), on aura pour l'équation de la courbe

$$y = \frac{1}{2} c \left(e^{\frac{x - c'}{c}} + e^{-\frac{x - c'}{c}}\right).$$

Cette équation est celle d'une *chaînette*. Par conséquent le cercle et la chaînette sont les seules courbes dans lesquelles le rayon de courbure soit égal à la normale, avec cette différence que ces deux lignes coïncident dans le cercle, tandis qu'elles sont situées de part et d'autre du point de contact dans la chaînette.

Fig. 111.

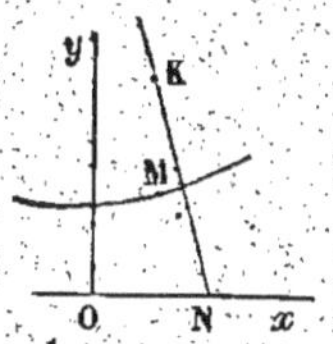

3° $n = -2$: on a l'équation différentielle

$$dx = \frac{dy}{\sqrt{\left(\frac{y}{c}\right)^{-1} - 1}}, \quad \text{ou} \quad \frac{dy}{dx} = \frac{\sqrt{cy - y^2}}{y}.$$

Or, cette équation représente (I, 249) une cycloïde dont la base est sur l'axe des x, et dont le rayon du cercle générateur est $\frac{c}{2}$. On sait en effet que, dans cette courbe, le rayon de courbure MK est double de la normale MN.

Fig. 112.

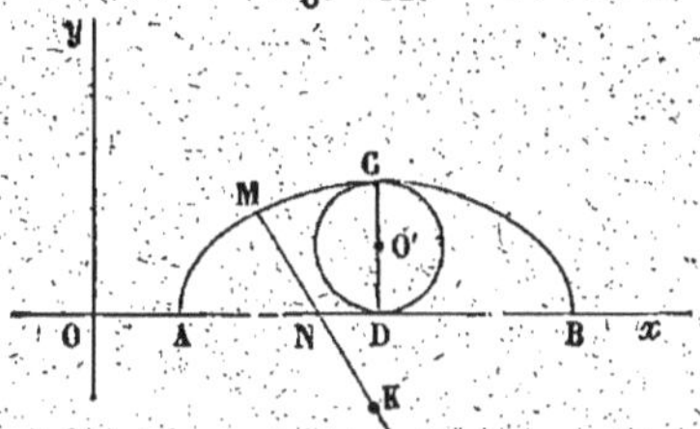

4° $n = 2$: il vient

$$dx = \frac{\sqrt{c}\,dy}{\sqrt{y - c}},$$

d'où

$$(x - c')^2 = 4c(y - c);$$

cette équation représente toutes les paraboles qui ont l'axe des x pour directrice.

ÉQUATIONS HOMOGÈNES.

575. On peut abaisser d'une unité l'ordre d'une équation différentielle lorsqu'elle est homogène par rapport à y et à ses dérivées ; soit

$$(1) \qquad \mathrm{f}\left(x, y, \frac{dy}{dx}, \ldots, \frac{d^m y}{dx^m}\right) = 0$$

une telle équation, et soit n le degré de l'homogénéité. On pourra mettre l'équation (1) sous cette forme

$$(2)\qquad y^n\varphi\left(x, \frac{\frac{dy}{dx}}{y}, \frac{\frac{d^2y}{dx^2}}{y}, \ldots, \frac{\frac{d^my}{dx^m}}{y}\right) = 0.$$

Faisons

$$y = e^{\int u\,dx},$$

d'où

$$\frac{dy}{dx} = e^{\int u\,dx} u,$$

$$\frac{d^2y}{dx^2} = e^{\int u\,dx}\left(\frac{du}{dx} + u^2\right),$$

$$\frac{d^3y}{dx^3} = e^{\int u\,dx}\left(\frac{d^2u}{dx^2} + 3u\frac{du}{dx} + u^3\right),$$

$$\ldots\ldots\ldots\ldots\ldots\ldots\ldots\ldots$$

En substituant ces valeurs dans l'équation (2), on aura évidemment une équation différentielle de l'ordre $m-1$.

576. Exemple.

$$\frac{d^2y}{dx^2} + \frac{1}{x}\frac{dy}{dx} - \frac{y}{x^2} = 0.$$

Posant $y = e^{\int u\,dx}$, et substituant les valeurs de $\frac{dy}{dx}$ et de $\frac{d^2y}{dx^2}$ trouvées plus haut, on aura

$$\frac{du}{dx} + u^2 + \frac{1}{x}u - \frac{1}{x^2} = 0,$$

ou

$$\frac{x\,du + u\,dx}{dx} + \frac{u^2x^2 - 1}{x} = 0.$$

Posons $ux = z$, il vient

$$\frac{dz}{dx} + \frac{z^2 - 1}{x} = 0,$$

ou, en séparant les variables,

$$\frac{dx}{x} + \frac{dz}{z^2 - 1} = 0;$$

l'intégration donne

$$x^2\frac{z-1}{z+1}=c,\quad z=\frac{x^2+c}{x^2-c},\quad u=\frac{x^2+c}{x(x^2-c)}.$$

Il s'ensuit

$$\int u\,dx=\int\frac{x^2+c}{x(x^2-c)}dx=\mathrm{l}\,c'\,\frac{x^2-c}{x},$$

d'où

$$y=e^{\int u\,dx}=c'\,\frac{x^2-c}{x}=c'x-\frac{C}{x}.$$

577. On traite de la même manière toute équation

$$\mathrm{f}\left(y,\frac{dy}{dx},\frac{d^2y}{dx^2},\ldots,\frac{d^my}{dx^m}\right)=0,$$

qui est homogène par rapport aux indices des différentielles, c'est-à-dire dans laquelle la somme des indices des différentielles de y est toujours la même; car si l'on pose $\frac{dy}{dx}=p$, l'équation deviendra homogène par rapport à $p,\ \frac{dp}{dy},\ \frac{d^2p}{dy^2},\ldots,\ \frac{d^{m-1}p}{dy^{m-1}}$.

Exemple. Soit

$$(1)\qquad \frac{d^2y}{dx^2}=f(y)\left(\frac{dy}{dx}\right)^2.$$

Cette équation revient à $p\frac{dp}{dy}=f(y)p^2$, ou

$$(2)\qquad \frac{dp}{dy}-pf(y)=0,$$

équation homogène par rapport à p et à $\frac{dp}{dy}$. Si l'on fait

$$p=e^{\int u\,dy},\quad \text{d'où}\quad \frac{dp}{dy}=ue^{\int u\,dy},$$

on aura, en portant ces valeurs dans l'équation (2) et supprimant le facteur commun $e^{\int u\,dy}$,

$$u=f(y);$$

donc

$$p = \frac{1}{c} e^{\int f(y)\,dy},$$

et, en intégrant de nouveau,

$$x = c' + c\int e^{-\int f(y)\,dy}\,dy.$$

EXERCICES.

1. *Intégrer l'équation*

$$\frac{(dy^2 + y^2 dx^2)^{\frac{3}{2}}}{2dy^2 dx + y^2 dx^3 - y\,d^2y\,dx} = y,$$

où x est la variable indépendante.

Solution :

$$x = c' + \frac{1}{c}\sqrt{2cy - c^2} + \text{arc cos}\frac{y-c}{y}.$$

2. *Intégrer l'équation*

$$dx^3 dy - x\,ds^3 d^2y = a\,dx\,ds\sqrt{(d^2x)^2 + (d^2y)^2},$$

dans laquelle $ds = \sqrt{dx^2 + dy^2}$, et s est prise pour variable indépendante.

Solution : $$y = \frac{1}{2}c(x+a)^2 + c'.$$

3. *Trouver la courbe dont le rayon de courbure en chaque point est égal à la distance de ce point à un point fixe.*

Solution : L'équation du premier exercice où l'on mettrait r et θ à la place de y et de x.

4. *Intégrer l'équation*

$$\frac{d^3y}{dx^3} = f(y)\frac{dy}{dx}\frac{d^2y}{dx^2}.$$

Solution :

$$F(y) = e^{\int f(y)dy},\quad \varphi(y) = \sqrt{2\int F(y)dy},$$

$$x = \int \frac{dy}{\varphi(y)}.$$

QUARANTE-SIXIÈME LEÇON.

INTÉGRATION DES ÉQUATIONS LINÉAIRES SANS SECOND MEMBRE.

Définition. — Propriétés de l'équation privée de second membre. — Équations à coefficients constants. — Cas des racines imaginaires inégales. — Cas des racines égales. — Méthode de d'Alembert. — Autres méthodes.

DÉFINITION.

578. On appelle *équations linéaires* les équations différentielles dans lesquelles la fonction cherchée et ses dérivées n'entrent qu'au premier degré, et ne sont pas multipliées entre elles.

Leur forme générale est

$$\text{(I)}\quad \frac{d^m y}{dx^m} + \text{P}\frac{d^{m-1}y}{dx^{m-1}} + \text{Q}\frac{d^{m-2}y}{dx^{m-2}} + \ldots + \text{T}\frac{dy}{dx} + \text{U}y = \text{V},$$

P, Q, ..., T, U, V désignant des fonctions de x.

PROPRIÉTÉS DES ÉQUATIONS LINÉAIRES PRIVÉES DE SECOND MEMBRE.

579. Nous considérerons d'abord l'équation privée de second membre

$$\text{(II)}\quad \frac{d^m y}{dx^m} + \text{P}\frac{d^{m-1}y}{dx^{m-1}} + \text{Q}\frac{d^{m-2}y}{dx^{m-2}} + \ldots + \text{T}\frac{dy}{dx} + \text{U}y = 0.$$

Si des fonctions particulières $y_1, y_2, \ldots, y_n$ satisfont à cette équation, la somme de ces fonctions, et même la somme des produits de ces fonctions par des constantes quelconques $c_1, c_2, \ldots, c_n$, y satisfera également.

En effet, si l'on pose

$$y = c_1 y_1 + c_2 y_2 + \ldots + c_n y_n,$$

on aura

$$\frac{dy}{dx} = c_1 \frac{dy_1}{dx} + c_2 \frac{dy_2}{dx} + \ldots + c_n \frac{dy_n}{dx},$$

$$\frac{d^2y}{dx^2} = c_1 \frac{d^2y_1}{dx^2} + c_2 \frac{d^2y_2}{dx^2} + \ldots + c_n \frac{d^2y_n}{dx^2},$$

$$\ldots\ldots\ldots\ldots\ldots\ldots\ldots\ldots\ldots$$

$$\frac{d^my}{dx^m} = c_1 \frac{d^my_1}{dx^m} + c_2 \frac{d^my_2}{dx^m} + \ldots + c_n \frac{d^my_n}{dx^m}.$$

La substitution de ces valeurs dans l'équation (II) lui fait prendre la forme

$$c_1\left(\frac{d^my_1}{dx^m} + P\frac{d^{m-1}y_1}{dx^{m-1}} + \ldots + T\frac{dy_1}{dx} + Uy_1\right)$$
$$+ c_2\left(\frac{d^my_2}{dx^m} + P\frac{d^{m-1}y_2}{dx^{m-1}} + \ldots + T\frac{dy_2}{dx} + Uy_2\right) + \ldots = 0.$$

Or, chacune des parenthèses étant nulle par hypothèse, l'équation se trouvera satisfaite. Cette propriété n'appartient qu'à l'équation privée de second membre.

580. Il suit de là que *si l'on connaît m solutions particulières de l'équation* (II), *on aura l'intégrale générale en posant*

$$y = c_1 y_1 + c_2 y_2 + \ldots + c_m y_m,$$

pourvu que l'on puisse déterminer les constantes de manière à donner à $y, \frac{dy}{dx}, \ldots, \frac{d^{m-1}y}{dx^{m-1}}$ *des valeurs arbitraires pour une valeur quelconque de* x (nº 552).

Ces conditions ne pourraient pas être remplies s'il existait une relation linéaire entre quelques-unes des fonctions $y_1, y_2, \ldots, y_m$. Par exemple, si l'on avait

$$y_3 = ay_1 + by_2,$$

on aurait

$$y = (c_1 + ac_3)y_1 + (c_2 + bc_3)y_2 + c_4 y_4 + \ldots + c_m y_m,$$

et cette expression, ne renfermant que $m-1$ constantes arbitraires, puisque c_1+ac_3 et c_2+bc_3 ne doivent compter que pour deux constantes, ne peut pas être l'intégrale générale de l'équation (II).

581. L'équation linéaire étant homogène par rapport à y et à ses dérivées, on peut en abaisser l'ordre d'une unité, en posant $y=e^{\int u dx}$ (575); mais elle cesse d'être linéaire. Elle prend alors la forme

$$\text{(III)}\qquad \frac{d^{m-1}u}{dx^{m-1}}+\ldots+(u^m+Pu^{m-1}+Qu^{m-2}+\ldots+U)=0.$$

Cette équation est plus compliquée que la proposée, mais elle fait découvrir plus facilement certaines intégrales particulières. Ainsi, quand une valeur $u=r$, indépendante de x, annule le polynôme

$$(1)\qquad u^m+Pu^{m-1}+Qu^{m-2}+\ldots+U=f(u),$$

l'équation (III) est satisfaite par $u=r$, car les dérivées $\frac{du}{dx}, \frac{d^2u}{dx^2}, \ldots, \frac{d^{m-1}u}{dx^{m-1}}$ sont nulles : par conséquent l'équation (II) est satisfaite par $y=ce^{\int u dx}=ce^{rx}$.

ÉQUATIONS LINÉAIRES A COEFFICIENTS CONSTANTS.

582. Dans le cas où P, Q,..., T, U sont des constantes, l'équation $f(u)=0$ n'admet que des racines constantes $r_1, r_2, \ldots, r_m$. En les supposant toutes différentes, on aura m solutions particulières $e^{r_1x}, e^{r_2x}, \ldots, e^{r_mx}$, et l'intégrale générale sera

$$(2)\qquad y=c_1e^{r_1x}+c_2e^{r_2x}+\ldots+c_me^{r_mx}.$$

Pour le démontrer il suffit de faire voir qu'on peut déterminer les constantes $c_1, c_2, \ldots, c_m$ de manière que, pour une certaine valeur de x, par exemple $x=0$, la fonction y et ses $m-1$ premières dérivées aient des valeurs arbitraires $b, b', \ldots, b^{(m-1)}$. En effet, de l'équation (2) on tire

$$(3)\qquad \frac{dy}{dx} = c_1 r_1 e^{r_1 x} + c_2 r_2 e^{r_2 x} + \ldots + c_m r_m e^{r_m x},$$

$$(4)\qquad \frac{d^2y}{dx^2} = c_1 r_1^2 e^{r_1 x} + c_2 r_2^2 e^{r_2 x} + \ldots + c_m r_m^2 e^{r_m x},$$

$$\ldots\ldots\ldots\ldots\ldots\ldots\ldots\ldots;$$

et, par conséquent, en faisant $x = 0$ dans les équations (2), (3), (4), ..., on aura

$$(\mathrm{C})\quad \begin{cases} c_1 + c_2 + c_3 + \ldots + c_m = b, \\ c_1 r_1 + c_2 r_2 + c_3 r_3 + \ldots + c_m r_m = b', \\ c_1 r_1^2 + c_2 r_2^2 + c_3 r_3^2 + \ldots + c_m r_m^2 = b'', \\ \ldots\ldots\ldots\ldots\ldots\ldots\ldots\ldots \\ c_1 r_1^{m-1} + c_2 r_2^{m-1} + c_3 r_3^{m-1} + \ldots + c_m r_m^{m-1} = b^{(m-1)}. \end{cases}$$

Multiplions ces équations respectivement par $k, k', k'', \ldots, k^{(m-2)}$ et 1, et ajoutons-les : en posant

$$k + k'r + k''r^2 + \ldots + k^{(m-2)} r^{m-2} + r^{m-1} = \varphi(r),$$

on aura

$$c_1\varphi(r_1) + c_2\varphi(r_2) + \ldots + c_m\varphi(r_m) = kb + k'b' + k''b'' + \ldots + b^{(m-1)}.$$

On éliminera $c_2, c_3, \ldots, c_m$, en prenant pour $\varphi(r)$ une fonction telle, que $\varphi(r_2), \varphi(r_3), \ldots, \varphi(r_m)$, soient nulles, mais que $\varphi(r_1)$ soit différente de zéro. Ces conditions seront remplies si l'on pose

$$\varphi(r) = (r - r_2)(r - r_3)\ldots(r - r_m) = \frac{f(r)}{r - r_1},$$

d'où

$$\varphi(r_1) = f'(r_1)$$

et

$$c_1 = \frac{b^{(m-1)} + \ldots + k''b'' + k'b' + kb}{f'(r_1)}.$$

On aurait de même $c_2, c_3, \ldots, c_m$. Toutes ces constantes ont des valeurs finies et déterminées, puisque $f'(r_1)$, $f'(r_2), \ldots, f'(r_m)$ ne sont pas nulles (*).

Si l'on donne les valeurs $b, b', \ldots, b^{m-1}$, de y et de ses dérivées pour $x = a$, on remplacera, dans l'équation (2), x par $(x-a)$ sans changer les constantes, car l'intégrale (2) peut évidemment s'écrire

$$y = c_1 e^{r_1(x-a)} + c_2 e^{r_2(x-a)} + \ldots + c_m e^{r_m(x-a)}.$$

En prenant ensuite les dérivées et faisant $x = a$, on retrouvera les mêmes équations (C) pour déterminer c_1, $c_2, \ldots, c_m$.

EXEMPLE.

$$\frac{d^2y}{dx^2} - n^2 y = 0.$$

On a

$$r^2 - n^2 = 0,$$

d'où

$$r = \pm n,$$

et

$$y = c_1 e^{nx} + c_2 e^{-nx}.$$

CAS DES RACINES IMAGINAIRES INÉGALES.

583. Lorsque l'équation

$$f(r) = r^m + \mathrm{P} r^{m-1} + \ldots + \mathrm{T} r + \mathrm{U} = 0$$

a des racines imaginaires, la formule

$$y = c_1 e^{r_1 x} + c_2 e^{r_2 x} + \ldots + c_m e^{r_m x}$$

représente encore l'intégrale générale, mais elle renferme des imaginaires. Pour mettre l'intégrale sous une forme réelle, observons que les racines imaginaires doivent être

(*) On pourrait aussi démontrer ce résultat en observant que le dénominateur commun des valeurs des inconnues $c_1, c_2, c_3, \ldots, c_m$, dans les équations (C), est égal au produit de toutes les différences des quantités $r_1, r_2, r_3, \ldots$, prises deux à deux, produit qui n'est pas nul, puisque aucune de ces différences n'est nulle (théorème de Vandermonde).

conjugées deux à deux si P, Q, . . ., T, U sont des quantités réelles. Soient donc

$$r_1 = \alpha + 6\sqrt{-1}, \quad r_2 = \alpha - 6\sqrt{-1},$$

on aura

$$c_1 e^{r_1 x} + c_2 e^{r_2 x} = c_1 e^{\alpha x + 6x\sqrt{-1}} + c_2 e^{\alpha x - 6x\sqrt{-1}}$$
$$= e^{\alpha x}\left[(c_1 + c_2)\cos 6x + \sqrt{-1}(c_1 - c_2)\sin 6x\right],$$

ou bien

$$c_1 e^{r_1 x} + c_2 e^{r_2 x} = (\mathrm{A}\cos 6x + \mathrm{B}\sin 6x)e^{\alpha x},$$

en posant $\mathrm{A} = c_1 + c_2$, $\mathrm{B} = (c_1 - c_2)\sqrt{-1}$: A et B désignent des constantes arbitraires que l'on peut toujours supposer réelles.

On peut encore écrire la somme des termes qui correspondent à deux racines conjuguées sous cette forme

$$ce^{\alpha x}\sin(6x + c').$$

584. Exemples.

1°
$$\frac{d^2y}{dx^2} + n^2y = 0,$$
$$r = \pm n\sqrt{-1},$$
$$y = c_1 e^{nx\sqrt{-1}} + c_2 e^{-nx\sqrt{-1}} = \mathrm{A}\cos nx + \mathrm{B}\sin nx.$$

2°
$$\frac{d^3y}{dx^3} - \frac{dy}{dx} - 6y = 0.$$

L'équation en r est

$$r^3 - r - 6 = 0:$$

on en tire

$$r_1 = 2, \quad r_2 = -1 + \sqrt{2}\sqrt{-1}, \quad r_3 = -1 - \sqrt{2}\sqrt{-1},$$

et par suite,

$$y = ce^{2x} + e^{-x}\left[\mathrm{A}\cos(x\sqrt{2}) + \mathrm{B}\sin(x\sqrt{2})\right].$$

CAS DES RACINES ÉGALES. — MÉTHODE DE D'ALEMBERT.

585. Lorsque l'équation

$$(1) \qquad r^m + \mathrm{P}r^{m-1} + \mathrm{Q}r^{m-2} + \ldots + \mathrm{T}r + \mathrm{U} = 0$$

a des racines égales, les termes correspondants à ces racines dans la formule

$$(2) \qquad y = c_1 e^{r_1 x} + c_2 e^{r_2 x} + \ldots + c_m e^{r_m x}$$

se confondent en un seul, et on n'a plus l'intégrale générale, puisque le nombre des constantes arbitraires est inférieur à m. On peut cependant déduire de cette même formule l'intégrale générale en considérant d'abord les racines comme ayant une différence qu'on rend nulle après avoir fait subir à l'expression une transformation convenable.

Pour faire comprendre ce procédé par un exemple très-simple, proposons-nous de déduire l'intégrale $\int \frac{dx}{x} = \mathrm{l}x$ de l'intégrale $\int x^m dx = \frac{x^{m+1}}{m+1} + \mathrm{C}$, qui devient illusoire quand $m = -1$. Posons $m = -1 + h$; nous aurons

$$\int \frac{dx}{x^{1-h}} = \mathrm{C} + \frac{x^h}{h}.$$

Mais

$$x^h = 1 + h\,\mathrm{l}x + \frac{h^2}{1.2}(\mathrm{l}x)^2 + \ldots;$$

donc

$$\int \frac{dx}{x^{1-h}} = \mathrm{C} + \frac{1}{h} + \mathrm{l}x + \frac{h}{1.2}(\mathrm{l}x)^2 + \frac{h^2}{1.2.3}(\mathrm{l}x)^3 + \ldots,$$

et, en représentant $\mathrm{C} + \frac{1}{h}$ par c,

$$\int \frac{dx}{x^{1-h}} = c + \mathrm{l}x + \frac{h}{1.2}(\mathrm{l}x)^2 + \frac{h^2}{1.2.3}(\mathrm{l}x)^3 + \ldots.$$

Donc, si l'on fait $h = 0$, on aura

$$\int \frac{dx}{x} = \mathrm{l}x + c.$$

586. Revenons maintenant aux équations linéaires, et supposons $r_2 = r_1$. On peut altérer infiniment peu les coefficients de l'équation (II), n° 579, de manière que

l'équation (1) $f(u)=0$ n'ait plus de racines égales. Alors on a $r_2 = r_1 + h$, et

$$y = C_1 e^{r_1 x} + C_2 e^{r_1 x + hx} + c_3 e^{r_3 x} + \ldots + c_m e^{r_m x},$$

ou

$$\begin{aligned} y &= (C_1 + C_2 e^{hx}) e^{r_1 x} + c_3 e^{r_3 x} + \ldots + c_m e^{r_m x} \\ &= e^{r_1 x}\left(C_1 + C_2 + C_2 hx + C_2 \frac{h^2}{1.2} x^2 + \ldots\right) \\ &\quad + c_3 e^{r_3 x} + \ldots + c_m e^{r_m x}; \end{aligned}$$

ou bien, en posant

$$C_1 + C_2 = c, \quad C_2 h = c',$$

on aura

$$\begin{aligned} y = e^{r_1 x}&\left(c + c'x + c'h\frac{x^2}{1.2} + c'h^2 \frac{x^3}{1.2.3} + \ldots\right) \\ &+ c_3 e^{r_3 x} + \ldots + c_m e^{r_m x}; \end{aligned}$$

cette valeur de y satisfait à l'équation différentielle quel que soit h. Donc, en faisant $h=0$, on aura

$$(3) \qquad y = e^{r_1 x}(c + c'x) + c_3 e^{r_3 x} + \ldots + c_m e^{r_m x},$$

expression qui renferme m constantes arbitraires distinctes quand $r_1, r_3, r_4, \ldots, r_m$ sont des racines différentes.

Quand trois racines sont égales, on suppose d'abord l'équation modifiée de manière que deux racines seulement soient égales, ce qui donne à l'intégrale la forme

$$y = e^{r_1 x}(C + C'x) + C_3 e^{r_3 x} + C_4 e^{r_4 x} + \ldots + C_m e^{r_m x}.$$

Puis, supposant $r_3 = r_1 + h$, on aura

$$\begin{aligned} y = e^{r_1 x}&\left[C + C_3 + (C' + C_3 h)x + \frac{C_3 h^2}{1.2} x^2 + \frac{C_3 h^3}{1.2.3} x^3 + \ldots\right] \\ &+ c_4 e^{r_4 x} + \ldots + c_m e^{r_m x}, \end{aligned}$$

ou, en posant $C + C_3 = c$, $C' + C_3 h = c'$, $\frac{C_3 h^2}{1.2} = c''$,

$$y = e^{r_1 x}\left(c + c'x + c''x^2 + \frac{c''h}{3}x^3 + \ldots\right) + c_4 e^{r_4 x} + \ldots;$$

équation qui devient, pour $h=0$,

$$(4) \quad y = e^{r_1 x}(c + c'x + c''x^2) + c_4 e^{r_4 x} + \ldots + c_m e^{r_m x}.$$

On trouverait, de la même manière, que si la racine r_1 était quadruple, il faudrait remplacer les termes qui s'y rapportent par

$$e^{r_1 x}(c + c'x + c''x^2 + c'''x^3),$$

expression qui renferme quatre constantes arbitraires.

DEUXIÈME MÉTHODE.

587. Lemme. u et v étant des fonctions de x, si l'on cherche les différentielles successives de uv, on arrive par induction à la formule

$$d^n(uv) = ud^n v + n\,du\,d^{n-1}v + \frac{n(n-1)}{1.2}d^2u\,d^{n-2}v + \ldots + n\,d^{n-1}u\,dv + v\,d^n u,$$

ou à la formule symbolique

$$d^n uv = (du + dv)^{(n)},$$

en remplaçant dans le développement du second membre les exposants des puissances par des indices de différentiation, et en admettant que $d^0 u = u$.

Pour faire voir que cette formule est générale, il suffit de montrer que, si elle est vraie pour l'indice n, elle est encore vraie pour l'indice $n+1$. En effet, soit $k\,d^p u\,d^{n-p}v$ un terme quelconque du développement de $d^n uv$. On aura

$$d^n uv = \sum k\,d^p u\,d^{n-p}v.$$

De là on tire

$$d^{n+1}uv = \sum (k\,d^{p+1}u\,d^{n-p}v + k\,d^p u\,d^{n-p+1}v),$$

ou, sous une forme symbolique,

$$d^{n+1}uv = \sum k\,du^p\,dv^{n-p}(du + dv) = (du + dv)\sum k\,du^p\,dv^{n-p}.$$

Mais, par hypothèse,

$$\sum k\,du^p\,dv^{n-p} = (du + dv)^{(n)};$$

on aura donc

$$d^{n+1}uv = (du + dv)(du + dv)^{(n)} = (du + dv)^{(n+1)},$$

ce qu'il fallait démontrer. On démontrerait de la même manière la formule plus générale

$$d^n(uv\ldots z) = (du + dv + \ldots + dz)^{(n)}.$$

588. Autrement. Le coefficient k dans l'équation

$$(1)\qquad d^n uv = \sum k\, d^p u\, d^q v$$

est un nombre indépendant de la nature des fonctions u et v. Soit alors $u = e^{ax}$, $v = e^{bx}$, on aura

$$d^n uv = d^n e^{(a+b)x} = e^{(a+b)x}(a+b)^n dx^n,$$

et, en observant que $p + q = n$, l'équation (1) deviendra

$$(a+b)^n dx^n = \sum k\, a^p b^q dx^{p+q};$$

ou, puisque $p + q = n$,

$$(a+b)^n = \sum k\, a^p b^{n-p}.$$

Ainsi, les coefficients de $d^n uv$ ne sont autre chose que les coefficients de la $n^{\text{ième}}$ puissance d'un binôme.

589. Revenons à l'équation

$$(\text{II})\qquad \frac{d^m y}{dx^m} + P\frac{d^{m-1}y}{dx^{m-1}} + Q\frac{d^{m-2}y}{dx^{m-2}} + \ldots + T\frac{dy}{dx} + Uy = 0.$$

Remplaçons y par uv. L'équation, ordonnée par rapport à la fonction u et à ses dérivées, deviendra

$$\left(\frac{d^m v}{dx^m} + P\frac{d^{m-1}v}{dx^{m-1}} + Q\frac{d^{m-2}v}{dx^{m-2}} + \ldots + T\frac{dv}{dx} + Uv\right)u$$
$$+ \frac{1}{1}\left[m\frac{d^{m-1}v}{dx^{m-1}} + (m-1)P\frac{d^{m-2}v}{dx^{m-2}} + \ldots + Tv\right]\frac{du}{dx}$$
$$+ \frac{1}{1.2}\left[m(m-1)\frac{d^{m-2}v}{dx^{m-2}} + (m-1)(m-2)P\frac{d^{m-3}v}{dx^{m-3}} + \ldots + 1.2.Sv\right]\frac{d^2u}{dx^2}$$
$$\ldots\ldots\ldots\ldots\ldots\ldots\ldots\ldots\ldots\ldots\ldots\ldots$$
$$+ \frac{1}{1.2\ldots m}[m(m-1)(m-2)\ldots 2.1.v]\frac{d^m u}{dx^m} = 0,$$

ou bien

$$(2)\quad V_0 u + V_1 \frac{du}{dx} + \frac{V_2}{1.2}\frac{d^2u}{dx^2} + \dots + \frac{V_m}{1.2.3\dots m}\frac{d^mu}{dx^m} = 0,$$

en posant

$$V_0 = \frac{d^mv}{dx^m} + P\frac{d^{m-1}v}{dx^{m-1}} + Q\frac{d^{m-2}v}{dx^{m-2}} + \dots + T\frac{dv}{dx} + Uv,$$

$$V_1 = m\frac{d^{m-1}v}{dx^{m-1}} + (m-1)P\frac{d^{m-2}v}{dx^{m-2}} + (m-2)Q\frac{d^{m-3}v}{dx^{m-3}} + \dots + Tv,$$

$$V_2 = m(m-1)\frac{d^{m-2}v}{dx^{m-2}} + (m-1)(m-2)P\frac{d^{m-3}v}{dx^{m-3}} + \dots + 1.2.Sv,$$

....

Le développement (2) est analogue à celui d'une fonction de x dans laquelle on remplace x par $x+h$; car on voit que les polynômes $V_0, V_1, V_2, \dots, V_m$ se déduisent du polynôme

$$v^m + Pv^{m-1} + \dots + Tv + U$$

et de ses dérivées, en remplaçant $v^m, v^{m-1}, \dots, v, v^0$ par

$$\frac{d^mv}{dx^m}, \frac{d^{m-1}v}{dx^{m-1}}, \dots, \frac{dv}{dx}, v.$$

590. Maintenant, si l'on pose $v = e^{rx}$, et que l'on supprime le facteur commun e^{rx}, l'équation (2) prendra la forme

$$(3)\quad f(r)u + f'(r)\frac{du}{dx} + f''(r)\frac{d^2u}{dx^2} + \dots + \frac{d^mu}{dx^m} = 0,$$

$f(r)$ désignant, comme plus haut, le polynôme

$$r^m + Pr^{m-1} + Qr^{m-2} + \dots + Tr + U.$$

De là résultent les conséquences suivantes:

1° Si r_1 est racine simple de l'équation

$$f(r) = 0,$$

on satisfera à l'équation (3) en faisant

$$r = r_1, \quad u = c_1,$$

c_1 désignant une constante; d'où $y = c_1 e^{r_1 x}$.

Donc, si toutes les racines sont inégales, on aura m intégrales particulières contenant chacune une constante arbitraire, et dont la somme formera l'intégrale générale.

2° Si r_1 est une racine double, $f(r_1)$, $f'(r_1)$ seront nulles, et l'on satisfera à l'équation (3) en posant

$$r = r_1, \quad \frac{d^2u}{dx^2} = 0,$$

d'où

$$u = c + c'x, \quad y = e^{r_1x}(c + c'x).$$

3° Si r_1 est racine triple, $f(r_1)$, $f'(r_1)$, $f''(r_1)$ seront nulles, et l'on satisfera à l'équation en faisant

$$r = r_1, \quad \frac{d^3u}{dx^3} = 0,$$

d'où

$$u = c + c'x + c''x^2,$$
$$y = e^{r_1x}(c + c'x + c''x^2),$$

et ainsi de suite.

TROISIÈME MÉTHODE.

591. En substituant e^{rx} à y dans le premier membre de l'équation

$$\text{(II)} \quad \frac{d^my}{dx^m} + \text{P}\frac{d^{m-1}y}{dx^{m-1}} + \text{Q}\frac{d^{m-2}y}{dx^{m-2}} + \ldots + \text{T}\frac{dy}{dx} + \text{U}y = 0,$$

on a identiquement

$$(1) \quad \frac{d^me^{rx}}{dx^m} + \text{P}\frac{d^{m-1}e^{rx}}{dx^{m-1}} + \ldots + \text{T}\frac{de^{rx}}{dx} + \text{U}e^{rx} = e^{rx}f(r).$$

Différentiant par rapport à r, on aura

$$(2) \quad \frac{d^me^{rx}x}{dx^m} + \text{P}\frac{d^{m-1}e^{rx}x}{dx^{m-1}} + \ldots + \text{U}e^{rx}x = e^{rx}[f'(r) + xf(r)];$$

puis,

$$(3) \quad \left\{ \begin{aligned} &\frac{d^me^{rx}x^2}{dx^m} + \text{P}\frac{d^{m-1}e^{rx}x^2}{dx^{m-1}} + \ldots + \text{U}e^{rx}x^2 \\ &\quad = e^{rx}[f''(r) + 2xf'(r) + x^2f(r)], \end{aligned} \right.$$

et ainsi de suite.

L'équation (1) montre que l'on satisfera à l'équation différentielle (II) en posant $y = e^{r_1 x}$, r_1 étant une des racines de l'équation $f(r) = 0$.

Si r_1 est racine double, on a $f'(r_1) = 0$, et la relation (2) montre que l'on peut prendre $y = e^{r_1 x} x$, ce qui avec $e^{r_1 x}$ fait deux solutions.

Si r_1 est racine triple, outre les deux solutions distinctes déjà obtenues, on déduira de l'équation (3) la solution $y = e^{r_1 x} x^2$, et ainsi de suite.

Donc, à chaque racine multiple correspondra un nombre de solutions égal à son degré de multiplicité. En multipliant toutes ces solutions par des constantes, et les ajoutant, on aura l'intégrale générale.

EXERCICES.

1. $$\frac{d^{2n}y}{dx^{2n}} - y = 0.$$

Solution :

$$y = Ce^x + C'e^{-x}$$
$$+ \sum_{k=1}^{k=n-1} e^{x \cos \frac{k\pi}{n}} \left[C_k \cos\left(x \sin \frac{k\pi}{n}\right) + C'_k \sin\left(x \sin \frac{k\pi}{n}\right) \right].$$

2. $$\frac{d^n y}{dx^n} = 0.$$

Solution :

$$y = C + C_1 x + C_2 x^2 + \ldots + C_{n-1} x^{n-1}.$$

3. $$\frac{d^4 y}{dx^4} + 8 \frac{d^2 y}{dx^2} + 16 y = 0.$$

Solution :

$$y = (c + c_1 x) \cos 2x + (c_2 + c_3 x) \sin 2x.$$

QUARANTE-SEPTIÈME LEÇON.

INTÉGRATION DE L'ÉQUATION LINÉAIRE COMPLÈTE.

Réduction de l'équation complète à l'équation privée de second membre. — Cas où les coefficients du premier membre sont constants. — Abaissement de l'équation linéaire quand on connaît un certain nombre d'intégrales de l'équation privée de second membre. — Autre méthode. — Équations linéaires que l'on sait intégrer. — Propriétés de l'équation du second ordre.

RÉDUCTION DE L'ÉQUATION COMPLÈTE A L'ÉQUATION PRIVÉE DE SECOND MEMBRE.

592. Soit

$$\text{(I)}\qquad \frac{d^m y}{dx^m} + P\frac{d^{m-1}y}{dx^{m-1}} + \ldots + T\frac{dy}{dx} + Uy = F(x).$$

Posons

$$\text{(1)}\qquad y = \int_0^x z\,d\alpha,$$

z étant une fonction de x et de α tellement choisie, que $z, \frac{dz}{dx}, \frac{d^2 z}{dx^2}, \ldots, \frac{d^{m-2}z}{dx^{m-2}}$ soient nulles pour $\alpha = x$, et que l'on ait pour cette même valeur

$$\frac{d^{m-1}z}{dx^{m-1}} = F(x).$$

Ces conditions étant remplies, on aura

$$\frac{dy}{dx} = \int_0^x \frac{dz}{dx}\,d\alpha + z_x,$$

z_x désignant la valeur que prend z lorsque $\alpha = x$; mais, par hypothèse, cette substitution annule z; donc

$$\text{(2)}\qquad \frac{dy}{dx} = \int_0^x \frac{dz}{dx}\,d\alpha;$$

on aura ensuite

$$\frac{d^2 y}{dx^2} = \int_0^x \frac{d^2 z}{dx^2}\,d\alpha + \left(\frac{dz}{dx}\right)_x;$$

mais $\left(\frac{dz}{dx}\right)_x = 0$; par conséquent l'équation précédente se réduit à

$$(3) \qquad \frac{d^2y}{dx^2} = \int_0^x \frac{d^2z}{dx^2}\,d\alpha;$$

on trouve de la même manière :

$$(4) \qquad \begin{cases} \dfrac{d^3y}{dx^3} = \displaystyle\int_0^x \frac{d^3z}{dx^3}\,d\alpha, \ldots, \quad \frac{d^{m-1}y}{dx^{m-1}} = \int_0^x \frac{d^{m-1}z}{dx^{m-1}}\,d\alpha, \\ \dfrac{d^my}{dx^m} = \displaystyle\int_0^x \frac{d^mz}{dx^m}\,d\alpha + \mathrm{F}(x). \end{cases}$$

En substituant ces valeurs dans l'équation proposée (I), on a

$$(5) \qquad \int_0^x \left(\frac{d^mz}{dx^m} + \mathrm{P}\frac{d^{m-1}z}{dx^{m-1}} + \ldots + \mathrm{T}\frac{dz}{dx} + \mathrm{U}z\right)d\alpha = 0,$$

et il suffit, pour que l'équation soit satisfaite, que l'on ait

$$(4) \qquad \frac{d^mz}{dx^m} + \mathrm{P}\frac{d^{m-1}z}{dx^{m-1}} + \ldots + \mathrm{T}\frac{dz}{dx} + \mathrm{U}z = 0.$$

Si, outre les conditions citées plus haut, z remplit cette nouvelle condition, $y = \int_0^x z\,d\alpha$ sera une intégrale particulière; en la désignant par u, et posant $y = u + v$, l'équation (I) deviendra

$$\left[\frac{d^mu}{dx^m} + \mathrm{P}\frac{d^{m-1}u}{dx^{m-1}} + \ldots + \mathrm{U}u - \mathrm{F}(x)\right] + \frac{d^mv}{dx^m} + \ldots + \mathrm{U}v = 0.$$

Or, la première partie du premier membre de cette équation est nulle par hypothèse; donc l'équation se réduit à

$$(\mathrm{II}) \qquad \frac{d^mv}{dx^m} + \mathrm{P}\frac{d^{m-1}v}{dx^{m-1}} + \ldots + \mathrm{T}\frac{dv}{dx} + \mathrm{U}v = 0.$$

Et si l'on peut intégrer généralement cette dernière équation, $u + v$ sera l'intégrale de l'équation proposée (I).

CAS OU LES COEFFICIENTS DE L'ÉQUATION (II) SONT CONSTANTS.

593. Quand on connaîtra l'intégrale générale de l'équation (II), en y remplaçant x par $x - \alpha$, on pourra profiter del'indétermination des constantes arbitraires qu'elle renferme pour remplir les conditions indiquées plus haut. C'est ce qui arrive lorsque les coefficients P, Q,.., T, U sont constants.

En effet, $r_1, r_2, r_3, \ldots, r_m$ étant les racines de l'équation

$$(1) \qquad f(r) = r^m + \mathrm{P}r^{m-1} + \ldots + \mathrm{T}r + \mathrm{U} = 0,$$

on pourra écrire

$$z = \mathrm{C}_1 e^{r_1(x-\alpha)} + \mathrm{C}_2 e^{r_2(x-\alpha)} + \ldots + \mathrm{C}_m e^{r_m(x-\alpha)},$$

et pour satisfaire aux conditions dont il s'agit, on posera :

$$\begin{aligned}
&\mathrm{C}_1 + \mathrm{C}_2 + \ldots + \mathrm{C}_m = 0,\\
&\mathrm{C}_1 r_1 + \mathrm{C}_2 r_2 + \ldots + \mathrm{C}_m r_m = 0,\\
&\mathrm{C}_1 r_1^2 + \mathrm{C}_2 r_2^2 + \ldots + \mathrm{C}_m r_m^2 = 0,\\
&\ldots\ldots\ldots\ldots\ldots\ldots\ldots\ldots\\
&\mathrm{C}_1 r_1^{m-2} + \mathrm{C}_2 r_2^{m-2} + \ldots + \mathrm{C}_m r_m^{m-2} = 0,\\
&\mathrm{C}_1 r_1^{m-1} + \mathrm{C}_2 r_2^{m-1} + \ldots + \mathrm{C}_m r_m^{m-1} = \mathrm{F}(\alpha).
\end{aligned}$$

En opérant comme au n° 582, on trouvera

$$\mathrm{C}_1 = \frac{\mathrm{F}(\alpha)}{f'(r_1)}, \quad \mathrm{C}_2 = \frac{\mathrm{F}(\alpha)}{f'(r_2)}, \ldots, \quad \mathrm{C}_m = \frac{\mathrm{F}(\alpha)}{f'(r_m)},$$

et, par conséquent,

$$z = \frac{\mathrm{F}(\alpha) e^{r_1(x-\alpha)}}{f'(r_1)} + \frac{\mathrm{F}(\alpha) e^{r_2(x-\alpha)}}{f'(r_2)} + \ldots + \frac{\mathrm{F}(\alpha) e^{r_m(x-\alpha)}}{f'(r_m)}.$$

On aura donc $\int_0^x z\,d\alpha$, ou

$$(2) \left\{ \begin{aligned} y = \int_0^x \frac{e^{r_1(x-\alpha)}\mathrm{F}(\alpha)}{f'(r_1)}\,d\alpha + \int_0^x \frac{e^{r_2(x-\alpha)}\mathrm{F}(\alpha)}{f'(r_2)}\,d\alpha + \ldots \\ + \int_0^x \frac{e^{r_m(x-\alpha)}\mathrm{F}(\alpha)}{f'(r_m)}\,d\alpha. \end{aligned} \right.$$

Mais on n'a ainsi qu'une valeur particulière à laquelle il faut ajouter l'intégrale de l'équation

$$\frac{d^m v}{dx^m} + P\frac{d^{m-1}v}{dx^{m-1}} + \ldots + T\frac{dv}{dx} + Uv = 0,$$

laquelle est

$$v = c_1 e^{r_1 x} + c_2 e^{r_2 x} + \ldots + c_m e^{r_m x},$$

$c_1, c_2, \ldots, c_m$ désignant des constantes arbitraires. Ajoutons cette valeur au second membre de l'équation (2) et observons que

$$\int_0^x \frac{e^{r_1(x-\alpha)} F(\alpha)\, d\alpha}{f'(r_1)} + c_1 e^{r_1 x}$$

peut s'écrire

$$\frac{e^{r_1 x}\left[c_1 f'(r_1) + \int_0^x e^{-r_1\alpha} F(\alpha)\, d\alpha\right]}{f'(r_1)},$$

ou, en remplaçant $c_1 f'(r_1)$ par c_1,

$$\frac{e^{r_1 x}\left[c_1 + \int_0^x e^{-r_1\alpha} F(\alpha)\, d\alpha\right]}{f'(r_1)};$$

il en résultera

$$(3)\quad \left\{\begin{aligned} y = {} & \frac{e^{r_1 x}\left[c_1 + \int_0^x e^{-r_1\alpha} F(\alpha)\, d\alpha\right]}{f'(r_1)} \\ & + \frac{e^{r_2 x}\left[c_2 + \int_0^x e^{-r_2\alpha} F(\alpha)\, d\alpha\right]}{f'(r_2)} \\ & \ldots\ldots\ldots\ldots\ldots\ldots \\ & + \frac{e^{r_m x}\left[c_m + \int_0^x e^{-r_m\alpha} F(\alpha)\, d\alpha\right]}{f'(r_m)}. \end{aligned}\right.$$

Ainsi, dans le cas des coefficients constants, l'intégrale de l'équation (I) s'obtient par des quadratures.

CAS OU L'ON CONNAIT UN CERTAIN NOMBRE D'INTÉGRALES DE L'ÉQUATION PRIVÉE DU SECOND MEMBRE.

594. Si l'on connaît m intégrales particulières y_1, $y_2, \ldots, y_m$, de l'équation

$$\text{(II)} \quad \frac{d^m y}{dx^m} + P\frac{d^{m-1} y}{dx^{m-1}} + Q\frac{d^{m-2} y}{dx^{m-2}} + \ldots + T\frac{dy}{dx} + Uy = 0,$$

on aura

$$y = C_1 y_1 + C_2 y_2 + \ldots + C_m y_m,$$

$C_1, C_2, \ldots, C_m$ étant des constantes arbitraires. Or, on peut supposer que cette valeur de y satisfasse à l'équation

$$\text{(I)} \qquad \frac{d^m y}{dx^m} + P\frac{d^{m-1} y}{dx^{m-1}} + \ldots + T\frac{dy}{dx} + Uy = V,$$

en regardant C_1, $C_2, \ldots, C_m$, non plus comme des constantes, mais comme des fonctions inconnues de x, qui n'ayant à remplir qu'une seule condition, savoir que la valeur de y satisfasse à l'équation (I), peuvent être liées entre elles par $m-1$ relations tout à fait arbitraires. On choisit ces relations de manière que la détermination des fonctions $C_1, C_2, \ldots, C_m$ n'exige que de simples quadratures.

On a

$$\frac{dy}{dx} = C_1\frac{dy_1}{dx} + C_2\frac{dy_2}{dx} + \ldots + C_m\frac{dy_m}{dx}$$
$$+ y_1\frac{dC_1}{dx} + y_2\frac{dC_2}{dx} + \ldots + y_m\frac{dC_m}{dx}.$$

Posons

$$(1) \qquad y_1\frac{dC_1}{dx} + y_2\frac{dC_2}{dx} + \ldots + y_m\frac{dC_m}{dx} = 0.$$

Alors, on aura simplement

$$\frac{dy}{dx} = C_1\frac{dy_1}{dx} + C_2\frac{dy_2}{dx} + \ldots + C_m\frac{dy_m}{dx},$$

et cette expression de $\frac{dy}{dx}$ est la même que dans le cas où $C_1, C_2, \ldots, C_m$ sont des constantes.

On aura de même

$$\frac{d^2y}{dx^2} = C_1\frac{d^2y_1}{dx^2} + C_2\frac{d^2y_2}{dx^2} + \ldots + C_m\frac{d^2y_m}{dx^2},$$

en posant

$$(2)\qquad \frac{dy_1}{dx}\frac{dC_1}{dx} + \frac{dy_2}{dx}\frac{dC_2}{dx} + \ldots + \frac{dy_m}{dx}\frac{dC_m}{dx} = 0;$$

puis

$$\frac{d^3y}{dx^3} = C_1\frac{d^3y_1}{dx^3} + C_2\frac{d^3y_2}{dx^3} + \ldots + C_m\frac{d^3y_m}{dx^3},$$

en posant

$$(3)\qquad \frac{d^2y_1}{dx^2}\frac{dC_1}{dx} + \frac{d^2y_2}{dx^2}\frac{dC_2}{dx} + \ldots + \frac{d^2y_m}{dx^2}\frac{dC_m}{dx} = 0.$$

On continuera ainsi à former les dérivées de y jusqu'à $\frac{d^{m-1}y}{dx^{m-1}}$ inclusivement, en égalant toujours à zéro la somme des termes qui renferment les différentielles de $C_1, C_2, \ldots, C_m$. Enfin, on aura

$$\frac{d^my}{dx^m} = C_1\frac{d^my_1}{dx^m} + C_2\frac{d^my_2}{dx^m} + \ldots + C^m\frac{d^my_m}{dx^m}$$
$$+ \frac{d^{m-1}y_1}{dx^{m-1}}\frac{dC_1}{dx} + \frac{d^{m-1}y_2}{dx^{m-1}}\frac{dC_2}{dx} + \ldots + \frac{d^{m-1}y_m}{dx^{m-1}}\frac{dC_m}{dx}.$$

En substituant ces valeurs de $y, \frac{dy}{dx}, \ldots, \frac{d^my}{dx^m}$, l'équation (I) devient

$$C_1\left(\frac{d^my_1}{dx^m} + P\frac{d^{m-1}y_1}{dx^{m-1}} + \ldots + Uy_1\right)$$
$$+ C_2\left(\frac{d^my_2}{dx^m} + P\frac{d^{m-1}y_2}{dx^{m-1}} + \ldots + Uy_2\right)$$
$$\cdots\cdots\cdots\cdots\cdots\cdots\cdots\cdots$$
$$+ \frac{d^{m-1}y_1}{dx^{m-1}}\frac{dC_1}{dx} + \frac{d^{m-1}y_2}{dx^{m-1}}\frac{dC_2}{dx} + \ldots + \frac{d^{m-1}y_m}{dx^{m-1}}\frac{dC_m}{dx} = V.$$

Or, les polynômes qui multiplient $C_1, C_2, \ldots, C_m$ sont nuls par hypothèse : l'équation précédente se réduit donc à

$$(m)\quad \frac{d^{m-1}y_1}{dx^{m-1}}\frac{dC_1}{dx}+\frac{d^{m-1}y_2}{dx^{m-1}}\frac{dC_2}{dx}+\ldots+\frac{d^{m-1}y_m}{dx^{m-1}}\frac{dC_m}{dx}=V.$$

On a ainsi, pour déterminer $\frac{dC_1}{dx}, \frac{dC_2}{dx}, \ldots, \frac{dC_m}{dx}$, les m équations (1), (2), ..., (m). Supposons que leur résolution donne

$$\frac{dC_1}{dx}=X_1,\quad \frac{dC_2}{dx}=X_2,\ldots,\quad \frac{dC_m}{dx}=X_m:$$

il en résultera

$$C_1=c_1+\int X_1\,dx,\quad C_2=c_2+\int X_2\,dx,\ldots,$$

et, par suite,

$$y=\left(c_1+\int X_1\,dx\right)y_1+\left(c_2+\int X_2\,dx\right)y_2+\ldots.$$

595. Si P, Q, ..., T, U sont des constantes, on peut prendre $y_1=e^{r_1x}$, $y_2=e^{r_2x}, \ldots, y_m=e^{r_mx}$; $r_1, r_2, \ldots, r_m$ étant les racines de l'équation

$$f(r)=r^m+Pr^{m-1}+Qr^{m-2}+\ldots+Tr+U=0.$$

Dès lors les équations (1), (2), ..., (m) deviennent

$$e^{r_1x}\frac{dC_1}{dx}+e^{r_2x}\frac{dC_2}{dx}+\ldots+e^{r_mx}\frac{dC_m}{dx}=0,$$

$$r_1e^{r_1x}\frac{dC_1}{dx}+r_2e^{r_2x}\frac{dC_2}{dx}+\ldots+r_me^{r_mx}\frac{dC_m}{dx}=0,$$

$$\ldots\ldots\ldots\ldots\ldots\ldots\ldots\ldots\ldots\ldots\ldots\ldots$$

$$r_1^{m-1}e^{r_1x}\frac{dC_1}{dx}+r_2^{m-1}e^{r_2x}\frac{dC_2}{dx}+\ldots+r_m^{m-1}e^{r_mx}\frac{dC_m}{dx}=V.$$

Par la méthode d'élimination déjà employée (582, 593), on aura

$$e^{r_1x}\frac{dC_1}{dx}=\frac{V}{f'(r_1)},$$

d'où

$$C_1 = \frac{c_1 + \int V e^{-r_1 x}\, dx}{f'(r_1)}.$$

On aurait de même $C_2, C_3, \ldots, C_m$, et, par suite,

$$y = \frac{\left(c_1 + \int V e^{-r_1 x}\, dx\right) e^{r_1 x}}{f'(r_1)} + \frac{\left(c_2 + \int V e^{-r_2 x}\, dx\right) e^{r_2 x}}{f'(r_2)} + \ldots,$$

ce qui est, au fond, la formule (3) du n° 593.

596. Exemple :

$$\frac{d^2 y}{dx^2} - n^2 y = V.$$

Ici $m = 2$, $r_1 = n$, $r_2 = -n$. L'intégrale générale sera donc

$$y = e^{nx}\left(c_1 + \frac{1}{2n}\int V e^{-nx}\, dx\right) + e^{-nx}\left(c_2 - \frac{1}{2n}\int V e^{nx}\, dx\right).$$

597. Si l'on connaît seulement $m-1$ intégrales particulières de l'équation (II) (n° 594), il sera possible de ramener l'intégration de l'équation (I) à celle d'une équation linéaire et du premier ordre.

En effet, supposons, pour simplifier, que l'on ait à intégrer l'équation de quatrième ordre

$$\text{(I)} \qquad \frac{d^4 y}{dx^4} + P\frac{d^3 y}{dx^3} + Q\frac{d^2 y}{dx^2} + T\frac{dy}{dx} + Uy = V,$$

et que l'on connaisse trois intégrales y_1, y_2, y_3 de l'équation privée du second membre

$$\text{(II)} \qquad \frac{d^4 y}{dx^4} + P\frac{d^3 y}{dx^3} + Q\frac{d^2 y}{dx^2} + T\frac{dy}{dx} + Uy = 0.$$

On représentera encore l'intégrale générale de l'équation (I) par

$$y = C_1 y_1 + C_2 y_2 + C_3 y_3,$$

C_1, C_2, C_3 étant trois fonctions de x qui, n'ayant à remplir qu'une condition, peuvent être assujetties à vérifier deux relations arbitraires.

Si nous prenons ces relations de telle sorte que les expressions de $\frac{dy}{dx}$ et de $\frac{d^2y}{dx^2}$ soient les mêmes que si C_1, C_2 et C_3 étaient des constantes, nous aurons

$$\frac{dy}{dx} = C_1\frac{dy_1}{dx} + C_2\frac{dy_2}{dx} + C_3\frac{dy^3}{dx},$$

$$\frac{d^2y}{dx^2} = C_1\frac{d^2y_1}{dx^2} + C_2\frac{d^2y_2}{dx^2} + C_3\frac{d^2y_3}{dx^2},$$

$$\frac{d^3y}{dx^3} = C_1\frac{d^3y_1}{dx^3} + \ldots + \frac{d^2y_1}{dx^2}\frac{dC_1}{dx} + \ldots,$$

$$\frac{d^4y}{dx^4} = C_1\frac{d^4y_1}{dx^4} + \ldots + 2\frac{dC_1}{dx}\frac{d^3y_1}{dx^3} + \ldots + \frac{d^2y_1}{dx^2}\frac{d^2C_1}{dx^2} + \ldots.$$

En substituant ces valeurs dans l'équation (I), et supprimant les termes qui se détruisent par hypothèse, nous aurons

$$(1)\quad \left(2\frac{d^3y_1}{dx^3} + P\frac{d^2y_1}{dx^3}\right)\frac{dC_1}{dx} + \ldots + \frac{d^2y_1}{dx^2}\frac{d^2C_1}{dx^2} + \ldots = V,$$

et il faudra joindre à cette équation les deux suivantes :

$$(2)\qquad \frac{dC_1}{dx}y_1 + \frac{dC_2}{dx}y_2 + \frac{dC_3}{dx}y_3 = 0,$$

$$(3)\qquad \frac{dC_1}{dx}\frac{dy_1}{dx} + \frac{dC_2}{dx}\frac{dy_2}{dx} + \frac{dC_3}{dx}\frac{dy_3}{dx} = 0.$$

De ces deux équations, on tirera pour $\frac{dC_2}{dx}$ et $\frac{dC_3}{dx}$ des valeurs de la forme

$$\frac{dC_2}{dx} = X_2\frac{dC_1}{dx}, \quad \frac{dC_3}{dx} = X_3\frac{dC_1}{dx}.$$

En les substituant à $\frac{dC_2}{dx}$, $\frac{dC_3}{dx}$ dans l'équation (1), on obtiendra, en posant $\frac{dC_1}{dx} = z$, une équation linéaire de la forme

$$\frac{dz}{dx} + pz = q :$$

on aura de plus

$$C_1 = c_1 + \int z dx,$$

$$C_2 = c_2 + \int X_2 z dx, \quad C_3 = c_3 + \int X_3 z dx.$$

La valeur de z contenant déjà une constante arbitraire, la valeur de y ou $C_1 y_1 + C_2 y_2 + C_3 y_3$ en contiendra quatre. Ce sera donc l'intégrale générale.

598. Si l'on ne connaissait que $m - 2$ intégrales particulières de l'équation (II) (594), on serait ramené à l'intégration d'une équation linéaire du second ordre. En effet, soient y_1 et y_2 les intégrales connues de l'équation (II) (597) supposée du quatrième ordre, et représentons par

$$y = C_1 y_1 + C_2 y_2$$

l'intégrale cherchée; comme on ne peut établir entre C_1 et C_2 qu'une seule relation arbitraire, exprimons que $\frac{dy}{dx}$ a la même forme que si C_1 et C_2 étaient des constantes.

Les fonctions C_1 et C_2 seront déterminées par les équations

$$(1) \qquad y_1 \frac{dC_1}{dx} + y_2 \frac{dC_2}{dx} = 0,$$

$$(2) \qquad G \frac{d^3C_1}{dx^3} + H \frac{d^2C_1}{dx^2} + I \frac{dC_1}{dx} + K \frac{d^3C_2}{dx^3} + \ldots = V,$$

$G, H, \ldots$, étant des fonctions de x. De la première on déduira $\frac{dC_2}{dx} = X_2 \frac{dC_1}{dx}$, et substituant dans la seconde, on aura une équation où C_1 n'entrera que par ses dérivées $\frac{dC_1}{dx}, \frac{d^2C_1}{dx^2}, \frac{d^3C_1}{dx^3}$. Alors, en posant $\frac{dC_1}{dx} = z$, cette équation prendra la forme

$$\frac{d^2z}{dx^2} + p \frac{dz}{dx} + qz = r.$$

Cette dernière équation étant intégrée, on aura

$$C_1 = c_1 + \int z\,dx,$$

et ensuite

$$C_2 = c_2 + \int X_2 z\,dx.$$

Comme z renferme deux constantes arbitraires, on voit bien que $C_1 y_1 + C_2 y_2$ en contiendra quatre.

599. En général, *si l'on connaît n intégrales distinctes de l'équation linéaire privée de second membre, on pourra ramener l'équation complète à une équation linéaire du* $(m-n)^{\text{ième}}$ *ordre.*

La démonstration de ce théorème général est suffisamment indiquée par ce qui précède : c'est pourquoi nous nous bornerons à examiner le cas particulier où l'on ne connaît qu'une seule intégrale y_1 de l'équation (II). Nous poserons alors

$$y = C_1 y_1,$$

et, en exprimant que cette valeur de y est une solution de l'équation (I), nous aurons

$$(1)\qquad \frac{d^m C_1}{dx^m} + P_1 \frac{d^{m-1} C_1}{dx^{m-1}} + \ldots + T_1 \frac{dC_1}{dx} = V,$$

les nouveaux coefficients $P_1, \ldots, T_1$ se formant comme on l'a dit n° 589. En posant

$$\frac{dC_1}{dx} = u,$$

l'équation (1) se réduit à

$$(2)\qquad \frac{d^{m-1} u}{dx^{m-1}} + P_1 \frac{d^{m-2} u}{dx^{m-2}} + \ldots + T_1 u = V,$$

équation différentielle de l'ordre $m-1$. Ainsi, l'ordre de l'équation proposée sera abaissé d'une unité. L'équation (2) étant intégrée, on aura

$$C_1 = a + \int u\,dx,$$

et, par suite,

$$y = ay_1 + y_1 \int u\,dx.$$

La valeur de u contenant $(m-1)$ constantes arbitraires, celle de y en contiendra m; ce sera donc l'intégrale générale.

AUTRE MÉTHODE.

600. Le cas particulier que nous venons d'examiner permet de démontrer le théorème général énoncé plus haut (599), et fournit une autre méthode pour abaisser l'ordre d'une équation linéaire. En effet, appliquons le même procédé à l'équation

$$(1) \qquad \frac{d^{m-1}u}{dx^{m-1}} + P_1 \frac{d^{m-2}u}{dx^{m-2}} + \ldots + T_1 u = V.$$

Soit u_1 une solution particulière de l'équation

$$\frac{d^{m-1}u}{dx^{m-1}} + P_1 \frac{d^{m-2}u}{dx^{m-2}} + \ldots + T_1 u = 0.$$

En faisant

$$z = \frac{d\frac{u}{u_1}}{dx},$$

z dépendra d'une équation linéaire de l'ordre $m-2$,

$$(2) \qquad \frac{d^{m-2}z}{dx^{m-2}} + P_2 \frac{d^{m-3}z}{dx^{m-3}} + Q_2 \frac{d^{m-4}z}{dx^{m-4}} + \ldots + S_2 z = V,$$

et l'on aura

$$u = bu_1 + u_1 \int z\,dx,$$

et, par suite,

$$y = ay_1 + by_1 \int u_1\,dx + y_1 \int u_1\,dx \int z\,dx,$$

ou

$$y = ay_1 + by_2 + \zeta,$$

en faisant

$$y_2 = y_1 \int u_1\,dx, \quad \zeta = y_1 \int u_1\,dx \int z\,dx.$$

La fonction désignée ici par y_2 satisfait à l'équation

$$(3) \qquad \frac{d^m y}{dx^m} + P\,\frac{d^{m-1} y}{dx^{m-1}} + \ldots + Uy = 0,$$

car si l'on suppose V nulle, on peut prendre $z = 0$, et par conséquent $\zeta = 0$, ce qui réduit y à $ay_1 + by_2$, expression dont y_2 est une valeur particulière.

Réciproquement, on trouvera une fonction telle que u_1, si l'on connaît une fonction y_2, différente de y_1, qui satisfasse à l'équation (3). Il suffira, en effet, de prendre

$$u_1 = \frac{d\frac{y_2}{y_1}}{dx},$$

puisque $u = \dfrac{d\frac{y}{y_1}}{dx}$ se change en u_1 si $V = 0$, et qu'alors y_2 est une valeur particulière de y.

L'équation en z étant de l'ordre $m-2$, on cherchera une valeur z_1 qui satisfasse à l'équation

$$(4) \qquad \frac{d^{m-2} z}{dx^{m-2}} + P_2\,\frac{d^{m-3} z}{dx^{m-3}} + \ldots + S_2 z = 0,$$

et l'on aura

$$z = cz_1 + z_1 \int t\,dx,$$

en faisant $t = \dfrac{d\frac{z}{z_1}}{dx}$, d'où

$$y = ay_1 + by_2 + cy_3 + \theta,$$

y_3 étant encore une solution particulière de l'équation (3), et ainsi de suite.

On pourra donc abaisser l'ordre de l'équation (I) (594) d'autant d'unités qu'on connaîtra de solutions particulières de l'équation (3), et l'intégrale générale de l'équation (I) sera de la forme

$$y = ay_1 + by_2 + \ldots + ly_m + \lambda,$$

λ étant une solution quelconque de l'équation (I).

L'équation linéaire n'admet pas de solution singulière, puisque la solution quelconque $y = \lambda$ se déduit de l'intégrale générale en faisant nulles les constantes a, b, ... l.

DE QUELQUES CAS OU L'ON PEUT INTÉGRER L'ÉQUATION LINÉAIRE A SECOND MEMBRE.

601. Si dans l'équation

$$(1) \qquad \frac{d^m y}{dx^m} + P\frac{d^{m-1} y}{dx^{m-1}} + \ldots + T\frac{dy}{dx} + Uy = V,$$

P, Q,..., U, V sont des constantes, on fera $y = \frac{V}{U} + z$, et on aura

$$\frac{d^m z}{dx^m} + P\frac{d^{m-1} z}{dx^{m-1}} + \ldots + T\frac{dz}{dx} + Uz = 0,$$

équation que l'on sait intégrer.

602. Les coefficients du premier membre de l'équation (1) étant supposés constants, si V est une fonction entière de x,

$$Ax^n + Bx^{n-1} + \ldots + Gx + H,$$

on posera

$$y = ax^n + bx^{n-1} + \ldots + gx + h = u,$$

et l'on déterminera a, b,..., g, h, en exprimant que cette valeur satisfait à l'équation proposée, ce qui formera autant d'équations qu'il y a d'inconnues. Une première intégrale étant ainsi obtenue, on posera $y = u + v$, et v ne dépendra que d'une équation linéaire à coefficients constants, et privée de second membre.

603. Si

$$V = A \cos nx + B \sin nx,$$

A et B étant des constantes, ainsi que les coefficients du premier membre de l'équation (1), on fera

$$y = a \cos nx + b \sin nx,$$

ce qui réduit l'équation (1) à

$$(aG + bH) \cos nx + (aK + bL) \sin nx = A \cos nx + B \sin nx,$$

G, H, K, L étant des fonctions de n et des coefficients de l'équation. Pour que l'équation soit satisfaite, il faudra qu'on ait

$$aG + bH = A, \quad aK + bL = B,$$

ce qui détermine a et b, à moins que GL — HK ne soit nul. L'intégrale générale sera

$$y = a \cos nx + b \sin nx + z,$$

z étant l'intégrale générale de l'équation

$$\frac{d^m z}{dx^m} + P \frac{d^{m-1} z}{dx^{m-1}} + \ldots + T \frac{dz}{dx} + Uz = 0.$$

604. La méthode précédente est en défaut lorsque $GL - HK = 0$. Dans ce cas, l'intégrale doit avoir une autre forme qu'on trouve par un artifice de calcul dont voici un exemple. Soit l'équation

$$(1) \qquad \frac{d^2 y}{dx^2} + y = \cos x,$$

on ne peut y satisfaire en posant

$$y = a \cos x + b \sin x,$$

car on trouverait

$$-a \cos x - b \sin x + a \cos x + b \sin x = \cos x,$$

ou

$$0 = \cos x,$$

équation qu'il est impossible de rendre identique.

Mais si l'on prend l'équation plus générale

$$(2) \qquad \frac{d^2y}{dx^2} + y = \cos nx,$$

en posant $y = a\cos nx + b\sin nx$, on a

$$a(1-n^2)\cos nx + b(1-n^2)\sin nx = \cos nx,$$

d'où

$$a = \frac{1}{1-n^2}, \quad b = 0,$$

ce qui donne la solution particulière

$$y = \frac{\cos nx}{1-n^2}.$$

D'ailleurs, l'intégrale générale de l'équation

$$\frac{d^2y}{dx^2} + y = 0$$

est (584)

$$y = C\cos x + C'\sin x;$$

la valeur générale de y sera donc

$$y = \frac{\cos nx}{1-n^2} + C\cos x + C'\sin x.$$

Cette valeur deviendrait illusoire si l'on faisait $n = 1$; mais on peut écrire, en posant $C = C'' - \frac{1}{1-n^2}$,

$$y = \frac{\cos nx - \cos x}{1-n^2} + C''\cos x + C'\sin x.$$

Faisant $n = 1$, le premier terme prend la forme $\frac{0}{0}$, mais sa vraie valeur est $\frac{x\sin x}{2}$; donc l'intégrale générale de l'équation (1) est

$$y = \frac{x\sin x}{2} + C'\sin x + C''\cos x.$$

605. On obtient encore la valeur de y en remplaçant n

par $1-h$, et posant ensuite $h=0$, après avoir fait subir à l'intégrale une transformation convenable. On a d'abord

$$y=\frac{\cos(x-hx)}{h(2-h)}+C\cos x+C'\sin x,$$

ou bien

$$y=\left[C+\frac{\cos hx}{h(2-h)}\right]\cos x+\left[C'+\frac{\sin hx}{h(2-h)}\right]\sin x.$$

En développant en séries $\cos hx$ et $\sin hx$, il vient

$$y=\left[C+\frac{1-\frac{1}{2}h^2x^2+\ldots}{h(2-h)}\right]\cos x$$
$$+\left[C'+\frac{hx-\frac{1}{6}h^3x^3+\ldots}{h(2-h)}\right]\sin x;$$

ou bien, en posant $C''=C+\frac{1}{h(2-h)}$,

$$y=\left[C''-\frac{hx^2}{2(2-h)}+\ldots\right]\cos x$$
$$+\left[C'+\frac{x}{2-h}-\frac{h^2x^3}{6(2-h)}+\ldots\right]\sin x.$$

Si maintenant on fait $h=0$, on retrouve encore

$$y=\frac{x\sin x}{2}+C'\sin x+C''\cos x.$$

606. L'équation

$$(1)\qquad \frac{d^my}{dx^m}+P\frac{d^{m-1}y}{dx^{m-1}}+\ldots+Uy=V$$

se ramène au cas précédent (603) quand on a

$$V=A\cos nx+B\sin nx+A'\cos n'x+B'\sin n'x+\ldots,$$

en posant

$$y=a\cos nx+b\sin nx+a'\cos n'x+b'\sin n'x+\ldots$$

Lorsque V est de la forme Ae^{nx}, on obtient une solution de l'équation (1) en posant $y = ae^{nx}$; on trouve en général pour a une valeur finie, à moins que cette valeur de y n'annule le premier membre; dans ce cas, on suivra une méthode semblable à celles qui ont été développées dans les nos 604 et 605.

607. On ne sait que très-rarement intégrer une équation linéaire à coefficients variables. Voici un exemple où l'intégration peut s'achever.

Soit l'équation

$$(1)\quad \left\{ \begin{aligned} &(ax+b)^m \frac{d^m y}{dx^m} + P(ax+b)^{m-1}\frac{d^{m-1}y}{dx^{m-1}} + \ldots \\ &\qquad + T(ax+b)\frac{dy}{dx} + Uy = 0, \end{aligned} \right.$$

P, Q, ..., T, U étant des constantes.

Posons $y = (ax+b)^r$; substituons cette valeur dans l'équation (1), et supprimons le facteur $(ax+b)^r$ commun à tous les termes, nous aurons

$$(2)\quad \left\{ \begin{aligned} &r(r-1)(r-2)\ldots(r-m+1)a^m \\ &\quad + Pr(r-1)\ldots(r-m+2)a^{m-1} + \ldots + U = 0. \end{aligned} \right.$$

Cette équation, étant du degré m, donnera, en général, m valeurs constantes et inégales pour r; en les désignant par $r_1, r_2, \ldots, r_m$, les expressions $(ax+b)^{r_1}$, $(ax+b)^{r_2}, \ldots$, $(ax+b)^{r_m}$ seront des solutions particulières de l'équation (1), d'où l'on déduira l'intégrale générale

$$y = C_1(ax+b)^{r_1} + C_2(ax+b)^{r_2} + \ldots + C_m(ax+b)^{r_m}.$$

Toutefois, la forme de cette intégrale serait modifiée si quelques-unes des racines étaient égales ou imaginaires. Il faudrait alors se servir de procédés analogues à ceux que l'on a employés aux nos 604 et 605.

Au reste, on ramènerait l'équation (1) à une équation linéaire à coefficients constants en posant $ax+b = e^t$.

PROPRIÉTÉS DE L'ÉQUATION DU SECOND ORDRE.

608. Quand on connaît une intégrale particulière y_1 de l'équation

$$\frac{d^2 y}{dx^2} + P\frac{dy}{dx} + Qy = 0, \tag{1}$$

les procédés des nos 597 à 600 permettent de l'abaisser au premier ordre, et, par suite, de l'intégrer complétement.

On peut encore opérer de la manière suivante.

On a, par hypothèse,

$$\frac{d^2 y_1}{dx^2} + P\frac{dy_1}{dx} + Qy_1 = 0. \tag{2}$$

Éliminant Q entre les équations (1) et (2), il vient

$$y_1\frac{d^2 y}{dx^2} - y\frac{d^2 y_1}{dx^2} + P\left(y_1\frac{dy}{dx} - y\frac{dy_1}{dx}\right) = 0, \tag{3}$$

et, en posant

$$y_1\frac{dy}{dx} - y\frac{dy_1}{dx} = u, \quad \text{d'où} \quad y_1\frac{d^2 y}{dx^2} - y\frac{d^2 y_1}{dx^2} = \frac{du}{dx},$$

l'équation (3) devient

$$\frac{du}{dx} + Pu = 0, \tag{4}$$

d'où, en intégrant,

$$u = Ce^{-\int P\,dx}.$$

On aura donc

$$y_1\frac{dy}{dx} - y\frac{dy_1}{dx} = Ce^{-\int P\,dx}, \tag{5}$$

ou

$$d\frac{y}{y_1} = \frac{Ce^{-\int P\,dx}\,dx}{y_1^2},$$

et enfin,

$$y = C'y_1 + Cy_1\int\frac{e^{-\int P\,dx}\,dx}{y_1^2}. \tag{6}$$

609. L'équation (5) fait connaître plusieurs propriétés de l'équation

$$(1)\qquad \frac{d^2y}{dx^2}+P\frac{dy}{dx}+Qy=0.$$

La constante C n'étant pas nulle, en général, supposons $C>0$: on aura

$$(7)\qquad y_1\frac{dy}{dx}-y\frac{dy_1}{dx}>0;$$

par conséquent, la fonction y et sa dérivée $\frac{dy}{dx}$ ne peuvent pas être nulles en même temps.

La même propriété appartient aux fonctions y_1 et $\frac{dy_1}{dx}$.

Deux valeurs de x qui annulent y_1 comprennent une valeur de x qui annule y. En effet, si y_1 s'annule pour $x=a$ et pour $x=b$, on a dans ces deux cas, d'après l'inégalité (7),

$$y\frac{dy_1}{dx}<0.$$

Ainsi, y et $\frac{dy_1}{dx}$ sont de signes contraires; mais quand x croît de a à b, $\frac{dy_1}{dx}$ change de signe pour une certaine valeur $x=\alpha$; donc y doit aussi changer de signe avant que x ne devienne égal à b. Par conséquent, la fonction y s'évanouit pour une valeur de x comprise entre a et b.

De même, entre deux valeurs de x qui annulent y, se trouve une valeur qui annule y_1.

Il suit de là que si l'on fait croître x, les deux fonctions y et y_1 s'annuleront, l'une après l'autre, alternativement. C'est ce qu'on peut vérifier sur l'équation

$$\frac{d^2y}{dx^2}+y=0,$$

qui a pour intégrale

$$y=C\sin x+C'\cos x.$$

EXERCICES.

1. $$\frac{d^2y}{dx^2} - y = e^{-x}.$$

Solution : $$y = Ce^x + C'e^{-x} - \frac{1}{2}xe^{-x}.$$

2. $$\frac{d^2y}{dx^2} + 3\frac{dy}{dx} + 2y = \frac{x}{(1+x)^2}.$$

Solution :

$$y = \frac{1}{2(1+x)} + \frac{1}{2}e^{-2x}\int\frac{e^{2x}\,dx}{(1+x)^2} + Ce^{-x} + C'e^{-2x}.$$

QUARANTE-HUITIÈME LEÇON.

RÉSOLUTION DES ÉQUATIONS DIFFÉRENTIELLES PAR LES SÉRIES.

Développement par la série de Maclaurin. — Méthode des coefficients indéterminés. — Autre forme de développement. — Intégration d'une équation différentielle par des intégrales définies.

DÉVELOPPEMENT PAR LA SÉRIE DE MACLAURIN.

610. Étant donnée une équation entre y et quelques-unes de ses dérivées par rapport à x, on peut, comme on l'a vu (550), développer y en série procédant suivant les puissances ascendantes de $x - a$, et ce développement contient m constantes arbitraires, qui sont les valeurs de y et de ses $m-1$ premières dérivées pour $x = a$. En faisant $a = 0$, on obtient une série ordonnée suivant les puissances ascendantes de x. Mais il peut arriver que certaines dérivées devenant infinies pour $x = 0$, la série soit en défaut, à moins qu'on n'attribue des valeurs convenables à d'autres dérivées qui ne sont plus arbitraires. Dans ce cas, la série contenant moins de m constantes arbitraires ne représente plus l'intégrale générale, mais seulement une intégrale particulière.

En voici un exemple. Soit

$$x\frac{d^2y}{dx^2} + 2\frac{dy}{dx} + n^2xy = 0.$$

En différentiant cette équation plusieurs fois, on aura

$$x\frac{d^3y}{dx^3} + 3\frac{d^2y}{dx^2} + n^2x\frac{dy}{dx} + n^2y = 0,$$

$$x\frac{d^4y}{dx^4} + 4\frac{d^3y}{dx^3} + n^2x\frac{d^2y}{dx^2} + 2n^2\frac{dy}{dx} = 0,$$

$$x\frac{d^5y}{dx^5} + 5\frac{d^4y}{dx^4} + n^2x\frac{d^3y}{dx^3} + 3n^2\frac{d^2y}{dx^2} = 0,$$

....

La loi de formation est évidente. Or, si dans l'équation proposée on fait $x=0$, $y=b$, $\frac{dy}{dx}=b'$, il en résultera $\frac{d^2y}{dx^2}=\infty$, à moins que b' ne soit nul. Il faut donc faire $\frac{dy}{dx}=0$ pour $x=0$, et alors les équations dérivées suivantes donnent

$$\frac{d^2y}{dx^2}=-\frac{n^2b}{3},\quad \frac{d^3y}{dx^3}=0,\quad \frac{d^4y}{dx^4}=\frac{n^4b}{5},\ldots,$$

et, par conséquent,

$$y=b\left(1-\frac{n^2x^2}{1.2.3}+\frac{n^4x^4}{1.2.3.4.5}-\ldots\right)=b\frac{\sin nx}{nx},$$

ou, en faisant $\frac{b}{n}=c$,

$$y=c\frac{\sin nx}{x}.$$

On n'obtient ainsi qu'une intégrale particulière. Pour avoir l'intégrale générale, il faut poser

$$y=C\frac{\sin nx}{x},$$

C désignant une fonction de x. La recherche de cette fonction conduit à une équation linéaire du second ordre, d'où l'on déduit

$$C=c'+c''\cot nx,$$

et, par suite,

$$y=\frac{c'\sin nx+c''\cos nx}{x}.$$

On serait parvenu tout d'abord à ce résultat si l'on avait développé y suivant les puissances de $x-a$, en se donnant les valeurs de y et de $\frac{dy}{dx}$ pour $x=a$.

MÉTHODE DES COEFFICIENTS INDÉTERMINÉS.

611. On peut encore employer la méthode des coefficients indéterminés pour développer en série l'intégrale

d'une équation différentielle. On obtient souvent par ce moyen des développements qui renferment des puissances négatives de x, ce que ne peut donner la série de Maclaurin.

Reprenons l'équation différentielle du numéro précédent, sous la forme

$$(1) \qquad \frac{d^2y}{dx^2} + \frac{2}{x}\frac{dy}{dx} + n^2y = 0.$$

Supposons que l'intégrale soit

$$(2) \qquad y = Ax^\alpha + Bx^\beta + Cx^\gamma + \ldots,$$

α, β, γ, ... étant des nombres croissants : on aura

$$\frac{dy}{dx} = \alpha A x^{\alpha-1} + \beta B x^{\beta-1} + \gamma C x^{\gamma-1} + \ldots,$$

$$\frac{d^2y}{dx^2} = \alpha(\alpha-1)Ax^{\alpha-2} + \beta(\beta-1)Bx^{\beta-2} + \ldots,$$

et la substitution de ces valeurs dans l'équation proposée donnera

$$(3) \quad \left\{ \begin{aligned} &A\alpha(\alpha+1)x^{\alpha-2} + An^2x^\alpha + B\beta(\beta+1)x^{\beta-2} \\ &\quad + Bn^2x^\beta + C\gamma(\gamma+1)x^{\gamma-2} + Cn^2x^\gamma + \ldots = 0. \end{aligned} \right.$$

Pour que cette équation soit identique, il faut que les coefficients des différentes puissances de x soient nuls séparément. Or, puisque α, β, γ... sont des nombres croissants, $\alpha - 2$ est le plus petit exposant de x dans l'équation (3). On doit donc avoir

$$A\alpha(\alpha+1) = 0,$$

et, comme A ne peut pas être nul, il faut qu'on ait

$$\alpha = 0, \quad \text{ou} \quad \alpha = -1.$$

Prenons d'abord $\alpha = -1$. Les deux plus petits exposants qui viennent ensuite sont α et $6-2$. Ils peuvent être égaux ou inégaux : s'ils sont inégaux, le terme $B6(6+1)x^{6-2}$ ne pouvant se réduire avec un autre devra être nul de lui-même, ce qui donnera $6=0$ ou $6=-1$. Mais on ne peut supposer $6=-1$, puisqu'on a déjà $\alpha=-1$, et que α est supposé moindre que 6 : donc $6=0$. Parmi les exposants qui suivent, les plus petits sont α et $\gamma-2$; nous devons les supposer égaux, car le terme An^2x^α doit se réduire avec un autre, puisque A ne peut être nul. De là résulte

$$\gamma=1,\quad An^2+C\gamma(\gamma+1)=0.$$

On trouvera de même

$$\delta=2,\quad Bn^2+D\delta(\delta+1)=0,$$
$$\varepsilon=3,\quad Cn^2+E\varepsilon(\varepsilon+1)=0,$$

et ainsi de suite; il en faut conclure

$$C=-\frac{An^2}{1.2},\quad D=-\frac{Bn^2}{1.2.3},$$
$$E=\frac{An^4}{1.2.3.4},\quad F=\frac{Bn^4}{1.2.3.4.5},\ldots$$

Par conséquent,

$$y=A\left(\frac{1}{x}-\frac{n^2x}{1.2}+\frac{n^4x^3}{1.2.3.4}-\ldots\right)$$
$$+B\left(1-\frac{n^2x^2}{1.2.3}+\frac{n^4x^4}{1.2.3.4.5}-\ldots\right),$$

ou

$$y=\frac{A\cos nx}{x}+\frac{B\sin nx}{nx},$$

ou bien, en posant $A=c$, $\frac{B}{n}=c'$,

$$y=\frac{c\cos nx+c'\sin nx}{x}.$$

612. Si, au lieu de supposer $6-2$ différent de α, on

fait

$$\beta - 2 = \alpha = -1, \quad \text{d'où} \quad \beta = 1,$$

le terme $C\gamma(\gamma+1)x^{\gamma-2}$, n'étant pas nul, puisqu'on a $\gamma > \beta > 1$, doit être détruit par Bn^2x^β. On a donc $\gamma - 2 = \beta$; on aura de même $\delta - 2 = \gamma$, $\varepsilon - 2 = \delta, \ldots$. Par conséquent,

$$\beta = 1, \quad \gamma = 3, \quad \delta = 5, \ldots,$$

il s'ensuit

$$B = -\frac{An^2}{1.2}, \quad C = \frac{An^4}{1.2.3.4}, \quad D = -\frac{An^6}{1.2\ldots6}, \ldots;$$

ce qui donne

$$y = A\left(\frac{1}{x} - \frac{n^2x}{1.2} + \frac{n^4x^3}{1.2.3.4} - \ldots\right) = \frac{A\cos nx}{x};$$

mais on n'obtient ainsi qu'une intégrale particulière.

L'hypothèse $\alpha = 0$ conduit aussi à une intégrale particulière

$$y = \frac{A'\sin nx}{nx}.$$

En ajoutant ces deux intégrales particulières, on retrouve l'intégrale générale.

Au reste, il suffit de faire $xy = u$ pour ramener l'équation (1) à la suivante :

$$\frac{d^2u}{dx^2} + n^2u = 0,$$

que l'on sait intégrer.

AUTRE FORME DE DÉVELOPPEMENT.

613. L'équation linéaire du second ordre

$$(1) \qquad \frac{d^2y}{dx^2} + P\frac{dy}{dx} + Qy = 0$$

peut toujours se ramener à une équation à deux termes.

En effet, posons $y = uz$. L'équation proposée deviendra

$$(2)\quad u\frac{d^2z}{dx^2} + \left(2\frac{du}{dx} + Pu\right)\frac{dz}{dx} + z\left(\frac{d^2u}{dx^2} + P\frac{du}{dx} + Qu\right) = 0.$$

Déterminons u par la condition

$$(3)\qquad 2\frac{du}{dx} + Pu = 0,$$

d'où

$$u = e^{-\frac{1}{2}\int P dx};$$

cette valeur étant substituée dans l'équation (2), on aura

$$(4)\qquad \frac{d^2z}{dx^2} = Rz,$$

R étant une fonction connue de x.

614. Désignons par A et B les valeurs de z et de $\frac{dz}{dx}$, correspondant à une valeur arbitraire $x = a$. Nous aurons, en intégrant deux fois de suite, entre les limites a et x, les deux membres de l'équation (4) :

$$\frac{dz}{dx} = B + \int_a^x Rz\,dx,$$

$$z = A + B(x - a) + \int_a^x dx \int_a^x Rz\,dx;$$

ou bien, en posant $t = A + B(x - a)$,

$$(5)\qquad z = t + \int_a^x dx \int_a^x Rz\,dx.$$

Si, dans le second membre de l'équation (5), on remplace z par la valeur que donne cette même équation, on aura

$$(6)\quad \left\{\begin{aligned} z = t &+ \int_a^x dx \int_a^x Rt\,dx \\ &+ \int_a^x dx \int_a^x R\,dx \int_a^x dx \int_a^x Rz\,dx, \end{aligned}\right.$$

et, en remplaçant encore z par la valeur (5),

$$(7)\quad \left\{\begin{aligned} z = t &+ \int_a^x dx \int_a^x \mathrm{R}t\,dx + \int_a^x dx \int_a^x \mathrm{R}\,dx \int_a^x dx \int_a^x \mathrm{R}t\,dx \\ &+ \int_a^x dx \int_a^x \mathrm{R}\,dx \int_a^x dx \int_a^x \mathrm{R}\,dx \int_a^x dx \int_a^x \mathrm{R}z\,dx. \end{aligned}\right.$$

615. En continuant ainsi, on obtient pour la valeur de z, une suite indéfinie

$$(8)\qquad z = t + \int_a^x dx \int_a^x \mathrm{R}t\,dx + \cdots$$

dont chaque terme, à l'exception du dernier, se déduit du précédent en le multipliant par $\mathrm{R}dx^2$, et en intégrant, par rapport à x, deux fois entre les limites a et x. Le dernier terme se forme d'après une loi analogue, mais il contient toujours la fonction inconnue z. Cependant, le développement (8) pourra servir au calcul de la valeur approchée de z, si, à mesure que le nombre des termes augmente, le dernier tend vers o. C'est, en effet, ce qui arrive quand la fonction R ne devient pas infinie dans l'intervalle où l'on fait varier x.

Pour le démontrer, supposons que x croisse d'une manière continue depuis la valeur a jusqu'à une valeur quelconque b. Soient M, μ, C les plus grandes valeurs de R, z, t, dans l'intervalle considéré. On aura, en valeurs absolues,

$$\mathrm{R} < \mathrm{M}, \quad z < \mu, \quad t < \mathrm{C};$$

le signe $<$ n'excluant pas l'égalité. Si l'on trouve pour μ une valeur finie, il sera démontré que z ne peut pas devenir infinie entre les limites a et b.

Or, en premier lieu, on a, dans cet intervalle,

$$\mathrm{R}t < \mathrm{CM},$$

donc

$$\int_a^x \mathrm{R}t\,dx < \int_a^x \mathrm{CM}\,dx,$$

ou

$$\int_a^x \mathrm{R}\,t\,dx < \mathrm{CM}\,(x-a).$$

De là on tire, en intégrant successivement :

$$\int_a^x dx \int_a^x \mathrm{R}\,t\,dx < \mathrm{CM}\,\frac{(x-a)^2}{1.2},$$

$$\int_a^x dx \int_a^x \mathrm{R}\,dx \int_a^x dx \int_a^x \mathrm{R}\,t\,dx < \mathrm{CM}^2\,\frac{(x-a)^4}{1\ldots4},$$

$$\int_a^x dx \int_a^x \mathrm{R}\,dx \int_a^x dx \int_a^x \mathrm{R}\,dx \int_a^x dx \int_a^x \mathrm{R}\,t\,dx < \mathrm{CM}^3\,\frac{(x-a)^6}{1\ldots6},$$

et ainsi de suite.

D'un autre côté, on a

$$\mathrm{R}z < \mu\mathrm{M},$$

d'où

$$\int_a^x \mathrm{R}\,z\,dx < \mu\mathrm{M}\,(x-a),$$

$$\int_a^x dx \int_a^x \mathrm{R}\,z\,dx < \mu\mathrm{M}\,\frac{(x-a)^2}{1.2},$$

$$\int_a^x dx \int_a^x \mathrm{R}\,dx \int_a^x dx \int_a^x \mathrm{R}\,z\,dx < \mu\mathrm{M}^2\,\frac{(x-a)^4}{1\ldots4},$$

et ainsi de suite. Donc, en arrêtant le développement de z à $n+1$ termes, le dernier sera moindre que $\mu\,\mathrm{M}^n\,\dfrac{(x-a)^{2n}}{1.2\ldots2n}$.

D'après ces inégalités, on déduit de l'équation (8)

$$z < \mathrm{C} + \mathrm{CM}\,\frac{(x-a)^2}{1.2} + \mathrm{CM}^2\,\frac{(x-a)^4}{1.2.3.4} + \ldots$$
$$+ \mathrm{CM}^{n-1}\,\frac{(x-a)^{2(n-1)}}{1.2\ldots2(n-1)} + \mu\mathrm{M}^n\,\frac{(x-a)^{2n}}{1.2\ldots2n},$$

et, *à fortiori*,

$$z < \frac{1}{2}\,\mathrm{C}\left[e^{(x-a)\sqrt{\mathrm{M}}} + e^{-(x-a)\sqrt{\mathrm{M}}}\right] + \frac{\mu\mathrm{M}^n\,(x-a)^{2n}}{1.2\ldots2n},$$

car on a

$$C+CM\frac{(x-a)^2}{1.2}+CM^2\frac{(x-a)^4}{1.2.3.4}+\ldots=\frac{1}{2}C\left[e^{(x-a)\sqrt{M}}+e^{-(x-a)\sqrt{M}}\right].$$

On sait que $\frac{M^n(x-a)^{2n}}{1.2\ldots 2n}$ ou $\frac{\left[(x-a)\sqrt{M}\right]^{2n}}{1.2\ldots 2n}$ peut devenir moindre que toute quantité donnée ε, quand n est suffisamment grand. Donc, si l'on désigne par K la plus grande valeur de $\frac{1}{2}C\left[e^{(x-a)\sqrt{M}}+e^{-(x-a)\sqrt{M}}\right]$, quand x varie de a à b, valeur qui est indépendante de n, on aura

$$z<K+\mu\varepsilon.$$

Cette inégalité ayant lieu pour toutes les valeurs de x comprises entre a et b, on peut remplacer z par sa plus grande valeur μ, et l'on aura

$$\mu<K+\mu\varepsilon,$$

d'où

$$\mu<\frac{K}{1-\varepsilon}.$$

Ainsi, μ ne peut pas devenir infini, et, par conséquent, le reste de la série (8), qui est moindre que $\mu M^n\frac{(x-a)^{2n}}{1.2\ldots 2n}$, tend vers 0, ce qu'il fallait démontrer.

616. On arrive encore à la formule (8) (615) par la méthode suivante :

Posons

$$z=u_0+u_1+u_2+\ldots,$$

$u_0, u_1, u_2, \ldots,$ étant des fonctions de x que nous allons déterminer. On doit avoir $\frac{d^2z}{dx^2}=Rz$ (613), ou

$$\frac{d^2u_0}{dx^2}+\frac{d^2u_1}{dx^2}+\frac{d^2u_2}{dx^2}+\ldots=Ru_0+Ru_1+\ldots.$$

Or, on satisfera à cette équation en posant

$$(1)\qquad \frac{d^2u_0}{dx^2}=0,\quad \frac{d^2u_1}{dx^2}=Ru_0,\quad \frac{d^2u_2}{dx^2}=Ru_1,\ldots.$$

En supposant que l'on ait $u_0 = A$, $\frac{du_0}{dx} = B$ pour $x = a$, et que $u_1, u_2, \ldots, \frac{du_1}{dx}, \frac{du_2}{dx}, \ldots$, s'annulent pour $x = a$, on tire des équations (1) :

$$u_0 = A + B(x - a) = t,$$

$$u_1 = \int_a^x dx \int_a^x Rt\,dx,$$

$$u_2 = \int_a^x dx \int_a^x R\,dx \int_a^x dx \int_a^x Rt\,dx,$$

....

On démontrera que la série

$$z = u_0 + u_1 + u_2 + \ldots,$$

est convergente, comme on l'a fait n° 615.

On traitera de la même manière l'équation $\frac{d^m z}{dx^m} = Rz$, et l'on aura une série dont chaque terme s'obtiendra en multipliant le précédent par $R\,dx^m$, et intégrant m fois.

617. Comme application de cette méthode, considérons l'équation du second ordre

$$(1) \qquad \frac{d^2 z}{dx^2} = \alpha x^m z,$$

à laquelle se réduit l'équation dite de *Riccati*

$$(2) \qquad \frac{dy}{dx} + y^2 = \alpha x^m,$$

en posant

$$y = \frac{1}{z}\frac{dz}{dx}.$$

Pour plus de simplicité, supposons $\alpha = 1$, et prenons toutes les intégrales indiquées au numéro précédent, entre les limites o et x : nous aurons

$$t = A + Bx.$$

Multipliant par $x^m dx^2$ et intégrant deux fois entre les limites o et x, il viendra,

$$u_1 = \frac{Ax^{m+2}}{(m+1)(m+2)} + \frac{Bx^{m+3}}{(m+2)(m+3)}.$$

Nous aurons de même successivement

$$u_2 = \frac{Ax^{2m+4}}{(m+1)(m+2)(2m+3)(2m+4)} + \frac{Bx^{2m+5}}{(m+2)(m+3)(2m+4)(2m+5)},$$

$$u_3 = \frac{Ax^{3m+6}}{(m+1)(m+2)(2m+3)(2m+4)(3m+5)(3m+6)} + \frac{Bx^{3m+7}}{(m+2)(m+3)(2m+4)(2m+5)(3m+6)(3m+7)},$$

et ainsi de suite.

Par conséquent, la valeur de z sera

$$z = A\left[1 + \frac{x^{m+2}}{(m+1)(m+2)} + \frac{x^{2m+4}}{(m+1)(m+2)(2m+3)(2m+4)} + \frac{x^{3m+6}}{(m+1)(m+2)(2m+3)(2m+4)(3m+5)(3m+6)} + \ldots\right]$$
$$+ B\left[x + \frac{x^{m+3}}{(m+2)(m+3)} + \frac{x^{2m+5}}{(m+2)(m+3)(2m+4)(2m+5)} + \frac{x^{3m+7}}{(m+2)(m+3)(2m+4)(2m+5)(3m+6)(3m+7)} + \ldots\right].$$

Quand $m = 0$, cette formule se réduit à

$$z = A\frac{e^x + e^{-x}}{2} + B\frac{e^x - e^{-x}}{2} = A'e^x + B'e^{-x},$$

qui est bien l'intégrale de l'équation

$$\frac{d^2z}{dx^2} = z \quad (582).$$

INTÉGRATION D'UNE ÉQUATION DIFFÉRENTIELLE A L'AIDE D'INTÉGRALES DÉFINIES.

618. Soit l'équation différentielle du second ordre

$$(1) \qquad \frac{d^2y}{dx^2} + \frac{m}{x}\frac{dy}{dx} + 2h^2y = 0,$$

m et h^2 désignant deux constantes : admettons que son intégrale puisse être développée en série convergente procédant suivant les puissances ascendantes de x, et posons

$$y = Ax^\alpha + Bx^\beta + \ldots + Lx^\lambda + Mx^\mu + \ldots.$$

En substituant cette valeur dans l'équation (1), on aura

$$\left.\begin{array}{l} A\alpha(\alpha-1) \\ +mA\alpha \end{array}\right| x^{\alpha-2} + \left.\begin{array}{l} B\beta(\beta-1) \\ +mB\beta \end{array}\right| x^{\beta-2} + \ldots + \left.\begin{array}{l} M\mu(\mu-1) \\ +mM\mu \end{array}\right| x^{\mu-2} + \ldots$$
$$+ 2h^2Ax^\alpha + 2h^2Bx^\beta + \ldots + 2h^2Lx^\lambda + 2h^2Mx^\mu + \ldots = 0.$$

Pour que cette dernière équation soit identique, il faut d'abord qu'on ait

$$\alpha(\alpha - 1 + m) = 0,$$

c'est-à-dire

$$\alpha = 0, \quad \text{ou} \quad \alpha = 1 - m.$$

Si l'on prend d'abord $\alpha = 0$, et que l'on procède comme il a été indiqué au n° 611, on trouvera la série

$$y_1 = A\left[1 - \frac{h^2x^2}{1.(m+1)} + \frac{h^4x^4}{1.2.(m+1)(m+3)} - \ldots\right].$$

Si l'on fait $\alpha = 1 - m$, on aura par le même procédé

$$y_2 = A'x^{1-m}\left[1 - \frac{h^2x^2}{1.(3-m)} + \frac{h^4x^4}{1.2.(3-m)(5-m)} - \ldots\right];$$

y_1 et y_2 sont deux intégrales particulières contenant chacune une constante arbitraire. Leur somme $y_1 + y_2$ sera donc l'intégrale générale.

619. On peut remplacer les séries y_1 et y_2 par des intégrales définies. En effet, entre les coefficients L et M de deux termes consécutifs de la série y_1, on a la relation

$$h^2 L = M p (1 - m - 2p).$$

Or, on déduit de la formule (B) (I, 372) une relation analogue entre deux intégrales définies, savoir :

$$\int_0^\pi \cos^{2p}\alpha \sin^{m-1}\alpha\, d\alpha = \frac{2p-1}{2p+m-1}\int_0^\pi \cos^{2p-2}\alpha \sin^{m-1}\alpha\, d\alpha.$$

Le rapport de ces deux intégrales est, à un facteur constant près, égal au rapport $\frac{M}{L}$; si donc on pose

$$M = A_p \int_0^\pi \cos^{2p}\alpha \sin^{m-1}\alpha\, d\alpha,$$

$$L = A_{p-1}\int_0^\pi \cos^{2p-2}\alpha \sin^{m-1}\alpha\, d\alpha,$$

on aura

$$\frac{M}{L} = \frac{A_p}{A_{p-1}}\,\frac{2p-1}{2p+m-1} = \frac{h^2}{p(1-m-2p)};$$

donc

$$A_p = -\frac{h^2}{(2p-1)p}A_{p-1}.$$

D'après cette formule, et comme A_0 n'est autre chose que A, on aura

$$A_1 = -\frac{2h^2}{1.2}A, \quad A_2 = \frac{4h^4 A}{1.2.3.4}, \ldots, \quad A_p = A\,\frac{(-2h^2)^p}{1.2\ldots 2p},$$

par conséquent,

$$M_p = A\,\frac{(-2h^2)^p}{1.2\ldots 2p}\int_0^\pi \cos^{2p}\alpha \sin^{m-1}\alpha\, d\alpha$$

et

$$y_1 = \sum A\,\frac{(-2h^2)^p x^{2p}}{1.2\ldots 2p}\int_0^\pi \cos^{2p}\alpha \sin^{m-1}\alpha\, d\alpha,$$

ou bien

$$y_1 = A\int_0^\pi \sin^{m-1}\alpha\,d\alpha\left(1 - \frac{2h^2x^2\cos^2\alpha}{1.2} + \frac{4h^4x^4\cos^4\alpha}{1.2.3.4} - \ldots\right).$$

Mais l'expression entre parenthèses égale $\cos(hx\sqrt{2}\cos\alpha)$: on a donc enfin

$$y_1 = A\int_0^\pi \cos(hx\sqrt{2}\cos\alpha)\sin^{m-1}\alpha\,d\alpha.$$

La seconde série se déduit de la première en changeant m en $2-m$; donc

$$y_2 = A'x^{1-m}\int_0^\pi \cos(hx\sqrt{2}\cos\alpha)\sin^{1-m}\alpha\,d\alpha.$$

620. La valeur de y_1 devient illusoire quand on a $m=0$ ou $m<0$. En effet, si $m=0$, l'intégrale

$$\int_0^\pi \cos(hx\sqrt{2}\cos\alpha)\sin^{m-1}\alpha\,d\alpha$$

est plus grande que

$$k\int_0^\varepsilon \frac{d\alpha}{\alpha},$$

k désignant une quantité finie et ε un nombre suffisamment petit, mais lui-même fini. Or, $\int_0^\varepsilon \frac{d\alpha}{\alpha} = \infty$. Donc la première intégrale est infinie quand $m=0$, et à plus forte raison quand on a $m<0$.

De même la seconde intégrale n'aura une valeur finie que si $2-m$ est positif.

Donc y_1+y_2 ne représentera l'intégrale générale que si m est compris entre 0 et 2. En dehors de ces deux limites, l'une des deux formules tombera en défaut, mais l'autre subsistera et servira à trouver l'intégrale générale par le procédé du nº 608.

621. Examinons maintenant quelques cas particuliers.

1° $m=0$. L'équation se réduit à

$$\frac{d^2y}{dx^2}+2h^2y=0.$$

Pour déduire son intégrale des formules précédentes, observons que la valeur de y_2, qui est encore admissible, se réduit à

$$\begin{aligned} y_2 &= A'x\int_0^\pi \cos(hx\sqrt{2}\cos\alpha)\sin\alpha\, d\alpha \\ &= \frac{A'}{h\sqrt{2}}\int_0^\pi \cos(hx\sqrt{2}\cos\alpha)\, d(hx\sqrt{2}\cos\alpha) \\ &= C\sin(hx\sqrt{2}). \end{aligned}$$

Au moyen de cette première intégrale on trouvera

$$y=c\sin(hx\sqrt{2})+c'\cos(hx\sqrt{2}).$$

2° $m=2$. La valeur de y_2 est illusoire, mais celle de y_1 subsiste et donne $C\sin(hx\sqrt{2})$ pour intégrale particulière. On en déduit l'intégrale générale

$$y=\frac{c\sin(hx\sqrt{2})+c'\cos(hx\sqrt{2})}{x}.$$

3° $m=1$. Le rapport de y_1 à y_2 est constant, et ces deux intégrales ne sont plus distinctes. Dans ce cas, on posera $m=1+h$, et l'on appliquera le procédé de d'Alembert (585).

EXERCICES.

1. $$x\frac{d^2y}{dx^2}+\frac{dy}{dx}-y=0.$$

Solution :

$$y=C\left[x+\frac{x^2}{(1.2)^2}+\frac{x^3}{(1.2.3)^2}+\frac{x^4}{(1.2.3.4)^2}+\dots\right],$$

intégrale particulière.

2. $$\frac{d^2y}{dx^2} + \frac{1}{x}\frac{dy}{dx} + y = 0 \quad \text{ou} \quad \frac{dx\dfrac{dy}{dx}}{dx} + xy = 0.$$

SOLUTION :

$$y = A\left(1 - \frac{x^2}{2^2} + \frac{x^4}{2^2.4^2} - \frac{x^6}{2^2.4^2.6^2} + \dots\right)$$

intégrale particulière.

QUARANTE-NEUVIÈME LEÇON.

ÉQUATIONS DIFFÉRENTIELLES SIMULTANÉES.

Élimination d'une variable entre deux équations différentielles. — Systèmes d'équations du premier ordre équivalents à une ou plusieurs équations d'un ordre quelconque. — Théorèmes sur les intégrales des équations simultanées du premier ordre. — Intégration des équations simultanées du premier ordre.

ÉLIMINATION D'UNE VARIABLE ENTRE DEUX ÉQUATIONS DIFFÉRENTIELLES.

622. Soient

$$\mathrm{f}\left(x, y, \frac{dy}{dx}, \ldots, \frac{d^m y}{dx^m}, z, \frac{dz}{dx}, \ldots, \frac{d^p z}{dx^p}\right) = 0,$$

$$\mathrm{F}\left(x, y, \frac{dy}{dx}, \ldots, \frac{d^n y}{dx^n}, z, \frac{dz}{dx}, \ldots, \frac{d^q z}{dx^q}\right) = 0,$$

deux équations qui renferment deux fonctions y et z d'une variable indépendante x, et leurs dérivées de divers ordres. En éliminant y entre ces équations, on obtiendra une équation différentielle à une seule fonction z, et dont l'intégration fera connaître z.

Pour opérer cette élimination, on différentiera n fois la première équation, et m fois la seconde; on aura ainsi $m+n+2$ équations entre lesquelles il sera possible d'éliminer, par les moyens ordinaires de l'algèbre, les $m+n+1$ inconnues $y, \frac{dy}{dx}, \frac{d^2y}{dx^2}, \ldots, \frac{d^{m+n}y}{dx^{m+n}}$. L'équation finale sera, en général, d'un ordre égal au plus grand des deux nombres $n+p$, $m+q$; toutefois cet ordre peut être moindre, si l'élimination a pu s'effectuer sans employer les $m+n+2$ équations.

623. Plus généralement, si l'on avait r équations différentielles contenant une variable indépendante x et r fonctions $y, z, u, \ldots$ de cette variable, on éliminerait y entre ces r équations, ce qui donnerait $r-1$ équations entre z, u,.... On éliminerait ensuite z entre ces $r-1$ équations, et ainsi de suite. On arriverait ainsi à une équation différentielle ne renfermant plus qu'une seule des fonctions inconnues.

SYSTÈMES D'ÉQUATIONS DU PREMIER ORDRE ÉQUIVALENTS A UNE OU PLUSIEURS ÉQUATIONS D'UN ORDRE QUELCONQUE.

624. On peut remplacer une équation différentielle d'un ordre quelconque à deux variables par un système d'équations simultanées du premier ordre, en représentant par une lettre chacune des dérivées, excepté celle qui est de l'ordre le plus élevé. Ainsi l'équation

$$(1) \qquad \mathrm{f}\left(x, y, \frac{dy}{dx}, \frac{d^2y}{dx^2}, \frac{d^3y}{dx^3}\right) = 0$$

est évidemment équivalente aux équations suivantes :

$$(2) \qquad \left\{\begin{aligned} &\frac{dy}{dx} = y', \quad \frac{dy'}{dx} = y'', \\ &f\left(x, y, y', y'', \frac{dy''}{dx}\right) = 0. \end{aligned}\right.$$

625. De même les équations

$$(3) \qquad \left\{\begin{aligned} &\mathrm{f}\left(x, y, \frac{dy}{dx}, \ldots, \frac{d^m y}{dx^m}, z, \frac{dz}{dx}, \ldots, \frac{d^p z}{dx^p}\right) = 0, \\ &\mathrm{F}\left(x, y, \frac{dy}{dx}, \ldots, \frac{d^n y}{dx^n}, z, \frac{dz}{dx}, \ldots, \frac{d^q z}{dx^q}\right) = 0, \end{aligned}\right.$$

dans lesquelles nous supposerons $m > n$, $q > p$, peuvent être remplacées par le système des équations du premier ordre

$$(4) \qquad \left\{\begin{aligned} &\frac{dy}{dx} = y', \quad \frac{dy'}{dx} = y'', \ldots, \quad \frac{dy^{(m-2)}}{dx} = y^{(m-1)}, \\ &\frac{dz}{dx} = z', \quad \frac{dz'}{dx} = z'', \ldots, \quad \frac{dz^{(q-2)}}{dx} = z^{(q-1)}, \\ &\mathrm{f}\left(x, y, y', \ldots, \frac{dy^{(m-1)}}{dx}, z, z', \ldots, z^{(p)}\right) = 0, \\ &\mathrm{F}\left(x, y, y', \ldots, y^{(n)}, z, z', \ldots, \frac{dz^{(q-1)}}{dx}\right) = 0. \end{aligned}\right.$$

En général, étant donné un nombre quelconque d'équations différentielles renfermant une variable *indépendante* et plusieurs fonctions de cette variable, si l'on représente les dérivées, à l'exception de celles dont l'ordre est le plus élevé, par des lettres, on aura un système d'équations simultanées du premier ordre qui sera équivalent aux équations proposées.

THÉORÈMES SUR LES INTÉGRALES DES ÉQUATIONS SIMULTANÉES DU PREMIER ORDRE.

626. Supposons, pour fixer les idées, que l'on ait trois équations différentielles simultanées du premier ordre entre une variable indépendante x et trois fonctions y, z, u de cette variable. On pourra, en général, résoudre ces équations par rapport aux dérivées $\frac{dy}{dx}$, $\frac{dz}{dx}$, $\frac{du}{dx}$ et les remplacer par des équations de la forme

$$\frac{dy}{dx}=\frac{\mathrm{Q}}{\mathrm{P}},\quad \frac{dz}{dx}=\frac{\mathrm{R}}{\mathrm{P}},\quad \frac{du}{dx}=\frac{\mathrm{V}}{\mathrm{P}},$$

ou

$$\frac{dx}{\mathrm{P}}=\frac{dy}{\mathrm{Q}}=\frac{dz}{\mathrm{R}}=\frac{du}{\mathrm{V}}, \tag{1}$$

P, Q, R, V étant des fonctions déterminées. Le problème proposé revient donc à établir entre les variables x, y, z, u des relations telles, que les différentielles de ces variables soient proportionnelles aux fonctions P, Q, R, V.

Je dis maintenant que les relations cherchées doivent contenir trois constantes arbitraires. En effet, les équations (1) déterminent seulement les accroissements infiniment petits des variables y, z, u pour un accroissement infiniment petit de x. On peut donc prendre à volonté les valeurs de y, z, et u pour $x=a$. En raisonnant comme on l'a fait dans le cas d'une seule équation différentielle (549), on voit que y, z et u sont des fonctions déterminées de x, dépendant nécessairement de leurs valeurs initiales, qui sont tout à fait arbitraires. Les équations intégrales doivent donc contenir trois constantes arbitraires. Ces constantes peuvent d'ailleurs être remplacées par d'autres ayant avec elles des relations arbitraires, pourvu qu'on puisse déterminer les nouvelles constantes de manière que y, z et u aient des valeurs données correspondant à une valeur donnée de x.

627. On arrive à la même conclusion par la série de Taylor. En effet, si l'on représente par y_a, $\left(\frac{dy}{dx}\right)_a$, etc., les valeurs de y et de ses dérivées pour $x = a$, on aura

$$y = y_a + \left(\frac{dy}{dx}\right)_a (x-a) + \left(\frac{d^2y}{dx^2}\right)_a \frac{(x-a)^2}{1.2} + \dots$$

Ensuite, des équations

$$\frac{dy}{dx} = \frac{Q}{P}, \quad \frac{dz}{dx} = \frac{R}{P}, \quad \frac{du}{dx} = \frac{V}{P},$$

on peut déduire $\frac{d^ny}{dx^n}$ en fonction de x, y, z, u; par conséquent $\left(\frac{d^ny}{dx^n}\right)_a$ dépendra des valeurs arbitraires attribuées à y, z, u pour $x = a$. Donc le développement de y contiendra trois constantes arbitraires. Les valeurs de z et de u dépendront aussi des mêmes constantes.

Les raisonnements qui précèdent s'étendent évidemment à un nombre quelconque d'équations. Par conséquent *m équations du premier ordre entre $m+1$ variables, et qui peuvent être mises sous la forme* (1), *admettent toujours m intégrales contenant m constantes arbitraires*. Ces constantes doivent être telles, que l'on puisse donner à m des variables des valeurs arbitraires pour une valeur quelconque attribuée à la $(m+1)^{\text{ième}}$ variable.

628. On a supposé que les équations proposées pou-

vaient être résolues par rapport aux dérivées $\frac{dy}{dx}$, $\frac{dz}{dx}$, $\frac{du}{dx}$. Dans certains cas particuliers cette résolution est impossible. Par exemple, si l'on avait

$$(1)\quad \begin{cases} \dfrac{dy}{dx}+\dfrac{dz}{dx}+x=0, \\ x\,\dfrac{dy}{dx}+x\,\dfrac{dz}{dx}+y-x^2=0, \end{cases}$$

en cherchant à éliminer l'une des dérivées, on trouverait l'équation

$$(2)\qquad y-2x^2=0.$$

Cette équation peut remplacer l'une des deux proposées. En portant la valeur de y qu'elle fournit dans la première des équations (1), on aura

$$\frac{dz}{dx}+5x=0,$$

d'où l'on déduit

$$z=C-\frac{5x^2}{2}.$$

Ainsi, quand on ne peut pas résoudre le système proposé par rapport à toutes les dérivées, le problème se simplifie, parce qu'il existe alors entre les variables un certain nombre de relations algébriques, au moyen desquelles on peut faire disparaître les dérivées dont le système n'a pu fournir les valeurs. Mais, dans ce cas, le nombre des constantes n'est plus égal au nombre des fonctions.

INTÉGRATION DES ÉQUATIONS SIMULTANÉES DU PREMIER ORDRE.

629. Soit

$$(1)\qquad \frac{dx}{P}=\frac{dy}{Q}=\frac{dz}{R}=\frac{du}{V}$$

un système d'équations simultanées. Nous avons vu qu'il

existe trois équations intégrales,

$$(2)\quad \begin{cases} F_1(x, y, z, u, c, c', c'') = 0, \\ F_2(x, y, z, u, c, c', c'') = 0, \\ F_3(x, y, z, u, c, c', c'') = 0, \end{cases}$$

c, c', c'' étant des constantes arbitraires. Ces équations, résolues par rapport aux constantes, peuvent être remplacées par le système

$$(3)\qquad \alpha = c, \quad \beta = c', \quad \gamma = c'';$$

α, β, γ désignant trois fonctions de x, y, z et u, sans constantes arbitraires. On peut donc trouver trois fonctions de x, y, z, u qui conservent des valeurs constantes quand on y fait varier simultanément toutes les variables.

Remarquons d'abord que les fonctions P, Q, R, V ne peuvent pas être, à la fois, identiquement nulles, car les équations (1) n'offriraient alors aucun sens.

Admettons que P ne soit pas identiquement nul, et prenons x pour variable indépendante. Je dis que P ne pourra pas même s'annuler constamment en vertu des équations (3). En effet, l'équation $P = 0$ ne renfermant pas de constante arbitraire, on ne pourrait pas se donner à volonté des valeurs de y, z, u pour une valeur quelconque de x.

Supposons donc P différent de o. En différentiant l'équation $\alpha = c$, on a

$$(4)\qquad \frac{d\alpha}{dx}dx + \frac{d\alpha}{dy}dy + \frac{d\alpha}{dz}dz + \frac{d\alpha}{du}du = 0.$$

Mais $\alpha = c$ étant une intégrale des équations (1), les différentielles dx, dy, dz, du doivent être proportionnelles à P, Q, R, V ; on aura donc

$$(5)\qquad P\frac{d\alpha}{dx} + Q\frac{d\alpha}{dy} + R\frac{d\alpha}{dz} + V\frac{d\alpha}{du} = 0.$$

Cette équation doit être identique ; autrement elle établirait une relation entre les variables x, y, z et u, et l'on ne pourrait pas donner des valeurs arbitraires à y, z, u pour une valeur particulière de x.

On aura donc les trois équations identiques

$$(6)\quad \left\{\begin{aligned} &P\frac{d\alpha}{dx}+Q\frac{d\alpha}{dy}+R\frac{d\alpha}{dz}+V\frac{d\alpha}{du}=0,\\ &P\frac{d\beta}{dx}+Q\frac{d\beta}{dy}+R\frac{d\beta}{dz}+V\frac{d\beta}{du}=0,\\ &P\frac{d\gamma}{dx}+Q\frac{d\gamma}{dy}+R\frac{d\gamma}{dz}+V\frac{d\gamma}{du}=0. \end{aligned}\right.$$

630. Réciproquement, *si l'on trouve une fonction θ des variables x, y, z, u, sans constante arbitraire, telle, que l'on ait identiquement*

$$(1)\qquad P\frac{d\theta}{dx}+Q\frac{d\theta}{dy}+R\frac{d\theta}{dz}+V\frac{d\theta}{du}=0,$$

l'équation

$$\theta=c$$

sera une intégrale des équations simultanées

$$(2)\qquad \frac{dx}{P}=\frac{dy}{Q}=\frac{dz}{R}=\frac{du}{V}.$$

En effet, on a

$$d\theta=dx\left(\frac{d\theta}{dx}+\frac{d\theta}{dy}\frac{dy}{dx}+\frac{d\theta}{dz}\frac{dz}{dx}+\frac{d\theta}{du}\frac{du}{dx}\right);$$

donc y, z et u étant des fonctions de x telles, que l'on ait

$$\frac{dy}{dx}=\frac{Q}{P},\quad \frac{dz}{dx}=\frac{R}{P},\quad \frac{du}{dx}=\frac{V}{P},$$

on aura

$$d\theta=\frac{dx}{P}\left(P\frac{d\theta}{dx}+Q\frac{d\theta}{dy}+R\frac{d\theta}{dz}+V\frac{d\theta}{du}\right):$$

mais la quantité renfermée entre parenthèses est nulle par hypothèse, donc

$$d\theta=0,\quad \text{ou}\quad \theta=c.$$

Il suit de là que si l'on trouve trois fonctions α, β, γ qui substituées à θ satisfassent identiquement à l'équation (1), les équations

$$(3)\qquad \alpha = c,\quad \beta = c',\quad \gamma = c''$$

seront les intégrales des équations (2).

631. Des intégrales (3) peuvent se déduire une infinité d'autres intégrales, car x, y, z, u variant de manière que les fonctions α, β, γ conservent une valeur constante, toute fonction de la forme $\varphi(\alpha, \beta, \gamma)$ conservera aussi une valeur constante.

On peut d'ailleurs vérifier directement que l'équation

$$(4)\qquad \varphi(\alpha, \beta, \gamma) = c$$

est une intégrale des équations (2). En effet, on a

$$(5)\qquad \left\{\begin{aligned}
\frac{d\varphi}{dx} &= \frac{d\varphi}{d\alpha}\frac{d\alpha}{dx} + \frac{d\varphi}{d\beta}\frac{d\beta}{dx} + \frac{d\varphi}{d\gamma}\frac{d\gamma}{dx},\\
\frac{d\varphi}{dy} &= \frac{d\varphi}{d\alpha}\frac{d\alpha}{dy} + \frac{d\varphi}{d\beta}\frac{d\beta}{dy} + \frac{d\varphi}{d\gamma}\frac{d\gamma}{dy},\\
\frac{d\varphi}{dz} &= \frac{d\varphi}{d\alpha}\frac{d\alpha}{dz} + \frac{d\varphi}{d\beta}\frac{d\beta}{dz} + \frac{d\varphi}{d\gamma}\frac{d\gamma}{dz},\\
\frac{d\varphi}{du} &= \frac{d\varphi}{d\alpha}\frac{d\alpha}{du} + \frac{d\varphi}{d\beta}\frac{d\beta}{du} + \frac{d\varphi}{d\gamma}\frac{d\gamma}{du}.
\end{aligned}\right.$$

Si l'on multiplie ces équations respectivement par P, Q, R, V, et qu'on les ajoute, le second membre sera nul en vertu des équations (6) du n° 629. On aura donc

$$P\frac{d\varphi}{dx} + Q\frac{d\varphi}{dy} + R\frac{d\varphi}{dz} + V\frac{d\varphi}{du} = 0,$$

c'est-à-dire que φ mis à la place de θ satisfait à l'équation (1). Donc $\varphi = c$ est bien une intégrale des équations proposées.

632. On peut même démontrer que *toute fonction* θ *de* x, y, z, u *qui satisfait à l'équation*

$$(1)\qquad P\frac{d\theta}{dx} + Q\frac{d\theta}{dy} + R\frac{d\theta}{dz} + V\frac{d\theta}{du} = 0$$

doit se réduire à une fonction de α, β, γ. En effet, soit

$$\theta = \varpi(x, y, z, u); \tag{2}$$

posons

$$\alpha = f_1(x, y, z, u), \quad \beta = f_2(x, y, z, u), \quad \gamma = f_3(x, y, z, u); \tag{3}$$

on peut tirer de là les valeurs de y, z, u en fonction de α, β, γ et x; en les substituant dans la valeur de θ, on aura

$$\theta = \pi(\alpha, \beta, \gamma, x). \tag{4}$$

Or, je dis que x ne doit pas entrer explicitement dans cette équation. En effet, en mettant cette valeur de θ dans l'équation (1), on aura

$$(5)\quad \left\{\begin{aligned} &P\left(\frac{d\pi}{d\alpha}\frac{d\alpha}{dx} + \frac{d\pi}{d\beta}\frac{d\beta}{dx} + \frac{d\pi}{d\gamma}\frac{d\gamma}{dx} + \frac{d\pi}{dx}\right) \\ &+ Q\left(\frac{d\pi}{d\alpha}\frac{d\alpha}{dy} + \frac{d\pi}{d\beta}\frac{d\beta}{dy} + \frac{d\pi}{d\gamma}\frac{d\gamma}{dy}\right) \\ &+ R\left(\frac{d\pi}{d\alpha}\frac{d\alpha}{dz} + \frac{d\pi}{d\beta}\frac{d\beta}{dz} + \frac{d\pi}{d\gamma}\frac{d\gamma}{dz}\right) \\ &+ V\left(\frac{d\pi}{d\alpha}\frac{d\alpha}{du} + \frac{d\pi}{d\beta}\frac{d\beta}{du} + \frac{d\pi}{d\gamma}\frac{d\gamma}{du}\right) = 0. \end{aligned}\right.$$

Mais les fonctions α, β, γ satisfaisant à l'équation (1), l'équation (5) se réduit à

$$P\frac{d\pi}{dx} = 0,$$

d'où

$$\frac{d\pi}{dx} = 0,$$

puisque P ne peut être nul que pour des valeurs particulières des variables. Ainsi, la fonction π ne contient pas x explicitement, et se réduit à une fonction de α, β, γ.

CINQUANTIÈME LEÇON.

SUITE DES ÉQUATIONS SIMULTANÉES.

Équations linéaires : cas de deux équations, méthode de d'Alembert, — cas de trois équations. — Réduction du cas général au cas où les équations sont privées de second membre. — Méthode de Cauchy. — Remarque sur les équations linéaires.

CAS DE DEUX ÉQUATIONS, MÉTHODE DE D'ALEMBERT.

633. Si l'on a deux équations linéaires du premier ordre entre une variable indépendante x et deux fonctions y et z de cette variable, en éliminant, tour à tour, $\frac{dz}{dx}$ et $\frac{dy}{dx}$, on obtiendra deux équations de la forme suivante :

$$(1)\quad \left\{\begin{aligned} &\frac{dy}{dx} + Py + Qz = V,\\ &\frac{dz}{dx} + P'y + Q'z = V', \end{aligned}\right.$$

P, Q, V, P′, Q′, V′, désignant des fonctions de x.

On pourrait appliquer à ces équations le procédé d'élimination exposé plus haut (622), et l'on parviendrait à une équation linéaire du second ordre ne contenant qu'une seule fonction inconnue; mais il est plus avantageux d'employer la méthode suivante, qui a été imaginée par d'Alembert, et perfectionnée par Ampère.

Ajoutons les équations (1) après avoir multiplié la seconde par une indéterminée θ : nous aurons

$$(2)\quad \frac{dy}{dx} + \theta\frac{dz}{dx} + (P + P'\theta)y + (Q + Q'\theta)z = V + V'\theta.$$

Si θ était une constante, $\frac{dy}{dx} + \theta\frac{dz}{dx}$ serait la dérivée de $y + \theta z$; posons donc

$$(3)\qquad t = y + \theta z,$$

il en résulte $y = t - \theta z$ et

$$\frac{dy}{dx} + \frac{\theta dz}{dx} = \frac{dt}{dx} - z\frac{d\theta}{dx}.$$

L'équation (2) devient alors

$$(4)\quad \frac{dt}{dx} - z\frac{d\theta}{dx} + (P + P'\theta)(t - \theta z) + (Q + Q'\theta)z = V + V'\theta.$$

Comme z n'entre ici qu'à la première puissance, on éliminera cette fonction en égalant son coefficient à zéro, et l'on aura les deux équations

$$(5)\quad \frac{d\theta}{dx} + (P + P'\theta)\theta - Q - Q'\theta = 0,$$

$$(6)\quad \frac{dt}{dx} + (P + P'\theta)t - V - V'\theta = 0.$$

L'équation (5) ne contient que θ et x; elle détermine donc θ. Mais, quoique du premier ordre, elle n'est pas linéaire, et l'on ne sait pas, en général, l'intégrer. Cependant, si l'on en connaît seulement deux intégrales particulières θ_1 et θ_2, la question proposée pourra être résolue.

En effet, ces intégrales particulières étant mises à la place de θ dans l'équation (6) qui est linéaire, on obtiendra deux valeurs correspondantes de t, t_1 et t_2, contenant chacune une constante arbitraire. On aura ensuite y et z au moyen des deux équations

$$y + \theta_1 z = t_1, \quad y + \theta_2 z = t_2.$$

Les valeurs de y et de z ainsi obtenues contiendront deux constantes arbitraires, puisque t_1 et t_2 en contiennent chacun une.

634. Dans le cas où les coefficients P, Q, P', Q' sont constants, on peut supposer θ constant dans l'équation (5), qui se réduit alors à

$$(7)\quad (P + P'\theta)\theta - Q - Q'\theta = 0.$$

Cette équation est du second degré et donne deux racines

constantes que l'on peut prendre pour θ_1 et θ_2, si ces racines sont inégales.

Si les racines de l'équation (7) étaient égales, on n'aurait qu'une valeur de θ. Mais, dans ce cas, l'équation (5), en supposant θ variable, peut se mettre sous la forme

$$\frac{d\theta}{dx} + P'(\theta - \alpha)^2 = 0,$$

ou

$$\frac{d\theta}{(\theta - \alpha)^2} + P'\,dx = 0,$$

équation dont l'intégrale générale est

$$\theta = \alpha + \frac{1}{P'x + c}.$$

Comme on n'a besoin que de deux valeurs particulières de θ, on les choisira de la manière la plus simple en faisant successivement $c = 0$, $c = \infty$; d'où

$$\theta_1 = \alpha + \frac{1}{P'x}, \quad \theta_2 = \alpha.$$

Les équations (1) peuvent donc toujours être intégrées quand les coefficients P, Q, P′, Q′ sont constants.

INTÉGRATION DE TROIS ÉQUATIONS LINÉAIRES.

635. La méthode précédente s'applique avec quelques modifications à l'intégration de trois équations linéaires simultanées à quatre variables x, y, z, u. Ces équations peuvent d'abord être mises sous la forme

$$\text{(I)} \quad \left\{\begin{aligned} &\frac{dy}{dx} + Py + Qz + Ru = V,\\ &\frac{dz}{dx} + P'y + Q'z + R'u = V',\\ &\frac{du}{dx} + P''y + Q''z + R''u = V''.\end{aligned}\right.$$

Ajoutons ces trois équations après avoir multiplié la

seconde par θ et la troisième par λ. On a ainsi

$$(1)\quad \left\{\begin{aligned} &\frac{dy}{dx}+\theta\frac{dz}{dx}+\lambda\frac{du}{dx}+(P+P'\theta+P''\lambda)y\\ &\qquad+(Q+Q'\theta+Q''\lambda)z+(R+R'\theta+R''\lambda)u\\ &=V+V'\theta+V''\lambda.\end{aligned}\right.$$

Posons

$$(2)\qquad y+\theta z+\lambda u=t,$$

d'où

$$\frac{dy}{dx}+\theta\frac{dz}{dx}+\lambda\frac{du}{dx}=\frac{dt}{dx}-z\frac{d\theta}{dx}-u\frac{d\lambda}{dx}.$$

L'équation (1) devient

$$(3)\quad \left\{\begin{aligned} &\frac{dt}{dx}-z\frac{d\theta}{dx}-u\frac{d\lambda}{dx}+(P+P'\theta+P''\lambda)(t-\theta z-\lambda u)\\ &\qquad+(Q+Q'\theta+Q''\lambda)z+(R+R'\theta+R''\lambda)u\\ &=V+V'\theta+V''\lambda.\end{aligned}\right.$$

Cette équation ne renferme z et u qu'au premier degré. En égalant à zéro les coefficients de ces variables, on réduira l'équation (3) aux suivantes :

$$(4)\qquad \frac{d\theta}{dx}+(P+P'\theta+P''\lambda)\theta-Q-Q'\theta-Q''\lambda=0,$$

$$(5)\qquad \frac{d\lambda}{dx}+(P+P'\theta+P''\lambda)\lambda-R-R'\theta-R''\lambda=0,$$

$$(6)\qquad \frac{dt}{dx}+(P+P'\theta+P''\lambda)t-V-V'\theta-V''\lambda=0.$$

Les deux premières équations ne contiennent que θ et λ : elles sont du premier ordre, mais non linéaires. On ne sait donc pas les intégrer en général. Néanmoins, si l'on connaît trois intégrales particulières θ_1, θ_2, θ_3 et trois valeurs correspondantes λ_1, λ_2, λ_3, on pourra déterminer les intégrales cherchées. En effet, pour un système de valeurs simultanées θ_1 et λ_1, l'équation (6) qui est linéaire et du premier ordre donnera une intégrale correspondante t_1, contenant une constante arbitraire. On aura de même deux autres valeurs t_2 et t_3 correspondant aux deux autres systèmes θ_2 et λ_2, θ_3 et λ_3. Les trois intégrales seront donc

$$(7)\quad \begin{cases} y + \theta_1 z + \lambda_1 u = t_1, \\ y + \theta_2 z + \lambda_2 u = t_2, \\ y + \theta_3 z + \lambda_3 u = t_3. \end{cases}$$

Les valeurs de y, z, u qu'on en déduira contiendront chacune trois constantes arbitraires.

636. Dans les cas où les coefficients P, Q, R, P′,... *sont constants*, les équations (4) et (5) sont satisfaites par les valeurs constantes de θ et de λ que déterminent les équations

$$(8)\quad (P + P'\theta + P''\lambda)\theta - Q - Q'\theta - Q''\lambda = 0,$$

$$(9)\quad (P + P'\theta + P''\lambda)\lambda - R - R'\theta - R''\lambda = 0.$$

En portant dans la seconde équation la valeur de λ tirée de la première, on aura une équation du troisième degré en θ, qui fournira, en général, trois valeurs distinctes de cette variable, θ_1, θ_2, θ_3. L'équation (8), étant du premier degré en λ, fournira trois valeurs correspondantes, λ_1, λ_2, λ_3.

L'élimination peut se faire de la manière suivante. En posant

$$(10)\quad P + P'\theta + P''\lambda = \rho,$$

on aura les trois équations

$$(11)\quad \begin{cases} P - \rho + P'\theta + P''\lambda = 0, \\ Q + (Q' - \rho)\theta + Q''\lambda = 0, \\ R + R'\theta + (R'' - \rho)\lambda = 0. \end{cases}$$

L'élimination de θ et de λ entre ces trois équations donne l'équation finale

$$(\rho - P)(\rho - Q')(\rho - R'') - R'Q''(\rho - P) \\ - RP''(\rho - Q') - QP'(\rho - R'') - QR'P'' - RP'Q'' = 0.$$

Soient ρ_1, ρ_2, ρ_3 les trois racines de cette équation.

L'équation (6) prenant la forme

$$\frac{dt}{dx} + \rho t = V + V'\theta + V''\lambda,$$

on aura (511)

$$t = e^{-\rho x}\left[c + \int (V + V'\theta + V''\lambda)\, e^{\rho x} dx\right].$$

On déduit de là, en remplaçant successivement ρ par ρ_1, ρ_2, ρ_3, et θ, λ par les valeurs correspondantes, trois valeurs de t contenant chacune une constante *arbitraire*. Le système proposé aura donc pour intégrales les trois équations

$$(12)\quad \begin{cases} y + \theta_1 z + \lambda_1 u = e^{-\rho_1 x}\left[c_1 + \int (V + V'\theta_1 + V''\lambda_1) e^{\rho_1 x} dx\right], \\ y + \theta_2 z + \lambda_2 u = e^{-\rho_2 x}\left[c_2 + \int (V + V'\theta_2 + V''\lambda_2) e^{\rho_2 x} dx\right], \\ y + \theta_3 z + \lambda_3 u = e^{-\rho_3 x}\left[c_3 + \int (V + V'\theta_3 + V''\lambda_3) e^{\rho_3 x} dx\right]. \end{cases}$$

AUTRE MÉTHODE.

637. On peut suivre dans l'intégration des équations linéaires simultanées la même marche que dans les équations différentielles ordinaires, c'est-à-dire ramener le cas général à celui des équations privées de second membre. Nous allons effectuer cette réduction dans le cas où les coefficients des premiers membres sont constants.

Remarquons d'abord que si l'on connaissait trois systèmes de fonctions (y_1, z_1, u_1), (y_2, z_2, u_2), (y_3, z_3, u_3) satisfaisant aux équations

$$(I)\quad \begin{cases} \dfrac{dy}{dx} + Py + Qz + Ru = 0, \\ \dfrac{dz}{dx} + P'y + Q'z + R'u = 0, \\ \dfrac{du}{dx} + P''y + Q''z + R''u = 0, \end{cases}$$

on y satisferait encore en posant

$$y = c_1 y_1 + c_2 y_2 + c_3 y_3,$$
$$z = c_1 z_1 + c_2 z_2 + c_3 z_3,$$
$$u = c_1 u_1 + c_2 u_2 + c_3 u_3,$$

comme on s'en assure par la substitution, et l'on aurait les intégrales générales, puisque ces formules contiennent trois constantes arbitraires c_1, c_2, c_3.

Cherchons maintenant à résoudre les équations (I) par des valeurs de la forme

$$(1) \qquad y = e^{-\rho x}, \quad z = \mu e^{-\rho x}, \quad u = \nu e^{-\rho x},$$

ρ, μ, ν désignant des constantes inconnues. La substitution de ces valeurs donnera les équations

$$(2) \qquad \begin{cases} P - \rho + Q\mu + R\nu = 0, \\ P' + (Q' - \rho)\mu + R'\nu = 0, \\ P'' + Q''\mu + (R'' - \rho)\nu = 0. \end{cases}$$

L'élimination de μ et de ν entre ces équations conduit à une équation du troisième degré en ρ, la même que l'on a déduite (636), par l'élimination de θ et de λ, des équations

$$(3) \qquad \begin{cases} P - \rho + P'\theta + P''\lambda = 0, \\ Q + (Q' - \rho)\theta + Q''\lambda = 0, \\ R + R'\theta + (R'' - \rho)\lambda = 0, \end{cases}$$

car on arriverait à ce dernier système en ajoutant les équations (2) respectivement multipliées par 1, θ et λ, et en déterminant θ et λ de manière que les termes qui contiennent μ et ν disparaissent d'eux-mêmes.

Les trois valeurs de ρ étant désignées par ρ_1, ρ_2, ρ_3, et les valeurs correspondantes de μ et de ν par μ_1, μ_2, μ_3, ν_1, ν_2, ν_3, on aura trois solutions particulières d'où l'on déduira la solution générale

$$(4) \qquad \begin{cases} y = c_1 e^{-\rho_1 x} + c_2 e^{-\rho_2 x} + c_3 e^{-\rho_3 x}, \\ z = c_1 \mu_1 e^{-\rho_1 x} + c_2 \mu_2 e^{-\rho_2 x} + c_3 \mu_3 e^{-\rho_3 x}, \\ u = c_1 \nu_1 e^{-\rho_1 x} + c_2 \nu_2 e^{-\rho_2 x} + c_3 \nu_3 e^{-\rho_3 x}. \end{cases}$$

638. Prenons maintenant trois équations avec second membre

$$(\text{II})\quad \begin{cases} \dfrac{dy}{dx} + Py + Qz + Ru = V, \\ \dfrac{dz}{dx} + P'y + Q'z + R'u = V', \\ \dfrac{du}{dx} + P''y + Q''z + R''u = V''. \end{cases}$$

Cherchons s'il est possible de satisfaire à ces équations par les formules (4), mais en y regardant c_1, c_2, c_3 comme des fonctions convenables de x. On aura

$$\frac{dy}{dx} = -\rho_1 c_1 e^{-\rho_1 x} - \rho_2 c_2 e^{-\rho_2 x} - \rho_3 c_3 e^{-\rho_3 x} + e^{-\rho_1 x}\frac{dc_1}{dx} + e^{-\rho_2 x}\frac{dc_2}{dx} + e^{-\rho_3 x}\frac{dc_3}{dx}.$$

On aurait de même $\frac{dz}{dx}$ et $\frac{du}{dx}$. En substituant ces valeurs dans les équations (II), les termes qui renferment c_1, c_2, c_3 sont nuls en vertu des équations (2), et il reste

$$(5)\quad \begin{cases} e^{-\rho_1 x}\dfrac{dc_1}{dx} + e^{-\rho_2 x}\dfrac{dc_2}{dx} + e^{-\rho_3 x}\dfrac{dc_3}{dx} = V, \\ \mu_1 e^{-\rho_1 x}\dfrac{dc_1}{dx} + \mu_2 e^{-\rho_2 x}\dfrac{dc_2}{dx} + \mu_3 e^{-\rho_3 x}\dfrac{dc_3}{dx} = V', \\ \nu_1 e^{-\rho_1 x}\dfrac{dc_1}{dx} + \nu_2 e^{-\rho_2 x}\dfrac{dc_2}{dx} + \nu_3 e^{-\rho_3 x}\dfrac{dc_3}{dx} = V''. \end{cases}$$

De ces équations on tirera les valeurs

$$(6)\quad \frac{dc_1}{dx} = \chi_1, \quad \frac{dc_2}{dx} = \chi_2, \quad \frac{dc_3}{dx} = \chi_3,$$

χ_1, χ_2, χ_3 étant des fonctions de x ; d'où l'on conclura

$$(7)\quad \begin{cases} c_1 = \displaystyle\int \chi_1\,dx + C_1, \\ c_2 = \displaystyle\int \chi_2\,dx + C_2, \\ c_3 = \displaystyle\int \chi_3\,dx + C_3. \end{cases}$$

Ces valeurs, substituées dans les formules (4), donneront les intégrales du système (II).

MÉTHODE DE CAUCHY.

639. Soit proposé d'intégrer le système

$$(1)\quad \left\{\begin{aligned} &\frac{dy}{dx} + Py + Qz + Ru = F(x),\\ &\frac{dz}{dx} + P'y + Q'z + R'u = F_1(x),\\ &\frac{du}{dx} + P''y + Q''z + R''u = F_2(x).\end{aligned}\right.$$

Cherchons des fonctions Y, Z, U qui, substituées à la place de y, z, u, vérifient les équations

$$(2)\quad \left\{\begin{aligned} &\frac{dy}{dx} + Py + Qz + Ru = 0,\\ &\frac{dz}{dx} + P'y + Q'z + R'u = 0,\\ &\frac{du}{dx} + P''y + Q''z + R''u = 0,\end{aligned}\right.$$

et telles, que pour $x = \alpha$ on ait

$$Y = F(\alpha),\quad Z = F_1(\alpha),\quad U = F_2(\alpha).$$

Pour trouver des fonctions Y, Z, U qui remplissent ces conditions, il suffira de déterminer les constantes qui entrent dans les intégrales générales du système (2),

$$(3)\quad \left\{\begin{aligned} y &= \varphi(x, c_1, c_2, c_3),\\ z &= \varphi_1(x, c_1, c_2, c_3),\\ u &= \varphi_2(x, c_1, c_2, c_3),\end{aligned}\right.$$

de manière que l'on ait

$$(4)\quad \left\{\begin{aligned} F(\alpha) &= \varphi(\alpha, c_1, c_2, c_3),\\ F_1(\alpha) &= \varphi_1(\alpha, c_1, c_2, c_3),\\ F_2(\alpha) &= \varphi_2(\alpha, c_1, c_2, c_3).\end{aligned}\right.$$

On aura les fonctions cherchées en portant dans les équations (3) les valeurs de c_1, c_2, c_3 déduites des équations (4).

640. Maintenant je dis que les équations (1) seront satisfaites en posant

$$(5) \qquad y=\int_0^x \mathrm{Y}\,d\alpha,\quad z=\int_0^x \mathrm{Z}\,d\alpha,\quad u=\int_0^x \mathrm{U}\,d\alpha.$$

En effet, d'après l'hypothèse, on aura

$$\frac{dy}{dx}=\int_0^x \frac{d\mathrm{Y}}{dx}\,d\alpha+\mathrm{F}(x),$$

et, en substituant dans la première des équations (1),

$$\mathrm{F}(x)=\int_0^x \frac{d\mathrm{Y}}{dx}\,d\alpha+\mathrm{P}\int_0^x \mathrm{Y}\,d\alpha+\mathrm{Q}\int_0^x \mathrm{Z}\,d\alpha + \mathrm{R}\int_0^x \mathrm{U}\,d\alpha+\mathrm{F}(x).$$

Cette équation est identique, car elle revient à

$$\int_0^x d\alpha\left(\frac{d\mathrm{Y}}{dx}+\mathrm{PY}+\mathrm{QZ}+\mathrm{RU}\right)=0,$$

et la quantité renfermée entre parenthèses est nulle par hypothèse. On vérifiera de la même manière que les deux autres équations du système sont satisfaites.

On a donc une solution particulière du système (1) : désignons-la par (y_1, z_1, u_1). Mais si dans les équations (1) on remplace y, z, u par $y+y_1$, $z+z_1$, $u+u_1$, on obtiendra le système (2). Donc, en ajoutant aux valeurs (5) les intégrales générales (y, z, u) des équations privées de second membre, on aura intégré complétement le système (1).

REMARQUE SUR LES ÉQUATIONS SIMULTANÉES.

641. Soient

$$(1) \qquad \begin{cases} f(x, y, y', z, z')=0, \\ \mathrm{F}(x, y, y', z, z')=0, \end{cases}$$

deux équations simultanées du premier ordre, dans lesquelles y' et z' désignent $\frac{dy}{dx}$ et $\frac{dz}{dx}$. Soient

$$(2)\qquad \left\{\begin{array}{l} y = \varphi(x, a, b), \\ z = \psi(x, a, b), \end{array}\right.$$

les intégrales générales du système (1), a et b étant deux constantes arbitraires. Les équations (1) doivent devenir identiques quand on y remplace y et z par les valeurs (2). Donc, si l'on pose

$$(3)\qquad u = \frac{dy}{da}, \quad v = \frac{dz}{da},$$

d'où

$$\frac{du}{dx} = \frac{d^2y}{da\,dx} = \frac{dy'}{da},$$

$$\frac{dv}{dx} = \frac{d^2z}{da\,dx} = \frac{dz'}{da},$$

on aura, en différentiant par rapport à a les équations (1),

$$(4)\qquad \left\{\begin{array}{l} \frac{df}{dy}u + \frac{df}{dy'}\frac{du}{dx} + \frac{df}{dz}v + \frac{df}{dz'}\frac{dv}{dx} = 0, \\ \frac{dF}{dy}u + \frac{dF}{dy'}\frac{du}{dx} + \frac{dF}{dz}v + \frac{dF}{dz'}\frac{dv}{dx} = 0. \end{array}\right.$$

On arriverait encore aux équations (4) en posant

$$(5)\qquad u = \frac{dy}{db}, \quad v = \frac{dz}{db},$$

et en différentiant les équations (1) par rapport à b. Il suit de là que, si l'on considère u et v comme des fonctions inconnues de x, le système (4) admettra les solutions particulières (3) et (5). Donc ses intégrales générales seront

$$(6)\qquad \left\{\begin{array}{l} u = A\frac{dy}{da} + B\frac{dy}{db}, \\ v = A\frac{dz}{da} + B\frac{dz}{db}, \end{array}\right.$$

A et B désignant deux constantes arbitraires.

EXERCICES.

1. *Intégrer les deux équations*

$$4\frac{dy}{dx}+9\frac{dz}{dx}+44y+49z=x,$$

$$3\frac{dy}{dx}+7\frac{dz}{dx}+34y+38z=e^x.$$

Solution :

$$y=\frac{19}{3}x-\frac{56}{9}-\frac{29}{7}e^x+\frac{c}{5}e^{-8x}+\frac{c'}{5}e^{-x},$$

$$z=-\frac{17}{3}x+\frac{55}{9}+\frac{24}{7}e^x+\frac{4c}{5}e^{-8x}-\frac{c'}{5}e^{-x}.$$

2.

$$\frac{dx}{dt}+4x+3y=t,$$

$$\frac{dy}{dt}+2x+5y=e^t.$$

Solution :

$$x=-\frac{31}{196}+\frac{5}{14}t-\frac{1}{8}e^t+C_1e^{-7t}+3C_2e^{-2t},$$

$$y=\frac{9}{98}-\frac{1}{7}t+\frac{5}{24}e^t+C_1e^{-7t}-2C_2e^{-2t}.$$

CINQUANTE ET UNIÈME LEÇON.

INTÉGRATION DES ÉQUATIONS AUX DÉRIVÉES PARTIELLES.

Des différentes espèces d'intégrales. — Équations qui se ramènent aux équations différentielles ordinaires. — Équations linéaires du premier ordre à deux variables indépendantes. — Cas d'un nombre quelconque de variables indépendantes. — Équations aux différentielles totales. — Équations aux dérivées partielles du premier ordre, non linéaires, à deux variables indépendantes.

DES DIFFÉRENTES ESPÈCES D'INTÉGRALES.

642. On nomme équation aux dérivées partielles d'ordre μ une équation qui renferme plusieurs variables indépendantes, x_1, x_2, ..., x_n par exemple, une fonction inconnue z de ces variables et une ou plusieurs des dérivées partielles de z par rapport à x_1, x_2, ..., x_n jusqu'à l'ordre μ inclusivement. Comme pour les équations différentielles ordinaires, il est possible de remonter de l'équation aux dérivées partielles d'ordre μ à d'autres équations qui ne renferment plus que des dérivées d'ordre inférieur à μ, ou même qui ne renferment plus que x_1, x_2, ..., x_n et z; dans ce dernier cas on a une intégrale finie de l'équation proposée.

Si, d'une telle intégrale, on tire les valeurs de z et de ses dérivées partielles pour les substituer dans l'équation donnée, celle-ci doit être identiquement satisfaite.

643. Une équation du premier ordre ne peut naturellement avoir que des intégrales finies de la forme

$$F(x_1, x_2, \ldots, x_n, z) = 0; \tag{1}$$

cette équation est appelée *intégrale générale* de l'équation proposée si la valeur qu'elle fournit pour z peut, pour une certaine valeur ξ attribuée à x_1, par exemple, coïncider avec une fonction, choisie comme on voudra, des autres variables $x_2, x_3, \ldots, x_n$; il faut évidemment pour cela qu'il figure une fonction arbitraire dans l'équation (1).

Une intégrale *particulière* est une intégrale comprise comme cas particulier dans l'intégrale générale; une intégrale *singulière* est celle qui, tout en satisfaisant à l'équation proposée, ne rentre pas dans l'intégrale générale.

Enfin Lagrange a nommé intégrale *complète* une intégrale dans laquelle figurent autant de constantes arbitraires qu'il y a de variables indépendantes dans l'équation proposée.

ÉQUATIONS QUI SE RAMÈNENT AUX ÉQUATIONS DIFFÉRENTIELLES ORDINAIRES.

644. Nous commencerons par le cas particulier très simple où les dérivées partielles renfermées dans l'équation ne sont relatives qu'à une seule variable. Il faut alors opérer comme si l'on avait une équation différentielle ordinaire, mais après l'intégration on remplacera les constantes arbitraires par des fonctions arbitraires des autres variables indépendantes. Soit, par exemple,

$$\frac{du}{dx} = 3x^2y;$$

en regardant y comme une constante, on a,

$$u = x^3y + C,$$

et en remplaçant la constante C par une fonction arbitraire de y,

$$u = x^3y + \varphi(y).$$

On trouvera de même que l'intégrale de l'équation

$$xy\frac{du}{dy}+au=0$$

est

$$y^a u^x=\varphi(x),$$

$\varphi(x)$ désignant une fonction arbitraire de x.

645. Ce procédé peut quelquefois s'étendre à des équations où entrent des dérivées partielles relatives à deux variables. Soit, par exemple,

$$(1)\qquad \frac{d^2u}{dx\,dy}+a\frac{du}{dx}=xy.$$

En posant $\frac{du}{dx}=p$, on a

$$\frac{dp}{dy}+ap=xy,$$

équation linéaire du premier ordre qui donne

$$(2)\qquad p=e^{-ay}\left[\varphi(x)+x\int ye^{ay}\,dy\right],$$

d'après la dernière formule du n° **511**, où la constante arbitraire C est remplacée par la fonction arbitraire $\varphi(x)$.

Si maintenant on intègre l'équation (2) par rapport à x, on aura

$$u=e^{-ay}\int\varphi(x)\,dx+\frac{1}{2}x^2e^{-ay}\int ye^{ay}\,dy+\psi(y),$$

$\psi(y)$ désignant une fonction arbitraire de y.

Comme d'ailleurs

$$\int ye^{ay}\,dy=\frac{e^{ay}}{a^2}(ay-1),$$

et que $\int\varphi(x)\,dx$ peut être remplacé par une fonction arbitraire $\chi(x)$, on aura définitivement

$$u=\psi(y)+e^{-ay}\chi(x)+\frac{1}{2}\frac{x^2}{a^2}(ay-1).$$

ÉQUATIONS LINÉAIRES DU PREMIER ORDRE A DEUX VARIABLES INDÉPENDANTES.

646. Soit

$$(1) \qquad Pp + Qq = R$$

une équation dans laquelle P, Q et R désignent des fonctions données de x, y et z; p et q les dérivées partielles $\frac{dz}{dx}$, $\frac{dz}{dy}$. Il s'agit d'en trouver l'intégrale générale

$$(2) \qquad F(x, y, z) = 0.$$

Or, nous avons vu, n° **116**, qu'on parvient à une équation telle que (1) lorsque deux fonctions

$$(3) \qquad \alpha = f(x, y, z), \quad 6 = f_1(x, y, z),$$

étant liées par une relation quelconque

$$\psi(\alpha, 6) = 0,$$

ou, plus simplement,

$$(4) \qquad \alpha = \varphi(6),$$

on élimine la fonction arbitraire ψ ou φ. Dès lors il est naturel de chercher à satisfaire à l'équation (1) par une équation de la forme (4).

647. Supposons donc que l'intégrale de l'équation

$$(1) \qquad Pp + Qq = R$$

soit

$$(2) \qquad \alpha = \varphi(6),$$

α et 6 étant des fonctions inconnues de x, y et z. On tire de l'équation (2)

$$(3) \qquad \begin{cases} \dfrac{d\alpha}{dx} + \dfrac{d\alpha}{dz}p = \varphi'(6)\left(\dfrac{d6}{dx} + \dfrac{d6}{dz}p\right), \\ \dfrac{d\alpha}{dy} + \dfrac{d\alpha}{dz}q = \varphi'(6)\left(\dfrac{d6}{dy} + \dfrac{d6}{dz}q\right). \end{cases}$$

Il faut qu'en éliminant p et q entre les équations (1) et (3) on retombe sur une équation identique, ou qui devienne identique en ayant égard à l'équation (2).

Si l'on ajoute les équations (3) après les avoir multipliées respectivement par P et Q, on aura

$$P\frac{d\alpha}{dx}+Q\frac{d\alpha}{dy}+(Pp+Qq)\frac{d\alpha}{dz}$$
$$=\varphi'(6)\left[P\frac{d6}{dx}+Q\frac{d6}{dy}+(Pp+Qq)\frac{d6}{dz}\right],$$

ou bien, en ayant égard à l'équation (1),

$$(4)\qquad P\frac{d\alpha}{dx}+Q\frac{d\alpha}{dy}+R\frac{d\alpha}{dz}=\varphi'(6)\left(P\frac{d6}{dx}+Q\frac{d6}{dy}+R\frac{d6}{dz}\right).$$

Or, on satisfera identiquement à cette équation, quelle que soit la fonction φ, en choisissant les fonctions α et 6 de telle sorte que l'on ait

$$(5)\qquad \begin{cases} P\dfrac{d\alpha}{dx}+Q\dfrac{d\alpha}{dy}+R\dfrac{d\alpha}{dz}=0,\\ P\dfrac{d6}{dx}+Q\dfrac{d6}{dy}+R\dfrac{d6}{dz}=0,\end{cases}$$

et ces conditions seront remplies (629) si l'on prend pour α et 6 les fonctions $f(x, y, z)$, $f_1(x, y, z)$, qui, égalées à des constantes, donnent les intégrales des équations simultanées

$$\frac{dx}{P}=\frac{dy}{Q}=\frac{dz}{R}.$$

L'intégrale (2), ainsi définie, satisfait à la condition caractéristique des intégrales générales : c'est de donner pour z une expression qui puisse se réduire à une fonction donnée, $\varpi(y)$, de y, quand on attribue à x une certaine valeur ξ. On doit avoir

$$\alpha=f[\xi, y, \varpi(y)],\qquad 6=f_1[\xi, y, \varpi(y)];$$

si on élimine y entre ces deux équations, on aura un

résultat de la forme

$$\alpha = \Phi(\beta),$$

d'où on conclut la forme qu'on doit donner à la fonction arbitraire φ pour satisfaire à la condition imposée.

648. D'ailleurs, toute intégrale

$$F(x, y, z) = 0 \tag{6}$$

de l'équation (1) peut être mise sous la forme (2). En effet, on tire de l'équation (6)

$$p = -\frac{dF}{dx} : \frac{dF}{dz}, \quad q = -\frac{dF}{dy} : \frac{dF}{dz},$$

et ces valeurs étant portées dans l'équation (1), qu'elles doivent rendre identique, puisque $F = 0$ est une intégrale, on aura

$$P\frac{dF}{dx} + Q\frac{dF}{dy} + R\frac{dF}{dz} = 0,$$

d'où l'on conclut (632) que F est une fonction de α et de β. Donc l'équation (6) équivaut à une relation, $\alpha = \varphi(\beta)$, entre ces deux fonctions. Il résulte de là que l'équation (1) n'a pas d'intégrale singulière.

On arrive donc à cette conclusion :

Si

$$f(x, y, z) = c, \quad f_1(x, y, z) = c'$$

sont deux intégrales du système

$$\frac{dx}{P} = \frac{dy}{Q} = \frac{dz}{R},$$

et si l'on pose

$$\alpha = f(x, y, z), \quad \beta = f_1(x, y, z),$$

l'intégrale de l'équation

$$Pp + Qq = R$$

sera

$$\alpha = \varphi(\beta),$$

φ désignant une fonction arbitraire.

649. On satisferait encore à l'équation (4) en posant

$$P\frac{d\alpha}{dx}+Q\frac{d\alpha}{dy}+R\frac{d\alpha}{dz}=0, \qquad \varphi'(\beta)=0,$$

ou bien

$$P\frac{d\beta}{dx}+Q\frac{d\beta}{dy}+R\frac{d\beta}{dz}=0, \qquad \frac{1}{\varphi'(\beta)}=0.$$

Mais la première de ces solutions exigerait que $\varphi(\beta)$ se réduisît à une constante ; on aurait alors l'intégrale

$$\alpha = C;$$

la seconde donnerait $\beta = C_1$; ce ne sont que des intégrales particulières comprises dans l'équation

$$\psi(\alpha, \beta) = 0.$$

650. On doit remarquer que l'intégrale $\alpha = \varphi(\beta)$ conviendrait encore aux équations

$$P\frac{dy}{dx}+R\frac{dy}{dz}=Q,$$

$$Q\frac{dx}{dy}+R\frac{dx}{dz}=P,$$

dont l'intégration dépend du même système d'équations simultanées

$$\frac{dx}{P}=\frac{dy}{Q}=\frac{dz}{R}.$$

651. Exemples :

1° $$xp - yq = 0.$$

Il faut chercher les intégrales des équations

$$\frac{dx}{x} = -\frac{dy}{y} = \frac{dz}{0}:$$

ces intégrales sont

$$z = c, \qquad xy = c';$$

donc l'équation proposée est satisfaite par

$$z = \varphi(xy),$$

φ désignant une fonction arbitraire.

2° $$px^2 - qxy = -y^2.$$

Il faut intégrer les deux équations

$$\frac{dx}{x^2} = -\frac{dy}{xy}, \quad \frac{dx}{x^2} = -\frac{dz}{y^2}.$$

La première revient à

$$\frac{dx}{x} = -\frac{dy}{y}, \quad \text{d'où} \quad \beta = xy.$$

La seconde revient à

$$\frac{dx}{x^2} = -\frac{x^2 dz}{\beta^2}.$$

On en conclut

$$z = \frac{1}{3}\beta^2 x^{-3} + \alpha,$$

d'où

$$\alpha = z - \frac{y^2}{3x}.$$

Donc l'intégrale cherchée est

$$z - \frac{y^2}{3x} = \varphi(xy);$$

φ désignant une fonction arbitraire.

3° $$p - q = 0.$$

Solution : $$z = \varphi(x + y).$$

4° $$py - qx = 0.$$

Solution : $$z = \varphi(x^2 + y^2).$$

CAS D'UN NOMBRE QUELCONQUE DE VARIABLES INDÉPENDANTES.

652. La méthode suivie dans le cas de deux variables indépendantes peut aisément se généraliser. Soit à intégrer l'équation

(1) $$P_1 p_1 + P_2 p_2 + \ldots + P_n p_n = R,$$

dans laquelle $P_1, P_2, \ldots, P_n$, R sont des fonctions données de n variables indépendantes $x_1, x_2, \ldots, x_n$, et d'une fonction inconnue z de ces variables, tandis que $p_1, p_2, \ldots, p_n$ désignent les dérivées partielles

$$\frac{dz}{dx_1}, \quad \frac{dz}{dx_2}, \quad \ldots, \quad \frac{dz}{dx_n}.$$

L'équation (1) est encore linéaire, du moins par rapport à $p_1, p_2, \ldots, p_n$.

653. On a vu (nº **117**) que si des quantités $\alpha_1, \alpha_2, \ldots, \alpha_n$, fonctions connues de $x_1, x_2, \ldots, x_n$ et z, sont liées entre elles par une relation quelconque

$$\psi(\alpha_1, \alpha_2, \ldots, \alpha_n) = 0,$$

ou, plus simplement,

$$(2) \qquad \alpha_1 = \varphi(\alpha_2, \alpha_3, \ldots, \alpha_n),$$

et si on élimine la fonction arbitraire ψ ou φ, on arrive à une équation de la même forme que l'équation proposée. On est donc conduit à chercher, pour cette dernière, une intégrale de la forme (2), en choisissant convenablement les fonctions $\alpha_1, \alpha_2, \ldots, \alpha_n$.

On tire de l'équation (2), en la différentiant tour à tour par rapport à $x_1, x_2, \ldots, x_n$,

$$\frac{d\alpha_1}{dx_1} + p_1 \frac{d\alpha_1}{dz} = \frac{d\varphi}{d\alpha_2}\left(\frac{d\alpha_2}{dx_1} + p_1 \frac{d\alpha_2}{dz}\right) + \ldots$$
$$+ \frac{d\varphi}{d\alpha_n}\left(\frac{d\alpha_n}{dx_1} + p_1 \frac{d\alpha_n}{dz}\right),$$

$$\ldots\ldots\ldots\ldots\ldots\ldots\ldots\ldots\ldots\ldots$$

$$\frac{d\alpha_1}{dx_n} + p_n \frac{d\alpha_1}{dz} = \frac{d\varphi}{d\alpha_2}\left(\frac{d\alpha_2}{dx_n} + p_n \frac{d\alpha_2}{dz}\right) + \ldots$$
$$+ \frac{d\varphi}{d\alpha_n}\left(\frac{d\alpha_n}{dx_n} + p_n \frac{d\alpha_n}{dz}\right).$$

Si nous ajoutons ces égalités membre à membre, après avoir multiplié la première par $P_1, \ldots,$ la dernière par P_n, il vient

$$P_1 \frac{d\alpha_1}{dx_1} + \ldots + P_n \frac{d\alpha_1}{dx_n} + (P_1 p_1 + \ldots + P_n p_n) \frac{d\alpha_1}{dz}$$
$$= \sum_{i=2}^{i=n} \frac{d\varphi}{d\alpha_i} \left[P_1 \frac{d\alpha_i}{dx_1} + \ldots + P_n \frac{d\alpha_i}{dx_n} \right.$$
$$\left. + (P_1 p_1 + \ldots + P_n p_n) \frac{d\alpha_i}{dz} \right].$$

Mais si l'équation (2) est une intégrale de l'équation proposée, $P_1 p_1 + \ldots + P_n p_n$ sera identiquement égal à R, et l'on aura

$$(3) \quad \begin{cases} P_1 \dfrac{d\alpha_1}{dx_1} + \ldots + P_n \dfrac{d\alpha_1}{dx_n} + R \dfrac{d\alpha_1}{dz} \\ \quad = \displaystyle\sum_{i=2}^{i=n} \frac{d\varphi}{d\alpha_i} \left(P_1 \frac{d\alpha_i}{dx_1} + \ldots + P_n \frac{d\alpha_i}{dx_n} + R \frac{d\alpha_i}{dz} \right). \end{cases}$$

Cette équation sera vérifiée quelle que soit la fonction φ, si l'on choisit les α de manière que l'on ait, pour $k = 1, 2, 3, \ldots, n$,

$$(4) \qquad P_1 \frac{d\alpha_k}{dx_1} + P_2 \frac{d\alpha_k}{dx_2} + \ldots + P_n \frac{d\alpha_k}{dx_n} + R \frac{d\alpha_k}{dz} = 0;$$

or, il résulte des calculs faits au n° **629** qu'il suffit de prendre pour $\alpha_1, \alpha_2, \ldots, \alpha_n$ des fonctions de $x_1, x_2, \ldots, x_n$, z telles que les équations simultanées

$$(5) \qquad \frac{dx_1}{P_1} = \frac{dx_2}{P_2} = \ldots = \frac{dx_n}{P_n} = \frac{dz}{R}$$

aient pour intégrales

$$\alpha_1 = c_1, \qquad \alpha_2 = c_2, \qquad \ldots, \qquad \alpha_n = c_n.$$

On est donc ramené à trouver les intégrales du système (5); si l'on y parvient, on aura l'intégrale de l'équation proposée sous la forme (2); d'ailleurs, la valeur de z qu'on en déduirait pourra, à cause de l'indétermination de la fonction φ, coïncider, pour $x_1 = \xi$, avec telle fonction que l'on voudra de $x_2, x_3, \ldots, x_n$; ce sera donc l'intégrale générale.

On démontrerait encore, par un calcul analogue à celui du n° **648**, qu'une intégrale quelconque de l'équation (1) doit être comprise dans la forme (2), $\alpha_1, \alpha_2, \ldots, \alpha_n$ étant toujours déterminées comme il a été dit tout à l'heure.

654. On pourrait satisfaire à l'équation (3) en supposant que l'équation (4) fût seulement vérifiée par quelques-unes des fonctions α, les dérivées partielles de φ par rapport aux autres α étant nulles ; il est clair qu'on arriverait alors à des intégrales particulières.

On peut voir aussi, comme au n° **650**, que l'intégrale trouvée conviendrait à chacune des n équations dont le type serait

$$P_1 \frac{dx_i}{dx_1} + \ldots + P_{i-1} \frac{dx_i}{dx_{i-1}} + P_{i+1} \frac{dx_i}{dx_{i+1}} + \ldots + P_n \frac{dx_i}{dx_n} + R \frac{dx_i}{dz} = P_i,$$

x_i étant fonction de $x_1, x_2, \ldots, x_{i-1}, x_{i+1}, \ldots, x_n$ et z.

655. Exemple :

$$(1) \qquad x \frac{du}{dx} + y \frac{du}{dy} + z \frac{du}{dz} = mu.$$

Il faut d'abord intégrer le système

$$\frac{dx}{x} = \frac{dy}{y} = \frac{dz}{z} = \frac{du}{mu};$$

on en déduit

$$\frac{y}{x} = c, \quad \frac{z}{x} = c', \quad \frac{u}{x^m} = c'',$$

et, par suite,

$$u = x^m \varphi\left(\frac{y}{x}, \frac{z}{x}\right),$$

c'est-à-dire que u est une fonction homogène du degré m.

des variables x, y, z. L'équation (1) exprime, en effet, une propriété connue des fonctions homogènes (I, 178).

ÉQUATIONS AUX DIFFÉRENTIELLES TOTALES.

656. L'étude des équations non linéaires aux dérivées partielles nous amènera à considérer des équations de la forme

$$X\,dx + Y\,dy + Z\,dz = 0, \tag{1}$$

dans lesquelles X, Y, Z sont des fonctions données de x, y, z; ces trois dernières variables étant assujetties à une seule condition, on peut regarder deux d'entre elles, x et y par exemple, comme indépendantes, z étant fonction des deux autres : alors dz est la différentielle totale de z correspondant aux accroissements dx et dy des deux variables indépendantes.

On voit tout de suite, en raisonnant comme au n° 530, que l'expression de z en fonction de x et de y doit nécessairement dépendre d'une constante arbitraire ; car donnons-nous la valeur z_0 de z pour $x = x_0$ et $y = y_0$; l'équation (1) nous donne les accroissements dz que z_0 doit subir quand on passe des valeurs x_0, y_0 des variables indépendantes à d'autres valeurs qui se succèdent par degrés infiniment petits ; la valeur générale de z dépend donc de sa valeur arbitrairement choisie au point de départ.

Toutefois, on n'est plus certain de former de la sorte une fonction bien déterminée de x et de y : il pourrait arriver qu'en faisant croître ces variables de x_0 à x_1 et de y_0 à y_1, on obtînt pour z une valeur qui dépendît de la loi des accroissements simultanés de x et de y, et fût absolument indéterminée. Et précisément, nous allons voir que l'équation (1) ne peut donner pour z une valeur fonction de x et de y, dans le sens ordinaire de ce mot, que si une certaine condition est remplie.

Si nous posons

$$(2)\qquad P = -\frac{X}{Z}, \qquad Q = -\frac{Y}{Z},$$

nous tirerons de l'équation (1)

$$dz = P\,dx + Q\,dy;$$

on a donc

$$(3)\qquad \frac{dz}{dx} = P, \qquad \frac{dz}{dy} = Q;$$

mais, d'après une propriété générale des fonctions de plusieurs variables, on doit avoir

$$\frac{d}{dy}\frac{dz}{dx} = \frac{d}{dx}\frac{dz}{dy}.$$

Pour calculer ces dérivées secondes, il faut remarquer que P et Q contiennent non seulement x et y mais encore z qui est fonction de l'une et de l'autre ; la condition devient, eu égard aux équations (3),

$$(4)\qquad \frac{dP}{dy} + Q\frac{dP}{dz} = \frac{dQ}{dx} + P\frac{dQ}{dz}:$$

effectuons les différentiations en remplaçant P et Q par leurs valeurs (2) : on peut tout multiplier par Z^2, et il vient, après de simples réductions,

$$(5)\quad X\left(\frac{dY}{dz} - \frac{dZ}{dy}\right) + Y\left(\frac{dZ}{dx} - \frac{dX}{dz}\right) + Z\left(\frac{dX}{dy} - \frac{dY}{dx}\right) = 0.$$

Nous avons dit que pour des valeurs quelconques de x et y on peut se donner arbitrairement z ; l'équation (5) doit être vérifiée pour un système quelconque de valeurs de x, y, z ; elle doit donc être une identité.

657. La condition (4) ou (5), nécessaire pour l'existence de la fonction cherchée z, est aussi suffisante : nous le reconnaîtrons en apprenant à déterminer z. Il faut et il suffit que cette inconnue satisfasse aux deux *équations* (3) : considérons d'abord l'une d'elles, par exemple

$$(6)\qquad \frac{dz}{dx} = \mathrm{P}, \qquad \mathrm{Z}\frac{dz}{dx} + \mathrm{X} = 0;$$

puisque l'équation ne contient pas de dérivée relative à y, on peut (644) l'intégrer comme une équation différentielle ordinaire, en traitant y comme une constante, à la condition de remplacer la constante d'intégration par une fonction quelconque, α, de y. Soit donc

$$(7)\qquad z = \mathrm{F}(x, y, \alpha)$$

l'intégrale de l'équation (6) : je la suppose résolue par rapport à z pour abréger l'écriture dans l'analyse actuelle ; mais dans la pratique on la prendra sous la forme où elle se présente. Nous devons déterminer α de manière que la seconde condition (3) soit satisfaite, c'est-à-dire que l'on ait

$$\mathrm{Q} = \frac{d\mathrm{F}}{dy} + \frac{d\mathrm{F}}{d\alpha}\frac{d\alpha}{dy},$$

d'où

$$(8)\qquad \frac{d\alpha}{dy} = \left(\mathrm{Q} - \frac{d\mathrm{F}}{dy}\right) : \frac{d\mathrm{F}}{d\alpha}.$$

Le premier membre est fonction de y seul; le second membre, quand on aura remplacé z par sa valeur (7), devra être indépendant de x ; en égalant à zéro sa dérivée relative à x, on trouve

$$\left(\frac{d\mathrm{Q}}{dx} + \mathrm{P}\frac{d\mathrm{Q}}{dz} - \frac{d^2\mathrm{F}}{dx\,dy}\right)\frac{d\mathrm{F}}{d\alpha} - \left(\mathrm{Q} - \frac{d\mathrm{F}}{dy}\right)\frac{d^2\mathrm{F}}{dx\,d\alpha} = 0,$$

ou, en ayant égard à l'équation (8) et divisant par $\frac{d\mathrm{F}}{d\alpha}$, qui n'est pas nul,

$$(9)\qquad \frac{d\mathrm{Q}}{dx} + \mathrm{P}\frac{d\mathrm{Q}}{dz} - \frac{d^2\mathrm{F}}{dx\,dy} - \frac{d^2\mathrm{F}}{dx\,d\alpha}\frac{d\alpha}{dy} = 0.$$

Mais, l'équation (7) étant l'intégrale de (6), on a identiquement

$$\mathrm{P} - \frac{d\mathrm{F}}{dx} = 0.$$

La dérivée du premier membre de cette identité par rapport à y est nulle :

$$\frac{dP}{dy} + Q\frac{dP}{dz} - \frac{d^2F}{dx\,dy} - \frac{d^2F}{dx\,d\alpha}\frac{d\alpha}{dy} = 0$$

Si l'équation (4) est satisfaite, cette identité prouve que l'équation (9) est aussi identiquement satisfaite. L'équation (8) est alors une équation différentielle ordinaire entre α et y, z étant remplacé par sa valeur (7); on peut en trouver l'intégrale, qui contient une constante arbitraire C, et il suffit d'éliminer α entre cette intégrale et l'équation (7) pour avoir la relation cherchée entre x, y, z et C.

On aurait pu partir de la seconde des équations (3), ou même prendre z avec x ou y pour les variables indépendantes. Dans tous les cas, il faut d'abord intégrer l'équation à laquelle se réduit la proposée quand on suppose constant x, y ou z; on fera le choix qui doit rendre cette première intégration la plus facile.

658. Quand la fonction z existe, ou quand l'équation proposée est intégrable, on peut supposer l'intégrale résolue par rapport à la constante qui y figure :

$$C = \varphi(x, y, z);$$

on en tire

$$\frac{d\varphi}{dx}dx + \frac{d\varphi}{dy}dy + \frac{d\varphi}{dz}dx = 0;$$

pour que cette équation et la proposée soient satisfaites par les mêmes valeurs de dx, dy, dz, il faut qu'on ait

$$\frac{\varphi'_x}{X} = \frac{\varphi'_y}{Y} = \frac{\varphi'_z}{Z};$$

ces relations, devant avoir lieu pour un système quelconque de valeurs x_0, y_0, z_0, sont des identités : si l'on appelle μ la valeur commune des fractions, on aura identiquement

$$\mu X = \frac{d\varphi}{dx}, \qquad \mu Y = \frac{d\varphi}{dy}, \qquad \mu Z = \frac{d\varphi}{dz};$$

il existe donc au moins un facteur μ, fonction de x, y, z, par lequel il suffit de multiplier $X\,dx + Y\,dy + Z\,dz$ pour le rendre différentielle exacte.

Si l'on ne connaît pas l'intégrale de l'équation (1), la recherche régulière du facteur d'intégrabilité μ est difficile; mais il est bon de regarder si on ne l'aperçoit pas immédiatement, comme cela arrive dans les cas simples; on en déduirait l'intégrale avec une extrême facilité.

659. *Exemple.* — Soit l'équation

$$(1) \qquad yz\,dx - xz\,dy - (x^2 + y^2)\,dz = 0.$$

L'équation de condition (5) est ici

$$yz(-x + 2y) - xz(-2x - y) - (x^2 + y^2)(z + z) = 0:$$

elle est identiquement satisfaite. Comme c'est z qu'il faut supposer constant pour simplifier le plus possible l'équation (1), je prends y et z comme variables indépendantes. On doit avoir

$$\frac{dx}{dy} = \frac{x}{y}, \qquad \frac{dx}{dz} = \frac{x^2 + y^2}{yz};$$

la première condition donne $x = \alpha y$, α étant une fonction de z; la seconde condition devient alors

$$\frac{dx}{dz} = y\frac{d\alpha}{dz} = \frac{y^2(1 + \alpha^2)}{yz}:$$

elle se réduit à une équation entre α et z, soit

$$\frac{d\alpha}{dz} = \frac{1 + \alpha^2}{z}, \qquad \frac{d\alpha}{1 + \alpha^2} = \frac{dz}{z};$$

d'où

$$\mathrm{l.}\,z = \operatorname{arc\,tang}\alpha + C,$$

ou, en remplaçant α par $\frac{x}{y}$,

$$\mathrm{l.}\,z = \operatorname{arc\,tang}\frac{x}{y} + C.$$

Il était facile de voir *a priori* que le premier membre de l'équation (1) devient une différentielle exacte si on le multiplie par $\frac{1}{(x^2+y^2)z}$; on en aurait immédiatement conclu l'intégrale.

ÉQUATIONS AUX DÉRIVÉES PARTIELLES DU PREMIER ORDRE, NON LINÉAIRES, A DEUX VARIABLES INDÉPENDANTES.

660. Parmi les équations non linéaires aux dérivées partielles du premier ordre, nous considérerons seulement celles qui ne renferment que deux variables indépendantes : on peut les regarder comme définissant une infinité de surfaces, et cette interprétation géométrique leur donne un intérêt particulier; mais surtout on peut les intégrer par une méthode très simple, qui ne se généralise pas sans complication. Soit

$$f(x, y, z, p, q) = 0 \tag{1}$$

l'équation qu'il s'agit d'intégrer. Si l'on connaissait, en fonction de x, y et z, les dérivées partielles p et q qu'on peut déduire d'une intégrale de l'équation proposée, on aurait la différentielle totale dz sous la forme

$$dz = \mathrm{P}\,dx + \mathrm{Q}\,dy, \tag{2}$$

et l'on retrouverait z en intégrant une équation aux différentielles totales (657), ou une différentielle à deux variables (498), selon que P et Q contiendraient ou ne contiendraient pas z.

Les valeurs de p et de q doivent satisfaire identiquement à l'équation (1) et de plus à la relation générale

$$\frac{dp}{dy} = \frac{dq}{dx}. \tag{3}$$

Proposons-nous de former une équation

$$\varphi(x, y, z, p, q) = 0 \tag{4}$$

qui, associée à l'équation (1), donne pour p et q des valeurs remplissant la dernière condition. Différentions les équations (1) et (4) par rapport à x, puis à y : on aura

$$\frac{df}{dx}+p\frac{df}{dz}+\frac{df}{dp}\frac{dp}{dx}+\frac{df}{dq}\frac{dq}{dx}=0, \qquad \frac{d\varphi}{dx}+\ldots=0;$$

$$\frac{df}{dy}+q\frac{df}{dz}+\frac{df}{dp}\frac{dp}{dy}+\frac{df}{dq}\frac{dq}{dy}=0, \qquad \frac{d\varphi}{dy}+\ldots=0.$$

Éliminant $\frac{dp}{dx}$ entre les deux premières équations, $\frac{dq}{dy}$ entre les deux dernières, nous aurons

$$\begin{aligned}\frac{df}{dp}\frac{d\varphi}{dx}-\frac{df}{dx}\frac{d\varphi}{dp}+p\left(\frac{df}{dp}\frac{d\varphi}{dz}-\frac{df}{dz}\frac{d\varphi}{dp}\right)\\ =\left(\frac{df}{dq}\frac{d\varphi}{dp}-\frac{df}{dp}\frac{d\varphi}{dq}\right)\frac{dq}{dx},\end{aligned}$$

$$\begin{aligned}\frac{df}{dy}\frac{d\varphi}{dq}-\frac{df}{dq}\frac{d\varphi}{dy}+q\left(\frac{df}{dz}\frac{d\varphi}{dq}-\frac{df}{dq}\frac{d\varphi}{dz}\right)\\ =\left(\frac{df}{dq}\frac{d\varphi}{dp}-\frac{df}{dp}\frac{d\varphi}{dq}\right)\frac{dp}{dy}.\end{aligned}$$

Pour que l'équation (3) soit satisfaite, il faut que les seconds membres des équations précédentes soient égaux; c'est d'ailleurs suffisant, parce que le binôme $\frac{df}{dp}\frac{d\varphi}{dq}-\frac{df}{dq}\frac{d\varphi}{dp}$ ne saurait être identiquement nul sans que les équations (1) et (4) donnent pour p et q des valeurs indéterminées.

L'équation à laquelle φ doit satisfaire s'obtient en égalant les premiers membres des dernières équations, et peut s'écrire

$$(5)\quad \left\{\begin{aligned}&\frac{df}{dp}\frac{d\varphi}{dx}+\frac{df}{dq}\frac{d\varphi}{dy}+\left(p\frac{df}{dp}+q\frac{df}{dq}\right)\frac{d\varphi}{dz}\\ &\quad-\left(\frac{df}{dx}+p\frac{df}{dz}\right)\frac{d\varphi}{dp}-\left(\frac{df}{dy}+q\frac{df}{dz}\right)\frac{d\varphi}{dq}=0;\end{aligned}\right.$$

toute solution de cette équation permettra de déterminer des valeurs convenables pour p et q, de former l'équation (2) et d'en déduire une intégrale, plus ou moins générale, de l'équation proposée.

D'après ce qui a été établi, d'une manière générale, au n° **629**, l'équation linéaire aux dérivées partielles (5) sera satisfaite si l'on prend pour φ une intégrale quelconque, a désignant une constante,

$$\alpha - a = 0$$

du système d'équations simultanées :

$$(6) \qquad \frac{dx}{\frac{df}{dp}} = \frac{dy}{\frac{df}{dq}} = \frac{dz}{p\frac{df}{dp} + q\frac{df}{dq}} = \frac{-dp}{\frac{df}{dx} + p\frac{df}{dz}} = \frac{-dq}{\frac{df}{dy} + q\frac{df}{dz}}.$$

Il n'est pas nécessaire que l'intégrale soit résolue par rapport à la constante arbitraire, et on peut la prendre sous la forme

$$\Phi(x, y, z, p, q, a) = 0;$$

cette équation, jointe à l'équation (1) permettra de déterminer p et q en fonction de x, y, z, a, et de former l'équation (2); la condition de son intégrabilité est naturellement satisfaite, et l'on pourra trouver son intégrale, renfermant une nouvelle constante arbitraire b,

$$(7) \qquad F(x, y, z, a, b) = 0,$$

qui est en même temps une intégrale de l'équation proposée : ce n'est qu'une intégrale *complète* (643), mais il est bien facile d'en déduire l'intégrale générale.

661. Si nous différentions l'équation (7) par rapport à x et à y, nous aurons

$$(8) \qquad \frac{dF}{dx} + p\frac{dF}{dz} = 0, \qquad \frac{dF}{dy} + q\frac{dF}{dz} = 0.$$

Puisque l'équation proposée admet pour intégrale l'équation (7), elle doit être satisfaite identiquement, quelles que soient les valeurs des constantes a et b, quand on y remplace z, p et q par leurs valeurs fournies par les équations (7) et (8).

Cela posé, imaginons que dans l'équation (7) nous remplacions a par une fonction α de x, y et z et que nous posions $b = \psi(\alpha)$, ψ désignant une fonction quelconque. On peut choisir α de manière que l'équation

$$(7\ bis) \qquad F[x, y, z, \alpha, \psi(\alpha)] = 0$$

soit encore une intégrale de la proposée. A cet effet, je la différentie par rapport à x et à y, ce qui donne

$$(8\ bis) \begin{cases} \dfrac{dF}{dx} + p\dfrac{dF}{dz} + \left[\dfrac{dF}{d\alpha} + \dfrac{dF}{d\psi}\psi'(\alpha)\right]\left(\dfrac{d\alpha}{dx} + p\dfrac{d\alpha}{dz}\right) = 0, \\ \dfrac{dF}{dy} + q\dfrac{dF}{dz} + \left[\dfrac{dF}{d\alpha} + \dfrac{dF}{d\psi}\psi'(\alpha)\right]\left(\dfrac{d\alpha}{dy} + q\dfrac{d\alpha}{dz}\right) = 0. \end{cases}$$

Les équations (7 *bis*) et (8 *bis*) donnent maintenant z, p et q; mais si l'on choisit α de manière que l'on ait

$$(9) \qquad \frac{dF}{d\alpha} + \frac{dF}{d\psi}\psi'(\alpha) = 0,$$

les valeurs de z, p et q ne diffèrent que par le changement de a en α, de b en ψ, de celles que donnaient les équations (7) et (8); elles satisfont identiquement à l'équation (1). L'équation (7 *bis*), dans laquelle α serait remplacé par sa valeur en x, y, z tirée de l'équation (9), est donc une intégrale de la proposée; d'ailleurs, comme on ne peut résoudre l'équation (9) si l'on ne particularise pas la fonction ψ, on conservera le système des deux équations (7 *bis*) et (9) pour représenter l'intégrale obtenue. J'ajoute que c'est l'intégrale générale : car si l'on veut avoir $z = \varpi(y)$ pour $x = \xi$, il faudra qu'on ait en même temps

$$F[\xi, y, \varpi(y), \alpha, \psi(\alpha)] = 0, \qquad \frac{dF}{d\alpha} + \frac{dF}{d\psi}\psi'(\alpha) = 0;$$

l'élimination de y, qui est possible, conduit à une équation en α, $\psi(\alpha)$ et $\psi'(\alpha)$, propre à déterminer la forme de la fonction ψ.

L'intégrale complète conduit aussi à une intégrale singulière : remplaçons a et b par des fonctions α, β de

x, y, z déterminées par les deux équations

$$(10) \qquad \frac{dF}{d\alpha} = 0, \qquad \frac{dF}{d\beta} = 0;$$

les valeurs de z, p et q tirées de l'équation

$$(7\ ter) \qquad F(x, y, z, \alpha, \beta) = 0$$

auront la même forme que les valeurs tirées de (7); l'équation (7 *ter*) associée aux équations (10) est donc encore une intégrale de l'équation proposée.

Au point de vue géométrique, l'intégrale complète (7) définit un réseau de surfaces dont l'enveloppe (**283**) est représentée par l'intégrale singulière. Si l'on pose $a = \psi(b)$, l'équation (7) ne représente plus qu'un faisceau de surfaces dont l'enveloppe (**282**) est définie par l'intégrale générale.

On pourra reconnaître que la méthode qui nous a permis de passer d'une intégrale complète à l'intégrale générale s'applique sans difficulté au cas de n variables indépendantes. Soit

$$(11) \qquad F(x_1, x_2, \ldots, x_n, z, a_1, a_2, \ldots, a_n) = 0$$

l'intégrale complète donnée : on regarde une des constantes, a_n par exemple, comme fonction des $n-1$ autres, et l'intégrale générale est le résultat de l'élimination de $a_1, a_2, \ldots, a_{n-1}$ entre l'équation (11) et ses dérivées relatives aux paramètres $a_1, a_2, \ldots, a_{n-1}$.

662. *Exemple*. — Soit à intégrer l'équation

$$(1) \qquad mpq - z = 0,$$

m étant une constante. Les équations (6) du n° **660** sont ici

$$(6\ bis) \qquad \frac{dx}{mq} = \frac{dy}{mp} = \frac{dz}{2mpq} = \frac{dp}{p} = \frac{dq}{q};$$

en égalant la première et la deuxième fraction, on trouve l'intégrale

$$q = \frac{x - a}{m};$$

l'équation (1) donne alors $p = \frac{z}{x-a}$, et l'on a

$$dz = \frac{z\,dx}{x-a} + \frac{x-a}{m}\,dy.$$

En divisant par $x-a$, et faisant tout passer dans le premier membre, on a

$$\frac{(x-a)\,dz - z\,dx}{(x-a)^2} - \frac{dy}{m} = 0.$$

On a deux différentielles exactes dont l'intégration donne

$$\frac{z}{x-a} - \frac{y}{m} = -\frac{b}{m}, \quad mz = (x-a)(y-b).$$

L'intégrale complète représente un paraboloïde hyperbolique dont le sommet S a pour coordonnées

$$x = a, \quad y = b, \quad z = 0.$$

L'intégrale générale, définie par les deux équations

$$(2) \quad mz = (x-a)[y-\varphi(a)], \quad y - \varphi(a) + (x-a)\varphi'(a) = 0$$

représente l'enveloppe des paraboloïdes en supposant que leurs sommets S parcourent une courbe C définie par les équations

$$z = 0, \quad y = \varphi(x).$$

Nous allons voir qu'on peut déterminer φ de telle sorte que, pour $x = m$, z soit une fonction donnée de y, par exemple $z = y$. Les équations (2) donnent

$$my = (m-a)[y-\varphi(a)], \quad y - \varphi(a) + (m-a)\varphi'(a) = 0;$$

si l'on élimine y, il vient

$$m\varphi(a) = a(m-a)\varphi'(a), \quad \frac{\varphi'(a)}{\varphi(a)} = \frac{m}{a(m-a)} = \frac{1}{a} + \frac{1}{m-a};$$

l'intégration par rapport à a est facile, et en désignant par c une constante, on trouve

$$\mathrm{l}.\varphi(a) = \mathrm{l}a - \mathrm{l}(m-a) + \mathrm{l}c, \quad \varphi(a) = \frac{ca}{m-a};$$

on voit que le lieu c de S est alors une hyperbole.

Si l'on élimine a et b entre l'équation d'un des paraboloïdes et ses dérivées relatives à a et à b, on trouve $z = 0$ pour l'intégrale singulière.

On aurait pu partir d'une intégrale des équations (6 *bis*) autre que celle dont je me suis servi ; le lecteur pourra reconnaître qu'on arrive à une intégrale générale équivalente à celle que nous avons obtenue.

EXERCICES.

1. *Intégrer l'équation aux différentielles partielles*

$$(x - y + z)\frac{dz}{dx} + (2y - z)\frac{dz}{dy} = z.$$

SOLUTION : $$\frac{x+y}{z} = \varphi\left(\frac{y-z}{z^2}\right).$$

2. *Déterminer une surface telle, que le plan tangent mené par un point quelconque* M *rencontre une droite donnée de position en un point qui soit également distant du point* M *de la surface et d'un point fixe pris sur la droite donnée.*

SOLUTION : Prenant le point fixe pour origine et la droite donnée pour axe des z, l'équation de la surface est

$$x^2 + y^2 + z^2 = x\varphi\left(\frac{y}{x}\right),$$

φ désignant une fonction arbitraire

3. *Déterminer une surface telle, que le plan tangent mené par un point quelconque* M *rencontre une droite donnée de position en un point dont la distance à un point fixe pris sur cette droite soit égale à la distance de ce point fixe au point* M *de la surface.*

SOLUTION : Mêmes axes :

$$z + \sqrt{x^2 + y^2 + z^2} = \varphi\left(\frac{y}{x}\right).$$

4. *Intégrer l'équation*

$$(y^2 + yz)\,dx + (z^2 + xz)\,dy + (y^2 - xy)\,dz = 0.$$

SOLUTION : $$xy + yz = C(y + z).$$

5. *Intégrer l'équation aux dérivées partielles*

$$(p^2 + q^2)x - pz = 0.$$

SOLUTION : On peut trouver l'intégrale complète

$$z^2 = a^2x^2 + (ay + b)^2.$$

CINQUANTE-DEUXIÈME LEÇON.

APPLICATIONS GÉOMÉTRIQUES DES ÉQUATIONS AUX DÉRIVÉES PARTIELLES.

Surfaces cylindriques, — coniques, — conoïdes. — Surfaces de révolution. — Lignes de niveau, — de plus grande pente.

SURFACES CYLINDRIQUES.

663. On appelle *surface cylindrique* toute surface engendrée par une droite indéfinie MN qui se meut parallèlement à une droite donnée OD, en s'appuyant constamment sur une courbe donnée AB, nommée *directrice*.

Soient

$$(1)\qquad \begin{cases} x = az + \alpha, \\ y = bz + \beta, \end{cases}$$

les équations de la génératrice MN : a et b sont des coefficients constants qui expriment que MN est toujours parallèle à OD; α et β désignent des paramètres variables avec la position de la génératrice. Soient

Fig. 113.

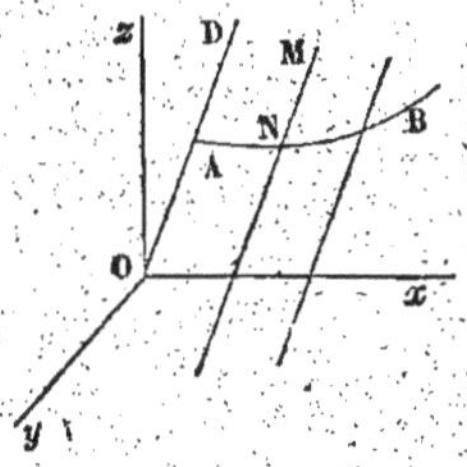

$$(2)\qquad \begin{cases} F(x, y, z) = 0, \\ F_1(x, y, z) = 0, \end{cases}$$

les équations de la directrice AB. On exprimera que cette courbe et la génératrice se rencontrent, en éliminant x, y et z entre les équations (1) et (2). Si

$$(3)\qquad \varphi(\alpha, \beta) = 0$$

est le résultat de cette élimination, il faudra, pour avoir l'équation de la surface cylindrique, éliminer α et β entre les équations (1) et (3), ce qui donne

$$\varphi(x - az, y - bz) = 0,$$

ou

(4) $$y - bz = \Phi(x - az),$$

Φ désignant une fonction quelconque. C'est l'équation la plus générale, *en quantités finies*, des surfaces cylindriques.

Réciproquement, toute surface dont l'équation a la forme (4) est cylindrique, car cette surface contient les droites parallèles qui ont pour équations

$$x - az = \alpha,$$
$$y - bz = \beta,$$

les constantes α et β satisfaisant à l'équation $\beta = \Phi(\alpha)$.

664. Pour avoir l'équation aux dérivées partielles des surfaces cylindriques, on différentiera l'équation (4), tour à tour par rapport à x et à y : en posant

$$p = \frac{dz}{dx}, \quad q = \frac{dz}{dy},$$

on a

$$-bp = \Phi'(x - az)(1 - ap),$$
$$1 - bq = -\Phi'(x - az) \times aq,$$

d'où résulte, en éliminant $\Phi'(x - az)$,

(5) $$ap + bq = 1,$$

équation générale, aux dérivées partielles, des surfaces cylindriques.

665. Cette équation exprime que le plan tangent à la surface est toujours parallèle aux génératrices.

En effet, le plan tangent mené par un point quelconque (x, y, z) de la surface a pour équation

$$Z - z = p(X - x) + q(Y - y),$$

et la condition pour que ce plan soit parallèle à la droite

$$X = aZ, \quad Y = bZ,$$

est, comme l'on sait,

$$ap + bq = 1.$$

666. Pour intégrer l'équation, aux dérivées partielles, des surfaces cylindriques,

$$ap + bq = 1,$$

il faut d'abord (648) intégrer le système

$$\frac{dx}{a} = \frac{dy}{b} = dz,$$

ce qui donne

$$x - az = c, \quad y - bz = c';$$

par conséquent, l'équation $\varphi(x - az, y - bz) = 0$, ou

$$y - bz = \Phi(x - az),$$

est l'intégrale cherchée.

667. La fonction arbitraire Φ, qui entre dans l'intégrale générale, peut être déterminée par diverses conditions.

Si, par exemple, on veut que la surface cylindrique passe par une courbe donnée

(1) $$F(x, y, z) = 0, \quad F_1(x, y, z) = 0,$$

on posera

(2) $$x - az = \alpha, \quad y - bz = \beta.$$

Les équations (1) et (2) doivent être satisfaites par les mêmes valeurs de x, y, z, pour que tous les points de la courbe soient sur la surface. En éliminant x, y, z entre ces quatre équations, on trouvera une relation telle que $\varphi(\alpha, \beta) = 0$, d'où $\beta = \Phi(\alpha)$; on aura donc par ce calcul la forme particulière de la fonction Φ.

668. Si la surface cylindrique doit être circonscrite à une surface donnée

(1) $$F(x, y, z) = 0,$$

on commencera par déterminer la courbe de contact, ce qui ramènera le nouveau problème au précédent. Or, l'équation (1) est déjà une des équations de cette courbe. On obtiendra une seconde équation en exprimant que la surface donnée et le cylindre ont le même plan tangent en chaque point de cette courbe.

Le plan tangent à la surface (1) a pour équation

$$\frac{dF}{dx}(X-x)+\frac{dF}{dy}(Y-y)+\frac{dF}{dz}(Z-z)=0.$$

L'équation du plan tangent au cylindre est

$$Z-z=p(X-x)+q(Y-y):$$

on aura donc

$$p=-\frac{\frac{dF}{dx}}{\frac{dF}{dz}},\quad q=-\frac{\frac{dF}{dy}}{\frac{dF}{dz}}.$$

En portant ces valeurs dans l'équation

$$ap+bq=1,$$

on aura

$$(2)\qquad a\frac{dF}{dx}+b\frac{dF}{dy}+\frac{dF}{dz}=0.$$

Les équations (1) et (2) déterminent complétement la courbe de contact.

SURFACES CONIQUES.

669. On appelle *surface conique* une surface engendrée par une droite indéfinie KN qui passe par un point fixe K, et rencontre constamment une courbe donnée ANB, nommée *directrice*.

Fig. 114.

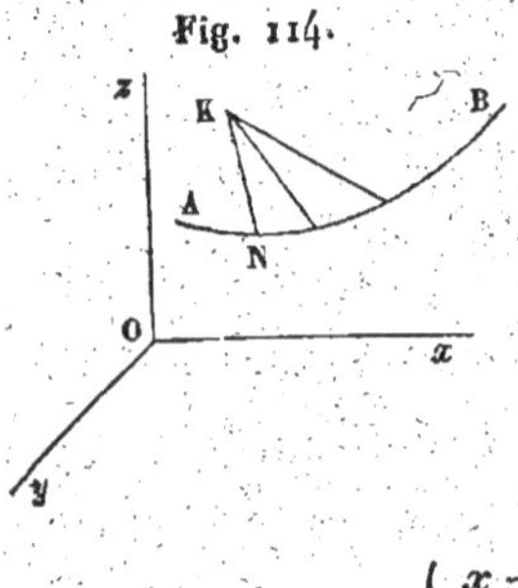

Soient a, b, c les coordonnées du point K. La génératrice KN sera représentée, dans une de ses positions, par les équations

$$(1)\qquad \begin{cases} x-a=\alpha(z-c),\\ y-b=6(z-c),\end{cases}$$

α et 6 étant deux paramètres qui varient avec la position de la génératrice. Pour exprimer que cette *droite rencontre* la courbe AB, on éliminera x, y et z entre les équations (1) et les équations

$$(2) \qquad F(x, y, z) = 0, \quad F_1(x, y, z) = 0,$$

qui représentent la directrice ANB. On obtiendra ainsi une relation

$$(3) \qquad \varphi(\alpha, 6) = 0;$$

en éliminant ensuite α et 6 entre les équations (1) et (3), on aura $\varphi\left(\frac{x-a}{z-c}, \frac{y-b}{z-c}\right) = 0$, ou

$$(4) \qquad \frac{y-b}{z-c} = \Phi\left(\frac{x-a}{z-c}\right),$$

équation générale, *en quantités finies*, des surfaces coniques.

670. L'équation (4), différentiée successivement par rapport à x et à y, donne

$$\frac{-(y-b)p}{(z-c)^2} = \Phi'\left(\frac{x-a}{z-c}\right)\left[\frac{z-c-(x-a)p}{(z-c)^2}\right],$$

$$\frac{(z-c)-(y-b)q}{(z-c)^2} = \Phi'\left(\frac{x-a}{z-c}\right)\left[\frac{-(x-a)q}{(z-c)^2}\right].$$

En éliminant $\Phi'\left(\frac{x-a}{z-c}\right)$ entre ces équations, on aura

$$\frac{(y-b)p}{z-c-(y-b)q} = \frac{z-c-(x-a)p}{(x-a)q};$$

d'où

$$(5) \qquad z-c = (x-a)p + (y-b)q,$$

équation *aux dérivées partielles* des surfaces coniques.

671. Pour intégrer l'équation (5), on résoudra le

système

$$\frac{dx}{x-a} = \frac{dy}{y-b} = \frac{dz}{z-c},$$

qui a pour intégrales

$$\frac{x-a}{z-c} = \mathrm{C}, \quad \frac{y-b}{z-c} = \mathrm{C}',$$

ce qui donne

$$\frac{y-b}{z-c} = \Phi\left(\frac{x-a}{z-c}\right),$$

c'est-à-dire l'équation (4). La fonction arbitraire Φ sera déterminée par la condition que la surface conique passe par une courbe donnée, ou soit tangente à une surface donnée. La marche à suivre pour résoudre ces problèmes est indiquée aux nos 667 et 668.

SURFACES CONOÏDES.

672. On appelle *surface conoïde* toute surface engendrée par une droite parallèle à un plan donné, nommé plan *directeur*, et qui est assujettie à rencontrer une droite et une courbe données.

Fig. 115.

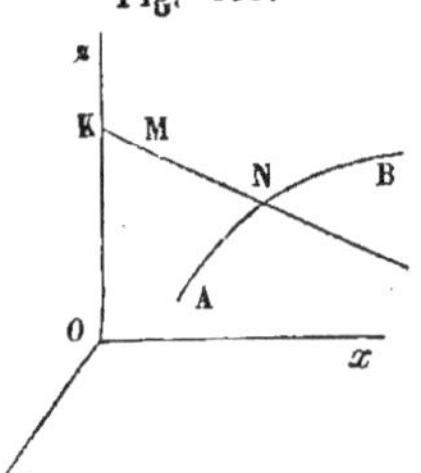

Prenons pour plan des xy un plan parallèle au plan directeur, et pour axe des z la directrice rectiligne.

Soient

$$(1) \qquad \begin{cases} \mathrm{F}(x, y, z) = 0, \\ \mathrm{F}_1(x, y, z) = 0 \end{cases}$$

les équations de la directrice curviligne AB.

Les équations de la génératrice MN seront

$$(2) \qquad z = \alpha, \quad y = 6x,$$

et si l'on élimine x, y, z entre les quatre équations (1)

et (2), on aura une certaine équation

$$(3) \qquad \varphi(\alpha, \beta) = 0$$

exprimant que la génératrice MN rencontre la directrice AB. Si donc on élimine α et β entre les équations (2) et (3), on aura $\varphi\left(z, \frac{y}{x}\right) = 0$, ou

$$(4) \qquad z = \Phi\left(\frac{y}{x}\right):$$

c'est, *en quantités finies*, l'équation des *surfaces conoïdes*.

673. En différentiant l'équation (4), on aura

$$p = -\Phi'\left(\frac{y}{x}\right)\frac{y}{x^2},$$

$$q = \Phi'\left(\frac{y}{x}\right)\frac{1}{x},$$

d'où l'on conclut

$$(5) \qquad px + qy = 0,$$

équation *aux dérivées partielles* des surfaces conoïdes.

Cette équation exprime que le plan tangent en un point quelconque M, contient la génératrice correspondante. En effet, si dans l'équation du plan tangent

$$Z - z = p(X - x) + q(Y - y)$$

on fait $X = 0$, $Y = 0$, il en résultera

$$Z - z = -px - qy = 0, \quad \text{d'où} \quad Z = z.$$

Le plan tangent rencontre donc l'axe des z au même point que la génératrice KM, et, par suite, il contient cette droite avec laquelle il a déjà le point M commun.

SURFACES DE RÉVOLUTION.

674. Les *surfaces de révolution* sont celles que l'on obtient en faisant tourner une certaine courbe autour d'une droite fixe, nommée *axe de révolution*.

Pour plus de simplicité prenons l'origine sur l'axe OD. Soit AMB la courbe génératrice. Dans le mouvement de cette ligne chacun de ses points décrit une circonférence, et l'on peut considérer la surface de révolution comme le lieu des circonférences de cercle qui ont leurs centres sur l'axe, leurs plans perpendiculaires à cet axe, et qui rencontrent la courbe AB.

Fig. 116.

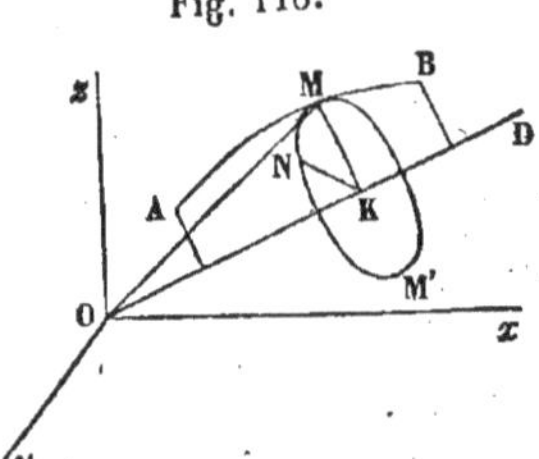

Soient

$$\frac{x}{a} = \frac{y}{b} = \frac{z}{c} \tag{1}$$

les équations de la droite OD, et

$$(2) \quad \begin{cases} x^2 + y^2 + z^2 = \alpha, \\ ax + by + cz = \beta \end{cases}$$

les équations du cercle mobile, considéré comme l'intersection d'une sphère, ayant son centre au point O, et d'un plan perpendiculaire à l'axe OD.

Soient

$$(3) \quad \begin{cases} F(x, y, z) = 0, \\ F_1(x, y, z) = 0 \end{cases}$$

les équations de la courbe AB. En exprimant que le cercle et la courbe se rencontrent, on parviendra à une certaine relation

$$\varphi(\alpha, \beta) = 0, \tag{4}$$

et si l'on élimine ensuite α et β entre les équations (2) et (4), on aura

$$\varphi(x^2 + y^2 + z^2,\ ax + by + cz) = 0$$

ou

$$ax + by + cz = \Phi(x^2 + y^2 + z^2), \tag{5}$$

équation générale, en *quantités finies*, des surfaces de révolution.

675. Pour obtenir l'équation aux dérivées partielles, on différentiera l'équation (5), ce qui donnera

$$a + cp = 2\Phi'(x^2 + y^2 + z^2)(x + zp),$$
$$b + cq = 2\Phi'(x^2 + y^2 + z^2)(y + zq),$$

d'où, en éliminant la fonction Φ',

$$\frac{a + cp}{b + cq} = \frac{x + zp}{y + zq},$$

et, par suite,

$$(6) \qquad (cy - bz)p + (az - cx)q = bx - ay,$$

équation *aux dérivées partielles* des surfaces de révolution.

676. Cette équation exprime que toutes les normales d'une surface de révolution rencontrent l'axe.

En effet, si l'on élimine X, Y, Z entre les équations de la normale

$$(7) \qquad \begin{cases} X - x + p(Z - z) = 0, \\ Y - y + q(Z - z) = 0, \end{cases}$$

et les équations de l'axe

$$(8) \qquad X = \frac{a}{c}Z, \quad Y = \frac{b}{c}Z,$$

on retrouve précisément l'équation (6).

677. Pour intégrer l'équation

$$(1) \qquad (cy - bz)p + (az - cx)q = bx - ay,$$

il faut commencer par intégrer les équations simultanées

$$\frac{dx}{cy - bz} = \frac{dy}{az - cx} = \frac{dz}{bx - ay}.$$

Or, si l'on représente par dt la valeur commune de ces trois rapports, il en résultera

$$(2) \qquad \begin{cases} dx = (cy - bz)\,dt, \\ dy = (az - cx)\,dt, \\ dz = (bx - ay)\,dt. \end{cases}$$

En ajoutant ces trois dernières équations multipliées respectivement par x, y, z, on trouve

$$x\,dx + y\,dy + z\,dz = 0,$$

d'où

$$x^2 + y^2 + z^2 = C.$$

Si l'on ajoute les mêmes équations respectivement multipliées par a, b, c, on a

$$a\,dx + b\,dy + c\,dz = 0,$$

d'où

$$ax + by + cz = C'.$$

Donc l'intégrale générale de l'équation (1) sera

$$ax + by + cz = \Phi(x^2 + y^2 + z^2). \tag{3}$$

678. Les équations (1) et (3) prennent une forme plus simple quand OD est l'axe des z. Elles se réduisent à

$$py - qx = 0,$$
$$z = \Phi(x^2 + y^2).$$

On pourrait les trouver directement.

DES LIGNES DE NIVEAU ET DES LIGNES DE PLUS GRANDE PENTE.

679. On appelle *lignes de niveau* sur une surface les sections faites dans la surface par des plans horizontaux. Supposons la surface rapportée à trois plans de coordonnées dont l'un, celui des xy par exemple, soit horizontal : une ligne de niveau quelconque se projettera sur ce plan en vraie grandeur, et l'équation de sa projection se déduira de celle de la surface en y remplaçant z par une constante convenable.

Quand on se déplace d'une manière quelconque sur la surface, on a

$$dz = p\,dx + q\,dy;$$

le long d'une ligne de niveau, dz est nul, et l'on a, pour le coefficient angulaire de la tangente à cette ligne ou à sa projection horizontale,

$$\text{(1)} \qquad \frac{dy}{dx} = -\frac{p}{q};$$

la tangente en un point quelconque de la ligne de niveau est une horizontale du plan qui touche la surface au même point.

680. Parmi toutes les droites menées par un point dans un plan, il en est une qui fait avec l'horizon un angle plus grand que toutes les autres : c'est la ligne de plus grande pente du plan, et l'on sait qu'elle est perpendiculaire à toutes les horizontales du plan.

Sur une surface, on appelle *ligne de plus grande pente* une ligne telle que sa tangente MT en un quelconque de ses points, M, soit la ligne de plus grande pente du plan tangent en M; elle est plus inclinée sur l'horizon qu'aucune des droites qui touchent la surface au même point. La droite MT est perpendiculaire à l'horizontale MH du plan tangent, c'est-à-dire à la *tangente* à la ligne de niveau qui passe en M; pour que l'angle HMT, dont un côté est horizontal, soit droit, il faut et il suffit que les projections horizontales de MH et de MT soient perpendiculaires l'une à l'autre; nous avons vu (1) que le coefficient angulaire de la première est $-\frac{p}{q}$; celui de la seconde doit être égal à $\frac{q}{p}$, et l'on aura, tout le long d'une ligne de plus grande pente,

$$\text{(2)} \qquad \frac{dy}{dx} = \frac{q}{p}, \quad p\,dy - q\,dx = 0.$$

Si l'on remplace p et q par leurs valeurs en fonction de x et y tirées de l'équation de la surface, on pourra intégrer l'équation (2), ce qui fera connaître la projection horizontale d'une ligne de plus grande pente caractérisée par la valeur de la constante d'intégration; c'est une trajectoire orthogonale des projections des lignes de niveau.

Pour qu'une ligne tracée sur une surface soit une ligne de plus grande pente, il faut et il suffit qu'elle soit orthogonale aux lignes de niveau qu'elle rencontre. Sur une surface de révolution à axe vertical, les parallèles sont des lignes de niveau; les courbes méridiennes, orthogonales aux parallèles, sont les lignes de plus grande pente.

681. Considérons un ellipsoïde défini par l'équation

$$Ax^2 + By^2 + Cz^2 = H, \tag{3}$$

le plan des xy étant toujours horizontal. On voit que les lignes de niveau sont des ellipses homothétiques. Pour déterminer les lignes de plus grande pente, je tire de l'équation (3)

$$p = -\frac{Ax}{Cz}, \quad q = -\frac{By}{Cz};$$

si l'on porte ces valeurs dans l'équation (2), z disparaît et l'on a

$$\frac{dy}{dx} = \frac{By}{Ax}, \quad A\frac{dy}{y} = B\frac{dx}{x}.$$

Les intégrales des deux membres sont des logarithmes; en passant aux nombres correspondants et désignant par m une constante arbitraire, on trouve

$$y^A = mx^B. \tag{4}$$

Les lignes de plus grande pente sont, en général, à *double courbure* et se projettent horizontalement suivant des lignes paraboliques passant à l'origine : toutefois, en prenant m nul ou infini, on a les ellipses principales, dont les plans sont verticaux. La constante m se calcule en exprimant que la courbe (4) passe par un point donné; si ce point coïncidait avec l'origine, la valeur de m serait naturellement indéterminée.

CINQUANTE-TROISIÈME LEÇON.

SUITE DES APPLICATIONS GÉOMÉTRIQUES DES ÉQUATIONS AUX DÉRIVÉES PARTIELLES.

Surfaces développables. — Intégration de l'équation des surfaces développables. — Surfaces réglées. — Équation de la corde vibrante.

DES SURFACES DÉVELOPPABLES.

682. On nomme *surfaces développables* celles qui étant supposées flexibles et inextensibles peuvent s'appliquer sur un plan sans déchirure ni duplicature. Telles sont les surfaces cylindriques et les surfaces coniques.

Toute surface développable peut être considérée (n° 6*) comme le lieu des tangentes à une certaine courbe, nommée *arête de rebroussement* de la surface. Il n'y a d'exception que pour le cône, où l'arête de rebroussement se réduit à un point, et pour le cylindre, où cette courbe passe à l'infini; mais comme nous avons déjà examiné ces cas particuliers, nous en ferons abstraction dans ce qui suit.

683. Soient

$$x = f(z), \quad y = \varphi(z) \tag{1}$$

les équations de l'arête de rebroussement. Les équations de sa tangente en un point (α, β, γ) seront

$$\left\{\begin{array}{l} x - f(\gamma) = f'(\gamma)(z - \gamma), \\ y - \varphi(\gamma) = \varphi'(\gamma)(z - \gamma). \end{array}\right. \tag{2}$$

En éliminant γ entre ces équations, on aura l'équation de la surface développable. Mais, au lieu d'opérer cette élimination qui ne peut se faire qu'en particularisant la forme des fonctions f et φ, nous allons chercher une équation aux dérivées partielles, indépendante de ces fonctions, et qui exprimera une propriété commune à toutes les surfaces développables.

684. Les équations (2) déterminent z et γ quand x et y sont connus. On peut donc considérer z et γ comme des fonctions de x et de y. En différentiant, tour à tour, ces équations par rapport à x et à y, on aura

$$(3)\quad \left\{\begin{aligned} 1-f'(\gamma)\frac{d\gamma}{dx} &= f'(\gamma)\left(p-\frac{d\gamma}{dx}\right)+f''(\gamma)(z-\gamma)\frac{d\gamma}{dx},\\ -f'(\gamma)\frac{d\gamma}{dy} &= f'(\gamma)\left(q-\frac{d\gamma}{dy}\right)+f''(\gamma)(z-\gamma)\frac{d\gamma}{dy},\\ -\varphi'(\gamma)\frac{d\gamma}{dx} &= \varphi'(\gamma)\left(p-\frac{d\gamma}{dx}\right)+\varphi''(\gamma)(z-\gamma)\frac{d\gamma}{dx},\\ 1-\varphi'(\gamma)\frac{d\gamma}{dy} &= \varphi'(\gamma)\left(q-\frac{d\gamma}{dy}\right)+\varphi''(\gamma)(z-\gamma)\frac{d\gamma}{dy}, \end{aligned}\right.$$

ou bien, en simplifiant,

$$(4)\quad \left\{\begin{aligned} 1 &= pf'(\gamma)+f''(\gamma)(z-\gamma)\frac{d\gamma}{dx},\\ 0 &= qf'(\gamma)+f''(\gamma)(z-\gamma)\frac{d\gamma}{dy},\\ 0 &= p\varphi'(\gamma)+\varphi''(\gamma)(z-\gamma)\frac{d\gamma}{dx},\\ 1 &= q\varphi'(\gamma)+\varphi''(\gamma)(z-\gamma)\frac{d\gamma}{dy}. \end{aligned}\right.$$

En éliminant, entre ces quatre équations $(z-\gamma)\frac{d\gamma}{dx}$, $(z-\gamma)\frac{d\gamma}{dy}$ et γ, il restera une relation entre p et q,

$$(5)\qquad q=\psi(p),$$

équation du premier ordre qui convient à toutes les surfaces développables, mais dans laquelle il entre encore une fonction arbitraire.

685. Ce résultat s'accorde avec ce que nous avons trouvé pour les surfaces cylindriques dont l'équation aux différentielles partielles est

$$ap+bq=1.$$

Il semble qu'il y ait exception pour les surfaces coniques dont l'équation aux différentielles partielles est

$$(x-a)p+(y-b)q=z-c;$$

mais si l'on prend l'équation en quantités finies

$$z-c=\varphi\left(\frac{y-b}{x-a}\right)(x-a),$$

on voit que $z-c$ étant une fonction homogène du premier degré de $y-b$ et de $x-a$, p et q seront des fonctions homogènes, et du degré 0, des mêmes différences (I, 177); on aura donc

$$p=\mathrm{F}\left(\frac{y-b}{x-a}\right),\quad q=\mathrm{F}_1\left(\frac{y-b}{x-a}\right),$$

et, en éliminant $\dfrac{y-b}{x-a}$ on obtiendra une relation entre p et q. Cette relation dépendra de la fonction φ, tandis que, dans l'équation des surfaces cylindriques, la relation entre p et q ne dépend que des constantes qui définissent la direction des génératrices.

686. L'élimination indiquée n° 684 peut se faire comme il suit. En ajoutant la première et la troisième équation du système (4), respectivement multipliées par $\varphi''(\gamma)$ et $-f''(\gamma)$, on aura

$$\varphi''(\gamma)=p[f'(\gamma)\varphi''(\gamma)-\varphi'(\gamma)f''(\gamma)]. \tag{5}$$

La seconde et la quatrième équation traitées de la même manière donnent

$$f''(\gamma)=q[\varphi'(\gamma)f''(\gamma)-f'(\gamma)\varphi''(\gamma)]. \tag{6}$$

Il ne restera donc plus qu'à éliminer γ entre les deux dernières équations.

687. Soit

$$q=\psi(p) \tag{7}$$

l'équation aux dérivées partielles, du premier ordre, résultant de l'élimination précédente. Posons

$$\frac{dp}{dx} = \frac{d^2 z}{dx^2} = r,$$

$$\frac{dp}{dy} = \frac{dq}{dx} = \frac{d^2 z}{dx\,dy} = s,$$

$$\frac{dq}{dy} = \frac{d^2 z}{dy^2} = t.$$

En différentiant l'équation (7), successivement par rapport à x et à y, nous aurons

$$s = r\psi'(p),$$

$$t = s\psi'(p),$$

d'où, en éliminant $\psi'(p)$,

(8) $$s^2 - rt = 0,$$

équation qui ne renferme aucune trace des fonctions particulières f et φ. C'est l'équation aux dérivées partielles, du second ordre, des surfaces développables.

INTÉGRATION DE L'ÉQUATION AUX DÉRIVÉES PARTIELLES DES SURFACES DÉVELOPPABLES.

688. Pour effectuer cette intégration, nous nous appuierons sur une proposition générale que nous allons d'abord établir.

Soient u et v deux fonctions des mêmes variables indépendantes x, y, z : si l'une d'elles, v, se réduit à une fonction de l'autre,

(1) $$v = \psi(u),$$

les dérivées partielles de u et v seront proportionnelles, et réciproquement.

La première partie s'établit en différentiant l'identité (1) :

$$\frac{dv}{dx} = \psi'(u)\frac{du}{dx}, \quad \frac{dv}{dy} = \psi'(u)\frac{du}{dy}, \quad \cdots.$$

Réciproquement, si l'on a

$$\frac{dv}{dx} = \lambda \frac{du}{dx}, \quad \frac{dv}{dy} = \lambda \frac{du}{dy}, \quad \frac{dv}{dz} = \lambda \frac{du}{dz},$$

λ étant une fonction quelconque de x, y, z, il suffit d'ajouter membre à membre les égalités précédentes, après les avoir respectivement multipliées par dx, dy, dz, pour trouver la relation

$$dv = \lambda du,$$

dv et du étant des différentielles totales : il en résulte (533 et 534) que v se réduit à une fonction de la seule variable u.

689. Cela posé, l'équation des surfaces développables

$$(2) \qquad rt - s^2$$

nous donne

$$\frac{r}{s} = \frac{s}{t}, \quad \text{ou} \quad \frac{dp}{dx} : \frac{dq}{dx} :: \frac{dp}{dy} : \frac{dq}{dy};$$

donc, en vertu de la proposition établie n° 688, q est une fonction de p et l'on peut écrire, comme intégrale première de l'équation (2),

$$(3) \qquad \psi(p) - q = 0.$$

C'est une équation non linéaire entre les dérivées partielles du premier ordre de z, et nous sommes conduits (660) à chercher une intégrale des équations

$$\frac{dx}{\psi'(p)} = \frac{dy}{-1} = \frac{dz}{p\psi'(p) - q} = \frac{dp}{0} = \frac{dq}{0};$$

on obtient une intégrale en égalant p à une constante a, et l'on en déduit, eu égard à la relation (3),

$$q = \psi(a), \quad dz = a\,dx + \psi(a)dy;$$

intégrant cette différentielle et désignant par b une nouvelle constante, on trouve une intégrale complète de l'équation (3),

(4) $$z = ax + y\psi(a) + b$$

Pour en déduire l'intégrale générale de l'équation (3), et, par suite, de l'équation (2), il faut (n° 661) remplacer b par une fonction arbitraire $F(a)$ et éliminer a entre les équations

(5) $$z = ax + y\psi(a) + F(a),$$

(6) $$0 = x + y\psi'(a) + F'(a).$$

L'intégrale générale renferme deux fonctions arbitraires; elle représente la surface enveloppe des plans (5). Cette surface est le lieu des droites définies par les équations (5) et (6). Une quelconque de ces droites, D, rencontre la droite infiniment voisine D', si l'on néglige des infiniment petits d'ordre supérieur au premier. Les équations de D' se déduisent des équations (5) et (6) en y remplaçant a par $a + da$; si, des équations ainsi formées on retranche les équations dont elles dérivent, et si l'on divise par da, on aura, en négligeant les quantités infiniment petites,

$$0 = x + y\psi'(a) + F'(a), \quad 0 = y\psi''(a) + F''(a);$$

la première équation coïncide avec l'équation (6), et les droites D, D' se coupent en un point dont les coordonnées sont

$$x = \frac{\psi'(a)F''(a)}{\psi''(a)} - F'(a),$$

$$y = -\frac{F''}{\psi''},$$

$$z = a\frac{\psi'F''}{\psi''} - aF' - \frac{\psi F''}{\psi''} + F;$$

le lieu de ce point est l'arête de rebroussement de la surface, arête dont les tangentes sont les génératrices D.

DES SURFACES RÉGLÉES.

690. Les surfaces développables sont un cas particulier des *surfaces réglées*, c'est-à-dire de celles qui s'engendrent par le mouvement d'une ligne droite. On nomme surface *gauche* toute surface réglée qui n'est pas développable.

Soient

$$(1)\qquad \begin{cases} x = az + \alpha, \\ y = bz + \beta \end{cases}$$

les équations d'une droite : si a, b, α, β sont des fonctions d'une même indéterminée γ, en faisant varier γ d'une manière continue, la droite (1) se déplacera successivement dans l'espace et engendrera une surface réglée. On aurait l'équation de la surface en éliminant γ entre les équations (1).

Les quatre paramètres variables a, b, α, β étant des fonctions d'une même indéterminée, on peut considérer trois d'entre eux comme des fonctions du quatrième. On peut même considérer a, b, α, β comme des fonctions de x et de y. Car si l'on élimine z entre les équations (1), on aura une relation entre x, y et les paramètres a, b, α, β, qui sont des fonctions de γ. On peut donc dire que γ, et, par suite, a, b, α, β sont des fonctions de x et de y.

691. Différentions l'équation

$$x = az + \alpha,$$

tour à tour par rapport à x et à y, en regardant a et α comme des fonctions de ces deux variables : nous aurons

$$(2)\qquad 1 = ap + z\frac{da}{dx} + \frac{d\alpha}{dx},$$

$$(3)\qquad 0 = aq + z\frac{da}{dy} + \frac{d\alpha}{dy}.$$

Ajoutons ces équations respectivement multipliées par $\frac{da}{dy}$ et $-\frac{da}{dx}$: en observant que

$$\frac{d\alpha}{dx}\frac{da}{dy}-\frac{d\alpha}{dy}\frac{da}{dx}=0,$$

puisque a et α sont fonctions l'un de l'autre, comme étant fonctions du même paramètre γ (nº 688), nous aurons

$$(4)\qquad \frac{da}{dy}=a\left(p\frac{da}{dy}-q\frac{da}{dx}\right).$$

En différentiant l'équation $y=bz+6$, et remarquant que $\frac{db}{dx}$, $\frac{db}{dy}$ sont proportionnelles à $\frac{da}{dx}$, $\frac{da}{dy}$, on aura de même

$$(5)\qquad \frac{da}{dx}=b\left(q\frac{da}{dx}-p\frac{da}{dy}\right).$$

Si maintenant on élimine le rapport $\frac{da}{dx}:\frac{da}{dy}$ entre les équations (4) et (5), mises sous la forme

$$\frac{da}{dy}(1-ap)+aq\frac{da}{dx}=0,$$
$$\frac{da}{dy}bp+(1-bq)\frac{da}{dx}=0,$$

il viendra

$$(1-ap)(1-bq)-abpq=0,$$

ou

$$(6)\qquad ap+bq=1,$$

équation différentielle du premier ordre, renfermant seulement deux fonctions, a et b, de l'indéterminée γ. En ayant égard à cette relation, les équations (4) et (5) peuvent s'écrire

$$(7)\qquad \begin{cases} b\dfrac{da}{dy}+a\dfrac{da}{dx}=0,\\[2mm] b\dfrac{db}{dy}+a\dfrac{db}{dx}=0.\end{cases}$$

692. Cherchons maintenant l'équation aux dérivées partielles du second ordre. En différentiant, tour à tour, l'équation

$$ap + bq = 1$$

par rapport à x et y, nous aurons

$$ar + bs + p\frac{da}{dx} + q\frac{db}{dx} = 0,$$

$$as + bt + p\frac{da}{dy} + q\frac{db}{dy} = 0.$$

En ajoutant ces équations multipliées, la première par a, la seconde par b, et en ayant égard aux équations (7), nous aurons

$$a^2 r + 2abs + b^2 t = 0,$$

ou, en posant $\frac{a}{b} = c$,

$$(8) \qquad c^2 r + 2cs + t = 0,$$

équation du second ordre ne renfermant plus qu'une seule fonction arbitraire c.

693. Soient

$$\frac{d^3 z}{dx^3} = \frac{dr}{dx} = u,$$

$$\frac{d^3 z}{dx^2\,dy} = \frac{dr}{dy} = \frac{ds}{dx} = v,$$

$$\frac{d^3 z}{dx\,dy^2} = \frac{dt}{dx} = \frac{ds}{dy} = w,$$

$$\frac{d^3 z}{dy^3} = \frac{dt}{dy} = v.$$

Différentions l'équation (8), tour à tour, par rapport à

x et à y : il viendra

$$c^2 u + 2cv + w + 2cr\frac{dc}{dx} + 2s\frac{dc}{dx} = 0,$$

$$c^2 v + 2cw + \upsilon + 2cr\frac{dc}{dy} + 2s\frac{dc}{dy} = 0.$$

Multipliant la première par c et ajoutant, il en résulte

$$(9) \qquad c^3 u + 3c^2 v + 3cw + \upsilon = 0;$$

car $c\dfrac{dc}{dx} + \dfrac{dc}{dy}$ est nul, en vertu des équations (7), puisque

$$c\frac{dc}{dx} + \frac{dc}{dy} = \frac{1}{b^3}\left[ab\frac{da}{dx} - a^2\frac{db}{dx} + b^2\frac{da}{dy} - ab\frac{db}{dy}\right].$$

L'équation aux dérivées partielles, du troisième ordre, résultera de l'élimination de c entre les équations (8) et (9).

ÉQUATION DE LA CORDE VIBRANTE.

694. On démontre en Mécanique que le mouvement des différents points d'une corde vibrante, fixée à ses deux extrémités, est représenté par l'équation aux dérivées partielles du second ordre

Fig. 117.

$$(1) \qquad \frac{d^2u}{dy^2} = a^2\frac{d^2u}{dx^2};$$

$MP = u$, $AP = x$ sont les coordonnées rectangulaires d'un point quelconque de la corde, l'origine étant l'extrémité A; y désigne le temps.

Pour intégrer l'équation (1), prenons deux nouvelles variables α et 6, liées aux variables x et y par les équations

$$(2) \qquad \alpha = x + ay, \quad 6 = x - ay.$$

Si de ces équations on tirait les valeurs de x et de y en α et 6, et qu'on les portât dans la fonction cherchée u, cette dernière deviendrait une fonction explicite de α et de β. On peut donc considérer u comme une fonction de α et de β. On aura alors, à cause des équations (2),

$$\frac{du}{dx}=\frac{du}{d\alpha}+\frac{du}{d\beta},$$

$$\frac{d^2u}{dx^2}=\frac{d^2u}{d\alpha^2}+2\frac{d^2u}{d\alpha\,d\beta}+\frac{d^2u}{d\beta^2}.$$

On trouvera de même

$$\frac{d^2u}{dy^2}=a^2\left(\frac{d^2u}{d\alpha^2}-2\frac{d^2u}{d\alpha\,d\beta}+\frac{d^2u}{d\beta^2}\right).$$

En portant ces valeurs dans l'équation (1), on aura, après les réductions,

$$\frac{d^2u}{d\alpha\,d\beta}=0. \tag{3}$$

Cette équation est facile à intégrer. Elle peut s'écrire

$$\frac{d\dfrac{du}{d\beta}}{d\alpha}=0,$$

donc $\dfrac{du}{d\beta}$ ne dépend pas de α, et l'on a

$$\frac{du}{d\beta}=\varpi(\beta),$$

ϖ désignant une fonction arbitraire. On en déduit

$$u=\int\varpi(\beta)\,d\beta+\varphi(\alpha),$$

et, par conséquent, en représentant par $\psi(\beta)$ l'intégrale $\int\varpi(\beta)\,d\beta$, ψ désignant encore une fonction arbitraire, on aura

$$u=\varphi(\alpha)+\psi(\beta),$$

c'est-à-dire

$$u=\varphi(x+ay)+\psi(x-ay). \tag{4}$$

Telle est l'intégrale générale de l'équation (1); on peut d'ailleurs la vérifier par la différentiation.

695. L'intégrale générale contient deux fonctions arbitraires φ et ψ qui se déterminent par deux conditions distinctes. Ordinairement on suppose connues l'ordonnée u et sa dérivée $\frac{du}{dy}$ pour tous les points de la corde, à l'origine du temps, c'est-à-dire pour $y=0$. Alors l'ordonnée, u, et la vitesse verticale $\frac{du}{dy}$ de chaque point sont des fonctions données de x. Posons

$$u=f(x),\quad \frac{du}{dy}=f_1(x),\ \text{pour } y=0.$$

On aura, en faisant $y=0$ dans l'équation (4), et dans sa dérivée par rapport à y,

$$\varphi(x)+\psi(x)=f(x),$$
$$\varphi'(x)-\psi'(x)=\frac{1}{a}f_1(x).$$

De cette dernière on déduit

$$\varphi(x)-\psi(x)=\frac{1}{a}\int f_1(x)\,dx+C=F(x)+C,$$

$F(x)$ étant une fonction connue, et C une constante arbitraire. Par conséquent on a

$$\varphi(x)=\frac{1}{2}\Big[f(x)+F(x)+C\Big],$$
$$\psi(x)=\frac{1}{2}\Big[f(x)-F(x)-C\Big];$$

d'où

$$u=\frac{1}{2}\Big[f(x+ay)+f(x-ay)+F(x+ay)-F(x-ay)\Big].$$

La valeur de u est complètement déterminée. Comme on devait s'y attendre, la constante C, introduite dans le cours du calcul, a disparu d'elle-même.

EXERCICES.

1. *Discuter la surface représentée par l'équation*

$$[ayx + b(x^2 + z^2)]^2 = b^2R^2x^2 + b^2(R^2 - a^2)z^2.$$

Solution : Surface engendrée par une droite assujettie à rencontrer une droite donnée et deux circonférences données.

2. *Intégrer l'équation*

$$\frac{d^2z}{dx\,dy} + \frac{y}{1-y^2}\frac{dz}{dx} = ay.$$

Solution : $z = \varphi(y) + \psi(x)\sqrt{1-y^2} - ax(1-y^2)$.

CINQUANTE-QUATRIÈME LEÇON.

COURBURE DES SURFACES.

Courbure d'une ligne située sur une surface. — Théorème de Meunier. — Courbure d'une section normale. — Sections principales. — Variation des rayons de courbure des sections normales faites en un même point d'une surface. — Détermination des ombilics.

COURBURE D'UNE LIGNE SITUÉE SUR UNE SURFACE DONNÉE.

696. Soit

$$f(x, y, z) = 0 \tag{1}$$

l'équation d'une surface. Posons, pour abréger,

$$\frac{dz}{dx} = p, \quad \frac{dz}{dy} = q,$$

$$\frac{d^2z}{dx^2} = r, \quad \frac{d^2z}{dx\,dy} = s, \quad \frac{d^2z}{dy^2} = t.$$

Considérons une certaine courbe CL passant par un point $M(x, y, z)$ de la surface (1). Soit θ l'angle que le rayon de courbure R de cette courbe au point M, dirigé suivant la droite MN, fait avec la normale MP à la surface, au même point.

Fig. 118.

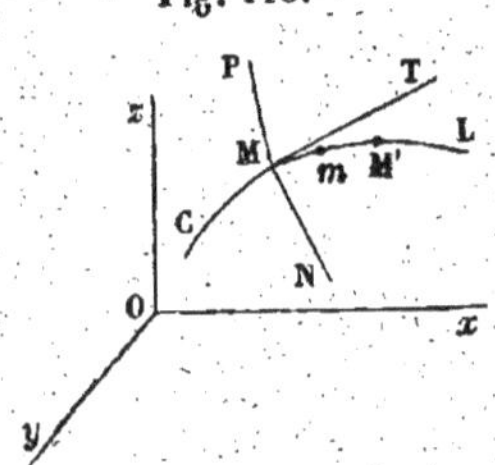

La normale MP ayant pour équations

$$X - x = -p(Z - z),$$
$$Y - y = -q(Z - z),$$

fait avec les axes des angles dont les cosinus sont respectivement

$$\frac{-p}{\sqrt{1 + p^2 + q^2}}, \quad \frac{-q}{\sqrt{1 + p^2 + q^2}}, \quad \frac{1}{\sqrt{1 + p^2 + q^2}}.$$

La droite MN fait avec les axes des angles qui ont pour cosinus (I, 292)

$$\mathrm{R}\,\frac{d\frac{dx}{dl}}{dl},\quad \mathrm{R}\,\frac{d\frac{dy}{dl}}{dl},\quad \mathrm{R}\,\frac{d\frac{dz}{dl}}{dl},$$

en désignant par dl la différentielle de l'arc de courbe. On aura donc

$$(2)\qquad \cos\theta = \mathrm{R}\,\frac{\left(-p\,\frac{d\frac{dx}{dl}}{dl} - q\,\frac{d\frac{dy}{dl}}{dl} + \frac{d\frac{dz}{dl}}{dl}\right)}{\sqrt{1+p^2+q^2}}.$$

Or,

$$dz = p\,dx + q\,dy,$$

d'où

$$d\frac{dz}{dl} = pd\,\frac{dx}{dl} + qd\,\frac{dy}{dl} + dp\,\frac{dx}{dl} + dq\,\frac{dy}{dl}.$$

Mais

$$dp = r\,dx + s\,dy,\quad dq = s\,dx + t\,dy;$$

donc

$$d\frac{dz}{dl} - pd\frac{dx}{dl} - qd\,\frac{dy}{dl} = (r\,dx + s\,dy)\,\frac{dx}{dl} + (s\,dx + t\,dy)\,\frac{dy}{dl},$$

ou

$$\frac{d\frac{dz}{dl}}{dl} - p\,\frac{d\frac{dx}{dl}}{dl} - q\,\frac{d\frac{dy}{dl}}{dl} = r\left(\frac{dx}{dl}\right)^2 + 2s\,\frac{dx}{dl}\,\frac{dy}{dl} + t\left(\frac{dy}{dl}\right)^2.$$

On a, par conséquent,

$$\cos\theta = \mathrm{R}\,\frac{r\left(\frac{dx}{dl}\right)^2 + 2s\,\frac{dx}{dl}\,\frac{dy}{dl} + t\left(\frac{dy}{dl}\right)^2}{\sqrt{1+p^2+q^2}},$$

d'où

$$(3)\qquad \mathrm{R} = \frac{\sqrt{1+p^2+q^2}\cos\theta}{r\left(\frac{dx}{dl}\right)^2 + 2s\,\frac{dx}{dl}\,\frac{dy}{dl} + t\left(\frac{dy}{dl}\right)^2}.$$

Mais $\frac{dx}{dl}$, $\frac{dy}{dl}$ sont les cosinus des angles que la tangente à la courbe considérée fait avec l'axe des x et celui des y, en désignant ces angles par α et 6, on aura

$$(4) \qquad R = \frac{\sqrt{1+p^2+q^2}\cos\theta}{r\cos^2\alpha + 2s\cos\alpha\cos 6 + t\cos^2 6},$$

formule qui donne le rayon de courbure d'une section quelconque faite dans une surface, en un point donné.

697. La valeur de R devant être positive, il faut que $\cos\theta$ soit de même signe que le dénominateur. Ainsi, l'angle θ doit être aigu ou obtus selon que ce dénominateur est positif ou négatif, ce qui détermine dans quel sens le rayon de courbure doit être porté sur la direction de la normale principale.

THÉORÈME DE MEUNIER.

698. Si, dans la formule précédente, on suppose $\cos\theta = \pm 1$, c'est-à-dire si le plan osculateur passe par la normale à la surface, on aura, en désignant par ρ le rayon de courbure de la section normale,

$$(5) \qquad \rho = \frac{\sqrt{1+p^2+q^2}}{r\cos^2\alpha + 2s\cos\alpha\cos 6 + t\cos^2 6},$$

et, par suite,

$$(6) \qquad R = \rho\cos\theta.$$

De là ce théorème dû à Meunier : *Le rayon de courbure en un point d'une courbe quelconque tracée sur une surface est égal au produit du rayon de courbure de la section normale qui contient la tangente à la courbe, multiplié par le cosinus de l'angle que le plan de la section normale fait avec le plan osculateur de la courbe.*

699. Si l'on considère deux courbes planes ayant la même tangente au point M et situées, l'une dans un plan oblique, l'autre dans un plan normal, on peut encore énoncer le théorème de Meunier en disant que *le rayon de courbure d'une section oblique est la projection, sur le plan de cette courbe, du rayon de courbure de la section normale.*

Par conséquent, si une sphère a le même centre et le même rayon que le cercle de courbure de la section normale, tous les plans menés par la tangente à la section normale couperont la sphère suivant des petits cercles qui seront les cercles osculateurs des sections obliques faites dans la surface par ces différents plans.

COURBURE DES SECTIONS NORMALES.

700. La formule (3) du n° **696** permet de déterminer le rayon de courbure d'une section normale quelconque en un point d'une surface; il suffit d'y supposer $\cos\theta = \pm 1$, puisque le plan osculateur à la section considérée est normal à la surface. Mais, afin d'établir plus simplement les lois découvertes par Euler, et suivant lesquelles varie la courbure des diverses sections normales menées par un point de la surface, nous prendrons ce point (x, y, z) pour origine des coordonnées, et pour plan des xy le plan tangent à la surface au même point. L'axe des z sera la normale, et l'on aura $p = 0$, $q = 0$. En désignant par φ l'angle que la tangente OT à la section normale considérée fait avec l'axe des x, on a

Fig. 119.

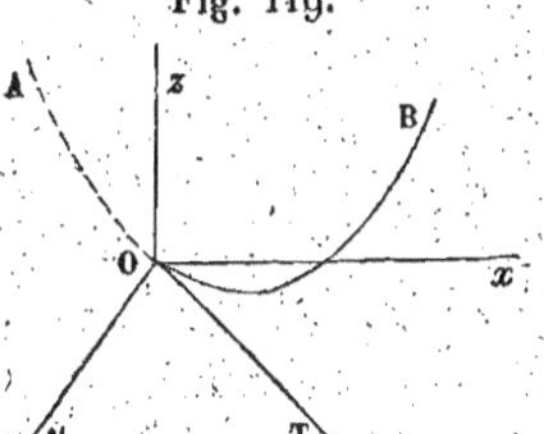

$$\frac{dx}{dl} = \cos\varphi, \quad \frac{dy}{dl}\sin\varphi.$$

D'ailleurs, on a $\cos\theta = \pm 1$, selon que le rayon de courbure est dirigé dans le sens de l'axe des z ou dans le sens opposé. On aura donc

$$\rho = \frac{\pm 1}{r\cos^2\varphi + 2s\sin\varphi\cos\varphi + t\sin^2\varphi};$$

mais on peut supprimer le double signe et écrire simplement

$$(2) \qquad \rho = \frac{1}{r\cos^2\varphi + 2s\sin\varphi\cos\varphi + t\sin^2\varphi},$$

pourvu que l'on convienne de porter la valeur absolue du rayon sur l'axe des z dans le sens des z positifs si le dénominateur est positif, et dans le sens opposé si ce dénominateur est négatif.

SECTIONS PRINCIPALES.

701. Si le plan normal tourne autour de l'axe des z, le rayon ρ variera en même temps que l'angle φ. Proposons-nous de trouver la plus grande et la plus petite valeur de ce rayon. Comme ces valeurs correspondent au minimum et au maximum du dénominateur dans la formule (2), il faudra égaler à o la dérivée de ce dénominateur; on aura

$$(t-r)\,2\sin\varphi\cos\varphi + 2s(\cos^2\varphi - \sin^2\varphi) = 0,$$

ou, ce qui revient au même,

$$(3) \qquad s\,\mathrm{tang}^2\varphi + (r-t)\,\mathrm{tang}\,\varphi - s = 0.$$

Cette équation donne pour $\mathrm{tang}\,\varphi$ des valeurs réelles, dont le produit est égal à -1. Comme d'ailleurs, en faisant varier l'angle φ de o à π, on obtient tous les plans normaux qui passent par le point O, il suffira de considérer les deux angles plus petits que 180° qui correspondent aux deux racines de l'équation. L'un étant désigné par α, l'autre sera nécessairement $\frac{\pi}{2} + \alpha$.

Fig. 120.

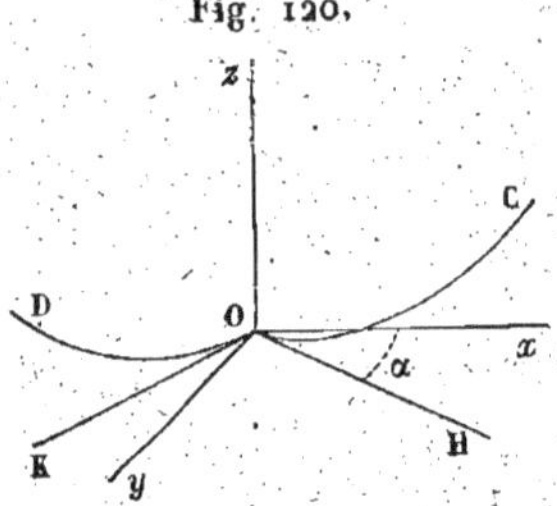

Par conséquent, si l'on trace sur le plan des xy deux droites OH et OK, faisant avec Ox les angles α et $\alpha + \frac{\pi}{2}$, les sections normales situées dans les plans zOH, zOK, correspondront aux rayons de courbure maximum et minimum. En effet, la dérivée du second ordre de $\frac{1}{\rho}$ est

$$2(t-r)(\cos^2\varphi - \sin^2\varphi) - 8s\sin\varphi\cos\varphi,$$

et cette expression prend des valeurs égales et de signes contraires quand on y remplace φ par α et par $\alpha + \frac{\pi}{2}$. Remarquons qu'il s'agit ici d'un maximum et d'un minimum analytiques, en sorte que si les deux valeurs de $\frac{1}{\rho}$, correspondantes à α et $\alpha + \frac{\pi}{2}$ étaient de signes contraires, celle qui serait un minimum négatif pourrait être un maximum en valeur absolue.

Les droites OH et OK, faisant avec l'axe Ox des angles dont la différence est $\frac{\pi}{2}$, sont perpendiculaires entre elles. Donc les plans zOH et zOK, qui déterminent sur la surface deux courbes planes à courbure maximum ou minimum, sont perpendiculaires entre eux. On donne aux sections faites par ces plans le nom de *sections principales*.

VARIATION DE LA COURBURE DES SECTIONS NORMALES.

702. Prenons maintenant pour plans des xz et des yz les plans des sections principales. Les valeurs de φ correspondant au maximum et au minimum du rayon de courbure devront être o et $\frac{\pi}{2}$. Or, l'équation

$$s\,\text{tang}^2\varphi + (r-t)\,\text{tang}\,\varphi - s = 0$$

ne donnera pour tang φ les valeurs o et ∞ que si $s = 0$. Par conséquent, la valeur de ρ prendra la forme plus simple

$$(1) \qquad \rho = \frac{1}{r\cos^2\varphi + t\sin^2\varphi},$$

et l'on déduira de cette expression les deux rayons de courbure principaux ρ' et ρ'', en faisant, tour à tour, $\varphi = 0$

et $\varphi = \frac{\pi}{2}$, ce qui donnera

$$\rho' = \frac{1}{r}, \quad \rho'' = \frac{1}{t},$$

ou bien

$$\frac{1}{\rho'} = r, \quad \frac{1}{\rho''} = t.$$

Ainsi, les dérivées partielles r et t représentent les deux courbures principales au point O.

703. Les valeurs de ρ' et de ρ'' peuvent être introduites dans l'expression générale de la courbure. On a

$$\frac{1}{\rho} = r \cos^2\varphi + t \sin^2\varphi;$$

donc

$$\frac{1}{\rho} = \frac{1}{\rho'} \cos^2\varphi + \frac{1}{\rho''} \sin^2\varphi, \tag{2}$$

formule qui donne la courbure d'une section déterminée par un plan normal faisant, avec la section principale zOx, un angle φ.

De là les conséquences suivantes. En premier lieu, l'expression (2) ne change pas quand on met à la place de φ son supplément : donc *deux sections normales également inclinées sur une section principale ont des rayons de courbure égaux et de même signe.*

Si l'on désigne par ρ_1 le rayon de courbure d'une section normale perpendiculaire à celle qui fait avec le plan principal zOx l'angle φ, on aura

$$\frac{1}{\rho_1} = \frac{1}{\rho'} \sin^2\varphi + \frac{1}{\rho''} \cos^2\varphi, \tag{3}$$

et, en ajoutant les équations (2) et (3), il viendra

$$\frac{1}{\rho} + \frac{1}{\rho_1} = \frac{1}{\rho'} + \frac{1}{\rho''}.$$

Donc *la somme des courbures de deux sections normales perpendiculaires entre elles est constante.*

704. Nous allons maintenant discuter la valeur géné-

rale de ρ en nous servant de la formule

$$(1) \qquad \frac{1}{\rho}=\frac{\cos^2\varphi}{\rho'}+\frac{\sin^2\varphi}{\rho''}.$$

Supposons d'abord ρ' et ρ'' tous deux positifs, et $\rho'>\rho''$. Dans ce cas, la formule (1) donne pour ρ une valeur toujours positive. Par conséquent, toutes les sections normales sont situées au-dessus du plan tangent, et la surface est convexe autour du point O. Si ρ' et ρ'' étaient négatifs, la surface serait encore convexe, mais située au-dessous du plan tangent.

En mettant l'équation (1) sous la forme

$$(2) \qquad \frac{1}{\rho}=\frac{1}{\rho'}+\left(\frac{1}{\rho''}-\frac{1}{\rho'}\right)\sin^2\varphi,$$

on voit que $\frac{1}{\rho}$ augmente depuis $\frac{1}{\rho'}$ jusqu'à $\frac{1}{\rho''}$, quand φ croît de o à $\frac{\pi}{2}$, et que $\frac{1}{\rho}$ décroît depuis $\frac{1}{\rho''}$ jusqu'à $\frac{1}{\rho'}$, quand φ augmente de $\frac{\pi}{2}$ à π.

Dans le cas particulier où $\rho'=\rho''$, la formule (2) donne

$$\frac{1}{\rho}=\frac{1}{\rho'},$$

ou $\rho=\rho'$ quel que soit φ. Toutes les sections normales au point O ont donc la même courbure. On dit alors que ce point est un *ombilic*.

705. Supposons maintenant que ρ' et ρ'' aient des signes contraires et que ρ'' soit négatif. En mettant les signes en évidence dans l'équation (1), nous aurons

$$(3) \qquad \frac{1}{\rho}=\frac{\cos^2\varphi}{\rho'}-\frac{\sin^2\varphi}{\rho''}.$$

Pour $\varphi=0$, on a $\rho=\rho'$. L'angle φ croissant de o à la valeur 6 donnée par l'équation

$$\operatorname{tang}^2 6=\frac{\rho''}{\rho'},$$

ρ croît depuis ρ' jusqu'à l'infini. Au delà de $\varphi = 6$, ρ devient négatif et décroît jusqu'à ρ'', valeur qui correspond à $\varphi = \frac{\pi}{2}$. Les valeurs de ρ se reproduisent ensuite dans l'ordre inverse.

Dans ce cas, la surface est en partie au-dessus du plan tangent, et en partie au-dessous.

DÉTERMINATION DES OMBILICS.

706. Pour trouver les ombilics d'une surface, il faut chercher les points où le rayon de courbure des sections normales a la même valeur, quel que soit le plan mené par la normale.

Reprenons la formule (1) du n° 700 en y supposant $\cos\theta = 1$, et en remplaçant dl^2 par $dx^2 + dy^2 + dz^2$: nous aurons

$$(1) \qquad R = \frac{\sqrt{1+p^2+q^2}\left[1+\left(\frac{dy}{dx}\right)^2+\left(\frac{dz}{dx}\right)^2\right]}{r+2s\frac{dy}{dx}+t\left(\frac{dy}{dx}\right)^2}.$$

Désignons par m le rapport $\frac{dy}{dx}$ des cosinus des angles que la tangente à la courbe au point considéré fait avec l'axe des x et des y. Comme

$$dz = p\,dx + q\,dy,$$

on aura

$$\frac{dz}{dx} = p + qm,$$

et la formule (1) pourra s'écrire

$$R = \frac{\sqrt{1+p^2+q^2}\left[1+m^2+(p+qm)^2\right]}{r+2sm+tm^2},$$

ou bien

$$(2) \qquad R = \sqrt{1+p^2+q^2}\,\frac{1+p^2+2pqm+(1+q^2)m^2}{r+2sm+tm^2}.$$

Quand le point est un ombilic, ce rayon est indépendant du rapport m qui détermine le plan normal où est située la courbe considérée. On doit donc avoir

$$(3) \qquad \frac{1+p^2}{r} = \frac{pq}{s} = \frac{1+q^2}{t},$$

ce qui donne, en général, deux équations distinctes. En y joignant l'équation de la surface, on aura le nombre de relations nécessaires pour déterminer les coordonnées du point cherché.

707. Appliquons ces principes au paraboloïde elliptique

$$z = \frac{x^2}{2a} + \frac{y^2}{2b}, \quad a > b > 0.$$

On a ici

$$p = \frac{x}{a}, \quad q = \frac{y}{b},$$

$$r = \frac{1}{a}, \quad t = \frac{1}{b}, \quad s = 0.$$

Les équations (3) sont, dans ce cas,

$$\frac{1+\frac{x^2}{a^2}}{\frac{1}{a}} = \frac{\frac{xy}{ab}}{0} = \frac{1+\frac{y^2}{b^2}}{\frac{1}{b}}.$$

On peut y satisfaire d'abord en posant

$$x = 0, \quad a = b + \frac{y^2}{b},$$

d'où

$$y = \pm\sqrt{b(a-b)}, \quad z = \frac{a-b}{2}.$$

Les valeurs de y et de z étant réelles, il existe deux ombilics situés dans le plan yOz. Ce sont, d'ailleurs, les seuls, car l'hypothèse $y = 0$ donnerait pour x une valeur imaginaire.

CINQUANTE-CINQUIÈME LEÇON.

SUITE DE LA COURBURE DES SURFACES.

Surface dont tous les points sont des ombilics. — Théorie de l'indicatrice. — Conséquences géométriques. — Cas où l'expression du rayon de courbure se présente sous une forme illusoire. — Tangentes conjuguées.

SUR LA SURFACE DONT TOUS LES POINTS SONT DES OMBILICS.

708. Lorsque les équations

$$(1) \qquad \frac{1+p^2}{r} = \frac{pq}{s} = \frac{1+q^2}{t},$$

qui servent à déterminer les ombilics d'une surface donnée, se réduisent à une seule, la surface a une infinité d'ombilics situés sur une ligne qu'on nomme *la ligne des courbures sphériques*. Si les équations (1) sont identiques, tous les points de la surface sont alors des ombilics.

Pour trouver une surface qui jouisse de cette propriété, observons que les équations (1), mises sous la forme

$$(2) \qquad \frac{p}{1+p^2}\frac{dp}{dx} = \frac{1}{q}\frac{dq}{dx}, \quad \frac{q}{1+q^2}\frac{dq}{dy} = \frac{1}{p}\frac{dp}{dy},$$

peuvent s'intégrer comme des équations ordinaires (643). On aura par ce moyen

$$(3) \qquad 1+p^2 = \mathrm{Y}q^2, \quad 1+q^2 = \mathrm{X}p^2,$$

Y étant une fonction arbitraire de y, et X une fonction arbitraire de x. On tire de ces équations

$$(4) \qquad p = \sqrt{\frac{1+\mathrm{Y}}{\mathrm{XY}-1}}, \quad q = \sqrt{\frac{1+\mathrm{X}}{\mathrm{XY}-1}}.$$

Mais p et q doivent satisfaire à l'équation $\frac{dp}{dy} = \frac{dq}{dx}$: on a donc

$$\frac{1}{(1+X)^{\frac{3}{2}}}\frac{dX}{dx} = \frac{1}{(1+Y)^{\frac{3}{2}}}\frac{dY}{dy}.$$

Le premier membre étant fonction de x seulement, et le second fonction de y, cette équation ne peut subsister qu'autant que chaque membre se réduit à une constante. Soit $\frac{2}{R}$ cette constante. On aura

$$\frac{dX}{(1+X)^{\frac{3}{2}}} = \frac{2dx}{R}, \quad \frac{dY}{(1+Y)^{\frac{3}{2}}} = \frac{2dy}{R},$$

et, en intégrant,

$$\frac{R}{\sqrt{1+X}} = a - x, \quad \frac{R}{\sqrt{1+Y}} = b - y,$$

a et b étant des constantes arbitraires. En portant les valeurs de X et de Y, tirées de ces équations, dans le système (4), il vient

$$p = \frac{a-x}{\sqrt{R^2 - (a-x)^2 - (b-y)^2}},$$

$$q = \frac{b-y}{\sqrt{R^2 - (a-x)^2 - (b-y)^2}},$$

d'où

$$dz = \frac{(a-x)\,dx + (b-y)\,dy}{\sqrt{R^2 - (a-x)^2 - (b-y)^2}},$$

et, en intégrant de nouveau,

$$z - c = \sqrt{R^2 - (a-x)^2 - (b-y)^2},$$

équation d'une sphère. Ainsi, *la sphère est la seule surface dont tous les points soient des ombilics.*

THÉORIE DE L'INDICATRICE.

709. La courbure des surfaces peut être présentée sous un autre point de vue, qui donne une idée plus nette de la manière dont varient les rayons de courbure des sections normales autour d'un même point.

Prenons toujours pour plan des xy le plan tangent au point O, et pour axe des z la normale en ce point.

Si l'on coupe la surface par un plan parallèle au plan tangent, et infiniment voisin de ce plan, la section différera infiniment peu d'une courbe du second degré, en ne considérant que la partie de la section infiniment voisine du point O. En d'autres termes, une courbe semblable à la section faite par un plan parallèle au plan tangent, à une distance h, tend, à mesure que h diminue, vers une section conique, le rapport de similitude étant $\frac{1}{\sqrt{h}}$.

En effet, si l'on développe l'ordonnée z de la surface par la série de Maclaurin, on aura

$$z = z_0 + px + qy + \frac{1}{2}rx^2 + sxy + \frac{1}{2}ty^2 + \ldots.$$

Mais z_0, p, q, qui représentent les valeurs de z, $\frac{dz}{dx}$, $\frac{dz}{dy}$ quand on fait simultanément $x = 0$, $y = 0$, sont nulles d'après le choix des axes. Donc, on a

$$z = \frac{1}{2}rx^2 + sxy + \frac{1}{2}ty^2 + \omega,$$

ω désignant une somme de termes dont le degré, par rapport à x et à y, est supérieur au second. Si maintenant on remplace z par la constante $OO' = h$, on aura l'équation de la section $A'M'B'$, et si l'on fait h très-petite, la quantité ω devient négligeable comparativement aux termes qui la précèdent. Par conséquent, on a

Fig. 121.

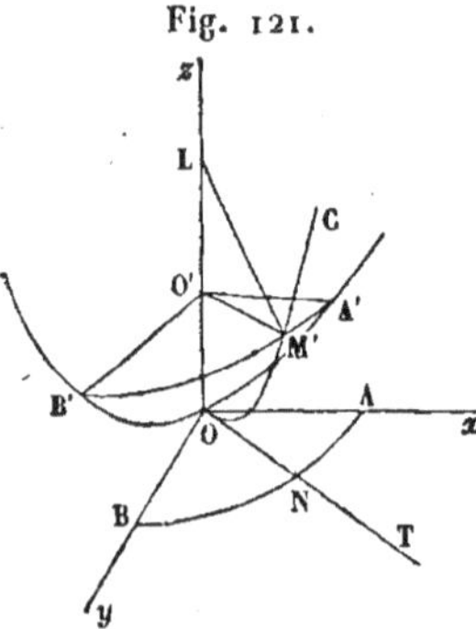

$$(1)\quad rx^2 + 2sxy + ty^2 = 2h,$$

équation d'une conique infiniment petite dont le centre est au point O.

710. En remplaçant h par z, on aura

$$z = \frac{1}{2}(rx^2 + 2sxy + ty^2). \tag{2}$$

Si $rt - s^2 \gtrless 0$, cette équation représente un paraboloïde passant par la section A′M′B′, et ayant pour sommet le point O. Ce paraboloïde va nous servir à calculer le rayon de courbure d'une section normale quelconque OM′C.

Nommons ρ le rayon de courbure de la section OM′C au point O. On a (première Leçon complémentaire, n° 6*).

$$\rho = \lim \frac{\mathrm{OM}^2}{2\mathrm{OO}'} = \lim \frac{\mathrm{OM}'^2}{2h} = \lim \frac{\mathrm{O}'\mathrm{M}'^2}{2h}.$$

Pour en déduire la valeur de ρ, faisons, dans l'équation (2),

$$x = \mathrm{O}'\mathrm{M}' \cos\varphi, \quad y = \mathrm{O}'\mathrm{M}' \sin\varphi,$$

φ désignant l'angle xON. On aura

$$\mathrm{O}'\mathrm{M}'^2 (r\cos^2\varphi + 2s \sin\varphi\cos\varphi + t\sin^2\varphi) = 2h,$$

d'où

$$\rho = \frac{1}{r\cos^2\varphi + 2s\sin\varphi\cos\varphi + t\sin^2\varphi}, \tag{3}$$

formule déjà obtenue, par une autre méthode (n° 700).

711. L'égalité $\rho = \frac{\mathrm{O}'\mathrm{M}'^2}{2h}$ fait voir que les rayons de courbure des différentes sections normales sont proportionnels à $\mathrm{O}'\mathrm{M}'^2$. Supposons donc que sur la trace du plan zON dans le plan des xy on prenne $\mathrm{ON} = \frac{\mathrm{O}'\mathrm{M}'}{\sqrt{2h}}$, on aura $\rho = \mathrm{ON}^2$. De plus, le rapport $\frac{\mathrm{O}'\mathrm{M}'}{\mathrm{ON}}$ sera constant pour toutes les sections normales. La courbe ANB ainsi obtenue sera donc semblable à A′M′B′, et aura pour centre le point O. Cette courbe, qui donne tous les rayons de courbure des sections normales faites au point O, est nommée l'*indicatrice* de la surface en ce point.

712. Quand l'intersection de la surface par un plan parallèle au plan tangent, et infiniment voisin, est une hyperbole, il faut, en même temps, considérer une autre section produite par un second plan parallèle au plan tangent, de l'autre côté de ce plan. On obtient par là une hyperbole conjuguée de la première. Dans ce cas, l'indicatrice se compose de deux hyperboles conjuguées, et l'on a $\rho = \pm \text{ON}^2$, suivant que l'hyperbole sur laquelle se trouve le point N correspond à une section faite au-dessus ou au-dessous du plan xy. Le rayon de courbure de la surface devient infini et change de signe quand le plan sécant, en tournant autour de la normale, vient passer par une asymptote commune aux deux hyperboles.

CONSÉQUENCES GÉOMÉTRIQUES.

713. Toute courbe du second degré douée d'un centre ayant un diamètre maximum et un diamètre minimum, on en conclut que *la surface a deux sections normales perpendiculaires entre elles et dans lesquelles le rayon de courbure est un maximum ou un minimum.* La somme des carrés des inverses de deux diamètres perpendiculaires étant constante, il en résulte immédiatement que *la somme des courbures de deux sections normales, perpendiculaires entre elles, est constante.* En un mot, à toute propriété des diamètres d'une section conique, correspond une propriété des rayons de courbure des sections normales qui passent par les diamètres de l'indicatrice.

714. Quand l'indicatrice est un cercle, le point considéré est un ombilic. Cela arrive sur les surfaces du second ordre aux points où le plan tangent est parallèle aux sections circulaires. En effet, tous les plans parallèles déterminent, dans une pareille surface, des sections semblables. Il en résulte que l'indicatrice, qui en général n'est semblable qu'aux sections faites parallèlement au plan tangent, à une distance infiniment petite, sera, dans les surfaces du second ordre, rigoureusement semblable aux sections, quelles que soient leurs distances au plan tangent.

Ainsi dans l'ellipsoïde

$$\frac{x^2}{a^2}+\frac{y^2}{b^2}+\frac{z^2}{c^2}=1,\quad a>b>c,$$

il y a quatre ombilics dont les coordonnées sont

$$y=0,\quad x=\pm a\frac{\sqrt{a^2-b^2}}{\sqrt{a^2-c^2}},\quad z=\pm c\frac{\sqrt{b^2-c^2}}{\sqrt{a^2-c^2}}.$$

CAS OU L'EXPRESSION DU RAYON DE COURBURE SE PRÉSENTE SOUS UNE FORME ILLUSOIRE.

715. La formule

$$\rho=\frac{1}{r\cos^2\varphi+2s\sin\varphi\cos\varphi+t\sin^2\varphi},$$

précédemment obtenue pour le rayon de courbure d'une section normale faisant avec le plan des xz un angle φ, dépend des valeurs des dérivées partielles du second ordre au point considéré de la surface. Nous avons tacitement admis que r, s et t avaient, en ce point, des valeurs déterminées et indépendantes de l'angle φ. Mais ces *fonctions* se présentent quelquefois sous l'une des formes $\frac{0}{0}$ ou $\frac{\infty}{\infty}$, quand x, y et z deviennent nulles; il faut alors chercher directement les rayons de courbure des sections normales qui passent à l'origine des coordonnées.

Soit, par exemple, l'équation

$$(1)\qquad z=x^2f\left(\frac{y}{x}\right),$$

f désignant une fonction quelconque, mais bien déterminée, de $\frac{y}{z}$. Elle représente une surface dont les sections normales à l'origine sont des paraboles ayant pour axe commun l'axe des z. Les dérivées partielles du premier ordre sont :

$$p = 2xf\left(\frac{y}{x}\right) - yf'\left(\frac{y}{x}\right),$$

$$q = xf'\left(\frac{y}{x}\right);$$

et les dérivées du second ordre :

$$r = 2f\left(\frac{y}{x}\right) - 2\frac{y}{x}f'\left(\frac{y}{x}\right) + \frac{y^2}{x^2}f''\left(\frac{y}{x}\right),$$

$$s = f'\left(\frac{y}{x}\right) - \frac{y}{x}f''\left(\frac{y}{x}\right),$$

$$t = f''\left(\frac{y}{x}\right).$$

On a bien, en général, par ces formules, $p = 0$, $q = 0$, pour $x = 0$, $y = 0$. Quant aux valeurs de r, s, t, elles se présentent sous une forme indéterminée. Mais il est facile de trouver le rayon de courbure d'une section normale dont le plan fait l'angle φ avec le plan des xz. Supposons que, dans le voisinage du point O, la surface soit représentée par la *fig.* 121, et posons $\text{TOA} = \text{M}'\text{O}'\text{A}' = \varphi$. On a

$$\rho = \lim \frac{\overline{\text{O}'\text{M}'}^2}{2\,\text{OO}'} = \lim \frac{\overline{\text{O}'\text{M}'}^2}{2z};$$

mais x est égal à $\text{O}'\text{M}'\cos\varphi$, et l'équation (1) donne

$$\frac{2z}{\overline{\text{O}'\text{M}'}^2} = 2\cos^2\varphi f(\operatorname{tang}\varphi) = \frac{1}{\rho}.$$

On doit remarquer qu'en faisant varier l'angle φ, le rayon de courbure peut avoir, selon la forme de la fonction f, un nombre quelconque de valeurs maximums ou minimums, et il y aura autant de maximums que de minimums puisque ces valeurs doivent se succéder alternativement quand on fait varier φ de o à 2π, et que la section normale revient à sa position primitive.

TANGENTES CONJUGUÉES.

716. Soit MM′ une courbe quelconque située sur une surface : imaginons les plans tangents menés par les points M et M′. Si le second point se rapproche indéfiniment du premier, l'intersection des deux plans variera de position et deviendra, à la limite, une certaine tangente à la surface passant par le point M. Cette droite limite et la tangente MT à la courbe MN sont dites *tangentes conjuguées*.

Fig. 122.

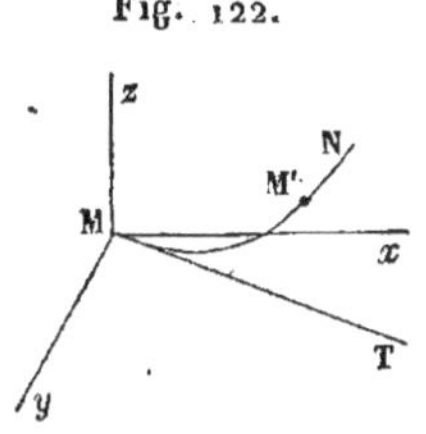

Prenons pour origine le point M, pour plans des coordonnées xy, xz, yz, le plan tangent, et les plans des sections normales principales correspondant à ce point. On aura, au point M, $x = 0$, $y = 0$, $z = 0$, puis $p = 0$, $q = 0$ et $s = 0$ (n° 702).

L'équation du plan tangent en $M'(x', y', z')$ est

$$Z - z' = p'(X - x') + q'(Y - y'),$$

p' et q' désignant les valeurs de p et de q relatives au point M′. D'après la formule de Maclaurin, on a

$$z' = px' + qy' + \frac{1}{2}(rx'^2 + 2sx'y' + ty'^2) + \ldots.$$

On aura donc, en négligeant des infiniment petits du troisième ordre,

$$z' = \frac{1}{2}(rx'^2 + ty'^2).$$

On trouvera de même

$$p' = rx', \quad q' = ty'.$$

Par suite, les équations des plans tangents menés aux

points M et M′ seront

$$Z = 0,$$

$$rx'(X - x') + ty'(Y - y') + \frac{1}{2}(rx'^2 + ty'^2) - Z = 0.$$

Ces deux équations représentent l'intersection des deux plans tangents. Or, si l'on porte dans la seconde la valeur $Z = 0$, on aura, en réduisant,

$$rx'X + ty'Y - \frac{1}{2}(rx'^2 + ty'^2) = 0.$$

Posons $y' = mx'$, m étant le coefficient angulaire de la projection de la droite MM′, qui, à la limite, se confond avec la tangente MT. L'équation précédente devient

$$rX + tmY - \frac{1}{2}x'(r + tm^2) = 0,$$

et quand le point M′ se réunit au point M, on a $x' = 0$, et

$$rX + tmY = 0,$$

équation de la tangente conjuguée définie plus haut. On voit que si m' désigne son coefficient angulaire, on a

$$m' = -\frac{r}{tm}$$

ou

$$mm' = -\frac{r}{t}.$$

717. *Deux tangentes conjuguées sont parallèles à deux diamètres conjugués de l'indicatrice.*

En effet, si

$$\frac{x^2}{a^2} + \frac{y^2}{b^2} = 1$$

est l'équation de l'indicatrice, on a, entre les coefficients angulaires de deux diamètres conjugués, la relation

$$mm' = -\frac{b^2}{a^2}.$$

On a d'ailleurs (702 et 711)

$$a^2 = \frac{1}{r}, \quad b^2 = \frac{1}{t};$$

par conséquent,

$$mm' = -\frac{b^2}{a^2} = -\frac{r}{t},$$

ce qui démontre le théorème énoncé. Les rayons de courbure étant proportionnels aux carrés des diamètres de l'indicatrice, il résulte d'une propriété bien connue des sections coniques que *la somme algébrique des rayons de courbure correspondant à deux tangentes conjuguées est constante.*

EXERCICES.

1. *Trouver sur la surface de l'ellipsoïde*

$$\frac{x^2}{a^2} + \frac{y^2}{b^2} + \frac{z^2}{c^2} = 1$$

le lieu des points qui ont des indicatrices semblables (*lieu des courbures semblables*).

Solution : E et F étant les axes de l'une des indicatrices, si l'on pose $\lambda = \frac{E}{F} + \frac{F}{E}$, le lieu demandé sera l'intersection de l'ellipsoïde par la surface dont l'équation est

$$a^2 b^2 c^2 \lambda^2 \left(\frac{x^2}{a^4} + \frac{y^2}{b^4} + \frac{z^2}{c^4}\right) = (a^2 + b^2 + c^2 - x^2 - y^2 - z^2)^2.$$

2. Les rayons de courbure principaux de l'ellipsoïde sont donnés par l'équation

$$\rho^2 - (a^2 + b^2 + c^2 - x^2 - y^2 - z^2)\frac{\rho}{p} + \frac{a^2 b^2 c^2}{p^4} = 0,$$

où p désigne la longueur de la perpendiculaire abaissée du centre sur le plan tangent au point (x, y, z).

3. Pour la surface $xyz = m^3$, on a

$$\rho^2 - 2(x^2 + y^2 + z^2)\frac{\rho}{p} + \frac{27 m^6}{p^4} = 0.$$

4. On sait que des droites normales à une surface sont aussi normales à une infinité d'autres surfaces, dont chacune est à une distance constante h de la première, de sorte que deux quelconques de ces surfaces interceptent sur toutes les normales une longueur constante Ces surfaces ont les mêmes plans de sections principales pour tous les points où elles rencontrent une même normale. Les courbes indicatrices des surfaces pour ces points sont des coniques homofocales ayant leurs axes parallèles, de sorte que la ligne des foyers est constante de grandeur et de direction.

CINQUANTE-SIXIÈME LEÇON.

SUITE DE LA COURBURE DES SURFACES.

Lignes de courbure. — Propriétés des lignes de courbure. — Centres de courbure des sections principales. — Rayons de courbure principaux. — Applications.

LIGNES DE COURBURE.

718. Soient S une surface rapportée à trois axes rectangulaires quelconques; M (x, y, z), un point de la surface, et MN la normale en ce point. Si M′ (x', y', z') est un second point de la surface, voisin de M, la normale M′N′ ne rencontrera pas la première normale MN, à moins qu'il n'y ait entre les coordonnées de ces deux points une certaine relation que nous allons chercher.

Fig. 123.

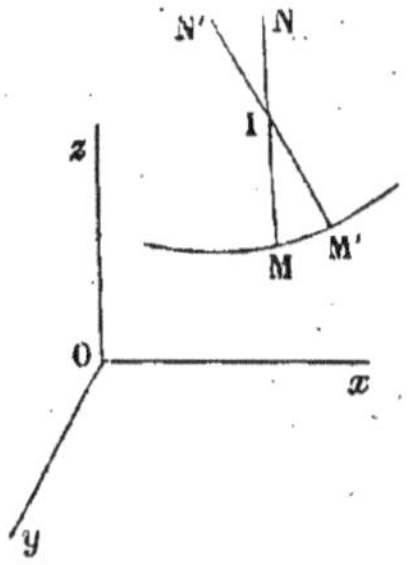

La normale MN a pour équations

$$(1) \qquad X - x + p(Z - z) = 0,$$
$$(2) \qquad Y - y + q(Z - z) = 0.$$

Si p' et q' désignent les valeurs de p et de q relatives au point M′, la normale M′N′ aura pour équations

$$(3) \qquad X - x' + p'(Z - z') = 0,$$
$$(4) \qquad Y - y' + q'(Z - z') = 0.$$

En éliminant X entre les équations (1) et (3), on a

$$Z = \frac{x' - x + p'z' - pz}{p' - p}.$$

L'élimination de Y entre les équations (2) et (4) donne

$$Z = \frac{y' - y + q'z' - qz}{q' - q}.$$

On a donc l'équation de condition

$$(5) \qquad \frac{x' - x + p'z' - pz}{p' - p} = \frac{y' - y + q'z' - qz}{q' - q}.$$

Cette équation et celle de la surface

$$(6) \qquad z' = f(x', y')$$

représentent une courbe MM' située sur la surface, et passant par le point M. Toutes les normales à la surface menées par les divers points de cette courbe iront rencontrer la normale MN.

719. Concevons maintenant que le point M' se rapproche, de plus en plus, du point M : la droite MM' deviendra la tangente, et les différences $x' - x$, $y' - y$, $z' - z$, $p' - p$, $q' - q$ devront être remplacées par les différentielles dx, dy, dz, dp, dq. De même $p'z' - pz = d(pz)$, $q'z' - qz = d(qz)$. On aura donc, à la limite,

$$\frac{dx + p\,dz + z\,dp}{dp} = \frac{dy + q\,dz + z\,dq}{dq},$$

ou simplement

$$(7) \qquad \frac{dx + p\,dz}{dp} = \frac{dy + q\,dz}{dq}.$$

Mais on a

$$dz = p\,dx + q\,dy,$$
$$dp = r\,dx + s\,dy,$$
$$dq = t\,dy + s\,dx;$$

donc

$$\frac{1 + p^2 + pq\dfrac{dy}{dx}}{r + s\dfrac{dy}{dx}} = \frac{pq + (1 + q^2)\dfrac{dy}{dx}}{s + t\dfrac{dy}{dx}},$$

ou bien

$$(8) \left\{ \begin{aligned} &[(1 + q^2)s - pqt]\left(\frac{dy}{dx}\right)^2 + [(1 + q^2)r - (1 + p^2)t]\frac{dy}{dx} \\ &\qquad\qquad + pqr - (1 + p^2)s = 0. \end{aligned} \right.$$

Cette équation donne deux valeurs de $\frac{dy}{dx}$. Elle indique deux directions suivant lesquelles il faut passer du point M à un second point infiniment voisin, sur la surface, pour que la normale en ce point rencontre la normale au point M. Prenons l'une des valeurs de $\frac{dy}{dx}$, et la valeur correspondante de $\frac{dz}{dx}$. Soit M' le point correspondant. On passera, de même, du point M' à un troisième point M'', et ainsi de suite. On aura donc une ligne MM'M''..., telle que toute normale à la surface menée par un de ses points rencontrera la normale infiniment voisine en négligeant des infiniment petits d'ordre supérieur à celui de MM', M'M'', etc. La seconde valeur de $\frac{dy}{dx}$ donne une autre ligne jouissant de la même propriété.

On nomme *ligne de courbure* le lieu des points d'une surface pour lesquels les normales se rencontrent consécutivement. Par chaque point d'une surface il passe deux lignes de courbure représentées par l'équation différentielle (8), et par l'équation de la surface. En éliminant z, on aura l'équation de la projection des lignes de courbure sur le plan des xy. L'intégration donnera deux équations contenant deux constantes arbitraires qu'on déterminera en faisant passer la ligne par un point donné de la surface.

PROPRIÉTÉS DES LIGNES DE COURBURE.

720. Prenons la normale MN pour axe des z : p et q sont nuls, et l'équation (8) devient

$$(9) \qquad s\left(\frac{dy}{dx}\right)^2 + (r-t)\frac{dy}{dx} - s = 0.$$

Le produit des racines de cette équation est égal à -1; donc les tangentes menées aux lignes de courbure qui se croisent au point M sont perpendiculaires entre elles.

Si maintenant on prend les plans principaux pour plans des zx et des zy, on a $s = 0$ (702). L'équation (9) a une racine nulle et l'autre infinie : donc les deux lignes de courbure ont respectivement pour tangentes, au point M, l'axe des x et l'axe des y, c'est-à-dire les tangentes aux sections principales. Les deux séries de ligne de courbure se coupent donc à angle droit sur la surface et la partagent en rectangles infiniment petits.

Si l'on avait, à la fois, $s = 0$, $r = t$, les deux valeurs de $\frac{dy}{dx}$ seraient indéterminées. Il y aurait une infinité de lignes de courbure passant par le point M, autour duquel toutes les courbures seraient égales : ce serait donc un ombilic. Ce caractère peut servir à trouver les ombilics d'une surface, car si l'on exprime que l'équation (8) donne pour $\frac{dy}{dx}$ une infinité de valeurs, on aura les deux conditions déjà trouvées (706)

$$\frac{1+p^2}{r} = \frac{1+q^2}{t} = \frac{pq}{s}.$$

721. Soient O un point de la surface, Oz la normale, OA et OB les deux lignes de courbure, Ox Oy leurs tangentes. Si O′ et O″ sont deux points infiniment voisins du point O sur les lignes OA et OB, les normales O′K et O″L peuvent être considérées comme rencontrant Oz : soient K et L les points d'intersection. Je dis que OK et OL sont les rayons de courbure, au point O, des sections principales zOx, zOy. En effet, puisque Ox est tangente à la courbe OA, le point O′ infiniment voisin du point O sur OA peut être considéré comme appartenant au plan zOx. Donc la droite O′K qui est normale à la courbe OA, comme étant normale à la surface, déterminera, par

Fig. 124.

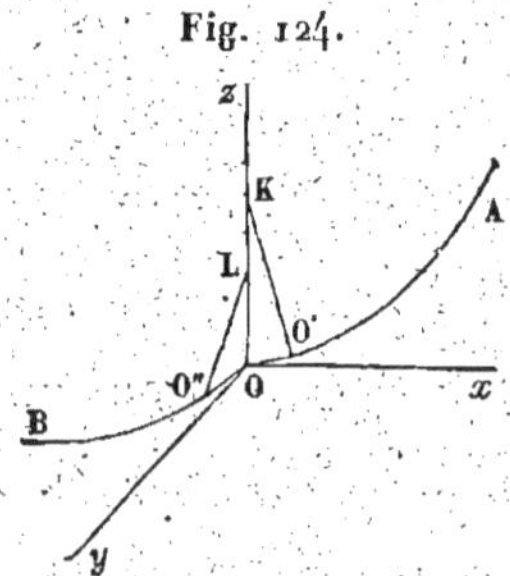

sa rencontre avec la normale Oz, le centre de courbure de la section principale située dans le plan zOx. On ferait voir de la même manière que OL est le rayon de courbure de la section principale faite par le plan zOy.

722. C'est ce qu'il est facile de vérifier par le calcul. Soient

$$(1)\qquad \begin{cases} X - x + p(Z - z) = 0, \\ Y - y + q(Z - z) = 0; \end{cases}$$

$$(2)\qquad \begin{cases} X - x' + p'(Z - z') = 0, \\ Y - y' + q'(Z - z') = 0 \end{cases}$$

les équations de deux normales. Si le point (x, y, z) coïncide avec l'origine, et que le point (x', y', z') soit infiniment voisin, les équations (1) se réduisent à

$$X = 0, \quad Y = 0,$$

et les deux autres donnent, au point commun,

$$-dx + dp(Z - dz) = -dx + Zrdx = 0,$$
$$-dy + dq(Z - dz) = -dy + Ztdy = 0,$$

ou bien

$$dx(Zr - 1) = 0,$$
$$dy(Zt - 1) = 0.$$

On ne peut pas supposer dx et dy nulles à la fois, mais on peut satisfaire à ces deux équations, soit en posant

$$(3)\qquad dx = 0, \quad Z = \frac{1}{t},$$

ou bien

$$(4)\qquad dy = 0, \quad Z = \frac{1}{r}.$$

Dans le premier cas, puisque $dx = 0$, la tangente coïncide avec l'axe des y, et $Z = \frac{1}{t}$ est le rayon de courbure principal. Même conclusion à tirer du second système.

723. Il faut bien se garder de croire que les points de rencontre des normales soient les centres des cercles osculateurs des lignes de courbure, car ces normales se coupent consécutivement et sont tangentes à une même courbe, propriété qui n'appartient jamais aux normales menées par les centres de courbure d'une courbe gauche. Et même, les lignes de courbure peuvent être planes sans que leurs cercles osculateurs se confondent avec ceux des sections principales. Il faut pour cela que leurs plans osculateurs soient normaux et que, par conséquent, les lignes de courbure soient les lignes de plus courte distance sur la surface (61e Leçon). Par exemple, dans les surfaces de révolution, les lignes de courbure sont les méridiens et les parallèles. Les méridiens sont des sections principales, parce que leurs plans osculateurs sont normaux à la surface. Les parallèles sont des lignes de courbure planes sans être des sections principales.

CALCUL DES RAYONS DE COURBURE PRINCIPAUX EN UN POINT QUELCONQUE D'UNE SURFACE.

724. Le théorème démontré (**722**) permet de calculer les courbures principales en un point d'une surface, l'origine étant quelconque.

La normale menée au point M de la surface a pour équations

$$(1)\qquad \begin{cases} X - x + p(Z - z) = 0, \\ Y - y + q(Z - z) = 0. \end{cases}$$

Si M' est un point infiniment voisin, pris sur la ligne de courbure, la normale correspondante rencontrera la première normale en un point dont le Z sera donné par chacune des deux équations

$$(2)\qquad Z - z = \frac{1 + p^2 + pq\dfrac{dy}{dx}}{r + s\dfrac{dy}{dx}},$$

$$(3)\qquad Z - z = \frac{pq + (1 + q^2)\dfrac{dy}{dx}}{s + t\dfrac{dy}{dx}}.$$

En éliminant $\frac{dy}{dx}$ entre ces deux équations, on aura

$$(4)\left\{\begin{array}{l}(rt-s^2)(\mathrm{Z}-z)^2\\ \quad -[(1+p^2)t+(1+q^2)r-2pqs](\mathrm{Z}-z)\\ \qquad\qquad +1+p^2+q^2=0.\end{array}\right.$$

Cette dernière équation donne deux valeurs de $\mathrm{Z}-z$, et, par suite, de Z, qui correspondent aux centres de courbure des deux sections principales. Appelons ρ l'un des rayons de courbure, on aura

$$\rho=\sqrt{(\mathrm{X}-x)^2+(\mathrm{Y}-y)^2+(\mathrm{Z}-z)^2},$$

valeur qui se réduit, en vertu des équations (1), à

$$\rho=(\mathrm{Z}-z)\sqrt{1+p^2+q^2},$$

d'où

$$\mathrm{Z}-z=\frac{\rho}{\sqrt{1+p^2+q^2}}.$$

Si l'on substitue cette valeur de $\mathrm{Z}-z$ dans l'équation (4), on aura, en réduisant et ordonnant,

$$(5)\left\{\begin{array}{l}(rt-s^2)\rho^2\\ \quad -[(1+p^2)t+(1+q^2)r-2pqs]\sqrt{1+p^2+q^2}.\rho\\ \qquad\qquad +(1+p^2+q^2)^2=0,\end{array}\right.$$

d'où l'on déduira les valeurs des deux rayons de courbure principaux.

725. Les normales d'une surface, menées par les différents points d'une ligne de courbure, forment une surface développable, puisque deux normales consécutives se rencontrent. Pour avoir l'équation de cette surface, il faut éliminer x, y, z entre l'équation de la surface proposée, les équations (1) d'une normale et l'équation (8) du n° 719 qui exprime que le point (x, y, z) est sur la ligne de courbure.

On obtiendra le lieu des centres de courbure de toutes les sections principales d'une surface représentée par l'équation

$$F(x, y, z) = 0,$$

en éliminant x, y, z entre cette équation, celles de la normale, et l'équation (4) où Z se rapporte au point de concours de deux normales infiniment voisines. Cette surface se composera de deux nappes, puisque chaque normale contient deux centres de courbure.

APPLICATION DES THÉORIES PRÉCÉDENTES AU PARABOLOÏDE ELLIPTIQUE.

726. *Équation différentielle des lignes de courbure.* — Soit

(1) $$z = \frac{x^2}{2a} + \frac{y^2}{2b}, \quad a > b > 0,$$

l'équation d'un paraboloïde elliptique. On a, dans cet exemple,

(2) $$p = \frac{x}{a}, \quad q = \frac{y}{b}, \quad r = \frac{1}{a}, \quad s = 0, \quad t = \frac{1}{b}.$$

L'équation générale (719)

$$\frac{(1+p^2)\,dx + pq\,dy}{r\,dx + s\,dy} = \frac{(1+q^2)\,dy + pq\,dx}{s\,dx + t\,dy}$$

devient

$$\frac{dy}{b}\left[\frac{xy}{ab}dy + dx\left(1 + \frac{x^2}{a^2}\right)\right] = \frac{dx}{a}\left[\frac{xy}{ab}dx + dy\left(1 + \frac{y^2}{b^2}\right)\right],$$

ou, en ordonnant,

$$\frac{xy}{ab^2}\frac{dy^2}{dx^2} + \left(\frac{1}{b} - \frac{1}{a} + \frac{x^2}{a^2 b} - \frac{y^2}{ab^2}\right)\frac{dy}{dx} - \frac{xy}{a^2 b} = 0,$$

et, multipliant par $\frac{y}{x^3}$,

(3) $$\left\{\begin{aligned} &\frac{1}{ab^2}\frac{y^2 dy^2}{x^2 dx^2} + \left(\frac{1}{b} - \frac{1}{a} + \frac{x^2}{a^2 b} - \frac{y^2}{ab^2}\right)\frac{1}{x^2}\frac{y\,dy}{x\,dx} \\ &\qquad\qquad - \frac{1}{a^2 b}\frac{y^2}{x^2} = 0: \end{aligned}\right.$$

c'est l'équation différentielle des lignes de courbure du paraboloïde elliptique.

Intégration de l'équation (3). — Si l'on fait $x^2 = v$, $y^2 = u$, cette équation devient

$$(4) \quad \frac{1}{ab^2} v \left(\frac{du}{dv}\right)^2 + \left(\frac{1}{b} - \frac{1}{a} + \frac{v}{a^2 b} - \frac{u}{ab^2}\right) \frac{du}{dv} - \frac{u}{a^2 b} = 0.$$

Comme u et v n'entrent qu'à la première puissance, on peut y satisfaire en substituant à u une fonction linéaire de v. Posons

$$u = cv + c', \quad \text{d'où} \quad \frac{du}{dv} = c.$$

En remplaçant u et $\frac{du}{dv}$ par $cv + c'$ et c dans l'équation (4), les termes qui multiplient v se détruisent, et il reste

$$\left(\frac{1}{b} - \frac{1}{a} - \frac{c'}{ab^2}\right) c - \frac{c'}{a^2 b} = 0,$$

d'où

$$c' = \frac{ab(a-b)c}{b+ac}.$$

La constante c reste donc arbitraire, et comme l'intégrale ne doit en déterminer qu'une, il en résulte que $u = cv + c'$, ou

$$(5) \qquad y^2 = cx^2 + \frac{ab(a-b)c}{b+ac},$$

est l'intégrale générale de l'équation (3). En faisant varier c, on aura les projections sur le plan des xy de toutes les lignes de courbure. Ces projections sont des ellipses si l'on a $c < 0$, des hyperboles quand c est > 0. Elles ont toutes leur centre à l'origine.

Détermination de la constante c. — Si l'on veut avoir les lignes de courbure qui passent par un point (x', y', z') de la surface, on déterminera c par l'équation

$$y'^2 = cx'^2 + \frac{ab(a-b)c}{b+ac},$$

ou

(6) $$ax'^2c^2 + [bx'^2 - ay'^2 + ab(a-b)]c - by'^2 = 0.$$

On en tire deux valeurs de c réelles et de signes contraires, puisque a et b sont de même signe. Ces deux racines étant désignées par m et $-n$, les projections des lignes de courbure seront représentées par les équations

(7) $$y^2 = mx^2 + \frac{ab(a-b)m}{b+am},$$

(8) $$y^2 = -nx^2 + \frac{ab(a-b)n}{an-b}.$$

La première courbe est une hyperbole, la seconde une ellipse.

Discussion. — La constante m peut varier de o à l'infini, mais la constante n doit être plus grande que $\frac{b}{a}$, et ne peut varier que de $\frac{b}{a}$ à l'infini. En effet, l'équation (8) étant mise sous la forme

$$y^2 + nx^2 = \frac{ab(a-b)n}{an-b},$$

le second membre doit être positif: donc, puisque a est $> b$, il faut que l'on ait $an - b > 0$, ou $n > \frac{b}{a}$.

Examinons maintenant les hyperboles représentées par l'équation (7). A cause de l'hypothèse $a > b$, elles ont, toutes, leur axe réel dirigé suivant l'axe des y. La valeur du demi-axe transverse est

$$\sqrt{\frac{ab(a-b)m}{b+am}},$$

ou bien

$$\sqrt{\frac{ab(a-b)}{a+\frac{b}{m}}}.$$

Si m varie de o à l'infini, cet axe augmente de o à

$\sqrt{b(a-b)}$. En mettant l'équation (7) sous la forme

$$\frac{y^2}{m} = x^2 + \frac{ab(a-b)}{b+am},$$

on voit que pour $m = \infty$ elle se réduit à $x = 0$. L'hyperbole se confond alors avec l'axe des y, ou plutôt avec la portion de l'axe des y qui commence à une distance de l'origine égale à $\pm\sqrt{b(a-b)}$.

Les ellipses représentées par l'équation (8) ont leurs axes dirigés suivant les axes des x et des y.

Les demi-axes ont pour expressions

$$\sqrt{\frac{ab(a-b)}{an-b}}, \quad \sqrt{\frac{ab(a-b)}{a-\frac{b}{n}}}.$$

Le premier, dirigé suivant l'axe des x, diminue de l'infini à 0, quand n augmente de $\frac{b}{a}$ à l'infini. L'autre demi-axe diminue de l'infini jusqu'à $\sqrt{b(a-b)}$. Donc, tout point situé sur l'axe des y et à une distance de l'origine plus grande que $\sqrt{b(a-b)}$ sera le sommet d'une de ces ellipses. Pour $n = \infty$ l'ellipse se réduit à l'axe des y, comme le montre l'équation (8) mise sous la forme

$$\frac{y^2}{n} = -x^2 + \frac{ab(a-b)}{an-b}:$$

cela résulte encore de ce que l'autre axe se réduit alors à 0.

Si $x' = 0$, une des valeurs de c est infinie, et l'autre est positive ou négative suivant que y' est inférieur ou supérieur à $\sqrt{b(a-b)}$. Les projections des lignes de courbure sont alors l'axe des y, et des hyperboles ou des ellipses, selon que y' est plus petit ou plus grand que $\sqrt{b(a-b)}$.

Si $y' = 0$, une des valeurs de c est nulle, et l'autre toujours négative. Dans ce cas, les lignes de courbure ont pour projections l'axe des x et des ellipses.

EXERCICES.

1. *Trouver les lignes de courbure de l'ellipsoïde.*

SOLUTION : Soit

$$\frac{x^2}{a^2}+\frac{y^2}{b^2}+\frac{z^2}{c^2}=1$$

l'ellipsoïde donné, $a > b > c$. Les projections des lignes de courbure sur le plan des xy sont, pour l'un des systèmes, des ellipses

$$\frac{x^2}{X^2}+\frac{y^2}{Y^2}=1,$$

X et Y étant les coordonnées d'un point de l'hyperbole

$$X^2-\frac{a^2(a^2-b^2)}{a^2-c^2}Y^2=\frac{b^2(a^2-b^2)}{a^2-c^2};$$

et, pour le second système, des hyperboles

$$\frac{x^2}{X^2}-\frac{y^2}{Y^2}=1,$$

dont les demi-axes sont les coordonnées d'un point de l'ellipse

$$X^2+\frac{a^2(a^2-b^2)}{a^2-c^2}Y^2=\frac{b^2(a^2-b^2)}{a^2-c^2}.$$

Sur le plan du grand axe et du petit axe les projections des deux systèmes de lignes de courbure sont des ellipses.

2. Lorsque trois surfaces se coupent orthogonalement, l'intersection de deux quelconques d'entre elles est une ligne de courbure de l'une et de l'autre.

3. Lorsque deux surfaces se coupent suivant une ligne de courbure commune à l'une et à l'autre, elles se coupent sous le même angle en tous les points de cette ligne.

CINQUANTE-SEPTIÈME LEÇON.

CALCUL DES DIFFÉRENCES FINIES. — CALCUL INVERSE DES DIFFÉRENCES.

Notions préliminaires. — Différence $n^{ième}$ du premier terme d'une suite, en fonction des termes de cette suite. — Terme général d'une suite, en fonction du premier et de ses différences successives. — Différences des fonctions entières. — Différences de quelques fonctions fractionnaires, ou transcendantes. — Théorèmes généraux. — Intégration de quelques fonctions.

NOTIONS PRÉLIMINAIRES.

727. Le but général du calcul différentiel est de chercher les limites des rapports des accroissements simultanés de plusieurs quantités variables, ce que l'on peut faire sans considérer les valeurs numériques de ces accroissements. Dans le *calcul aux différences finies*, on s'occupe, au contraire, de ces valeurs numériques et on en cherche la loi.

Soient

$$u_0,\quad u_1,\quad u_2,\ldots,\quad u_n,\ldots,$$

une suite de valeurs successives que reçoit une quantité variable. Si l'on retranche chacune de ces valeurs de celle qui la suit, on obtient ce qu'on appelle les différences *premières* de ces valeurs, et on les représente par

$$\Delta u_0,\quad \Delta u_1,\quad \Delta u_2,\ldots,\quad \Delta u_n,\ldots,$$

en sorte que l'on a

$$u_1 - u_0 = \Delta u_0,\quad u_2 - u_1 = \Delta u_1,\ldots,\quad u_{n+1} - u_n = \Delta u_n,\ldots.$$

En opérant de la même manière sur la suite des différences premières, on obtient une suite de différences *secondes*, qu'on représente par

$$\Delta^2 u_0,\quad \Delta^2 u_1,\quad \Delta^2 u_2,\ldots,\quad \Delta^2 u_n,\ldots.$$

On a donc, par définition,

$$\Delta u_1 - \Delta u_0 = \Delta^2 u_0, \quad \Delta u_2 - \Delta u_1 = \Delta^2 u_1, \ldots$$

On formera de la même manière les différences *troisièmes*, *quatrièmes*, etc.

Par exemple, la suite des carrés des nombres entiers

$$1, \quad 4, \quad 9, \quad 16, \quad 25, \ldots,$$

a pour différences premières

$$3, \quad 5, \quad 7, \quad 9, \ldots;$$

et pour différences secondes

$$2, \quad 2, \quad 2, \ldots;$$

les différences troisièmes et, par suite, les différences d'un ordre supérieur, sont nulles.

Dans cet exemple, toutes les différences secondes sont égales à 2. Si l'on admet la généralité de cette loi, on pourra prolonger indéfiniment la suite des différences premières, et, par leur moyen, celle des nombres carrés.

728. Le calcul des différences est fondé sur quelques principes analogues à ceux qui forment la base du calcul différentiel.

En premier lieu, u, v, z étant des quantités variables, on a

$$(1) \qquad \Delta(u + v - z) = \Delta u + \Delta v - \Delta z,$$

c'est-à-dire que *la différence d'une somme est égale à la somme algébrique des différences de ses parties*. En effet,

$$\begin{aligned} \Delta(u + v - z) &= (u_1 + v_1 - z_1) - (u + v - z) \\ &= (u_1 - u) + (v_1 - v) - (z_1 - z) \\ &= \Delta u + \Delta v - \Delta z. \end{aligned}$$

La différence d'une constante est nulle. Donc

$$(2) \qquad \Delta(u + a) = \Delta u.$$

On a encore

$$(3) \qquad \Delta au = a\Delta u,$$

car $\Delta au = au_1 - au = a(u_1 - u) = a\Delta u$.

EXPRESSION DE $\Delta^n u$.

729. Proposons-nous de trouver l'expression de $\Delta^n u$ en fonction de $u, u_1, \ldots, u_n$. On a d'abord

$$\Delta u = u_1 - u,$$
$$\Delta u_1 = u_2 - u_1.$$

Mais

$$\Delta^2 u = \Delta u_1 - \Delta u;$$

donc

$$\Delta^2 u = u_2 - 2u_1 + u.$$

$\Delta^2 u_1$ doit être composé avec u_3, u_2, u_1, comme $\Delta^2 u$ avec u_2, u_1, u. On a donc

$$\Delta^2 u_1 = u_3 - 2u_2 + u_1,$$

et en retranchant $\Delta^2 u$ de $\Delta^2 u_1$,

$$\Delta^3 u = u_3 - 3u_2 + 3u_1 - u.$$

On trouvera de la même manière

$$\Delta^4 u = u_4 - 4u_3 + 6u_2 - 4u_1 + u,$$

et ainsi de suite. On voit que les coefficients numériques qui entrent dans l'expression des différences $\Delta^2 u$, $\Delta^3 u$, $\Delta^4 u$, sont les coefficients des puissances deuxième, troisième, quatrième du binôme, d'où l'on conclut, en généralisant,

$$(1) \qquad \Delta^n u = u_n - nu_{n-1} + \frac{n(n-1)}{1.2} u_{n-2} - \ldots \pm u,$$

ou, sous une forme symbolique,

$$\Delta^n u = (u - 1)^{(n)},$$

égalité qui tiendra lieu de la précédente, pourvu qu'après

avoir développé le second membre par la formule du binôme, on remplace $u^0, u^1, u^2, \ldots$, par $u, u_1, u_2, \ldots$.

Pour démontrer la généralité de cette loi, posons

$$(2)\quad \Delta^n u = u_n - A u_{n-1} + B u_{n-2} - C u_{n-3} + \ldots \pm u.$$

On aura également

$$(3)\quad \Delta^n u_1 = u_{n+1} - A u_n + B u_{n-1} - C u_{n-2} + \ldots \pm u_1,$$

et, en retranchant $\Delta^n u$ de $\Delta^n u_1$,

$$\Delta^{n+1} u = u_{n+1} \begin{array}{c|c|c|c} - A & u_n + B & u_{n-1} - C & u_{n-2} + \ldots \mp u. \\ - 1 & + A & - B & \end{array}$$

Or, si 1, A, B, C,... sont les coefficients de $(x+1)^n$, on sait que 1, $1+A$, $A+B$, $B+C$,... seront les coefficients de $(x+1)^{n+1}$. Donc, si la formule (1) est vraie pour l'indice n, elle l'est encore pour l'indice $n+1$, ce qui démontre sa généralité.

730. Autrement, supposons la loi démontrée pour l'indice n et posons

$$\Delta^n u = \sum K u_p = (u-1)^{(n)},$$

on aura

$$\Delta^n u_1 = \sum K u_{p+1}.$$

D'où

$$\Delta^{n+1} u = \sum K u_{p+1} - \sum K u_p,$$

$$= \sum K (u_{p+1} - u_p),$$

et, sous une forme symbolique,

$$\Delta^{n+1} u = \sum K u^p (u-1).$$

Il résulte de là

$$\Delta^{n+1} u = (u-1) \sum K u^p = (u-1)(u-1)^{(n)},$$

et, par conséquent,

$$\Delta^{n+1} u = (u-1)^{(n+1)}.$$

EXPRESSION DU TERME GÉNÉRAL D'UNE SUITE, EN FONCTION DU PREMIER TERME ET DE SES DIFFÉRENCES SUCCESSIVES.

731. On a, par définition,

$$u_1 = u + \Delta u,$$
$$u_2 = u_1 + \Delta u_1,$$
$$\Delta u_1 = \Delta u + \Delta^2 u.$$

En ajoutant ces équations, membre à membre, il vient

$$u_2 = u + 2\Delta u + \Delta^2 u.$$

On aurait de même

$$\Delta u_2 = \Delta u + 2\Delta^2 u + \Delta^3 u,$$

d'où, en ajoutant ces deux équations,

$$u_3 = u + 3\Delta u + 3\Delta^2 u + \Delta^3 u,$$

et ainsi de suite. On est ainsi conduit par induction à la formule

$$(1) \qquad u_n = u + n\Delta u + \frac{n(n-1)}{1.2}\Delta^2 u + \ldots + \Delta^n u,$$

ou à la formule symbolique

$$u_n = (1 + \Delta)^{(n)} u,$$

dont l'exactitude se démontrerait par le mode de raisonnement employé (729 et 730).

DIFFÉRENCES DES FONCTIONS ENTIÈRES.

732. Supposons maintenant que u soit une fonction entière de x du degré m, et que u_1, u_2, u_3, ..., représentent les valeurs successives que prend cette fonction, quand on donne à x une suite d'accroissements égaux représentés par h. Soit

$$u = Ax^m + Bx^{m-1} + Cx^{m-2} + \ldots + Kx + L.$$

On aura

$$\Delta u = A[(x+h)^m - x^m] + B[(x+h)^{m-1} - x^{m-1}] + C[(x+h)^{m-2} - x^{m-2}] + \ldots + Kh.$$

En développant et ordonnant par rapport à x, on aura un résultat de la forme

$$\Delta u = mAhx^{m-1} + B'x^{m-2} + C'x^{m-3} + \ldots + K'.$$

Le premier terme est du $(m-1)^{ième}$ degré, et son coefficient se forme en multipliant le coefficient du premier terme de u par l'exposant de ce terme et par h.

En opérant de la même manière sur la différence première, il en résultera

$$\Delta^2 u = m(m-1)Ah^2x^{m-2} + B''x^{m-3} + \ldots + I'';$$

on trouvera de même

$$\Delta^3 u = m(m-1)(m-2)Ah^3x^{m-3} + B'''x^{m-4} + \ldots + H''',$$

et ainsi de suite.

Le degré de chaque différence va en diminuant d'une unité, d'où l'on conclut que la $m^{ième}$ sera constante et se réduira au premier terme, dont la loi est connue. On aura donc

$$\Delta^m u = 1.2.3\ldots mAh^m.$$

Ainsi, *les différences $m^{ièmes}$ d'une fonction entière du $m^{ième}$ degré sont constantes, lorsque la variable croît par degrés égaux*. Les différences suivantes sont donc nulles.

733. Soit $u = x^m$. Alors

$$\Delta^m u = 1.2.3\ldots mh^m,$$

$$u_1 = (x+h)^m, \quad u_2 = (x+2h)^m, \ldots$$

Si l'on substitue ces valeurs dans la formule

$$(1) \quad \Delta^n u = u_n - nu_{n-1} + \frac{n(n-1)}{1.2}u_{n-2} + \ldots \text{ (729)},$$

on aura, si $n=m$,

$$(2)\quad \begin{cases} 1.2.3\ldots mh^m \\ =(x+mh)^m - m[x+(m-1)h]^m + \ldots \pm x^m. \end{cases}$$

Faisant $x=0$, $h=1$,

$$(3)\quad \begin{cases} 1.2.3\ldots m \\ = m^m - m(m-1)^m + \frac{m(m-1)}{1.2}(m-2)^m - \ldots \mp m. \end{cases}$$

Si l'on suppose $n>m$, on a $\Delta^n u=0$, et la formule (1), en faisant encore $x=0$, $h=1$, donne

$$(4)\quad 0=n^m - n(n-1)^m + \frac{n(n-1)}{1.2}(n-2)^m - \ldots$$

734. Soit

$$u=x(x+h)(x+2h)\ldots[x+(n-1)h],$$

on aura

$$(5)\quad \Delta u=(x+h)(x+2h)\ldots[x+(n-1)h]nh,$$

$$(6)\quad \Delta^2 u=(x+2h)\ldots[x+(n-1)h]n(n-1)h^2,$$

....

La loi de formation est évidente.

DIFFÉRENCES DE QUELQUES FONCTIONS FRACTIONNAIRES, OU TRANSCENDANTES.

735. En supposant toujours que la variable croît par degrés égaux, on a

1°
$$u=\frac{1}{x(x+h)(x+2h)\ldots[x+(n-1)h]},$$

$$\Delta u=\frac{-nh}{x(x+h)(x+2h)\ldots(x+nh)},$$

$$\Delta^2 u=\frac{n(n+1)h^2}{x(x+h)\ldots(x+nh)[x+(n+1)h]},$$

et ainsi de suite.

2°
$$u = a^x,$$
$$\Delta u = a^x(a^h - 1),$$
$$\Delta^2 u = a^x(a^h - 1)^2,$$

et, en général,
$$\Delta^n u = a^x(a^h - 1)^n.$$

3°
$$u = \sin(ax + b),$$
$$\Delta u = \sin(ax + ah + b) - \sin(ax + b),$$
$$\Delta \sin(ax + b) = 2\sin\frac{1}{2}ah\cos\left(ax + b + \frac{ah}{2}\right).$$

On a de même
$$\Delta \cos(ax + b) = -2\sin\frac{1}{2}ah\sin\left(ax + b + \frac{ah}{2}\right),$$

et,
$$\Delta^2 \sin(ax + b) = 2\sin\frac{1}{2}ah\,\Delta\cos\left(ax + b + \frac{ah}{2}\right);$$

ou, à cause de la seconde formule,
$$\Delta^2 \sin(ax + b) = -4\sin^2\frac{ah}{2}\sin(ax + b + ah),$$

et ainsi de suite.

CALCUL INVERSE DES DIFFÉRENCES. — DÉFINITIONS ET NOTATIONS.

736. Le calcul inverse des différences a pour objet de déterminer une fonction quand on connaît sa différence finie, ou lorsqu'on a une relation entre cette fonction, quelques-unes de ses différences et la variable indépendante. Mais nous nous bornerons au premier cas

Soit x la variable indépendante dont l'accroissement Δx est supposé constant et égal à h; soient $F(x)$ la fonction inconnue et $f(x)$ la différence donnée : on doit avoir

$$\Delta F(x) = f(x), \quad \text{ou} \quad F(x + h) - F(x) = f(x).$$

La fonction $F(x)$ dont la différence est $f(x)$ se représente par $\sum f(x)$, et se nomme l'*intégrale aux différences finies* de $f(x)$. D'après ces notations, les caractéristiques $\sum$ et Δ appliquées à la même fonction se détruisent, et l'on a

$$\Delta \sum f(x) = f(x), \qquad \sum \Delta f(x) = f(x).$$

737. Dans le calcul intégral ordinaire, quand on a obtenu une intégrale particulière d'une différentielle donnée, on ajoute à cette première solution une constante arbitraire pour former l'intégrale générale. Dans le calcul intégral aux différences finies, ce n'est pas une constante arbitraire qu'il faut ajouter à une intégrale particulière, mais la fonction la plus générale dont la différence est nulle. Ainsi $\varphi(x)$ étant une fonction dont la différence est $f(x)$, il faudra qu'on ait

$$F(x) = \varphi(x) + \varpi(x),$$

$\varpi(x)$ devant satisfaire à l'équation

$$\Delta \varpi(x) = \varpi(x+h) - \varpi(x) = 0.$$

La valeur de la fonction $\varpi(x)$ est complétement arbitraire quand x varie depuis une valeur quelconque a jusqu'à la valeur $a+h$. Pour les valeurs de x, qui ne sont pas comprises dans cet intervalle, la fonction $\varpi(x)$ sera déterminée par la condition de reprendre la même valeur quand x augmente de h. On la nomme, pour cette raison, une *fonction périodique*.

Cette fonction peut être représentée par une courbe.

Prenons sur l'axe Ox des intervalles AA′, A′A″, A″A‴, ..., égaux à h; puis, élevons les perpendiculaires égales AB, A′B′, A″B″,.... Traçons à volonté l'arc BMB′, et soit BB′B″B‴... une ligne composée d'un nombre indéfini d'arcs égaux à BMB′. L'ordonnée de cette courbe aura la même valeur pour des valeurs

Fig. 125

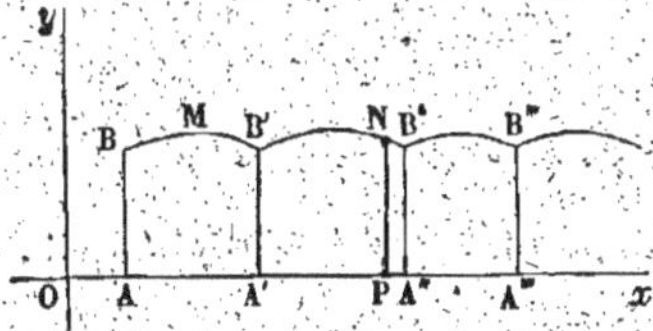

de x dont la différence est h, et représentera la fonction cherchée.

On aurait une fonction jouissant de la propriété en question, si l'on prenait

$$\varpi(x) = \Psi\left(\sin\frac{2\pi x}{h},\quad \cos\frac{2\pi x}{h}\right),$$

Ψ désignant une fonction tout à fait arbitraire.

THÉORÈMES SUR LES INTÉGRALES AUX DIFFÉRENCES FINIES.

738. Dans le calcul intégral, $\int_a^b f(x)\,dx$ représente la somme des valeurs de la différentielle $f(x)\,dx$ quand x varie de a à b. L'intégrale aux différences jouit d'une propriété analogue.

Soit $F(x)$ une fonction dont la différence finie est $f(x)$. On a, quel que soit x,

$$\Delta F(x) \quad \text{ou} \quad F(x+h) - F(x) = f(x).$$

Appelons $x_0, x_1, x_2, \ldots, x_n$ des valeurs de x croissant par intervalles constants et égaux à h. On aura

$$\begin{aligned} F(x_1) - F(x_0) &= f(x_0),\\ F(x_2) - F(x_1) &= f(x_1),\\ &\ldots\ldots\ldots\ldots,\\ F(x_n) - F(x_{n-1}) &= f(x_{n-1}), \end{aligned}$$

d'où

$$(1)\qquad F(x_n) - F(x_0) = f(x_0) + f(x_1) + \ldots + f(x_{n-1}),$$

ce qu'il fallait démontrer.

Notons encore, comme exemple de l'analogie des deux calculs, les formules

$$(2)\qquad \sum(u + v - z) = \sum u + \sum v - \sum z,$$

$$(3)\qquad \sum au = a\sum u,$$

conséquences évidentes des formules (1) et (3) du n° 728.

INTÉGRATION DE QUELQUES FONCTIONS.

739. On a trouvé (735, 2°)

$$\Delta a^x = a^x(a^h - 1),$$

d'où, en désignant par C une fonction périodique (737),

$$\sum a^x = \frac{a^x}{a^h - 1} + C.$$

Si l'on donne à x les valeurs $0, 1, 2, \ldots, n-1$, on a $h = 1$, et en appliquant la formule (1) du n° 738, on aura

$$1 + a + a^2 + \ldots + a^{n-1} = \frac{a^n}{a-1} - \frac{1}{a-1} = \frac{a^n - 1}{a-1},$$

formule qui donne la somme des termes d'une progression géométrique.

740. On a trouvé (735, 3°)

$$\Delta \sin(ax+b) = 2\sin\frac{1}{2}ah\cos\left(ax + \frac{ah}{2} + b\right);$$

changeons x en $x - \frac{h}{2}$, il vient

$$\Delta \sin\left(ax - \frac{ah}{2} + b\right) = 2\sin\frac{1}{2}ah\cos(ax+b),$$

d'où

$$\sum \cos(ax+b) = \frac{\sin\left(ax - \frac{ah}{2} + b\right)}{2\sin\frac{1}{2}ah} + C.$$

En faisant $x = 0, 1, 2, \ldots, n-1$, on aura

$$\cos b + \cos(a+b) + \cos(2a+b) + \ldots + \cos[(n-1)a+b]$$
$$= \frac{\sin\left[\left(n-\frac{1}{2}\right)a + b\right] - \sin\left(b - \frac{a}{2}\right)}{2\sin\frac{1}{2}a}.$$

c'est-à-dire

$$\cos b + \cos(a+b) + \cos(2a+b) + \ldots + \cos[(n-1)a+b]$$

$$= \frac{\sin\frac{na}{2}\cos\left(\frac{n-1}{2}a+b\right)}{\sin\frac{1}{2}a}.$$

On trouvera de la même manière

$$\sin b + \sin(a+b) + \sin(2a+b) + \ldots + \sin[(n-1)a+b]$$

$$= \frac{\sin\frac{na}{2}\sin\left(\frac{n-1}{2}a+b\right)}{\sin\frac{1}{2}a}.$$

741. En intégrant la formule (5) du n° **734**, et remplaçant x par $x-h$, et n par $n+1$, on a

$$(1)\quad \left\{\begin{array}{l} \sum x(x+h)\ldots[x+(n-1)h] \\ \quad = \dfrac{(x-h)x(x+h)\ldots[x+(n-1)h]}{(n+1)h} + C. \end{array}\right.$$

On tire de la seconde formule du n° **735** (1°), en y changeant n en $n-1$,

$$(2)\quad \left\{\begin{array}{l} \sum \dfrac{1}{x(x+h)\ldots[x+(n-1)h]} \\ \quad = -\dfrac{1}{(n-1)h}\,\dfrac{1}{x(x+h)(x+2h)\ldots[x+(n-2)h]} + C. \end{array}\right.$$

En changeant x en $m+h$, dans la formule (1), puis faisant $h=1$, on aura

$$(3)\quad \left\{\begin{array}{l} 1.2.3\ldots n + 2.3.4\ldots(n+1) + 3.4.5\ldots(n+2) + \ldots \\ \quad + m(m+1)(m+2)\ldots(m+n-1) \\ \quad = \dfrac{m(m+1)(m+2)\ldots(m+n)}{n+1}. \end{array}\right.$$

Ici la constante est nulle parce que le premier membre est nul pour $m=0$.

Par exemple, si $n=3$, on a

$$1.2.3+2.3.4+3.4.5+\ldots+m(m+1)(m+2)$$
$$=\frac{1}{4}m(m+1)(m+2)(m+3).$$

On tirera, de même, de la formule (2)

$$(4)\quad \left\{\begin{aligned} &\frac{1}{1.2\ldots n}+\frac{1}{2.3\ldots(n+1)}+\ldots+\frac{1}{m(m+1)\ldots(m+n-1)} \\ &=\frac{1}{n-1}\left[\frac{1}{1.2.3\ldots(n-1)}-\frac{1}{(m+1)\ldots(m+n-1)}\right]. \end{aligned}\right.$$

Par exemple, on a : pour $n=3$,

$$\frac{1}{1.2.3}+\frac{1}{2.3.4}+\frac{1}{3.4.5}+\ldots+\frac{1}{m(m+1)(m+2)}$$
$$=\frac{1}{4}-\frac{1}{2}\frac{1}{(m+1)(m+2)};$$

pour $n=2$,

$$\frac{1}{1.2}+\frac{1}{2.3}+\ldots+\frac{1}{m(m+1)}=1-\frac{1}{m+1}.$$

Il est facile de vérifier ce dernier résultat, car le premier membre peut se mettre sous la forme

$$\left(1-\frac{1}{2}\right)+\left(\frac{1}{2}-\frac{1}{3}\right)+\left(\frac{1}{3}-\frac{1}{4}\right)+\ldots+\left(\frac{1}{m}-\frac{1}{m+1}\right),$$

et la somme de ces termes est évidemment égale à $1-\frac{1}{m+1}$.

CINQUANTE-HUITIÈME LEÇON.

SUITE DU CALCUL INVERSE DES DIFFÉRENCES. — FORMULES D'INTERPOLATION.

Intégration des fonctions entières. — Évaluation des sommes par les intégrales ordinaires, et des intégrales par les sommes. — Formule de Newton. — Formule de Lagrange. — Approximation des quadratures.

INTÉGRATION DES FONCTIONS ENTIÈRES.

742. La formule de Taylor permet de trouver $\sum x^m$, et plus généralement $\sum f(x)$, $f(x)$ étant une fonction entière de x. On a

$$f(x+h)-f(x)$$

ou

$$\Delta f(x) = hf'(x) + \frac{h^2}{1.2} f''(x) + \ldots;$$

ce développement se termine de lui-même.

Si l'on intègre les deux membres, on a

$$f(x) = h\sum f'(x) + \frac{h^2}{1.2}\sum f''(x) + \ldots,$$

et, si l'on pose $f(x) = x^{m+1}$,

$$x^{m+1} = (m+1)h\sum x^m + (m+1)m\frac{h^2}{1.2}\sum x^{m-1} + \frac{(m+1)m(m-1)}{1.2.3}h^3\sum x^{m-2} + \ldots$$

Pour déduire de là $\sum x^m$, il faut faire successivement $m=0, 1, 2, 3, \ldots$; on aura, C désignant une fonction périodique (737),

$$\sum x^0 = \frac{x}{h} + C,$$

$$\sum x = \frac{x^2}{2h} - \frac{x}{2} + C,$$

$$\sum x^2 = \frac{x^3}{3h} - \frac{1}{2}x^2 + \frac{h}{6}x + C,$$

$$\sum x^3 = \frac{x^4}{4h} - \frac{1}{2}x^3 + \frac{h}{4}x^2 + C,$$

$$\sum x^4 = \frac{x^5}{5h} - \frac{1}{2}x^4 + \frac{h}{3}x^3 - \frac{h^3}{30}x + C,$$

....

743. La formule générale (738)

$$f(x_0) + f(x_1) + \ldots + f(x_{n-1}) = F(x_n) - F(x_0)$$

permet de déduire de l'intégrale $\sum x^m$ la somme S_m des puissances $m^{\text{ièmes}}$ des nombres $1, 2, 3, \ldots, n$.

Si l'on fait $h=1$, et qu'on donne à x les valeurs $0, 1, 2, 3, \ldots, n$, ce qui change $\sum x^m$ en $\sum x^m + x^m$, on aura

$$S_1 = \frac{1}{2}n^2 + \frac{1}{2}n = \frac{n(n+1)}{2},$$

$$S_2 = \frac{1}{3}n^3 + \frac{1}{2}n^2 + \frac{1}{6}n = \frac{n(n+1)(2n+1)}{1.2.3},$$

$$S_3 = \frac{1}{4}n^4 + \frac{1}{2}n^3 + \frac{1}{4}n^2 = \frac{n^2(n+1)^2}{4},$$

$$S_4 = \frac{1}{5}n^5 + \frac{1}{2}n^4 + \frac{1}{3}n^3 - \frac{1}{30}n,$$

....

On remarquera que la somme des cubes des n premiers nombres est le carré de la somme de ces nombres.

ÉVALUATION DES SOMMES PAR LES INTÉGRALES ORDINAIRES, ET DES INTÉGRALES PAR LES SOMMES.

744. Soit

$$F(x) = \int f(x)\,dx \quad \text{ou} \quad f(x) = \frac{dF(x)}{dx}.$$

On a, par la formule de Taylor,

$$F(x+h) - F(x) = hf(x) + \frac{h^2}{1.2} f'(x) + \frac{h^3}{1.2.3} f''(x) + \ldots.$$

Donnant à x les valeurs $x_0, x_1, x_2, \ldots, x_{n-1}$ et désignant x_n par X, il en résultera :

$$F(x_1) - F(x_0) = hf(x_0) + \frac{h^2}{1.2} f'(x_0) + \frac{h^3}{1.2.3} f''(x_0) + \ldots;$$

$$F(x_2) - F(x_1) = hf(x_1) + \frac{h^2}{1.2} f'(x_1) + \frac{h^3}{1.2.3} f''(x_1) + \ldots;$$

$$\ldots\ldots\ldots\ldots\ldots\ldots\ldots\ldots\ldots;$$

$$F(X) - F(x_{n-1}) = hf(x_{n-1}) + \frac{h^2}{1.2} f'(x_{n-1}) + \frac{h^3}{1.2.3} f''(x_{n-1}) + \ldots;$$

et, en ajoutant, membre à membre,

$$(1)\left\{\begin{aligned} F(X) - F(x_0) = {} & h[f(x_0) + f(x_1) + \ldots + f(x_{n-1})] \\ & + \frac{h^2}{1.2}[f'(x_0) + f'(x_1) + \ldots + f'(x_{n-1})] \\ & \ldots\ldots\ldots\ldots\ldots\ldots\ldots\ldots \end{aligned}\right.$$

Posons

$$f(x_0) + f(x_1) + \ldots + f(x_{n-1}) = Sf(x),$$
$$f'(x_0) + f'(x_1) + \ldots + f'(x_{n-1}) = Sf'(x),$$
$$\ldots\ldots\ldots\ldots\ldots\ldots\ldots\ldots$$

Comme $F(X) - F(x_0)$ n'est autre chose que l'intégrale définie de $f(x)\,dx$, prise entre les limites x_0 et X, l'égalité (1) pourra s'écrire

$$(2) \int_{x_0}^{X} f(x)\,dx = hSf(x) + \frac{h^2}{1.2} Sf'(x) + \frac{h^3}{1.2.3} Sf''(x) + \ldots$$

Remplaçant $f(x)$ successivement par $f'(x), f''(x)\ldots$, dans l'égalité (2), on aura

$$(3)\quad\begin{cases} f(\mathrm{X})-f(x_0)=h\mathrm{S}f'(x)+\dfrac{h^2}{1.2}\mathrm{S}f''(x)+\dfrac{h^3}{1.2.3}\mathrm{S}f'''(x)+\ldots\\ f'(\mathrm{X})-f'(x_0)=h\mathrm{S}f''(x)+\dfrac{h^2}{1.2}\mathrm{S}f'''(x)+\dfrac{h^3}{1.2.3}\mathrm{S}f^{\mathrm{IV}}(x)+\ldots\\ f''(\mathrm{X})-f''(x_0)=h\mathrm{S}f'''(x)+\dfrac{h^2}{1.2}\mathrm{S}f^{\mathrm{IV}}(x)+\ldots\\ \ldots\ldots\ldots\ldots\ldots\ldots\ldots\ldots\ldots\ldots \end{cases}$$

Multipliant les égalités (2) et (3) par 1, $\mathrm{A}h$, $\mathrm{B}h^2$, $\mathrm{C}h^3\ldots$, et ajoutant, il vient

$$(4)\quad\begin{cases} \displaystyle\int_{x_0}^{\mathrm{X}} f(x)\,dx+\mathrm{A}h\,[f(\mathrm{X})-f(x_0)]+\mathrm{B}h^2[f'(\mathrm{X})-f'(x_0)]\\ \qquad+\mathrm{C}h^3[f''(\mathrm{X})-f''(x_0)]+\ldots\\ \quad=h\mathrm{S}f(x)+h^2\mathrm{S}f'(x)\left(\dfrac{1}{1.2}+\mathrm{A}\right)\\ \qquad+h^3\mathrm{S}f''(x)\left(\dfrac{1}{1.2.3}+\dfrac{\mathrm{A}}{1.2}+\mathrm{B}\right)\\ \qquad+h^4\mathrm{S}f'''(x)\left(\dfrac{1}{1.2.3.4}+\dfrac{\mathrm{A}}{1.2.3}+\dfrac{\mathrm{B}}{1.2}+\mathrm{C}\right)+\ldots \end{cases}$$

Le second membre de cette égalité se réduit à $h\mathrm{S}f(x)$, si l'on pose

$$\frac{1}{1.2}+\mathrm{A}=0,$$

$$\frac{1}{1.2.3}+\frac{\mathrm{A}}{1.2}+\mathrm{B}=0,$$

$$\frac{1}{1.2.3.4}+\frac{\mathrm{A}}{1.2.3}+\frac{\mathrm{B}}{1.2}+\mathrm{C}=0,$$

$$\ldots\ldots\ldots\ldots\ldots\ldots\ldots\ldots;$$

d'où l'on tire

$$\mathrm{A}=-\frac{1}{2},\quad \mathrm{B}=\frac{1}{12},\quad \mathrm{C}=0,\quad \mathrm{D}=-\frac{1}{720},\quad \mathrm{E}=0,\ldots;$$

de là résulte

$$(5)\quad \left\{\begin{aligned} Sf(x) = \frac{1}{h}\int_{x_0}^{X} f(x)\,dx - \frac{1}{2}[f(X) - f(x_0)] \\ + \frac{1}{12} h [f'(X) - f'(x_0)] \\ - \frac{1}{720} h^3 [f'''(X) - f'''(x_0)] + \ldots, \end{aligned}\right.$$

formule qui sert à représenter une somme au moyen d'une intégrale définie.

745. L'équation (5), résolue par rapport à $\int_{x_0}^{X} f(x)\,dx$, fera dépendre la détermination d'une intégrale ordinaire de celle d'une intégrale aux différences finies. En remplaçant $Sf(x)$ par $f(x_0) + f(x_1) + f(x_2) + \ldots$, on aura

$$(6)\quad \left\{\begin{aligned} \int_{x_0}^{X} f(x)\,dx = h\left[\frac{f(x_0)}{2} + f(x_1) + f(x_2) + \ldots + \frac{f(X)}{2}\right] \\ - \frac{1}{12} h^2 [f'(X) - f'(x_0)] \\ + \frac{1}{720} h^4 [f'''(X) - f'''(x_0)] + \ldots \end{aligned}\right.$$

Le premier terme du second membre représente la somme des trapèzes inscrits dans la courbe $y = f(x)$, et déterminés par des ordonnées équidistantes. Quant au premier membre, il représente l'aire de cette courbe.

746. Les coefficients A, B, C... étant indépendants de $f(x)$, on peut les déterminer au moyen d'une fonction particulière. Si l'on prend

$$f(x) = e^x,$$

on aura

$$\int_{x_0}^{X} f(x)\,dx = e^X - e^{x_0},$$

$$Sf(x) = e^{x_0} + e^{x_0+h} + \ldots + e^{x_0+(n-1)h} = \frac{e^X - e^{x_0}}{e^h - 1},$$

puisque $X = x_0 + nh$. Si l'on porte les valeurs précédentes dans l'équation (4), le facteur $e^X - e^{x_0}$ se trouvera commun aux deux membres, et, en le supprimant, on aura

$$(7) \qquad \frac{h}{e^h - 1} = 1 + Ah + Bh^2 + Ch^3 + \ldots.$$

Il suffit donc de développer $\frac{h}{e^h - 1}$ suivant les puissances de h, ce qui se fera par la formule de Maclaurin.

On sait déjà que $A = -\frac{1}{2}$; l'égalité (7) revient donc à la suivante,

$$1 + Bh^2 + Ch^3 + \ldots = \frac{h}{e^h - 1} + \frac{h}{2} = \frac{h}{2}\frac{(e^h + 1)}{(e^h - 1)},$$

ou bien

$$1 + Bh^2 + Ch^3 + Dh^4 + \ldots = \frac{h}{2}\frac{e^{\frac{h}{2}} + e^{-\frac{h}{2}}}{e^{\frac{h}{2}} - e^{-\frac{h}{2}}}.$$

Le second membre ne change pas quand h est remplacé par $-h$. Donc le premier membre ne doit renfermer que des puissances paires de h, et l'on a

$$C = 0, \quad E = 0, \ldots.$$

FORMULES D'INTERPOLATION. — FORMULE DE NEWTON.

747. L'interpolation a pour objet de trouver une fonction d'une variable, connaissant les valeurs de cette fonction qui correspondent à un certain nombre de valeurs données de la variable. Ce problème est indéterminé tant qu'on ne fixe pas la forme de la fonction cherchée, car il revient à faire passer une courbe par des points donnés, ce qui peut se faire d'une infinité de manières, tant que la courbe n'est pas définie. Le problème de l'interpolation devient déterminé quand la forme de la fonction est donnée et qu'elle renferme autant de paramètres distincts qu'il y a de valeurs données de la fonction. Par exemple, si l'on se donne $n+1$ valeurs d'une fonction entière du degré n, correspondant à $n+1$ valeurs de la variable, on aura $n+1$ équations pour déterminer les $n+1$ coefficients inconnus.

748. Nous examinerons d'abord le cas où les valeurs de la variable sont en progression arithmétique. Soient

$$x_0, \quad x_1, \quad x_2, \ldots, \quad x_n,$$

$n+1$ valeurs d'une variable, et h leur différence constante. En choisissant convenablement l'origine des x, on pourra faire en sorte que

$$x_0 = 0, \quad x_1 = h, \quad x_2 = 2h, \ldots, \quad x_n = nh.$$

Soient

$$u_0, \quad u_1, \quad u_2, \ldots, \quad u_n$$

les valeurs correspondantes d'une fonction u, que nous supposerons entière et du $n^{\text{ième}}$ degré. A l'aide de ces valeurs on pourra former les différences successives Δu_0, $\Delta^2 u_0$, $\Delta^3 u_0, \ldots, \Delta^n u_0$. Mais on a (731)

$$u_m = u_0 + m\Delta u_0 + \frac{m(m-1)}{1.2}\Delta^2 u_0 + \ldots.$$

Ce développement de u_m s'arrête de lui-même au terme qui contient $\Delta^m u_0$, parce que les coefficients des termes suivants sont nuls. Ainsi, on peut le prolonger indéfiniment. En supposant m moindre que n, ou au plus égal à n, on peut écrire

$$(1) \quad \left\{ \begin{aligned} u_m = u_0 + m\Delta u_0 + \frac{m(m-1)}{1.2}\Delta^2 u_0 + \ldots \\ + \frac{m(m-1)(m-2)\ldots(m-n+1)}{1.2.3\ldots n}\Delta^n u_0. \end{aligned} \right.$$

Remplaçons m par $\frac{x}{h}$, et posons

$$(2) \quad \left\{ \begin{aligned} u = u_0 + \frac{x}{h}\Delta u_0 + \frac{x}{h}\left(\frac{x}{h}-1\right)\frac{\Delta^2 u_0}{1.2} + \ldots \\ + \frac{x}{h}\left(\frac{x}{h}-1\right)\ldots\left(\frac{x}{h}-n+1\right)\frac{\Delta^n u_0}{1.2\ldots n}. \end{aligned} \right.$$

Le polynôme u se réduit évidemment à u_m pour $x = mh$; par conséquent, il prend les valeurs

$$u_0, \quad u_1, \quad u_2, \quad \ldots, \quad u_n,$$

lorsque x est égal à

$$0, \quad h, \quad 2h, \ldots, \quad nh,$$

et comme ce polynôme est du $n^{ième}$ degré, il satisfait à toutes les conditions du problème.

La formule (2) est connue sous le nom de formule de Newton.

FORMULE DE LAGRANGE.

749. Supposons maintenant que les valeurs données de x,

$$x_0, \quad x_1, \quad x_2, \ldots, \quad x_n,$$

soient quelconques. Posons

$$\varphi(x) = u, \quad f(x) = (x - x_0)(x - x_1)\ldots(x - x_n):$$

on a (I, 331) :

$$(3) \quad \left\{ \begin{aligned} \frac{\varphi(x)}{f(x)} = \frac{\varphi(x_0)}{f'(x_0)} \frac{1}{x - x_0} + \frac{\varphi(x_1)}{f'(x_1)} \frac{1}{x - x_1} + \ldots \\ + \frac{\varphi(x_n)}{f'(x_n)} \frac{1}{(x - x_n)}. \end{aligned} \right.$$

Mais on a $\varphi(x_k) = u_k$ et

$$f'(x_k) = \frac{f(x_k)}{x - x_k}.$$

Donc, si l'on multiplie les deux membres de l'égalité (4) par $f(x)$, on aura la formule d'interpolation due à Lagrange,

$$(4) \quad \left\{ \begin{aligned} u = {} & \frac{(x - x_1)(x - x_2)\ldots(x - x_n)}{(x_0 - x_1)(x_0 - x_2)\ldots(x_0 - x_n)} u_0 \\ & + \frac{(x - x_0)(x - x_2)\ldots(x - x_n)}{(x_1 - x_0)(x_1 - x_2)\ldots(x_1 - x_n)} u_1 \\ & \ldots\ldots\ldots\ldots\ldots\ldots\ldots\ldots\ldots \\ & + \frac{(x - x_0)(x - x_1)\ldots(x - x_{n-1})}{(x_n - x_0)(x_n - x_1)\ldots(x_n - x_{n-1})} u_n. \end{aligned} \right.$$

FORMULES D'APPROXIMATION POUR LES QUADRATURES, RECTIFICATIONS, CUBATURES.

750. L'évaluation des aires, des longueurs, des volumes se ramène, en dernière analyse, à la détermination d'une ou de plusieurs intégrales définies relatives à une seule variable. Mais il est souvent impossible d'effectuer l'intégration indiquée, et il faut recourir à des formules d'approximation.

Supposons qu'il s'agisse d'évaluer l'intégrale

$$\int_{x_0}^{X} f(x)\,dx = S,$$

ou l'aire de la courbe $y = f(x)$.

La formule d'Euler (746) offre un premier moyen d'obtenir une valeur approchée de cette intégrale. On peut aussi, à l'aide des formules d'interpolation, remplacer $f(x)$ par une fonction entière du $n^{\text{ième}}$ degré que l'on intégrera, ce qui revient à remplacer la courbe $y = f(x)$ par une parabole du $n^{\text{ième}}$ degré qui a $n+1$ points communs avec elle. On peut encore prendre une suite de paraboles du second degré, et remplacer les parties correspondantes de l'aire cherchée par celles de ces paraboles. C'est cette dernière méthode que nous allons développer.

751. Partageons l'intervalle $X - x_0$ en un nombre pair, n, de parties égales. Par les trois points de la courbe (x_0, y_0), $(x_1 + h, y_1)$, $(x_0 + 2h, y_2)$, faisons passer une parabole du second degré doot l'axe soit parallèle à l'axe des y, ce qui est toujours possible, comme on sait. Désignons par z l'abscisse comptée à partir du pied de la première ordonnée. L'équation de la parabole sera

$$y = A + Bz + Cz^2,$$

et nous aurons

$$y_0 = A, \quad y_1 = A + Bh + Ch^2, \quad y_2 = A + 2Bh + 4Ch^2,$$

et ensuite,

$$\int_0^{2h} y\,dz = \frac{2h}{3}\left(3A + 3Bh + 4Ch^2\right)$$

$$= \frac{h}{3}(A + 4A + 4Bh + 4Ch^2 + A + 2Bh + 4Ch^2);$$

par conséquent,

$$\int_0^{2h} y\,dz = \frac{h}{3}(y_0 + 4y_1 + y_2).$$

On opérera de la même manière sur les autres parties de l'aire, et l'on aura une valeur approchée de cette aire en faisant la somme de ces parties; savoir :

$$\frac{h}{3}(y_0 + 4y_1 + y_2) + \frac{h}{3}(y_2 + 4y_3 + y_4)$$

$$+ \frac{h}{3}(y_4 + 4y_5 + y_6) + \ldots + \frac{h}{3}(y_{n-2} + 4y_{n-1} + y_n),$$

ce qui revient à

$$S = \frac{h}{3}[y_0 + y_n + 2(y_2 + y_4 + \ldots + y_{n-2}) + 4(y_1 + y_3 + \ldots + y_{n-1})].$$

Cette formule est due à Thomas Simpson.

CALCUL DES VARIATIONS.

CINQUANTE-NEUVIÈME LEÇON.

VARIATION D'UNE INTÉGRALE DÉFINIE.

But du calcul des variations. — Définitions et notations. — Théorèmes sur la permutation des signes d et δ, $\int$ et δ. — Variations d'une intégrale définie $\int V\,dx$. — Cas où V ne dépend pas des limites. — Cas où V contient deux fonctions de x. — Cas où V dépend des limites.

BUT DU CALCUL DES VARIATIONS.

752. Dans les questions ordinaires de maximum et de minimum, on donne la *forme* d'une fonction d'une ou de plusieurs variables, et l'on cherche les valeurs particulières qu'il faut attribuer à ces variables pour que la valeur de la fonction diminue ou augmente lorsqu'on modifie très-peu ces variables. Dans le *calcul des variations*, on considère une intégrale définie

$$\int_{x_0}^{x_1} f\left(x, y, \frac{dy}{dx}, \frac{d^2y}{dx^2}, \ldots\right)$$

qui renferme sous le signe $\int$ une variable x, une fonction inconnue y de cette variable, et quelques-unes de ses dérivées, et il faut trouver pour y une fonction $\mathrm{f}(x)$ telle, que cette intégrale ait une valeur plus grande ou plus petite que si l'on remplaçait $\mathrm{f}(x)$ par une fonction d'une forme tant soit peu différente. On voit en quoi les nouvelles questions se distinguent des questions ordinaires. Ce n'est pas une ou plusieurs valeurs particulières qu'il faut déterminer, mais la forme d'une certaine fonction inconnue, ou la valeur de y en fonction de x.

753. Plusieurs problèmes de géométrie conduisent à chercher le maximum ou le minimum d'une intégrale définie. En voici un exemple : *Étant donnés deux points* C *et* D, *trouver une courbe plane* CMD *telle, que la surface de révolution engendrée par le mouvement de cette courbe en tournant autour d'un axe* Ox *situé dans son plan, soit un maximum ou un minimum.*

Fig. 126.

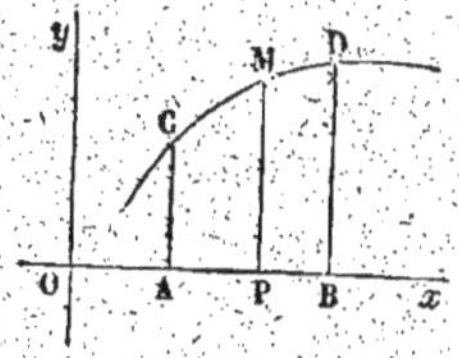

Soit S la surface : en posant $OA = x_0$, $OB = x_1$, on aura (I, 442)

$$S = 2\pi \int_{x_0}^{x_1} y \frac{ds}{dx} dx.$$

Il faut donc trouver une fonction de x, $y = f(x)$, telle, que l'intégrale précédente ait une valeur plus grande ou plus petite que toutes celles qu'on obtiendrait en modifiant infiniment peu la forme de la fonction $f(x)$.

754. La marche à suivre pour résoudre ces nouvelles questions diffère peu de celle qu'on a déjà suivie dans les questions ordinaires de maximum et de minimum. On suppose connue la fonction cherchée : on la fait varier infiniment peu, et l'on exprime que la valeur de l'intégrale augmente si cette intégrale doit être un minimum, ou diminue si elle doit être un maximum. Mais pour arriver à ce résultat il faut trouver les accroissements ou *variations* de y et des quantités qui en dépendent, quand on change la fonction de x qui exprime y.

DÉFINITIONS ET NOTATIONS.

755. Soient

$$y = f(x)$$

l'équation d'une courbe CMD, et

$$y = \mathfrak{F}(x)$$

l'équation d'une autre courbe C'ND' qu'on obtiendrait en faisant varier extrêmement peu la fonction $f(x)$. Si l'on appelle δy l'accroissement de l'ordonnée MP quand on passe à la seconde courbe, l'abscisse restant la même, on aura

Fig. 127.

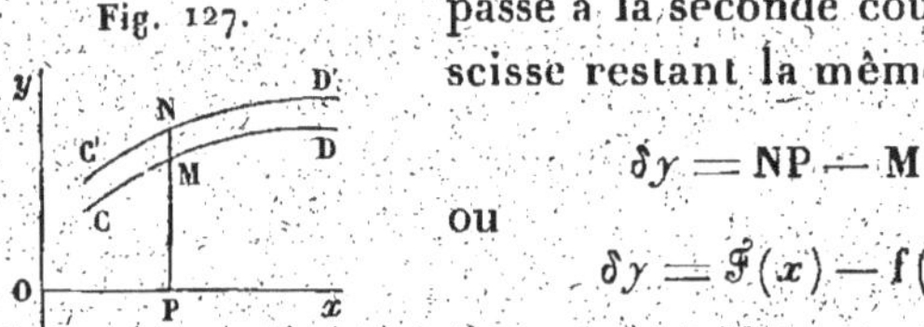

$$\delta y = \mathrm{NP} - \mathrm{MP},$$

ou

$$\delta y = \mathfrak{F}(x) - f(x).$$

Cette différence δy est ce qu'on nomme la *variation* de l'ordonnée ou de la fonction.

On voit par là que la différentielle est l'accroissement de l'ordonnée quand on passe du point M à un point infiniment voisin *sur la même courbe*, tandis que la variation est l'accroissement de cette même ordonnée quand on passe du point M à un point infiniment voisin *sur une courbe infiniment peu différente* de la courbe donnée.

756. On ramène les variations aux différentielles en regardant y comme une fonction de x et d'un paramètre arbitraire t. Soit

$$y = \varphi(x, t),$$

et supposons que $\varphi(x, t)$ devienne $f(x)$ pour une certaine valeur de t, et que pour une valeur peu différente, $t + \delta t$, cette fonction devienne $\mathfrak{F}(x)$. En appelant δy l'accroissement infiniment petit de y, lorsque t reçoit l'accroissement δt, on aura

$$\delta y = \frac{d\varphi}{dt}\,\delta t.$$

Si, au contraire, t reste constant, on a

$$dy = \frac{d\varphi}{dx}\,dx.$$

Ainsi δy et dy sont les différentielles d'une même quantité; mais δy est la différentielle de y considérée comme fonction de t, x restant la même; tandis que dy

est la différentielle de y considérée comme fonction de x, t ne changeant pas.

757. Il est souvent nécessaire de faire varier, à la fois, x et y, quand on passe de la courbe proposée à la courbe infiniment voisine. On représente alors par δx et par δy les accroissements, d'ailleurs arbitraires, de ces deux variables. On peut, sans établir de liaison entre ces accroissements, regarder x et y comme des fonctions d'une variable indépendante u, et d'un certain paramètre t : soit

$$x = \varphi(u, t), \quad y = \psi(u, t).$$

On supposera que pour une valeur particulière de t, par exemple $t = 0$, y devienne une certaine fonction de x, $\mathrm{f}(x)$ et que x devienne une fonction quelconque de u, $f(u)$. On aura donc

$$\varphi(u, 0) = f(u), \quad \psi(u, 0) = \mathrm{f}[f(u)].$$

En faisant ensuite varier t d'une manière continue, à partir de 0, la forme de la fonction de x, représentée par y, changera insensiblement.

Pour avoir les variations de x et de y, on multipliera par δt les dérivées de $\varphi(u, t)$ et de $\psi(u, t)$ par rapport à t, et l'on aura

$$\delta x = \left(\frac{d\varphi}{dt}\right)_0 \delta t, \quad \delta y = \left(\frac{d\psi}{dt}\right)_0 \delta t;$$

au lieu que, si laissant à t une valeur constante on faisait varier u, on aurait

$$dx = \frac{d\varphi}{du} du, \quad dy = \frac{d\psi}{du} du.$$

758. Lorsque x et y prennent les accroissements δx et δy, toute fonction U, qui dépend de x, de y, et d'une ou de plusieurs dérivées de y par rapport à x, prend un accroissement correspondant ΔU. On appelle *variation* de U la partie de ΔU qui ne dépend que des premières puissances des variations δx et δy.

Or, d'après la formule de Taylor, on a

$$\Delta U = \frac{dU}{dx}\delta x + \frac{dU}{dy}\delta y + \frac{1}{1.2}\left[\frac{d^2U}{dx^2}\delta x^2 + 2\frac{d^2U}{dx\,dy}\delta x\delta y + \frac{d^2U}{dy^2}\delta y^2\right] + \ldots$$

On aura donc

$$\delta U = \frac{dU}{dx}\delta x + \frac{dU}{dy}\delta y.$$

Si l'on considère x et y comme des fonctions d'une variable indépendante u et d'un paramètre t, on aura

$$\delta U = \frac{dU}{dt}\delta t,$$

$\frac{dU}{dt}$ désignant la dérivée par rapport à t, de U considérée comme fonction de $x, y, \frac{dy}{dx}, \frac{d\frac{dy}{dx}}{dx}, \ldots$, et ces dernières quantités comme fonctions de t.

759. On appelle *variation seconde* d'une fonction U la variation de δU : on la désigne par $\delta^2 U$. La variation de cette dernière est appelée *variation troisième* de U et se désigne par $\delta^3 U$, et ainsi de suite.

THÉORÈMES SUR LA PERMUTATION DES SIGNES d ET δ, $\int$ ET δ.

760. *La variation de la différentielle d'une fonction de x est égale à la différentielle de la variation.*

En effet, on a (758)

$$\delta dU = \frac{d\frac{dU}{du}}{dt} du\,\delta t, \quad d\delta U = \frac{d\frac{dU}{dt}}{du}\delta t\,du.$$

Donc

$$\delta dU = d\delta U,$$

ce qu'il fallait démontrer

761. On conclut de là

$$\delta . d^2 U = d^2 . \delta U,$$

puisque

$$\delta . d^2 U = \delta d . d U = d . \delta d U = d . d . \delta U,$$

et généralement

$$\delta^m d^n U = d^n \delta^m U.$$

762. *On peut aussi intervertir l'ordre des signes* δ *et* $\int$.

En effet, soit

$$U = \int_{x_0}^{x_1} V \, dx;$$

soient u_0 et u_1 les valeurs de la variable indépendante u qui correspondent aux limites x_0 et x_1 : on aura

$$\int_{x_0}^{x_1} V \, dx = \int_{u_0}^{u_1} V \frac{dx}{du} du.$$

Supposons maintenant que t se change en $t + \delta t$: il viendra

$$\delta U = \delta \int_{u_0}^{u_1} V \frac{dx}{du} du.$$

Puisque les limites u_0 et u_1 sont indépendantes de la variable t à laquelle se rapportent les différentiations indiquées par la caractéristique δ, on peut différentier sous le signe $\int$, ce qui donne

$$\delta U = \int_{u_0}^{u_1} \delta \left(V \frac{dx}{du} \right) du;$$

mais u ne variant pas avec t, on a

$$\delta \left(V \frac{dx}{du} \right) = \frac{\delta (V \, dx)}{du},$$

et si l'on opère l'intégration par rapport à x, il en

résultera

$$\delta U = \int_{x_0}^{x_1} \delta(V\,dx),$$

ou bien

$$\delta \int_{x_0}^{x_1} V\,dx = \int_{x_0}^{x_1} \delta(V\,dx),$$

ce qu'il fallait démontrer.

VARIATION D'UNE INTÉGRALE DÉFINIE. — CAS OU LA FONCTION SOUS LE SIGNE $\int$ NE DÉPEND PAS DES LIMITES.

763. Proposons-nous de trouver la variation de l'intégrale définie

$$U = \int_{x_0}^{x_1} V\,dx,$$

où V désigne une fonction quelconque de x, de y et d'un certain nombre de dérivées de y prises par rapport à x. Pour simplifier, nous supposerons que le nombre de ces dérivées se réduise à deux : soit

$$V = f(x, y, p, q), \quad p = \frac{dy}{dx}, \quad q = \frac{d\frac{dy}{dx}}{dx}.$$

D'après le théorème démontré (762), on a d'abord

$$(1) \qquad \delta U = \int_{x_0}^{x_1} \delta(V\,dx).$$

Mais

$$\delta.V\,dx = \delta V.dx + V.\delta dx = \delta V.dx + V.d\delta x.$$

Or, on a en général

$$\int V\,d\delta x = V\delta x - \int \delta x\,dV.$$

Donc, si $(V\delta x)_0$ et $(V\delta x)_1$ désignent les valeurs de $V\delta x$

qui correspondent à $x = x_0$ et à $x = x_1$, et si l'on pose pour abréger,

$$(V\delta x)_0^1 = (V\delta x)_1 - (V\delta x)_0,$$

on aura

$$(2)\qquad \int_{x_0}^{x_1} V d\delta x = (V\delta x)_0^1 - \int_{x_0}^{x_1} \delta x dV.$$

Substituant cette valeur dans l'équation (1) qui revient à

$$\delta U = \int_{x_0}^{x_1} (\delta V dx + V d\delta x),$$

il en résultera

$$(3)\qquad \delta U = (V\delta x)_0^1 + \int_{x_0}^{x_1} (\delta V dx - \delta x dV).$$

Par cette première transformation, la fonction V n'entre plus sous le signe $\int$ que par sa variation et par sa différentielle.

764. Posons maintenant

$$(4)\qquad M = \frac{dV}{dx},\quad N = \frac{dV}{dy},\quad P = \frac{dV}{dp},\quad Q = \frac{dV}{dq}:$$

on a

$$dV = M dx + N dy + P dp + Q dq,$$
$$\delta V = M\delta x + N\delta y + P\delta p + Q\delta q.$$

Portant ces valeurs dans l'équation (3) et remplaçant $\frac{dy}{dx}$, $\frac{dp}{dx}$, $\frac{dq}{dx}$ par p, q, r, il vient

$$(5)\left\{\begin{aligned} &\delta U = (V\delta x)_0^1 \\ &\qquad + \int_{x_0}^{x_1} [N(\delta y - p\delta x) + P(\delta p - q\delta x) + Q(\delta q - r\delta x)]\, dx. \end{aligned}\right.$$

On voit que la fonction V n'entre plus sous le signe d'intégration.

765. Pour simplifier encore cette expression, posons

$$(6) \qquad \omega = \delta y - p\delta x,$$

ω représentant la différence des ordonnées qui correspondent, dans les deux courbes (755), à l'abscisse $x + \delta x$: on aura

$$d\omega = d\delta y - pd\delta x - dp\delta x,$$

ou

$$d\omega = \delta dy - pd\delta x - dp\delta x.$$

Mais, à cause de $dy = pdx$, on a

$$\delta dy = p\delta dx + \delta pdx = pd\delta x + \delta pdx,$$

donc

$$d\omega = \delta pdx - dp\delta x,$$

d'où

$$(7) \qquad \frac{d\omega}{dx} = \delta p - q\delta x.$$

On trouvera de la même manière

$$(8) \qquad \frac{d^2\omega}{dx^2} = \delta q - r\delta x.$$

L'équation (5) prend donc la forme

$$(9) \qquad \delta\int_{x_0}^{x_1} V\,dx = (V\delta x)_0^1 + \int_{x_0}^{x_1}\left(N\omega + P\frac{d\omega}{dx} + Q\frac{d^2\omega}{dx^2}\right)dx.$$

766. On peut encore simplifier le second membre de cette dernière équation, et faire sortir du signe $\int$ les dérivées de la fonction arbitraire ω. On a, en intégrant par parties,

$$\int P\frac{d\omega}{dx}\,dx = P\omega - \int \omega\frac{dP}{dx}\,dx.$$

De même, en intégrant deux fois par parties,

$$\int Q\frac{d^2\omega}{dx^2}\,dx = Q\frac{d\omega}{dx} - \omega\frac{dQ}{dx} + \int \omega\frac{d^2Q}{dx^2}\,dx.$$

Substituant ces valeurs dans l'équation (9), il vient

$$(10)\quad \left\{ \begin{aligned} \delta\int_{x_0}^{x_1} V\,dx = {} & \left[V\delta x + \left(P - \frac{dQ}{dx}\right)\omega + Q\frac{d\omega}{dx}\right]_0^1 \\ & + \int_{x_0}^{x_1}\left(N - \frac{dP}{dx} + \frac{d^2Q}{dx^2}\right)\omega\,dx, \end{aligned} \right.$$

formule dans laquelle $\frac{dP}{dx}$, $\frac{d^2Q}{dx^2}$ sont les dérivées de P et de Q, par rapport à x, en considérant y, p, q comme liées à x, au moyen de l'équation inconnue $y = f(x)$.

En posant, pour abréger,

$$(11)\qquad \Gamma = \left[V\delta x + \left(P - \frac{dQ}{dx}\right)\omega + Q\frac{d\omega}{dx}\right]_0^1,$$

$$(12)\qquad K = N - \frac{dP}{dx} + \frac{d^2Q}{dx^2},$$

la formule (10) pourra s'écrire plus simplement

$$\delta\int_{x_0}^{x_1} V\,dx = \Gamma + \int_{x_0}^{x_1} K\omega\,dx,$$

ou bien

$$(1)\qquad \delta\int_{x_0}^{x_1} V\,dx = \Gamma + \int_{x_0}^{x_1}(K\delta y - Kp\delta x)\,dx,$$

puisque $\omega = \delta y - p\delta x$.

767. On peut mettre Γ sous une autre forme en remplaçant ω et $\frac{d\omega}{dx}$ par les valeurs

$$\omega = \delta y - p\delta x,$$
$$\frac{d\omega}{dx} = \delta p - q\delta x.$$

Il vient alors

$$\Gamma = \left\{\left[V - \left(P - \frac{dQ}{dx}\right)p - Qq\right]\delta x + \left(P - \frac{dQ}{dx}\right)\delta y + Q\delta p\right\}_0^1.$$

CAS OU LA FONCTION V RENFERME DEUX FONCTIONS DE x.

768. S'il entrait dans V une autre fonction z contenant x et quelques-unes des dérivées de z, on obtiendrait la variation de $\int_{x_0}^{x_1} V dx$ par un calcul analogue au précédent. Soit

$$V = f\left(x, y, \frac{dy}{dx}, \frac{d^2y}{dx^2}, z, \frac{dz}{dx}, \frac{d^2z}{dx^2}\right);$$

on aura

$$\delta \int_{x_1}^{x_0} V dx = \Gamma' + \int_{x_0}^{x_1} (K\omega + K'\omega') dx,$$

en posant

$$\frac{dz}{dx} = p', \quad \frac{d^2z}{dx^2} = q',$$

$$\frac{dV}{dz} = N', \quad \frac{dV}{dp'} = P', \quad \frac{dV}{dq'} = Q',$$

$$\omega' = \delta z - p'\delta x,$$

$$K' = N' - \frac{dP'}{dx} + \frac{d^2Q'}{dx^2}.$$

Quant à la partie désignée par Γ', on l'obtiendrait en ajoutant à Γ les termes qui résultent du changement des quantités P, Q, p, ..., en P', Q', p', ..., dans l'expression (11) du n° 766.

CAS OU LA FONCTION V DÉPEND DES LIMITES DE L'INTÉGRATION.

769. Revenons au cas où la fonction V ne contient qu'une seule fonction de x, mais supposons maintenant qu'elle dépende des limites x_0 et x_1 de l'intégration. Il faut alors ajouter à la variation de l'intégrale les termes

qui proviennent de la variation de ces limites, savoir :

$$\int_{x_0}^{x_1}\left(\frac{dV}{dx_0}\delta x_0+\frac{dV}{dy_0}\delta y_0+\frac{dV}{dp_0}\delta p_0+\frac{dV}{dq_0}\delta q_0\right)dx$$

$$+\int_{x_0}^{x_1}\left(\frac{dV}{dx_1}\delta x_1+\frac{dV}{dy_1}\delta y_1+\frac{dV}{dp_1}\delta p_1+\frac{dV}{dq_1}\delta q_1\right)dx.$$

Mais comme δx_0, $\delta y_0, \ldots$, δx_1, $\delta y_1, \ldots$ sont des constantes dans l'intégration relative à x, on peut écrire sous la forme suivante :

$$\delta x_0\int_{x_0}^{x_1}\frac{dV}{dx_0}dx+\delta y_0\int_{x_0}^{x_1}\frac{dV}{dy_0}dx+\ldots+\delta x_1\int_{x_0}^{x_1}\frac{dV}{dx_1}dx\ldots$$

les termes qu'il faudrait ajouter à Γ. Les intégrales $\int_{x_0}^{x_1}\frac{dV}{dx_0}dx$, $\int_{x_0}^{x_1}\frac{dV}{dy_0}dx, \ldots$, ne contiennent plus rien qui dépende des variations.

On compléterait de la même manière la valeur de $\delta\int_{x_0}^{x_1}V\,dx$, si V contenait deux fonctions, y, z, avec les dérivées de ces fonctions, et leurs valeurs aux limites.

SOIXANTIÈME LEÇON.

SUITE DE LA VARIATION D'UNE INTÉGRALE DÉFINIE. APPLICATIONS.

Autre moyen d'obtenir la variation d'une intégrale définie. — Maximum et minimum d'une intégrale définie. — Conditions relatives aux limites. — Cas où la fonction V contient deux fonctions de x. — Ligne la plus courte entre deux points, — d'un point à une courbe, — entre deux courbes.

AUTRE MOYEN D'OBTENIR LA VARIATION D'UNE INTÉGRALE DÉFINIE.

770. Les calculs par lesquels nous venons d'évaluer la variation d'une intégrale définie peuvent être modifiés dans les applications.

On a, précédemment (762), obtenu la formule

$$\delta \int_{x_0}^{x_1} \mathrm{V}\, dx = \int_{x_0}^{x_1} \delta(\mathrm{V}\, dx).$$

Après avoir remplacé dans V, qui est une fonction de x, y, p et q, ces deux dernières quantités par $\frac{dy}{dx}$, $\frac{d\frac{dy}{dx}}{dx}$, on prendra la variation de $\mathrm{V}\,dx$ en considérant x, y, dx, dy, $d\frac{dy}{dx}$ comme des fonctions du paramètre t. Le résultat contiendra, sous forme linéaire, les variations δx, δy, et δdx, δdy,..., ou les différentielles $d\delta x$, $d\delta y$,.... Comme on doit ensuite intégrer par rapport à x, on fera sortir du signe $\int$, au moyen de l'intégration par parties, les différentielles des variations δx, δy, de sorte qu'il ne restera sous le signe, que ces variations multipliées par des quantités qui en sont indépendantes. Le résultat sera de la forme

$$\text{(II)} \qquad \delta \int_{x_0}^{x_1} V\,dx = \Gamma + \int_{x_0}^{x_1} (H\delta x + K\delta y)\,dx,$$

H et K étant des fonctions connues de x, y et des dérivées de y, mais ne contenant pas les variations de ces variables. En comparant ce résultat avec celui qu'on a trouvé plus haut (766)

$$\text{(I)} \qquad \delta \int_{x_0}^{x_1} V\delta x = \Gamma + \int_{x_0}^{x_1} (K\delta y - Kp\delta x)\,dx,$$

on en conclura que Γ et K doivent être les mêmes dans les deux expressions, et qu'on a identiquement

$$H = -Kp.$$

771. Le calcul qui a donné l'équation (I) n'a servi qu'à mettre en évidence cette relation. Dans les applications, on suivra la marche qui nous a conduit à la relation (II), sans passer par l'intermédiaire de la quantité auxiliaire ω, et sans recourir aux formules générales (766).

Si l'on ne faisait varier que y, on aurait $\delta x = 0$ et

$$\delta \int_{x_0}^{x_1} V\,dx = \Gamma' + \int_{x_0}^{x_1} K\delta y\,dx,$$

Γ' se déduisant de Γ, par la suppression des termes qui renferment δx_0 et δx_1.

Si l'on faisait varier x seulement, on aurait

$$\delta \int_{x_0}^{x_1} V\,dx = \Gamma'' + \int_{x_0}^{x_1} H\delta x\,dx$$

$$= \Gamma'' - \int_{x_0}^{x_1} Kp\delta x\,dx,$$

Γ'' représentant ce que devient Γ quand on y fait $\delta y_0 = 0$, $\delta y_1 = 0$.

772. Les mêmes remarques s'appliquent au cas où il entre dans la fonction V une autre fonction z de x avec

les dérivées p' et q' de z. On arriverait à une équation telle que

$$\delta \int_{x_0}^{x_1} \mathrm{V}\, dx = \Gamma + \int_{x_0}^{x_1} (\mathrm{H}\delta x + \mathrm{K}\delta y + \mathrm{K}'\delta z)\, dx.$$

Mais la marche suivie pour trouver la relation (II) donnerait encore

$$\delta \int_{x_0}^{x_1} \mathrm{V}\, dx = \Gamma + \int_{x_0}^{x_1} [\mathrm{K}(\delta y - p\delta x) + \mathrm{K}'(\delta z - p'\delta x)]\, dx,$$

et ces valeurs doivent être identiques. Il faut donc que l'on ait

$$\mathrm{H} = -(\mathrm{K}p + \mathrm{K}'p').$$

MAXIMUM ET MINIMUM D'UNE INTÉGRALE DÉFINIE.

773. Proposons-nous maintenant de déterminer la valeur de y en fonction de x qui rendra l'intégrale

$$\mathrm{U} = \int_{x_0}^{x_1} \mathrm{V}\, dx$$

un maximum ou un minimum. Pour fixer les idées, supposons que U doive être un minimum, et soit $y = f(x)$ la fonction cherchée. Il faut qu'en donnant à x et à y des accroissements arbitraires et infiniment petits δx et δy, l'accroissement correspondant de l'intégrale $\int_{x_0}^{x_1} \mathrm{V}\, dx$ soit constamment positif, quels que soient les valeurs et les signes de δx et de δy. Or, l'accroissement de cette intégrale se compose de deux parties. Si l'on pose

$$\Delta \mathrm{U} = \delta \mathrm{U} + \rho,$$

la première partie $\delta \mathrm{U}$ renferme les variations δx, δy, δp, δq au premier degré, et sous forme linéaire; la seconde partie contient les puissances de ces variations supérieures à la première et leurs produits. Quand $\delta \mathrm{U}$ n'est pas nulle, le rapport de ρ à $\delta \mathrm{U}$ a pour limite o. Donc, si l'on suppose δx et δy infiniment petites, le signe de ΔU sera le même que celui de δU. Il faut donc, pour que U ait une valeur minimum, que l'on ait $\delta U = 0$; car autrement, en changeant les signes des variations δx et δy sans changer leurs valeurs absolues, le signe de δU, et par conséquent celui de ΔU, serait changé, et U ne serait pas un minimum. Ainsi

$$\delta U = 0$$

est la condition du minimum; c'est aussi celle du maximum, car la différence ΔU doit aussi, dans ce cas, avoir toujours le même signe, ce qui ne pourrait être si la variation de U était différente de o.

La condition $\delta U = 0$ n'est pas suffisante pour qu'il y ait maximum ou minimum. En effet, d'après la série de Taylor, on a

$$\Delta U = \delta U + \frac{1}{1.2}\delta^2 U + \frac{1}{1.2.3}\delta^3 U + \ldots,$$

si δU est nulle, le signe de ΔU dépendra de celui de $\delta^2 U$ pour de petites valeurs de δx et de δy. Par conséquent, si $\delta^2 U$ reste toujours positive, lorsque les variations δx et δy changent d'une manière quelconque, tout en restant infiniment petites, U sera un minimum. Si, au contraire, $\delta^2 U$ reste négative, quels que soient δx et δy, U sera un maximum. Enfin U ne sera ni un maximum ni un minimum si $\delta^2 U$ peut changer de signe. Mais on est souvent dispensé de cet examen par la nature de la question qui indique clairement l'existence d'un maximum ou d'un minimum.

774. L'équation $\delta U = 0$ revient à

$$\Gamma + \int_{x_0}^{x_1} K\omega\, dx = 0 \ (766). \tag{1}$$

Je dis que cette équation entraîne les deux suivantes

$$\Gamma = 0, \quad K = 0. \tag{2}$$

Et d'abord la fonction K doit être nulle. En effet, supposons qu'il n'en soit pas ainsi. On peut, pour chaque valeur de x comprise entre x_0 et x_1, changer à volonté les valeurs de δx et de δy, qui sont arbitraires, et conséquemment celle de ω ou $\delta y - p\delta x$, en supposant constantes les valeurs de δx_0, δy_0, δp_0, δx_1, δy_1, δp_1, qui sont relatives aux limites x_0 et x_1. Mais le terme Γ, qui ne contient que les variations relatives aux limites, resterait constant, tandis que l'intégrale $\int_{x_0}^{x_1} K\omega dx$, contenant la fonction arbitraire ω, ne pourrait pas toujours conserver la même valeur quelle que fût cette fonction ω, et par conséquent l'équation (1) ne pourrait pas être toujours satisfaite si K n'était pas zéro.

On peut d'ailleurs établir ce point de la manière suivante. Comme ω est une fonction arbitraire, en la choisissant de manière qu'elle ait le même signe que K pour chaque valeur de x, si la quantité finie Γ est positive ou nulle; ou qu'elle soit de signe contraire à K, si Γ est négative, la somme $\Gamma + \int_{x_0}^{x_1} K\omega dx$ serait positive dans le premier cas, négative dans le second, au lieu d'être nulle. Il faut donc qu'on ait $K = 0$, d'où résulte aussi $\Gamma = 0$.

CONDITIONS RELATIVES AUX LIMITES.

775. Lorsque V ne contient que x, y, p et q, l'équation $K = 0$, ou

$$(1) \qquad N - \frac{dP}{dx} + \frac{d^2Q}{dx^2} = 0,$$

est du quatrième ordre, puisque $\frac{d^2Q}{dx^2}$ contient $\frac{d^2q}{dx^2}$ ou $\frac{d^4y}{dx^4}$. Il faudra intégrer cette équation, et l'on aura un résultat de la forme

$$y = f(x, C, C', C'', C'''),$$

contenant quatre constantes arbitraires. Pour les déterminer il faut avoir égard à l'équation

(2) $$\Gamma = 0,$$

relative aux limites de l'intégration. Mais il est nécessaire de distinguer plusieurs cas.

1° Si l'on donne les valeurs de x, y, p, q aux deux limites, les variations de ces quantités étant nulles à ces limites, l'équation $\Gamma = 0$ est identiquement satisfaite, et si l'on représente par $f'(x, C, C', C'', C''')$ la dérivée de $f(x, C, C', C'', C''')$, on aura

$$(3) \quad \left\{ \begin{aligned} y_0 &= f(x_0, C, C', C'', C'''), \\ p_0 &= f'(x_0, C, C', C'', C'''), \\ y_1 &= f(x_1, C, C', C'', C'''), \\ p_1 &= f'(x_1, C, C', C'', C'''), \end{aligned} \right.$$

c'est-à-dire quatre équations qui déterminent les quatre constantes inconnues.

2° Si l'une des six quantités $x_0, y_0, p_0, x_1, y_1, p_1$ reste arbitraire, p_1 par exemple, l'équation $\Gamma = 0$ ne sera pas identiquement satisfaite; mais il faudra égaler à zéro le coefficient de δp_1, et l'on aura l'équation $Q_1 = 0$, qui, avec les équations (3), déterminera les quatre constantes et la valeur de p_1.

3° Si l'on avait entre les valeurs de x, y, p, relatives aux limites, une équation

(4) $$\varphi(x_0, y_0, p_0, x_1, y_1, p_1) = 0,$$

on différentierait cette équation par rapport au paramètre t, et l'on aurait

$$\frac{d\varphi}{dx_0}\delta x_0 + \frac{d\varphi}{dy_0}\delta y_0 + \frac{d\varphi}{dp_0}\delta p_0 + \frac{d\varphi}{dx_1}\delta x_1 + \frac{d\varphi}{dy_1}\delta y_1 + \frac{d\varphi}{dp_1}\delta p_1 = 0.$$

En portant la valeur de δp_1, tirée de cette équation, dans l'équation $\Gamma = 0$, il faudra égaler à o les coefficients de $\delta x_0, \delta y_0, \delta p_0, \delta x_1$ et δy_1. On aura donc cinq équations qui, réunies aux équations (3) et (4), détermineront les dix inconnues $C, C', C'', C''', x_0, y_0, p_0, x_1, y_1, p_1$.

Ces exemples suffisent pour montrer comment on devrait opérer, si l'on avait deux ou un plus grand nombre d'équations relatives aux limites.

CAS OU LA FONCTION V CONTIENT DEUX FONCTIONS DE x.

776. Supposons maintenant que la fonction V contienne deux fonctions y et z de la variable x. On aura alors (768)

$$(1) \qquad \delta\int_{x_0}^{x_1} \mathrm{V}\,dx = \Gamma + \int_{x_0}^{x_1} (\mathrm{K}\omega + \mathrm{K}'\omega')\,dx = 0.$$

Cette équation équivaut aux suivantes

$$(2) \qquad \Gamma = 0, \quad \mathrm{K} = 0, \quad \mathrm{K}' = 0.$$

En effet, ω et ω' sont deux fonctions de x arbitraires et indépendantes l'une de l'autre, et Γ ne contient que les valeurs des variations relatives aux limites de l'intégrale; donc, si K et K' n'étaient pas nulles, en laissant constantes les valeurs relatives aux limites, on aurait $\Gamma = 0$, tandis qu'on pourrait faire varier ω et ω' de telle sorte que l'intégrale $\int_{x_0}^{x_1} (\mathrm{K}\omega + \mathrm{K}'\omega')\,dx$ ne fût pas égale à o. On doit donc avoir

$$\mathrm{K} = 0, \quad \mathrm{K}' = 0,$$

et par conséquent

$$\Gamma = 0.$$

Les deux premières équations déterminent y et z en fonction de x. La troisième sert à déterminer les constantes introduites par l'intégration des deux premières.

777. Nous avons supposé que y et z étaient des fonctions indépendantes l'une de l'autre. S'il existait entre elles une relation

$$(1) \qquad \mathrm{F}(x, y, z) = 0,$$

les variations δy et δz ne seraient plus indépendantes.

On doit avoir, dans ce cas,

$$\frac{dF}{dx}\delta x + \frac{dF}{dy}\delta y + \frac{dF}{dz}\delta z = 0,$$

équation que l'on obtient en différentiant l'équation (1) par rapport à t. Remplaçons δy et δz par leurs valeurs

$$\delta y = p\delta x + \omega, \quad \delta z = p'\delta x + \omega' :$$

il vient

$$\frac{dF}{dx}\delta x + \frac{dF}{dy}(p\delta x + \omega) + \frac{dF}{dz}(p'\delta x + \omega') = 0,$$

ou

$$\left(\frac{dF}{dx} + \frac{dF}{dy}p + \frac{dF}{dz}p'\right)\delta x + \frac{dF}{dy}\omega + \frac{dF}{dz}\omega' = 0,$$

ou enfin

$$(2) \qquad \frac{dF}{dy}\omega + \frac{dF}{dz}\omega' = 0,$$

car on trouve

$$\frac{dF}{dx} + \frac{dF}{dy}p + \frac{dF}{dz}p' = 0,$$

en différentiant l'équation (1), par rapport à x.

De l'équation (2) on déduit

$$\omega' = -\frac{\frac{dF}{dy}}{\frac{dF}{dz}}\omega,$$

et, par conséquent,

$$\delta\int_{x_0}^{x_1} V\,dx = \Gamma + \int_{x_0}^{x_1}\left(K - K'\frac{\frac{dF}{dy}}{\frac{dF}{dz}}\right)\omega\,dx.$$

Pour que cette variation soit nulle, il faut qu'on ait

$$(3) \qquad \Gamma = 0,$$

$$(4) \qquad K\frac{dF}{dz} - K'\frac{dF}{dy} = 0.$$

Les équations (1) et (4) feront connaître y et z en fonction de x. Quant à l'équation $\Gamma = 0$, elle servira à déterminer les constantes.

778. On peut aussi éliminer l'une des quantités ω, ω' au moyen d'un facteur indéterminé. En multipliant par λ l'équation

$$\frac{dF}{dy}\omega + \frac{dF}{dz}\omega' = 0,$$

et ajoutant le produit à la fonction qui est sous le signe $\int$ dans l'expression

$$\delta\int_{x_0}^{x_1} V\,dx = \Gamma + \int_{x_0}^{x_1} (K\omega + K'\omega')\,dx,$$

on a

$$\delta\int_{x_0}^{x_1} V\,dx = \Gamma + \int_{x_0}^{x_1}\left[\left(K + \lambda\frac{dF}{dy}\right)\omega + \left(K' + \lambda\frac{dF}{dz}\right)\omega'\right]dx.$$

On profite de l'indétermination de λ pour faire disparaitre ω', en posant

(5) $$K' + \lambda\frac{dF}{dz} = 0;$$

et comme ω, qui reste encore sous le signe $\int$, est tout à fait arbitraire, il faut égaler à 0 la quantité qui la multiplie, ce qui donne

(6) $$K + \lambda\frac{dF}{dy} = 0.$$

En éliminant λ entre les équations (5) et (6), on obtient l'équation déjà trouvée

$$K\frac{dF}{dz} - K'\frac{dF}{dy} = 0.$$

779. Ce qui précède montre la marche à suivre dans le cas où la fonction V contient un nombre quelconque

de variables, liées entre elles par des équations données, les valeurs des variations qui se rapportent aux limites de l'intégration devant satisfaire à certaines conditions déterminées. Passons maintenant aux exemples.

LIGNE LA PLUS COURTE ENTRE DEUX POINTS DANS UN PLAN.

780. *On demande la ligne située dans un plan, passant par deux points* A *et* B, *et qui soit la plus courte qu'on puisse mener entre ces deux points.*

Prenons deux axes rectangulaires dans ce plan, soient x_0, y_0 les coordonnées du point A et x_1, y_1 celles du point B. Dans cet exemple on doit avoir

$$\delta \int_{x_0}^{x_1} \sqrt{1+p^2}\, dx = 0$$

et (774)

$$K = N - \frac{dP}{dx} + \frac{d^2Q}{dx^2} = 0;$$

mais (764)

$$N = 0, \quad P = \frac{p}{\sqrt{1+p^2}}, \quad Q = 0.$$

Il faut donc qu'on ait

$$(1) \qquad \frac{d}{dx}\left(\frac{p}{\sqrt{1+p^2}}\right) = 0;$$

il s'ensuit

$$\frac{p}{\sqrt{1+p^2}} = \text{const.},$$

ou, ce qui revient au même,

$$p = C;$$

d'où

$$(2) \qquad y = Cx + C',$$

C et C' étant deux constantes. D'ailleurs, il suffit que l'équation $K = 0$ soit satisfaite, puisque, les valeurs de x et de y relatives aux limites étant fixes, les variations $\delta x_0, \delta y_0, \delta x_1, \delta y_1$ sont nulles, et, par suite, on a identiquement $\Gamma = 0$. La ligne cherchée est donc une ligne droite; les constantes C et C′ se détermineront par les équations

$$y_0 = Cx_0 + C', \quad y_1 = Cx_1 + C'.$$

LIGNE LA PLUS COURTE D'UN POINT A UNE COURBE PLANE.

781. Soient A et LN le point et la courbe donnés dans le plan xoy; et

Fig. 128.

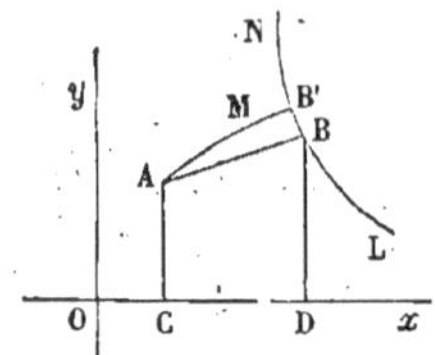

$$(1) \qquad y = \psi(x)$$

l'équation de la courbe.

Soit, de plus, AB la ligne la plus courte menée du point A à un point de la courbe donnée. L'extrémité A de la ligne AB est fixe; l'autre extrémité peut varier de position sur la courbe LN.

En conservant les notations du cas précédent, on arrive encore à l'équation

$$(2) \qquad y = Cx + C';$$

la ligne cherchée est donc une ligne droite.

Il faut maintenant déterminer les constantes C et C′. Or, on a

$$\delta x_0 = 0, \quad \delta y_0 = 0, \quad Q = 0,$$

mais les variations δx_1 et δy_1 ne sont assujetties qu'à la seule condition que le point $(x_1 + \delta x_1, y_1 + \delta y_1)$ soit sur la courbe donnée. On a donc

$$y_1 = \psi(x_1),$$

d'où

$$\delta y_1 = \psi'(x_1)\delta x_1,$$

et, pour que Γ s'annule,

$$\delta x_1 + p_1 \delta y_1 = 0.$$

On en conclut

$$1 + p_1 \psi'(x_1) = 0,$$

ou

$$(3) \qquad 1 + C\psi'(x_1) = 0,$$

puisque

$$p_1 = C.$$

On déterminera ensuite les constantes au moyen des équations

$$y_0 = Cx_0 + C', \qquad 1 + C\psi'(x_1) = 0,$$
$$y_1 = Cx_1 + C', \qquad y_1 = \psi(x_1).$$

Il résulte de l'équation (3) que *la ligne la plus courte entre un point et une courbe est une droite normale à cette courbe.*

LIGNE LA PLUS COURTE ENTRE DEUX COURBES PLANES.

782. Soient

(1) $$y = \varphi(x),$$
(2) $$y = \psi(x)$$

les équations de deux courbes situées dans le même plan. En raisonnant comme dans le cas précédent, on trouve que la ligne cherchée est encore une ligne droite,

Fig. 129.

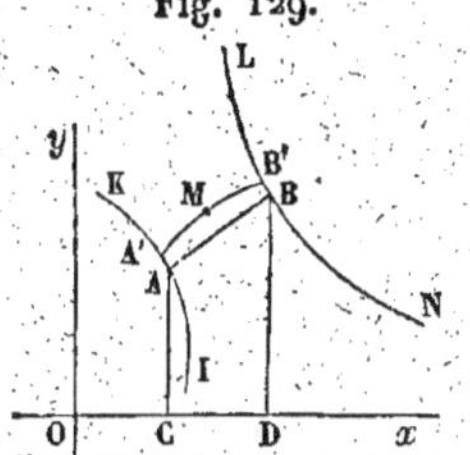

(3) $$y = Cx + C';$$

mais la détermination des constantes ne se fait plus de la même manière. Dans ce cas δx_0, δy_0, δx_1, δy_1 peuvent varier pourvu que le point $A'(x_0 + \delta x_0, y_0 + \delta y_0)$ reste sur la courbe (1), et le point $B'(x_1 + \delta x_1, y_1 + \delta y_1)$ sur la courbe (2). Mais l'équation $\Gamma = 0$ (767) se réduit à

$$\frac{\delta x_1 + p_1 \delta y_1}{\sqrt{1 + p_1^2}} - \frac{\delta x_0 + p_0 \delta y_0}{\sqrt{1 + p_0^2}} = 0,$$

qui se change, comme dans le cas précédent, en celle-ci :

(4) $$\delta x_1 [1 + C\psi'(x_1)] - \delta x_0 [1 + C\varphi'(x_0)] = 0,$$

à cause des équations

$$y_0 = \varphi(x_0), \quad y_1 = \psi(x_1).$$

Or, les variations δx_0 et δx_1 étant indépendantes l'une de l'autre, l'équation (4) se partage en deux,

$$(5)\qquad \begin{cases} 1 + C\psi'(x_1) = 0, \\ 1 + C\varphi'(x_0) = 0, \end{cases}$$

qui, réunies aux suivantes,

$$y_0 = Cx_0 + C', \quad y_0 = \varphi(x_0),$$
$$y_1 = Cx_1 + C', \quad y_1 = \psi(x_1),$$

déterminent complétement les constantes C et C', et les coordonnées x_0, y_0, x_1, y_1 des extrémités de la droite minimum.

Les équations (5) font voir que *la ligne la plus courte entre deux courbes planes est une normale commune aux deux courbes proposées.*

EXERCICES.

1. *Trouver la fonction qui rend maximum l'expression*

$$\int_{x_0}^{x_1} \left(1 - \frac{x}{\sqrt{x^2+y^2}} + ay\right) dx.$$

Solution : $$y = \sqrt{\frac{x^4}{4a^2} - x^2}.$$

2. *Trouver la courbe qui rend maximum ou minimum l'expression*

$$\int_{x_0}^{x_1} (x^2+y^2)^{\frac{n}{2}} \left(1 + \frac{dy^2}{dx^2}\right)^{\frac{1}{2}} dx.$$

Solution : En coordonnées polaires

$$r^{n+2} \cos(n+2)(\theta - \theta_0) = C.$$

SOIXANTE ET UNIÈME LEÇON.

SUITE DES APPLICATIONS DU CALCUL DES VARIATIONS.

Autre manière de résoudre les problèmes précédents. — Ligne la plus courte entre deux points dans l'espace. — Ligne la plus courte sur une surface donnée. — Surface de révolution minimum.

AUTRE MANIÈRE DE RÉSOUDRE LES PROBLÈMES PRÉCÉDENTS.

783. Au lieu d'appliquer les formules générales, on peut opérer directement comme il a été expliqué n° **770.** Dans les trois problèmes qui précèdent on doit avoir

$$(1) \qquad \delta \int_{x_0}^{x_1} \sqrt{dx^2 + dy^2} = 0;$$

mais en posant $ds = \sqrt{dx^2 + dy^2}$, on a

$$\int_{x_0}^{x_1} \delta \sqrt{dx^2 + dy^2} = \int_{x_0}^{x_1} \frac{dx\, d\delta x + dy\, d\delta y}{ds},$$

et comme l'intégration par parties donne

$$\int \frac{dx}{ds}\, d\delta x = \frac{dx}{ds}\, \delta x - \int \delta x\, d\, \frac{dx}{ds},$$

$$\int \frac{dx}{ds}\, d\delta y = \frac{dy}{ds}\, \delta y - \int \delta y\, d\, \frac{dy}{ds},$$

l'équation (1) prend la forme

$$(2) \quad \left\{ \begin{aligned} &\left(\frac{dx}{ds}\,\delta x + \frac{dy}{ds}\,\delta y\right)_1 - \left(\frac{dx}{ds}\,\delta x + \frac{dy}{ds}\,\delta y\right)_0 \\ &\qquad - \int_{x_0}^{x_1} \left(\delta x\, d\,\frac{dx}{ds} + \delta y\, d\,\frac{dy}{ds}\right) = 0. \end{aligned} \right.$$

Mais de l'identité

$$\left(\frac{dx}{ds}\right)^2 + \left(\frac{dy}{ds}\right)^2 = 1,$$

on tire

$$\frac{dx}{ds} d \frac{dx}{ds} + \frac{dy}{ds} d \frac{dy}{ds} = 0,$$

d'où

$$d \frac{dx}{ds} = - \frac{dy}{dx} d \frac{dy}{ds} = - pd \frac{dy}{ds}.$$

Donc, pour que la quantité placée sous le signe d'intégration soit nulle, il suffit que l'on ait $d \frac{dx}{ds} = 0$, ou $d \frac{dy}{ds} = 0$. Supposons

$$(3) \qquad d \frac{dx}{ds} = 0;$$

il en résulte

$$\frac{1}{\sqrt{1+p^2}} = \text{const.},$$

d'où

$$p = \frac{dy}{dx} = C,$$

et

$$(4) \qquad y = Cx + C',$$

équation d'une ligne droite.

784. Déterminons maintenant les constantes d'après la nature du problème proposé.

1° Si les deux points (x_0, y_0), (x_1, y_1) sont donnés, les variations des limites δx_0, δy_0, δx_1, δy_1 sont nulles, et l'équation $\Gamma = 0$, ou

$$\left(\frac{dx}{ds} \delta x + \frac{dy}{ds} \delta y\right)_1 - \left(\frac{dx}{ds} \delta x + \frac{dy}{ds} \delta y\right)_0 = 0,$$

est satisfaite identiquement. Les constantes se déterminent, alors, par les équations

$$y_0 = Cx_0 + C', \quad y_1 = Cx_1 + C'.$$

2° Si le point A (x_0, y_0) est fixe, et que l'autre point B (x_1, y_1) doive se trouver sur une courbe donnée,

$$(5) \qquad y = \psi(x),$$

on a

$$\delta x_0 = 0, \quad \delta y_0 = 0,$$

et l'équation $\Gamma = 0$ se réduit à

$$dx_1 \, \delta x_1 + dy_1 \, \delta y_1 = 0,$$

d'où

$$1 + \frac{dy_1}{dx_1} \frac{\delta y_1}{\delta x_1} = 0;$$

donc la droite (4) est normale à la courbe (5), car $y_1 = \psi(x_1)$ donne $\delta y_1 = \psi'(x_1) \, \delta x_1$, et, par suite, on a

$$1 + C\psi'(x_1) = 0.$$

Les constantes C, C′ et les coordonnées du point extrême B sont déterminées par les équations

$$y_0 = Cx_0 + C', \quad 1 + C\psi'(x_1) = 0,$$
$$y_1 = Cx_1 + C', \quad y_1 = \psi(x_1).$$

3° Enfin, si les deux points A et B doivent se trouver sur deux courbes données

$$(6) \qquad y = \varphi(x), \quad y = \psi(x),$$

on aura

$$y_1 = \psi(x_1), \quad y_0 = \varphi(x_0),$$

ce qui donne

$$\delta y_1 = \psi'(x_1) \, \delta x_1,$$
$$\delta y_0 = \varphi'(x_0) \, \delta x_0.$$

L'équation $\Gamma = 0$ se réduit alors à

$$[dx_1 + dy_1 \, \psi'(x_1)] \, \delta x_1 - [dx_0 + dy_0 \, \varphi'(x_0)] \, \delta x_0 = 0$$

et se partage en deux équations :

$$1 + \frac{dy_1}{dx_1} \psi'(x_1) = 0,$$

$$1 + \frac{dy_0}{dx_0} \varphi'(x_0) = 0,$$

parce que δx_0 et δx_1 sont des quantités indépendantes, et arbitraires. Ces deux équations montrent que la droite cherchée est normale aux courbes données.

Les constantes C et C′, les coordonnées x_0, y_0, x_1, y_1 des extrémités de la droite minimum sont déterminées par les six équations

$$y_0 = Cx_0 + C', \quad y_0 = \varphi(x_0), \quad 1 + C\varphi'(x_0) = 0,$$
$$y_1 = Cx_1 + C', \quad y_1 = \psi(x_1), \quad 1 + C\psi'(x_1) = 0.$$

LIGNE LA PLUS COURTE ENTRE DEUX POINTS, DANS L'ESPACE.

785. Jusqu'à présent nous avons supposé que les lignes considérées étaient situées dans un plan donné. Cherchons maintenant quelle est, dans l'espace, la ligne la plus courte unissant deux points A et B.

Fig. 130.

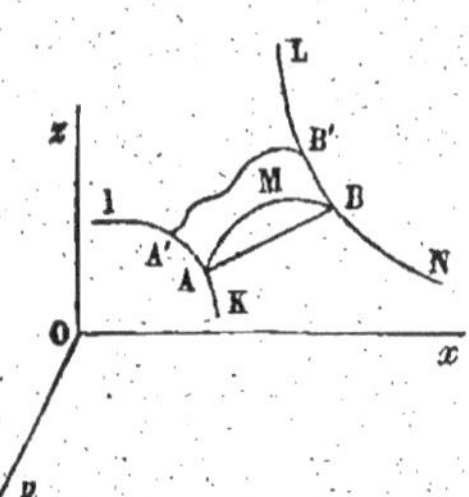

Soient x_0, y_0, z_0 les coordonnées du premier point, et x_1, y_1, z_1 celles du second. La longueur de l'arc AMB sera représentée par

$$\int_{x_0}^{x_1} dx \sqrt{1 + \left(\frac{dy}{dx}\right)^2 + \left(\frac{dz}{dx}\right)^2}.$$

Nous aurons donc

$$V\,dx = \sqrt{dx^2 + dy^2 + dz^2} = ds,$$

d'où

$$\delta V\,dx = \frac{dx\,d\delta x + dy\,d\delta y + dz\,d\delta z}{ds};$$

et par conséquent, en intégrant par parties :

$$(1)\quad \left\{\begin{aligned} \delta \int_{x_0}^{x_1} V\,dx = {} & \left(\frac{dx}{ds}\delta x + \frac{dy}{ds}\delta y + \frac{dz}{ds}\delta z\right)_1 \\ & - \left(\frac{dx}{ds}\delta x + \frac{dy}{ds}\delta y + \frac{dz}{ds}\delta z\right)_0 \\ & - \int_{x_0}^{x_1}\left(\delta x\, d\frac{dx}{ds} + \delta y\, d\frac{dy}{ds} + \delta z\, d\frac{dz}{ds}\right). \end{aligned}\right.$$

Il faut maintenant égaler à o l'expression placée sous le

signe $\int$, et comme les variations δx, δy, δz sont indépendantes et arbitraires, on aura

$$(2) \qquad d\frac{dx}{ds}=0, \quad d\frac{dy}{ds}=0, \quad d\frac{dz}{ds}=0.$$

Mais, ces trois équations se réduisent à deux distinctes. En effet, de l'identité

$$\frac{dx^2}{ds^2}+\frac{dy^2}{ds^2}+\frac{dz^2}{ds^2}=1$$

on tire

$$\frac{dx}{ds}d\frac{dx}{ds}+\frac{dy}{ds}d\frac{dy}{ds}+\frac{dz}{ds}d\frac{dz}{ds}=0;$$

donc si l'on a $d\frac{dx}{ds}=0$, $d\frac{dy}{ds}=0$, il en résultera $d\frac{dz}{ds}=0$.

Des équations

$$d\frac{dy}{ds}=0, \quad d\frac{dz}{ds}=0,$$

on tire, par une première intégration,

$$\frac{dy}{ds}=a, \quad \frac{dz}{ds}=a',$$

ou, ce qui revient au même,

$$\frac{dy}{dx}=c, \quad \frac{dz}{dx}=c',$$

et, en intégrant de nouveau,

$$(3) \qquad y=cx+C, \quad z=c'x+C',$$

équations d'une ligne droite.

786. Pour déterminer les constantes c, C, c', C', il faut distinguer plusieurs cas.

1° Si les points A et B sont donnés, les variations δx_0, δy_0, δz_0, δx_1, δy_1, δz_1 sont nulles, et l'équation

$\Gamma = 0$ est satisfaite. Les quatre constantes se déterminent en substituant les coordonnées des points A et B dans les équations de la droite.

2° Supposons que les points A et B doivent se trouver sur deux courbes IK, LN, ayant pour équations, la première :

$$(4) \qquad y = \varphi(x), \quad z = \psi(x),$$

et la seconde :

$$(5) \qquad y = \Phi(x), \quad z = \Psi(x);$$

l'équation $\Gamma = 0$, formée au moyen de l'équation (1), donnera

$$(6) \qquad \begin{cases} \left(\dfrac{dx}{ds}\delta x + \dfrac{dy}{ds}\delta y + \dfrac{dz}{ds}\delta z\right)_1 = 0, \\ \left(\dfrac{dx}{ds}\delta x + \dfrac{dy}{ds}\delta y + \dfrac{dz}{ds}\delta z\right)_0 = 0. \end{cases}$$

En effet, appelons $\delta\sigma_0$ et $\delta\sigma_1$ les deux arcs infiniment petits AA′ et BB′, situés sur les courbes données; A′B′ étant une courbe quelconque infiniment voisine de la droite AB, on pourra mettre Γ sous la forme

$$(7) \qquad \begin{cases} \Gamma = \delta\sigma_1 \left(\dfrac{dx}{ds}\dfrac{\delta x}{\delta\sigma} + \dfrac{dy}{ds}\dfrac{\delta y}{\delta\sigma} + \dfrac{dz}{ds}\dfrac{\delta z}{\delta\sigma}\right)_1 \\ \qquad - \delta\sigma_0 \left(\dfrac{dx}{ds}\dfrac{\delta x}{\delta\sigma} + \dfrac{dy}{ds}\dfrac{\delta y}{\delta\sigma} + \dfrac{dz}{ds}\dfrac{\delta z}{\delta\sigma}\right)_0. \end{cases}$$

Les facteurs placés entre parenthèses ont des valeurs finies, car ils représentent les cosinus des angles que la droite AB fait avec les courbes aux points A et B. Comme, d'ailleurs, $\delta\sigma_0$ et $\delta\sigma_1$ sont des quantités indépendantes l'une de l'autre, on voit bien que l'équation $\Gamma = 0$ entraîne les suivantes :

$$\left(\frac{dx}{ds}\frac{\delta x}{\delta\sigma} + \frac{dy}{ds}\frac{\delta y}{\delta\sigma} + \frac{dz}{ds}\frac{\delta z}{\delta\sigma}\right)_1 = 0,$$

$$\left(\frac{dx}{ds}\frac{\delta x}{\delta\sigma} + \frac{dy}{ds}\frac{\delta y}{\delta\sigma} + \frac{dz}{ds}\frac{\delta z}{\delta\sigma}\right)_0 = 0,$$

et ces équations, qui sont au fond les mêmes que les équations (6), expriment que la droite AB est normale aux deux courbes.

A cause des équations (3), on a

$$\frac{dy}{dx}=c,\quad \frac{dz}{dx}=c',$$

et, puisque les extrémités de la ligne AB doivent rester sur les courbes (4) et (5), on aura

$$\begin{aligned}\delta y_1 &= \Phi'(x_1)\,\delta x_1,\\ \delta z_1 &= \Psi'(x_1)\,\delta x_1,\\ \delta y_0 &= \varphi'(x_0)\,\delta x_0,\\ \delta z_0 &= \psi'(x_0)\,\delta x_0.\end{aligned}$$

Les équations (6) peuvent donc se mettre sous la forme

$$\begin{aligned}1+c\Phi'(x_1)+c'\Psi'(x_1)&=0,\\ 1+c\varphi'(x_0)+c'\Phi'(x_0)&=0,\end{aligned}$$

et, réunies aux huit équations suivantes,

$$\begin{aligned}y_0&=c\,x_0+C, & y_1&=c\,x_1+C,\\ z_0&=c'x_0+C', & z_1&=c'x_1+C',\\ y_0&=\varphi(x_0), & y_1&=\Phi(x_1),\\ z_0&=\psi(x_0), & z_1&=\Psi(x_1),\end{aligned}$$

elles forment un système de dix équations propre à déterminer les quatre constantes et les six coordonnées des points extrêmes de la droite.

3° Supposons que les points A et B doivent être sur deux surfaces données. On pourra encore mettre Γ sous la forme (7), en appelant $\delta\sigma_0$ et $\delta\sigma_1$ deux arcs infiniment petits AA′, BB′, situés sur les deux surfaces; et comme les déplacements des points A et B sont indépendants l'un de l'autre, on aura encore

$$\left(\frac{dx}{ds}\frac{\delta x}{\delta\sigma}+\frac{dy}{ds}\frac{\delta y}{\delta\sigma}+\frac{dz}{ds}\frac{\delta z}{\delta\sigma}\right)_0=0,$$

$$\left(\frac{dx}{ds}\frac{\delta x}{\delta\sigma}+\frac{dy}{ds}\frac{\delta y}{\delta\sigma}+\frac{dz}{ds}\frac{\delta z}{\delta\sigma}\right)_1=0.$$

La première équation exprime que la droite AB est normale à une courbe quelconque située sur la première surface et passant par le point A : donc la droite AB est normale à la première surface. Cette droite est, par la même raison, normale à la seconde surface.

Les constantes et les coordonnées des points A et B se détermineront comme dans le cas précédent.

LIGNE LA PLUS COURTE SUR UNE SURFACE DONNÉE.

787. *Soit*

$$F(x, y, z) = 0 \tag{1}$$

l'équation d'une surface courbe; proposons-nous de trouver la ligne la plus courte AMB *que l'on puisse tracer sur cette surface entre deux de ses points* A *et* B.

Soient x_0, y_0, z_0 les coordonnées du point A, et x_1, y_1, z_1 celles du point B.

Toutes les courbes que l'on doit comparer étant sur la surface (1), les variations des coordonnées doivent satisfaire à l'équation

$$\frac{dF}{dx}\delta x + \frac{dF}{dy}\delta y + \frac{dF}{dz}\delta z = 0. \tag{2}$$

L'une des conditions du minimum est

$$K = \delta x d\frac{dx}{ds} + \delta y d\frac{dy}{ds} + \delta z d\frac{dz}{ds} = 0. \tag{3}$$

Mais de l'équation (2) on peut tirer la valeur de δz, et la porter dans l'équation (3), qui devient

$$\delta x\left(d\frac{dx}{ds} - \frac{\frac{dF}{dx}}{\frac{dF}{dz}}d\frac{dz}{ds}\right) + \delta y\left(d\frac{dy}{dx} - \frac{\frac{dF}{dy}}{\frac{dF}{dz}}d\frac{dz}{ds}\right) = 0,$$

et cette équation, à cause de l'indépendance des variations

δx et δy, revient aux deux suivantes

$$(4)\quad \left\{\begin{aligned} &d\frac{dx}{ds}-\frac{\frac{dF}{dx}}{\frac{dF}{dz}}d\frac{dz}{ds}=0,\\ &d\frac{dy}{ds}-\frac{\frac{dF}{dy}}{\frac{dF}{dz}}d\frac{dz}{ds}=0;\end{aligned}\right.$$

ce qui fait, avec l'équation de la surface, trois équations pour déterminer les deux fonctions y et z. Mais on doit observer que l'une des équations (4) est une conséquence de l'autre et de l'équation (1). En effet, on tire des équations (4)

$$\frac{d\frac{dx}{ds}}{\frac{dF}{dx}}=\frac{d\frac{dy}{ds}}{\frac{dF}{dy}}=\frac{d\frac{dz}{ds}}{\frac{dF}{dz}},$$

ou bien, en désignant par $d\lambda$ la valeur commune de ces trois rapports,

$$d\frac{dx}{ds}=\frac{dF}{dx}d\lambda,$$

$$d\frac{dy}{ds}=\frac{dF}{dy}d\lambda,$$

$$d\frac{dz}{ds}=\frac{dF}{dz}d\lambda.$$

Ajoutons ces équations, après les avoir multipliées respectivement par $\frac{dx}{ds}$, $\frac{dy}{ds}$, $\frac{dz}{ds}$: nous aurons

$$(5)\quad \left\{\begin{aligned} &\frac{dx}{ds}d\frac{dx}{ds}+\frac{dy}{ds}d\frac{dy}{ds}+\frac{dz}{ds}d\frac{dz}{ds}\\ &\quad=\left(\frac{dF}{dx}dx+\frac{dF}{dy}dy+\frac{dF}{dz}dz\right)\frac{d\lambda}{ds}.\end{aligned}\right.$$

Or, le premier membre est nul, puisqu'on l'obtiendrait

en différentiant l'équation

$$\frac{dx^2}{ds^2}+\frac{dy^2}{ds^2}+\frac{dz^2}{ds^2}=1;$$

le coefficient de $\frac{d\lambda}{ds}$, dans le second membre, est aussi nul à cause de l'équation (1). Donc l'équation (5) est une identité. Par conséquent, l'une des équations (1) et (4) est une conséquence des deux autres. Il suffira de considérer deux de ces équations, pour que la ligne cherchée soit déterminée.

788. Les lignes les plus courtes sur une surface sont nommées *lignes géodésiques* de cette surface : elles jouissent de cette propriété que tous leurs plans osculateurs sont normaux à la surface. En effet, soit K le centre de courbure de AMB au point M. La droite MK fait avec les axes des angles dont les cosinus sont proportionnels à

Fig. 131.

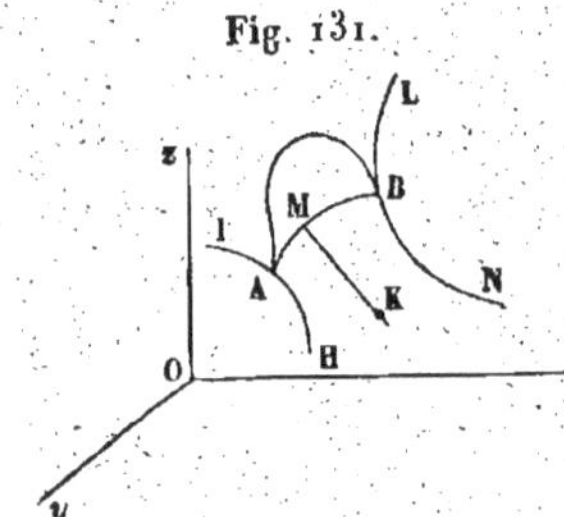

$$(6)\qquad d\frac{dx}{ds},\quad d\frac{dy}{ds},\quad d\frac{dz}{ds}.$$

D'un autre côté, la normale à la surface, au point M, fait, avec les axes, des angles dont les cosinus sont proportionnels à

$$\frac{dF}{dx},\quad \frac{dF}{dy},\quad \frac{dF}{dz}.$$

Mais, d'après les équations (4), ces trois dérivées sont proportionnelles aux quantités (6). Donc les angles formés par les deux droites avec les axes sont égaux, et la normale à la surface a même direction que le rayon de courbure, ou, en d'autres termes, le plan osculateur en un point quelconque M d'une ligne géodésique est normal à la surface.

Les constantes se détermineront comme dans le problème précédent, et l'on verra de la même manière que si la ligne cherchée doit aboutir à deux courbes données sur la surface, la courbe AMB les coupera à angle droit.

789. Il convient d'observer que la propriété d'être la ligne la plus courte entre deux points quelconques d'une surface peut n'exister que sur une certaine portion d'une courbe. Par exemple, sur la sphère, le plan de tout grand cercle (qui est en même temps son plan osculateur) est normal à la surface. Mais la propriété du minimum appartient seulement aux arcs de grand cercle moindres qu'une demi-circonférence.

SURFACE DE RÉVOLUTION MINIMUM.

790. *Étant donnés, dans le même plan, deux points* A *et* B, *et une droite* CD, *trouver une courbe* AMB, *située dans ce plan, et qui, en tournant autour de* CD, *engendre une surface de révolution dont l'aire soit la plus petite possible.*

Prenons pour axe des x la droite CD, et pour axe des y une perpendiculaire à cette droite. Soient x_0, y_0 les coordonnées du point A, et x_1, y_1 celles du point B. La surface engendrée par AMB étant représentée par $2\pi\int_{x_0}^{x_1} y\,ds$, la question proposée revient à chercher le minimum de $\int_{x_0}^{x_1} y\,ds$. Or, on a

$$\delta\int_{x_0}^{x_1} y\,ds = \int_{x_0}^{x_1} \delta y\,ds = \int_{x_0}^{x_1} (\delta y\,ds + y\,\delta\,ds);$$

mais

$$ds^2 = dx^2 + dy^2,$$

d'où

$$ds\,\delta\,ds = dx\,\delta\,dx + dy\,\delta\,dy = dx\,d\delta x + dy\,d\delta y;$$

donc

$$\delta\int_{x_0}^{x_1} y\,ds = \int_{x_0}^{x_1}\left(\delta y\,ds + y\,\frac{dx}{ds}\,d\delta x + y\,\frac{dy}{ds}\,d\delta y\right),$$

et, en intégrant par parties,

$$\delta\int_{x_0}^{x_1} y\,ds = \left(y\frac{dx}{ds}\delta x + y\frac{dy}{ds}\delta y\right)_1 - \left(y\frac{dx}{ds}\delta x + y\frac{dy}{ds}\delta y\right)_0$$
$$-\int_{x_0}^{x_1}\left[\delta x\, d\left(y\frac{dx}{ds}\right) + \delta y\, d\left(y\frac{dy}{ds}\right) - \delta y\, ds\right].$$

Il faut égaler à zéro la quantité placée sous le signe $\int$ dans le second membre, ce qui donne

$$(1)\qquad d\left(y\frac{dx}{ds}\right) = 0,$$

$$(2)\qquad ds - d\left(y\frac{dy}{ds}\right) = 0.$$

Mais la seconde équation est une conséquence de la première. En effet, on a identiquement

$$d\left(y\frac{dx}{ds}\right) = \left[ds - d\left(y\frac{dy}{ds}\right)\right]\frac{dy}{dx},$$

car cette équation revient à

$$\frac{dx}{ds}d\left(y\frac{dx}{ds}\right) - \frac{dy}{ds}ds + \frac{dy}{ds}d\frac{y\,dy}{ds} = 0,$$

ou

$$dy\left(\frac{dx^2}{ds^2} + \frac{dy^2}{ds^2}\right) - dy + y\left(\frac{dx}{ds}d\frac{dx}{ds} + \frac{dy}{ds}d\frac{dy}{ds}\right) = 0,$$

conséquence des équations

$$\frac{dx^2}{ds^2} + \frac{dy^2}{ds^2} = 1,$$

$$\frac{dx}{ds}d\frac{dx}{ds} + \frac{dy}{ds}d\frac{dy}{ds} = 0.$$

Il suffit donc de considérer l'équation (1), qui donne

$$y\frac{dx}{ds} = c;$$

d'où

$$y = c\sqrt{1+\frac{dy^2}{dx^2}},$$

et, en résolvant par rapport à dx,

$$dx = \frac{c\,dy}{\sqrt{y^2 - c^2}}.$$

L'intégrale de cette équation est

$$x - c' = c\,l\left(\frac{y + \sqrt{y^2 - c^2}}{c}\right),$$

d'où l'on tire

$$(3) \qquad y = \frac{c}{2}\left(e^{\frac{x-c'}{c}} + e^{-\frac{x-c'}{c}}\right),$$

équation d'une chaînette (574, 2°).

Les constantes c et c' se déterminent comme dans l'exemple précédent. Si l'on fait passer l'axe des y par le point le plus bas de la courbe, on a $c' = 0$, et

$$y = \frac{c}{2}\left(e^{\frac{x}{c}} + e^{-\frac{x}{c}}\right).$$

Si les points A et B, au lieu d'être fixes, devaient se trouver sur deux courbes données, on obtiendrait encore une chaînette normale à ces deux courbes.

EXERCICES.

1. *Plus courte distance de deux points sur la surface d'un cylindre.*

Solution : Courbe faisant avec les génératrices un angle constant.

2. *La ligne minimum sur une surface développable se trouve par la quadrature.*

SOIXANTE-DEUXIÈME LEÇON.

SUITE DES APPLICATIONS DU CALCUL DES VARIATIONS.

Brachistochrone. — Remarques sur l'équation $K=0$. — Maximum ou minimum relatif. — Problèmes sur les isopérimètres.

BRACHISTOCHRONE.

791. Problème. — *Étant donnés deux points* A *et* B, *trouver la courbe* AMB *que doit suivre un point pesant pour aller du point* A *au point* B *dans le temps le plus court possible.* Cette courbe s'appelle *brachistochrone*, ou courbe de plus vite descente.

Prenons une verticale quelconque pour axe des x, et deux axes rectangulaires Oz et Oy dans un plan horizontal quelconque. Si l'on suppose que le mobile soit parti du point $A(x_0, y_0, z_0)$, sans vitesse initiale, on aura, en désignant par V sa vitesse au point $M(x, y, z)$,

Fig. 132.

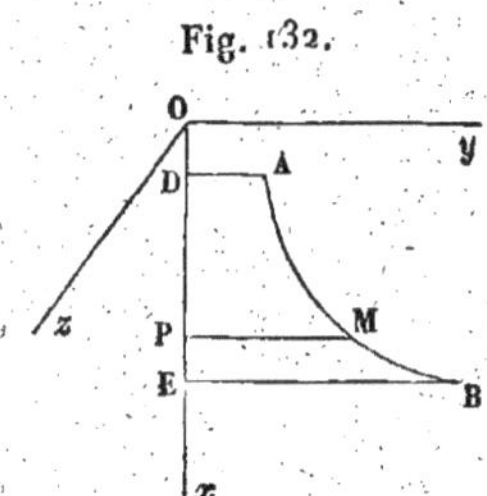

$$V^2 = 2g(x - x_0). \tag{1}$$

Mais s étant l'arc parcouru, et t le temps écoulé, on a

$$V = \frac{ds}{dt},$$

valeur qu'il faut prendre positivement, parce que l'arc augmente continuellement avec le temps. Il en résulte

$$\frac{ds}{dt} = \sqrt{2g(x - x_0)},$$

d'où

$$dt = \frac{1}{\sqrt{2g}} \frac{ds}{\sqrt{x - x_0}}.$$

On aura donc, en nommant T le temps nécessaire pour parcourir l'arc AB, et x_1 l'abscisse du point B,

$$(2) \qquad T = \frac{1}{\sqrt{2g}} \int_{x_0}^{x_1} \frac{ds}{\sqrt{x - x_0}}.$$

Il faut maintenant chercher la variation de l'intégrale

$$\int_{x_0}^{x_1} \frac{ds}{\sqrt{x - x_0}}.$$

En posant

$$X = \frac{1}{\sqrt{x - x_0}},$$

on aura

$$\delta \int X\, ds = \int (\delta X\, ds + X\, \delta\, ds).$$

Mais

$$\delta X = -\frac{1}{2}(x - x_0)^{-\frac{3}{2}}(\delta x - \delta x_0);$$

d'un autre côté,

$$\delta\, ds = \frac{dx}{ds} d\delta x + \frac{dy}{ds} d\delta y + \frac{dz}{ds} d\delta z.$$

Mettant ces valeurs dans l'équation

$$(3) \qquad \delta \int X\, ds = 0,$$

on a

$$\delta x_0 \int \frac{1}{2}(x - x_0)^{-\frac{3}{2}} ds$$
$$- \int \left[\frac{1}{2}(x - x_0)^{-\frac{3}{2}} \delta x\, ds - X\left(\frac{dx}{ds} d\delta x + \frac{dy}{ds} d\delta y + \frac{dz}{ds} d\delta z\right)\right] = 0.$$

Intégrant par parties, et faisant sortir du signe $\int$ les différentielles des variations, on a définitivement

$$\left[X\left(\frac{dx}{ds}\delta x+\frac{dy}{ds}\delta y+\frac{dz}{ds}\delta z\right)\right]_0^1+\frac{1}{2}\delta x_0\int_{x_0}^{x_1}(x-x_0)^{-\frac{3}{2}}ds$$

$$-\int_{x_0}^{x_1}\left[\delta x d\left(X\frac{dx}{ds}\right)+\delta y d\left(X\frac{dy}{ds}\right)+\delta z d\left(X\frac{dz}{ds}\right)\right.$$

$$\left.+\frac{1}{2}\delta x(x-x_0)^{-\frac{3}{2}}ds\right]=0,$$

Pour que la quantité placée sous le signe $\int$ dans la seconde intégrale soit nulle, il faut égaler à 0 les coefficients des variations $\delta x, \delta y, \delta z$, ce qui donne

$$(4)\qquad \frac{1}{2}(x-x_0)^{-\frac{3}{2}}ds+d\left(X\frac{dx}{ds}\right)=0,$$

$$(5)\qquad d\left(X\frac{dy}{ds}\right)=0,\quad d\left(X\frac{dz}{ds}\right)=0.$$

Les deux dernières équations sont suffisantes; car on a identiquement

$$\frac{dx}{ds}d\left(X\frac{dx}{ds}\right)+\frac{dy}{ds}d\left(X\frac{dy}{ds}\right)+\frac{dz}{ds}d\left(X\frac{dz}{ds}\right)=dX,$$

puisque

$$\frac{dx^2+dy^2+dz^2}{ds^2}=1.$$

Mais

$$dX=-\frac{1}{2}\frac{dx}{(x-x_0)^{\frac{3}{2}}}.$$

On aura donc, en ayant égard aux équations (5),

$$\frac{dx}{ds}d\left(X\frac{dx}{ds}\right)=-\frac{1}{2}\frac{dx}{(x-x_0)^{\frac{3}{2}}},$$

c'est-à-dire l'équation (4).

On tire des équations (5)

$$X\frac{dy}{ds}=C,\quad X\frac{dz}{ds}=C',$$

ou

(6) $$\frac{1}{\sqrt{x-x_0}}\frac{dy}{ds}=C,\quad \frac{1}{\sqrt{x-x_0}}\frac{dz}{ds}=C';$$

d'où l'on déduit

$$\frac{dy}{dz}=\frac{C}{C'}$$

et

(7) $$y=\frac{C}{C'}z+C''.$$

792. Cette équation montre d'abord que tous les points de la courbe sont dans un même plan vertical.

En remplaçant ds par $\sqrt{dx^2+dy^2}$ et C par $\frac{1}{\sqrt{a}}$ pour l'homogénéité, on déduit de la première des équations (6)

$$dy=dx\sqrt{\frac{x-x_0}{a-x+x_0}}.$$

Si l'on prend le plan de la courbe pour plan des xy, et le point de départ A pour origine des coordonnées, on a $x_0=0$, et l'équation différentielle de la courbe se réduit à

(8) $$dy=dx\sqrt{\frac{x}{a-x}}.$$

La cycloïde représentée par cette équation a un point de rebroussement au point A, sa base est horizontale, et le diamètre de son cercle générateur est égal à a.

En intégrant l'équation (8), on a

$$y=\frac{1}{2}a\arccos\frac{a-2x}{a}-\sqrt{ax-x^2}.$$

On déterminera la constante a, c'est-à-dire le diamètre du cercle générateur, en exprimant que la courbe passe par le point $B(x_1, y_1)$. On peut aussi obtenir ce diamètre par la construction suivante. Décrivons une cycloïde quelconque ayant son sommet au point A et pour base Al; soit b le point où AB rencontre cette courbe. A cause de la similitude des deux cycloïdes, c et C étant les centres des circonférences génératrices qui correspondent aux deux points b et B, les triangles ABC, Abc sont semblables. Or, les points b, B et c étant connus, il suffira pour avoir le centre C de mener BC parallèle à bc jusqu'à la rencontre de Ac prolongé.

Fig. 133.

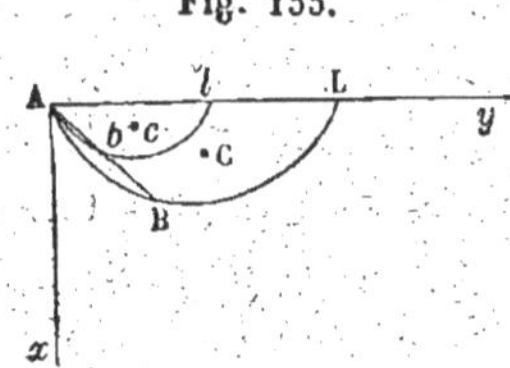

Le temps employé par le mobile pour aller du point A au point B, est égal à $\frac{1}{\sqrt{2g}}\int_0^{x_1}\frac{ds}{\sqrt{x}}$ (791), en prenant l'origine des coordonnées au point A. On aura donc, d'après l'équation de la courbe,

$$T = \frac{1}{\sqrt{2g}}\int_0^{x_1}\frac{\sqrt{a}\,dx}{\sqrt{ax-x^2}} = \sqrt{\frac{a}{2g}}\arccos\frac{a-2x_1}{a} \quad (1, 350).$$

793. Supposons maintenant que les deux points A et B, au lieu d'être donnés, soient assujettis à se trouver sur deux courbes données CD, EF. On obtient encore une cycloïde AMB, située dans un plan vertical. Pour déterminer les points A et B qui fixent sa position, il faut recourir à l'équation générale $\Gamma = 0$, qui est, dans ce cas (791),

$$\left[X\left(\frac{dx}{ds}\delta x + \frac{dy}{ds}\delta y + \frac{dz}{ds}\delta z\right)\right]_1$$
$$-\left[X\left(\frac{dx}{ds}\delta x + \frac{dy}{ds}\delta y + \frac{dz}{ds}\delta z\right)\right]_0 + \delta x_0\int_{x_0}^{x_1}\frac{1}{2}\frac{ds}{(x-x_0)^{\frac{3}{2}}} = 0.$$

Comme les déplacements des points A et B sur les deux

courbes sont indépendants l'un de l'autre, on a d'abord

$$(1)\qquad \left[X\left(\frac{dx}{ds}\delta x + \frac{dy}{ds}\delta y + \frac{dz}{ds}\delta z\right)\right]_1 = 0.$$

Cette équation exprime que le cosinus de l'angle TBU est nul, BT et BU étant les tangentes menées par le point B aux deux courbes EF et AB : donc la cycloïde AMB coupe la courbe EF à angle droit.

Fig. 134.

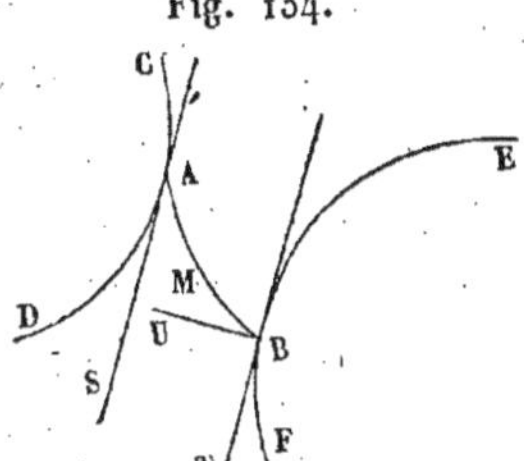

Il faut maintenant égaler à o le reste du premier membre de l'équation $\Gamma = 0$; mais, auparavant, on peut simplifier cette équation. En effet, on a, pour tous les points de la courbe AMB (791),

$$\frac{dx}{ds}d\left(X\frac{dx}{ds}\right) + \frac{1}{2}\frac{dx}{(x - x_0)^{\frac{3}{2}}} = 0,$$

ou

$$d\left(X\frac{dx}{ds}\right) + \frac{1}{2}\frac{ds}{(x - x_0)^{\frac{3}{2}}} = 0;$$

d'où l'on tire

$$\int_{x_0}^{x_1}\frac{1}{2}\frac{ds}{(x - x_0)^{\frac{3}{2}}} = -\left(X\frac{dx}{ds}\right)_1 + \left(X\frac{dx}{ds}\right)_0.$$

Substituant cette valeur dans l'équation $\Gamma = 0$, elle se réduit à

$$(2)\qquad \left(X\frac{dx}{ds}\right)_1 \delta x_0 + \left(X\frac{dy}{ds}\right)_0 \delta y_0 + \left(X\frac{dz}{ds}\right)_0 \delta z_0 = 0.$$

Cette équation peut être rendue symétrique par rapport aux variables. On a trouvé (791), C et C′ étant deux constantes,

$$X\frac{dy}{ds} = C,\quad X\frac{dz}{ds} = C';$$

donc

$$\left(X\frac{dy}{ds}\right)_1=\left(X\frac{dy}{ds}\right)_0,\quad \left(X\frac{dz}{ds}\right)_1=\left(X\frac{dz}{ds}\right)_0.$$

L'équation (2) devient alors

$$\left(X\frac{dx}{ds}\right)_1\delta x_0+\left(X\frac{dy}{ds}\right)_1\delta y_0+\left(X\frac{dz}{ds}\right)_1\delta z_0=0,$$

et, en divisant par X_1, facteur commun,

$$(3)\qquad \left(\frac{dx}{ds}\right)_1\delta x_0+\left(\frac{dy}{ds}\right)_1\delta y_0+\left(\frac{dz}{ds}\right)_1\delta z_0=0.$$

Cette dernière équation exprime que la tangente à la cycloïde au point B est perpendiculaire à la tangente menée à la courbe CD par le point A.

Les constantes et les inconnues $x_0, y_0, z_0, x_1, y_1, z_1$ se détermineront comme dans les exemples précédents.

REMARQUE SUR L'INTÉGRATION DE L'ÉQUATION $K=0$.

794. C'est ici le lieu de placer quelques observations relatives à l'équation différentielle

$$(1)\qquad K=N-\frac{dP}{dx}+\frac{d^2Q}{dx^2}=0.$$

1° Supposons que N soit nulle, c'est-à-dire que y n'entre pas explicitement dans V. L'équation (1) se réduit alors à

$$-\frac{dP}{dx}+\frac{d^2Q}{dx^2}=0;$$

d'où résulte

$$(2)\qquad P-\frac{dQ}{dx}=C.$$

Cette équation n'est plus que du troisième ordre, si V ne contient pas de dérivées d'un ordre supérieur au second.

2° Si $M=0$, c'est-à-dire si x n'entre pas explicitement dans V, l'équation $K=0$ se réduira encore au troisième ordre, en prenant y pour variable indépendante;

mais on peut encore la réduire au troisième ordre de la manière suivante. A cause de $M = 0$, on a (764)

$$dV = N dy + P dp + Q dq;$$

d'ailleurs

$$N - \frac{dP}{dx} + \frac{d^2Q}{dx^2} = 0.$$

Éliminant N entre ces équations, on aura

$$dV = \left(\frac{dP}{dx} - \frac{d^2Q}{dx^2}\right) dy + P dp + Q dq$$
$$= p dP + P dp + \left(Q \frac{d^2p}{dx^2} - p \frac{d^2Q}{dx^2}\right) dx;$$

d'où

(3) $$V = Pp + Q \frac{dp}{dx} - p \frac{dQ}{dx} + c,$$

équation du troisième ordre seulement.

3° Si l'on avait, à la fois, $M = 0$, $N = 0$, l'équation (3) se ramènerait au deuxième ordre. On aurait alors

$$\frac{dP}{dx} - \frac{d^2Q}{dx^2} = 0,$$

d'où

$$P - \frac{dQ}{dx} = c',$$

et l'équation (3) deviendrait

(4) $$V = Qq + c'p + c.$$

Voici un problème dans lequel ces simplifications se présentent.

795. Problème. — *Trouver une courbe plane* AMB *telle, que l'aire* ACBD *comprise entre l'arc* AMB, *les rayons de courbure* AC *et* BD *qui correspondent aux deux points extrêmes* A *et* B, *et la portion de développée* CD *comprise entre les centres de courbure* C *et* D *soit un minimum.*

Il ne peut pas y avoir de maximum, puisque AB devenant une ligne droite, la surface correspondante serait infinie. En prenant une courbe peu différente de cette droite, on aurait donc une aire aussi grande qu'on voudrait.

Soient MK et M'K' les rayons de courbure de deux points infiniment voisins M et M'. Le triangle infiniment petit MK'M' est égal à $\frac{1}{2}\rho ds$, en appelant ρ le rayon de courbure MK, et ds l'arc infiniment petit MM'. On en conclut aisément que la surface en question a pour mesure

Fig. 135.

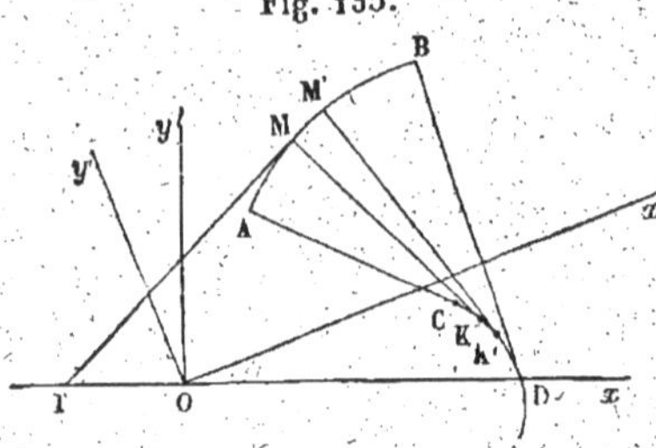

$$\int_{x_0}^{x_1} \frac{1}{2} \frac{(1+p^2)^2}{q} dx,$$

x_0 et x_1 étant les abscisses des points extrêmes A et B.

Comme la fonction V ne contient explicitement ni x ni y, nous appliquerons la formule (794)

$$V = Qq + c'p + c: \tag{1}$$

or,

$$Q = -\frac{(1+p^2)^2}{2q^2};$$

on a donc

$$\frac{(1+p^2)^2}{2q} = -\frac{(1+p^2)^2}{2q} + c'p + c,$$

ou

$$\frac{(1+p^2)^2}{q} = c'p + c. \tag{2}$$

Comme $\rho = \frac{(1+p^2)^{\frac{3}{2}}}{q}$, cette équation revient à

$$\rho = \frac{c'p + c}{\sqrt{1+p^2}}.$$

Soit θ l'angle MTx que fait la tangente MT au point M (x, y) avec l'axe Ox : on a

$$\tang\theta = p, \quad \sin\theta = \frac{p}{\sqrt{1+p^2}}, \quad \cos\theta = \frac{1}{\sqrt{1+p^2}}.$$

Par conséquent,

$$\rho = c'\sin\theta + c\cos\theta.$$

Soient a et α deux nouvelles constantes, telles que

$$c = -2a\sin\alpha, \quad c' = 2a\cos\alpha,$$

on aura

$$a = \frac{1}{2}\sqrt{c^2 + c'^2},$$

$$\sin\alpha = -\frac{c}{\sqrt{c^2+c'^2}}, \quad \cos\alpha = \frac{c'}{\sqrt{c^2+c'^2}};$$

on a ainsi

(3) $$\rho = 2a\sin(\theta - \alpha).$$

Prenons deux nouveaux axes rectangulaires Ox' et Oy', tels que $x'\text{O}x = \alpha$.

Si l'on fait $\theta - \alpha = \theta'$, on aura

$$\rho = 2a\sin\theta'.$$

Formons l'équation différentielle qui convient à ces nouveaux axes. On a

$$\tang\theta' = \frac{dy}{dx},$$

d'où

$$\sin\theta' = \frac{\frac{dy}{dx}}{\sqrt{1+\frac{dy^2}{dx^2}}}.$$

Remplaçons ρ par $\dfrac{\left(1+\dfrac{dy^2}{dx^2}\right)^{\frac{3}{2}}}{-\dfrac{d^2y}{dx^2}}$, valeur qui suppose la courbe concave vers l'axe des x : on a

$$(4)\qquad \left(1+\frac{dy^2}{dx^2}\right)^2 = -a\,\frac{d\frac{dy^2}{dx^2}}{dx},$$

équation différentielle de la courbe cherchée, par rapport aux nouveaux axes. On tire de cette équation

$$dx = -\frac{ad\frac{dy^2}{dx^2}}{\left(1+\frac{dy^2}{dx^2}\right)^2},$$

d'où

$$(5)\qquad x - c = \frac{a}{1+\frac{dy^2}{dx^2}}.$$

En supposant la constante c connue, on peut imaginer que l'axe des y soit transporté parallèlement à lui-même, de telle sorte que toutes les anciennes abscisses soient diminuées de c. L'équation différentielle de la courbe est alors

$$x = \frac{a}{1+\frac{dy^2}{dx^2}},$$

ou

$$(6)\qquad dy = dx\sqrt{\frac{a}{x} - 1}.$$

La courbe cherchée est donc une cycloïde dont l'axe est dirigé suivant l'axe des x, et dont la tangente au sommet est l'axe des y.

Pour déterminer les constantes, au nombre de quatre, que renferme l'équation de la courbe rapportée aux anciens axes, il faut distinguer plusieurs cas :

1° Si les points A et B sont donnés ainsi que les tangentes à la courbe en ces points, l'équation $\Gamma = 0$ est satisfaite identiquement ; car on a $\delta x_0 = 0$, $\delta y_0 = 0$, $\delta p_0 = 0$,.... On aura les quatre constantes en substituant les coordonnées des points A et B dans l'équation de la courbe, et en exprimant que les tangentes en ces points sont données.

2° Si l'on donne les points A et B, sans donner les tangentes à la courbe en ces deux points, l'équation $\Gamma = 0$ deviendra

$$Q_1 \delta p_1 - Q_0 \delta p_0 = 0;$$

et comme les variations δp_1 et δp_0 sont indépendantes l'une de l'autre, il faut que l'on ait séparément

$$Q_1 = 0, \quad Q_0 = 0;$$

on a trouvé, généralement,

$$Q = -\frac{(1+p^2)^2}{2q^2},$$

et comme $1+p^2$ ne peut pas être nul, il faut que l'on ait

$$q_1 = \infty, \quad q_0 = \infty.$$

On déduit de là que le rayon de courbure est nul aux points A et B : ces points sont donc les points de rebroussement de la cycloïde.

3° On peut se donner le point A ainsi que la tangente à la cycloïde en ce point, et supposer que le point B doive se trouver sur une courbe donnée

$$y = \psi(x).$$

Dans ce cas l'équation $\Gamma = 0$ se compose de deux parties : un terme contenant δx_1, et le terme $Q_1 \delta p_1$; δx_1 et δp_1 étant des variables indépendantes, on doit avoir $Q_1 = 0$, d'où $q_1 = \infty$. Ainsi, le point B est encore un point de rebroussement de la cycloïde.

MAXIMUM OU MINIMUM RELATIF.

796. Dans les questions précédentes, il s'agissait de rendre maximum ou minimum une intégrale définie

$\int_{x_0}^{x_1} \mathrm{V}dx$, sans autre condition. On peut ajouter au problème la condition qu'une autre intégrale définie $\int_{x_0}^{x_1} \mathrm{U}dx$ ait une valeur déterminée l. Par exemple, soit proposé de trouver parmi toutes les courbes planes de même longueur l, terminées à deux points A et B, celle dont l'aire comprise entre cette courbe, l'axe des abscisses et les deux ordonnées extrêmes est un maximum. La question consiste à déterminer y en fonction de x, de telle sorte qu'ayant

$$\int_{x_0}^{x_1} dx\sqrt{1+p^2} = l,$$

l'intégrale $\int_{x_0}^{x_1} y\,dx$ ait une valeur plus grande, ou plus petite, que si l'on remplaçait y par toute autre fonction de x satisfaisant à l'équation précédente. On dit alors que l'intégrale admet un *maximum*, ou un *minimum*, *relatif*.

797. Supposons qu'il s'agisse de rendre maximum l'intégrale $\int_{x_0}^{x_1} \mathrm{V}dx$, avec la condition

$$(1)\qquad \int_{x_0}^{x_1} \mathrm{U}dx = l.$$

Les variations de ces intégrales doivent être nulles, si l'on compare la fonction de x cherchée avec celles qui conservent à $\int_{x_0}^{x_1} \mathrm{U}dx$ la même valeur. On doit donc avoir

$$(2)\qquad \delta\int_{x_0}^{x_1} \mathrm{V}dx = 0,\quad \delta\int_{x_0}^{x_1} \mathrm{U}dx = 0.$$

En développant ces deux conditions comme on l'a fait

pour le maximum absolu, on a deux équations, telles que

$$(3)\qquad \Gamma + \int_{x_0}^{x_1} K\omega\, dx = 0,$$

$$(4)\qquad \Theta + \int_{x_0}^{x_1} L\omega\, dx = 0;$$

Γ, Θ, K et L sont des fonctions que l'on formera comme il a été dit plus haut. Mais ici il ne faut plus poser séparément $\Gamma = 0$, $K = 0$, car ω n'est plus une fonction entièrement arbitraire de x. Pour trouver les conditions qui doivent être remplies dans ce cas, il faut d'abord éliminer ω. Posons

$$(5)\qquad \int_{x_0}^{x} L\omega\, dx = \varphi(x),$$

d'où

$$\varphi(x_0) = 0, \quad \int_{x_0}^{x_1} L\omega\, dx = \varphi(x_1).$$

Par conséquent,

$$\Theta + \varphi(x_1) = 0, \quad \text{ou} \quad \varphi(x_1) = -\Theta.$$

Il résulte de là, à cause de l'indétermination de ω, que $\varphi(x)$ est une fonction arbitraire de x, assujettie seulement à s'annuler pour $x = x_0$, et à devenir égale à $-\Theta$ pour $x = x_1$. Or, on a, à cause de l'équation (5),

$$\omega = \frac{1}{L}\frac{d\varphi(x)}{dx}.$$

Portant cette valeur dans l'équation (3), il vient

$$\Gamma + \int_{x_0}^{x_1} \frac{K}{L}\, d\varphi(x) = 0,$$

ou, en intégrant par parties,

$$(6)\qquad \Gamma - \left(\frac{K}{L}\right)_1 \Theta - \int_{x_0}^{x_1} \varphi(x)\, d\left(\frac{K}{L}\right) = 0.$$

Comme $\varphi(x)$ est une fonction arbitraire dont on donne les valeurs seulement pour $x = x_0$, $x = x_1$, on doit avoir séparément les équations

$$d\left(\frac{K}{L}\right) = 0, \tag{7}$$

$$\Gamma - \left(\frac{K}{L}\right)_1 \Theta = 0. \tag{8}$$

La première donne

$$\frac{K}{L} = -a \quad \text{ou} \quad K + aL = 0,$$

a désignant une constante arbitraire. La seconde condition devient $\Gamma + a\Theta = 0$, car $\left(\frac{K}{L}\right)_1 = -a$, puisque $\frac{K}{L}$ a une valeur constante $-a$. On a donc les deux équations

$$\Gamma + a\Theta = 0, \quad K + aL = 0. \tag{9}$$

Il y aura une constante de plus que dans le cas où l'on cherche un minimum absolu, mais on a aussi une équation de plus

$$\int_{x_0}^{x_1} U dx = l.$$

798. Si l'on avait cherché le maximum de l'intégrale définie

$$\int_{x_0}^{x_1} (V + aU)\, dx,$$

on aurait été conduit aux deux équations (9). Par conséquent, la recherche du maximum *relatif* de l'intégrale $\int_{x_0}^{x_1} V dx$, lorsque l'intégrale $\int_{x_0}^{x_1} U dx$ doit conserver une valeur constante, revient à chercher le maximum absolu de l'intégrale $\int (V + aU)\, dx$.

C'est ce qu'on peut d'ailleurs justifier par le raisonnement suivant.

Si $\int_{x_0}^{x_1} (V + aU)\, dx$ est un maximum, pendant que $\int_{x_0}^{x_1} U dx$ conserve une valeur constante et égale à l, U' et V' désignant des fonctions peu différentes de U et de V, on doit avoir

$$(1) \qquad \int_{x_0}^{x_1} (V + aU)\, dx > \int_{x_0}^{x_1} (V' + aU')\, dx,$$

$$(2) \qquad \int_{x_0}^{x_1} U dx = \int_{x_0}^{x_1} U' dx = l;$$

donc

$$(3) \qquad \int_{x_0}^{x_1} V dx > \int_{x_0}^{x_1} V' dx;$$

ce qui montre bien que $\int_{x_0}^{x_1} V dx$ est un maximum lorsque la condition $\int_{x_0}^{x_1} U dx = l$ est remplie. Réciproquement, de l'inégalité (3) et de l'égalité (2) on déduirait l'inégalité (1).

PROBLÈMES SUR LES ISOPÉRIMÈTRES.

799. *Étant donnés deux points* C *et* D *sur un plan, trouver parmi toutes les courbes de même longueur, situées dans ce plan, et terminées aux points* C *et* D, *celle pour laquelle l'aire* ABDC *est un maximum.*

Fig. 136.

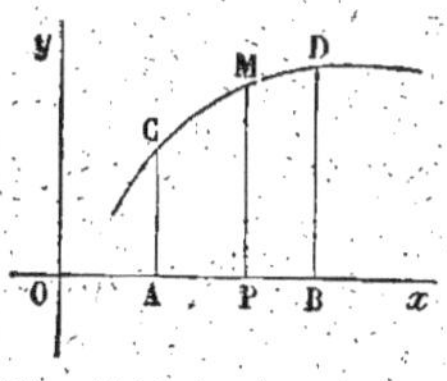

On doit avoir

$$\int_{x_0}^{x_1} \sqrt{dx^2 + dy^2} = l$$

et il faut chercher le maximum de l'intégrale $\int_{x_0}^{x_1} y\, dx$.

D'après la théorie précédente, on devra chercher le maximum absolu de l'intégrale $\int_{x_0}^{x_1}(y\,dx + a\sqrt{dx^2+dy^2})$, ce qui conduit à poser

$$(1)\qquad \delta\int_{x_0}^{x_1}(y\,dx + a\sqrt{dx^2+dy^2}) = 0.$$

Comme les limites x_0 et x_1 sont fixes, la partie de la variation désignée par Γ est identiquement nulle. On peut, en outre, ne faire varier que x. On a ainsi

$$(2)\qquad \int_{x_0}^{x_1}\left(y + a\frac{dx}{ds}\right)d\delta x = 0,$$

ou, en intégrant par parties, et négligeant la quantité placée en dehors du signe $\int$, qui est nulle,

$$\int_{x_0}^{x_1}\delta x\, d\left(y + a\frac{dx}{ds}\right) = 0,$$

et, en égalant à 0 le coefficient de δx,

$$d\left(y + a\frac{dx}{ds}\right) = 0;$$

d'où

$$(3)\qquad y + a\frac{dx}{ds} = c'.$$

Remplaçons ds par $\sqrt{dx^2+dy^2}$, et résolvons par rapport à dx. Il viendra

$$dx = \frac{(y-c')\,dy}{\sqrt{a^2-(y-c')^2}};$$

d'où

$$x - c = \sqrt{a^2-(y-c')^2},$$

et

$$(4)\qquad (x-c)^2 + (y-c')^2 = a^2.$$

Ainsi, la courbe cherchée est un arc de cercle.

800. Problème. *De toutes les courbes isopérimètres que l'on peut tracer sur un plan entre deux points donnés A et B, trouver celle qui, en tournant autour de la droite Ox, engendre la plus grande, ou la plus petite surface de révolution.*

Il faut chercher le maximum, ou le minimum, relatif de l'intégrale $\int_{x_0}^{x_1} y\,ds$, avec la condition

$$\int_{x_0}^{x_1} ds = l.$$

La question se ramène (798) à la recherche du maximum, ou du minimum, absolu de

$$\int_{x_0}^{x_1} (y + a)\,ds,$$

et comme a est une constante, on obtiendra le même résultat qu'en cherchant le minimum absolu de $\int y\,ds$, problème déjà traité (790), et qui donne la chaînette.

801. Problème. *De toutes les courbes isopérimètres, trouver celle qui engendre le volume de révolution minimum.*

L'équation du problème est, dans ce cas,

$$\delta \int_{x_0}^{x_1} (y^2 dx + a\,ds) = 0;$$

comme les deux points A et B sont donnés, on peut ne faire varier que x et faire abstraction de la partie Γ, qui est identiquement nulle, puisqu'il n'y a pas de dérivée d'un ordre supérieur au premier. D'après cela on aura

$$d\left(y^2 + a\frac{dx}{ds}\right) = 0,$$

$$y^2 + a\frac{dx}{ds} = c.$$

On déduit de là, en remplaçant ds par $\sqrt{dx^2 + dy^2}$,

$$dx = \frac{(y^2 - c)\,dy}{\sqrt{a^2 - (y^2 - c)^2}},$$

équation différentielle de la courbe élastique (572).

802. Problème. *Déterminer la courbe qui, par sa révolution autour d'un axe (l'axe des x) engendre la surface minimum qui renferme un volume donné.*

Ce volume étant $\pi \int y^2\,dx$, et l'aire $2\pi \int y\,ds$, il faut poser (798)

$$(1) \qquad \delta \int (y^2\,dx + 2ay\,ds) = 0,$$

a étant une constante.

En considérant comme fixes les deux extrémités de la courbe, on peut ne faire varier que x, et comme la formule

$$ds^2 = dx^2 + dy^2$$

donne

$$\delta ds = \frac{dx}{ds}\,d\delta x,$$

on aura

$$\int \left(y^2 + 2ay\frac{dx}{ds} \right) d\delta x = 0.$$

En intégrant par parties, et faisant $\delta x = 0$ aux deux limites, on a

$$\int \delta x\,d\left(y^2 + 2ay\frac{dx}{ds} \right) = 0;$$

d'où l'on conclut

$$y^2 + 2ay\frac{dx}{ds} = \mathrm{C}.$$

Chacune des constantes a et C pouvant être positive ou négative, on peut écrire

$$y^2 \pm 2ay\frac{dx}{ds} \pm b^2 = 0,$$

et de là résulte

$$(2)\qquad dx = \frac{(y^2 \pm b^2)\,dy}{\sqrt{4a^2y^2 - (y^2 \pm b^2)^2}}.$$

C'est l'équation différentielle de la courbe cherchée; le radical doit être tantôt positif, tantôt négatif; il change de signe quand y devient un maximum ou un minimum.

Si la constante b est nulle, on a un cercle ou l'axe des x.

Si b n'est pas nulle, l'équation différentielle (2) appartient à la courbe décrite par l'un des foyers d'une ellipse ou d'une hyperbole qui roule sans glisser sur l'axe des x, comme l'a démontré M. Delaunay, dans le *Journal de Mathématiques* de M. Liouville (*).

EXERCICES.

1. *Déterminer, parmi toutes les lignes d'une longueur donnée, et terminées à deux points fixes* A, B, *celle pour laquelle la somme des produits de chaque élément* ds *par le carré de sa distance à la droite* AB *est un maximum.*

Solution : On prend AB pour axe des x. La question se ramène à l'intégration de l'équation

$$(a - y^2)\frac{dx}{ds} = C.$$

2. *Parmi les courbes planes qui, passant par deux points fixes, tournent autour du même axe situé dans le même plan et engendrent une surface dont l'aire est donnée, trouver celle qui donne lieu au volume maximum.*

Solution : $$dx = \frac{(y^2 - b)\,dy}{\sqrt{a^2y^2 - (y^2 - b)^2}}.$$

(*) *Voir* t. VI, p. 309, et une Note de M. Sturm, p. 315.

NOTES.

NOTE I.

SUR UN CAS PARTICULIER DE LA FORMULE DU BINÔME,

par M. E. CATALAN.

(Extrait des *Comptes rendus de l'Académie des Sciences*, 1857, t. XLV, p. 621.)

Les ouvrages les plus estimés, par exemple, le *Cours d'Analyse* du profond et regrettable *Sturm*, n'indiquent pas ce que devient la série

$$1+\frac{m}{1}x+\frac{m(m-1)}{1.2}x^2+\frac{m(m-1)(m-2)}{1.2.3}x^3+\ldots$$

quand on suppose $x=\pm 1$. Cette lacune peut être aisément comblée comme il suit :

1. LEMME I. — *Le produit* $u_1 u_2 u_3 \ldots u_n u_{n+1} \ldots$, *dans lequel on suppose, pour plus de simplicité,* $u_1 > u_2 > u_3 \ldots > u_n > u_{n+1} \ldots > 1$, *converge ou diverge en même temps que la série*

$$l u_1 + l u_2 + \ldots + l u_n + l u_{n+1} \ldots \text{ (*)}.$$

(*) Cette proposition, qui est évidente, peut être fort utile. Elle prouve, par exemple, que les produits

$$\frac{3}{1}\,\frac{7}{5}\,\frac{13}{11}\,\frac{21}{19}\cdots\frac{n^2+n+1}{n^2+n-1}\cdots,\quad \frac{e+1}{e-1}\,\frac{e^2+1}{e^2-1}\cdots\frac{e^n+1}{e^n-1}\cdots,$$

$$\operatorname{séc} a \operatorname{séc}\frac{a}{2}\cdots\operatorname{séc}\frac{a}{n}\cdots$$

sont *convergents*, et que les produits

$$\frac{2}{1}\,\frac{5}{3}\,\frac{10}{7}\cdots\frac{n^2++}{n^2-n+1}\cdots,\quad (1+\operatorname{tang} a)\left(1+\operatorname{tang}\frac{a}{2}\right)\cdots\left(1+\operatorname{tang}\frac{a}{n}\right)\cdots$$

peuvent dépasser toute limite.

2. Lemme II. *m étant une quantité positive, moindre que l'unité, le produit*

$$P_n = \frac{1}{m}\,\frac{2}{m+1}\,\frac{3}{m+2}\cdots\frac{n}{m+n-1}$$

croît indéfiniment avec n.

En effet,

$$\lim n\,\mathrm{l}\frac{n}{m+n-1} = \lim n\,\mathrm{l}\left(1+\frac{1-m}{m+n-1}\right) = 1-m;$$

donc *la série qui aurait pour terme général* $\mathrm{l}\dfrac{n}{m+n-1}$ est divergente (*); donc le produit P_n est divergent (Lemme I).

3. Lemme III. *m étant une quantité positive, comprise entre deux nombres entiers positifs, $p-1$, p, le produit*

$$\frac{p+1}{p-m}\,\frac{p+2}{p+1-m}\cdots\frac{n+1}{n-m}$$

croît indéfiniment avec n.

4. Théorème I. *m étant une quantité positive quelconque, on a*

$$\text{(A)}\quad 2^m = 1+\frac{m}{1}+\frac{m(m-1)}{1.2}+\ldots+\frac{m(m-1)\ldots(m-n+1)}{1.2.3\ldots n}+\ldots.$$

Le *reste* de la série (A) est (**)

$$R = \frac{m(m-1)\ldots(m-n)}{1.2.3\ldots(n+1)}\,\frac{1}{(1+\theta)^{n+1-m}}.$$

Soit p le nombre entier immédiatement supérieur à m : on peut écrire

$$R = \pm\frac{m(m-1)\ldots(m-p+1)}{1.2\ldots p}$$
$$\times\frac{p-m}{p+1}\,\frac{p+1-m}{p+2}\cdots\frac{n-m}{n+1}\times\frac{1}{(1+\theta)^{n+1-m}}.$$

Des trois facteurs de R, le premier est constant, le deuxième a pour limite zéro (Lemme III), le troisième ne surpasse pas l'unité ; donc $\lim R = 0$.

(*) *Comptes rendus*, t. XLIII, p. 627.
(**) *Cours d'Analyse*, t. I, p. 118.

5. Théorème II. *m étant une quantité positive quelconque, on a*

$$(B)\quad 0 = 1 - \frac{m}{1} + \frac{m(m-1)}{1.2} - \ldots \pm \frac{m(m-1)\ldots(m-n+1)}{1.2\ldots n} \mp \ldots$$

La démonstration ne diffère pas de la précédente, pourvu que le reste soit mis sous la forme

$$R' = \pm \frac{m(m-1)\ldots(m-p+1)}{1.2\ldots p} \times \frac{p-m}{p+1}\,\frac{p+1-m}{p+2}\cdots\frac{n-m}{n+1} \times (1-\theta)^{m-1} \ (*).$$

6. Théorème III. *m étant une quantité positive, moindre que l'unité, on a*

$$(C)\quad \begin{cases} \dfrac{1}{2^m} = 1 - \dfrac{m}{1} + \dfrac{m(m+1)}{1.2} - \dfrac{m(m+1)(m+2)}{1.2.3} + \ldots \\ \qquad \pm \dfrac{m(m+1)\ldots(m+n-1)}{1.2\ldots n} \mp \ldots \end{cases}$$

Dans ce cas, l'expression du reste est

$$R'' = \pm \frac{m(m+1)\ldots(m+n)}{1.2\ldots(n+1)}\,\frac{1}{(1+\theta)^{m+n+1}};$$

donc (Lemme II) $\lim R'' = 0$.

7. Il est évident que la série (C) cesse d'être convergente à partir de $m = 1$, et que la série

$$1 + \frac{m}{1} + \frac{m(m+1)}{1.2} + \frac{m(m+1)(m+2)}{1.2.3} + \ldots$$

est divergente pour toutes les valeurs positives de m. Les cas dont nous nous sommes occupé sont donc les seuls qui présentent quelque intérêt.

(*) *Cours d'Analyse*, t. I, p. 120.

NOTE II.

SUR LES FONCTIONS ELLIPTIQUES (*),

par M. Despeyrous.

L'intégrale sous forme algébrique de l'équation

$$\frac{dx}{\sqrt{1-x^2}}+\frac{dy}{\sqrt{1-y^2}}=0$$

s'obtient aisément, comme on sait (**), au moyen d'une intégration par parties. En mettant cette équation sous la forme

$$dx\sqrt{1-y^2}+dy\sqrt{1-x^2}=0,$$

on en déduit

$$\int dx\sqrt{1-y^2}+\int dy\sqrt{1-x^2}=\text{const.}$$

Or, en intégrant par parties, on a

$$\int dx\sqrt{1-y^2}=x\sqrt{1-y^2}+\int\frac{xy\,dy}{\sqrt{1-y^2}}$$

(*) Pour l'intelligence de cette Note, il est nécessaire de savoir que l'on donne le nom d'*intégrales elliptiques* aux intégrales suivantes, dont la seconde représente la longueur d'un arc d'ellipse :

1re *espèce*. $\displaystyle\int_0^\varphi\frac{d\varphi}{\sqrt{1-c^2\sin^2\varphi}},$

2e *espèce*. $\displaystyle\int_0^\varphi d\varphi\sqrt{1-c^2\sin^2\varphi},$

3e *espèce*. $\displaystyle\int_0^\varphi\frac{d\varphi}{(1+n\sin^2\varphi)\sqrt{1-c^2\sin^2\varphi}}.$

Si l'on pose $x=\sin\varphi$, l'intégrale de première espèce devient

$$\int_0^x\frac{dx}{\sqrt{1-x^2}\sqrt{1-c^2x^2}}.$$

(**) *Voir*, par exemple, Lacroix, *Traité du Calcul différentiel et du Calcul intégral*, t. II, p. 473.

$$\int dy\sqrt{1-x^2} = y\sqrt{1-x^2} + \int \frac{xy\,dx}{\sqrt{1-x^2}}.$$

Ajoutant et observant que les termes sous le signe $\int$ donnent une somme nulle en vertu de l'équation différentielle proposée, on trouve l'intégrale algébrique

$$x\sqrt{1-y^2} + y\sqrt{1-x^2} = \text{const.}$$

Le constante arbitraire qu'elle contient est la valeur de y pour $x = 0$. Posons

$$\int_0^x \frac{dx}{\sqrt{1-x^2}} = \alpha, \quad x = \sin\alpha, \quad \sqrt{1-x^2} = \cos\alpha,$$

et de même

$$\int_0^y \frac{dy}{\sqrt{1-y^2}} = \beta, \quad y = \sin\beta, \quad \sqrt{1-y^2} = \cos\beta.$$

Nous aurons

$$d\alpha + d\beta = 0,$$

d'où

$$\alpha + \beta = \gamma,$$

γ étant une constante. D'ailleurs, pour $\alpha = 0$, on a

$$x = 0, \quad \beta = \gamma, \quad y = \sin\gamma.$$

La constante de notre intégrale est donc $\sin\gamma$. Par suite il vient

$$\sin\gamma \text{ ou } \sin(\alpha+\beta) = \sin\alpha\cos\beta + \sin\beta\cos\alpha.$$

C'est la formule fondamentale de la théorie des fonctions circulaires.

Le même procédé s'applique facilement à la recherche de l'intégrale d'Euler, qui donne la formule fondamentale de la théorie des fonctions elliptiques.

Soit, en effet,

$$\frac{dx}{\sqrt{1-x^2}\sqrt{1-c^2x^2}} + \frac{dy}{\sqrt{1-y^2}\sqrt{1-c^2y^2}} = 0.$$

En multipliant par le produit des dénominateurs et divisant par $1 - c^2x^2y^2$, on a

$$\int \frac{\sqrt{1-y^2}\sqrt{1-c^2y^2}}{1-c^2x^2y^2}dx + \int \frac{\sqrt{1-x^2}\sqrt{1-c^2x^2}}{1-c^2x^2y^2}dy = \text{const.}$$

Or, en intégrant le premier terme par parties, on obtient

$$\int \frac{\sqrt{1-y^2}\sqrt{1-c^2y^2}}{1-c^2x^2y^2}dx = \frac{x\sqrt{1-y^2}\sqrt{1-c^2y^2}}{1-c^2x^2y^2}$$
$$+\int xy\frac{(1+c^2)(1+c^2x^2y^2)-2c^2x^2-2c^2y^2}{(1-c^2x^2y^2)^2}\frac{dy}{\sqrt{1-y^2}\sqrt{1-c^2y^2}}$$
$$-2c^2\int\frac{x^2y^2}{(1-c^2x^2y^2)^2}\sqrt{1-y^2}\sqrt{1-c^2y^2}\,dx.$$

En échangeant entre elles les deux lettres x et y, on aura le second terme; ajoutant donc et observant que les termes sous le signe $\int$ donnent une somme nulle en vertu de l'équation différentielle proposée, on trouvera

$$\frac{x\sqrt{1-y^2}\sqrt{1-c^2y^2}+y\sqrt{1-x^2}\sqrt{1-c^2x^2}}{1-c^2x^2y^2} = \text{const.}$$

La constante du second membre est la valeur de y pour $x=0$. Posons

$$\int_0^x \frac{dx}{\sqrt{1-x^2}\sqrt{1-c^2x^2}} = \alpha \ (*),$$

$$x = S(\alpha), \quad \sqrt{1-x^2} = C(\alpha), \quad \sqrt{1-c^2x^2} = R(\alpha),$$

et de même

$$\int_0^y \frac{dy}{\sqrt{1-y^2}\sqrt{1-c^2y^2}} = \beta,$$

$$y = S(\beta), \quad \sqrt{1-y^2} = C(\beta), \quad \sqrt{1-c^2y^2} = R(\beta).$$

Nous aurons

$$d\alpha + d\beta = 0,$$

d'où

$$\alpha + \beta = \gamma,$$

γ étant une constante. D'ailleurs, pour $\alpha = 0$, on a

$$x = 0, \quad \beta = \gamma, \quad y = S(\gamma).$$

La constante de notre intégrale est donc $S(\gamma)$. Par suite, il vient

$$S(\gamma) \text{ ou } S(\alpha+\beta) = \frac{S(\alpha)C(\beta)R(\beta)+S(\beta)C(\alpha)R(\alpha)}{1-c^2S(\alpha)^2S(\beta)^2}.$$

(*) Dans cette intégrale, la variable x doit être prise toujours moindre que 1. Si l'on fait $x = \sin\varphi$, alors l'angle φ est appelé l'*amplitude* de l'intégrale α. Jacobi le désigne par $\operatorname{am}\alpha$ et pose $x = \sin\operatorname{am}\alpha$.

C'est la formule fondamentale de la théorie des fonctions elliptiques.

Elle donne $S(\alpha - \beta)$ en changeant le signe de $S(\beta)$. On peut aussi en déduire $C(\alpha \pm \beta)$ et $R(\alpha \pm \beta)$.

NOTE III.

ANALOGIE DES ÉQUATIONS DIFFÉRENTIELLES LINÉAIRES A COEFFICIENTS VARIABLES, AVEC LES ÉQUATIONS ALGÉBRIQUES,

par M. E. Brassinne.

1° Considérons l'équation différentielle linéaire à coefficients variables :

$$(1)\quad X_m = \frac{d^m y}{dx^m} + P\frac{d^{m-1}y}{dx^{m-1}} + Q\frac{d^{m-2}y}{dx^{m-2}} + \ldots + T\frac{dy}{dx} + Uy = 0.$$

De l'intégrale de cette équation on déduit par les quadratures celle de $X_m = f(x)$; aussi, dans tout ce qui suit, nous supprimerons le terme fonction de la seule variable x.

L'intégrale complète de $X_m = 0$ est la somme de m intégrales particulières *distinctes*, que nous appellerons les solutions de cette équation. Une intégrale $y = c\psi(x)$ est distincte, si $\psi(x)$ ne peut être décomposée, par addition ou soustraction, en d'autres fonctions de x, qui égalées à y puissent satisfaire à $X_m = 0$.

Cela posé, rappelons que Lagrange, dans son Mémoire intitulé : *Solutions de différents problèmes de calcul intégral*, a démontré que, si l'on connaît p solutions $c_1 y_1, c_2 y_2, \ldots, c_p y_p$ de $X_m = 0$, on complète son intégration en effectuant celle d'une équation linéaire d'ordre $m - p$. M. Libri, en 1836, a donné de l'extension à ce théorème en démontrant que, si une équation linéaire $X_p = 0$ (l'indice p désigne l'ordre), non intégrée, est telle néanmoins, que ses solutions inconnues satisfont à $X_m = 0$, l'intégration de cette dernière dépend de celle de l'équation d'ordre p et d'une autre équation d'ordre $m - p$. Il est à remarquer que si l'intégration de $X_p = 0$ est nécessaire pour savoir si les solutions de cette équation appartiennent à $X_m = 0$, ce théorème rentre dans celui de Lagrange.

Mais on peut établir un théorème général comprenant ceux de Lagrange et de M. Libri, dont voici l'énoncé : *Si des équations différentielles linéaires, d'ordres m, m', m'', ..., ont p solutions communes, on trouve, par un procédé analogue à la recherche du com-*

mun diviseur algébrique, l'équation $X_p = 0$ qui donne ces solutions, et l'intégration des proposées est ramenée à celle de $X_p = 0$ et à celle d'autres équations d'ordre $m - p$, $m' - p$, $m'' - p$.

2° Si dans l'équation linéaire $X = 0$ d'ordre quelconque on pose $y = vu$, on trouve une transformée dont la loi est donnée (46ᵉ Leçon, n° 589); nous l'écrivons ainsi :

$$(2) \quad \left\{ \begin{aligned} & Xu + {}'X \frac{du}{dx} + {}''X \frac{d^2u}{1.2.dx^2} + {}'''X \frac{1}{1.2.3} \frac{d^3u}{dx^3} + \ldots \\ & \qquad + \left(m \frac{dv}{dx} + Pv \right) \frac{d^{m-1}u}{dx^{m-1}} + v \frac{d^m v}{dx^m} = 0. \end{aligned} \right.$$

Les fonctions $'X$, $''X$, ..., d'ordres $m - 1$, $m - 2$, ..., se forment comme les dérivées du polynôme

$$z^m + Pz^{m-1} + \ldots + Tz + Uz^0$$

$\left(\text{ce polynôme est la fonction X dans laquelle on a fait } \frac{dy}{dx} = z\right)$, par rapport à z, en remplaçant ensuite z par $\frac{dy}{dx}$ et z^0 par y. D'après cette loi, il est clair que si dans $'X$, $''X$, ..., on remplace v par vu, on aura des transformées

$$'Xu + ''X \frac{du}{dx} + \ldots \quad \text{ou} \quad ''Xu + '''X \frac{du}{dx} + \ldots$$

pareilles à (2). Nous appellerons $'X$, $''X$, $'''X$... les conjuguées premières, secondes, troisièmes... de X. La relation (2) nous servira à démontrer les théorèmes suivants :

Théorème de Lagrange. — Si l'on connaît p solutions, $c_1 y_1$, $c_2 y_2$, ..., $c_p y_p$ de $X = 0$ d'ordre m, son intégration sera ramenée à celle d'une équation d'ordre $m - p$.

En effet, supposons $y = y_1 u$: il suffit de faire dans la transformée (2) $v = y_1$; puisque y_1 est une solution, son premier terme sera annulé, et $'X$, $''X$, ..., deviendront des fonctions connues de x. Il restera donc une équation en u d'ordre m qui s'abaissera à l'ordre $m - 1$ en posant $\frac{du}{dx} = u'$. Or, puisque $y = y_1 u$, les valeurs de u correspondantes à $y = y_2 = y_3 = \ldots = y_p$ sont

$$\frac{y_2}{y_1}, \quad \frac{y_3}{y_1}, \ldots, \quad \frac{y_p}{y_1},$$

et celles de $u' = \frac{du}{dx}$ sont

$$d\left(\frac{y_2}{y_1}\right), \quad d\left(\frac{y_3}{y_1}\right), \ldots .$$

On connaît donc $p-1$ valeurs de u' qui satisfont à une équation linéaire d'ordre $m-1$,

$$'Xu' + ''X \frac{1}{1.2}\frac{du'}{dx} + \ldots = 0.$$

Cette équation, par une transformation pareille à la précédente, pourra être abaissée à l'ordre $m-2$, et par une suite d'opérations semblables on arrivera à une équation d'ordre $m-p$.

Nous avons rappelé ce mode de démonstration, dû à d'Alembert, parce que son application à l'équation $X = f(x)$ conduit, lorsqu'on connaît les m intégrales particulières $c_1 y_1, c_2 y_2, \ldots, c_m y_m$ de $X = 0$, à l'expression de la valeur de y au moyen d'une intégrale multiple, qui peut être remplacée par la somme de m intégrales simples, ne différant les unes des autres que par les indices des lettres; on trouve pour la valeur de y :

$$(3)\quad y = \sum c_n y_n + \sum y_n \int \frac{f(x)\,dx}{y_1 \dfrac{d}{dx}\left(\dfrac{y_{n+1}}{y_n}\right) \cdot \dfrac{d}{dx}\left[\dfrac{\dfrac{d}{dx}\left(\dfrac{y_{n+2}}{y_n}\right)}{\dfrac{d}{dx}\left(\dfrac{y_{n+1}}{y_n}\right)}\right]\cdots}.$$

La sommation s'étend aux indices $n = 1, 2, 3, \ldots, m$, et le dénominateur sous le signe d'intégration est le produit de m facteurs; chacun de ces facteurs, à partir du premier, est la dérivée, par rapport à x, d'une fraction dont le dénominateur est le facteur précédent, et le numérateur ce même facteur dans lequel le plus fort indice de y est augmenté d'une unité. Après la formation complète du dénominateur, on diminuera de m les indices qui dépassent m.

Second théorème. — Reprenons la transformée

$$(2)\qquad Xu + 'X\frac{du}{dx} + \ldots = 0,$$

qu'on déduit de $X = 0$ en posant $y = vu$. Si y_1 mis à la place de v rend nulles p fonctions, $X, 'X, \ldots, {}^{(p-1)}X$, l'équation $X = 0$ aura p solutions de la forme $y_1, xy_1, x^2y_1, \ldots, x^{p-1}y_1$ (nous supprimons les constantes pour plus de simplicité dans l'écriture). En effet, dans notre hypothèse, (2) devient

$${}^{(p)}X \frac{1}{1.2.3p}\frac{d^p u}{dx^p} + {}^{(p+1)}X \frac{1}{1.2\ldots p+1}\frac{d^{p+1}u}{dx^{p+1}} + \ldots + y_1 \frac{d^m u}{dx^m} = 0.$$

Or, cette équation a pour solutions

$$u = 1 = x = x^2 \ldots = x^{p-1}.$$

Donc, puisque $y = y_1 u$, on aura p valeurs de y, savoir : $y_1, xy_1, \ldots,$

$x^{p-1}y_1$. Nous appellerons les intégrales particulières de cette forme des solutions conjuguées; xy_1 est conjuguée de y_1 et $x^{n+1}y_1$ de $x^n y_1$.

En second lieu, si $X = 0$ a p solutions conjuguées $y_1, xy_1, \ldots, x^{p-1}y_1$, chaque fonction $'X$, $''X$, $'''X, \ldots$, aura les solutions conjuguées de celle qui la précède dans le développement (2), à l'exception de la solution pour laquelle le facteur x a le plus fort exposant.

Si, en effet, on suppose dans la relation (2) $u = x$ et v égal successivement à $y_1, xy_1, \ldots, x^{p-2}y_1$, dans toutes ces hypothèses la transformée se réduira à $'X = 0$, puisque les valeurs de v sont des solutions de $X = 0$. Ainsi $'X = 0$ a pour solutions $y_1, xy_1, \ldots, x^{p-2}y_1$. En faisant la transformée de $'X$, on trouvera de même que $y_1, xy_1, \ldots, x^{p-3}y_1$ sont solutions de $''X = 0$, et ainsi de suite.

Ce théorème comprend celui que d'Alembert démontre dans le cas des équations différentielles à coefficients constants, lorsque l'équation algébrique de laquelle dépend la solution a des racines égales (46e Leçon, n° 590).

Corollaire. — Si toutes les solutions de $'X = 0$ sont $y_1, xy_1, \ldots, x^{m-2}y_1$, $X = 0$ aura les mêmes solutions et, de plus, la solution $x^{m-1}y_1$, car on peut toujours concevoir une équation $X_m = 0$ d'ordre m qui ait toutes les solutions ci-dessus; or, en formant la conjuguée de $X_m = 0$, savoir $'X_m = 0$, cette dernière aura $m-1$ solutions, $y_1, xy_1, \ldots, x^{m-2}y_1$: elle sera donc identique à $'X$; donc aussi X_m sera identique à X.

Troisième théorème. — Si dans la transformée (2) de $X = 0$ on fait $v = y_1$ et $u = e^{\alpha x}$, y_1 étant une solution de $X = 0$, et α une quantité très-petite, cette transformée deviendra

$$'X\alpha e^{\alpha x} + ''X\,\frac{\alpha^2}{1.2}\,e^{\alpha x} + '''X\,\frac{\alpha^3}{1.2.3}\,e^{\alpha x} + \ldots$$

En changeant α en $-\alpha$, on aura le résultat de la substitution de $y = y_1 e^{-\alpha x}$. Si, à cause de la petitesse de α, nous négligeons les termes dans lesquels cette quantité est élevée à des puissances supérieures à la première, on voit que $y_1 = \psi_1(x)$ étant une solution de l'équation $X = 0$, les substitutions

$$y = \psi_1(x)\,e^{\alpha x}, \quad y = \psi_1(x)\,e^{-\alpha x},$$

donnent des résultats de signes contraires quel que soit x; ces deux relations pourraient être représentées par des courbes très-rapprochées comprenant la courbe $y = \psi_1(x)$.

Mais si $y = \psi_1(x)$ annulait X et un nombre impair de fonctions $'X$, $''X, \ldots$, les résultats de la substitution seraient de même signe.

En second lieu si l'on donne les équations de deux courbes très-rapprochées, telles, que l'ordonnée de l'une d'elles soit toujours moindre que l'ordonnée de l'autre, et si la substitution des valeurs de ces ordonnées en fonction de x, dans $X = o$, conduit à des résultats de signes contraires, il existe entre les courbes données une courbe dont l'ordonnée représente une solution de $X = o$. En effet, les équations des deux courbes très-rapprochées peuvent être mises sous les formes

$$y = e^{f(x)} e^{\alpha\varphi(x)}, \quad y = e^{f(x)} e^{-\alpha\varphi_1(x)},$$

$\varphi(x)$ et $\varphi_1(x)$ étant des fonctions constamment positives; or, la substitution de ces valeurs dans $X = o$ ne pourra fournir des résultats de signes contraires que si le premier terme de la transformée, savoir $Xe^{\alpha\varphi(x)}$ ou $Xe^{-\alpha\varphi_1(x)}$, est identiquement nul, puisque ce terme est incomparablement plus grand que ceux qui ont α pour facteur. Donc $y = e^{f(x)}$ doit être une solution de la proposée.

RECHERCHE DES SOLUTIONS COMMUNES.

3° Pour déterminer la fonction qui, égalée à zéro, donne les solutions communes à deux équations linéaires $X_{m+p} = o$, $X_m = o$, dans le cas où il en existe, nous formerons la suite d'égalités

$$(A)\quad \left\{\begin{aligned} X_{m+p} &= \frac{d^p}{dx^p}(X_m) + X_{m+p-1},\\ X_{m+p-1} &= K\frac{d^{p-1}}{dx^{p-1}}(X_m) + X_{m+p-2},\\ &\ldots\ldots\ldots\ldots\ldots\ldots\ldots\ldots\\ X_{m+1} &= M\frac{d}{dx}(X_m) + N(X_m). \end{aligned}\right.$$

K, L, ..., M sont des fonctions de x déterminées de telle sorte, que les termes de l'ordre le plus élevé soient les mêmes au premier et au second membre; les restes, comme l'indiquent les égalités, s'obtiennent par de simples soustractions. Or, il est évident qu'une solution y_1 qui rend identiquement nulles X_{m+p} et X_m et, par suite, les dérivées de ces fonctions, annule aussi les restes X_{m+p-1}, $X_{m+p-2}, \ldots$, et réciproquement une valeur de y qui annule un reste et X_m satisfait aussi à la proposée $X_{m+p} = o$. Nous avons supposé que notre dernier reste a la forme NX_m, N étant une fonction de x; dans ce cas, toutes les solutions de $X_m = o$ appartiennent à $X_{m+p} = o$, et l'élimination des restes successifs conduit au développement

$$(4)\quad X_{m+p} = \frac{d^p}{dx^p}(X_m) + K_1\frac{d^{p-1}}{dx^{p-1}}(X_m) + \ldots + M_1\frac{d}{dx}(X_m) + NX_m = o.$$

Sous cette forme, et en prenant X_m pour l'inconnue, il suffit pour sa détermination d'intégrer une équation d'ordre p, et on trouve ainsi

$$X_m = c_1 y_1 + c_2 y_2 + \ldots + c_p y_p = f(x);$$

intégrant ensuite $X_m = 0$ et faisant usage de la formule (4), on a l'intégrale complète de $X_{m+p} = 0$.

Si la dernière égalité du groupe (A) est

$$X_{m+1} = M\frac{d}{dx}(X_m) + X'_m,$$

on fera

$$X'_m = PX_m + X_{m-1}$$

en déterminant P de telle sorte que le terme d'ordre m soit le même au premier et au second membre. Par ce moyen, on posera la suite d'égalités

$$\text{(B)} \left\{ \begin{array}{l} X_{m+1} = M\dfrac{d}{dx}(X_m)\,PX_m + X_{m-1}, \\ X_m = Q\dfrac{d}{dx}(X_{m-1}) + QX_{m-1} + X_{m-2}, \\ \ldots\ldots\ldots\ldots\ldots\ldots\ldots\ldots\ldots\ldots\ldots \\ X_{k+1} = S\dfrac{d}{dx}(X_k) + S'X_k. \end{array} \right.$$

Si l'on parvient à une égalité qui présente au second membre deux fonctions égales X_k, on arrêtera l'opération, et par l'élimination des restes successifs des groupes (A), (B), on développera X_m et X_{m+p} sous forme d'équations linéaires d'ordre $m-k$, $m+p-k$, qui auront X_k pour inconnue. Si la suite d'égalités conduit à un reste $y.\varphi(x)$ qui ne peut être annulé par une valeur de y exprimée en x, on conclura que les équations différentielles n'ont pas de solutions communes.

De ce qui précède, il résulte, qu'*il est toujours aisé de trouver la fonction qui, égalée à zéro, donne des solutions communes à des équations linéaires, et si cette fonction est d'ordre k, on pourra abaisser de k unités les ordres des équations linéaires.*

COMPOSITION DES ÉQUATIONS DIFFÉRENTIELLES.

On veut former une équation différentielle qui réunisse les solutions de deux équations données $X_m = 0$, $X_p = 0$. Désignons par X_{m+p} le premier membre inconnu de l'équation cherchée, nous pourrons le développer sous les deux formes

$$X_{m+p} = \frac{d^p}{dx^p}(X_m) + K\frac{d^{p-1}}{dx^{p-1}}(X_m) + \ldots + Q(X_m),$$

$$X_{m+p} = \frac{d^m}{dx^m}(X_p) + K'\frac{d^{m-1}}{dx^{m-1}}(X_p) + \ldots + S'(X_p).$$

Effectuant les différentiations indiquées aux seconds membres, et identifiant les coefficients des différentielles de même ordre dans les deux développements, on aura $m+p$ relations du premier degré au moyen desquelles on déterminera les coefficients K,..., Q, K',..., S'.

Si les deux fonctions X_m, X_p sont égales, la méthode n'est pas applicable, parce qu'il est contraire au caractère de généralité de l'intégrale complète que deux solutions soient égales; mais pour suivre l'analogie de l'Algèbre et du Calcul intégral, en ce qui concerne les racines égales, on formera des équations de même ordre qui auront les solutions de $X_m = 0$, multipliées par x ou par x^2, $x^3, \ldots$; il suffira pour cela de remplacer y par $\frac{y}{x}, \frac{y}{x^2}, \ldots$ On composera ensuite en une seule toutes ces équations de même ordre, et on aura un résultat analogue à la puissance entière d'un polynôme.

Dans le cas où $X_m = 0$ a p solutions $y_1, y_2, \ldots, y_p$, de plus $2q$ solutions z_1, $xz_1, \ldots, z_q$, xz_q et $3r$ solutions u_1, xu_1, $x^2u_1, \ldots$, u_r, xu_r, x^2u_r, de sorte que $m = p + 2q + 3r$, l'intégration se ramènera à celle de trois équations d'ordre p, q, r.

Si d'abord on cherche les solutions communes à $X_m = 0$ et $'X_m = 0$, on trouve une équation $X_{q+2r} = 0$ qui a pour solutions z_1, $z_2, \ldots, z_q$, u_1, $xu_1, \ldots, u_r$, xu_r. Les solutions communes à $'X_m = 0$ et $''X_m = 0$, savoir : $u_1, u_2, \ldots, u_r$, sont fournies par une équation $X_r = 0$; celle-ci permettra de former X_{2r} dont les solutions seront u_1, $xu_1, \ldots, u_r$, xu_r. Cherchant ensuite les solutions communes à $X_{q+2r} = 0$ et $X_{2r} = 0$, on parvient à $X_q = 0$ qni à pour solutions z_1, $z_2, \ldots, z_q$. Il est facile de former sans intégration la fonction $X_{2q+3r} = 0$ satisfaite par toutes les solutions conjugées doubles ou triples. Avec cette équation, on abaisse $X_m = 0$ ou $X_{p+2q+3r} = 0$ à l'ordre p.

Les méthodes précédentes fournissent un moyen aisé de trouver les conditions qui doivent exister entre les coefficients de deux équations différentielles, pour qu'elles aient p solutions communes; il suffit d'appliquer la méthode, et d'exprimer que le reste d'ordre p est identiquement nul.

Enfin, on peut ramener à cette théorie des méthodes connues, celle par exemple que d'Alembert a imaginée pour l'intégration des équations différentielles, et qu'il reproduit dans ses principaux ouvrages, *Théorie des vents*, *Théorie de la Lune*, *etc.*

Prenons pour exemple de cette application l'équation du quatrième ordre

$$X_4 = \frac{d^4y}{dx^4} + a\frac{d^3y}{dx^3} + b\frac{d^2y}{dx^2} + c\frac{dy}{dx} + ey + f(x) = 0.$$

Supposons une fonction

$$X_3 = \frac{d^3y}{dx^3} + \theta\frac{d^2y}{dx^2} + \theta'\frac{dy}{dx} + \theta''y + z = 0$$

qu'on veut déterminer de sorte que ses trois solutions appartiennent à $X_4 = 0$; nous poserons

$$X_4 = \frac{d}{dx}(X_3) + kX_3.$$

De cette dernière on déduit, en identifiant les deux membres,

$$\theta + k = a, \quad \frac{d\theta}{dx} + k\theta + \theta' = b, \quad \frac{d\theta'}{dx} + k\theta' + \theta'' = c,$$

$$\frac{d\theta''}{dx} + k\theta'' = e, \quad \frac{dz}{dx} + kz = f(x).$$

Avec ces relations, auxquelles d'Alembert parvient, on élimine k, θ', θ'', et on arrive à une équation en θ qu'il faut intégrer pour trouver ensuite les autres coefficients. Cette détermination conduit à quatre expressions de X_3, et comme d'ailleurs $\frac{d}{dx}(X_3) + kX_3 = 0$ donne $X_3 = Ce^{-\int k\,dx}$, en portant dans cette dernière les systèmes de valeurs de k, θ, θ', θ'' on obtient quatre relations au moyen desquelles on trouve la valeur de y après avoir éliminé $\frac{dy}{dx}$, $\frac{d^2y}{dx^2}$, $\frac{d^3y}{dx^3}$.

Si les coefficients de $X_4 = 0$ sont constants, ceux de $X_3 = 0$ le seront aussi, et, dans ce cas, la valeur de θ dépendra de la résolution de l'équation

$$(\theta - a)^4 + a(\theta - a)^3 + b(\theta - a)^2 + c(\theta - a) + e = 0.$$

COMPOSITION DE L'ÉQUATION LINÉAIRE AU MOYEN DE SES SOLUTIONS.

4° La composition de $X_m = 0$, au moyen de ses intégrales particulières, résulte de l'élimination des constantes $c_1, c_2, \ldots, c_m$ entre les équations (46e Leçon, n° 579) :

$$(C) \quad \left\{ \begin{aligned} y &= c_1 y_1 + c_2 y_2 + \ldots + c_m y_m, \\ \frac{dy}{dx} &= c_1\frac{dy_1}{dx} + c_2\frac{dy_2}{dx} + \ldots + c_m\frac{dy_m}{dx}, \\ &\ldots\ldots\ldots\ldots\ldots\ldots \\ \frac{d^my}{dx^m} &= c_1\frac{d^my_1}{dx^m} + c_2\frac{d^my_2}{dx^m} + \ldots + c_m\frac{d^my_m}{dx^m}. \end{aligned} \right.$$

Or, si l'on écrit le groupe suivant :

$$(\mathrm{E})\quad \begin{cases} \lambda = c_0 y + c_1 y_1 + \ldots + c_m y_m, \\ \lambda' = c_0 \dfrac{dy}{dx} + c_1 \dfrac{dy_1}{dx} + \ldots + c_m \dfrac{dy_m}{dx}, \\ \ldots\ldots\ldots\ldots\ldots\ldots\ldots\ldots \\ \lambda^{(m)} = c_0 \dfrac{d^m y}{dx^m} + c_1 \dfrac{d^m y_1}{dx^m} + \ldots + c_m \dfrac{d^m y_m}{dx^m}, \end{cases}$$

on aura, au moyen des m dernières équations, les valeurs de c_1, $c_2, \ldots, c_m$ qu'on portera dans la première, et le résultat sera de la forme $c_0 \Delta = \mathrm{L}$, Δ étant le déterminant ou dénominateur relatif aux $m+1$ inconnues $c_0, c_1, \ldots$ Si l'on fait $c_0 = -1$ et $\lambda = 0$, $\lambda' = 0, \ldots$, la relation précédente se réduit à $\Delta = 0$, laquelle ne peut être que l'équation différentielle $\mathrm{X}_m = 0$. Or, d'après la formation connue du déterminant Δ, on peut écrire

$$\mathrm{X}_m = \Delta = \frac{d^m y}{dx^m}\mathrm{D} + \frac{d^{m-1} y}{dx^m}\mathrm{D}_1 + \ldots + y\mathrm{D}_m = 0.$$

D est le dénominateur des m inconnues $c_1, c_2, \ldots, c_m$ déterminées au moyen des m premières relations du groupe (E), et si l'on considère les indices de la différentiation comme des accents, on passe du premier terme $\dfrac{d^m y}{dx^m}\mathrm{D}$ au suivant en changeant les signes, m en $m-1$ et $m-1$ en m. Comme D contient les indices $m-1$ qui deviennent m pour la formation de D_1, et comme d'ailleurs, en ajoutant un accent ou une unité à chaque facteur de D de même indice, cette fonction s'annule, il est clair que D_1 est la dérivée complète de D et, par suite, si D est constant, $\mathrm{D}_1 = 0$ (observation due à M. Liouville).

En second lieu, si nous mettons la valeur de y sous la forme

$$y = c_1 \psi_1(x) + c_2 \psi_2(x) + \ldots + c_m \psi_m(x),$$

on pourra déterminer les constantes en supposant que pour x_n, y_n les coefficients différentiels $\dfrac{dy_n}{dx_n}, \dfrac{d^2 y_n}{dx_n^2}, \ldots, \dfrac{d^m dy_n}{dx_n^m}$ ont des valeurs assignées; dans cette hypothèse, on trouvera les valeurs des constantes au moyen des m dernières équations du groupe (C), et en désignant le dénominateur commun par D et les numérateurs par $\mathrm{N}_1, \mathrm{N}_2, \ldots, \mathrm{N}_m$, on aura

$$y = \frac{\mathrm{N}_1}{\mathrm{D}}\psi_1(x) + \frac{\mathrm{N}_2}{\mathrm{D}}\psi_2(x) + \ldots + \frac{\mathrm{N}_m}{\mathrm{D}}\psi_m(x).$$

Si x_n, y_n et les dérivées de y_n par rapport à x satisfont à la relation $y = \psi_1(x)$, ces valeurs dans l'expression de y devront rendre $\frac{N_1}{D}$ égal à l'unité, et $N_2, N_3, \ldots, N_m$ égaux à zéro. Mais x_n, y_n et les dérivées pourraient satisfaire à une des relations $y = \psi_2(x)$, $y = \psi_3(x), \ldots$, et on en déduirait des conséquences semblables. On peut conclure de cela que le numérateur N_p, égalé à zéro, est une équation linéaire d'ordre m satisfaite par toutes les intégrales particulières de $X_m = 0$ à l'exception de $y = \psi_p(x)$.

DEUXIÈME MÉTHODE DE COMPOSITION.

5° *Analogie d'une équation linéaire avec la puissance d'un binôme.*

$X_m = 0$, $X_{m-1} = 0$ sont des équations différentielles, telles, que toutes les solutions de la seconde satisfont à la première, si l'on pose

$$X_m = k\frac{d}{dx}(zX_{m-1}) + R,$$

et si l'on détermine k, z de telle sorte que les deux termes du plus fort indice, au premier membre et dans la première partie du second, soient identiques, R devra être identiquement nul. Sans cela l'équation linéaire $R = 0$, de l'ordre $m-2$, aurait $m-1$ intégrales distinctes, ce qui est impossible.

Composons par ce procédé une équation d'ordre m, qui réunisse toutes les solutions des équations :

$$\frac{dy}{dx} + ay = 0, \quad \frac{dy}{dx} + by = 0, \quad \frac{dy}{dx} + cy = 0 \ldots.$$

On formera d'abord une équation du second ordre

$$X_2 = k\frac{d}{dx}\left[z\left(\frac{dy}{dx} + ay\right)\right],$$

d'où on déduira

$$kz = 1 \quad \text{ou} \quad k = \frac{1}{z},$$

z sera déterminé par la condition que le second membre soit annulé par les valeurs

$$\frac{dy}{dx} = -by, \quad y = e^{-\int b\,dx}.$$

On exprimera cette condition en égalant $z\left(\frac{dy}{dx} + ay\right)$ à une constante, à l'unité par exemple, et on trouvera

$$z = \frac{e^{\int b\,dx}}{a-b}, \quad k = (a-b)\,e^{-\int b\,ax}.$$

Remarquons que $\frac{1}{k}$ est le facteur qui rend le premier membre X_2 une différentielle exacte. La fonction du troisième ordre X_3 résulterait de la relation

$$X_3 = k' \frac{d}{dx}(X_2 z'),$$

qui devrait être satisfaite ou réduite à zéro par les valeurs

$$\frac{dy}{dx} = -cy, \quad y = e^{-\int c dx}.$$

Si les solutions de $X_m = 0$ sont y_1, xy_1, $x^2 y_1, \ldots, x^{m-1} y_1$, en supposant que y_1 satisfait à $\frac{dy}{dx} + ay = 0$, le premier membre X_m se développera ainsi qu'il suit :

$$X_m = \frac{d^m y}{dx^m} + ma \frac{d^{m-1} y}{dx^{m-1}} + \frac{m(m-1)}{1.2}\left(a^2 + \frac{da}{dx}\right)\frac{d^{m-2} y}{dx^{m-2}}$$
$$+ \frac{m(m-1)(m-2)}{1.2.3}\left(a^3 + 3a\frac{da}{dx} + \frac{d^2 a}{dx^2}\right)\frac{d^{m-3} y}{dx^{m-3}} + \ldots.$$

Les coefficients numériques de cette expression sont ceux de la puissance m du binôme ; les fonctions de a se forment ainsi : à partir du second terme, on obtient la fonction de a relative à un terme quelconque, en multipliant par a la fonction de a du terme précédent et ajoutant à ce produit la dérivée de cette fonction.

Pour démontrer cette formule, nous la supposerons vraie pour l'ordre m, c'est-à-dire que nous admettrons que le développement précédent égalé à zéro est une équation dont les solutions sont y_1, xy_1, $x^2 y_1, \ldots, x^{m-1} y_1$. Écrivons, d'après la même loi, le développement pour l'ordre $m+1$ que nous représenterons par X_{m+1} ; or, on verra tout de suite que la conjugée première de cette fonction sera $'X_{m+1} = (m+1) X_m$; par conséquent $X'_{m+1} = 0$ aura les mêmes solutions que $X_m = 0$, et cela prouvera que X_{m+1} aura aussi les mêmes solutions, et de plus la solution $x^m y_1$.

Cette seconde méthode de composition a l'avantage de s'appliquer à des équations non linéaires, et de conduire sans aucune difficulté à la théorie des *solutions singulières*, et à la démonstration de diverses questions de calcul intégral traitées par Jacobi. Les exemples suivants en montreront l'usage.

Considérons une équation linéaire ou non linéaire d'ordre m, $X_m = 0$, et supposons que $X_{m-1} = 0$ soit une équation d'ordre $m-1$, telle, que toute valeur de y en fonction de x qui satisfait à la dernière satisfait aussi à la première : nous pourrons poser l'identité

$$X_m = M\frac{d}{dx}(X_{m-1}) + N_1 X_{m-1},$$

dans laquelle M est déterminé de telle sorte que les termes d'ordre m soient identiques, au premier et au second membre. La forme de l'identité résulte de ce que les fonctions qui annulent X_m et X_{m-1} doivent aussi annuler le reste; nous la mettrons donc sous cette deuxième forme

$$X_m = k\frac{d}{dx}(X_{m-1}z),$$

qui s'accordera avec la première si

$$kz = M \quad \text{et} \quad k\frac{dz}{dx} = N,$$

d'où l'on déduit

$$z = e^{\int \frac{N}{m}dx} \quad \text{et} \quad k = Me^{-\int \frac{N}{m}dx}.$$

$\frac{1}{k}$ sera le facteur qui rendra le premier membre X_m une différentielle exacte. Mais, sans nous arrêter à des généralités qui nous feraient retrouver les résultats que Lagrange démontre dans le calcul des fonctions (13e Leçon et suiv.), appliquons ce qui précède à l'équation différentielle du second ordre

$$X_2 = \frac{d^2y}{dx^2} + f(x)\frac{dy}{dx} + f_1(x,y) = 0.$$

Cette équation, dans tous les cas où $\int f(x)\,dx$ sera exprimable en fonction de x, se mettra sous la forme plus simple

$$\frac{d^2y}{dx^2} - \varphi(x,y) = 0.$$

Il suffira pour cela de remplacer y par $ye^{-\int \frac{f(x)}{2}dx}$.

Si l'on connaît une intégrale première

$$\psi\left(x, y, \frac{dy}{dx}, \alpha\right) = 0$$

de la dernière équation du second ordre, α étant la constante arbitraire d'une première intégration, on pourra déduire de cette intégrale $\frac{dy}{dx} = u$, u étant une fonction de x, y, α. Mais, d'après ce que nous avons expliqué, nous poserons

$$\frac{d^2y}{dx^2} - \varphi(x, y) = k\frac{d}{dx}\left[z\left(\frac{dy}{dx} - u\right)\right].$$

Identifiant, on trouve

$$kz = 1, \quad k\frac{dz}{dx} = 0,$$

$$\frac{du}{dx} + \frac{du}{dy}\frac{dy}{dx} = \varphi(x, y) \quad \text{ou} \quad \frac{du}{dx} + \frac{du}{dy}u = \varphi(x, y).$$

Les deux premières sont satisfaites en faisant $k = 1$, $z = 1$; mais la dernière ne pourra avoir lieu que dans le cas où le premier membre sera indépendant de α, qui n'est pas contenu dans $\varphi(x, y)$. Ainsi, la dérivée du premier membre par rapport à α sera nulle; donc

$$\frac{d\frac{du}{d\alpha}}{dx} + \frac{d\frac{du}{d\alpha}}{dy}u + \frac{du}{dy}\frac{du}{d\alpha} = 0.$$

Considérant la dérivée par rapport à x et celle par rapport à y, lesquelles, d'après l'égalité, sont égales et de signes contraires, on verra que $\frac{du}{d\alpha}$ est le facteur qui rend $dy - u\,dx$ une différentielle exacte.

On pourra donc intégrer $\frac{du}{d\alpha}dy - \frac{du}{d\alpha}u\,dx$ (42ᵉ Leçon, n° 529).

Un second exemple, pris du Mémoire que vient de publier le géomètre suédois M. Malmsten, ne présente pas plus de difficulté.

Supposons qu'on connaisse une intégrale première $\frac{dy}{dx} = u$ de l'équation du second ordre

$$\frac{d\varphi(x, y')}{dx} - \psi(x, y) = 0,$$

dans laquelle $y' = \frac{dy}{dx}$. Cette équation se met sous la forme

$$\frac{d\varphi(\overline{x}, y')}{dy'}\frac{d^2y}{dx^2} + \frac{d\varphi(\overline{x}, y')}{d\overline{x}} - \psi(x, y) = 0.$$

Nous avons marqué d'un trait les dérivées par rapport à x, lorsqu'on ne considère pas y' comme fonction de x. Dans cette relation, et en vertu de l'intégrale donnée, on peut remplacer y' par u et identifier ensuite le premier membre à

$$k\frac{d}{dx}\left[z\left(\frac{dy}{dx}-u\right)\right].$$

L'identité donne

$$kz=\frac{d\varphi(\overline{x},u)}{du},\quad k\frac{dz}{d\overline{x}}=0$$

(et, par suite, $z=1$); enfin

$$\frac{d\varphi(\overline{x},u)}{du}\left(\frac{du}{dx}+\frac{du}{dy}u\right)=-\frac{d\varphi(\overline{x},u)}{d\overline{x}}+\psi(x,y).$$

Si on transpose le terme $\dfrac{-d\varphi(\overline{x},u)}{d\overline{x}}$, le second membre ne renfermera plus α; par suite, le premier sera indépendant de cette constante, et sa dérivée par rapport à α sera nulle. Cette dérivée est

$$\frac{d\left[\dfrac{d\varphi(\overline{x},u)}{du}\dfrac{du}{d\alpha}\right]}{du}\left(\frac{du}{dx}+\frac{du}{dy}u\right)$$
$$+\frac{d\varphi(x,u)}{du}\left(\frac{d\dfrac{du}{d\alpha}}{dx}+\frac{d\dfrac{du}{d\alpha}}{dy}u+\frac{du}{dy}\frac{du}{d\alpha}\right)$$
$$+\frac{d\left(\dfrac{d\varphi(\overline{x},u)}{du}\dfrac{du}{d\alpha}\right)}{d\overline{x}}=0.$$

De cette relation on voit clairement que, en prenant pour facteur

$$\frac{d\varphi(x,u)}{du}\frac{du}{d\alpha}=\frac{d\varphi}{d\alpha},$$

l'expression $\dfrac{d\varphi}{d\alpha}(dy-u\,dx)$ sera intégrable.

L'équation

$$\frac{d\varphi(y,y')}{dx}-y'\psi(x,y)=0$$

sera traitée de la même manière; car, après l'avoir développée, elle devient

$$\frac{1}{y'}\frac{d\varphi(\overline{y},y')}{dy'}\frac{d^2y}{dx^2}+\frac{d\varphi(\overline{y},y')}{dy}-\psi(x,y)=0.$$

Remplaçant y' par u et identifiant le premier membre à

$$k\frac{d}{dx}\left[z\left(\frac{dy}{dx}-u\right)\right],$$

on trouve

$$k=\frac{1}{u}\frac{d\varphi(y,u)}{du}, \quad z=0;$$

enfin

$$\frac{1}{u}\frac{d\varphi(y,u)}{du}\left(\frac{du}{dx}+\frac{du}{dy}u\right)+\frac{d\varphi(y,u)}{dy}$$

devra être indépendante de α, ce qui donnera $\frac{1}{u}\frac{d\varphi}{dx}$ pour le facteur qui rendra intégrable la fonction du premier ordre, de telle sorte que $\frac{1}{u}\frac{d\varphi}{dx}(dy-u\,dx)$ sera une différentielle exacte.

Les équations du troisième ordre :

$$(p) \qquad \frac{d\varphi(y,y'')}{dx}=\psi(y,y''),$$

$$(q) \qquad \frac{d\varphi(y',y'')}{dx}=y''\psi(y,y'),$$

qui se ramènent aux formes du second ordre quand on élimine dx par la relation $dx=\frac{dy}{y'}$, ne présentent pas de difficulté.

REMARQUES SUR LES ÉQUATIONS LINÉAIRES.

1. Une équation linéaire $X_m=0$ a m solutions qui peuvent être les intégrales d'équations du premier ordre $\frac{dy}{dx}-ay=0$. Ces équations, qu'on pourrait nommer les *composants* de $X_m=0$, méritent une attention particulière. Jusqu'ici on s'est appliqué à éviter dans l'intégrale les fonctions imaginaires par une détermination convenable des constantes. Cependant, il est utile, dans certains cas, de les conserver, si on a en vue la simplicité analytique. Ainsi, les solutions en exponentielles de l'équation $\frac{d^2y}{dx^2}+y=0$ fournissent des composants à coefficients constants

$$\frac{dy}{dx}\pm y\sqrt{-1}=0.$$

Les solutions réelles $C\sin x$, $C\cos x$ conduisent à des composants

$$\frac{dy}{dx}+\operatorname{tang} xy=0,\quad \frac{dy}{dx}-\cot xy=0,$$

à coefficients variables et, par suite, moins simples.

2. L'intégrale complète de $X_m=0$ est la somme de m solutions de la forme

$$y=C\psi(x).$$

Il sera quelquefois possible de discuter la courbe qui représente une solution, sans intégrer l'équation ; cela paraît plus général et plus simple que de discuter l'intégrale complète avec ses constantes déterminées par des conditions particulières. Ainsi, comme on peut toujours faire disparaître le second terme d'une équation linéaire, l'équation du second ordre se ramènera à la forme

$$\frac{d^2y}{dx^2}-\varphi'(x)y=0,$$

de laquelle on déduit, en multipliant par dy,

$$\frac{dy^2}{dx^2}-2\int f(x)y\,dy=0.$$

Dans le cas où $f(x)=A^2$, A étant une constante, la relation se met sous la forme

$$\left(\frac{dy}{dx}-Ay\right)\left(\frac{dy}{dx}+Ay\right)=0.$$

Or, il n'est pas difficile de prouver que si $\sqrt{f(x)}$ reste comprise entre deux valeurs constantes A', A'', depuis x' jusqu'à X', les intégrales particulières de l'équation

$$\frac{d^2y}{dx^2}-f(x)y=0$$

dépendront de deux équations du premier ordre de la forme

$$\frac{dy}{dx}\pm\varphi(x)y=0,$$

telles, que $\varphi(x)$ sera comprise entre A' et A''.

3. Enfin, les solutions d'une équation linéaire pouvant être considérées comme les intégrales d'équations de la forme

$$\frac{dy}{dx}-\varphi(x)y=0,$$

en posant

$$\frac{dy}{y\,dx} = v,$$

on peut concevoir une équation algébrique

$$[v - \varphi_1(x)]\,[v - \varphi_2(x)]\ldots = 0,$$

dont les racines, ou valeurs de v, conduiront à la valeur de y.

Si on donne l'équation algébrique

$$v^m + a v^{m-1} + \ldots + a_{m-1} v + a_m + \ldots = 0,$$

dont les coefficients sont des fonctions de x, de cette équation on déduira v^m et les dérivées $\frac{dv}{dx}$, $\frac{d^2v}{dx^2}, \ldots$ en fonction de x et des puissances de v inférieures à m. Si donc on veut former une équation différentielle

$$\frac{d^m y}{y\,dx^m} + b_1 \frac{d^{m-1} y}{y\,dx^{m-1}} + \ldots + b_{m-1} \frac{dy}{y\,dx} + b_m = 0,$$

telle, que ses m solutions particulières fournissent des valeurs de $\frac{dy}{y\,dx}$ égales aux valeurs de v, on posera

$$\frac{dy}{y\,dx} = v,$$

et, différentiant plusieurs fois de suite cette relation, on exprimera $\frac{d^m y}{y\,dx^m}$, $\frac{d^{m-1} y}{y\,dx^{m-1}}, \ldots$, en fonction de x et des $m-1$ premières puissances de v. Cette équation du degré $m-1$ devra être identiquement nulle pour qu'elle ne soit pas en contradiction avec l'équation donnée en v du degré m. On aura ainsi des relations qui détermineront $b_1, b_2, \ldots, b_m$. Le calcul est élégant lorsqu'on transforme l'équation $v^m - A^m = 0$, A étant fonction de x, en une équation différentielle. Si $m = 3$, cette équation est

$$\frac{d^3 y}{dx^3} - 3\frac{A'}{A}\frac{d^2 y}{dx^2} - \left(\frac{A''}{A} + \frac{3A''^2}{A^2}\right)\frac{dy}{dx} - A^3 y = 0.$$

On pourrait aussi se proposer de transformer une équation différentielle linéaire en une équation algébrique dont les racines représenteraient les valeurs de $\frac{dy}{y\,dx}$, mais ce problème inverse dépendrait d'intégrations souvent impossibles.

NOTE IV.

SUR LES PROPRIÉTÉS DE QUELQUES FONCTIONS ET SUR LA REPRÉSENTATION DES RACINES DES ÉQUATIONS PAR DES INTERSECTIONS DE COURBES,

par M. E. Prouhet.

Définitions préliminaires. — Relations entre les dérivées partielles des fonctions P et Q. — Séparation des quantités réelles et des imaginaires dans les dérivées de $f(z)$. — Différences finies et différentielles totales des fonctions P et Q. — Propriétés des courbes P, Q, P + Q, P — Q. — Démonstration d'un théorème de Cauchy. — Asymptotes des courbes P, Q, etc. — Théorème sur le nombre des racines des équations algébriques. — Propriétés des surfaces $z = P$, $z = Q$. — Remarques.

DÉFINITIONS PRÉLIMINAIRES.

1. Si $f(z)$ est une fonction qui prenne la forme $P + Q\sqrt{-1}$ quand on pose $z = x + y\sqrt{-1}$, P et Q étant des fonctions réelles en x et y, l'équation

$$f(z) = P + Q\sqrt{-1} = 0 \tag{1}$$

entraînera les suivantes

$$P = 0, \quad Q = 0,$$

et réciproquement. Il suit de là que si x et y sont les coordonnées d'un point variable. la partie réelle et le coefficient de $\sqrt{-1}$ d'une racine de l'équation (1) seront respectivement égaux aux valeurs numériques de l'abscisse et de l'ordonnée d'un point commun aux deux courbes données par les équations $P = 0$, $Q = 0$.

Les points d'intersection de ces deux courbes peuvent donc être regardés comme formant une représentation géométrique des racines de l'équation $f(z) = 0$, et c'est pour rappeler cette propriété que nous les nommerons des *points-racines*.

2. On dit en général qu'une équation $f(z) = 0$ a n racines égales à a lorsqu'on a $f(z) = (z - a)^n \mathrm{f}(z)$, $\mathrm{f}(z)$ désignant une fonction qui ne devient ni nulle ni infinie pour $z = a$; or, comme la fonction $\mathrm{f}(z) = \dfrac{f(z)}{(z-a)^n}$ prend la forme $\dfrac{0}{0}$ pour $z = a$, si l'on cherche

sa véritable valeur d'après les règles connues; on voit que, pour qu'elle ne soit ni nulle ni infinie, on doit avoir

$$f(a) = 0, \quad f'(a) = 0, \quad f''(a) = 0, \ldots, \quad f^{n-1}(a) = 0, \quad f^{n}(a) \gtrless 0.$$

Toutes les fois que l'équation $f(z)$ aura n racines égales, le point-racine correspondant sera pour nous l'équivalent de n points-racines qui coïncideraient, et nous le nommerons, dans ce cas, *point-racine de l'ordre n*.

RELATIONS ENTRE LES DÉRIVÉES PARTIELLES DES FONCTIONS P ET Q.

3. *Relations entre les dérivées partielles du premier ordre.*

Si l'on suppose que z tienne la place de $x+y\sqrt{-1}$ dans l'identité

$$f(z) = P + Q\sqrt{-1},$$

et que l'on prenne les dérivées des deux membres, d'après la règle des fonctions de fonctions, on aura

$$f'(z)\frac{dz}{dx} = f'(z) = \frac{dP}{dx} + \frac{dQ}{dx}\sqrt{-1},$$

$$f'(z)\frac{dz}{dy} = f'(z)\sqrt{-1} = \frac{dP}{dy} + \frac{dQ}{dy}\sqrt{-1},$$

ou

$$f'(z) = \frac{dQ}{dy} - \frac{dP}{dy}\sqrt{-1}.$$

On obtient ainsi deux expressions différentes de $f'(z)$, et en exprimant qu'elles sont identiques on aura les relations

$$(2) \quad \begin{cases} \dfrac{dP}{dx} = \dfrac{dQ}{dy}, \\[2ex] \dfrac{dP}{dy} = -\dfrac{dQ}{dx}. \end{cases}$$

4. **Réciproquement**, *si les relations* (2) *ont lieu entre les dérivées de deux fonctions*

$$P = \Phi(x, y), \quad Q = \Psi(x, y),$$

P *et* Q *sont la partie réelle et le coefficient de* $\sqrt{-1}$ *d'une fonction d'une seule variable z, dans laquelle on aurait substitué* $x+y\sqrt{-1}$ *à z.*

En effet, posons

$$W = P + Q\sqrt{-1};$$

substituons $z - y\sqrt{-1}$ à x dans cette expression, et prenons la dérivée de W par rapport à y; nous aurons

$$\frac{dW}{dy}=\frac{dP}{dx}\frac{dx}{dy}+\frac{dP}{dy}+\left(\frac{dQ}{dx}\frac{dx}{dy}+\frac{dQ}{dy}\right)\sqrt{-1},$$

et comme $\frac{dx}{dy}=-\sqrt{-1}$, il en résulte

$$\frac{dW}{dy}=\left(\frac{dP}{dy}+\frac{dQ}{dx}\right)+\left(\frac{dQ}{dy}-\frac{dP}{dx}\right)\sqrt{-1}.$$

Or, le second membre est identiquement nul d'après l'hypothèse. On a donc $\frac{dW}{dy}=0$. Ainsi, le résultat de la substitution est indépendant de y, et par conséquent W se réduit à une fonction de z, qui, par la substitution de $x+y\sqrt{-1}$ à z, devient $P+Q\sqrt{-1}$.

C. Q. F. D.

5. *Relations entre les dérivées partielles du second ordre.* Les relations (2) étant identiques, on pourra prendre les dérivées des deux membres de chacune d'elles : on obtiendra ainsi

$$\frac{d^2P}{dx^2}=\frac{d^2Q}{dx\,dy},\quad \frac{d^2P}{dx\,dy}=\frac{d^2Q}{dy^2},$$
$$\frac{d^2Q}{dx^2}=-\frac{d^2P}{dx\,dy},\quad \frac{d^2Q}{dx\,dy}=-\frac{d^2P}{dy^2};$$

d'où résultent les relations

$$(3)\qquad \begin{cases}\dfrac{d^2P}{dx^2}=-\dfrac{d^2P}{dy^2},\\[2ex] \dfrac{d^2Q}{dx^2}=-\dfrac{d^2Q}{dy^2}.\end{cases}$$

Réciproquement, *si l'une des relations* (3) *est vérifiée par une fonction* P, *il sera possible de trouver une seconde fonction* Q *telle, que* P *et* Q *résultent de la substitution de* $x+y\sqrt{-1}$ *à la place de* z *dans une certaine fonction* $\varphi(z)$.

En effet, si l'on pose $Q=\int\frac{dP}{dx}dy$, on aura

$$\frac{dQ}{dy}=\frac{dP}{dx},\quad \frac{dQ}{dx}=\int\frac{d^2P}{dx^2}dy=-\int\frac{d^2P}{dy^2}dy=-\frac{dP}{dy}.$$

Ainsi, les relations (2) sont vérifiées par les fonctions P et Q, et par suite, il existe une fonction $\varphi(z)$ telle, que l'on a identiquement

$$\varphi(x+y\sqrt{-1})=P+Q\sqrt{-1}.$$

6. *Relations générales entre les dérivées partielles de* P *et celles de* Q.

On tire des équations (2), en les différentiant $k-1$ fois par rapport à x, et $n-k+1$ fois par rapport à y,

$$(4)\quad \begin{cases} \dfrac{d^nP}{dx^k\,dy^{n-k}} = \dfrac{d^nQ}{dx^{k-1}\,dy^{n-k+1}}, \\[2ex] \dfrac{d^nQ}{dx^k\,dy^{n-k}} = -\dfrac{d^nP}{dx^{k-1}\,dy^{n-k+1}}. \end{cases}$$

7. *Relations entre les dérivées partielles de* P *ou de* Q.

On tire des équations (3) par la différentiation

$$(5)\quad \begin{cases} \dfrac{d^nP}{dx^k\,dy^{n-k}} = -\dfrac{d^nP}{dx^{k-2}\,dy^{n-k+2}}, \\[2ex] \dfrac{d^nQ}{dx^k\,dy^{n-k}} = -\dfrac{d^nQ}{dx^{k-2}\,dy^{n-k+2}}. \end{cases}$$

Ces équations expriment une propriété commune aux deux fonctions P et Q. En y faisant successivement $k=n,\ n-2,\ n-4,\ldots$, puis $k=n-1,\ n-3,\ n-5,\ldots$, on obtient :

$$(6)\quad \begin{cases} \dfrac{d^nP}{dx^n} = -\dfrac{d^nP}{dx^{n-2}\,dy^2} = \dfrac{d^nP}{dx^{n-4}\,dy^4} = -\dfrac{d^nP}{dx^{n-6}\,dy^6},\ldots, \\[2ex] \dfrac{d^nP}{dx^{n-1}\,dy} = -\dfrac{d^nP}{dx^{n-3}\,dy^3} = \dfrac{d^nP}{dx^{n-5}\,dy^5} = -\dfrac{d^nP}{dx^{n-7}\,dy^7},\ldots, \\[2ex] \dfrac{d^nQ}{dx^n} = -\dfrac{d^nQ}{dx^{n-2}\,dy^2} = \dfrac{d^nQ}{dx^{n-4}\,dy^4} = -\dfrac{d^nQ}{dx^{n-6}\,dy^6},\ldots, \\[2ex] \dfrac{d^nQ}{dx^{n-1}\,dy} = -\dfrac{d^nQ}{dx^{n-3}\,dy^3} = \dfrac{d^nQ}{dx^{n-5}\,dy^5} = -\dfrac{d^nQ}{dx^{n-7}\,dy^7},\ldots. \end{cases}$$

Ainsi, *toutes les dérivées partielles de* P *ou de* Q *d'un même ordre, dans lesquelles l'indice de différentiation relatif à une même variable est en même temps pair ou impair, sont égales en valeurs absolues.*

Et si l'on range ces dérivées suivant un ordre de grandeur de cet indice, les signes + *et* − *se succéderont alternativement.*

SÉPARATION DES QUANTITÉS RÉELLES ET DES IMAGINAIRES DANS LES DÉRIVÉES DE $f(z)$.

8. En différentiant par rapport à x les deux membres de l'identité $f(z) = P + Q\sqrt{-1}$, nous avons trouvé

$$f'(z) = \frac{dP}{dx} + \frac{dQ}{dx}\sqrt{-1}.$$

Cette formule fait voir que pour obtenir la partie réelle et le coefficient de $\sqrt{-1}$ de la dérivée d'une fonction, il suffit de prendre les dérivées par rapport à x des parties analogues de cette fonction. En prenant n fois de suite la dérivée par rapport à x, on trouve

$$f^n(z) = \frac{d^n P}{dx^n} + \frac{d^n Q}{dx^n}\sqrt{-1}.$$

On peut donner à cette expression deux autres formes et n'y employer que la fonction P ou la fonction Q. Il suffit d'y remplacer $\frac{d^n Q}{dx^n}$ par $-\frac{d^n P}{dx^{n-1}dy}$, ou $\frac{d^n P}{dx^n}$ par $\frac{d^n Q}{dx^{n-1}dy}$, ce qui est permis d'après les relations (4). On aura ainsi

$$(7)\quad \begin{cases} f^n(z) = \dfrac{d^n P}{dx^n} - \dfrac{d^n P}{dx^{n-1}dy}\sqrt{-1}, \\ f^n(z) = \dfrac{d^n Q}{dx^{n-1}dy} + \dfrac{d^n Q}{dx^n}\sqrt{-1}. \end{cases}$$

DIFFÉRENCES FINIES ET DIFFÉRENTIELLES TOTALES DES FONCTIONS P ET Q.

9. Les propriétés précédentes permettent de développer les accroissements des fonctions P et Q suivant les accroissements de leurs variables.

Si dans $f(z)$ on change z en $(z + \Delta x + \Delta y\sqrt{-1})$, on aura

$$\Delta f(z) = \sum_1^n \frac{(\Delta x + \Delta y\sqrt{-1})^n}{1.2.3\ldots n} f^n(z) + R.$$

En posant

$$\Delta x + \Delta y\sqrt{-1} = r(\cos\theta + \sqrt{-1}\sin\theta),$$

nous aurons, par la formule de Moivre,

$$(\Delta x + \Delta y\sqrt{-1})^n = r^n(\cos n\theta + \sqrt{-1}\sin n\theta).$$

D'ailleurs la première formule (7) donne

$$f^n(x + y\sqrt{-1}) = \frac{d^n P}{dx^n} - \frac{d^n P}{dx^{n-1}dy}\sqrt{-1}:$$

donc on a

$$\begin{aligned} \Delta f(z) &= \Delta P + \Delta Q\sqrt{-1} \\ &= \sum \frac{r^n}{1.2\ldots n}(\cos n\theta + \sqrt{-1}\sin n\theta)\left(\frac{d^n P}{dx^n} - \frac{d^n P}{dx^{n-1}dy}\sqrt{-1}\right) \\ &\quad + R_1 + R_2\sqrt{-1}, \end{aligned}$$

et, en séparant les parties réelles et les parties imaginaires,

$$(8)\quad \begin{cases} \Delta P = \sum\limits_1^n \dfrac{r^n}{1.2.3\ldots n}\left(\dfrac{d^nP}{dx^n}\cos n\theta + \dfrac{d^nP}{dx^{n-1}dy}\sin n\theta\right) + R_1, \\ \Delta Q = \sum\limits_1^n \dfrac{r^n}{1.2.3\ldots n}\left(\dfrac{d^nP}{dx^n}\sin n\theta - \dfrac{d^nP}{dx^{n-1}dy}\cos n\theta\right) + R_2. \end{cases}$$

10. Si l'on suppose Δx et Δy infiniment petits, le terme général de chaque développement devient la différentielle totale du $n^{\text{ième}}$ ordre de P ou de Q, divisée par le produit $1.2.3\ldots n$. On aura donc, en appelant ω la limite de l'angle θ, et en observant que $r = \sqrt{dx^2+dy^2} = dy\sqrt{1+\cot^2\omega}\,\dfrac{dy}{\sin\omega}$,

$$(9)\quad \begin{cases} d^nP = \dfrac{\dfrac{d^nP}{dx^n}\cos n\omega + \dfrac{d^nP}{dx^{n-1}dy}\sin n\omega}{\sin^n\omega}\,dy^n, \\ d^nQ = \dfrac{\dfrac{d^nP}{dx^n}\sin n\omega - \dfrac{d^nP}{dx^{n-1}dy}\cos n\omega}{\sin^n\omega}\,dy^n. \end{cases}$$

PROPRIÉTÉS DES COURBES P ET Q. — POINTS MULTIPLES.

11. Pour abréger, nous appellerons courbe P, courbe Q, les courbes représentées par les équations $P = 0$, $Q = 0$. Nous supposerons que le système d'axes auquel on les rapporte est rectangulaire.

Une propriété remarquable de ces courbes est d'avoir chacune un point multiple de l'ordre n, toutes les fois que l'équation primitive $f(z) = 0$ a n racines égales entre elles. Pour le démontrer, il faut faire voir : 1° que les fonctions P et Q s'annulent avec leurs dérivées partielles jusqu'à l'ordre $n-1$ inclusivement quand on y substitue les coordonnées d'un point-racine de l'ordre n; 2° que chaque courbe possède en ce point n tangentes distinctes.

12. Premièrement, quand $f(z)$ a n racines égales à $x+y\sqrt{-1}$, on doit avoir, i désignant un nombre au plus égal à n,

$$f^i(x+y\sqrt{-1}) = \frac{d^iP}{dx^i} - \frac{d^iP}{dx^{i-1}dy}\sqrt{-1} = 0,$$

cette équation entraîne les deux suivantes :

$$\frac{d^iP}{dx^i} = 0, \quad \frac{d^iP}{dx^{i-1}dy} = 0.$$

Il résulte de là et des relations (6) que toutes les dérivées de P de l'ordre i sont nulles, et comme i est compris entre o et $n-1$, il est donc démontré qu'en chaque point-racine de l'ordre n toutes les dérivées partielles de P s'annulent jusqu'à l'ordre $n-1$ inclusivement. — Même démonstration pour la fonction Q.

13. En second lieu, *les courbes* P *et* Q *ont chacune, au point* (x, y), n *tangentes distinctes.*

Considérons d'abord la courbe P.

On obtiendra le coefficient angulaire $\frac{dx}{dy} = \operatorname{tang}\omega$ de la tangente menée à la courbe par le point (x, y), en égalant à o la différentielle totale du $n^{\text{ième}}$ ordre. D'après la formule (9), l'équation qu'il faudra poser sera donc

$$\frac{\dfrac{d^n P}{dx^n}\cos n\omega + \dfrac{d^n P}{dx^{n-1}\,dy}\sin n\omega}{\sin^n\omega} = 0.$$

Le dénominateur de cette équation n'est jamais supérieur à l'unité, et il ne peut devenir nul en même temps que le numérateur qu'autant qu'on a

$$\frac{d^n P}{dx^n} = 0.$$

Mais ce cas peut être écarté, car il suffit, pour l'éviter, de changer la direction des axes de coordonnées. Donc si l'on suppose $\frac{d^n P}{dx^n} \gtrless 0$, on aura toutes les solutions de cette équation en posant

$$(10) \qquad \operatorname{tang} n\omega = -\frac{\dfrac{d^n P}{dx^n}}{\dfrac{d^n P}{dx^{n-1}\,dy}};$$

et si l'on fait

$$\operatorname{tang}\mu = -\frac{\dfrac{d^n P}{dx^n}}{\dfrac{d^n P}{dx^{n-1}\,dy}},$$

on aura

$$n\omega = \mu + k\pi,$$

d'où

$$(11) \qquad \omega = \frac{\mu}{n} + k\frac{\pi}{n}.$$

Pour avoir toutes les tangentes à la courbe P, il suffit de donner à n les valeurs $0, 1, 2, \ldots, n-1$, et l'on obtient n valeurs de ω, formant une progression arithmétique dont la raison est $\frac{\pi}{n}$. Donc la courbe P présente, au point considéré, n tangentes distinctes et tellement disposées, que deux tangentes consécutives comprennent un angle égal à la $n^{\text{ième}}$ partie de deux angles droits.

14. Il importe de remarquer qu'un point-racine de l'ordre n ne peut être un point d'arrêt ou un point isolé, pour aucune branche de la courbe P, du moins dans le cas où la fonction P est continue. En effet, l'équation qui donne $\tang \omega$ ayant toutes ses racines inégales, on voit facilement, en développant P par la série de Taylor, que cette fonction changera de signe quand on y substituera successivement les coordonnées de deux points suffisamment rapprochés du point N, et situés de part et d'autre d'une même tangente.

15. Un calcul analogue à celui que nous avons fait pour la courbe P assignerait aussi à la courbe Q, en tout point-racine de l'ordre n, n tangentes distinctes et tellement disposées, que deux tangentes consécutives comprennent un angle égal à $\frac{\pi}{n}$. On peut déjà en conclure qu'entre deux tangentes consécutives à la courbe P il y a toujours une tangente à la courbe Q. Mais je dis de plus que :

Les tangentes à la courbe Q *sont les bissectrices des angles formés par les tangentes à la courbe* P.

Pour le démontrer, rappelons-nous la formule

$$(10) \qquad \tang n\omega = -\frac{\dfrac{d^nP}{dx^n}}{\dfrac{d^nP}{dx^{n-1}\,dy}}.$$

En appelant υ l'angle qu'une tangente à la courbe Q fait avec l'axe des x, nous aurons de même

$$(12) \qquad \tang n\upsilon = -\frac{\dfrac{d^nQ}{dx^n}}{\dfrac{d^nQ}{dx^{n-1}\,dy}}.$$

Or, d'après les relations (4),

$$\frac{d^nQ}{dx^n} = -\frac{d^nP}{dx^{n-1}\,dy}, \quad \frac{d^nQ}{dx^{n-1}\,dy} = \frac{d^nP}{dx^n};$$

donc

$$\tang n\omega \tang n\upsilon = -1;$$

d'où

$$n\omega - n\nu = \pm \frac{\pi}{2},$$

$$(13) \qquad \omega - \nu = \pm \frac{1}{2}\frac{\pi}{n}.$$

$\omega - \nu$ est l'angle compris entre une tangente à la courbe P et une tangente à la courbe Q la plus voisine, et l'équation (13) montre que cet angle, abstraction faite du signe, est la moitié de l'angle $\frac{\pi}{n}$ compris entre deux tangentes consécutives à la courbe P.

16. Les résultats précédents comprennent le cas particulier d'un point-racine simple. En un point de cette espèce, l'angle $\frac{1}{2}\frac{\pi}{n}$ formé par la tangente à la courbe P et la tangente à la courbe Q se réduit à $\frac{\pi}{2}$. On peut d'ailleurs l'établir directement. Ainsi :

En un point-racine du premier ordre les courbes P *et* Q *se coupent à angle droit.*

Cette propriété appartiendrait encore aux courbes représentées par les équations

$$P = A, \quad Q = B,$$

A et B étant deux constantes quelconques.

PROPRIÉTÉS DES COURBES DONNÉES PAR LES ÉQUATIONS $P - Q = 0$, $P + Q = 0$.

17. La courbe qui a pour équation $P - Q = 0$ est le lieu de tous les points dont les coordonnées, substituées dans les fonctions P et Q, donnent des résultats égaux et de même signe. En chaque point de cette courbe le rapport $\frac{P}{Q}$ est égal à 1.

La courbe qui a pour équation $P + Q = 0$ est le lieu de tous les points dont les coordonnées, substituées dans les fonctions P et Q, donnent des résultats égaux et de signes contraires. Le rapport $\frac{P}{Q}$ y est constamment égal à -1.

Les courbes $P - Q$, $P + Q$ jouissent des mêmes propriétés que les courbes P et Q, et il suffit pour le démontrer d'observer que les fonctions

$$p = P - Q, \quad q = P + Q,$$

sont la partie réelle et le coefficient de $\sqrt{-1}$ de la fonction

$$\begin{aligned}(1+\sqrt{-1})f(z) &= (1+\sqrt{-1})(P+Q\sqrt{-1})\\ &= P-Q+(P+Q)\sqrt{-1}.\end{aligned}$$

D'ailleurs p et q s'annulent évidemment avec leurs dérivées jusqu'à l'ordre n exclusivement, quand on y substitue les coordonnées d'un point-racine de l'ordre n; d'où il suit que :

En un point-racine de l'ordre n:

1° *La courbe* $P-Q$ *a n tangentes distinctes dont chacune fait avec celle qui la suit un angle égal à* $\frac{\pi}{n}$;

2° *La courbe* $P+Q$ *a aussi n tangentes distinctes qui sont les bissectrices des angles formés par les tangentes à la courbe* $P-Q$.

18. Pour construire les tangentes à nos deux nouvelles courbes il suffit de connaître l'angle qu'une tangente à l'une d'elles fait avec une tangente à la courbe P.

Soit $\tang n\varepsilon$ le coefficient angulaire d'une tangente à la courbe $P-Q$: on a trouvé plus haut

$$\tang n\omega = -\frac{\frac{d^nP}{dx^n}}{\frac{d^nP}{dx^{n-1}dy}}; \tag{10}$$

à cause de la symétrie du calcul, on aura aussi

$$\tang n\varepsilon = -\frac{\frac{d^np}{dx^n}}{\frac{d^np}{dx^{n-1}dy}}. \tag{14}$$

Mais

$$\frac{d^np}{dx^n} = \frac{d^nP}{dx^n} - \frac{d^nQ}{dx^n} = \frac{d^nP}{dx^n} + \frac{d^nP}{dx^{n-1}dy},$$

$$\frac{d^np}{dx^{n-1}dy} = \frac{d^nP}{dx^{n-1}dy} - \frac{d^nQ}{dx^{n-1}dy} = \frac{d^nP}{dx^{n-1}dy} - \frac{d^nP}{dx^n};$$

donc

$$\tang n\varepsilon = -\frac{\frac{d^nP}{dx^n}+\frac{d^nP}{dx^{n-1}dy}}{\frac{d^nP}{dx^{n-1}dy}-\frac{d^nP}{dx^n}} = \frac{-(\tang n\omega+1)}{-1-\tang n\omega} = \tang\left(n\omega-\frac{\pi}{4}\right);$$

d'où

$$\varepsilon = \omega - \frac{1}{4}\frac{\pi}{n}. \tag{15}$$

De là résulte que *si l'on construit, comme au n° 14, les tangentes aux courbes* P *et* Q, *et que si l'on désigne respectivement les angles consécutifs formés par ces tangentes par les nombres*

$$0,\ 1,\ 2,\ 3,\ldots,$$

les bissectrices des angles de rang pair seront les tangentes à la courbe P + Q. *Les bissectrices des angles de rang impair seront les tangentes à la courbe* P — Q.

DÉMONSTRATION D'UN THÉORÈME DE M. CAUCHY.

19. Traçons autour d'un point-racine N, de l'ordre n, un cercle assez petit pour que dans son intérieur les courbes P, Q, P — Q, P + Q se confondent sensiblement avec leurs tangentes, et, par suite, ne puissent s'y couper mutuellement ailleurs qu'au point N. Un point mobile M qui parcourra la circonférence dans le sens direct de rotation, c'est-à-dire en allant des x positifs aux y positifs, devra rencontrer $2n$ fois chacune des quatre courbes, et toujours dans l'ordre suivant :

$$\ldots,\quad P-Q,\quad P,\quad P+Q,\quad Q,\quad P-Q,\quad P,\quad \ldots.$$

Concevons qu'à chaque position du point mobile on substitue ses coordonnées dans le rapport $\frac{P}{Q}$. De la courbe P — Q, où $\frac{P}{Q}$ est positif (17), le point M passe sur la courbe P, où $\frac{P}{Q}$ s'annule, et de là immédiatement sur la courbe P + Q, où $\frac{P}{Q}$ est négatif. Donc chaque fois que le point M traverse la courbe P, le rapport $\frac{P}{Q}$ passe du positif au négatif. Ce rapport passe, au contraire, du négatif au positif chaque fois que le point M traverse la courbe Q.

Donc lorsque le point mobile sera revenu à sa position initiale après avoir rencontré $2n$ fois la courbe P et $2n$ fois la courbe Q, le rapport $\frac{P}{Q}$ aura passé $2n$ fois du positif au négatif en s'évanouissant, et $2n$ fois du négatif au positif en devenant infini.

Si au lieu d'un cercle ou d'un contour convexe on trace une courbe fermée très-petite, qui présente des sinuosités, le point mobile pourra traverser plusieurs fois chaque portion de la courbe P, mais il devra la traverser une fois de plus dans le sens direct que dans le sens rétrograde, puisqu'il doit revenir à sa position initiale. Donc, pour chaque portion de la courbe P, le rapport $\frac{P}{Q}$ passera une fois de plus du positif au négatif que du négatif au positif, et quand le point mobile sera revenu au point de départ, ce rapport aura passé en s'évanouissant $2n$ fois de plus du positif au négatif que du négatif au positif. Au contraire, ce rapport aura passé en devenant infini $2n$ fois de plus du négatif au positif que du positif au négatif.

Ainsi se trouve démontré, pour un cas particulier, un théorème remarquable dû à M. Cauchy, et dont voici l'énoncé :

Le nombre des points-racines situés dans l'intérieur d'un contour fermé, en supposant qu'il ne s'en trouve aucun sur ce contour même, est égal à la demi-différence entre le nombre des variations (*) *descendantes et celui des variations ascendantes du rapport* $\frac{P}{Q}$, *pour toute l'étendue du contour supposé parcouru dans le sens direct de rotation.*

20. Du cas particulier que nous venons d'examiner, on s'élève au cas général par les considérations suivantes, empruntées à un Mémoire de MM. Sturm et Liouville (*Journal de Mathématiques*, t. I, p. 278) :

« Soit Δ l'excès du nombre des variations descendantes sur le nombre des variations ascendantes du rapport $\frac{P}{Q}$, pour un contour qui renferme μ racines. Il faut démontrer que l'on a $\mu = \frac{1}{2}\Delta$. Or,

» 1° Le théorème est évident pour un contour quelconque ABC, lorsque dans l'intérieur de ce contour et sur le contour même on n'a jamais $P = 0$; alors, en effet, les deux nombres μ et Δ sont tous les deux nuls, et par suite l'équation $\mu = \frac{1}{2}\Delta$ est satisfaite.

» Elle est satisfaite encore lorsque dans l'intérieur du contour ABC, et sur ce contour même, on n'a jamais $Q = 0$; le nombre μ est alors encore égal à zéro, et je vais prouver que l'on a aussi $\Delta = 0$. En effet la fraction $\frac{P}{Q}$, quand on aura fait un tour entier pour revenir au point de départ A, devra se retrouver en ce point affectée du même signe que d'abord elle possédait, quand le mouvement a commencé : donc cette fraction doit changer de signe un nombre pair

(*) J'appelle variation *ascendante* le changement de signe d'une quantité qui passe du *négatif* au *positif* en s'évanouissant. Une variation descendante est le contraire.

de fois, toujours en s'évanouissant, puisque son numérateur seul peut devenir nul, et en passant alternativement du positif au négatif et du négatif au positif : donc enfin l'excès Δ du nombre de fois où elle va du + au — sur le nombre de fois où elle va du — au + en s'évanouissant, est égal à zéro ; ce qu'il fallait prouver.

» 2° Quand le théorème de M. Cauchy a lieu pour deux contours ABCA, ACDA qui ont une partie commune AC, il a lieu également pour le contour total ABCDA formé par leur réunion. En effet, l'excès Δ du nombre de fois où $\frac{P}{Q}$ s'évanouissant passe du + au — sur le nombre de fois où cette fraction en s'évanouissant passe du — au + est le même, soit qu'on parcoure le contour total ABCDA, soit qu'on parcoure successivement les deux contours ABCA, ACDA, puisqu'à chaque passage du + au — ou du — au +, qui a lieu quand on va sur le côté AC de C en A, répond un passage inverse du — au + ou du + au —, quand on va sur le même côté de A en C. Or, en supposant que le nombre des racines soit égal à μ' dans le contour ABCA, et à μ'' dans le contour ACDA, on a $\Delta = 2\mu'$ pour le premier de ces contours, et $\Delta = 2\mu''$ pour le second, puisque le théorème de M. Cauchy est supposé applicable à l'un et à l'autre, d'après ce qu'on vient de voir : il résulte de là que, pour le contour total ABCDA, on a $\Delta = 2(\mu' + \mu'')$; donc le théorème de M. Cauchy est vrai pour le contour ABCDA qui renferme $\mu' + \mu''$ racines.

» Si l'on considère un nombre quelconque de contours juxtaposés, pour chacun desquels ce théorème ait lieu, il aura lieu également pour le contour total formé par la réunion de ces contours : c'est ce qu'on verra en réunissant ces contours successivement deux à deux, comme on peut le faire d'après ce qui vient d'être démontré.

» 3° Étant donné un contour quelconque ABC, on peut toujours le concevoir divisé : I. En contours convexes tracés autour de chaque racine contenue dans l'intérieur de ABC, assujettis aux conditions énoncées n° 19 ; II. En contours semblables à ceux dont on a parlé (1°), c'est-à-dire pour lesquels on n'a jamais à la fois $P = 0$, $Q = 0$. Le théorème de M. Cauchy ayant lieu pour les diverses parties dans lesquelles on divise le contour ABC, aura lieu pour ce contour même ABC, dont la forme est arbitraire.

» Ce théorème est donc entièrement démontré.

» Toutefois, nous excluons formellement le cas particulier où, pour quelque point de la courbe ABC, on aurait à la fois $P = 0$, $Q = 0$: ce cas particulier ne jouit d'aucune propriété régulière, et ne peut donner lieu à aucun théorème ; car, dès qu'on l'admet, l'excès Δ peut varier avec la forme du contour sans que le nombre μ varie ; de sorte qu'il n'existe alors entre μ et Δ aucune relation constante. »

ASYMPTOTES DES COURBES P, Q, P — Q, P + Q, DANS LE CAS OU P ET Q SONT DES FONCTIONS ALGÉBRIQUES ET ENTIÈRES. — THÉORÈME SUR LE NOMBRE DES RACINES D'UNE ÉQUATION ALGÉBRIQUE.

21. Soit une équation algébrique et entière de degré m,

$$f(z) = \left(A_0 + B_0\sqrt{-1}\right) z^m + \left(A_1 + B_1\sqrt{-1}\right) z^{m-1} + \ldots + \left(A_m + B_m\sqrt{-1}\right) = 0;$$

si nous posons

$$z = x + y\sqrt{-1} = r(\cos\omega + \sqrt{-1}\sin\omega),$$
$$A_n + B_n\sqrt{-1} = \rho_n(\cos\alpha_n + \sqrt{-1}\sin\alpha_n),$$

nous aurons

$$\begin{aligned} f(x + y\sqrt{-1}) &= P + Q\sqrt{-1} \\ &= \rho r^m[\cos(\alpha + m\omega) + \sqrt{-1}\sin(\alpha + m\omega)] \\ &\quad + \rho_1 r^{m-1}\{\cos[\alpha_1 + (m-1)\omega] + \sqrt{-1}\sin[\alpha_1 + (m-1)\omega]\} + \ldots, \end{aligned}$$

d'où

$$\begin{aligned} P &= \rho r^m \cos(\alpha + m\omega) + \rho_1 r^{m-1}\cos[\alpha_1 + (m-1)\omega] \\ &\quad + \rho_2 r^{m-2}\cos[\alpha_2 + (m-2)\omega] + \ldots, \\ Q &= \rho r^m \sin(\alpha + m\omega) + \rho_1 r^{m-1}\sin[\alpha_1 + (m-1)\omega] \\ &\quad + \rho_2 r^{m-2}\sin[\alpha_2 + (m-2)\omega] + \ldots. \end{aligned}$$

Les polynômes P et Q ainsi définis, nous allons chercher les asymptotes des courbes données par les équations $P = 0$, $Q = 0$.

22. Les coefficients angulaires des asymptotes d'une courbe algébrique de degré m s'obtiennent en égalant à 0 la somme des termes de son équation qui sont du $m^{\text{ième}}$ degré, après y avoir fait $x = r\cos\omega$, $y = r\sin\omega$.

Or, les termes du $m^{\text{ième}}$ degré dans les polynômes P et Q proviennent évidemment de la substitution de $x + y\sqrt{-1}$ à la place de z dans le terme $\left(A_0 + B_0\sqrt{-1}\right) z^m$ de l'équation $f(z) = 0$. Donc, si réservant ω pour désigner l'angle qu'une asymptote à la courbe P fait avec l'axe des x, on appelle υ l'angle analogue relatif à la courbe Q, on obtiendra ω et υ en posant

$$\rho r^m \cos(\alpha + m\omega) = 0, \quad \rho r^m \sin(\alpha + m\upsilon) = 0,$$

d'où l'on tire

$$(16) \quad \omega = -\frac{\alpha}{m} + k\frac{\pi}{m} + \frac{1}{2}\frac{\pi}{m}, \quad \upsilon = -\frac{\alpha}{m} + k\frac{\pi}{m} = \omega - \frac{1}{2}\frac{\pi}{m}.$$

23. Quand l'équation d'une courbe du degré m est telle, qu'on puisse faire disparaître les termes du $(m-1)^{\text{ième}}$ degré en posant $x = x' + x_1$, $y = y' + y_1$, on sait que toutes les asymptotes de cette courbe passent par le point (x_1, y_1).

Les courbes P et Q sont dans ce cas.

En effet, si dans l'équation $f(z) = 0$ on fait $z = z' + x_1 + y_1\sqrt{-1}$, il suffira, pour faire disparaître le terme en z'^{m-1}, de poser

$$x_1 + y_1\sqrt{-1} = -\frac{1}{m}\,\frac{A_1 + B_1\sqrt{-1}}{A_0 + B_0\sqrt{-1}},$$

ou bien, séparément,

$$x_1 = -\frac{1}{m}\,\frac{A_0 A_1 + B_0 B_1}{A_0^2 + B_0^2}, \quad y_1 = -\frac{1}{m}\,\frac{A_0 B_1 - A_1 B_0}{A_0^2 + B_0^2}.$$

La transformée en z' n'ayant pas de termes du $(m-1)^{\text{ième}}$ degré, les polynômes P_1, Q_1, analogues à P et à Q, que l'on déduit de cette transformée en posant $z' = x' + y'\sqrt{-1}$, n'auront pas non plus de termes de ce degré.

Mais il est évident que P_1 et Q_1 sont ce que deviennent P et Q quand on y fait $x = x' + x_1$, $y = y' + y_1$. Ainsi, les polynômes P et Q perdent leurs termes du degré $m-1$ par ce changement de variables, et, par suite, toutes les asymptotes des courbes P et Q passent par le point (x_1, y_1).

24. Des formules (16) il résulte : 1° que les deux courbes P et Q ont chacune m asymptotes distinctes; 2° que deux asymptotes consécutives de l'une d'elles comprennent un angle égal à $\frac{\pi}{2m}$, dont la bissectrice est une asymptote de l'autre courbe (*).

La construction des asymptotes est donc la même que celle des tangentes en un point-racine de l'ordre n.

Les équations qui donnent $\tang\omega$ et $\tang\upsilon$ n'ayant que des racines inégales, les asymptotes ainsi obtenues sont bien réelles et s'approchent indéfiniment des courbes P et Q, tant du côté de l'infini positif que du côté de l'infini négatif.

25. Les courbes $P - Q$, $P + Q$ ont aussi chacune m asymptotes qui passent par le point (x_1, y_1). Leur position par rapport aux asymptotes des courbes P et Q est la même que celles des tangentes n° 18. Il résulte de là que si du point (x_1, y_1) on décrit

(*) Ces propriétés des asymptotes ont été remarquées par Gauss et publiées par lui, en 1799, dans une thèse intitulée : *Demonstratio nova theorematis omnem fonctionem algebraicam rationalem integram unius variabilis in factores reales primi vel secundi gradus resolvi posse.* Helmstadii.

un cercle assez grand pour que, près de sa circonférence, les courbes se confondent sensiblement avec leurs asymptotes, un point mobile, parcourant ce cercle dans le sens direct de rotation, rencontrera $2m$ fois chacune des quatre courbes, et toujours dans l'ordre suivant :

$$\ldots,\quad P-Q,\quad P,\quad P+Q,\quad Q,\quad P-Q,\ldots.$$

Par conséquent, la différence entre le nombre des variations descendantes et celui des variations ascendantes du rapport $\frac{P}{Q}$ sera égale pour ce contour à $2m$. Le nombre des points-racines qu'il renferme est donc égal à m, et comme au delà les courbes ne peuvent pas se couper, on en conclut que *toute équation algébrique et entière, de degré m, à coefficients quelconques, admet m racines de la forme* $\alpha+6\sqrt{-1}$.

PROPRIÉTÉS DES SURFACES DONNÉES PAR LES ÉQUATIONS $z=P,\quad z=Q$.

26. Si dans l'intégrale définie (475)

$$\int_0^{2\pi} f(u)\,d\theta = 2\pi f(0),$$

où u tient la place de $x+y\sqrt{-1}=r\left(\cos\theta+\sqrt{-1}\sin\theta\right)$, on suppose $f(u)$ de la forme $\Phi(u)+\Psi(u)\sqrt{-1}$, $\Phi(u)$ et $\Psi(u)$ étant des fonctions réelles de u, on aura séparément :

$$\int_0^{2\pi} P\,d\theta = 2\pi\Phi(0),\quad \int_0^{2\pi} Q\,d\theta = 2\pi\Psi(0),$$

P et Q ayant toujours la même signification, mais devant être considérées comme des fonctions réelles de $r\sin\theta$ et de $r\cos\theta$.

Voici une conséquence remarquable de ces formules :

Soit V le volume d'un corps compris entre la surface $z=P$, le plan xy et un cylindre droit ayant pour axe l'axe des z et r pour rayon. On aura

$$V=\int\int rP\,dr\,d\theta=\int_0^r r\,d\theta\int_0^{2\pi} P\,d\theta = 2\pi\Phi(0)\int_0^r r\,dr,$$

et enfin

$$V=\pi r^2\Phi(0).$$

Ainsi le volume considéré est égal à celui d'un cylindre ordinaire, de même base et ayant pour hauteur $\Phi(0)$.

En appelant U un volume analogue, dans lequel la surface $z=Q$

remplacerait la surface $z = P$, on aurait de même

$$U = \pi r^2 \Psi(0).$$

Dans le cas où la fonction $f(u)$ est réelle, ce volume est constamment nul.

REMARQUES.

27. Les courbes données par les équations $P = 0$, $Q = 0$, ne sont pas les seules qui puissent servir à représenter par leurs intersections les racines de l'équation $f(z) = 0$. En effet, on ne change pas les racines de cette équation en multipliant son premier membre par une constante réelle ou imaginaire. Or, le premier membre de l'équation

$$(a + b\sqrt{-1}) f(z) = 0$$

se changera pour $z = x + y\sqrt{-1}$ en

$$aP - bQ + (bP + aQ)\sqrt{-1},$$

et les courbes données par les équations

$$P_1 = aP - bQ = 0, \quad Q_1 = bP + aQ = 0$$

se couperont aux points-racines de la proposée.

Les courbes P_1 et Q_1 jouissent des mêmes propriétés que les courbes P et Q, et si l'on ajoute à cette remarque, qu'en chaque point de la courbe P_1 le rapport $\frac{P}{Q}$ est égal à $\frac{b}{a}$, on aura deux théorèmes, qui pourront s'énoncer d'une manière abrégée comme il suit :

Le rapport $\frac{P}{Q}$ a la même valeur à tous les sommets d'un polygone régulier infiniment petit de $2n$ côtés, dont le centre est un point-racine de l'ordre n.

Le rapport $\frac{P}{Q}$ a la même valeur à tous les sommets d'un polygone régulier infiniment grand de $2m$ côtés dont le centre est le point de concours des asymptotes. — Le dernier théorème n'a lieu que dans le cas où P et Q sont des fonctions algébriques et entières de degré m.

28. Tous les théorèmes démontrés dans cette Note ne s'appliquent qu'aux fonctions que M. Liouville appelle *bien déterminées*, c'est-à-dire à celles qui ne prennent qu'une seule valeur pour chaque valeur de la variable $z = x + y\sqrt{-1}$, et qui varient d'une manière continue quand le point (x, y) se déplace suivant une courbe quelconque.

NOTE V.

EXERCICES SUR LA RECTIFICATION DES COURBES PLANES,

par M. E. Prouhet.

Formule pour la rectification des arcs. — Approximation des arcs. — Transformation des arcs de courbe. — Courbes rectifiables.

FORMULE POUR LA RECTIFICATION DES ARCS DE COURBE PLANE.

1. Soient AB une courbe plane, O un point pris dans son plan, OP une perpendiculaire à la tangente menée à la courbe AB par un de ses points M : *La normale à la courbe, lieu des points* P, *s'obtient en joignant le point* P *au milieu de la droite* OM.

2. *Si l'on désigne par p la perpendiculaire* OP *et par* ω *l'angle que cette droite fait avec un axe fixe, on aura*

$$\mathrm{PM} = \pm \frac{dp}{d\omega}.$$

Cela résulte de ce que PM est égale à la sous-normale de la podaire (c'est ainsi qu'on nomme le lieu des points P), quand on considère p et ω comme des coordonnées polaires.

3. *Si du point* O *on abaisse une perpendiculaire* OQ *sur la normale* CM *à la courbe* AB, C *étant le centre de courbure, on aura*

$$\mathrm{CQ} = \pm \frac{d^2 p}{d\omega^2},$$

car le point Q appartient à la podaire de la développée de la courbe AB.

4. *Si l'on désigne l'arc* AB *par s, et par α et β les angles que les normales aux points* A *et* B *font avec un axe fixe, on aura*

$$\text{(I)} \qquad s = \int_\alpha^\beta p\, d\omega + \left(\frac{dp}{d\omega}\right)_\beta - \left(\frac{dp}{d\omega}\right)_\alpha.$$

En effet, ρ étant le rayon de courbure, on a

$$s = \int_\alpha^\beta \rho\, d\omega = \int_\alpha^\beta (\mathrm{OP} \pm \mathrm{CQ})\, d\omega = \int_\alpha^\beta \left(p + \frac{d^2 p}{d\omega^2}\right) d\omega.$$

5. *Quand le point* O *est le point de concours des normales extrêmes, et plus généralement quand les extrémités de l'arc* AB *sont égale-*

ment distantes des points correspondants de la podaire, on a

$$(\text{II}) \qquad s = \int_{\alpha}^{\beta} p\,d\omega.$$

Conséquence de (2) et de (4).

6. *La formule* (I) *ne change pas quand on change* p *en*

$$p + a\cos\omega + b\sin\omega.$$

Analytiquement cela résulte de ce que

$$z = a\cos\omega + b\sin\omega$$

est l'intégrale générale de l'équation

$$z + \frac{d^2 z}{d\omega^2} = 0,$$

géométriquement cette transformation revient à déplacer le point O d'où l'on abaisse des perpendiculaires sur les tangentes à la courbe.

APPROXIMATION DES ARCS DE COURBE.

7. *Soient* AB *un arc convexe,* O *un point pris dans la concavité de cette courbe,* ϖ *l'angle des normales extrêmes, en désignant par* $\rho_0, \rho_1, \rho_2, \ldots, \rho_{2n}$ *les rayons de courbure qui font avec la normale au point* A *les angles* $0, \frac{\varpi}{2n}, \frac{2\varpi}{2n}, \frac{3\varpi}{2n}, \ldots,$ *on aura*

$$\text{AB} > \varpi\,\frac{\frac{1}{2}\rho_0 + \rho_2 + \rho_4 + \ldots + \frac{1}{2}\rho_{2n}}{n},$$

$$\text{AB} < \varpi\,\frac{\rho_1 + \rho_3 + \ldots + \rho_{2n-1}}{n},$$

si d'ailleurs $\frac{d^2\rho}{d\varpi^2}$ *est négatif pour les valeurs de* ω *comprises entre* 0 *et* ϖ.

Ces deux inégalités résultent de ce que $\int \rho\,d\omega$ peut être considéré comme l'aire d'une courbe convexe dont ρ et ω seraient les coordonnées rectangulaires.

8. *Si* O *est le point de concours des normales extrêmes, et* $p_0, p_1, p_2, \ldots, p_{2n}$ *les perpendiculaires abaissées sur les côtés d'un polygone équiangle circonscrit à la courbe* AB, *on aura*

$$\text{AB} = \lim \varpi\,\frac{\frac{1}{2}p_0 + p_2 + p_4 + \ldots + \frac{1}{2}p_{2n}}{n} \quad \text{pour } n = \infty,$$

$$\text{AB} = \lim \varpi\,\frac{p_1 + p_3 + \ldots + p_{2n-1}}{n} \quad \text{pour } n = \infty.$$

9. *Soit* CD *une droite partagée au point* E *en deux segments,* CE $= a$, CD $= b$. *Si l'on partage en* $2n$ *parties égales la demi-circonférence décrite sur* CD *comme diamètre et que l'on désigne par* $p_0, p_1, \ldots, p_{2n}$ *les droites menées du point* E *aux divers points de division, le périmètre de l'ellipse ayant* $2a$ *et* $2b$ *pour axes sera compris entre deux circonférences ayant pour rayons : la première*

$$\frac{\frac{1}{2}p_0 + p_2 + p_4 + \ldots + \frac{1}{2}p_{2n}}{n},$$

et la seconde

$$\frac{p_1 + p_3 + \ldots + p_{2n-1}}{n}.$$

Le théorème aurait encore lieu si le point E était pris sur le prolongement de CD et que l'on eût encore EC $= a$, ED $= b$.

10. *La moyenne des distances d'un point pris dans le plan d'un cercle, aux sommets d'un polygone régulier d'une infinité de côtés inscrits dans le cercle, est égale au périmètre d'une ellipse ayant pour demi-axes la plus grande et la plus courte distance du point à la circonférence, divisé par* 2π. — *Cas où le point est pris sur la circonférence.*

Conséquence de (9).

11. *Le périmètre d'une ellipse ayant pour axes* $2a$ *et* $2b$, $a > b$, *étant désigné par* E, *on a*

$$E > 2\pi b, \qquad E < 2\pi a$$

$$E > 2\pi\frac{a+b}{2}, \qquad E < 2\pi\frac{\sqrt{2a^2+2b^2}}{2},$$

$$E > 2\pi\frac{a+b+\sqrt{2a^2+2b^2}}{4}, \quad E < 2\pi\frac{\sqrt{a^2+b^2+\frac{1}{2}\sqrt{2a^4+12a^2b^2+2b^4}}}{2},$$

....

Conséquence de (9).

TRANSFORMATION DES ARCS DE COURBE.

12. Si AB et A'B' sont deux droites parallèles, et a, b, des points pris sur les droites AA', BB', de telle sorte que

$$\frac{Aa}{A'a} = \frac{Bb}{B'b} = \frac{m}{n},$$

on aura

$$ab = \frac{n\,AB \pm m\,A'B'}{m+n}.$$

On prendra le signe + si les droites AB, A'B' sont dirigées dans le même sens, et le signe — dans le cas contraire.

13. *Si plusieurs polygones* ABCD..., A'B'C'D'..., A''B''C''D''..., *ont leurs côtés respectivement parallèles, si* a *est le centre de gravité des sommets homologues* A, A', A'', ...; b *celui des sommets* B, B', B'', ..., *et ainsi de suite, le polygone* $abcd$... *aura ses côtés parallèles à ceux des premiers polygones, et son périmètre sera égal à la moyenne arithmétique des périmètres des polygones proposés.*

Se démontrera d'abord pour deux polygones, puis pour trois, et ainsi de suite, au moyen du théorème 12.

14. Soient C, C', C'',... plusieurs courbes, A, A', A'',... des points appartenant respectivement à ces courbes et tels, que les tangentes en ces points soient parallèles. Soit a le centre de gravité des points A, A', A'',... considérés comme des points matériels de poids égaux. *Si les points* A, A',... *se meuvent sur leurs courbes respectives en remplissant toujours les conditions précédentes, l'arc de courbe décrit par le point* a *sera égal à la moyenne arithmétique des arcs décrits par les points* A, A', ..., *en prenant avec le même signe les arcs décrits dans le même sens.*

15. *Étant donné un arc* AB, *le transformer en un arc d'espèce différente et de même longueur.*

Soient OA et OB les normales menées aux extrémités de l'arc AB. Soit A'B' ce que devient AB quand on fait tourner la figure autour de la bissectrice OC de l'angle AOB. En appliquant le théorème 14, on aura une courbe ab égale à la demi-somme des arcs AB et A'B', et par conséquent égale à chacun de ces arcs.

La courbe ab est symétrique par rapport à OC. En doublant les dimensions d'une de ses moitiés sans changer sa forme, on aura une courbe $a'c'$ de même longueur que AB, mais dont les normales extrêmes feront un angle égal à la moitié de l'angle AOB.

En opérant sur $a'c'$ comme sur AB et répétant indéfiniment cette suite d'opérations, on transformera l'arc primitif en arcs de même longueur dont les normales extrêmes feront un angle de plus en plus petit et qui, par conséquent, différeront de moins en moins d'une ligne droite.

16. Dans la transformation précédente, on a changé un arc AB en un autre arc de même ouverture ou d'une ouverture moitié moindre, c'est-à-dire dans lequel les normales extrêmes faisaient le même angle ou un angle moitié moindre. Soit ϖ l'ouverture d'un certain arc AB, posons $p = f(\omega)$: on a

$$s = \int_0^{\varpi} [f(\omega) + f''(\omega)]\, d\omega.$$

On aurait encore

$$s = \alpha \int_0^{\frac{\varpi}{\alpha}} [f(\alpha\omega) + f''(\alpha\omega)]\, d\omega.$$

Soit $p_1 = f_1(\omega)$ l'équation de la podaire d'une certaine courbe dont l'arc serait représenté par la formule précédente : on doit avoir

$$f_1(\omega) + f''_1(\omega) = f(\alpha\omega) + f''(\alpha\omega).$$

La fonction f_1 est donc donnée par une équation différentielle linéaire du second ordre, en général difficile à intégrer.

COURBES RECTIFIABLES.

17. *Trouver une courbe connaissant sa podaire.*

Si $p = f(\omega)$ est l'équation de la podaire, r le rayon vecteur de la courbe cherchée et θ l'angle de ce rayon vecteur avec l'axe fixe auquel la podaire est rapportée, il faudra éliminer ω entre les deux équations

$$\tang(\theta - \omega) = \frac{1}{p}\frac{dp}{d\omega}, \quad r^2 = p^2 + \frac{dp^2}{d\omega^2}.$$

18. *Si l'on prend $f(\omega)$ égal à la dérivée d'une certaine fonction* F(ω), *l'élimination précédente donnera une équation*

$$\varphi(r, \theta) = 0,$$

qui représentera une courbe rectifiable.

19. *On obtiendra encore une courbe rectifiable si l'on trouve une fonction* M *de x telle, que l'on puisse trouver en termes finis les intégrales*

$$\int \mathrm{M}\, dx, \quad \int \frac{1}{\mathrm{M}}\, dx.$$

Il suffira de poser

$$y = \frac{1}{2}\int \frac{dx}{\mathrm{M}} - \frac{1}{2}\int \mathrm{M}\, dx.$$

En prenant M de la forme $\mathrm{M} = ax^n$, on aura une courbe algébrique. Si M est une fraction algébrique rationnelle, la rectification de la courbe dépendra généralement des arcs de cercle et des logarithmes.

NOTE VI.

SUR LA RÉDUCTION DES SOMMES AUX INTÉGRALES,

par M. Prouhet.

Formule fondamentale. — Application de cette formule aux fonctions entières, — aux fonctions fractionnaires, — aux fonctions transcendantes. — Théorèmes à démontrer.

FORMULE FONDAMENTALE.

1. Soient $f(x)$ une fonction quelconque et n un nombre entier positif. Proposons-nous de trouver une fonction $\varphi(n)$ telle, que l'on ait

$$(1)\quad \varphi(n)=f(x)+f(x+h)+f(x+2h)+\ldots+f[x+(n-1)h].$$

Posons

$$(2)\quad \psi(n)=f'(x)+f'(x+h)+f'(x+2h)+\ldots+f'[x+(n-1)h].$$

Il en résultera

$$(3)\qquad \varphi(n+1)-\varphi(n)=f(x+nh),$$

$$(4)\qquad \psi(n+1)-\psi(n)=f'(x+nh).$$

La fonction φ doit satisfaire à l'équation (3) pour des valeurs entières de n; mais il est clair que cette condition sera remplie à plus forte raison, si l'on obtient une fonction φ telle, que l'équation (3) soit satisfaite pour toutes les valeurs que l'on mettrait à la place de n. Alors l'équation (3) est identique. On pourra donc prendre les dérivées des deux membres par rapport à n, et l'on aura

$$(5)\qquad \varphi'(n+1)-\varphi'(n)=hf'(x+nh),$$

et, en comparant avec l'équation (4),

$$(6)\qquad \varphi'(n+1)-\varphi'(n)=h\psi(n+1)-h\psi(n).$$

Si maintenant nous changeons successivement n en $n+1, n+2, \ldots, n+k$, nous aurons, en ajoutant les résultats,

$$\varphi'(n+k)-\varphi'(n)=h\psi(n+k)-h\psi(n),$$

ou bien

$$(7) \qquad \varphi'(n) - h\psi(n) = \varphi'(n+k) - h\psi(n+k).$$

Le premier membre de cette égalité est indépendant de k; donc il doit en être de même du second : mais ce dernier est une fonction de $n+k$, et il ne peut pas être indépendant de k sans l'être de n. Donc l'égalité (7) sera satisfaite si l'on pose

$$(8) \qquad \varphi'(n) - h\psi(n) = c,$$

c désignant une constante, c'est-à-dire un nombre indépendant de n. En désignant $\varphi(n)$ par $Sf(x)$ et $\psi(n)$ par $Sf'(x)$, on aura

$$\frac{d}{dn} Sf(x) = h Sf'(x) + c,$$

et en intégrant,

$$(\text{I}) \qquad Sf(x) = h\int Sf'(x)\,dn + cn,$$

formule qui fait dépendre la sommation de la fonction $f(x)$ de la sommation de sa dérivée. On n'ajoute pas de nouvelle constante, parce que $Sf(x)$ doit être nulle pour $n = 0$.

APPLICATION AUX FONCTIONS ENTIÈRES.

2. Supposons que $f(x)$ soit une fonction entière du degré m; alors $f^m(x)$ est une constante A, et l'on a tout d'abord

$$Sf^m(x) = An,$$

d'où l'on tire successivement, en appliquant la formule (I),

$$Sf^{m-1}(x) = \frac{Ahn^2}{1.2} + \frac{B_1 n}{1},$$

$$Sf^{m-2}(x) = \frac{Ah^2n^3}{1.2.3} + \frac{B_1 hn^2}{1.2} + \frac{B_2 n}{1},$$

$$Sf^{m-3}(x) = \frac{Ah^3n^4}{1.2.3.4} + \frac{B_1 h^2n^3}{1.2.3} + \frac{B_2 hn^2}{1.2} + \frac{B_3 n}{1},$$

$$\dots\dots\dots\dots\dots\dots\dots\dots,$$

et enfin

$$Sf(x) = \frac{Ah^m n^{m+1}}{1.2.3\ldots m(m+1)} + \frac{B_1 h^{m-1} n^m}{1.2.3\ldots m} + \frac{B_2 h^{m-2} n^{m-1}}{1.2.3\ldots(m-1)} + \ldots + \frac{B_{m-1} hn^2}{1.2} + \frac{B_m n}{1}.$$

$B_1, B_2, \ldots, B_m$ sont des constantes dont les valeurs se détermineront successivement, à chaque intégration, en faisant $n = 1$.

3. On trouvera très-facilement par ce moyen les sommes des puissances des n premiers nombres. En désignant ces sommes par S_0, S_1, S_2,..., on aura, en général,

$$(\text{II}) \qquad S_m = m\int_0^n S_{m-1}\,dn + cn;$$

on a d'abord

$$S_0 = n,$$

et en intégrant,

$$S_1 = \frac{n^2}{2} + cn.$$

Pour déterminer c, on fera $n = 1$, ce qui réduit le premier membre à 1 ; on aura donc $1 = \frac{1}{2} + c$, d'où $c = \frac{1}{2}$, et

$$S_1 = \frac{n^2}{2} + \frac{n}{2}.$$

On aura de la même manière

$$S_2 = \frac{n^3}{3} + \frac{n^2}{2} + cn = \frac{n^3}{3} + \frac{n^2}{2} + \frac{n}{6},$$

et ainsi de suite.

On voit que la formule (II) présente un grand avantage sur la formule du n° 743 qui fait dépendre chaque somme de toutes les sommes d'un indice moindre. En partant de la valeur de S_4, donnée au numéro cité, on trouvera facilement

$$S_5 = \frac{n^6}{6} + \frac{n^5}{2} + \frac{5n^4}{12} - \frac{n^2}{12},$$

$$S_6 = \frac{n^7}{7} + \frac{n^6}{2} + \frac{n^5}{2} - \frac{n^3}{6} + \frac{n}{42},$$

$$S_7 = \frac{n^8}{8} + \frac{n^7}{2} + \frac{7n^6}{12} - \frac{7n^4}{24} + \frac{n^2}{12},$$

$$S_8 = \frac{n^9}{9} + \frac{n^8}{2} + \frac{2n^7}{3} - \frac{7n^5}{15} + \frac{2n^3}{9} - \frac{n}{30},$$

$$S_9 = \frac{n^{10}}{10} + \frac{n^9}{2} + \frac{3n^8}{4} - \frac{7n^6}{10} + \frac{n^4}{2} - \frac{3n^2}{20},$$

$$S_{10} = \frac{n^{11}}{11} + \frac{n^{10}}{2} + \frac{5n^9}{6} - n^7 + n^5 - \frac{n^3}{2} + \frac{5n}{66},$$

$$S_{11} = \frac{n^{12}}{12} + \frac{n^{11}}{2} + \frac{11n^{10}}{12} - \frac{11n^8}{8} + \frac{11n^6}{6} - \frac{11n^4}{8} + \frac{5n^2}{12}.$$

APPLICATION AUX FONCTIONS FRACTIONNAIRES.

4. Posons

$$f(x)=\frac{1}{x(x+1)},\quad \text{d'où}\quad f'(x)=-\frac{2x+1}{x^2(x+1)^2}.$$

On a trouvé (741)

$$Sf(x)=\frac{1}{1.2}+\frac{1}{2.3}+\ldots+\frac{1}{n(n+1)}=1-\frac{1}{n+1}.$$

On aura donc

$$\frac{d}{dn}Sf(x)=\frac{1}{(n+1)^2}.$$

De là résulte

$$\frac{1}{(n+1)^2}=Sf'(x)+c.$$

Pour déterminer la constante, faisons $n=1$: le premier membre se réduit à $\frac{1}{4}$ et $Sf'(x)$ à $-\frac{3}{4}$; donc $c=1$, et, par suite,

$$\frac{1}{(n+1)^2}=1-\frac{3}{1^2.2^2}-\frac{5}{2^2.3^2}-\ldots-\frac{2n+1}{n^2(n+1)^2},$$

ou bien

$$1+\frac{3}{1^2.2^2}+\frac{5}{2^2.3^2}+\ldots+\frac{2n+1}{n^2(n+1)^2}=2-\frac{1}{(n+1)^2}.$$

APPLICATION AUX FONCTIONS TRANSCENDANTES.

5. Soient

$$f(x)=e^x,$$
$$y=Sf(x)=1+e+e^2+e^3+\ldots+e^{n-1};$$

la formule (I) donnera, en remarquant que $f'(x)=e^x=y$,

$$\frac{dy}{dn}=y+c,$$

équation dont l'intégrale est

$$y=c'e^n-c.$$

Les constantes se déterminent en faisant $n = 0$, $n = 1$, ce qui donne

$$0 = c' - c,$$
$$1 = c'e - c;$$

d'où l'on tire $c = c' = \frac{1}{e-1}$, et, par conséquent,

$$1 + e + e^2 + \ldots + e^{n-1} = \frac{e^n - 1}{e - 1},$$

formule connue.

6. Comme dernière application, nous allons faire voir comment on peut, par le moyen de la formule (I), ramener à une question de calcul intégral ordinaire la sommation d'une classe très-étendue de fonctions transcendantes.

1° Soient

$$y = \mathrm{S}ue^{ax}, \quad y_1 = \mathrm{S}u'e^{ax},$$

u' étant la dérivée de u. La formule (I) donne immédiatement

$$\frac{dy}{dn} = ay + y_1 + c,$$

équation différentielle du premier ordre qui ramène $\mathrm{S}ue^{ax}$ à $\mathrm{S}u'e^{ax}$. Si donc u est une fonction algébrique et entière de x, alors y dépendra, en dernière analyse, d'une équation de la forme

$$\frac{dz}{dn} = az + c,$$

qui s'intègre immédiatement.

2° Soient

$$y = \mathrm{S}u \sin bx, \quad z = \mathrm{S}u \cos bx,$$
$$y_1 = \mathrm{S}u' \sin bx, \quad z_1 = \mathrm{S}u' \cos bx;$$

on aura, en différentiant deux fois de suite,

$$\frac{dy}{dn} = bz + y_1 + c,$$
$$\frac{d^2y}{dn^2} = -b^2y + bz_1 + y_1 + c_1.$$

Cette seconde équation, linéaire et du second ordre, ramène donc $\mathrm{S}u \sin bx$ à $\mathrm{S}u' \sin bx$ et à $\mathrm{S}u' \cos bx$. On pourra donc trouver $\mathrm{S}u \sin bx$, par une suite de semblables réductions, quand u sera une fonction de x algébrique et entière.

3° Soient

$$y = \mathrm{S}ue^{ax}\sin bx, \quad z = \mathrm{S}ue^{ax}\cos bx,$$
$$y_1 = \mathrm{S}u'e^{ax}\sin bx, \quad z_1 = \mathrm{S}u'e^{ax}\cos bx;$$

on aura

$$\frac{dy}{dn} = y_1 + bz + ay + c,$$

$$\frac{d^2y}{dn^2} = y'_1 + b(z_1 + by + az + c_1) + a\frac{dy}{dn},$$

l'élimination de z entre ces deux équations donnera une équation du second ordre et fera dépendre y de y_1 et de z_1. Il sera donc possible d'obtenir les intégrales demandées quand u sera une fonction algébrique et entière.

Si maintenant on se rappelle que les puissances de $\sin bx$ et de $\cos bx$ peuvent s'exprimer en sommes de sinus ou de cosinus des multiples de bx, on conclura des trois cas que nous venons d'examiner la possibilité d'obtenir

$$\mathrm{S}f(x, \sin bx, \cos bx, e^{ax}),$$

lorsque la fonction f sera algébrique et entière.

THÉORÈMES A DÉMONTRER.

7. *Si m est un nombre impair, on aura*

$$\mathrm{S}_m = n^2(n+1)^2\varphi[n(n+1)],$$

φ désignant une fonction entière.

8. *Si m est un nombre pair, on aura*

$$\mathrm{S}_m = n(n+1)(2n+1)\varphi[n(n+1)],$$

φ désignant une fonction entière.

9. *Soient s_m la somme des $m^{\text{ièmes}}$ puissances des nombres entiers premiers à l'entier n et inférieurs à ce nombre, c la constante qui entre dans la formule* (II), P(i) *l'expression*

$$(1-a^i)(1-b^i)\ldots(1-l^i),$$

$a, b, \ldots, l$ étant les facteurs premiers de n; on aura

$$s_m = m\int_0^n s_{m-1}\,du + c\mathrm{P}(n-1)\times n.$$

On conclut de là que, pour obtenir s_m, il suffit de multiplier les termes du développement de S_m, ordonné par rapport aux puissances décroissantes de n, respectivement par $P(-1)$, $P(0)$, $P(1)$, ... On a ainsi, en observant que $P(0) = 0$,

$$s_0 = nP(-1),$$

$$s_1 = \frac{n^2}{2} P(-1),$$

$$s_2 = \frac{n^3}{3} P(-1) + \frac{n}{6} P(1),$$

$$s_3 = \frac{n^4}{4} P(-1) + \frac{n^2}{4} P(1),$$

et ainsi de suite. (*Voir* pour cette dernière question un article de M. Thacker dans le *Journal de Crelle*, t. XL, ou les *Nouvelles Annales de Mathématiques*, 1re série, t. X, p. 324.)

TABLE

DES DÉFINITIONS, DES PROPOSITIONS ET DES FORMULES PRINCIPALES

CONTENUES

DANS LE SECOND VOLUME DU COURS D'ANALYSE.

TRENTE-SEPTIÈME LEÇON.

DIFFÉRENTIATION ET INTÉGRATION SOUS LE SIGNE. — DÉTERMINATION DES INTÉGRALES DÉFINIES.

448 à 450. DIFFÉRENTIATION D'UNE INTÉGRALE DÉFINIE PAR RAPPORT A SES LIMITES.

$$u = \int_a^b f(x)\,dx,$$

$$du = -f(a)\,da + f(b)\,db.$$

451 et 452. DIFFÉRENTIATION D'UNE INTÉGRALE DÉFINIE PAR RAPPORT A UN PARAMÈTRE VARIABLE.

$$u = \int_a^b f(x, t)\,dx.$$

Suivant que les limites a et b sont indépendantes de t, ou dépendent de t, on a

$$\frac{du}{dt} = \int_a^b \frac{df(x, t)}{dt}\,dx,$$

ou

$$du = -f(a, t)\,da + f(b, t)\,db + dt\int_a^b \frac{df}{dt}\,dx.$$

453. INTERPRÉTATION GÉOMÉTRIQUE.

454. DIFFÉRENTIATION D'UNE INTÉGRALE INDÉFINIE PAR RAPPORT A UN PARAMÈTRE VARIABLE.

455 et 456. Intégration sous le signe.

$$\int_a^b dx \int_c^d f(x, y)\, dy = \int_c^d dy \int_a^b f(x, y)\, dx.$$

457 et 458. Détermination de l'intégrale $\int_0^{\frac{\pi}{2}} \sin^n x\, dx.$

$$u_n = \int_0^{\frac{\pi}{2}} \sin^n x\, dx.$$

Soit n pair : nous aurons

$$u_n = \frac{\pi}{2} \cdot \frac{1}{2} \cdot \frac{3}{4} \cdot \frac{5}{6} \cdots \frac{n-1}{n},$$

$$u_{n+1} = \frac{2}{3} \cdot \frac{4}{5} \cdot \frac{6}{7} \cdots \frac{n}{n+1}.$$

459. Formule de Wallis.

$$\frac{\pi}{2} = \frac{2}{1} \cdot \frac{2}{3} \cdot \frac{4}{3} \cdot \frac{4}{5} \cdot \frac{6}{5} \cdots$$

TRENTE-HUITIÈME LEÇON.

SUITE DE LA DÉTERMINATION DES INTÉGRALES DÉFINIES.

460. Intégrales eulériennes de seconde espèce. — On donne le nom d'*intégrale eulérienne de seconde espèce* à l'intégrale définie

$$\Gamma(n) = \int_0^\infty x^{n-1} e^{-x} dx.$$

On doit supposer n positif.

461. On a

$$\Gamma(n+1) = n\Gamma(n).$$

462. Pour n entier et positif

$$\Gamma(n) = 1.2.3\ldots(n-1).$$

463. On a

$$\Gamma(n) = \int_0^1 \left(\mathrm{l}\frac{1}{y}\right)^{n-1} dy.$$

464 à 466. Intégrales qui se déduisent d'une intégrale connue par la différentiation sous le signe.

467. Intégrales déduites d'autres intégrales au moyen de l'intégration sous le signe.

$$\int_0^\infty \frac{e^{-cx} - e^{-ax}}{x} \cos bx \, dx = \frac{1}{2} \, \mathrm{l} \, \frac{a^2 + b^2}{c^2 + b^2}.$$

468.

$$\int_0^\infty \frac{e^{-cx} - e^{-ax}}{x} \, dx = \mathrm{l} \frac{a}{c}.$$

469.

$$\int_0^\infty \frac{e^{-cx} - e^{-ax}}{x} \sin bx \, dx = \operatorname{arc\,tang} \frac{a}{b} - \operatorname{arc\,tang} \frac{c}{b}.$$

470. On a

$$\int_0^\infty \frac{\sin bx}{x} \, dx = \frac{\pi}{2},$$

pourvu que b soit > 0. Si l'on avait $b < 0$, le second membre serait $-\frac{\pi}{2}$.

471. Emploi de considérations géométriques pour la détermination de certaines intégrales définies.

$$\int_0^\infty e^{-x^2} \, dx = \frac{1}{2} \sqrt{\pi}.$$

472.

$$\int_0^\infty dy \int_0^\infty f(x, y) \, dx = \int_0^\infty \int_0^{\frac{\pi}{2}} f(r\cos\theta, r\sin\theta) \, r \, d\theta \, dr.$$

473.

$$\int_{-\infty}^\infty e^{-x^2} \, dx = \sqrt{\pi}.$$

474. Si $f(x) = f(-x)$, on aura

$$\int_{-\infty}^\infty f(x) \, dx = 2 \int_0^\infty f(x) \, dx.$$

Si $f(-x) = -f(x)$, on aura

$$\int_{-\infty}^\infty f(x) \, dx = 0.$$

475.

$$\int_{-\infty}^{+\infty} e^{-ax^2} x^{2n}\,dx = \sqrt{\pi}\,\frac{1.3.5\ldots(2n-1)}{2^n}\,a^{-\left(n+\frac{1}{2}\right)}.$$

476. Emploi des imaginaires.

$$\int_0^{\infty} e^{-x^2}(e^{2ax}+e^{-2ax})\,dx = e^{a^2}\sqrt{\pi}.$$

En posant $a = \alpha\sqrt{-1}$,

$$\int_0^{\infty} e^{-x^2}\cos 2\alpha x\,dx = \frac{1}{2}e^{-\alpha^2}\sqrt{\pi}.$$

477. Intégrale obtenue a l'aide d'une équation différentielle.

$$\int_0^{\infty} e^{-x^2}\cos 2\alpha x\,dx = \frac{1}{2}e^{-\alpha^2}\sqrt{\pi}.$$

TRENTE-NEUVIÈME LEÇON.

SUITE DES INTÉGRALES DÉFINIES. — INTÉGRALES EULÉRIENNES.

478. Méthode de Cauchy. — Formule fondamentale. — Soient z une variable imaginaire, r son module et p son argument, en sorte qu'on ait

$$z = r(\cos p + \sqrt{-1}\sin p) = re^{p\sqrt{-1}}.$$

Soit $f(z)$ une fonction de z qui reste finie et continue, ainsi que sa dérivée, pour toute valeur de z dont le module r est inférieur à une certaine limite R. Supposons, en outre, qu'en laissant le module constant et en faisant croître l'angle p d'une manière continue depuis une valeur quelconque α jusqu'à la valeur $\alpha + 2\pi$, la fonction reprenne, pour $p = \alpha + 2\pi$, la valeur qu'elle avait pour $p = \alpha$.

On a la formule

$$\text{(I)}\qquad f(0) = \frac{1}{2\pi}\int_{\alpha}^{\alpha+2\pi} f(z)\,dp,$$

pour tout module r moindre que R.

479. La valeur de $\int_{\alpha}^{\alpha+2\pi} f(z)\,dp$ est indépendante du module r.

480.

$$(\text{II})\qquad f(0)=\frac{1}{2\pi}\int_0^{2\pi} f\left(re^{p\sqrt{-1}}\right)dp.$$

481.

$$(\text{III})\qquad \mathrm{f}(x)=\frac{1}{2\pi}\int_{\alpha}^{\alpha+2\pi} \mathrm{f}\left(x+re^{p\sqrt{-1}}\right)dp.$$

482 à 485. Applications des formules précédentes.

486 et 487. Développement des fonctions. — *Une fonction* $F(x)$ *d'une variable* x*, réelle ou imaginaire, peut être développée en série convergente suivant les puissances entières et positives de* x*, tant que le module de* x *est moindre que celui pour lequel la fonction ou sa dérivée première devient infinie ou discontinue.*

488. Des intégrales eulériennes. — Définition. — Propriétés de l'intégrale de première espèce. — On nomme *intégrale eulérienne de première espèce* et l'on représente par $B(p,q)$ l'intégrale

$$\int_0^1 x^{p-1}(1-x)^{q-1}\,dx,$$

dans laquelle p et q désignent des nombres positifs. L'intégrale précédente aurait une valeur infinie si p ou q était négatif.

489. L'intégrale de première espèce peut se mettre sous l'une des deux formes

$$\int_0^\infty \frac{y^{p-1}\,dy}{(1+y)^{p+q}},\qquad 2\int_0^{\frac{\pi}{2}} \sin^{2p-1}\theta\cos^{2q-1}\theta\,d\theta.$$

490.

$$B(p,q)=B(q,p).$$

491.

$$B(p+1,q)=\frac{p}{p+q}B(p,q),$$

$$B(p,q+1)=\frac{q}{p+q}B(p,q).$$

492. Relations entre les intégrales de première et de seconde espèce.

$$B(p,q)=\frac{\Gamma(p)\Gamma(q)}{\Gamma(p+q)}.$$

493.

$$\int_0^a u^{p-1}(a-u)^{q-1}\,du=a^{p+q-1}\frac{\Gamma(p)\Gamma(q)}{\Gamma(p+q)}.$$

494 et 495. Intégrales multiples qui s'expriment a l'aide des fonctions Γ.

496 et 497. Applications a la recherche des volumes et des centres de gravité.

QUARANTIÈME LEÇON.

INTÉGRATION DES DIFFÉRENTIELLES TOTALES ET DES ÉQUATIONS DIFFÉRENTIELLES.

498. Condition d'intégrabilité des fonctions de deux variables. — Intégrer une expression différentielle de la forme $M\,dx + N\,dy$, c'est chercher une fonction de x, y, dont cette expression soit la différentielle totale.

Si l'on désigne par $M\,dx + N\,dy$ la différentielle totale d'une fonction u, on aura

$$\frac{dM}{dy} = \frac{dN}{dx}.$$

L'expression $M\,dx + N\,dy$ ne pourra être intégrée si cette relation n'a pas lieu.

499. Si cette condition est remplie, on aura, en posant $v = \int M\,dx$,

$$u = \int M\,dx + \int \left(N - \frac{dv}{dy}\right) dy.$$

500. Extension au cas de plusieurs variables. — Soit

$$M\,dx + N\,dy + P\,dz = du:$$

on aura

$$\frac{dM}{dy} = \frac{dN}{dx}, \quad \frac{dM}{dz} = \frac{dP}{dx}, \quad \frac{dN}{dz} = \frac{dP}{dy},$$

conditions nécessaires pour que la formule proposée soit intégrable.

501. Réciproquement, si ces conditions sont remplies, la formule proposée est intégrable.

En posant $v = \int M\,dx$, et φ étant une fonction de y et de z telle, que

$$d\varphi = \left(N - \frac{dv}{dy}\right) dy + \left(P - \frac{dv}{dz}\right) dz,$$

on aura

$$u = v + \varphi.$$

502. En général $\frac{n(n-1)}{2}$ est le nombre des conditions nécessaires et suffisantes pour l'intégrabilité d'une formule, n étant le nombre des variables.

503. Équations différentielles. — Définitions. — On nomme *équation différentielle du* $n^{ième}$ *ordre* une relation entre une variable, une fonction de cette variable et les dérivées ou différentielles de divers ordres de cette fonction jusqu'au $n^{ième}$ ordre inclusivement.

504 et 505. Intégration des équations du premier ordre. — Séparation des variables. — L'intégration s'effectue immédiatement quand il est possible de mettre l'équation sous la forme

$$\varphi(x)\,dx = \psi(y)\,dy;$$

on aura

$$\int \varphi(x)\,dx = \int \psi(y)\,dy + C.$$

506 et 507. Équations homogènes. — L'équation

$$M\,dx + N\,dy = 0$$

est *homogène* quand M et N sont des fonctions homogènes et du même degré des variables x et y. On a, dans ce cas, m étant le degré de l'homogénéité,

$$M = x^m \varphi\left(\frac{y}{x}\right), \quad N = x^m \psi\left(\frac{y}{x}\right).$$

L'intégrale est

$$lx + \int \frac{\psi(z)\,dz}{\varphi(z) + z\psi(z)} = C.$$

508 à 510. Équations que l'on peut rendre homogènes.

QUARANTE ET UNIÈME LEÇON.

SUITE DE L'INTÉGRATION DES ÉQUATIONS DU PREMIER ORDRE.

511 et 512. Équations linéaires.

$$\frac{dy}{dx} + Py = Q:$$

$$y = e^{-\int P dx}\left(\int Q e^{\int P dx}\,dx + C\right).$$

513 et 514. ÉQUATIONS QUI SE RAMÈNENT AUX ÉQUATIONS LINÉAIRES.

$$\frac{dy}{dx} + Py = Qy^n.$$

Si l'on pose $\frac{y^{1-n}}{1-n} = z$, on aura l'équation linéaire

$$\frac{dz}{dx} + (1-n)Pz = Q$$

ol

$$y^{1-n} = (1-n)e^{(n-1)\int P dx}\left(\int Q e^{(1-n)\int P dx}dx + C\right).$$

515. On peut obtenir l'intégrale générale de l'équation

$$\frac{dy}{dx} + Py = Qy^2 + R,$$

quand on en connaît une intégrale particulière.

516. PROBLÈME DE DE BEAUNE. — *Trouver une courbe telle, que la sous-tangente soit à l'ordonnée comme une ligne constante est à la différence entre l'ordonnée et l'abscisse.*

L'équation différentielle de la courbe est

$$\frac{dy}{dx} = \frac{y-x}{a}.$$

On trouve pour son intégrale

$$y = x + a + Ce^{\frac{x}{a}}.$$

517 et 518. PROBLÈME DES TRAJECTOIRES. — *Trouver une courbe qui coupe sous un angle donné toutes les courbes renfermées dans l'équation*

(1) $$F(x, y, a) = 0,$$

a étant un paramètre variable.

(2) $$m\left(\frac{dF}{dy} - \frac{dF}{dx}\frac{dy}{dx}\right) = \frac{dF}{dx} + \frac{dF}{dy}\frac{dy}{dx}.$$

L'élimination de a entre les équations (1) et (2) donnera l'équation différentielle du lieu.

519. Quand l'angle donné est droit, les trajectoires sont dites *orthogonales*, et l'équation différentielle résulte de l'élimination de a entre les deux équations

$$F(x, y, a) = 0, \quad \frac{dF}{dx}dy - \frac{dF}{dy}dx = 0.$$

520. ÉQUATION DU PREMIER ORDRE ET D'UN DEGRÉ QUELCONQUE. — CAS OU L'ÉQUATION NE CONTIENT PAS EXPLICITEMENT x ET y. — Soit, en posant $\frac{dy}{dx} = p$,

$$F(x, y, p) = 0.$$

S'il est possible de résoudre cette équation par rapport à $\frac{dy}{dx}$, on aura une ou plusieurs équations du premier degré que l'on tâchera d'intégrer.

521. Si l'équation se réduit à

$$F(p) = 0,$$

on aura

$$F\left(\frac{y - C}{x}\right) = 0.$$

522 à 524. ÉQUATIONS QUI NE RENFERMENT PAS L'UNE DES VARIABLES.

525 et 526. CAS OU L'ÉQUATION PEUT ÊTRE RÉSOLUE PAR RAPPORT A L'UNE DES VARIABLES. — Si l'équation contient x, y et p, et qu'elle puisse se résoudre par rapport à l'une des variables, y par exemple, en sorte que l'on ait

$$y = f(x, p),$$

on aura

$$dy \quad \text{ou} \quad p\,dx = \frac{df}{dx}dx + \frac{df}{dp}dp.$$

Si l'on peut intégrer cette équation, la relation cherchée s'obtiendra en éliminant p entre l'équation intégrale et l'équation $y = f(x, p)$.

527 à 529. L'équation

$$y = px + \varphi(p)$$

peut être satisfaite : 1° par

$$y = Cx + \varphi(C);$$

2° en éliminant p entre

$$x + \varphi'(p) = 0 \quad \text{et} \quad y = px + \varphi(p).$$

QUARANTE-DEUXIÈME LEÇON.

SUITE DES ÉQUATIONS DU PREMIER ORDRE.

530. Toute équation différentielle du premier ordre admet une intégrale.

531. Il existe un facteur propre à rendre différentielle exacte le premier membre d'une équation du premier ordre. — Quand on saura trouver ce facteur v et l'intégrale u de la différentielle totale $v(\mathrm{M}dx+\mathrm{N}dy)$, $u=\mathrm{C}$ sera l'intégrale de l'équation $\mathrm{M}dx+\mathrm{N}dy=0$.

532. *Il existe une infinité de facteurs propres à rendre le premier membre de l'équation* $\mathrm{M}dx+\mathrm{N}dy=0$ *une différentielle exacte.*

533. *Tout facteur* V *propre à rendre* $\mathrm{M}dx+\mathrm{N}dy$ *une différentielle exacte est de la forme* $v\varphi(u)$.

535. *Si deux facteurs* V *et* v *rendent différentielle exacte l'expression* $\mathrm{M}dx+\mathrm{N}dy$, *leur rapport égalé à une constante sera l'intégrale de l'équation*

$$\mathrm{M}dx+\mathrm{N}dy=0.$$

536. Détermination du facteur v.

537. L'emploi du facteur v redonne les méthodes précédemment exposées : ainsi la séparation des variables dans l'équation

$$\mathrm{XY}dx+\mathrm{X}_1\mathrm{Y}_1dy=0,$$

où X et X_1 désignent des fonctions de x, et Y, Y_1 des fonctions de y, revient à multiplier l'équation proposée par le facteur $\frac{1}{\mathrm{X}_1\mathrm{Y}}$.

La transformation employée dans l'intégration de l'équation homogène revient à multiplier le premier membre par

$$v=\frac{1}{\mathrm{M}x+\mathrm{N}y}.$$

Si le premier membre de l'équation homogène est déjà une différentielle exacte, l'intégrale sera

$$\mathrm{M}x+\mathrm{N}y=c.$$

QUARANTE-TROISIÈME LEÇON.

SOLUTIONS SINGULIÈRES DES ÉQUATIONS A DEUX VARIABLES.

538 à 540. COMMENT LES SOLUTIONS SINGULIÈRES DES ÉQUATIONS A DEUX VARIABLES SE DÉDUISENT DE L'INTÉGRALE GÉNÉRALE.

541. SOLUTIONS SINGULIÈRES DÉDUITES DU FACTEUR QUI REND INTÉGRABLE LE PREMIER MEMBRE DE L'ÉQUATION. — L'équation

$$v = \infty$$

contient toutes ces solutions.

542 à 546. EXEMPLES DE SOLUTIONS SINGULIÈRES.

547. *Trouver une courbe telle, que la portion de la tangente* TS *comprise entre les deux axes soit égale à une longueur constante a.* Cette courbe est l'épicycloïde obtenue en faisant rouler un cercle dans un autre cercle de rayon quadruple.

548. LA SOLUTION SINGULIÈRE REPRÉSENTE L'ENVELOPPE DES COURBES DONNÉES PAR L'INTÉGRALE GÉNÉRALE.

QUARANTE-QUATRIÈME LEÇON.

ÉQUATIONS DIFFÉRENTIELLES D'UN ORDRE QUELCONQUE.

549 et 550. TOUTE ÉQUATION DIFFÉRENTIELLE ADMET UNE INTÉGRALE.

551. *Toute équation*

$$F[x, y, c, c', \ldots, c^{(m-1)}] = 0,$$

qui satisfait à l'équation différentielle donnée et qui renferme m constantes arbitraires au moyen desquelles il soit possible de donner, pour $x = a$, des valeurs arbitraires $b, b', \ldots, b^{(m-1)}$ à $y, \frac{dy}{dx}, \ldots, \frac{d^{m-1}y}{dx^{m-1}}$, est identique à l'intégrale générale.

552 à 554. CONDITIONS QUE DOIT REMPLIR UNE FONCTION POUR ÊTRE L'INTÉGRALE D'UNE ÉQUATION DU $m^{ième}$ ORDRE.

555 et 556. INTÉGRALES DES DIVERS ORDRES D'UNE ÉQUATION DIFFÉRENTIELLE. — Une équation différentielle de l'ordre m a pour intégrale une équation de la forme

$$F[x, y, c, c', c'', \ldots, c^{(m-1)}] = 0.$$

En éliminant, tour à tour, chacune des m constantes c, c',..., $c^{(m-1)}$, on obtient m équations différentielles du premier ordre dont chacune contient seulement $m-1$ constantes. Ces équations sont dites des *intégrales de l'ordre* $m-1$.

En éliminant successivement deux des m constantes on aura $\frac{m(m-1)}{1.2}$ équations différentielles du deuxième ordre contenant chacune $m-2$ constantes, et qu'on nomme *intégrales de l'ordre* $m-2$.

557. On pourra de même parvenir à des intégrales de l'ordre $m-3$, de l'ordre $m-4$, etc. Si l'on élimine toutes les constantes moins une, on aura m équations différentielles de l'ordre $m-1$ qui seront des *intégrales du premier ordre.*

558. Les intégrales du premier ordre, résolues par rapport aux constantes, donnent m équations de la forme

$$c = u;$$

on aura

$$\frac{du}{dx} + \frac{du}{dy}y' + \frac{du}{dy'}y'' + \ldots + \frac{du}{dy^{(m-1)}}f[x, y, y', \ldots, y^{(m-1)}] = 0.$$

Cette équation doit être identique.

559. Intégration de l'équation $\frac{d^m y}{dx^m} = v$. — Si l'on désigne par $\int v dx^n$ l'intégrale $\int dx \int dx \ldots \int v dx$ qui résulte de n intégrations successives par rapport à x, on aura

$$y = \int v dx^m + cx^{m-1} + c'x^{m-2} + \ldots + c^{(m-1)}.$$

560. L'intégrale multiple qui entre dans la valeur de y peut s'exprimer par la formule

$$\int v dx^n = \frac{1}{1.2\ldots(n-1)}\Big[x^{n-1}\int v dx - (n-1)x^{n-2}\int vx\,dx + \frac{(n-1)(n-2)}{1.2}x^{n-3}\int vx^2 dx - \ldots \pm \int vx^{n-1} dx\Big].$$

561. Posons $v = f(x)$, nous aurons

$$\int_a^x f(x)\,dx^n = \frac{1}{1.2\ldots(n-1)}\int_a^x f(z)(x-z)^{n-1} dz.$$

QUARANTE-CINQUIÈME LEÇON.

INTÉGRATION DE QUELQUES ÉQUATIONS D'UN ORDRE SUPÉRIEUR.

563. ÉQUATIONS DE LA FORME $f\left(\frac{d^{m-1}y}{dx^{m-1}}, \frac{d^m y}{dx^m}\right) = 0$. — Soit d'abord l'équation

$$\frac{d^2y}{dx^2} = f\left(\frac{dy}{dx}\right).$$

En posant $\frac{dy}{dx} = p$, on aura

$$x = \int \frac{dp}{f(p)} + c,$$

$$p = \varphi(x),$$

$$y = \int \varphi(x)\, dx + c'.$$

564. Si l'on ne peut tirer p en fonction de x, on aura

$$dy = p\,dx = \frac{p\,dp}{f(p)},$$

$$y = \int \frac{p\,dp}{f(x)} + c'.$$

565. EXEMPLE. *Trouver la courbe dont le rayon de courbure est constant et égal à a.* Cercle.

566. Si l'on a l'équation

$$\mathrm{f}\left(\frac{d^{m-1}y}{dx^{m-1}}, \frac{d^m y}{dx^m}\right) = 0,$$

en posant

$$\frac{d^{m-1}y}{dx^{m-1}} = p,$$

on a

$$\mathrm{f}\left(p, \frac{dp}{dx}\right) = 0,$$

d'où

$$\frac{dp}{dx} = f(p), \quad p = \varphi(x),$$

$$y = \int \varphi(x)\, dx^{m-1} + c' x^{m-2} + c'' x^{m-3} + \ldots + c^{(m-1)}.$$

Si p ne peut pas s'exprimer en x, on aura

$$\frac{d^{m-1}y}{dx^{m-1}}=p,\quad \frac{d^{m-2}y}{dx^{m-2}}=\int\frac{p\,dp}{f(p)}+c',$$

$$\frac{d^{m-3}y}{dx^{m-3}}=\int\frac{dp}{f(p)}\int\frac{p\,dp}{f(p)}+c'x+c'',$$

et ainsi de suite.

567. Équations de la forme $f\left(\frac{d^{m-2}y}{dx^{m-2}},\frac{d^m y}{dx^m}\right)=0$. — Soit $\frac{d^2y}{dx^2}=f(y)$. On aura

$$\left(\frac{dy}{dx}\right)^2=2\int f(y)\,dy+c,$$

$$x=c'+\int\frac{dy}{\sqrt{c+2\int f(y)\,dy}}.$$

568. Exemples.

1° $$\frac{d^2y}{dx^2}+n^2y=0:$$

$$y=A\sin nx+B\cos nx.$$

2° $$\frac{d^2y}{dx^2}-n^2y=0:$$

$$y=Ae^{nx}+Be^{-nx}.$$

569. Pour ramener au cas précédent (567) les équations de la forme

$$f\left(\frac{d^{m-2}y}{dx^{m-2}},\frac{d^m y}{dx^m}\right)=0,$$

il suffit de poser $\frac{d^{m-2}y}{dx^{m-2}}=p$.

570. Équations qui peuvent s'abaisser a un ordre inférieur.

$$f\left(x,\frac{d^n y}{dx^n},\frac{d^{n+1}y}{dx^{n+1}},\dots,\frac{d^m y}{dx^m}\right)=0.$$

En posant $\frac{d^n y}{dx^n}=p$, on la réduit à

$$f\left(x,p,\frac{dp}{dx},\dots,\frac{d^{m-n}p}{dx^{m-n}}\right)=0,$$

qui n'est que de l'ordre $m-n$.

571.

$$f\left(y,\frac{dy}{dx},\frac{d^2y}{dx^2},\dots,\frac{d^m y}{dx^m}\right)=0.$$

On peut abaisser l'ordre d'une unité en prenant y pour variable indépendante et faisant $\frac{dy}{dx} = p$.

572 à 574. Applications géométriques.

575. Équations homogènes. — Équation différentielle homogène par rapport à y et à ses dérivées :

$$f\left(x, y, \frac{dy}{dx}, \dots, \frac{d^m y}{dx^m}\right) = 0,$$

n le degré de l'homogénéité.

Faisant

$$y = e^{\int u dx},$$

on aura une équation différentielle de l'ordre $m - 1$.

576. Exemple.

$$\frac{d^2 y}{dx^2} + \frac{1}{x}\frac{dy}{dx} - \frac{y}{x^2} = 0 :$$

$$y = C' x - \frac{C}{x}.$$

577. Toute équation

$$f\left(y, \frac{dy}{dx}, \frac{d^2 y}{dx^2}, \dots, \frac{d^m y}{dx^m}\right) = 0,$$

homogène par rapport aux indices des différentielles, si l'on pose $\frac{dy}{dx} = p$, deviendra homogène par rapport à p, $\frac{dp}{dy}$, $\frac{d^2 p}{dy^2}$, $\dots$, $\frac{d^{m-1} p}{dy^{m-1}}$.

Exemple.

$$\frac{d^2 y}{dx^2} = f(y)\left(\frac{dy}{dx}\right)^2 :$$

$$x = c' + c\int e^{-\int f(y) dy} dy.$$

QUARANTE-SIXIÈME LEÇON.

INTÉGRATION DES ÉQUATIONS LINÉAIRES SANS SECOND MEMBRE.

578. Définition. — *Équations linéaires,* équations dans lesquelles la fonction cherchée et ses dérivées n'entrent qu'au premier degré

et ne sont pas multipliées entre elles. Leur forme générale est

$$(I) \qquad \frac{d^m y}{dx^m} + P\frac{d^{m-1}y}{dx^{m-1}} + Q\frac{d^{m-2}y}{dx^{m-2}} + \ldots + T\frac{dy}{dx} + Uy = V,$$

P, Q, ..., T, U, V désignant des fonctions de x.

579. Propriétés des équations linéaires privées de second membre.

$$(II) \qquad \frac{d^m y}{dx^m} + P\frac{d^{m-1}y}{dx^{m-1}} + Q\frac{d^{m-2}y}{dx^{m-2}} + \ldots + T\frac{dy}{dx} + Uy = 0.$$

Si des fonctions particulières $y_1, y_2, \ldots, y_n$ satisfont à cette équation, la somme de ces fonctions, et même la somme des produits de ces fonctions par des constantes quelconques $c_1, c_2, \ldots, c_n$, y satisfera également.

580. *Si l'on connaît m solutions particulières de l'équation* (II), *on aura l'intégrale générale en posant*

$$y = c_1 y_1 + c_2 y_2 + \ldots + c_m y_m,$$

pourvu que l'on puisse déterminer les constantes de manière à donner à $y, \frac{dy}{dx}, \ldots, \frac{d^{m-1}y}{dx^{m-1}}$ *des valeurs arbitraires pour une valeur quelconque de* x.

581. L'équation linéaire, en posant $y = e^{\int u\,dx}$, prend la forme

$$(III) \qquad \frac{d^{m-1}u}{dx^{m-1}} + \ldots + (u^m + Pu^{m-1} + Qu^{m-2} + \ldots + U) = 0.$$

Quand une valeur $u = r$, indépendante de x, annule le polynôme

$$u^m + Pu^{m-1} + Qu^{m-2} + \ldots + U = f(u)$$

l'équation (II) est satisfaite par $y = ce^{rx}$.

582. Équations linéaires a coefficients constants. — L'équation $f(u) = 0$ n'admet que des racines constantes $r_1, r_2, \ldots, r_m$. En les supposant toutes différentes, l'intégrale générale sera

$$y = c_1 e^{r_1 x} + c_2 e^{r_2 x} + \ldots + c_m c^{r_m x}.$$

583 et 584. Cas des racines imaginaires inégales. — Lorsque l'équation

$$f(r) = r^m + Pr^{m-1} + \ldots + Tr + U = 0$$

a des racines imaginaires,

$$r_1 = \alpha + \beta\sqrt{-1}, \quad r_2 = \alpha - \beta\sqrt{-1},$$

on a

$$c_1 e^{r_1 x} + c_2 e^{r_2 x} = (\mathrm{A}\cos\beta x + \mathrm{B}\sin\beta x)e^{\alpha x}.$$

585 à 591. Cas des racines égales. — Lorsque l'équation

$$r^m + \mathrm{P}r^{m-1} + \mathrm{Q}r^{m-2} + \ldots + \mathrm{T}r + \mathrm{U} = 0$$

a des racines égales, supposons $r_2 = r_1$, on aura

$$y = e^{r_1 x}(c + c'x) + c_3 e^{r_3 x} + \ldots + c_m e^{r_m x}.$$

Quand trois racines sont égales,

$$y = e^{r_1 x}(c + c'x + c''x^2) + c_4 e^{r_4 x} + \ldots + c_m e^{r_m x}.$$

Si la racine r_1 était quadruple, il faudrait remplacer les termes qui s'y rapportent par

$$e^{r_1 x}(c + c'x + c''x^2 + c'''x^3).$$

QUARANTE-SEPTIÈME LEÇON.

INTÉGRATION DE L'ÉQUATION LINÉAIRE COMPLÈTE.

592. Réduction de l'équation complète a l'équation privée de second membre. — Soit

$$\text{(I)} \qquad \frac{d^m y}{dx^m} + \mathrm{P}\frac{d^{m-1}y}{dx^{m-1}} + \ldots + \mathrm{T}\frac{dy}{dx} + \mathrm{U}y = \mathrm{F}(x).$$

Posons

$$y = \int_0^x z\,d\alpha,$$

z étant une fonction de x et de α tellement choisie, que z, $\frac{dz}{dx}$, $\frac{d^2z}{dx^2}, \ldots, \frac{d^{m-2}z}{dx^{m-2}}$ soient nulles pour $\alpha = x$, et que l'on ait pour cette même valeur

$$\frac{d^{m-1}z}{dx^{m-1}} = \mathrm{F}(x),$$

$$\frac{d^m z}{dx^m} + \mathrm{P}\frac{d^{m-1}z}{dx^{m-1}} + \ldots + \mathrm{T}\frac{dz}{dx} + \mathrm{U}z = 0.$$

En posant $y = u + v$, l'équation (I) se réduit à

$$\text{(II)} \qquad \frac{d^m v}{dx^m} + P\frac{d^{m-1} v}{dx^{m-1}} + \ldots + T\frac{dv}{dx} + Uv = 0.$$

Et, si l'on peut intégrer généralement cette équation, $u + v$ sera l'intégrale de l'équation (I).

593. Cas ou les coefficients de l'équation (II) sont constants. — En désignant par $r_1, r_2, r_3, \ldots, r_m$ les racines de l'équation

$$f(r) = r^m + Pr^{m-1} + \ldots + Tr + U = 0,$$

on aura

$$y = \frac{e^{r_1 x}\left[c_1 + \int_0^x e^{-r_1 \alpha} F(\alpha)\, d\alpha\right]}{f'(r_1)}$$
$$+ \frac{e^{r_2 x}\left[c_2 + \int_0^x e^{-r_2 \alpha} F(\alpha)\, d\alpha\right]}{f'(r_2)}$$
$$\cdots\cdots\cdots\cdots\cdots\cdots\cdots\cdots$$
$$+ \frac{e^{r_m x}\left[r_m + \int_0^x e^{-r_m \alpha} F(\alpha)\, d\alpha\right]}{f'(r_m)}.$$

594 à 600. Cas ou l'on connait un certain nombre d'intégrales de l'équation privée du second membre. — *Si l'on connaît n intégrales distinctes de l'équation linéaire privée de second membre, on pourra ramener l'équation complète à une équation linéaire du $(m - n)^{\text{ième}}$ ordre.*

On pourra donc abaisser l'ordre de l'équation (I) d'autant d'unités qu'on connaîtra de solutions particulières de l'équation (II), et l'intégrale générale de l'équation (I) sera de la forme

$$y = ay_1 + by_2 + \ldots + ly_m + \lambda.$$

λ étant une solution quelconque de l'équation (I).

L'équation linéaire n'admet pas de solution singulière.

601 à 607. De quelques cas ou l'on peut intégrer l'équation linéaire à second membre.

608. Propriétés de l'équation du second ordre. — Quand on connaît une intégrale particulière y_1 de l'équation

$$\frac{d^2 y}{dx^2} + P\frac{dy}{dx} + Qy = 0,$$

on a

$$y = C'y_1 + Cy_1 \int \frac{e^{-\int P dx} dx}{y_1^2}$$

609. La fonction y et sa dérivée $\frac{dy}{dx}$ ne peuvent pas être nulles en même temps. La même propriété appartient aux fonctions y_1 et $\frac{dy_1}{dx}$.

Deux valeurs de x qui annulent y_1 comprennent une valeur de x qui annule y.

QUARANTE-HUITIÈME LEÇON.

RÉSOLUTION DES ÉQUATIONS DIFFÉRENTIELLES PAR LES SÉRIES.

610. Développement par la série de Maclaurin. — Quand certaines dérivées deviennent infinies pour $x = 0$, la série tombe en défaut, à moins qu'on n'attribue des valeurs convenables à d'autres dérivées qui ne sont plus arbitraires. Dans ce cas, la série contenant moins de m constantes arbitraires ne représente plus l'intégrale générale, mais seulement une intégrale particulière.

Exemple :

$$x \frac{d^2 y}{dx^2} + 2 \frac{dy}{dx} + n^2 xy = 0.$$

611 et 612. Méthode des coefficients indéterminés.

613. Autre forme de développement. — L'équation linéaire du second ordre

$$\frac{d^2 y}{dx^2} + P \frac{dy}{dx} + Qy = 0$$

peut toujours se ramener à une équation à deux termes

$$\frac{d^2 z}{dx^2} = Rz,$$

R étant une fonction connue de x.

614 et 615. En posant $t = A + B(x - a)$, on a

$$z = t + \int_a^x dx \int_a^x Rt\,dx + \int_a^x dx \int_a^x R\,dx \int_a^x dx \int_a^x Rt\,dx + \ldots,$$

suite indéfinie dont chaque terme se déduit du précédent en le multipliant par $R\,dx^2$, et en intégrant par rapport à x deux fois entre les limites a et x. Cette suite est convergente quand la fonction R ne devient pas infinie dans l'intervalle où l'on fait varier x.

On traitera de la même manière l'équation $\frac{d^m z}{dx^m} = Rz$, et l'on aura une série où chaque terme s'obtiendra en multipliant le précédent par $R\,dx^m$ et intégrant m fois.

617. Application : équation du second ordre

$$\frac{d^2 z}{dx^2} = \alpha x^m z,$$

à laquelle se réduit l'équation dite *de Riccati*

$$\frac{dy}{dx} + y^2 = \alpha x^m,$$

en posant

$$y = \frac{1}{z}\frac{dz}{dx}.$$

618 à 621. Intégration d'une équation différentielle a l'aide d'intégrales définies.

$$\frac{d^2 y}{dx^2} + \frac{m}{x}\frac{dy}{dx} + 2h^2 y = 0,$$

$$y = y_1 + y_2,$$

$$y_1 = A\int_0^{\pi} \cos\left(hx\sqrt{2}\cos\alpha\right)\sin^{m-1}\alpha\,d\alpha,$$

$$y_2 = A'x^{1-m}\int_0^{\pi} \cos\left(hx\sqrt{2}\cos\alpha\right)\sin^{1-m}\alpha\,d\alpha.$$

QUARANTE-NEUVIÈME LEÇON.

ÉQUATIONS DIFFÉRENTIELLES SIMULTANÉES.

622. Élimination d'une variable entre deux équations différentielles.

$$f\left(x, y, \frac{dy}{dx}, \ldots, \frac{d^m y}{dx^m}, z, \frac{dz}{dx}, \ldots, \frac{d^p z}{dx^p}\right) = 0,$$

$$F\left(x, y, \frac{dy}{dx}, \ldots, \frac{d^n y}{dx^n}, z, \frac{dz}{dx}, \ldots, \frac{d^q z}{dx^q}\right) = 0.$$

On différentiera n fois la première équation, et m fois la seconde; on aura ainsi $m+n+2$ équations entre lesquelles il sera possible d'éliminer par les moyens ordinaires de l'algèbre les $m+n+1$ inconnues $y, \frac{dy}{dx}, \frac{d^2y}{dx^2}, \ldots, \frac{d^{m+n}y}{dx^{m+n}}$. L'équation finale sera, en général, d'un ordre égal au plus grand des deux nombres $n+p$, $m+q$.

623. Plus généralement, si l'on avait r équations différentielles contenant une variable indépendante x et r fonctions $y, z, u, \ldots$ de cette variable, on éliminerait y entre ces r équations, ce qui donnerait $r-1$ équations entre $z, u, \ldots$. On éliminerait ensuite z entre ces $r-1$ équations, et ainsi de suite. On arriverait ainsi à une équation différentielle ne renfermant plus qu'une seule des fonctions inconnues.

624 et 625. Systèmes d'équations du premier ordre équivalents à une ou plusieurs équations d'un ordre quelconque.

626. Théorèmes sur les intégrales des équations simultanées du premier ordre. — Trois équations différentielles simultanées et du premier ordre peuvent être remplacées par des équations de la forme

$$\frac{dx}{P} = \frac{dy}{Q} = \frac{dz}{R} = \frac{du}{V}.$$

Les équations intégrales doivent contenir trois constantes arbitraires.

627. *m équations du premier ordre entre $m+1$ variables, et qui peuvent être mises sous la forme*

$$\frac{dx}{P} = \frac{dy}{Q} = \frac{dz}{R}, \ldots,$$

admettent toujours m intégrales contenant m constantes arbitraires.

628. Quand on ne peut pas résoudre le système proposé par rapport à toutes les dérivées, il existe entre les variables un certain nombre de relations algébriques au moyen desquelles on peut faire disparaître les dérivées dont le système n'a pu fournir les valeurs. Dans ce cas, le nombre des constantes n'est plus égal au nombre des fonctions.

629. Intégration des équations simultanées du premier ordre. — Soit

$$\frac{dx}{P} = \frac{dy}{Q} = \frac{dz}{R} = \frac{du}{V}$$

un système d'équations simultanées. Les équations intégrales peuvent être remplacées par le système

$$\alpha = c, \quad \beta = c', \quad \gamma = c''.$$

On peut donc trouver trois fonctions de x, y, z, u qui conservent des valeurs constantes quand on y fait varier simultanément toutes les variables.

On aura les trois équations identiques :

$$\mathrm{P}\frac{d\alpha}{dx} + \mathrm{Q}\frac{d\alpha}{dy} + \mathrm{R}\frac{d\alpha}{dz} + \mathrm{V}\frac{d\alpha}{du} = 0,$$

$$\mathrm{P}\frac{d\beta}{dx} + \mathrm{Q}\frac{d\beta}{dy} + \mathrm{R}\frac{d\beta}{dz} + \mathrm{V}\frac{d\beta}{du} = 0,$$

$$\mathrm{P}\frac{d\gamma}{dx} + \mathrm{Q}\frac{d\gamma}{dy} + \mathrm{R}\frac{d\gamma}{dz} + \mathrm{V}\frac{d\gamma}{du} = 0.$$

630. Réciproquement, *si l'on trouve une fonction* θ *des variables* x, y, z, u, *sans constante arbitraire, telle, que l'on ait identiquement*

$$\mathrm{P}\frac{d\theta}{dx} + \mathrm{Q}\frac{d\theta}{dy} + \mathrm{R}\frac{d\theta}{dz} + \mathrm{V}\frac{d\theta}{du} = 0,$$

l'équation

$$\theta = c$$

sera une intégrale des équations simultanées

$$\frac{dx}{\mathrm{P}} = \frac{dy}{\mathrm{Q}} = \frac{dz}{\mathrm{R}} = \frac{du}{\mathrm{V}}.$$

L'équation

$$\varphi(\alpha, \beta, \gamma) = c$$

est aussi une intégrale des équations proposées.

632. *Toute fonction* θ *de* x, y, z, u *qui satisfait à l'équation*

$$\mathrm{P}\frac{d\theta}{dx} + \mathrm{Q}\frac{d\theta}{dy} + \mathrm{R}\frac{d\theta}{dz} + \mathrm{V}\frac{d\theta}{du} = 0$$

doit se réduire à une fonction de α, β, γ.

CINQUANTIÈME LEÇON.

SUITE DES ÉQUATIONS SIMULTANÉES.

633 et 634. Cas de deux équations, méthode de d'Alembert.

635 et 636. Intégration de trois équations linéaires.

637 et 638. Autre méthode. — On ramène le cas général au cas des équations privées de second membre.

639 et 640. Méthode de Cauchy.

641. Remarque sur les équations simultanées. — Soient

$$f(x, y, y', z, z') = 0,$$
$$F(x, y, y', z, z') = 0$$

deux équations simultanées du premier ordre, dans lesquelles y' et z' désignent $\frac{dy}{dx}$ et $\frac{dz}{dx}$.

Les équations

$$\frac{df}{dy} u + \frac{df}{dy'} \frac{du}{dx} + \frac{df}{dz} v + \frac{df}{dz'} \frac{dv}{dx} = 0,$$
$$\frac{dF}{dy} u + \frac{dF}{dy'} \frac{du}{dx} + \frac{dF}{dz} v + \frac{dF}{dz'} \frac{dv}{dx} = 0$$

auront pour intégrales générales

$$u = A \frac{dy}{da} + B \frac{dy}{db},$$
$$v = A \frac{dz}{da} + B \frac{dz}{db},$$

A et B désignant deux constantes arbitraires.

CINQUANTE ET UNIÈME LEÇON.

INTÉGRATION DES ÉQUATIONS AUX DÉRIVÉES PARTIELLES.

642 et 643. Diverses espèces d'intégrales. — Une équation aux dérivées partielles d'ordre μ peut admettre des intégrales où entrent des dérivées d'ordre inférieur à μ. Une équation de premier ordre n'a que des intégrales finies; on distingue l'intégrale générale, les intégrales particulières, les intégrales singulières et les intégrales complètes.

644. Quand les dérivées partielles ne sont relatives qu'à une seule variable, il faut opérer comme si l'on avait une équation différentielle ordinaire, mais après l'intégration remplacer les constantes arbitraires par des fonctions arbitraires des autres variables indépendantes.

645. Ce procédé peut quelquefois s'étendre à des équations où

entrent des dérivées partielles relatives à deux variables. Exemple:

$$\frac{d^2u}{dx\,dy} + a\frac{du}{dx} = xy.$$

En posant $\frac{du}{dx} = p$, on a

$$\frac{dp}{dy} + ap = xy.$$

646 à 649. **Équations linéaires et du premier ordre a deux variables indépendantes.** — *Si*

$$f(x, y, z) = c, \quad f_1(x, y, z) = c'$$

sont les intégrales du système

$$\frac{dx}{P} = \frac{dy}{Q} = \frac{dz}{R},$$

et si l'on pose

$$\alpha = f(x, y, z), \quad 6 = f_1(x, y, z),$$

l'intégrale de l'équation

$$Pp + Qq = R$$

sera

$$\alpha = \varphi(6),$$

φ *désignant une fonction arbitraire.*

650. L'intégrale $\alpha = \varphi(6)$ conviendrait encore aux équations

$$P\frac{dy}{dx} + R\frac{dy}{dz} = Q,$$

$$Q\frac{dx}{dy} + R\frac{dx}{dz} = P.$$

651. **Exemples.**

652-654. **Cas d'un nombre quelconque de variables indépendantes.** — L'intégrale générale d'une équation de la forme

$$P_1 p_1 + P_2 p_2 + \ldots + P_n p_n = R$$

est

$$\alpha_1 = \psi(\alpha_2, \alpha_3, \ldots, \alpha_n),$$

$\alpha_1, \alpha_2, \ldots, \alpha_n$ étant des fonctions de l'inconnue z et des variables indépendantes $x_1, x_2, \ldots, x_n$, choisies de telle sorte que les équations

$$\alpha_1 = c_1, \quad \alpha_2 = c_2, \quad \ldots, \quad \alpha_n = c_n$$

soient n intégrales distinctes du système

$$\frac{dx_1}{P_1} = \frac{dx_2}{P_2} = \ldots = \frac{dx_n}{P_n} = \frac{dz}{R}.$$

655. Exemple.

656. Équations aux différentielles totales. — L'équation

$$X\,dx + Y\,dy + Z\,dz = 0$$

ne peut donner, pour l'une des variables x, y, z, une valeur qui soit une fonction bien déterminée des deux autres que si l'on a identiquement

$$X\left(\frac{dY}{dz} - \frac{dZ}{dy}\right) + Y\left(\frac{dZ}{dx} - \frac{dX}{dz}\right) + Z\left(\frac{dX}{dy} - \frac{dY}{dx}\right) = 0.$$

657. Pour intégrer l'équation donnée, en regardant, par exemple, z comme fonction de x et de y, on commence par intégrer l'équation

$$X\,dx + Z\,dz = 0,$$

en remplaçant la constante d'intégration par une fonction arbitraire de y; puis on détermine cette fonction par la condition que la valeur de $\frac{dz}{dy}$, tirée de l'intégrale obtenue, soit égale à $-\frac{Y}{Z}$; l'intégrale définitive renferme une constante arbitraire.

658-659. Quand l'équation proposée donne pour z une valeur bien définie, il existe au moins un facteur d'intégrabilité. — Exemple.

660. Équations du second ordre, non linéaires. — Le cas de deux variables indépendantes peut être traité par une méthode particulière très simple. A l'équation proposée

$$f(x, y, z, p, q) = 0$$

on adjoint une des intégrales du système

$$\frac{dx}{\frac{df}{dp}} = \frac{dy}{\frac{df}{dq}} = \frac{dz}{p\frac{df}{dp} + q\frac{df}{dq}} = \frac{-dp}{\frac{df}{dx} + p\frac{df}{dz}} = \frac{-dq}{\frac{df}{dy} - q\frac{df}{dz}}$$

pour déterminer p et q, ce qui permet de former

$$dz = P\,dx + Q\,dy.$$

L'intégrale de cette équation est de la forme

$$F(x, y, z, a, b) = 0, \tag{1}$$

a et b étant deux constantes.

661. L'équation (1) est une intégrale complète de la proposée; son intégrale générale résulte de l'élimination de a entre

$$F[x, y, z, a, \psi(a)] = 0, \quad \frac{dF}{da} = 0.$$

L'équation (1) conduit aussi à une intégrale singulière.

662. Exemple :

$$mpq - z = 0.$$

CINQUANTE-DEUXIÈME LEÇON.

APPLICATIONS GÉOMÉTRIQUES DES ÉQUATIONS AUX DIFFÉRENTIELLES PARTIELLES.

663. Surfaces cylindriques.

$$y - bz = \Phi(x - az),$$

Φ désignant une fonction quelconque, est l'équation la plus générale, *en quantités finies*, des surfaces cylindriques.

Réciproquement, toute surface dont l'équation a la forme précédente est cylindrique.

664. Équation aux différentielles partielles des surfaces cylindriques :

$$ap + bq = 1.$$

665. Cette équation exprime que le plan tangent à la surface est toujours parallèle aux génératrices.

666. Intégrer l'équation des surfaces cylindriques,

$$ap + bq = 1.$$

Solution : $$y - bz = \Phi(x - az).$$

667 et 668. Conditions qui déterminent la forme particulière de la fonction Φ.

669. Surfaces coniques. — Équation générale, *en quantités finies,* des surfaces coniques :

$$\frac{y - b}{z - c} = \Phi\left(\frac{x - a}{z - c}\right).$$

670. Équation *aux différentielles partielles* des surfaces coniques :

$$z - c = (x - a)p + (y - b)q.$$

671. Intégrale de l'équation aux différentielles partielles :

$$\frac{y - b}{z - c} = \Phi\left(\frac{x - a}{z - c}\right).$$

La fonction arbitraire Φ sera déterminée par la condition que la surface conique passe par une courbe donnée ou soit tangente à une surface donnée.

672. Surfaces conoïdes. — On appelle *surface conoïde* toute surface engendrée par une droite qui est toujours parallèle à un

plan donné, nommé *plan directeur*, et assujettie à rencontrer une droite et une courbe données.

Prenons pour plan des xy un plan parallèle au plan directeur, et pour axe des z la directrice rectiligne, on aura

$$z = \Phi\left(\frac{y}{x}\right).$$

673. Équation *aux différentielles partielles* des surfaces conoïdes :

$$px + qy = 0.$$

Cette équation exprime que le plan tangent en un point quelconque contient la génératrice correspondante.

674. Surfaces de révolution. — Les *surfaces de révolution* sont celles que l'on obtient en faisant tourner une certaine courbe autour d'une droite fixe.

Soient

$$x = \frac{a}{c}z, \quad y = \frac{b}{c}z$$

les équations de l'axe, on aura

$$ax + by + cz = \Phi(x^2 + y^2 + z^2),$$

équation générale, en *quantités finies*, des surfaces de révolution.

675. Équation aux différentielles partielles :

$$(cy - bz)p + (az - cx)q = bx - ay.$$

676. Cette équation exprime que toutes les normales d'une surface de révolution rencontrent l'axe.

677. L'intégrale de l'équation est

$$ax + by + cz = \Phi(x^2 + y^2 + z^2).$$

678. Quand l'axe de révolution est l'axe des z, les équations se réduisent à

$$z = \Phi(x^2 + y^2),$$
$$py - qx = 0.$$

679. Des lignes de niveau et des lignes de plus grande pente. — Soit une surface

$$z = f(x, y)$$

et supposons le plan des xy horizontal. On appelle *lignes de niveau* les sections faites dans cette surface par des plans horizontaux. Une ligne de niveau a pour équation

$$\frac{dy}{dx} = -\frac{p}{q}.$$

Elle exprime que la tangente à la ligne de niveau, en un point M de la surface, est parallèle à la trace horizontale du plan tangent mené à la surface par ce point.

680. On appelle *ligne de plus grande pente* d'une surface une courbe qui, en chacun de ses points, a pour tangente celle des tangentes à la surface, en ce même point, qui fait le plus grand angle avec le plan horizontal.

L'équation différentielle

$$p\,dy = q\,dx$$

représente la projection, sur le plan horizontal, de toutes les courbes de plus grande pente.

Une ligne de plus grande pente coupe à angle droit toutes les lignes de niveau, et réciproquement *toute courbe qui jouit de cette propriété est une ligne de plus grande pente.*

681. Application à l'ellipsoïde.

CINQUANTE-TROISIÈME LEÇON.

SUITE DES APPLICATIONS GÉOMÉTRIQUES DES ÉQUATIONS AUX DIFFÉRENTIELLES PARTIELLES.

682. Des surfaces développables. — On nomme *surfaces développables* celles qui étant supposées flexibles et inextensibles peuvent s'appliquer sur un plan sans déchirure ni duplicature.

Toute surface développable est le lieu des tangentes à une certaine courbe, nommée *arête de rebroussement* de la surface. Dans le cône, l'arête de rebroussement se réduit à un point, et dans le cylindre cette courbe passe à l'infini.

683 à 686. Équation du premier ordre qui convient à toutes les surfaces développables :

$$p = \varpi(q).$$

687. Équation aux dérivées partielles et du second ordre, résultant de l'élimination de la fonction ϖ. Posons

$$\frac{d^2 z}{dx^2} = r, \quad \frac{d^2 z}{dx\,dy} = s, \quad \frac{d^2 z}{dy^2} = t.$$

Équation aux dérivées partielles et du second ordre des surfaces développables :

$$s^2 - rt = 0.$$

688 et 689. INTÉGRATION DE L'ÉQUATION AUX DIFFÉRENTIELLES PARTIELLES DES SURFACES DÉVELOPPABLES. — L'équation

$$s^2 - rt = 0$$

ne convient qu'aux surfaces développables.

690. DES SURFACES RÉGLÉES. — On nomme *surfaces réglées* celles qui s'engendrent par le mouvement d'une ligne droite; *surface gauche*, toute surface réglée qui n'est pas développable.

Soient

$$x = az + \alpha,$$
$$y = bz + \beta,$$

les équations d'une droite : si a, b, α, β sont des fonctions d'une même indéterminée γ, en faisant varier γ d'une manière continue, la droite se déplacera successivement dans l'espace et engendrera une surface réglée.

691. Équation différentielle du premier ordre, renfermant seulement deux fonctions de l'indéterminée γ :

$$ap + bq = 1.$$

692. En posant $\dfrac{a}{b} = c$,

$$c^2 r + 2cs + t = 0,$$

équation du second ordre ne renfermant plus qu'une seule fonction arbitraire c.

693. Posons

$$\frac{d^3 z}{dx^3} = u, \quad \frac{d^3 z}{dy^3\,dy} = v, \quad \frac{d^3 z}{dx\,dy^2} = w, \quad \frac{d^3 z}{dy^3} = \upsilon :$$

$$c^3 u + 3c^2 v + 3cw + \upsilon = 0.$$

L'équation aux dérivées partielles et du troisième ordre résultera de l'élimination de c entre cette équation et celle du n° 692.

694 et 695. ÉQUATION DE LA CORDE VIBRANTE.

CINQUANTE-QUATRIÈME LEÇON.

COURBURE DES SURFACES.

696 et 697. COURBURE D'UNE LIGNE SITUÉE SUR UNE SURFACE DONNÉE. — Considérons une certaine courbe passant par un point $M(x, y, z)$ de la surface. Soient θ l'angle que le rayon de courbure R

de cette courbe au point M, dirigé suivant la droite MN, fait avec la normale MP à la surface au même point, α et 6 les angles que la tangente à la courbe considérée fait avec l'axe des x et celui des y. On aura

$$R = \frac{\sqrt{1+p^2+q^2}\cos\theta}{r\cos^2\alpha + 2s\cos\alpha\cos6 + t\cos^2 6}.$$

698. Théorème de Meunier. — *Le rayon de courbure en un point d'une courbe quelconque tracée sur une surface est égal au produit du rayon de courbure de la section normale qui contient la tangente à la courbe, multiplié par le cosinus de l'angle que ce plan fait avec le plan osculateur de la courbe.*

699. On peut encore dire :

Le rayon de courbure d'une section oblique est la projection sur le plan de cette courbe du rayon de courbure de la section normale.

700. Courbure des sections normales. — Prenons le point (x, y, z) pour origine des coordonnées, et pour plan des xy le plan tangent à la surface en ce point. En désignant par φ l'angle que la tangente fait avec l'axe des x, on a

$$\rho = \frac{1}{r\cos^2\varphi + 2s\sin\varphi\cos\varphi + t\sin^2\varphi}.$$

On porte la valeur absolue du rayon sur l'axe des z dans le sens des z positifs si le dénominateur est positif, et dans le sens opposé si ce dénominateur est négatif.

701. Sections principales. — Les plans qui déterminent sur la surface deux courbes planes à courbure maximum ou minimum sont perpendiculaires entre eux. On donne aux sections faites par ces plans le nom de *sections principales*.

702. Variation de courbure des sections normales.

703 à 705.

Deux sections normales également inclinées sur une section principale ont des rayons de courbure égaux et de même signe.

La somme des courbures de deux sections normales perpendiculaires entre elles est constante.

Dans le cas où toutes les sections normales en un point ont la même courbure, on dit que ce point est un *ombilic*.

706. Détermination des ombilics. — On doit avoir

$$\frac{1+p^2}{r} = \frac{pq}{s} = \frac{1+q^2}{t},$$

ce qui, en y joignant l'équation de la surface, détermine les coordonnées d'un ombilic.

707. Application au paraboloïde elliptique :

$$z = \frac{x^2}{2a} + \frac{y^2}{2b}, \quad a > b > 0,$$

$$x = 0, \quad y = \pm\sqrt{b(a-b)}; \quad z = \frac{a-b}{2}.$$

Il existe deux ombilics situés dans le plan yOz,

CINQUANTE-CINQUIÈME LEÇON.

SUITE DE LA COURBURE DES SURFACES.

708. Sur la surface dont tous les points sont des ombilics. — *La sphère est la seule surface dont tous les points soient des ombilics.*

709 et 710. Théorie de l'indicatrice. — Si l'on coupe la surface par un plan parallèle au plan tangent et infiniment voisin de ce plan, la section obtenue sera une courbe infiniment petite et du deuxième degré, en négligeant des quantités infiniment petites par rapport à ses dimensions.

711. Les rayons de courbure des différentes sections normales faites au point O sont proportionnels aux carrés des rayons de cette courbe, qui est nommée *l'indicatrice* de la surface en ce point.

712. Quand l'intersection de la surface par un plan parallèle au plan tangent, et infiniment voisin, est une hyperbole, l'indicatrice se compose de deux hyperboles conjuguées. Le rayon de courbure de la surface devient infini et change de signe quand le plan sécant, en tournant autour de la normale, vient passer par une asymptote commune aux deux hyperboles.

713. Conséquences géométriques. — A toute propriété des diamètres d'une section conique, correspond une propriété des rayons de courbure des sections normales qui passent par les diamètres de l'indicatrice.

714. Quand l'indicatrice est un cercle, le point considéré est un ombilic. Cela arrive sur les surfaces du second ordre aux points où le plan tangent est parallèle aux sections circulaires.

715. Cas où l'expression du rayon de courbure se présente sous une forme illusoire.

716. Définition des tangentes conjuguées.

Relation qui doit exister entre les coefficients angulaires de deux tangentes conjuguées, quand on prend pour axes la normale et les intersections du plan tangent avec les plans principaux :

$$mm' = -\frac{r}{t}.$$

717. *Deux tangentes conjuguées sont parallèles à deux diamètres conjugués de l'indicatrice.*

La somme algébrique des rayons de courbure correspondant à deux tangentes conjuguées est constante.

CINQUANTE-SIXIÈME LEÇON.

SUITE DE LA COURBURE DES SURFACES.

718 et 719. Lignes de courbure.

On nomme *ligne de courbure* le lieu des points d'une surface pour lesquels les normales infiniment voisines se rencontrent consécutivement. En chaque point d'une surface il passe deux lignes de courbure déterminées par l'équation différentielle

$$[(1+q^2)s - pqt]\left(\frac{dy}{dx}\right)^2 + [(1+q^2)r - (1+p^2)t]\left(\frac{dy}{dx}\right) + [pqr - (1+p^2)s] = 0$$

et par l'équation de la surface.

720. Propriétés des lignes de courbure.

Les tangentes menées à deux lignes de courbure au point où elles se croisent, sont perpendiculaires entre elles.

Les deux lignes de courbure ont pour tangentes les tangentes aux sections principales.

721 et 722. Soient O un point de la surface, Oz la normale, OA et OB les deux lignes de courbure, O′ et O″ deux points infiniment voisins du point O sur les lignes OA et OB, les normales O′K et O″L rencontreront Oz en K et L. OK et OL sont les rayons de courbure, au point O, des sections principales zOx, zOy.

Fig. 137.

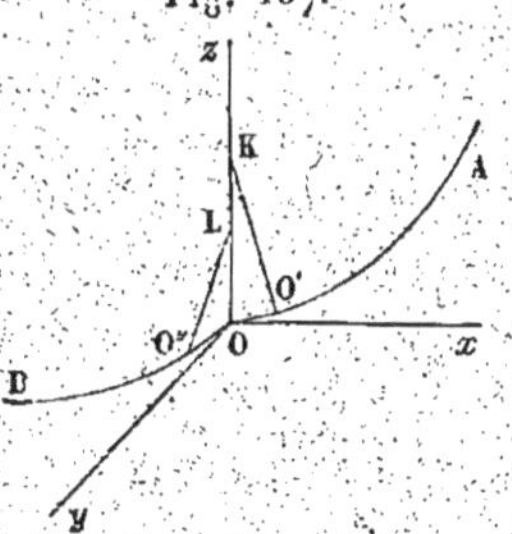

723. Il faut bien se garder de croire que les points de rencontre

des normales soient les centres des cercles osculateurs des lignes de courbure. Et même les lignes de courbure peuvent être planes sans que leurs cercles osculateurs se confondent avec ceux des sections principales. Il faut que les lignes de courbure soient les lignes de plus courte distance sur la surface.

724. Calcul des rayons de courbure principaux en un point quelconque d'une surface.

$$(rt-s^2)\rho^2-[(1+p^2)t+(1+q^2)r-2pqs]\sqrt{1+p^2+q^2}\cdot\rho$$
$$+(1+p^2+q^2)^2=0.$$

725. Les normales d'une surface, menées par les différents points d'une ligne de courbure, forment une surface développable. Pour en avoir l'équation, il faut éliminer x, y, z entre l'équation de la surface, les équations d'une normale et l'équation qui exprime que le point (x, y, z) est sur la ligne de courbure.

Cette surface se compose de deux nappes.

726. Application des théories précédentes au paraboloïde elliptique.

CINQUANTE-SEPTIÈME LEÇON.

CALCUL DES DIFFÉRENCES FINIES. — CALCUL INVERSE DES DIFFÉRENCES.

727. Notions préliminaires. — Soient

$$u_0,\ u_1,\ u_2,\ldots,\ u_n,\ldots,$$

une suite de valeurs successives que reçoit une quantité variable. Si l'on retranche chacune de ces valeurs de celle qui la suit, on obtient ce qu'on appelle les différences *premières* de ces valeurs,

$$u_1-u_0=\Delta u_0,\quad u_2-u_1=\Delta u_1,\ldots,\quad u_{n+1}-u_n=\Delta u_n,\ldots.$$

En opérant de la même manière sur la suite des différences premières, on obtient une suite de différences *secondes*,

$$\Delta u_1-\Delta u_0=\Delta^2 u_0,\quad \Delta u_2-\Delta u_1=\Delta^2 u_1,\ldots.$$

On formera de la même manière des différences *troisièmes, quatrièmes*, etc.

728. u, v, z étant des quantités variables,

$$\Delta(u+v-z)=\Delta u+\Delta v-\Delta z,$$

c'est-à-dire que *la différence d'une somme est égale à la somme algébrique des différences de ses parties.*

$$\Delta(u+a) = \Delta u, \quad \Delta au = a\Delta u.$$

729 et 730. EXPRESSION DE $\Delta^n u$.

$$\Delta^n u = u_n - nu_{n-1} + \frac{n(n-1)}{1.2} u_{n-2} - \ldots \pm u,$$

ou, sous une forme symbolique,

$$\Delta^n u = (u-1)^{(n)}.$$

731. EXPRESSION DU TERME GÉNÉRAL D'UNE SUITE EN FONCTION DU PREMIER TERME ET DE SES DIFFÉRENCES SUCCESSIVES.

$$u_n = u + n\Delta u + \frac{n(n-1)}{1.2}\Delta^2 u + \ldots + \Delta^n u,$$

et la formule symbolique

$$u_n = (1+\Delta)^{(n)} u.$$

732. DIFFÉRENCES DES FONCTIONS ENTIÈRES.

Les différences $m^{\text{ièmes}}$ d'une fonction entière du $m^{\text{ième}}$ degré sont constantes, lorsque la variable croît par degrés égaux. Les différences suivantes sont nulles.

733 et 734. EXEMPLES.

735. DIFFÉRENCES DE QUELQUES FONCTIONS FRACTIONNAIRES OU TRANSCENDANTES. — La variable croît par degrés égaux.

1°
$$u = \frac{1}{x(x+h)(x+2h)\ldots[x+(n-1)h]},$$

$$\Delta u = \frac{-nh}{x(x+h)(x+2h)\ldots(x+nh)},$$

$$\Delta^2 u = \frac{n(n+1)h^2}{x(x+h)\ldots(x+nh)[x+(n+1)h]},$$

et ainsi de suite.

2°
$$u = a^x,$$

$$\Delta^n u = a^x(a^h - 1)^n.$$

3°
$$\Delta \sin(ax+b) = 2\sin\frac{1}{2}ah\cos\left(ax+b+\frac{ah}{2}\right),$$

$$\Delta\cos(ax+b) = -2\sin\frac{1}{2}ah\sin\left(ax+b+\frac{ah}{2}\right),$$

$$\Delta^2\sin(ax+b) = -4\sin^2\frac{ah}{2}\sin(ax+b+ah),$$

et ainsi de suite.

736. Calcul inverse des différences. — Définitions et notations. — Le calcul inverse des différences a pour objet de déterminer une fonction quand on connaît sa différence finie, ou lorsqu'on a une relation entre cette fonction, quelques-unes de ses différences et la variable indépendante.

La fonction $F(x)$ dont la différence est $f(x)$ se représente par $\sum f(x)$ et se nomme l'intégrale aux différences finies de $f(x)$. On a

$$\Delta \sum f(x) = f(x), \quad \sum \Delta f(x) = f(x).$$

737. Dans le calcul intégral ordinaire, quand on a obtenu une intégrale particulière d'une différentielle donnée, on ajoute à cette première solution une constante arbitraire pour former l'intégrale générale. Dans le calcul intégral aux différences finies, il faut ajouter à une intégrale particulière la fonction la plus générale dont la différence est nulle, $\varpi(x)$,

$$\Delta \varpi(x) = \varpi(x+h) - \varpi(x) = 0.$$

On aurait une fonction jouissant de la propriété en question, si l'on prenait

$$\varpi(x) = \Psi\left(\sin\frac{2\pi x}{h}, \cos\frac{2\pi x}{h}\right),$$

Ψ désignant une fonction tout à fait arbitraire.

738. Théorèmes sur les intégrales aux différences finies.

$$F(x_n) - F(x_0) = f(x_0) + f(x_1) + \ldots + f(x_{n-1}),$$

$$\sum (u + v - z) = \sum u + \sum v - \sum z,$$

$$\sum au = a \sum u.$$

739, 740 et 741. Intégration de quelques fonctions.

CINQUANTE-HUITIÈME LEÇON.

SUITE DU CALCUL INVERSE DES DIFFÉRENCES. — FORMULES D'INTERPOLATION.

742. Intégration des fonctions entières.

Cette intégration peut se faire par la série de Taylor.

$$f(x) = h\sum f'(x) + \frac{h^2}{1.2}\sum f''(x) + \ldots,$$

et, si l'on pose $f(x) = x^{m+1}$,

$$x^{m+1} = (m+1)h\sum x^m + (m+1)m\frac{h^2}{1.2}\sum x^{m-1} + \frac{(m+1)m(m-1)}{1.2.3}h^3\sum x^{m-2} + \ldots.$$

$$\sum x^0 = \frac{x}{h} + C,$$

$$\sum x = \frac{x^2}{2h} - \frac{x}{2} + C,$$

$$\sum x^2 = \frac{x^3}{3h} - \frac{1}{2}x^2 + \frac{h}{6}x + C,$$

$$\sum x^3 = \frac{x^4}{4h} - \frac{1}{2}x^3 + \frac{h}{4}x^2 + C,$$

$$\sum x^4 = \frac{x^5}{5h} - \frac{1}{2}x^4 + \frac{h}{3}x^3 - \frac{h^3}{30}x + C.$$

. . . .

743. Sommes des puissances des nombres 1, 2, 3, ..., n :

$$S_1 = \frac{1}{2}n^2 + \frac{1}{2}n = \frac{n(n+1)}{2},$$

$$S_2 = \frac{1}{3}n^3 + \frac{1}{2}n^2 + \frac{1}{6}n = \frac{n(n+1)(2n+1)}{1.2.3},$$

$$S_3 = \frac{1}{4}n^4 + \frac{1}{2}n^3 + \frac{1}{4}n^2 = \frac{n^2(n+1)^2}{4},$$

$$S_4 = \frac{1}{5}n^5 + \frac{1}{2}n^4 + \frac{1}{3}n^3 - \frac{1}{30}n,$$

. . . .

744. **Évaluation des sommes par les intégrales ordinaires et des intégrales par les sommes.**

$$Sf(x) = \frac{1}{h}\int_{x_0}^{X} f(x)\,dx - \frac{1}{2}[f(X) - f(x_0)] + \frac{1}{12}h[f'(X) - f'(x_0)] - \frac{1}{720}h^3[f'''(X) - f'''(x_0)] + \ldots.$$

745. Intégrale ordinaire en fonction d'une intégrale aux diffé-

rences finies :

$$\int_{x_0}^{X} f(x)\,dx = h\left[\frac{f(x_0)}{2} + f(x_1) + f(x_2) + \ldots + \frac{f(X)}{2}\right]$$
$$- \frac{1}{12}h^2[f'(X) - f'(x_0)]$$
$$+ \frac{1}{720}h^4[f'''(X) - f'''(x_0)] + \ldots.$$

Le premier terme du second membre est égal à la somme des trapèzes inscrits dans la courbe $y = f(x)$, et déterminés par des ordonnées équidistantes. Quant au premier membre, il représente l'aire de cette courbe.

746. La détermination des coefficients numériques peut se faire au moyen d'une fonction particulière.

747 et 748. Formules d'interpolation. — Formule de Newton. — L'interpolation a pour objet de trouver une fonction d'une variable, connaissant les valeurs de cette fonction qui correspondent à un certain nombre de valeurs données de la variable. Ce problème est indéterminé tant qu'on ne fixe pas la forme de la fonction cherchée. Soient

$$x_0, \quad x_1, \quad x_2, \ldots, \quad x_n$$

$n+1$ valeurs équidistantes d'une variable, et soit h leur différence constante. Soient

$$u_0, \quad u_1, \quad u_2, \ldots, \quad u_n$$

les valeurs correspondantes d'une fonction u, que nous supposerons entière et du $n^{ième}$ degré :

$$u = u_0 + \frac{x}{h}\Delta u_0 + \frac{x}{h}\left(\frac{x}{h} - 1\right)\frac{\Delta^2 u_0}{1.2} + \ldots$$
$$+ \frac{x}{h}\left(\frac{x}{h} - 1\right)\ldots\left(\frac{x}{h} - n + 1\right)\frac{\Delta^n u_0}{1.2\ldots n}.$$

749. Formule de Lagrange. — Supposons maintenant que les valeurs données de x,

$$x_0, \quad x_1, \quad x_2, \ldots, \quad x_n,$$

soient quelconques :

$$u = \frac{(x - x_1)(x - x_2)\ldots(x - x_n)}{(x_0 - x_1)(x_0 - x_2)\ldots(x_0 - x_n)}u_0$$
$$+ \frac{(x - x_0)(x - x_2)\ldots(x - x_n)}{(x_1 - x_0)(x_1 - x_2)\ldots(x_1 - x_n)}u_1$$
$$+ \ldots\ldots\ldots\ldots\ldots\ldots\ldots\ldots\ldots\ldots$$
$$+ \frac{(x - x_0)(x - x_1)(x - x_{n-1})}{(x_n - x_0)(x_n - x_1)(x_n - x_{n-1})}u_n.$$

750 et 751. Formules d'approximation pour les quadratures, rectifications, cubatures. — Supposons qu'il s'agisse d'évaluer l'intégrale

$$\int_{x_0}^{X} f(x)\,dx = S,$$

ou l'aire de la courbe $y = f(x)$:

$$S = \frac{h}{3}[y_0 + y_n + 2(y_2 + y_4 + \ldots + y_{n-2}) + 4(y_1 + y_3 + \ldots + y_{n-1})],$$

formule due à Thomas Simpson.

CINQUANTE-NEUVIÈME LEÇON.

VARIATION D'UNE INTÉGRALE DÉFINIE.

752. But du calcul des variations. — On considère une intégrale définie

$$\int_{x_0}^{x_1} f\left(x, y, \frac{dy}{dx}, \frac{d^2y}{dx^2}, \cdots\right),$$

et il faut trouver pour y une fonction $\mathrm{f}(x)$ telle, que cette intégrale ait une valeur plus grande ou plus petite que si l'on remplaçait $\mathrm{f}(x)$ par une fonction d'une forme tant soit peu différente.

753. Exemple. — *Étant donnés deux points* C *et* D, *trouver une courbe plane* CMD *telle, que la surface de révolution engendrée par le mouvement de cette courbe en tournant autour d'un axe* Ox *situé dans son plan soit un maximum ou un minimum.*

Soit S la surface : en posant

$$S = 2\pi \int_{x_0}^{x_1} y \frac{ds}{dx}\,dx,$$

il faut trouver une fonction de x, $y = \mathrm{f}(x)$, telle, que l'intégrale précédente ait une valeur plus grande ou plus petite que toutes celles qu'on obtiendrait en modifiant infiniment peu la forme de la fonction $\mathrm{f}(x)$.

754. La marche à suivre pour résoudre ces nouvelles questions diffère peu de celle qu'on a déjà suivie dans les questions ordinaires de maximum et de minimum.

755. Définitions et notations. — Soient

$$y = \mathrm{f}(x)$$

l'équation d'une courbe, et

$$y = \mathfrak{F}(x)$$

l'équation d'une autre courbe qu'on obtiendrait en faisant varier extrêmement peu la fonction $\mathrm{f}(x)$. Si l'on appelle δy l'accroissement de l'ordonnée MP quand on passe à la seconde courbe, l'abscisse restant la même,

$$\delta y = \mathfrak{F}(x) - \mathrm{f}(x),$$

est ce que l'on nomme la *variation* de l'ordonnée ou de la fonction.

756. On ramène les variations aux différentielles en regardant y comme une fonction de x et d'un paramètre arbitraire t. Soit

$$y = \varphi(x, t),$$

on aura

$$\delta y = \frac{d\varphi}{dt}\delta t, \quad dy = \frac{d\varphi}{dx}dx.$$

757. Il est souvent nécessaire de faire varier, à la fois, x et y, quand on passe de la courbe proposée à la courbe infiniment voisine. On regarde x et y comme des fonctions d'une variable indépendante u, et d'un certain paramètre t : soit

$$x = \varphi(u, t), \quad y = \psi(u, t).$$

On suppose que pour $t = 0$, y devienne une certaine fonction de x, $\mathrm{f}(x)$, et que x devienne une fonction quelconque de u, $f(u)$.

$$\varphi(u, 0) = f(u), \quad \psi(u, 0) = \mathrm{f}[f(u)].$$

On aura

$$\delta x = \left(\frac{d\varphi}{dt}\right)_0 \delta t, \quad \delta y = \left(\frac{d\psi}{du}\right)_0 \delta t.$$

Si laissant à t une valeur constante on faisait varier u, on aurait

$$dx = \frac{d\varphi}{du}du, \quad dy = \frac{d\psi}{du}du.$$

758. On appelle *variation* de U la partie de ΔU qui ne dépend que des premières puissances des variations δx et δy.

$$\delta \mathrm{U} = \frac{d\mathrm{U}}{dx}\delta x + \frac{d\mathrm{U}}{dy}\delta y.$$

759. On appelle *variation seconde* d'une fonction U la variation de δU : on la désigne par δ^2U. La variation de cette dernière est appelée *variation troisième* de U et se désigne par δ^3U, et ainsi de suite.

760. Théorèmes sur la permutation des signes d et δ, $\int$

ET δ. — *La variation de la différentielle d'une fonction de x est égale à la différentielle de la variation.*

761.

$$\delta\, d\mathrm{U} = d\,\delta\mathrm{U}.$$

$$\delta^m d^n \mathrm{U} = d^n \delta^m \mathrm{U}.$$

762. *On peut aussi intervertir l'ordre des signes δ et $\int$.*

$$\delta \int_{x_0}^{x_1} \mathrm{V}dx = \int_{x_0}^{x_1} \delta(\mathrm{V}dx).$$

763 à 767. **Variation d'une intégrale définie. — Cas ou la fonction sous le signe $\int$ ne dépend pas des limites.**

$$\mathrm{U} = \int_{x_0}^{x_1} \mathrm{V}dx,$$

$$\mathrm{V} = f(x, y, p, q), \quad p = \frac{dy}{dx}, \quad q = \frac{d\frac{dy}{dx}}{dx},$$

$$\mathrm{M} = \frac{d\mathrm{V}}{dx}, \quad \mathrm{N} = \frac{d\mathrm{V}}{dy}, \quad \mathrm{P} = \frac{d\mathrm{V}}{dp}, \quad \mathrm{Q} = \frac{d\mathrm{V}}{dq},$$

$$\Gamma = \left\{\left[\mathrm{V} - \left(\mathrm{P} - \frac{d\mathrm{Q}}{dx}\right)p - \mathrm{Q}q\right]\delta x + \left(\mathrm{P} - \frac{d\mathrm{Q}}{dx}\right)\delta y + \mathrm{Q}\delta p\right\}_0^1,$$

$$\mathrm{K} = \mathrm{N} - \frac{d\mathrm{P}}{dx} + \frac{d^2\mathrm{Q}}{dx^2},$$

$$\delta \int_{x_0}^{x_1} \mathrm{V}dx = \Gamma + \int_{x_0}^{x_1} (\mathrm{K}\delta y - \mathrm{K}p\delta x)\, dx.$$

768. **Cas ou la fonction V renferme deux fonctions de x.**

$$\mathrm{V} = f\left(x, y, \frac{dy}{dx}, \frac{d^2y}{dx^2}, z, \frac{dz}{dx}, \frac{d^2z}{dx^2}\right),$$

$$\delta \int_{x_0}^{x_1} \mathrm{V}dx = \Gamma' + \int_{x_0}^{x_1} (\mathrm{K}\omega + \mathrm{K}'\omega')\, dx,$$

en posant

$$\frac{dz}{dx} = p', \quad \frac{d^2z}{dx^2} = q',$$

$$\frac{d\mathrm{V}}{dz} = \mathrm{N}', \quad \frac{d\mathrm{V}}{dp'} = \mathrm{P}', \quad \frac{d\mathrm{V}}{dq'} = \mathrm{Q}',$$

$$\mathrm{K}' = \mathrm{N}' - \frac{d\mathrm{P}'}{dx} + \frac{d^2\mathrm{Q}'}{dx^2}.$$

Γ' s'obtient en ajoutant à Γ les termes qui résultent du changement des quantités P, Q, p, ..., en P', Q', p', ...

769. Cas où la fonction V dépend des limites de l'intégration. — Il faut ajouter à la variation de l'intégrale les termes qui proviennent de la variation des limites.

SOIXANTIÈME LEÇON.

SUITE DE LA VARIATION D'UNE INTÉGRALE DÉFINIE. — APPLICATIONS.

770. Autre moyen d'obtenir la variation d'une intégrale définie.

$$\delta \int_{x_0}^{x_1} V dx = \Gamma + \int_{x_0}^{x_1} (H\delta x + K\delta y)\, dx,$$

$$H = -Kp.$$

771. Si l'on ne faisait varier que y,

$$\delta \int_{x_0}^{x_1} V dx = \Gamma' + \int_{x_0}^{x_1} K\delta y dx,$$

Γ' se déduisant de Γ, par la suppression des termes qui renferment δx_0 et δx_1.

Si l'on faisait varier x seulement,

$$\delta \int_{x_0}^{x_1} V dx = \Gamma'' + \int_{x_0}^{x_1} H\delta x dx = \Gamma'' - \int_{x_0}^{x_1} Kp\delta x\, dx,$$

Γ'' étant ce que devient Γ quand on y fait $\delta y_0 = 0$, $\delta y_1 = 0$.

772. Cas où il entre dans la fonction V une autre fonction z de x avec ses dérivées p' et q' :

$$\delta \int_{x_0}^{x_1} V dx = \Gamma + \int_{x_0}^{x_1} (H\delta x + K\delta y + K'\delta z)\, dx,$$

$$H = -(Kp + K'p').$$

773. Maximum et minimum d'une intégrale définie. $\delta U = 0$ est la condition du maximum ou du minimum.

Si $\delta^2 U$ reste toujours positive, lorsque les variations δx et δy changent d'une manière quelconque, tout en restant infiniment petites, U sera un minimum. Si $\delta^2 U$ reste négative, U sera un maximum. Enfin U ne sera ni un maximum ni un minimum si $\delta^2 U$ peut changer de signe.

774. L'équation $\delta U = 0$ entraîne les deux suivantes

$$\Gamma = 0, \quad K = 0.$$

775. Conditions relatives aux limites. — Dans le cas où V ne contient que x, y, p et q, l'équation $K = 0$ est du quatrième ordre, et l'on a

$$y = f(x, C, C', C'', C''').$$

Pour déterminer les quatre constantes arbitraires, il faut avoir égard à l'équation $\Gamma = 0$. Plusieurs cas :

1° Si l'on se donne les valeurs de x, y, p, q aux deux limites, l'équation $\Gamma = 0$ est identiquement satisfaite, et on aura

$$\begin{aligned} y_0 &= f(x_0, C, C', C'', C'''),\\ p_0 &= f'(x_0, C, C', C'', C'''),\\ y_1 &= f(x_1, C, C', C'', C'''),\\ p_1 &= f'(x_1, C, C', C'', C'''). \end{aligned}$$

2° Si l'une des six quantités x_0, y_0, ..., reste arbitraire, p_1 par exemple, l'équation $\Gamma = 0$ se réduit à $Q_1 = 0$; on a cinq équations pour déterminer les quatre constantes et la valeur de p_1.

3° Si l'on a

$$\varphi(x_0, y_0, p_0, x_1, y_1, p_1) = 0,$$

on aura

$$\frac{d\varphi}{dx_0}\delta x_0 + \frac{d\varphi}{dy_0}\delta y_0 + \frac{d\varphi}{dp_0}\delta p_0 + \frac{d\varphi}{dx_1}\delta x_1 + \frac{d\varphi}{dy_1}\delta y_1 + \frac{d\varphi}{dp_1}\delta p_1 = 0.$$

En portant la valeur de δp_1, tirée de cette équation, dans l'équation $\Gamma = 0$, il faudra égaler à o les coefficients de δx_0, δy_0, δp_0, δx_1 et δy_1. On aura dix équations pour déterminer les dix inconnues C, C', C'', C''', x_0, y_0, p_0, x_1, y_1, p_1.

776. Cas où la fonction V contient deux fonctions de x. — V contient deux fonctions y et z de la variable x. On aura

$$\Gamma = 0, \quad K = 0, \quad K' = 0.$$

777 à 779. S'il existe entre y et x une relation

$$F(x, y, z) = 0,$$

on aura

$$\Gamma = 0, \quad K\frac{dF}{dz} - K'\frac{dF}{dy} = 0.$$

780. Ligne la plus courte entre deux points dans un plan. — La ligne cherchée est une ligne droite.

781. LIGNE LA PLUS COURTE D'UN POINT A UNE COURBE PLANE. — *La ligne la plus courte entre un point et une courbe est une droite normale à cette courbe.*

782. LIGNE LA PLUS COURTE ENTRE DEUX COURBES PLANES. — *La ligne la plus courte entre deux courbes planes est une normale commune aux deux courbes proposées*

SOIXANTE ET UNIÈME LEÇON.

SUITE DES APPLICATIONS DU CALCUL DES VARIATIONS.

783 et 784. AUTRE MANIÈRE DE RÉSOUDRE LES PROBLÈMES PRÉCÉDENTS. — Au lieu d'appliquer les formules générales, on opère comme il a été expliqué au n° 770.

785. LIGNE LA PLUS COURTE ENTRE DEUX POINTS, DANS L'ESPACE. — Soient x_0, y_0, z_0 les coordonnées du premier point, et x_1, y_1, z_1 celles du second,

$$y = cx + C, \quad z = c'x + C',$$

équations d'une ligne droite.

786. DÉTERMINATION DES CONSTANTES.

787. LIGNE LA PLUS COURTE SUR UNE SURFACE DONNÉE. — *Soit*

$$F(x, y, z) = 0$$

l'équation d'une surface courbe; proposons-nous de trouver la ligne la plus courte AMB *que l'on puisse tracer sur cette surface entre deux de ses points* A *et* B.

On a

$$d\frac{dx}{ds} - \frac{\dfrac{dF}{dx}}{\dfrac{dF}{dz}}\, d\frac{dz}{ds} = 0, \quad d\frac{dy}{ds} - \frac{\dfrac{dF}{dy}}{\dfrac{dF}{dz}}\, d\frac{dz}{ds} = 0;$$

ce qui fait trois équations pour déterminer les deux fonctions y et z. Mais l'une des dernières équations est une conséquence de l'autre et de l'équation de la surface.

788. Les lignes les plus courtes sur une surface sont nommées *lignes géodésiques* de cette surface : tous leurs plans osculateurs sont normaux à la surface.

Les constantes se détermineront comme dans le problème précédent. Si la ligne cherchée doit aboutir à deux courbes données sur la surface, la courbe AMB les coupera à angle droit.

789. La propriété d'être la ligne la plus courte entre deux points quelconques d'une surface peut n'exister que sur une portion d'une ligne géodésique. Sur la sphère, la propriété du minimum appartient seulement aux arcs de grand cercle moindres qu'une demi-circonférence.

790. Surface de révolution minimum. — *Étant donnés, dans le même plan, deux points* A *et* B, *et une droite* CD, *trouver une courbe* AMB, *située dans ce plan, et qui, en tournant autour de* CD, *engendre une surface de révolution dont l'aire soit la plus petite possible.*

Prenant pour axe des x la droite CD, et pour axe des y une perpendiculaire à cette droite, on a

$$y = \frac{c}{2}\left(e^{\frac{x-c'}{c}} + e^{-\frac{x-c'}{c}}\right),$$

équation d'une chaînette (574, 2°).

SOIXANTE-DEUXIÈME LEÇON.

SUITE DES APPLICATIONS DU CALCUL DES VARIATIONS.

791 et 792. Brachistochrone. — Problème. *Étant donnés deux points* A *et* B, *trouver la courbe* AMB *que doit suivre un point pesant pour aller du point* A *au point* B *dans le temps le plus court possible.* Cette courbe s'appelle *brachistochrone* ou courbe de plus vite descente.

La courbe cherchée est une cycloïde.

793. Si les deux points A et B sont assujettis à se trouver sur deux courbes données CD, EF, on obtient encore une cycloïde AMB, située dans un plan vertical qui coupe la courbe EF à angle droit.

La tangente à la cycloïde au point B est perpendiculaire à la tangente menée à la courbe CD par le point A.

794. Remarques sur l'intégration de l'équation

$$K = N - \frac{dP}{dx} + \frac{d^2Q}{dx^2} = 0.$$

1° Si y n'entre pas explicitement dans V, l'équation se réduit à

$$P - \frac{dQ}{dx} = C,$$

qui n'est plus que du troisième ordre.

2° Si x n'entre pas explicitement dans V, l'équation $K = o$ se réduira encore au troisième ordre en prenant y pour variable indépendante.

3° Si l'on avait à la fois $M = o$, $N = o$, l'équation se ramènerait au deuxième ordre.

795. Problème. — *Trouver une courbe plane* AMB *telle, que l'aire* ACBD *comprise entre l'arc* AMB, *les rayons de courbure* AC *et* BD *qui correspondent aux deux points extrêmes* A *et* B, *et la portion de développée* CD *comprise entre les centres de courbure* C *et* D *soit un minimum.*

La courbe cherchée est une cycloïde.

796. Maximum ou minimum relatif. — Il s'agit de rendre maximum ou minimum une intégrale définie $\int_0^{x_1} V\,dx$, avec la condition qu'une autre intégrale définie $\int_0^{x_1} U\,dx$ ait une valeur déterminée l.

797. Supposons qu'il s'agisse de rendre maximum l'intégrale $\int_{x_0}^{x_1} V\,dx$, avec la condition

$$\int_{x_0}^{x_1} U\,dx = l.$$

Les variations de ces intégrales doivent être nulles. On doit avoir

$$\delta\int_{x_0}^{x_1} V\,dx = o, \quad \delta\int_{x_0}^{x_1} U\,dx = o.$$

En développant ces deux conditions, on a

$$\Gamma + \int_{x_0}^{x_1} K\omega\,dx = o,$$

$$\Theta + \int_{x_0}^{x_1} L\omega\,dx = o.$$

On a les deux équations

$$\Gamma + a\Theta = o, \quad K + aL = o.$$

On aura donc une constante de plus que dans le cas où l'on recherche un minimum absolu, mais on a aussi une équation de plus

$$\int_{x_0}^{x_1} \mathrm{U}\,dx = l.$$

798. La recherche du maximum *relatif* de l'intégrale $\int_{x_0}^{x_1} \mathrm{V}\,dx$ revient à chercher le maximum absolu de l'intégrale $\int (\mathrm{V} + a\mathrm{U})\,dx$.

799. PROBLÈMES SUR LES ISOPÉRIMÈTRES. — *Étant donnés deux points* C *et* D *sur un plan, trouver, parmi toutes les courbes de même longueur situées dans ce plan et terminées aux points* C *et* D, *celle pour laquelle l'aire* ABDC *est un maximum.*

La courbe cherchée est un arc de cercle.

800. PROBLÈME. — *De toutes les courbes isopérimètres que l'on peut tracer sur un plan entre deux points donnés* A *et* B, *trouver celle qui, en tournant autour de la droite* Ox, *engendre la plus grande ou la plus petite surface de révolution.*

La chaînette.

801. PROBLÈME. — *De toutes les courbes isopérimètres, trouver celle qui engendre le volume minimum.*

$$dx = \frac{(y^2 - c)\,dy}{\sqrt{a^2 - (y^2 - c)^2}},$$

équation différentielle de la courbe élastique.

802. PROBLÈME. — *Déterminer la courbe qui, par sa révolution autour d'un axe (l'axe des x) engendre la surface minimum qui renferme un volume donné.*

$$dx = \frac{(y^2 \pm b^2)\,dy}{\sqrt{4a^2y^2 - (y^2 \pm b^2)^2}}.$$

Si la constante b est nulle, on a un cercle ou l'axe des x.

Si b n'est pas nulle, l'équation différentielle appartient à la courbe décrite par l'un des foyers d'une ellipse ou d'une hyperbole qui roule sans glisser sur l'axe des x.

TROISIÈME ET QUATRIÈME

LEÇONS COMPLÉMENTAIRES,

PAR A. DE SAINT-GERMAIN.

TROISIÈME LEÇON COMPLÉMENTAIRE.

PROPRIÉTÉS DES SURFACES COURBES.

Surfaces réglées. — Lignes de striction. — Plans tangents à une surface réglée, gauche ou développable. — Lignes asymptotiques. — Contact de deux surfaces.

SURFACES RÉGLÉES.

32*. Quand les coefficients qui figurent dans les deux équations d'une droite sont des fonctions déterminées d'un paramètre arbitraire λ, la droite peut, en général, prendre une infinité de positions dans l'espace; elle ne peut, toutefois, passer que par les points dont les coordonnées satisfont aux deux équations pour une valeur convenable de λ; c'est dire que le lieu de cette droite est une surface, nommée *surface réglée*, dont l'équation s'obtient en éliminant λ entre les équations de la génératrice.

Lorsque les équations d'une droite renferment deux ou trois arbitraires, la droite fait partie de systèmes infiniment plus compréhensifs que le précédent et auxquels on a donné les noms de *congruences* ou *faisceaux* et de *complexes;* on reconnaît immédiatement que, par un point quelconque de l'espace, il passe un nombre fini de droites d'une congruence, et un nombre infini de droites d'un complexe, celles-ci formant une surface conique. Nous voyons aussi que les droites dont les équations renferment quatre arbitraires sont absolument quelconques et ne sauraient former un système déterminé. Nous nous bornerons ici à considérer les systèmes de droites qui constituent les génératrices d'une surface réglée S.

Nous prendrons des axes coordonnés *rectangulaires*, le lecteur pouvant voir facilement dans quels cas cette restriction est inutile; nous écrirons les équations d'une génératrice G sous la forme très générale

$$(1)\qquad \frac{x-\alpha}{a} = \frac{y-\beta}{b} = \frac{z-\gamma}{c};$$

si l'on désigne par t la valeur des trois fractions, on aura

$$(2)\qquad x = at + \alpha,\qquad y = bt + \beta,\qquad z = ct + \gamma.$$

Les constantes a, b, c, α, β, γ sont des fonctions déterminées du paramètre λ; les trois premières sont proportionnelles aux cosinus directeurs de G, les trois autres sont les coordonnées d'un point P qui joue sur G le rôle d'origine des longueurs; la distance du point x, y, z de la droite au point P est $t\sqrt{a^2+b^2+c^2}$, t pouvant être positif ou négatif.

Dans des questions particulières, on pourra faire

$$a^2+b^2+c^2=1;$$

alors a, b, c seront les cosinus directeurs de G. D'autres fois, on fera

$$c=1, \qquad \gamma=0;$$

les équations de la droite prendront la forme

$$x=az+\alpha, \qquad y=bz+\beta,$$

où ne figurent que les quatre paramètres qui doivent nécessairement entrer dans les équations générales d'une droite.

33*. Le lieu des parallèles menées par un point quelconque aux génératrices de S est le *cône directeur* de la surface; il peut se réduire à un plan ou à un système de plans; dans tous les cas, chacune de ses génératrices rencontre S en un point rejeté à l'infini, puisqu'elle est parallèle à une droite située sur S.

Si l'on prend l'origine des coordonnées pour sommet du cône, l'équation de ce cône s'obtiendra en éliminant λ entre les équations

$$(3) \qquad \frac{x}{a}=\frac{y}{b}=\frac{z}{c}.$$

Quand l'équation de S est algébrique, l'équation du cône s'en déduit en égalant à zéro l'ensemble des termes du plus haut degré. Soit, en effet, $F(x, y, z)$ la somme de ces termes : pour que la droite (3) rencontre la surface réglée en un point à l'infini, il faut qu'on ait

$$F(a, b, c)=0;$$

le lieu de cette droite se trouve en éliminant a, b, c entre cette équation de condition, qui est homogène, et les équations (3); le résultat de l'élimination est

$$F(x, y, z)=0.$$

LIGNES DE STRICTION.

34*. Nous aurons besoin de connaître l'angle de G avec une génératrice G' infiniment voisine, la grandeur et la position de la perpendiculaire commune à ces deux droites; à cet effet, nous rappellerons les formules de Géométrie analytique qui résoudraient les mêmes problèmes pour la droite G et une autre droite G_1 définie par les équations

$$\frac{x-\alpha_1}{a_1} = \frac{y-\beta_1}{b_1} = \frac{z-\gamma_1}{c_1}.$$

Désignons par V l'angle des deux droites et posons, pour abréger,

$$bc_1 - cb_1 = \mathcal{A}, \qquad ca_1 - ac_1 = \mathcal{B}, \qquad ab_1 - ba_1 = \mathcal{C},$$
$$\mathcal{A}^2 + \mathcal{B}^2 + \mathcal{C}^2 = h^2;$$

on aura

$$\sin V = \frac{h}{\sqrt{(a^2+b^2+c^2)(a_1^2+b_1^2+c_1^2)}}.$$

La perpendiculaire commune aux deux droites a pour longueur

$$\pm \frac{1}{h}[\mathcal{A}(\alpha_1-\alpha) + \mathcal{B}(\beta_1-\beta) + \mathcal{C}(\gamma_1-\gamma)];$$

ses cosinus directeurs sont $\frac{\mathcal{A}}{h}, \frac{\mathcal{B}}{h}, \frac{\mathcal{C}}{h}$, et la valeur de t qui détermine sur G la position du point où cette droite rencontre la perpendiculaire commune est

$$\tau = \frac{1}{h^2}[(b_1\mathcal{C} - c_1\mathcal{B})(\alpha_1-\alpha) + (c_1\mathcal{A} - a_1\mathcal{C})(\beta_1-\beta)$$
$$+ (a_1\mathcal{B} - b_1\mathcal{A})(\gamma_1-\gamma)].$$

Supposons maintenant que G_1 devienne infiniment voisine de G : $a_1 - a$, $\alpha_1 - \alpha$, ... pourront être remplacés par les différentielles da, $d\alpha$, db, $d\beta$, dc, $d\gamma$; $\mathcal{A}$ deviendra

$$b(c+dc) - c(b+db) = b\,dc - c\,db,$$

$\mathcal{B}$ et $\mathcal{C}$ deviendront $c\,da - a\,dc$, $a\,db - b\,da$, et les formules générales se simplifieront parce qu'on pourra se borner aux parties principales des termes qui y figurent. Il convient, d'ailleurs, de remplacer da, $d\alpha$, ... par $a'\,d\lambda$, $\alpha'\,d\lambda$, ..., a', α', b', β', c', γ' désignant les dérivées de a, α, b, β, c, γ par rapport au paramètre λ dont elles dépendent. Nous poserons

$$bc' - cb' = \mathrm{A}, \qquad ca' - ac' = \mathrm{B}, \qquad ab' - ba' = \mathrm{C},$$
$$\mathrm{A}^2 + \mathrm{B}^2 + \mathrm{C}^2 = \mathrm{H}^2;$$

l'angle de G et de G', qu'on peut prendre pour son sinus, est

$$\varphi = \frac{\mathrm{H}\,d\lambda}{a^2 + b^2 + c^2}.$$

La perpendiculaire commune à G et à G' a pour longueur

$$\delta = \pm \frac{\mathrm{A}\alpha' + \mathrm{B}\beta' + \mathrm{C}\gamma'}{\mathrm{H}}\,d\lambda;$$

ses cosinus directeurs sont $\frac{\mathrm{A}}{\mathrm{H}}, \frac{\mathrm{B}}{\mathrm{H}}, \frac{\mathrm{C}}{\mathrm{H}}$; elle rencontre G en un point qui tend vers une limite déterminée Q, dont la position sur G est définie par une valeur de t égale à la limite de τ, savoir

$$\mathrm{T} = \frac{\mathrm{A}(c\beta' - b\gamma') + \mathrm{B}(a\gamma' - c\alpha') + \mathrm{C}(b\alpha' - a\beta')}{\mathrm{H}^2}.$$

35*. Le point limite Q, dont les coordonnées sont

$$x = a\mathrm{T} + \alpha, \qquad y = b\mathrm{T} + \beta, \qquad z = c\mathrm{T} + \gamma,$$

est le *point central* de G; le plan qui passe par G et par la droite limite de la perpendiculaire commune à G et à G' est le *plan central* de G.

Le lieu des points centraux des diverses génératrices de S est la *ligne de striction* de la surface; il n'y a pas de raison pour qu'elle soit tangente aux plus courtes distances des génératrices infiniment voisines et, en général, elle coupe obliquement les génératrices de S.

Considérons comme exemple les droites définies par les équations

$$\frac{x + \frac{1}{2}\lambda^2}{\lambda} = \frac{y}{\sqrt{p}} = \frac{z + \lambda\sqrt{q}}{\sqrt{q}};$$

elles forment l'un des systèmes de génératrices du paraboloïde

$$\frac{y^2}{p} - \frac{z^2}{q} = 2x.$$

Nous avons

$$a = \lambda, \qquad b = \sqrt{p}, \qquad c = \sqrt{q},$$
$$\alpha = -\tfrac{1}{2}\lambda^2, \qquad \beta = 0, \qquad \gamma = -\lambda\sqrt{q};$$

on trouve que T se réduit à $\frac{p\lambda}{p+q}$, et que les coordonnées d'un point de la ligne de striction sont

$$x = \frac{1}{2}\frac{p-q}{p+q}\lambda^2, \qquad y = \frac{\lambda}{p+q}p^{\frac{3}{2}}, \qquad z = -\frac{\lambda}{p+q}q^{\frac{3}{2}}.$$

Pour avoir les équations de la ligne de striction, on élimine λ entre ces trois équations, ce qui donne l'équation du paraboloïde et l'équation

$$q^{\frac{3}{2}}y + p^{\frac{3}{2}}z = 0;$$

la ligne de striction est une parabole si $p \gtrless q$.

On aurait pu déduire le même résultat d'une remarque très simple : quand toutes les génératrices d'une surface réglée sont parallèles à un plan directeur P, leurs plus courtes distances sont perpendiculaires à P; la projection de la ligne de striction sur P doit être l'enveloppe des projections des génératrices; la ligne de striction est la courbe de contact de la surface avec un cylindre : c'est donc une parabole si $p \gtrless q$; quand $p = q$, c'est une droite.

PLANS TANGENTS AUX SURFACES RÉGLÉES, GAUCHES OU DÉVELOPPABLES.

36*. En général, l'angle φ et la plus courte distance δ de deux génératrices infiniment voisines sont du même ordre de grandeur que la variation $d\lambda$ que subit λ quand on passe d'une génératrice à l'autre; mais le rapport $\frac{\delta}{\varphi}$, que nous désignerons par p, est fini.

Lorsque φ est infiniment petit par rapport à $d\lambda$, les génératrices G et G′ peuvent être considérées comme parallèles; si le même fait se présente pour toutes les valeurs de λ, la surface est cylindrique. On peut l'établir par le calcul : pour que φ soit infiniment plus petit que $d\lambda$, il faut que le numérateur H de sa partie principale (34*) soit nul; cela exige $A = B = C = 0$, et l'on en conclut immédiatement

$$\frac{a'}{a} = \frac{b'}{b} = \frac{c'}{c}, \qquad \mathrm{L}\frac{a}{a_0} = \mathrm{L}\frac{b}{b_0} = \mathrm{L}\frac{c}{c_0},$$

a_0, b_0, c_0 étant les valeurs de a, b, c pour une certaine valeur de λ; les cosinus directeurs de G, proportionnels à des constantes, sont constants.

Quand δ est infiniment plus petit que $d\lambda$, les deux génératrices G et G' peuvent être considérées comme se rencontrant, et, si cela arrive quel que soit λ, la surface S est développable. Pour nous en rendre compte analytiquement, remarquons que le coefficient de $d\lambda$ dans δ (34*) doit être nul :

$$\text{(1)} \qquad A\alpha' + B\beta' + C\gamma' = 0.$$

D'ailleurs, le point $P(\alpha, \beta, \gamma)$ peut être choisi comme on veut sur G : je le fais coïncider constamment avec le point central; T est alors constamment nul, et l'on a

$$\text{(2)} \qquad (bC - cB)\alpha' + (cA - aC)\beta' + (aB - bA)\gamma' = 0.$$

Les équations (1) et (2) permettent de trouver des quantités proportionnelles à α', β', γ' :

$$\frac{\alpha'}{a(B^2 + C^2) - A(bB + cC)} = \frac{\beta'}{b(C^2 + A^2) - B(Cc + Aa)} = \frac{\gamma'}{c(A^2 + B^2) - C(Aa + Bb)}.$$

Or on a identiquement

$$aA + bB + cC = 0;$$

si l'on transforme, au moyen de cette identité, les parties soustractives des dénominateurs, on trouve

$$\frac{\alpha'}{H^2 a} = \frac{\beta'}{H^2 b} = \frac{\gamma'}{H^2 c}.$$

Les équations de la droite G peuvent donc s'écrire

$$\frac{x - \alpha}{\alpha'} = \frac{y - \beta}{\beta'} = \frac{z - \gamma}{\gamma'};$$

c'est dire que cette droite est une tangente à la ligne de striction; la surface S qu'elle engendre est donc développable. Notre calcul suppose, il est vrai, α', β', γ' différents de zéro; si ces dérivées étaient toujours nulles, α, β, γ seraient constants, et S serait un cône, c'est-à-dire encore une surface développable.

Quand p n'est ni nul ni infini, deux génératrices consécutives ne sont pas dans un même plan et la surface S est *gauche*.

37*. Nous allons chercher l'équation du plan tangent en un point M dont les coordonnées sont $x = at + \alpha$, $y = bt + \beta$, $z = ct + \gamma$; elle est de la forme

$$(3)\quad P(X - at - \alpha) + Q(Y - bt - \beta) + R(Z - ct - \gamma) = 0.$$

Considérons une ligne quelconque située sur S et passant par M; les cosinus directeurs de sa tangente sont proportionnels aux valeurs de dx, dy et dz qui correspondent à un déplacement sur la courbe à partir du point M, savoir

$$(a't + \alpha')\,d\lambda + a\,dt,$$
$$(b't + \beta')\,d\lambda + b\,dt,$$
$$(c't + \gamma')\,d\lambda + c\,dt.$$

Pour que la tangente soit située dans le plan (3), il faut qu'on ait

$$P[(a't + \alpha')\,d\lambda + a\,dt] + Q[(b't + \beta')\,d\lambda + b\,dt] + R[(c't + \gamma')\,d\lambda + c\,dt] = 0;$$

le rapport de $d\lambda$ à dt peut être quelconque, et l'égalité ne peut avoir lieu identiquement que si le coefficient de chacune des différentielles est nul séparément; on a ainsi deux équations de condition d'où l'on tire des quantités proportionnelles à P, Q, R; il suffit de les substituer dans l'équation (3) pour avoir celle du plan tangent en M :

$$(At + b\gamma' - c\beta')(X - \alpha) + (Bt + c\alpha' - a\gamma')(Y - \beta) + (Ct + a\beta' - b\alpha')(Z - \gamma) = 0.$$

Cette équation contient t, et le plan tangent ne doit pas être le même, en général, aux divers points d'une génératrice G. Pour étudier la loi de sa variation, faisons coïncider l'axe des x avec G : sur cette droite, b, c, β, γ sont nuls; A, B, C se réduisent à 0, $-ac'$, ab'; on peut faire $\alpha = 0$, $a = 1$; t est alors égal à l'abscisse x du point de contact, et l'équation du plan tangent en un point de G devient

$$(4)\quad (c'x + \gamma')Y - (b'x + \beta')Z = 0.$$

Cette équation peut encore être simplifiée; mais, sous sa forme actuelle, elle permet de faire une remarque importante. Imaginons une surface réglée S_1 ayant aussi pour génératrice G : le plan tangent à S_1 en un point de G aura une équation de la forme

$$(c'_1 x + \gamma'_1)Y = (b'_1 x + \beta'_1)Z;$$

les valeurs de x pour lesquelles les deux plans tangents coïncident sont données par une équation du second degré; on en déduit ce théorème :

Deux surfaces réglées qui ont une génératrice commune ont même plan tangent en deux points de cette génératrice; si leurs plans tangents coïncident en plus de deux points, ils coïncideront tout le long de la génératrice.

La dernière proposition est souvent mise à profit pour construire le plan tangent à une surface réglée quelconque S : si l'on connaît le plan tangent en trois points d'une génératrice G, on pourra déterminer un paraboloïde qui passe par G et qui admette les trois plans tangents considérés; en tout autre point de G, le plan tangent à S coïncide avec celui du paraboloïde qu'on sait construire : le paraboloïde est dit *paraboloïde de raccordement.*

38*. Revenons à l'équation (4) et supposons que nous fassions coïncider l'origine des coordonnées avec le point central, l'axe des y avec la limite de la perpendiculaire commune à G et à G' : C doit s'annuler comme A, et aussi T; on voit qu'il en résulte $b' = \gamma' = 0$; φ se réduit à $c'd\lambda$, δ à $\beta' d\lambda$, l'équation (4) devient

$$Z = \frac{\varphi}{\delta} x Y = \frac{x}{p} Y.$$

Le plan tangent au point central coïncide avec le plan central; à partir de ce point il tourne d'un angle dont la tangente est proportionnelle à l'abscisse du point de contact; le rapport de proportionnalité p s'appelle *paramètre de distribution*. A l'infini, le plan tangent est perpendiculaire au plan central; il est parallèle à G', ou, si l'on veut, au plan qui touche le cône directeur tout le long de la génératrice parallèle à G.

Quand p est infini, comme cela arrive sur un cylindre, le plan tangent reste confondu avec le plan central, sauf à l'infini où il est indéterminé. Si p est nul, le plan tangent est perpendiculaire au plan central en tous les points de G, sauf au point central, où il est indéterminé. En somme, le plan tangent à une surface développable reste le même tout le long de chacune de ses génératrices.

Le plan tangent en tous les points d'une droite D située sur une surface ne varie suivant la loi qui vient d'être établie que si D fait partie d'un système de droites tracées sur la surface; il est clair, par exemple, qu'on peut imaginer un conoïde dont les plans tangents aux divers points de son axe varieront suivant une loi parfaitement arbitraire.

LIGNES ASYMPTOTIQUES.

39*. On appelle *ligne asymptotique* une ligne tracée sur une surface S, de telle sorte qu'en chacun de ses points elle soit tangente à l'une des asymptotes de l'indicatrice de S relative au même point. Il existe, en général, deux systèmes de lignes asymptotiques sur une surface quelconque, du moins sur la partie de cette surface où, les courbures principales étant de sens contraires, les indicatrices sont hyperboliques et ont des asymptotes réelles.

Le plan qui passe par la normale à S en un point M et par une des asymptotes MA de l'indicatrice détermine dans la surface une section dont le rayon de courbure en M est infini; soit donc M′ un point de cette section infiniment voisin de M; la distance du point M′ à MA et, par suite, au plan tangent en M, est, à moins d'infiniment petits de l'ordre de $\overline{MM'}^3$, égale à $\overline{MM'}^2$ divisé par le double du rayon de courbure en M (4*); cette distance est donc d'ordre supérieur au second, MM′ étant du premier ordre infinitésimal. Cela posé, rapportons la surface à un système d'axes coordonnés qui ne sont pas nécessairement rectangulaires : soient x, y, z les coordonnées du point M; celles du point M′ seront, en employant les notations ordinaires, de la forme

$$(1)\qquad x+h,\quad y+k,\quad z+ph+qk+\frac{1}{2}(rh^2+2shk+tk^2)+\ldots,$$

h et k étant des infiniment petits du premier ordre. Pour que la distance de ce point au plan tangent en M, défini par l'équation

$$(2)\qquad Z-z-p(X-x)-q(Y-y)=0,$$

soit d'ordre supérieur au second, il faut que, en remplaçant dans l'équation (2) X, Y, Z par les expressions (1), les termes du premier et du second ordre disparaissent; les termes du premier ordre se détruisent, et l'on aura, pour la somme des termes du second ordre,

$$(3)\qquad -\frac{1}{2}(rh^2 + 2shk + tk^2) = 0.$$

Considérons maintenant la ligne asymptotique qui est tangente à MA : elle est aussi tangente à la section normale considérée, et, si l'on appelle dx, dy, dz les différentielles correspondant à un déplacement sur la ligne asymptotique, on aura $\frac{h}{dx} = \frac{k}{dy}$; la relation (4) donnera donc

$$(5)\qquad r\,dx^2 + 2s\,dx\,dy + t\,dy^2 = 0.$$

Les dérivées partielles r, s, t peuvent être regardées comme des fonctions connues de x et de y; l'équation (5), qui a lieu pour un point quelconque d'une ligne asymptotique, constitue une équation différentielle de la projection de cette ligne sur le plan des xy. Cette équation est du second degré par rapport à $\frac{dy}{dx}$; donc, par chaque point du plan des xy, il passe deux lignes qui sont les projections de deux asymptotiques appartenant aux deux systèmes que j'ai signalés. En général, les deux valeurs de $\frac{dy}{dx}$ tirées de l'équation (5) contiennent un même radical; il en résulte que les projections des deux systèmes d'asymptotiques forment deux branches d'une même famille de courbes : il n'en est plus ainsi quand l'équation (5) donne pour $\frac{dy}{dx}$ deux valeurs rationnelles par rapport à x et à y.

40*. *Le plan tangent en* M *est osculateur à chacune des asymptotiques qui y passent.*

Pour le prouver, je prends pour axes des x et des y les tangentes à l'indicatrice en M, pour axe des z la normale à S au même point. L'ordonnée d'un point quelconque de la surface peut se développer suivant les puissances de x et y, en une série ne contenant ni terme constant ni termes du premier degré, et de la forme

$$(6) \quad \begin{cases} z = \frac{1}{2}(ax^2 + 2bxy + cy^2) \\ \qquad + \frac{1}{6}(ex^3 + 3fx^2y + 3gxy^2 + hy^3) + \ldots \end{cases}$$

Quand x ou y s'annule, z ne doit contenir que des termes du troisième ordre, au moins, par rapport à x et y : il faut que a et c soient nuls. L'équation qui détermine les projections des lignes asymptotiques de S peut s'écrire

$$(5\ bis) \quad \begin{cases} (ex + fy + \ldots)dx^2 + 2(b + fx + gy + \ldots)\,dx\,dy \\ \qquad\qquad + (gx + hy + \ldots)\,dy^2 = 0. \end{cases}$$

Considérons, d'autre part, l'asymptotique tangente à MX : l'y d'un de ses points peut se développer suivant les puissances entières de l'abscisse x, soit

$$(7) \quad y = \lambda x^2 + \mu x^3 + \ldots, \qquad \text{d'où} \qquad dy = (2\lambda x + 3\mu x^2 + \ldots)dx.$$

Si l'on remplace y et dy par ces valeurs dans l'équation (5 *bis*), on peut diviser tous les termes par $x\,dx^2$, et il reste

$$e + 4b\lambda + (5f\lambda + 6b\mu)\,x + \ldots = 0;$$

les termes non écrits renferment au moins x^2. L'équation précédente doit être satisfaite quel que soit x, puisque, par hypothèse, l'équation (7) est une des équations de l'asymptotique : si l'on annule le terme indépendant de x et le terme en x, on trouve

$$\lambda = -\frac{e}{4b}, \qquad \mu = \frac{5ef}{24b^2};$$

les équations de l'asymptotique sont donc, en négligeant les termes en x^4,

$$y = -\frac{e}{4b}x^2 + \frac{5ef}{24b^2}x^3, \qquad z = -\frac{e}{4}x^3.$$

On reconnaît que le plan osculateur à l'origine est précisément le plan des xy; quant au rayon de courbure de l'asymptotique en ce point, il est égal à la limite de $\frac{x^2}{2y}$ pour $x = 0$, c'est-à-dire à la valeur absolue de $\frac{2b}{e}$ qui est, en général, finie; le théorème de Meunier donnerait pour ce rayon une expression de forme indéterminée, ce qui n'est pas en contradiction avec le résultat obtenu directement

41*. Quand une droite est tout entière sur une surface, elle constitue l'une des lignes asymptotiques qui doivent passer par chacun de ses points. S'il s'agit d'une surface développable, on a pour tous ses points $s^2 - rt = 0$ (687); il en résulte que l'équation (5) (39*) donne toujours pour $\frac{dy}{dx}$ deux valeurs égales; donc, en chaque point d'une surface développable, les deux lignes asymptotiques se confondent; ces lignes forment un système unique, qui est celui des génératrices rectilignes de la surface.

Il est encore facile de déterminer d'une manière générale les asymptotiques d'un conoïde. Si l'on prend pour axe des z la droite directrice du conoïde et pour plan des xy le plan directeur, l'équation de la surface est de la forme

$$z = \varphi\left(\frac{y}{x}\right);$$

on en tire, en différentiant deux fois,

$$\begin{aligned} r &= 2\frac{y}{x^3}\varphi'\left(\frac{y}{x}\right) + \frac{y^2}{x^4}\varphi''\left(\frac{y}{x}\right),\\ s &= -\frac{1}{x^2}\varphi'\left(\frac{y}{x}\right) - \frac{y}{x^3}\varphi''\left(\frac{y}{x}\right),\\ t &= \frac{1}{x^2}\varphi''\left(\frac{y}{x}\right). \end{aligned}$$

L'équation différentielle des projections des asymptotiques devient

$$\begin{aligned} &(2xy\,dx^2 - 2x^2\,dx\,dy)\varphi'\left(\frac{y}{x}\right)\\ &\qquad + (y^2\,dx^2 - 2xy\,dx\,dy + x^2\,dy^2)\varphi''\left(\frac{y}{x}\right) = 0. \end{aligned}$$

Cette équation se dédouble, puisqu'on peut la mettre sous la forme

$$[y\,dx - x\,dy]\left[2x\,dx\,\varphi'\left(\frac{y}{x}\right) + (y\,dx - x\,dy)\varphi''\left(\frac{y}{x}\right)\right] = 0.$$

Si l'on égale le premier facteur à zéro, on en tire $y = Cx$; cette équation représente une quelconque des génératrices rectilignes du conoïde, qui forment un premier système d'asymptotiques. Pour avoir le second système, j'égale le dernier facteur à zéro : en divisant par $x^2 \varphi'\left(\frac{y}{x}\right)$, on trouve

$$\frac{\dfrac{x\,dy - y\,dx}{x^2}\,\varphi''\left(\dfrac{y}{x}\right)}{\varphi'\left(\dfrac{y}{x}\right)} - 2\,\frac{dx}{x} = 0.$$

On a en évidence des différentielles de logarithmes : intégrant et passant des logarithmes aux nombres, on trouve

$$\varphi'\left(\frac{y}{x}\right) = Cx^2,$$

C étant une constante arbitraire; quand on la fait varier, l'équation représente les projections de toutes les asymptotiques du second système.

42*. Il est souvent avantageux de déterminer les lignes asymptotiques autrement que par leurs projections : sans parler des solutions géométriques que peut fournir la considération des rayons de courbure principaux, j'envisagerai le cas où les coordonnées x, y, z d'un point quelconque M de la surface S sont exprimées en fonction de deux paramètres u et v. Les coordonnées d'un point de M' voisin de M seront

$$x + \frac{dx}{du}\,du + \frac{dx}{dv}\,dv$$
$$+ \frac{1}{2}\left(\frac{d^2x}{du^2}\,du^2 + 2\,\frac{d^2x}{du\,dv}\,du\,dv + \frac{d^2x}{dv^2}\,dv^2\right) + \ldots$$

et deux autres expressions analogues. L'équation du plan tangent en M est de la forme

$$A(X - x) + B(Y - y) + C(Z - z) = 0;$$

quand du et dv sont infiniment petits, la distance d'un point tel que M' à ce plan doit être du second ordre, quels que soient du et dv; il faut que l'on ait

$$(8) \qquad A\,\frac{dx}{du} + B\,\frac{dy}{du} + C\,\frac{dz}{du} = 0, \qquad A\,\frac{dx}{dv} + B\,\frac{dy}{dv} + C\,\frac{dz}{dv} = 0.$$

Si le point M' est sur une asymptotique passant par le point M, la distance doit devenir infiniment petite du troisième ordre, ce qui donne la condition

$$(9)\quad \begin{cases} \left(A\dfrac{d^2x}{du^2}+B\dfrac{d^2y}{du^2}+C\dfrac{d^2z}{du^2}\right)du^2 \\ \quad +2\left(A\dfrac{d^2x}{du\,dv}+\ldots\right)du\,dv+\left(A\dfrac{d^2x}{dv^2}+\ldots\right)dv^2=0. \end{cases}$$

Les dérivées $\dfrac{dx}{du}$, $\dfrac{d^2x}{du^2}$, ... peuvent s'exprimer en fonction de u et de v; il suffit d'éliminer A, B, C entre les équations (8) et (9) pour former une équation différentielle dont l'intégration donnera entre u et v une relation qui sera, sur la surface, l'équation des lignes asymptotiques.

CONTACT DE DEUX SURFACES.

43*. Soient M un point commun à deux surfaces U et V, et M' un point situé sur U à une distance infiniment petite du premier ordre de M : si, par le point M' nous menons diverses droites assujetties à la seule condition de ne pas faire de très petits angles avec le plan qui touche V au point M, ces droites rencontreront respectivement la surface V en des points M'', M''_1, ... infiniment voisins de M'; je dis que les segments M'M'', $M'M''_1$, ... sont du même ordre de grandeur. Considérons le triangle $M'M''M''_1$, par exemple : il donne

$$\frac{M'M''}{M'M''_1}=\frac{\sin M'M''_1M''}{\sin M'M''M''_1};$$

le second rapport est fini parce que la droite $M''M''_1$, qui fait un très petit angle avec le plan tangent à V au point M, fait avec M''M' et M''_1M' des angles dont le sinus n'est pas très petit; M'M'' et $M'M''_1$ ont donc entre eux un rapport fini.

Il y a plus : l'ordre de grandeur des segments M'M'' est, *en général*, indépendant de l'orientation de l'arc MM' sur U. Pour le démontrer, rapportons les surfaces à un système d'axes, tel que l'axe des z ne soit parallèle à aucun des plans qui touchent U ou V en M; nous avons, d'après ce qui a été établi, le droit de prendre nos segments M'M'' parallèles à l'axe des z. Soient

$$z=\varphi(X,Y),\qquad z=\psi(X,Y)$$

les équations des deux surfaces; x, y, $x+h$, $y+k$ les coordonnées des projections des points M, M' sur le plan des xy; le segment M'M'' est égal à la différence des ordonnées correspondantes

$$(1)\quad \begin{cases} M'M'' = h\left(\dfrac{d\psi}{dx} - \dfrac{d\varphi}{dx}\right) \\ \qquad + k\left(\dfrac{d\psi}{dy} - \dfrac{d\varphi}{dy}\right) + \dfrac{1}{2}h^2\left(\dfrac{d^2\psi}{dx^2} - \dfrac{d^2\varphi}{dx^2}\right) + \ldots \end{cases}$$

Quel que soit le rapport de k à h, pourvu que ces quantités soient infiniment petites du premier ordre, M'M'' sera d'un ordre déterminé, $n+1$ par exemple, si toutes les dérivées partielles de φ et de ψ, jusqu'à l'ordre n inclusivement, sont égales chacune à chacune, et nous savons que l'ordre de M'M'' sera toujours $n+1$ quand même on changera la direction de ce segment. *On dit alors que les surfaces* U *et* V *ont un contact de l'ordre* n *au point* M.

Nous devons remarquer que, dans le cas considéré, il y a $n+1$ valeurs de $\frac{k}{h}$, et, par suite, $n+1$ directions de MM', pour lesquelles M'M'' devient de l'ordre $n+2$; cela résulte de ce que l'ensemble des termes de degré $n+1$ dans l'égalité (1) peut s'écrire

$$\frac{h^{n+1}}{(n+1)!}\left[\frac{d^{n+1}\psi}{dx^{n+1}} - \frac{d^{n+1}\varphi}{dx^{n+1}} + \ldots + \frac{k^{n+1}}{h^{n+1}}\left(\frac{d^{n+1}\psi}{dy^{n+1}} - \frac{d^{n+1}\varphi}{dy^{n+1}}\right)\right],$$

et disparaît pour $n+1$ valeurs de $\frac{k}{h}$. Ainsi supposons que la surface U soit le plan tangent à V au point M : M'M'' est généralement du second ordre, mais il devient du troisième ordre si M' est sur une des asymptotes de l'indicatrice.

44*. Une courbe *quelconque* tracée sur la surface U et passant par le point M a un contact de l'ordre n avec V; il en résulte, 19*, et l'on pourrait voir directement que les coordonnées d'un point tel que M'' substituées dans l'équation de V donneront à son premier membre une valeur infiniment petite de l'ordre $n+1$. On peut regarder les coordonnées d'un point quelconque de U comme des fonctions de deux paramètres indépendants α et β; le résultat de leur substitution dans le premier membre de l'équation de V lui fait prendre la forme $F(\alpha, \beta)$. Soient α_0, β_0, $\alpha_0+\Delta\alpha$, $\beta_0+\Delta\beta$

les valeurs des paramètres α et β aux points M et M' :

$$F(\alpha_0 + \Delta\alpha, \beta_0 + \Delta\beta)$$

devra être de l'ordre $n+1$ par rapport à $\Delta\alpha$ et $\Delta\beta$. Si l'on écrit que tous les termes d'ordre inférieur disparaissent, le nombre des conditions du contact considéré est

$$1 + 2 + \ldots + (n+1) = \frac{(n+1)(n+2)}{2} = N.$$

On obtiendrait pareil nombre de conditions en exprimant que $\psi(x, y)$ et $\varphi(x, y)$ sont égales, ainsi que leurs dérivées des n premiers ordres pour les coordonnées du point M.

45*. Lorsque U appartient à une famille de surfaces dont l'équation renferme N paramètres arbitraires, on peut disposer de ces paramètres de manière que U ait avec V un contact d'ordre n en un point donné; U est alors *osculatrice* à V. Si le nombre des paramètres n'est que $N-1$ ou $N-2$, on ne pourra obtenir un contact de l'ordre n qu'en certains points particuliers. Ainsi prenons pour U la sphère

$$(x-a)^2 + (y-b)^2 + (z-c)^2 - R^2 = 0 \tag{2}$$

qui dépend de quatre paramètres : elle peut avoir en certains points, avec une surface donnée V, un contact du second ordre, pour lequel $N = 6$. Il suffit de différentier l'équation (2) pour avoir les dérivées de z au moyen d'un système d'équations faciles à résoudre; on trouve

$$x - a + p(z-c) = 0, \qquad y - b + q(z-c) = 0;$$

$$(1) \quad \left\{ \begin{aligned} 1 + p^2 + r(z-c) &= 0, \\ pq + s(z-c) &= 0, \\ 1 + q^2 + t(z-c) &= 0, \end{aligned} \right.$$

ces cinq équations doivent être satisfaites par les valeurs de p, q, r, s, t tirées de l'équation de V; or les trois dernières ne sont compatibles que si l'on a

$$\frac{r}{1+p^2} = \frac{s}{pq} = \frac{t}{1+q^2};$$

cette condition n'est satisfaite qu'aux ombilics de V; c'est en ces points seuls que la surface peut avoir un contact du second ordre avec une sphère.

En général, le nombre de paramètres qui figurent dans l'équation d'une famille de surfaces U n'est pas égal à un nombre triangulaire tel que N, ni même à N — 1 ou à N — 2 ; quand on a disposé des paramètres de manière à obtenir avec V un contact d'ordre aussi élevé que possible, il reste plusieurs paramètres indéterminés. Cette circonstance donne lieu à des questions intéressantes, mais dont l'examen ne saurait trouver place ici.

QUATRIÈME LEÇON COMPLÉMENTAIRE (¹).

SÉRIES DE LAGRANGE ET DE FOURIER.

Nombre de racines d'une équation comprises dans un contour donné. — Série de Lagrange. — Problème de Kepler. — Série de Fourier.

NOMBRE DE RACINES D'UNE ÉQUATION COMPRISES DANS UN CONTOUR DONNÉ.

46*. Nous nous proposons d'établir d'une manière générale une formule donnée par Lagrange pour développer en série les fonctions monodromes et continues d'une variable déterminée par une équation de forme remarquable; mais, pour cela, nous commencerons par établir un lemme important par lui-même.

Soit $F(z)$ une fonction continue et monodrome, ainsi que sa dérivée, pour toutes les valeurs de la variable imaginaire z comprises à l'intérieur d'un contour donné S : le nombre μ des racines de l'équation $F(z) = 0$, comprises dans le contour S, est

$$\frac{1}{2\pi\sqrt{-1}}\int \frac{F'(z)}{F(z)}\,dz,$$

l'intégrale étant prise tout le long de S et, d'autre part, chaque racine étant comptée autant de fois qu'il y a d'unités dans son degré de multiplicité.

On sait, en effet, que l'intégrale est égale au produit de $2\pi\sqrt{-1}$ par la somme des résidus de la fonction $\dfrac{F'(z)}{F(z)}$ pour les pôles compris à l'intérieur de S; or, ces pôles sont les affixes des racines de $F(z) = 0$. Soit a l'une de ces racines : on sait que son degré n

(¹) Cette Leçon pourrait faire suite aux Chapitres consacrés au théorème de Cauchy, aux séries de Maclaurin et de Laurent dans l'Appendice sur la Théorie des fonctions elliptiques.

de multiplicité est entier et qu'on peut écrire

$$F(z) = (z-a)^n \varphi(z)$$
$$F'(z) = (z-a)^{n-1}[n\varphi(z) + (z-a)\varphi'(z)];$$

$\varphi(a)$ étant différent de zéro et $\varphi'(a)$ fini. Le résidu relatif à a, qui n'est autre que la limite de $\frac{(z-a)F'(z)}{F(z)}$ pour $z=a$, parce que a est un infini simple de $\frac{F'(z)}{F(z)}$, sera égal à n; on aura des résultats analogues pour les autres points racines compris à l'intérieur de S, et l'intégrale considérée sera égale à

$$2\pi\sqrt{-1}(n + n' + n'' + \ldots) = 2\pi\mu\sqrt{-1},$$

ce qui démontre notre proposition. Comme, d'autre part, l'intégrale indéfinie est $LF(z)$, on voit que ce logarithme augmente de $2\mu\pi\sqrt{-1}$ quand on fait parcourir au point z le contour entier dans le sens direct; réciproquement, il suffirait de connaître cet accroissement de $LF(z)$ pour en déduire le nombre des racines comprises dans le contour.

Prenons pour $F(z)$ un polynôme de degré m, pour S une circonférence de très grand rayon R ayant son centre à l'origine; on posera

$$z = Re^{\theta\sqrt{-1}} = Re^{\theta i},$$

et, quand z parcourra la circonférence, θ variera de 0 à 2π; $\frac{F'(z)}{F(z)}dz$ se réduira sensiblement à $2m\,d\theta\sqrt{-1}$, et l'intégrale le long de la circonférence à $2m\pi\sqrt{-1}$: on en conclut qu'une équation de degré m a m racines.

47*. Pour arriver à la formule de Lagrange, considérons l'équation

$$(1) \qquad z - \zeta - \alpha f(z) = 0,$$

dans laquelle α et ζ sont donnés : traçons autour du point ζ un contour S à l'intérieur duquel $f(z)$ et $f'(z)$ soient continues et monodromes, et supposons le module de α assez petit pour qu'en tous les points de S le module de $\frac{\alpha f(z)}{z-\zeta}$ soit < 1. Je dis que le nombre des racines de l'équation (1) comprises à l'intérieur de S se réduit à l'unité : en effet, ce nombre est égal au quotient par $2\pi\sqrt{-1}$ de l'accroissement que subit

$$(2)\qquad \mathrm{L}[z-\zeta-\alpha f(z)] = \mathrm{L}[z-\zeta] + \mathrm{L}\left[1+\frac{\alpha f(z)}{z-\zeta}\right]$$

quand l'affixe de z parcourt une fois S dans le sens direct. Or, dans ce déplacement de z, l'argument de $z-\zeta$ augmente de 2π, $\mathrm{L}(z-\zeta)$ croît de $2\pi\sqrt{-1}$; quant au dernier logarithme, il est de la forme $\mathrm{L}(1+u)$, le module de u restant <1; c'est une fonction monodrome qui reprend sa valeur quand z revient à son point de départ. En définitive, le logarithme (2) croît de $2\pi\sqrt{-1}$, et l'équation (1) n'a qu'une racine à l'intérieur de S; cette racine, que je désigne par z_1, est une fonction bien déterminée de ζ et de α; c'est celle qui se réduirait à ζ si l'on suppposait $\alpha = 0$.

SÉRIE DE LAGRANGE.

48*. Soit, en conservant les notations du n° 47*, $\varphi(z)$ une fonction continue et monodrome pour toutes les valeurs de z comprises dans le contour S : la formule de Lagrange a pour objet de développer $\varphi(z_1)$ en série ordonnée suivant les puissances entières et positives de α. Posons, pour abréger,

$$[1-\alpha f'(z)]\,\varphi(z) = \psi(z).$$

Nous avons l'identité

$$(4)\quad \left\{\begin{aligned} \frac{\psi(z)}{z-\zeta-\alpha f(z)} &= \frac{\psi(z)}{z-\zeta} + \frac{\alpha f(z)\psi(z)}{(z-\zeta)^2} + \ldots \\ &+ \frac{\alpha^n[f(z)]^n\psi(z)}{(z-\zeta)^{n+1}} + \frac{\alpha^{n+1}[f(z)]^{n+1}\psi(z)}{(z-\zeta)^{n+1}[z-\zeta-\alpha f(z)]} \end{aligned}\right.$$

Le premier membre n'a, dans l'intérieur de S, qu'un seul pôle, $z = z_1$; comme c'est un infini simple, le résidu correspondant est

$$\mathrm{A} = \lim\left[\frac{(z-z_1)\psi(z)}{z-\zeta-\alpha f(z)}\right]_{z=z_1} = \frac{\psi(z_1)}{1-\alpha f'(z_1)}.$$

Cela posé, multiplions tous les termes de l'identité (4) par dz, et intégrons chacun des produits tout le long de la ligne S : d'après le théorème de Cauchy, l'intégrale du premier membre est égale à $2\pi A i$; de plus on a

$$\int_S \frac{f(z)^\mu \psi(z)\,dz}{(z-\zeta)^{\mu+1}} = \frac{2\pi i}{\mu!}\frac{d^\mu}{d\zeta^\mu}[f(z)^\mu \psi(z)].$$

On a donc, en divisant par $2\pi i$,

$$(5)\quad \left\{\begin{aligned} \frac{\psi(z_1)}{1-\alpha f'(z_1)} &= \psi(\zeta) + \alpha\frac{d}{d\zeta}[f(\zeta)\psi(\zeta)] + \ldots \\ &\quad + \frac{\alpha^n}{n!}\frac{d^n}{d\zeta^n}[f(\zeta)^n \psi(\zeta)] + R_n, \end{aligned}\right.$$

$$R_n = \frac{1}{2\pi i}\int_S \left[\frac{\alpha f(\zeta)}{z-\zeta}\right]^{n+1} \frac{\psi(z)\,dz}{z-\zeta-\alpha f(z)}.$$

Je dis que R_n est nul pour n infini : en effet, soient l la longueur de la ligne S, M et M' les plus grandes valeurs que prennent sur cette ligne les modules de $\frac{\alpha f(z)}{z-\zeta}$ et de $\frac{\psi(z)}{z-\zeta-\alpha f(z)}$; on aura

$$\operatorname{mod} R < l M' M^{n+1};$$

or le dernier terme est nul pour n infini, puisque, par hypothèse $M<1$; $\operatorname{mod} R_n$ et R_n ont donc, *a fortiori*, zéro pour limite.

Maintenant, dans l'égalité (5) remplaçons les fonctions ψ par leurs valeurs (3) : le premier membre devient $\varphi(z_1)$; dans le second, nous grouperons les deux termes qui renferment α à une même puissance et, pour éviter toute difficulté, nous ajouterons et nous retrancherons $\frac{\alpha^{n+1}}{(n+1)!}\frac{d^{n+1}}{d\zeta^{n+1}}[f(\zeta)^{n+1}\varphi(\zeta)]$; il viendra

$$(6)\quad \left\{\begin{aligned} \varphi(z_1) &= \varphi(\zeta) + \alpha\left[\frac{d}{d\zeta}f(\zeta)\varphi(\zeta) - f'(\zeta)\varphi(\zeta)\right] \\ &\quad + \sum_{\mu=2}^{\mu=n+1} \frac{\alpha^\mu}{\mu!}\left[\frac{d^\mu}{d\zeta^\mu}f(\zeta)^\mu\varphi(\zeta) - \mu\frac{d^{\mu-1}}{d\zeta^{\mu-1}}f(\zeta)^{\mu-1}f'(\zeta)\varphi(\zeta)\right] \\ &\quad + R_n - \frac{\alpha^{n+1}}{(n+1)!}\frac{d^{n+1}}{d\zeta^{n+1}}f(\zeta)^{n+1}\varphi(\zeta). \end{aligned}\right.$$

Le terme entre crochets dans le Σ est égal à la dérivée $(n-1)^{\text{ième}}$ de $f(\zeta)^\mu \varphi'(\zeta)$; quant au dernier terme, il tend vers zéro pour n infini; en effet, c'est le terme général du second membre de l'équation (5) dans laquelle on aurait changé ψ en φ, et ce second membre, prolongé indéfiniment, doit former une série convergente. Le second membre de l'équation (6) peut donc aussi être prolongé indéfiniment et donne une série convergente; on a

$$\varphi(z_1) = \varphi(\zeta) + \alpha f(\zeta)\varphi'(\zeta) + \ldots + \frac{\alpha^n}{n!}\frac{d^{n-1}}{d\zeta^{n-1}} f(\zeta)^n \varphi'(\zeta) + \ldots.$$

Telle est la série de Lagrange; elle reste convergente tant que α satisfait à la condition posée dès l'abord, et a pour somme une fonction parfaitement déterminée.

PROBLÈME DE KEPLER.

49*. Pour nous rendre compte des conditions de convergence de la série de Lagrange, considérons l'équation de Kepler

$$(1) \qquad z = \zeta + \alpha \sin z;$$

prenons pour le contour d'intégration S dont nous nous sommes servis une circonférence décrite du point ζ comme centre avec r pour rayon; un point de ce contour a une affixe de la forme

$$z = \zeta + re^{\theta i}.$$

Nous devons avoir, pour toutes les valeurs de θ,

$$\operatorname{mod} \frac{\alpha \sin(\zeta + re^{\theta i})}{re^{\theta i}} < 1, \qquad \operatorname{mod} \alpha < r : \operatorname{mod} \sin(\zeta + re^{\theta i}).$$

Il suffit que cette inégalité ait lieu pour la valeur de θ qui rend le module du sinus maximum. Supposons, comme c'est le cas en Astronomie, que ζ soit réel; on a

$$\begin{aligned} \sin(\zeta + re^{\theta i}) &= \sin(\zeta + r\cos\theta)\cos(ri\sin\theta) \\ &\quad + \cos(\zeta + r\cos\theta)\sin(ri\sin\theta) \\ &= \frac{1}{2}\sin(\zeta + r\cos\theta)(e^{r\sin\theta} + e^{-r\sin\theta}) \\ &\quad + \frac{i}{2}\cos(\zeta + r\cos\theta)(e^{r\sin\theta} - e^{-r\sin\theta}). \end{aligned}$$

Le carré du module de $\sin(\zeta + re^{\theta i})$ est donc

$$\frac{1}{4}[e^{2r\sin\theta} + e^{-2r\sin\theta} - 2\cos 2(\zeta + r\cos\theta)].$$

Cette expression atteint son maximum absolu m^2 pour $\theta = \frac{\pi}{2}$

et $\zeta = \frac{\pi}{2}$, valeur qu'il est bon de considérer si l'on veut être certain de pouvoir développer en série, quel que soit ζ, les fonctions de la racine z, qui se réduit à ζ pour $\alpha = 0$. Quoi qu'il en soit, le maximum m est égal à $\frac{1}{2}(e^r + e^{-r})$, et nous devons choisir α de telle sorte qu'on ait

$$\bmod \alpha < \frac{2r}{e^r + e^{-r}}.$$

Maintenant nous avons le droit de prendre le rayon r de la circonférence auxiliaire de manière que le second membre soit aussi grand que possible : ce sera un maximum parmi les minimums relatifs à θ. La valeur de r qui donne ce maximum est déterminée par l'équation

$$e^r + e^{-r} - r(e^r - e^{-r}) = 0;$$

elle est égale à 1,19968... et donne 0,66274... pour la limite que peut atteindre $\bmod \alpha$ sans que la série de Lagrange cesse d'être applicable aux fonctions continues et uniformes de z.

SÉRIE DE FOURIER.

50*. Soit ω une quantité de la forme $\rho e^{\theta i}$; elle peut être représentée par un segment rectiligne P, de longueur ρ, ayant pour origine un point quelconque et faisant l'angle θ avec l'axe des x. Je dis que toute fonction $u = f(z)$ qui admet pour période ω, qui est continue et monodrome pour les valeurs de z comprises entre deux droites indéfinies L, L' parallèles à P, est développable en une série trigonométrique dont les divers termes ont pour coefficients des intégrales définies.

Posons $v = e^{\frac{2i\pi z}{\omega}}$: aux divers points d'une parallèle à P, les valeurs de z sont de la forme $z_0 + t\omega$, z_0 étant l'une d'entre elles et t un coefficient réel quelconque; les valeurs correspondantes de v ont des modules égaux, mais leurs arguments contiennent la quantité variable $2\pi t$; c'est dire que les affixes de v ont pour lieu une circonférence ayant son centre à l'origine; si le point z décrit un segment égal à ω, t variant de 0 à 1, le point v décrira précisément une circonférence. Aux droites L, L' correspondent deux circonférences C, C', concentriques à l'origine; à chaque valeur de z prise dans la bande LL' répond une valeur de v dont l'affixe est dans la couronne limitée par les circonférences C et C'; si z est en dehors de LL', v sera en dehors de la couronne CC'.

La fonction u, qui dépend de z, peut être regardée comme une fonction $\varphi(v)$; je dis que cette fonction est monodrome pour les valeurs de v comprises dans la couronne CC'. On voit, en effet, qu'à une valeur donnée de v correspondent une infinité de valeurs de z, mais que ces valeurs diffèrent les unes des autres de multiples de ω; or, par hypothèse, $f(z+m\omega)$ n'a qu'une valeur, quel que soit l'entier m, tant que z est compris dans la bande LL'; donc, à la valeur donnée de v dans la couronne CC', correspond une seule valeur de u; $\varphi(v)$ est donc monodrome dans la même région; elle y est aussi continue au même titre que $f(z)$ l'est entre les droites L et L'; donc $\varphi(v)$ peut se développer par la formule de Laurent en une série de la forme

$$\varphi(v) = \sum_{m=-\infty}^{m=\infty} \mathrm{A}_m v^m, \qquad \mathrm{A}_m = \frac{1}{2\pi i}\int \varphi(v)\frac{dv}{v^{m+1}},$$

l'intégrale étant prise le long d'une circonférence concentrique aux circonférences C et C' et comprise entre elles.

Mais aux points de cette circonférence on peut faire correspondre des valeurs de z dont les affixes décriront une droite ω située entre L et L'; on a

$$dv = \frac{2i\pi}{\omega} e^{\frac{2i\pi z}{\omega}} dz;$$

il en résulte

$$\mathrm{A}_m = \frac{1}{\omega}\int_\omega f(z) e^{-\frac{2mi\pi z}{\omega}} dz,$$

$$f(z) = \frac{1}{\omega}\sum e^{\frac{2mi\pi z}{\omega}} \int_\omega f(z) e^{-\frac{2mi\pi z}{\omega}} dz.$$

Pour éviter les confusions, il est convenable de remplacer, dans l'intégrale définie, z par une autre variable, α par exemple; il sera alors permis de faire entrer sous le signe $\int$ l'exponentielle qui multiplie l'intégrale et qui est une constante relativement à α : il viendra

$$f(z) = \frac{1}{\omega}\sum_{-\infty}^{\infty}\int_\omega f(\alpha) e^{\frac{2mi\pi(z-\alpha)}{\omega}} d\alpha.$$

Si l'on réunit deux à deux les termes dans lesquels m a des valeurs égales et de signes contraires, et si l'on met à part le terme correspondant à $m = 0$, on aura

$$(1)\quad f(z) = \frac{1}{\omega}\int_\omega f(\alpha)\,d\alpha + \frac{2}{\omega}\sum_{m=1}^{m=\infty}\int_\omega f(\alpha)\cos\frac{2m\pi(z-\alpha)}{\omega}\,d\alpha.$$

Telle est la formule de Fourier, qu'on peut mettre sous une forme un peu différente en développant le cosinus de la différence des deux arcs qui figurent dans chacune des intégrales.

51*. Supposons que ω soit réel et qu'on ne donne à z que des valeurs réelles x; les intégrales qui figurent dans l'équation (1) seront prises en faisant varier α depuis une valeur α_0 quelconque jusqu'à $\alpha_0 + \omega$; si, de plus, on dédouble les cosinus comme il vient d'être dit, on pourra écrire

$$(2)\quad \left\{\begin{aligned} f(x) = {} & \frac{1}{\omega}\int_{\alpha_0}^{\alpha_0+\omega} f(\alpha)\,d\alpha \\ & + \frac{2}{\omega}\sum \cos\frac{2m\pi x}{\omega}\int_{\alpha_0}^{\alpha_0+\omega} f(\alpha)\cos\frac{2m\pi\alpha}{\omega}\,d\alpha \\ & + \frac{2}{\omega}\sum \sin\frac{2m\pi x}{\omega}\int_{\alpha_0}^{\alpha_0+\omega} f(\alpha)\sin\frac{2m\pi\alpha}{\omega}\,d\alpha. \end{aligned}\right.$$

Fourier a voulu appliquer cette formule à une fonction quelconque de x, pourvu qu'elle fût finie et bien déterminée, mais sans l'astreindre à être continue et périodique : l'analyse précédente n'est plus applicable, et il est clair, d'ailleurs, que le second membre de l'équation (2) ne peut représenter qu'une fonction périodique de x; il est nécessaire de chercher ce qu'il représente effectivement : Dirichlet a montré que c'est une fonction qui coïncide avec $f(x)$ pour les valeurs de x comprises entre α_0 et $\alpha_0 + \omega$, mais qui, en dehors de cet intervalle, se reproduit périodiquement. Je ne crois pas devoir traiter ici cette question, et je me bornerai à citer un exemple, pour fixer les idées : soient $f(x) = x$, $\omega = 2\pi$, $\alpha_0 = -\pi$. Les intégrales qui entrent dans l'équation (2) sont

$$\int_{-\pi}^{\pi} x\,dx = 0, \qquad \int_{-\pi}^{\pi} x\sin mx\,dx = (-1)^{m+1}\frac{2\pi}{m},$$

$$\int_{-\pi}^{\pi} x\cos mx\,dx = 0;$$

le second membre de l'équation devient

$$(3)\quad F(x) = 2\left[\sin x - \frac{1}{2}\sin 2x + \frac{1}{3}\sin 3x - \frac{1}{4}\sin 4x + \ldots\right]$$

La ligne définie par l'équation $y = F(x)$ coïncide avec la portion M'M de la bissectrice de l'angle YOX qui est comprise entre

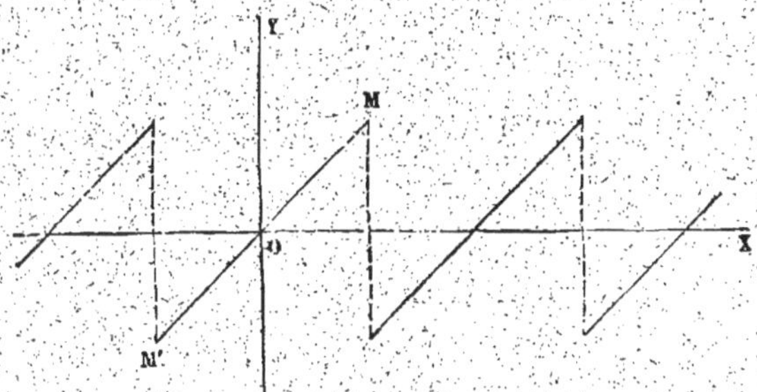

les droites $x = -\pi$ et $x = \pi$; pour $x = (2m+1)\pi$, la ligne est discontinue et, en définitive, elle est formée d'une infinité de segments rectilignes égaux et parallèles à M'M, comme l'indique la figure.

Pour $x = \frac{\pi}{2}$, l'équation (3) donne une identité connue

$$\frac{\pi}{4} = 1 - \frac{1}{3} + \frac{1}{5} - \frac{1}{7} + \ldots.$$

En faisant $x = \frac{\pi}{4}$, on aurait l'égalité assez remarquable

$$\frac{\pi}{8} = \left(1 + \frac{1}{3} - \frac{1}{5} - \frac{1}{7} + \frac{1}{9} + \frac{1}{11} - \ldots\right)\frac{\sqrt{2}}{2} - \frac{\pi}{8},$$

$$\frac{\pi}{4} = \left(1 + \frac{1}{3} - \frac{1}{5} - \frac{1}{7} + \frac{1}{9} + \frac{1}{11} - \ldots\right)\frac{\sqrt{2}}{2}.$$

THÉORIE ÉLÉMENTAIRE

DES

FONCTIONS ELLIPTIQUES,

PAR H. LAURENT,
Répétiteur d'Analyse à l'École Polytechnique.

THÉORIE ÉLÉMENTAIRE

DES

FONCTIONS ELLIPTIQUES.

Les personnes qui veulent étudier la théorie des fonctions elliptiques ont certainement d'excellents ouvrages à leur disposition : les *Fundamenta nova* de Jacobi, les *Œuvres* d'Abel, l'ouvrage plus ancien de Legendre, sont des chefs-d'œuvre qu'il est bon d'avoir lus quand on veut approfondir la théorie des fonctions elliptiques. Le *Traité des fonctions doublement périodiques*, de MM. Briot et Bouquet, résume aujourd'hui presque tous les faits acquis à la Science sur cette branche intéressante de l'Analyse; mais il n'existe pas de Traité, pour ainsi dire élémentaire, dans lequel on puisse prendre une idée suffisamment exacte de la théorie des fonctions elliptiques, sans cependant l'approfondir dans tous ses détails.

Nous croyons donc faire une chose utile en offrant aux lecteurs des *Nouvelles Annales* une théorie des fonctions elliptiques résumant leurs propriétés les plus importantes, et leurs principales applications à la Géométrie et à la Mécanique.

Nous n'avons pas l'intention, disons-le immédiatement, de suppléer à la lecture des grands maîtres; nos articles devront surtout avoir pour but de faciliter cette lecture et d'en inspirer le goût.

NOTIONS PRÉLIMINAIRES.

Avant d'aborder la question des fonctions elliptiques, nous ferons connaître quelques principes relatifs à la théorie générale des fonctions.

Nous représenterons une imaginaire $x+y\sqrt{-1}$ par un point dont les coordonnées seront x et y, ou par une droite dont la longueur sera le module $r=\sqrt{x^2+y^2}$, faisant avec l'axe des x un angle θ égal à l'argument de $x+y\sqrt{-1}$. Cet argument sera d'ailleurs pour nous *l'un quelconque* des angles ayant pour cosinus $\frac{x}{r}$ et pour sinus $\frac{y}{r}$.

Quand nous dirons que le point $x+y\sqrt{-1}$ décrit une courbe, il faudra entendre par là que le point dont les coordonnées sont x, y décrit cette courbe. On peut considérer l'expression $X+Y\sqrt{-1}$, où X et Y sont des fonctions de x et y, comme une fonction de $x+y\sqrt{-1}$. Cauchy se plaçait à ce point de vue, mais nous ne considérerons que les fonctions de $x+y\sqrt{-1}$ ayant une dérivée unique et bien déterminée. Cette condition d'avoir une dérivée unique impose à X et Y certaines propriétés que nous allons faire connaître. La dérivée de $X+Y\sqrt{-1}$ est

$$\frac{dX+dY\sqrt{-1}}{dx+dy\sqrt{-1}}=\frac{\frac{dX}{dx}dx+\frac{dX}{dy}dy+\sqrt{-1}\left(\frac{dY}{dx}dx+\frac{dY}{dy}dy\right)}{dx+dy\sqrt{-1}};$$

et, pour qu'elle soit indépendante du rapport $\frac{dy}{dx}$, c'est-à-dire de la manière dont $dx+dy\sqrt{-1}$ tend vers zéro, il faut que

$$\frac{\frac{dX}{dx}+\sqrt{-1}\frac{dY}{dx}}{1}=\frac{\frac{dX}{dy}+\sqrt{-1}\frac{dY}{dy}}{\sqrt{-1}};$$

d'où l'on conclut, en égalant les parties réelles et les coefficients de $\sqrt{-1}$,

$$\frac{dX}{dx}=\frac{dY}{dy},\quad \frac{dY}{dx}=-\frac{dX}{dy}\quad (*).$$

Nous supposerons ces relations toujours satisfaites; d'ailleurs, la manière dont on prend les dérivées des fonctions que l'on rencontre en analyse prouve que ces fonctions n'ont qu'une seule dérivée.

Une fonction qui n'a qu'une dérivée en chaque point, c'est-à-dire pour chaque valeur de la variable, a quelquefois été appelée *monogène*.

Une fonction est dite *monodrome* dans une portion C du plan, quand, le point qui représente sa variable (ou, pour abréger, quand sa variable) se mouvant dans cette portion C du plan, la fonction reprend toujours la même valeur quand sa variable repasse par le même point.

Les fonctions bien définies, telles que les fonctions rationnelles, le sinus, le cosinus, l'exponentielle, etc., sont monodromes dans toute l'étendue du plan; car, leur variable étant donnée, elles sont entièrement définies. Il n'en est pas de même des fonctions irrationnelles; ainsi, pour ne prendre qu'un seul exemple, $\sqrt{z-a}$ ou $\sqrt{x+y\sqrt{-1}-a}$ n'est pas monodrome à l'intérieur d'un contour contenant le point a.

Imaginons, en effet, que le point z, ou $x+y\sqrt{-1}$,

(*) Pour l'interprétation de ces formules, *voir* le *Traité des fonctions doublement périodiques*, de MM. Briot et Bouquet.

décrive un cercle de rayon r ayant pour centre le point a, on sait que la droite qui représente la somme de deux imaginaires est la résultante des droites représentant chaque partie de la somme (*); la droite $re^{\theta\sqrt{-1}}$, qui représentera la somme $z - a$, sera donc la résultante des droites qui représentent z et $-a$. Cette droite est celle qui va du point $+a$ au point z. Supposer que le point z décrit un cercle de rayon r autour du point a, c'est donc supposer que le module r de $z - a = re^{\theta\sqrt{-1}}$ reste constant. Cela posé, on a

$$\sqrt{z-a} = r^{\frac{1}{2}} e^{\frac{\theta}{2}\sqrt{-1}}.$$

Que le point z se meuve sur le cercle en tournant dans le sens positif (celui dans lequel les angles croissent en Trigonométrie), θ va croître ainsi que $\frac{\theta}{2}$. Mais, quand θ aura varié de 2π, le point z sera revenu à son point de départ, et z aura repris sa valeur initiale; il n'en sera pas de même de $\sqrt{z-a}$, qui sera devenu

$$r^{\frac{1}{2}} e^{\frac{\theta+2\pi}{2}\sqrt{-1}} = - r^{\frac{1}{2}} e^{\frac{\theta}{2}\sqrt{-1}},$$

et qui aura changé de signe.

DES INTÉGRALES PRISES ENTRE DES LIMITES IMAGINAIRES.

La fonction $f(z)$ de la variable imaginaire

$$z = x + y\sqrt{-1}$$

(*) *Voir* l'Ouvrage de Mourey sur *La vraie théorie des quantités prétendues imaginaires*; sur le *Calcul des équipollences* (*Nouvelles Annales*, 2ᵉ série, t. VIII, 1869); mon *Traité d'Algèbre*; l'Ouvrage de MM. Briot et Bouquet déjà cité, etc.

est en réalité une fonction de deux variables, et si, entre x et y, on établit une relation, telle que

$$x = \varphi(t), \quad y = \psi(t),$$

$f(z)$ devient alors fonction de la seule variable t. Si l'on pose alors

$$x_0 = \varphi(t_0), \quad y_0 = \psi(t_0), \quad X = \varphi(T), \quad Y = \psi(T),$$

et

$$z_0 = x_0 + y_0\sqrt{-1}, \quad Z = X + Y\sqrt{-1},$$

l'intégrale

$$\int_{t_0}^{T} f(z)\left(\frac{dx}{dt} + \frac{dy}{dt}\sqrt{-1}\right)dt$$

aura une valeur bien déterminée. On représente souvent cette intégrale par le symbole

$$\int_{z_0}^{Z} f(z)\,dz,$$

qui, comme l'on voit, est indéterminé si l'on ne dit pas de quelle façon x et y sont liés entre eux ou à t. Cette expression est ce que l'on appelle une *intégrale prise entre des limites imaginaires*; pour en préciser le sens, on ajoute la relation qui lie x à y, soit directement, soit par l'intermédiaire de la variable auxiliaire t.

Le plus souvent on emploie, pour fixer le sens de la notation $\int_{z_0}^{Z} f(z)\,dz$, un langage géométrique, et, au lieu de se donner les relations $x = \varphi(t)$, $y = \psi(t)$, on indique la nature de la courbe représentée par ces équations. Si, par exemple, on posait

$$x = \cos t, \quad y = \sin t,$$

on aurait $x^2 + y^2 = 1$, et si l'on intégrait par rapport à t de zéro à π, on dirait que l'on prend l'intégrale le long d'un demi-cercle de rayon un, décrit de l'origine comme centre et limité à l'axe des x.

Réciproquement, quand on se donne le *contour d'intégration*, on ramène facilement l'intégrale à une ou plusieurs autres prises entre des limites réelles. Supposons, par exemple, que l'on demande d'intégrer $f(z)dz$ le long d'une droite inclinée à 45 degrés sur l'axe des x, issue de l'origine et aboutissant à un point situé à la distance l de l'origine.

Les équations de cette ligne seront

$$x = t\frac{\sqrt{2}}{2}, \quad y = t\frac{\sqrt{2}}{2};$$

on aura

$$dx = dt\frac{\sqrt{2}}{2}, \quad dy = dt\frac{\sqrt{2}}{2},$$

et, par suite,

$$\int f(z)\,dz = \int_0^l f\left[t\frac{\sqrt{2}}{2}(1+\sqrt{-1})\right](1+\sqrt{-1})\frac{\sqrt{2}}{2}\,dt.$$

Je prends pour limites o et l, parce que t représente la distance du point (x, y) à l'origine; cette distance est o ou l, selon que le point (x, y) est à l'origine ou à l'extrémité de la droite.

Théorème de Cauchy. — *Le point z variant à l'intérieur d'un contour donné, si, à l'intérieur de ce contour, la fonction $f(z)$ reste monodrome, monogène et finie, l'intégrale $\int_{z_0}^{Z} f(z)\,dz$ conservera toujours la même valeur, pourvu que le chemin qui mène de z_0 à Z ne sorte pas du contour donné, quel que soit d'ailleurs ce chemin.*

Pour démontrer ce théorème, un des plus féconds de toute l'Analyse, nous intégrerons la fonction $f(z)$ le long de deux contours AMB, ANB. Soient s l'arc du premier contour compté à partir du point A, et ks l'arc du second compté toujours à partir du même point A; soient

$$x_1 = \varphi_1(s), \quad y_1 = \psi_1(s)$$

les équations du premier contour, et

$$x_2 = \varphi_2(ks), \quad y_2 = \psi_2(ks)$$

celles du second; et, en désignant par S l'arc AMB,

Fig. 1.

supposons que kS soit l'arc ANB. Joignons maintenant les points correspondants des deux contours; soient M et N deux points correspondants, c'est-à-dire tels que AN $= k$AM. Nous supposerons que la droite MN soit tout entière dans l'intervalle compris entre les deux contours; considérons maintenant le contour ayant pour équations

$$x = \varphi_1(s)\frac{\alpha - \alpha_2}{\alpha_1 - \alpha_2} + \varphi_2(ks)\frac{\alpha_1 - \alpha}{\alpha_1 - \alpha_2},$$

$$y = \psi_1(s)\frac{\alpha - \alpha_2}{\alpha_1 - \alpha_2} + \psi_2(ks)\frac{\alpha_1 - \alpha}{\alpha_1 - \alpha_2}.$$

Pour $\alpha = \alpha_1$, il se réduira au premier contour AMB, et, pour $\alpha = \alpha_2$, il se réduira au second ANB; et, de plus, tous ses points seront compris à l'intérieur de l'aire AMBNA, quand on supposera α compris entre α_1

et α_2. Intégrons la fonction $f(z)$ le long de ce contour, nous aurons

$$\int f(z)\,dz = \int_0^S f(x+y\sqrt{-1})\left(\frac{dx}{ds}+\frac{dy}{ds}\sqrt{-1}\right)ds$$

$$= \int_0^S f(z)\frac{dz}{ds}\,ds;$$

$\frac{dx}{ds}$, $\frac{dy}{ds}$ restent d'ailleurs finis, ainsi que leurs dérivées prises par rapport à α. Appelons u cette intégrale, nous aurons

$$\frac{du}{d\alpha} = \int_0^S \frac{d}{d\alpha}\left[f(z)\frac{dz}{ds}\right]ds,$$

ou

$$\frac{du}{d\alpha} = \int_0^S \left[f'(z)\frac{dz}{d\alpha}\frac{dz}{ds} + f(z)\frac{d^2z}{d\alpha\,ds}\right]ds,$$

ou, en intégrant le second terme par parties,

$$\frac{du}{d\alpha} = \left[f(z)\frac{dz}{d\alpha}\right]_0^S + \int_0^S \left[f'(z)\frac{dz}{d\alpha}\frac{dz}{ds} - f'(z)\frac{dz}{d\alpha}\frac{dz}{ds}\right]ds,$$

ou

$$\frac{du}{d\alpha} = \left[f(z)\frac{dz}{d\alpha}\right]_0^S.$$

Or $\frac{dz}{d\alpha}$ est nul pour $s=0$ et $s=S$, le contour passant en A et B pour $s=0$ et $s=S$ quel que soit α, c'est-à-dire ne dépendant pas alors de α, donc $\frac{du}{d\alpha}=0$, et, par suite, u ne dépend pas de α; il a donc la même valeur pour $\alpha=\alpha_1$ et pour $\alpha=\alpha_2$, c'est-à-dire que l'intégrale prise le long de AMB ou de ANB conserve la même valeur. Cela suppose toutefois que $f(z)$ conserve la même valeur, quel que soit le contour par lequel le point z se rend de A en B; $f(z)$ doit donc être monodrome; elle doit aussi être monogène, car nous avons supposé

$$\frac{df}{d\alpha}=f'(z)\frac{dz}{d\alpha} \quad \text{et} \quad \frac{df}{ds}=f'(z)\frac{dz}{ds},$$

c'est-à-dire que nous avons admis que $f'(z)$ restait indépendant de la direction de l'accroissement donné à z, pour en faire le calcul; enfin nos raisonnements supposent $f(z)$ et $f'(z)$ finis.

Considérons maintenant deux contours quelconques

Fig. 2.

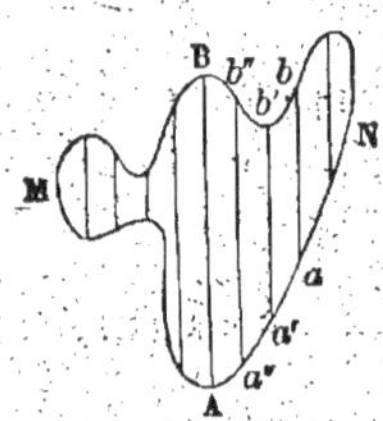

aboutissant en A et B, et désignons, pour abréger, par (PRQ ....) l'intégrale de $f(z)$ prise le long d'un contour désigné par PRQ .... Le théorème est démontré pour deux contours formant à eux deux un contour fermé convexe, car une sécante joignant deux points correspondants ne rencontre le contour fermé qu'en deux points et reste intérieure à ce contour : il en résulte que l'intégrale prise le long d'un contour fermé convexe quelconque est nulle, car l'intégrale en question est égale à l'intégrale prise le long d'un contour infiniment petit. C'est cette proposition que nous allons d'abord généraliser : considérons le contour AMBN, décomposons-le en une infinité d'autres par des parallèles à une direction donnée, on obtiendra ainsi une série de contours convexes. En vertu de la notation adoptée, on aura alors

$$\begin{gathered}
\dots\dots\dots\dots\dots\dots\dots,\\
(ab)+(bb')+(b'a')+(a'a)=0,\\
(a'b')+(b'b'')+(b''a'')+(a''a')=0,\\
\dots\dots\dots\dots\dots\dots\dots;
\end{gathered}$$

si l'on ajoute toutes ces formules, les termes tels que $(a'b')$ et $(b'a')$ se détruisent, et il reste $\Sigma(a'a)+\Sigma(bb')=0$, c'est-à-dire que l'intégrale prise le long du contour fermé total est nulle. On a donc

$$(\mathrm{AMB})+(\mathrm{BNA})=0,$$

ou

$$(\mathrm{AMB})-(\mathrm{ANB})=0,$$

c'est-à-dire

$$(\mathrm{AMB})=(\mathrm{ANB}).$$

C. Q. F. D.

CAS OU LE THÉORÈME DE CAUCHY TOMBE EN DÉFAUT.

Cauchy a remarqué que son théorème tombait en défaut dès que la fonction $f(z)$ cessait d'être finie, continue, monodrome ou monogène, et il a tiré parti de ces cas pour enrichir la Science d'une de ses plus belles découvertes.

Théorème I. — *L'intégrale d'une fonction monodrome, monogène, finie et continue (ou synectique, comme l'appelle Cauchy) à l'intérieur d'un contour fermé, est nulle quand on la prend le long de ce contour.*

En effet, elle est égale, comme nous l'avons déjà observé, à l'intégrale prise le long d'un contour quelconque, ayant la même origine et la même extrémité, intérieur à ce contour; le deuxième contour pouvant être pris aussi petit que l'on veut, puisque l'origine et l'extrémité se touchent, l'intégrale est nulle.

Cauchy appelle *résidu* de la fonction monodrome, monogène et continue $f(z)$, pour la valeur c qui rend $f(z)$ infinie, l'intégrale

$$\frac{1}{2\pi\sqrt{-1}}\int^{c} f(z)\,dz,$$

prise le long d'un contour circulaire de rayon infiniment petit, décrit du point c comme centre.

Théorème II. — *Soient $R_1, R_2, \ldots, R_n$ les résidus de la fonction $f(z)$ relatifs aux infinis $c_1, c_2, \ldots, c_n$ de cette fonction, contenus à l'intérieur d'un contour fermé où elle reste monodrome et monogène, l'intégrale $\int f(z)\,dz$ prise le long de ce contour sera égale à*

$$(R_1 + R_2 + \ldots + R_n)\,2\pi\sqrt{-1}.$$

Supposons qu'il n'y ait que deux infinis dans le contour, et qu'ils soient les centres des cercles bcd, ghi; appelons en général (M) l'intégrale de $f(z)$ le long du contour désigné par M.

Le contour $abcdaefghifjka$ constitue un contour fermé ne contenant pas les infinis de $f(z)$; donc $(abcdaefghifjka)$ est nul. Or

$$(abcdaefghifjka) = (ab) + (bcd) + (da) + (aef) + (fg) + (ghi) + (if) + (fjka);$$

le premier membre est nul; $(ab) = -(da)$, car ce sont les mêmes intégrales dont les limites sont inversées; de même $(fg) = -(if)$ et $(fjka) + (aef)$ est l'intégrale proposée; on a donc

$$0 = (bcd) + (ghi) + \int f(z)\,dz.$$

Or (bcd) est l'intégrale prise le long d'un contour circulaire très-petit décrit autour d'un infini, z marchant

Fig. 3.

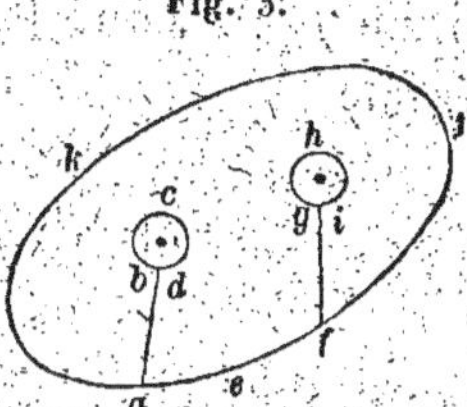

dans le sens rétrograde; cette intégrale est, au facteur près $-\frac{1}{2\pi\sqrt{-1}}$, le résidu de $f(z)$; donc

$$0 = -2\pi\sqrt{-1}\,R_1 - 2\pi\sqrt{-1}\,R_2 + \int f(z)\,dz,$$

ou

$$\int f(z)\,dz = 2\pi\sqrt{-1}\,(R_1 + R_2).$$

C. Q. F. D.

CALCUL DES RÉSIDUS.

Avant de montrer comment on calcule le résidu d'une fonction, nous allons revenir un instant sur la règle de la différentiation sous le signe $\int$. Cette règle est encore applicable quand on s'adresse à une intégrale prise entre des limites imaginaires, puisqu'une telle intégrale revient à une autre prise entre des limites réelles. Enfin cette règle est encore applicable quand la variable par rapport à laquelle on différentie est imaginaire. En effet, différentier une quantité u par rapport à $x+y\sqrt{-1}$, c'est calculer le rapport

$$\frac{\frac{du}{dx}dx + \frac{du}{dy}dy}{dx + dy\sqrt{-1}}.$$

Ce rapport est indéterminé (excepté si u est une fonction monogène), et, pour en préciser le sens, on doit donner le rapport $\frac{dy}{dx}$, ou, si l'on veut, on doit supposer x et y fonctions données $\varphi(t)$, $\psi(t)$ d'une même variable t, et se donner $\frac{dx}{dt}$ et $\frac{dy}{dt}$. On différentie alors le long de l'élément (dx, dy) appartenant à une courbe dont les équations sont $x = \varphi(t)$, $y = \psi(t)$; on a alors l'expression suivante de la dérivée de u

$$\frac{\frac{\mathrm{d}u}{\mathrm{d}x}\varphi'(t) + \frac{\mathrm{d}u}{\mathrm{d}y}\psi'(t)}{\varphi' + \psi'\sqrt{-1}}.$$

Si l'on veut alors différentier l'intégrale

$$V = \int f(\mu, x + y\sqrt{-1})\, d\mu$$

par rapport à $x + y\sqrt{-1}$, on formera $\frac{\mathrm{d}u}{\mathrm{d}x}$, $\frac{\mathrm{d}u}{\mathrm{d}y}$ par la règle ordinaire, et l'on aura

$$\frac{\mathrm{d}V}{\mathrm{d}(x + y\sqrt{-1})} = \int \frac{\frac{\mathrm{d}f}{\mathrm{d}x}\varphi'(t) + \frac{\mathrm{d}f}{\mathrm{d}y}\psi'(t)}{\varphi' + \psi'\sqrt{-1}}\, d\mu,$$

ou

$$\frac{\mathrm{d}V}{\mathrm{d}(x + y\sqrt{-1})} = \int \frac{\mathrm{d}f}{\mathrm{d}(x + y\sqrt{-1})}\, d\mu,$$

et l'on voit que l'on différentie par rapport à un paramètre imaginaire comme par rapport à un paramètre réel.

Lorsque la quantité qui se trouve placée sous le signe $\int$ est monogène par rapport au paramètre, on peut raisonner encore plus simplement en faisant observer que $\frac{\mathrm{d}u}{\mathrm{d}(x + y\sqrt{-1})}$ est égal à $\frac{\mathrm{d}u}{\mathrm{d}x}$, et que différentier par rapport à $x+y\sqrt{-1}$, c'est en définitive différentier par rapport à la variable réelle x.

Cela posé, calculons d'abord le résidu de la fonction $\frac{\varphi(z)}{z-c}$, $\varphi(z)$ étant supposée finie et différente de zéro pour $z=c$; ce résidu est

$$(1)\qquad R=\frac{1}{2\pi\sqrt{-1}}\int\frac{dz.\varphi(z)}{z-c},$$

et l'intégrale est prise le long d'un contour circulaire infiniment petit décrit autour du point c comme centre. Soit ε le rayon de ce contour, on pourra poser

$$(2)\qquad z=c+\varepsilon e^{\theta\sqrt{-1}},$$

et faire varier θ de o à 2π. En effet, la longueur de cz

Fig. 4.

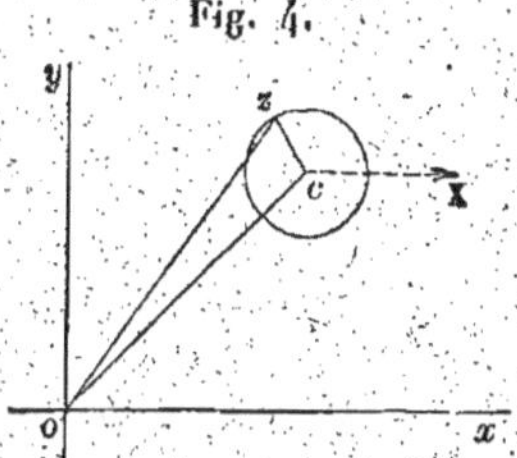

étant désignée par ε, et ε restant constant, le point z décrit le cercle de rayon ε et de centre c. L'angle θ est l'angle Xcz que zc fait avec l'axe Ox, et, quand le point z décrit le cercle, θ varie évidemment de o à 2π. De (2), on tire

$$dz=\varepsilon e^{\theta\sqrt{-1}}\,d\theta.\sqrt{-1};$$

(1) devient alors

$$R=\frac{1}{2\pi}\int_0^{2\pi}\varphi\left(\varepsilon e^{\theta\sqrt{-1}}+c\right)d\theta.$$

Or R est indépendant de la longueur du rayon ε, qu'il faut du reste supposer infiniment petit ; donc, en faisant $\varepsilon = 0$, on a

$$R = \frac{1}{2\pi}\varphi(c)\int_0^{2\pi} d\theta = \varphi(c).$$

On voit donc que, si $f(z)$ est une fonction telle que

$$(z-c)f(z),$$

pour $z = c$, soit une quantité finie différente de zéro, cette quantité sera précisément le résidu de $f(z)$ relatif à son infini c.

Reprenons la formule (1), et remplaçons R par $\varphi(c)$, nous aurons

$$\varphi(c) = \frac{1}{2\pi\sqrt{-1}}\int \frac{\varphi(z)\,dz}{z-c},$$

et, en différentiant $m-1$ fois par rapport à c,

$$\varphi^{m-1}(c) = \frac{1}{2\pi\sqrt{-1}}\int \frac{\varphi(z)\,dz}{(z-c)^m}\,1.2.3\ldots(m-1);$$

on a donc

$$\frac{1}{2\pi\sqrt{-1}}\int \frac{\varphi(z)\,dz}{(z-c)^m} = \frac{\varphi^{m-1}(c)}{1.2.3\ldots(m-1)},$$

et l'on a ainsi le résidu d'une fonction de la forme $\frac{\varphi(z)}{(z-c)^m}$, où $\varphi(z)$ est finie et différente de zéro pour $z = c$, et m entier et positif. Dans la suite, nous ne rencontrerons que des résidus de fonctions de cette forme.

APPLICATION DES PRINCIPES PRÉCÉDENTS A LA RECHERCHE DES INTÉGRALES DÉFINIES.

Proposons-nous d'abord de trouver la valeur de l'intégrale définie suivante, dans laquelle a est un nombre positif,

$$\int_0^\infty \frac{\sin ax}{x}\,dx.$$

A cet effet, nous prendrons l'intégrale

$$\int \frac{e^{az\sqrt{-1}}}{z}\,dz$$

le long du contour suivant formé : 1° d'une droite ga allant de $-\infty$ au point a voisin de zéro; 2° d'un demi-cercle très-petit abc, décrit autour de l'origine avec le

Fig. 5.

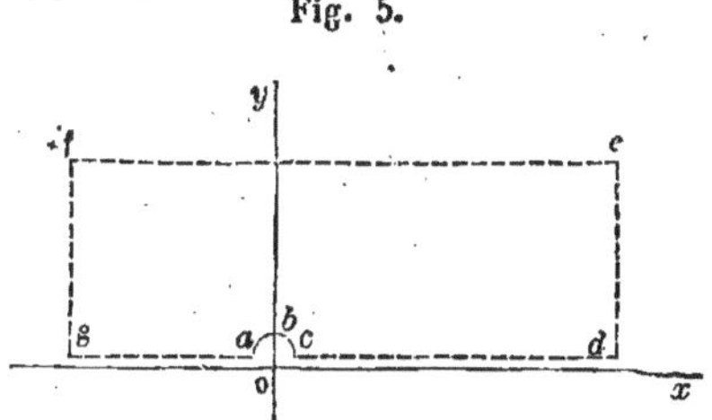

rayon r; 3° d'une droite allant de c vers $+\infty$; 4° d'une perpendiculaire de à l'axe des y, située à l'infini; 5° d'une parallèle ef à l'axe des x, située à l'infini; 6° d'une perpendiculaire fg située également à l'infini; nous aurons, en supposant a positif,

$$(ga) = \int_{-\infty}^{-r} \frac{e^{ax\sqrt{-1}}\,dx}{x},$$

$$(abc) = -\frac{1}{2}2\pi\sqrt{-1}\,.\,\text{résidu de }\frac{e^{az\sqrt{-1}}}{z} = -\pi\sqrt{-1},$$

$$(cd) = \int_{r}^{\infty} \frac{e^{ax\sqrt{-1}}}{x}\,dx,$$

$$(de) = \int_{0}^{\infty} \frac{e^{a\sqrt{-1}(\infty+y\sqrt{-1})}\,dy}{\infty + y\sqrt{-1}}\sqrt{-1} = 0,$$

$$(ef) = (fg) = 0.$$

Le contour total d'intégration ne contenant pas d'infini de $\frac{e^{az\sqrt{-1}}}{z}$, l'intégrale prise le long de ce contour est nulle; donc

$$\int_{-\infty}^{-r} \frac{e^{ax\sqrt{-1}}}{x} dx - \pi\sqrt{-1} + \int_{r}^{\infty} \frac{e^{ax\sqrt{-1}}}{x} dx = 0.$$

Or la première intégrale devient

$$-\int_{r}^{\infty} \frac{e^{-ax\sqrt{-1}}\,dx}{x},$$

quand on y change x en $-x$; et par suite,

$$\int_{r}^{\infty} \frac{e^{ax\sqrt{-1}} - e^{-ax\sqrt{-1}}}{x} dx = \pi\sqrt{-1},$$

ou, pour $r = 0$,

$$\int_{0}^{\infty} 2\sqrt{-1}\,\frac{\sin ax}{x} dx = \pi\sqrt{-1},$$

ou enfin

$$\int_{0}^{\infty} \frac{\sin ax}{x} dx = \frac{\pi}{2} \quad \text{et} \quad \int_{-\infty}^{+\infty} \frac{\sin ax}{x} dx = \pi.$$

La fonction

$$\int_{-\infty}^{+\infty} \frac{\sin ax}{x} dx$$

ne contient donc pas a, mais elle en dépend; en effet, en changeant le signe de a, elle change de signe; cela s'explique, car, en posant $ax = z$, on a

$$\int_{-\infty}^{+\infty} \frac{\sin ax}{x} dx = \int_{\mp\infty}^{\pm\infty} \frac{\sin z}{z} dz.$$

Si nous intégrons $\int e^{-z^2} dz$ le long de l'axe des x et d'une parallèle à cet axe située à la distance a, et si nous fermons ce contour par deux parallèles à l'axe des y situées à l'infini, nous trouverons zéro; or les intégrales relatives à ces parallèles à l'axe des y sont nulles, ce qui se voit en écrivant notre intégrale ainsi :

$$\int e^{-z^2}dz = \int_{-\infty}^{+\infty} e^{-x^2}dx + \int_0^a e^{-\infty^2+y^2-\infty y\sqrt{-1}}dy\sqrt{-1}$$

$$+\int_{\infty}^{-\infty} e^{-x^2+a^2-2ax\sqrt{-1}}dx$$

$$+\int_a^0 e^{-\infty+y^2-\infty y\sqrt{-1}}dy\sqrt{-1};$$

on a donc

$$0 = \int_{-\infty}^{+\infty} e^{-x^2}dx - \int_{-\infty}^{+\infty} e^{-x^2+a^2-2ax\sqrt{-1}}dx;$$

on en tire

$$0 = \sqrt{\pi} - e^{a^2}\int_{-\infty}^{+\infty} e^{-x^2}(\cos 2ax - \sqrt{-1}\sin 2ax)dx;$$

d'où, séparant les parties réelles et imaginaires,

$$\sqrt{\pi}e^{-a^2} = \int_{-\infty}^{+\infty} e^{-x^2}\cos 2ax\,dx,$$

$$0 = \int_{-\infty}^{+\infty} e^{-x^2}\sin 2ax\,dx.$$

Si l'on veut obtenir la valeur de l'intégrale suivante, où $a > 0$,

$$\int_{-\infty}^{+\infty}\frac{\cos ax\,dx}{1+x^2},$$

on peut observer qu'elle est la partie réelle de celle-ci

$$\int_{-\infty}^{+\infty}\frac{e^{ax\sqrt{-1}}}{1+x^2}dx,$$

laquelle est égale à

$$\int\frac{e^{az\sqrt{-1}}dz}{1+z^2}$$

prise le long de l'axe des x. Mais on peut remplacer l'axe des x par un demi-contour circulaire de rayon infini décrit de l'origine comme centre et situé au-dessus de l'axe des x. En effet, à l'intérieur de l'aire limitée par l'axe des x et ce dernier contour, la fonction intégrée reste finie et continue, pourvu que a soit positif, excepté pourtant au point $z = \sqrt{-1}$; donc la différence des deux intégrales ne sera pas nulle, mais bien égale au résidu de $\frac{e^{az\sqrt{-1}}}{1+z^2}$ relatif à $z = \sqrt{-1}$, c'est-à-dire à $\frac{e^{-a}}{2\sqrt{-1}}$ multiplié par $2\pi\sqrt{-1}$, ce qui donne πe^{-a}. Mais l'intégrale prise le long du contour demi-circulaire est nulle; pour l'évaluer, il faut prendre $z = \mathrm{R}e^{\theta\sqrt{-1}}$ et faire varier θ de π à 0, ce qui donne

$$\int_{\pi}^{0} \frac{e^{\mathrm{R}\cos\theta\sqrt{-1}-\mathrm{R}\sin\theta}}{1+\mathrm{R}^2(\cos 2\theta + \sqrt{-1}\sin 2\theta)} d\theta\, \mathrm{R}e^{\theta\sqrt{-1}}\sqrt{-1}.$$

Pour $\mathrm{R} = \infty$, cette intégrale est bien nulle, et l'on a

$$\int_{-\infty}^{+\infty} \frac{\cos ax}{1+x^2} dx = \pi e^{-a}.$$

QUELQUES PROPRIÉTÉS DES FONCTIONS.

Nous avons trouvé que l'intégrale

$$\frac{1}{2\pi\sqrt{-1}} \int \frac{f(z)}{z-x} dz$$

était égale à $f(x)$, la fonction $f(z)$ étant monodrome, monogène, finie et continue autour du point x; soit donc

$$(1) \qquad \frac{1}{2\pi\sqrt{-1}} \int \frac{f(z)}{z-x} dz = f(x).$$

On voit que $f(x)$ a toujours une dérivée, car on peut ici différentier sous le signe $\int$ par rapport à x; cette dérivée en a une à son tour et ainsi de suite, ce qui est une propriété précieuse des fonctions monodromes et monogènes.

Si, dans la formule (1), on pose $z = x + re^{\theta\sqrt{-1}}$, elle devient

$$\frac{1}{2\pi}\int_0^{2\pi} f(re^{\theta\sqrt{-1}} + x)\,d\theta = f(x);$$

cette formule contient, comme l'on voit, un grand nombre d'intégrales définies. La formule (1) donne, en la différentiant,

$$\frac{1}{2\pi\sqrt{-1}}\int\frac{f(z)\,dz}{(z-x)^{n+1}} = \frac{1}{1.2.3\ldots n}f^n(x),$$

ou, en posant $z = re^{\theta\sqrt{-1}} + x$,

$$\frac{1}{2\pi}\int_0^{2\pi} f(x + re^{\theta\sqrt{-1}})\frac{d\theta}{r^n e^{n\theta\sqrt{-1}}} = \frac{1}{1.2.3..n}f^n(x).$$

En appelant alors M le maximum du module de $f(z)$ sur le cercle de rayon r décrit du point x comme centre, on a

$$\frac{1}{2\pi}\frac{\mathrm{M}}{r^n}\int_0^{2\pi} d\theta > \text{mod.}\,\frac{1}{1.2..n}f^n(x),$$

ou

$$\text{mod.} f^n(x) < \frac{1.2.3\ldots n}{r^n}\mathrm{M},$$

ou

$$\mathrm{M} > \frac{r^n \,\text{mod.} f^n(x)}{1.2.3\ldots n}.$$

Cette formule montre que, si toutes les dérivées de $f(x)$ ne sont pas constamment nulles, c'est-à-dire si $f(x)$ n'est pas une constante, on pourra toujours prendre r assez grand pour que M croisse au delà de toute limite; donc :

Théorème. — *Une fonction monodrome et monogène devient forcément infinie pour une valeur finie ou infinie de sa variable; donc aussi la considération de son inverse prouve qu'elle s'annule pour une valeur finie ou infinie de sa variable; donc enfin l'équation $f(x)=0$ a nécessairement une racine.*

Reprenons les formules

$$(1)\qquad \frac{1}{2\pi\sqrt{-1}}\int\frac{f(z)\,dz}{(z-x)^{n+1}}=\frac{1}{1.2\ldots n}f^n(x),$$

$$(2)\qquad \frac{1}{2\pi\sqrt{-1}}\int\frac{f(z)}{z-x}\,dz=f(x);$$

la dernière peut s'écrire

$$\frac{1}{2\pi\sqrt{-1}}\left[\int\frac{f(z)}{z-a}\,dz+\int\frac{f(z)\,dz}{(z-a)^2}(x-a)+\ldots\right.$$
$$+\int\frac{f(z)}{(z-a)^n}(x-a)^{n-1}dz$$
$$\left.+\int\frac{f(z)(x-a)^n}{(z-a)^n(z-x)}\,dz\right]=f(x),$$

ou, en vertu de (1),

$$f(x)=f(a)+(x-a)f'(a)+\ldots$$
$$+\frac{(x-a)^{n-1}f^{n-1}(a)}{1.2.3\ldots(n-1)}+\frac{1}{2\pi\sqrt{-1}}\int\frac{f(z)(x-a)^n}{(z-a)^n(z-x)}\,dz.$$

Ce dernier terme tend vers zéro pour $n=\infty$, pourvu que $x-a$ soit assez petit, et l'on voit que, pour $x=a$, toutes les dérivées de $f(x)$ ne sauraient être nulles, si $f(x)$ n'est pas une constante. Supposons que les $(n-1)$ premières dérivées seulement soient nulles et que la $n^{\text{ième}}$

ne le soit pas, la formule précédente se réduit à

$$f(x) = (x - a)^n \frac{1}{2\pi\sqrt{-1}} \int \frac{f(z)\,dz}{(z-a)^n (z-x)};$$

le facteur de $(x-a)^n$ ne sera pas nul pour $x = a$, et l'on voit que, si $f(a)$ est nul, $f(x)$ sera de la forme

$$(x-a)^n \psi(x),$$

$\psi(x)$ restant fini pour $x = a$; donc :

Théorème. — *Une fonction monodrome et monogène n'a que des racines d'un ordre de multiplicité entier; il en est de même par suite de ses infinis.*

Voici une dernière proposition très-importante : Soit $f'(z)$ la dérivée de $f(z)$; les infinis de $\frac{f'(z)}{f(z)}$ seront simples et se réduiront aux zéros et aux infinis de $f(z)$. Soient $a_1, a_2, \ldots$ les zéros de $f(z)$ contenus dans le contour C, $\alpha_1, \alpha_2, \ldots$ les infinis contenus dans le même contour supposés en nombre fini; alors

$$f(z) = \frac{(z-a_1)^{m_1}(z-a_2)^{m_2}\ldots}{(z-\alpha_1)^{n_1}(z-\alpha_2)^{n_2}\ldots}\psi(z),$$

$\psi(z)$ n'étant plus ni nul ni infini dans le contour C; prenons les logarithmes et différentions, on aura

$$\frac{f'(z)}{f(z)} = \sum \frac{m}{z-a} - \sum \frac{n}{z-\alpha} + \frac{\psi'(z)}{\psi(z)}.$$

Multiplions par $F(z)$, qui ne devient ni nul ni infini dans le contour C; nous aurons, en intégrant le long de ce contour,

$$\frac{1}{2\pi\sqrt{-1}} \int \frac{F(z) f'(z)}{f(z)}\,dz = \Sigma m F(a) - \Sigma n F(\alpha).$$

Si l'on fait $F(z) = 1$, on trouve $\Sigma m - \Sigma n$, c'est-à-dire la différence entre le nombre des zéros et des infinis ; mais alors

$$\frac{1}{2\pi\sqrt{-1}}\int\frac{f'(z)}{f(z)}dz = \frac{1}{2\pi\sqrt{-1}}\int d\log f(z)$$

$$= \frac{1}{2\pi\sqrt{-1}}\log f(z) = \Sigma m - \Sigma n,$$

$$\log f(z) = \log \text{mod}. f(z) - \sqrt{-1}\,\arg. f(z);$$

ainsi $2\pi(\Sigma m - \Sigma n)$ est la quantité dont varie l'argument de $f(z)$ le long du contour C, quand le point z effectue une révolution complète le long de ce contour.

Quand on prend $F(z) = z$, on a

$$\frac{1}{2\pi\sqrt{-1}}\int\frac{f'(z)z}{f(z)}dz = \Sigma ma - \Sigma n\alpha.$$

THÉORÈMES DE CAUCHY ET DE LAURENT.

Nous terminerons ces considérations préliminaires en donnant, d'après Cauchy et le commandant Laurent, une nouvelle forme au théorème de Maclaurin.

Soit $f(x)$ une fonction finie continue monodrome et monogène à l'intérieur d'un cercle de rayon R *décrit de l'origine comme centre. Elle sera développable par la formule de Maclaurin pour toute valeur de x comprise à l'intérieur du cercle en question.*

En effet, si l'on décrit un cercle de rayon R' un peu plus petit que R de l'origine comme centre, on aura, en intégrant le long de ce cercle,

$$f(x) = \frac{1}{2\pi\sqrt{-1}}\int\frac{f(z)}{z-x}dz,$$

pourvu que le point x soit situé dans son intérieur ; alors le module de z sera plus grand que celui de x et, $\frac{1}{z-x}$ étant développé suivant les puissances de x, on aura

$$f(x) = \frac{1}{2\pi\sqrt{-1}} \int f(z)\,dz \left(\frac{1}{z} + \frac{x}{z^2} + \frac{x^2}{z^3} + \ldots\right)$$
$$= \frac{1}{2\pi\sqrt{-1}} \left[\int \frac{f(z)}{z}\,dz + x \int \frac{f(z)}{z^2}\,dz + x^2 \int \frac{f(z)}{z^3}\,dz + \ldots + x^n \int \frac{f(z)}{z^{n+1}}\,dz + \ldots\right].$$

Or on sait que

$$\frac{1}{2\pi\sqrt{-1}} \int \frac{f(z)}{z^{n+1}}\,dz = \frac{f^n(0)}{1.2.3\ldots n};$$

on aura donc

$$f(x) = f(0) + \frac{x}{1} f'(0) + \ldots + \frac{x^n}{1.2\ldots n} f^n(0) + \ldots;$$

ce qu'il fallait prouver.

Si la fonction $f(x)$ est finie, continue, monodrome et monogène à l'intérieur d'une couronne circulaire de rayons R et R′, ayant son centre à l'origine, elle sera développable pour toutes les valeurs de x comprises dans cette couronne en une double série procédant suivant les puissances entières ascendantes et descendantes de x.

En effet, soit $\int_A$ un signe d'intégration indiquant que la variable reste sur un cercle de rayon A décrit de l'origine comme centre, soit r un peu plus petit que R, et r' un peu plus grand que R′, la somme

$$\int_r \frac{f(z)}{z-x}\,dz - \int_{r'} \frac{f(z')}{z'-x}\,dz'$$

sera égale à l'intégrale $\int \frac{f(z)}{z-x}\,dz$ prise le long d'un cercle de rayon très-petit décrit autour du point x intérieur à la couronne; en sorte que, si l'on observe que celle-ci est égale à $2\pi\sqrt{-1}f(x)$, on aura

$$\int_r \frac{f(z)}{z-x}\,dz - \int_{r'} \frac{f(z')}{z'-x}\,dz' = 2\pi\sqrt{-1}\,f(x),$$

ou bien, en observant que $\text{mod.}\,z > \text{mod.}\,x$ et que $\text{mod.}\,z' < \text{mod.}\,x$,

$$\int_r f(z)\,dz\left(\frac{1}{z} + \frac{x}{z^2} + \frac{x^2}{z^3} + \cdots\right)$$
$$+ \int_{r'} f(z')\,dz'\left(\frac{1}{x} + \frac{z'}{x^2} + \frac{z'^2}{x^3} + \cdots\right) = 2\pi\sqrt{-1}\,f(x);$$

ce qui démontre le théorème.

Exemples. — $\log(1+x)$ est développable à l'intérieur d'un cercle de rayon 1 décrit de l'origine comme centre, mais il cesse d'être développable au delà comme l'on sait, et, en effet, pour $x = -1$, le logarithme de $1+x$ est infini.

Le point critique de $(1-x)^m$ est $x = 1$, c'est ce qui explique pourquoi la formule du binôme cesse d'avoir lieu quand le module de x est supérieur à l'unité, etc.

REMARQUE CONCERNANT LES FONCTIONS PÉRIODIQUES.

Une fonction $f(x)$ possède la période ω quand on a

$$f(x+\omega) = f(x)$$

et, par suite, n étant entier,

$$f(x+n\omega) = f(x).$$

$e^{\frac{2\pi}{\omega}x\sqrt{-1}}$ possède évidemment la période ω ; quand on donne une valeur particulière à $e^{\frac{2\pi x\sqrt{-1}}{\omega}}$, il en résulte pour x une série de valeurs de la forme $x_0 + n\omega$, n désignant un entier et x_0 un nombre bien déterminé. Si donc on considère une fonction $f(x)$ monodrome quelconque possédant la période ω, elle pourra être considérée comme fonction de $y = e^{\frac{2\pi\sqrt{-1}x}{\omega}}$ et, si l'on se donne y, x ayant les valeurs $x_0 + n\omega$, $f(x)$ prendra les valeurs

$$f(x_0 + n\omega) = f(x_0).$$

Ainsi, y étant donné, $f(x)$ aura une valeur unique et bien déterminée ; il en résulte que $f(x)$ est fonction monodrome de y.

Il résulte de là que *toute fonction périodique monodrome possédant la période ω pourra se développer suivant les puissances ascendantes et descendantes de $e^{\frac{2\pi}{\omega}x\sqrt{-1}}$ à l'intérieur de certaines couronnes circulaires.*

Mais quand $e^{\frac{2\pi x\sqrt{-1}}{\omega}}$ décrit un cercle, son module reste constant ; or, si l'on pose

$$x = \alpha + \beta\sqrt{-1}, \quad \omega = g + h\sqrt{-1},$$

il se réduit à

$$e^{\frac{2\pi\mu}{g^2+h^2}},$$

μ désignant une fonction linéaire de α et β, et pour que cette expression reste constante, μ doit rester constant ; x décrit donc une droite, de direction fixe d'ailleurs, quand on fait varier le module de $e^{\frac{2\pi x\sqrt{-1}}{\omega}}$. Ainsi c'est entre deux droites parallèles que le développement de $f(x)$ sera possible, l'une de ces droites ou même toutes les deux pouvant s'éloigner à l'infini.

Ce théorème nous servira à jeter les fondements de la théorie des fonctions elliptiques.

NOTIONS SUR LES FONCTIONS ALGÉBRIQUES.

Une fonction y, définie par une équation de la forme

$$f(y,x)=0,$$

où $f(x,y)$ désigne un polynôme entier en x et y, qui n'admet pas de diviseur entier, est ce que l'on appelle une *fonction algébrique*. L'équation qui la définit est dite *irréductible*.

Une fonction ainsi définie est susceptible d'autant de valeurs pour une même valeur de x qu'il y a d'unités dans le degré de f pris relativement à y; mais ces valeurs ne peuvent pas être séparées les unes des autres et ne constituent qu'une seule et même fonction, ainsi que l'a démontré M. Puiseux.

1° Une fonction algébrique ne peut s'annuler que si le dernier terme de l'équation qui la définit s'annule, et, par suite, elle n'a qu'un nombre limité de zéros. $\frac{1}{y}$ est défini par une équation algébrique que l'on sait former et n'admet, par suite, qu'un nombre limité de zéros; donc y n'admet qu'un nombre limité d'infinis qui sont les racines de l'équation obtenue en égalant à zéro le coefficient de la plus haute puissance de y dans l'équation qui sert à le définir.

2° Nous admettrons que y est une fonction continue de x, excepté pour les points où y devient infini ou acquiert des valeurs telles que l'on ait à la fois

$$f(x,y)=0,\quad \frac{df}{dy}=0;$$

encore en ces points n'y a-t-il pas, à proprement parler, discontinuité, mais simplement indétermination d'une certaine espèce dont nous parlerons plus loin; nous donnerons à ces points le nom de *points critiques*.

Nous supposons ce théorème connu du lecteur, et, en réalité, il est supposé connu de toutes les personnes qui s'occupent de Calcul différentiel; il est impossible de prendre la dérivée d'une fonction implicite sans l'admettre.

3° La fonction algébrique y admet une dérivée bien déterminée en tout point qui n'est pas critique : cela résulte de la règle de la différentiation des fonctions implicites, et l'on a

$$\frac{dy}{dx} = -\frac{df}{dx} : \frac{df}{dy},$$

expression finie et déterminée si $\frac{df}{dy}$ n'est pas nul.

4° La fonction algébrique y est monodrome à l'intérieur de tout contour ne contenant pas de point critique. Considérons, en effet, un contour fermé C ne contenant aucun point critique; supposons que la variable x décrive un certain chemin continu à l'intérieur de C, en partant du point x_0 pour y revenir. Soient S ce chemin, y_0 la valeur de y en x_0 au départ, et y_1 la valeur que prend y quand x revient en x_0. Si l'on n'a pas $y_1 = y_0$, y_1 ne pourra être qu'une des valeurs de y. Cela posé, déformons le chemin S en le réduisant à des dimensions de plus en plus petites. Quand ce chemin se sera, dans toutes ses parties, suffisamment rapproché de x_0, les valeurs de y le long du contour S seront, en vertu de la continuité de y, aussi peu différentes que l'on voudra de y_0, et, par suite, différeront de y_1 d'une quantité finie, puisque, à l'intérieur du contour C dans lequel nous cheminons, les valeurs de y sont nettement distinctes; donc, quand le contour S sera devenu suffisamment petit, y reviendra en x_0 avec sa valeur initiale y_0. Mais, s'il n'en est pas toujours ainsi, il est clair que, pendant que le contour S se déforme, il arrive un moment où y revient encore en x_0 avec la valeur y_1 différente de y_0, tandis qu'un moment après il reviendra avec la valeur primitive y_0. Soient donc deux contours S_0 et S_1, infiniment voisins, ramenant y l'un avec la valeur y_0, l'autre avec la valeur y_1; considérons deux mobiles parcourant ces contours en restant toujours infiniment voisins l'un de l'autre : en deux points infiniment voisins, y ne pourra avoir que des valeurs infiniment peu différentes. En effet, si l'on considère, à chaque instant, la différence des valeurs de y en deux points correspondants, cette différence, d'abord infiniment petite, restera telle, car elle varie d'une manière continue comme y, et elle ne saurait devenir finie que si l'on considère deux racines distinctes de l'équation $f(x, y) = 0$; mais, pour passer d'une valeur à une autre, y serait obligé de rompre la continuité, à moins que l'on ne soit précisément dans le voisinage d'un point critique où deux valeurs distinctes de y sont susceptibles de différer infiniment peu l'une de l'autre pour une même valeur de x. Ainsi donc, y revient toujours en x_0, avec la même valeur y_0, si l'on ne sort pas du contour C. C. Q. F. D.

Discussion de la fonction $\sqrt{x-a}$.

Il est intéressant d'étudier la manière dont les fonctions algébriques permutent leurs valeurs les unes dans les autres autour des points critiques; nous renverrons, pour cet objet, le lecteur à un Mémoire de M. Puiseux, inséré au t. XV du *Journal de M. Liouville*. Il suffira, en effet, pour le but que nous avons en vue, de discuter les fonctions de la forme $\sqrt{X}$, où X représente un polynôme entier en x.

Commençons par la fonction $y=\sqrt{x-a}$, dans laquelle a est une constante. Cette fonction a deux valeurs

$$+\sqrt{x-a} \quad \text{et} \quad -\sqrt{x-a},$$

en chaque point égales et de signes contraires. Nous n'avons à considérer qu'un seul point critique, le point a pour lequel les deux valeurs de y deviennent égales à zéro. La fonction y ne cesse donc d'être monodrome qu'à l'intérieur d'un contour contenant le point a.

Posons

$$x=a+re^{\theta\sqrt{-1}},$$

$re^{\theta\sqrt{-1}}$ sera représenté par la droite qui va du point a au point x (la résultante de deux droites représentant, il ne faut pas l'oublier, la somme des imaginaires représentées par ces droites); on aura

$$\sqrt{x-a}=r^{\frac{1}{2}}e^{\frac{\theta}{2}\sqrt{-1}}.$$

Si le point x décrit un contour fermé contenant le point a, la droite $re^{\theta\sqrt{-1}}$ joignant le point a au point x tournera en décrivant un angle total égal à 2π; la fonction

$$\sqrt{x-a}=r^{\frac{1}{2}}e^{\frac{\theta}{2}\sqrt{-1}}$$

reviendra alors, quand x reviendra au point de départ correspondant à $\theta=\theta_0$, avec la valeur

$$-\sqrt{x-a}=r^{\frac{1}{2}}e^{\left(\frac{\theta_0}{2}+\pi\right)\sqrt{-1}}.$$

Ainsi l'effet d'une rotation autour du point a est de changer le signe de la fonction y.

DISCUSSION DE LA FONCTION

$$\sqrt{A(x-a)(x-b)(x-c)\ldots(x-l)}.$$

Quand le point x tournera autour du point a, $\sqrt{x-a}$ changera de signe; ainsi :

Quand la variable décrira un contour fermé contenant une des quantités a, b, ..., l, la fonction reviendra au point de départ avec un changement de signe

Quand la variable décrira un contour fermé contenant un nombre pair de points critiques, un nombre pair de facteurs $\sqrt{x-a}$, $\sqrt{x-b}$, ... changeront de signes, et la fonction reviendra au point de départ avec sa valeur initiale; ce sera l'inverse quand le contour contiendra un nombre impair de points critiques.

Au lieu de décrire un contour fermé simple, la variable peut tourner plusieurs fois autour d'un ou de plusieurs points critiques; mais ce cas complexe ne présentera aucune difficulté et se ramènera aux précédents.

Je suppose, par exemple, un contour ayant son origine en o et présentant la forme ci-dessous : quand la

Fig. 6.

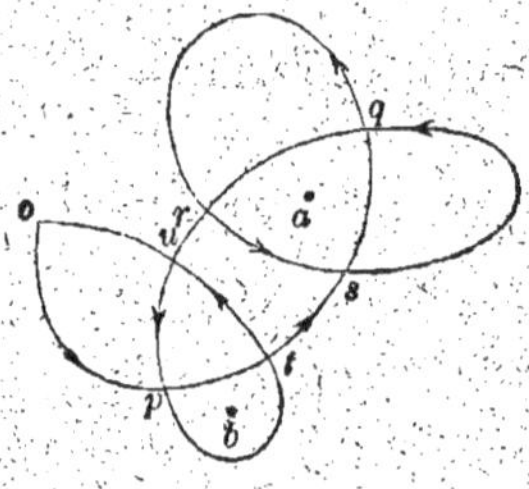

variable a suivi le chemin *opts*, la fonction arrive

en s avec une valeur que j'appellerai y_1, et quand x parcourt le chemin $sqrs$, y revient en s avec la valeur $-y_1$, en sorte que l'on pourrait supprimer la boucle $sqrs$ et partir de o avec la valeur $-y_0$; on pourrait de même supprimer la boucle $uptu$ en partant avec la valeur initiale $+y_0$; il reste alors le chemin $optsqruo$ qui contient le point a et l'on revient en o avec la valeur $-y_0$.

ÉTUDES DES PREMIÈRES TRANSCENDANTES QUE L'ON RENCONTRE DANS LE CALCUL INTÉGRAL.

Les fonctions entières s'intègrent immédiatement, les fonctions rationnelles s'intègrent en les décomposant en fractions simples : quand ces fractions simples sont de la forme $\frac{A}{(x-a)^m}$, elles s'intègrent immédiatement ; quand elles sont de la forme $\frac{A}{x-a}$, elles ne s'intègrent plus au moyen de signes algébriques, ou du moins on ne sait plus les intégrer de cette façon.

On rencontre aussi des fractions de la forme

$$\frac{Mx+N}{(x^2+px+q)^n};$$

mais, en adoptant les imaginaires dans le calcul, ces fractions se réduisent à la forme $\frac{A}{(x-a)^n}$.

L'intégrale de $\frac{A}{x-a}$ est la fonction logarithmique bien étudiée dans les éléments et bien connue ; on conçoit cependant que la découverte des logarithmes ait pu suivre celle du Calcul intégral, et il est intéressant de voir comment on aurait pu étudier les propriétés de la nouvelle fonction.

Et d'abord il y a lieu de se demander si l'intégrale de $\frac{A}{x-a}$ engendre réellement une fonction transcendante, ou seulement une fonction réductible aux fonctions algébriques; nous allons voir, en étudiant ses propriétés, qu'elle constitue une fonction nouvelle. D'abord, en mettant à part le facteur A constant et remplaçant $x-a$ par x, on ramène cette intégrale à la forme

$$\int \frac{dx}{x}.$$

Posons

$$\int_1^x \frac{dx}{x} = \log x,$$

le signe log étant employé pour représenter la nouvelle fonction (nous précisons notre intégrale avec la limite 1 et non zéro, afin qu'elle soit finie.)

Nous pouvons prouver : 1° que $\log x$ n'est pas monodrome et par suite ne peut pas être rationnel; 2° que $\log x$ a une infinité de valeurs pour une même valeur de x, et qu'il ne saurait alors coïncider avec une fonction algébrique qui n'en a qu'un nombre limité.

Pour le prouver, observons que l'on peut aller du point 1 au point x, soit directement par le chemin $1x$

Fig. 7.

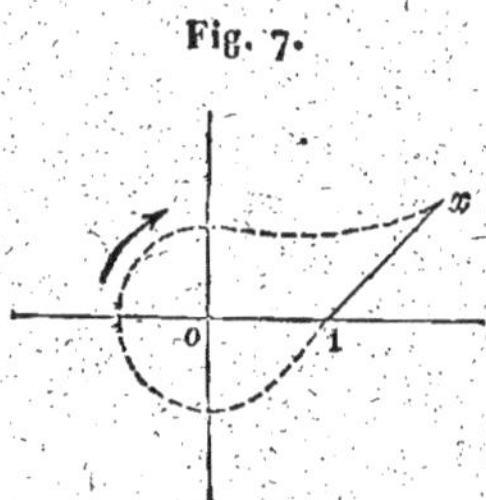

rectiligne, ce qui fournit la valeur que nous appellerons $\log x$, soit par tout autre chemin. La valeur de l'intégrale prise le long d'un chemin qui, avec x 1, forme un contour fermé ne contenant pas l'origine où $\frac{1}{x}$ est infini, donnerait la même valeur $\log x$; mais si, pour aller de 1 à x, on suit un chemin qui enveloppe le point o, tel que celui qui est figuré en pointillé, l'intégrale prise le long de ce contour, augmentée de l'intégrale prise le long de x 1, sera égale à l'intégrale prise le long d'un cercle de rayon très-petit décrit autour du point o; on aura donc, en se rappelant que cette dernière est égale à $\pm 2\pi\sqrt{-1}$,

$$\int \frac{dx}{x} - \log x = -2\pi\sqrt{-1};$$

Je mets $-2\pi\sqrt{-1}$, parce que l'intégrale doit être prise dans le sens rétrograde; on a donc dans ce cas

$$\int \frac{dx}{x} = \log x - 2\pi\sqrt{-1}.$$

Si, au contraire, la figure avait la disposition ci-dessous on aurait

$$\int \frac{dx}{x} = \log x + 2\pi\sqrt{-1}.$$

Fig. 8.

Il y a plus, si, au lieu de suivre un contour simple comme les deux précédents, on suit un contour entourant 2, 3, 4, ... fois l'origine, tel que celui ci-dessous qui l'entoure trois fois, il est clair que l'on aura

$$\int \frac{dx}{x} = \log x + 2, 4, 6 \ldots \pi \sqrt{-1};$$

Fig. 9.

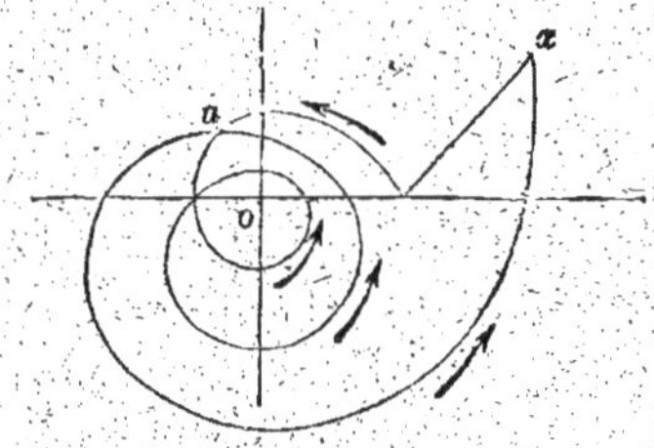

dans le cas de la figure, on a

$$\int \frac{dx}{x} = \log x + 6\pi \sqrt{-1}.$$

Ainsi la valeur générale de l'intégrale considérée est

$$\log x \pm 2k\pi \sqrt{-1},$$

k désignant un entier, et ces valeurs de $\log x$ sont inséparables les unes des autres; ainsi, quand le point x passe en a pour la seconde fois, l'intégrale y acquiert une valeur égale à la précédente augmentée de 2π, et cela en *vertu de la continuité*; en d'autres termes, on ne pourrait assigner à $\log x$ une valeur déterminée en a qu'en rompant la continuité de cette fonction.

Si l'on considère l'équation

$$\frac{dx}{x} + \frac{dy}{y} = 0,$$

on en tire d'abord

$$\int_1^x \frac{dx}{x} + \int_1^y \frac{dy}{y} = \text{const.},$$

ce que l'on peut écrire

(1) $$\log x + \log y = \log a,$$

a désignant une constante. Mais on en tire aussi

$$y\,dx + x\,dy = 0,$$

ou

(2) $$xy = b,$$

b désignant une constante. Les formules (2) devant être identiques, faisons $x = 1$; (1) donnera $\log y = \log a$ et (2) donnera $y = b$, ce qui exige que $a = b$. Des formules (1) et (2) on tire alors, en remplaçant b par a,

$$\log x + \log y = \log xy,$$

ce qui est la propriété fondamentale de la fonction logarithmique.

La fonction inverse de $\log x$ sera représentée par $e(x)$, en sorte que, si

$$y = \log x,$$

on aura

$$x = e(y);$$

la propriété fondamentale des logarithmes donne la propriété fondamentale des exponentielles

$$e(x+y) = e(x)\,e(y),$$

ce qui conduit à écrire

$$e(x) = e^x,$$

et comme l'on a

$$\log x = y + 2k\pi\sqrt{-1},$$

y désignant l'une des valeurs de $\log x$, on a

$$e^x = e^{x+2k\pi\sqrt{-1}};$$

la fonction e^x est alors périodique et a pour période

$2k\pi\sqrt{-1}$. De la formule

$$dy = \frac{dx}{x}$$

on tire

$$\frac{dx}{dy} = x.$$

y étant le logarithme de x, on voit que la dérivée de la fonction exponentielle e^y prise par rapport à y est cette fonction elle-même; on est alors conduit à représenter e^x au moyen d'une série, et sa théorie s'achève comme dans les éléments.

On voit ainsi que la découverte de Neper eût été faite par les inventeurs du Calcul infinitésimal dès les débuts du calcul inverse.

DES DIVERS CHEMINS QUE PEUT SUIVRE LA VARIABLE DANS LA RECHERCHE DES INTÉGRALES DES FONCTIONS ALGÉBRIQUES.

Toute fonction algébrique y étant monodrome à l'intérieur d'un contour ne contenant pas de point critique, son intégrale sera nulle le long d'un pareil contour; donc :

1° L'intégrale prise le long d'un contour quelconque $x_0 x$ pourra être remplacée par l'intégrale prise le long du contour rectiligne $x_0 x$, si entre ce contour et le contour donné il n'existe pas de point critique.

2° Si, à l'intérieur du contour C formé par le chemin rectiligne et le chemin donné, il existe un point critique a, on pourra remplacer le chemin donné par un autre allant de x_0 vers un point α très-voisin du point critique sans sortir du contour C, tournant ensuite le long du cercle décrit de a comme centre avec αa pour rayon, revenant en α, puis en x_0 par le chemin αx_0 inverse du chemin $x_0\alpha$ suivi tout à l'heure, enfin allant par le chemin rectiligne de x_0 à x. En effet, le nouveau chemin et l'ancien ne comprennent entre eux aucun point critique.

Fig. 10.

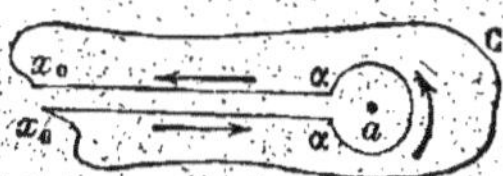

Le chemin formé d'une ligne allant de x_0 au point α voisin du point critique a, tournant autour de ce point et revenant en x_0 par la route déjà suivie pour aller de x_0, est ce que l'on appelle un *lacet*.

Nous avons figuré ci-dessus un lacet en séparant l'aller du retour pour bien montrer comment le lacet peut se substituer au contour C.

3° Si, entre le contour C formé par le chemin rectiligne et le contour donné, il existait plusieurs points critiques, on pourrait remplacer ce contour par une série de lacets suivis de la droite x_0x.

4° Supposons que le contour d'intégration donné rencontre la droite x_0x_1 en p, q.

Fig. 11.

On pourra remplacer le chemin x_0lp par une série de lacets et par la droite x_0p; on est alors ramené au chemin x_0pmq, que l'on peut remplacer par une série de lacets suivis de xq, et ainsi de suite; donc :

Théorème. — *Tous les chemins que l'on peut suivre pour aller de x_0 en x peuvent être remplacés par une série de lacets ayant leurs origines et leurs extrémités en x_0, suivis du contour rectiligne x_0x* (*).

Nous dirons qu'un lacet unit deux valeurs y_i et y_j quand ces deux valeurs de y se permutent l'une dans l'autre lorsque l'on suit ce lacet.

Mais nous préciserons encore davantage : en général, en suivant un lacet, on ne permute que deux valeurs de la fonction y; toutefois il pourra se faire qu'en suivant un même lacet plusieurs fois de suite, on obtienne une permutation circulaire des valeurs $y_1, y_2, y_3, \ldots$ de y; nous considérerons comme distincts tous les lacets parcourus avec des valeurs initiales différentes de y. Ainsi, par exemple, si le point a est un point critique ordinaire, deux racines y_i et y_k se permuteront l'une dans l'autre en parcourant ce lacet; nous le supposerons double, mais seulement pour la commodité du langage, en sorte que, s'il est parcouru avec la valeur initiale y_i, nous le considérerons comme formant un premier lacet unissant y_i à y_k, et s'il est parcouru avec la valeur initiale y_k, nous le considérerons comme un second lacet distinct du premier et unissant y_k à y_i.

De même, si au point a trois valeurs y_i, y_j, y_k se permutaient entre elles, on aurait à considérer le lacet correspondant comme triple : l'un des lacets simples unirait y_i à y_j et serait parcouru avec la valeur initiale y_i, et

---

(*) Il va sans dire que nous supposons que le chemin rectiligne x_0x ne rencontre pas de point critique. S'il en rencontrait un, ce qui n'arrivera que dans des cas tout particuliers, il faudrait, pour l'exactitude du théorème, éviter ce point en déformant le contour rectiligne.

ainsi de suite. Ainsi, au mot *lacet* est attachée l'idée d'un chemin et l'idée d'une valeur initiale de y bien déterminée.

DES INTÉGRALES ELLIPTIQUES.

Dès les débuts du Calcul intégral, on est arrêté par des difficultés insurmontables quand on veut calculer la fonction dont la dérivée dépend d'un radical carré recouvrant un polynôme d'un degré supérieur au second. Cette difficulté provient de ce que la fonction cherchée dépend de nouvelles transcendantes irréductibles, comme l'a prouvé M. Liouville, aux transcendantes étudiées dans les *Éléments* ou aux fonctions algébriques. Legendre, qui soupçonnait cette irréductibilité, s'est surtout attaché à étudier les propriétés analytiques des transcendantes les plus simples auxquelles conduit le Calcul intégral, et a créé la théorie des fonctions elliptiques.

On donne le nom d'*intégrales elliptiques* à des intégrales de forme simple, auxquelles on peut ramener les intégrales de la forme

$$V = \int F(x, y)\,dx, \tag{1}$$

où $F(x, y)$ désigne une fonction rationnelle de x et de y, et où y représente un radical de la forme

$$y = \sqrt{Ax^4 + Bx^3 + Cx^2 + Dx + E},$$

A, B, C, D, E désignant des coefficients constants. Nous supposerons le polynôme placé sous le radical décomposé en facteurs, et nous aurons

$$y = \sqrt{G(x-\alpha)(x-\beta)(x-\gamma)(x-\delta)},$$

G désignant un nombre quelconque réel ou imaginaire.

On simplifie la formule (1) en posant

$$x = \frac{a + b\xi}{1 + \xi};$$

on trouve alors

$$(2) \qquad V = \int \Phi(\xi, \eta)\, d\xi,$$

$\Phi(\xi, \eta)$ désignant une fonction rationnelle de ξ et de η, et η désignant le radical

$$y = \sqrt{G[a - \alpha + (b - \alpha)\xi][a - \beta + (b - \beta)\xi]\ldots}.$$

Les puissances impaires de ξ sous le radical disparaîtront si l'on pose

$$(a - \alpha)(b - \beta) + (a - \beta)(b - \alpha) = 0,$$
$$(a - \gamma)(b - \delta) + (a - \delta)(b - \gamma) = 0;$$

d'où l'on tire

$$2ab - (a + b)(\alpha + \beta) + 2\alpha\beta = 0,$$
$$2ab - (a + b)(\gamma + \delta) + 2\gamma\delta = 0,$$

ou

$$ab = \frac{\alpha\beta(\gamma + \delta) - \gamma\delta(\alpha + \beta)}{\alpha + \beta - \gamma - \delta},$$

$$a + b = \frac{2\alpha\beta - 2\gamma\delta}{\alpha + \beta - \gamma - \delta}.$$

Ces équations montrent que a et b sont racines d'une équation du second degré facile à former. On pourra donc toujours supposer que la quantité placée sous le radical η ne contient que le carré et la quatrième puissance de la variable ξ.

Cette transformation semble tomber en défaut quand on a $\alpha + \beta - \gamma - \delta = 0$; mais alors on a

$$y = \sqrt{G[x^2 - (\alpha + \beta)x + \alpha\beta][x^2 - (\alpha + \beta)x + \gamma\delta]},$$

et il suffit de poser

$$x - \frac{\alpha + \beta}{2} = \xi$$

pour faire disparaître les puissances impaires de la variable.

Remarque I. — Il est bon d'observer que, si le produit $(x-\alpha)(x-\beta)(x-\gamma)(x-\delta)$ est réel, les quantités a et b pourront toujours être supposées réelles; en effet, la condition de réalité des racines de l'équation du second degré qui fournit a et b est

$$(\alpha\beta - \gamma\delta)^2 - [\alpha\beta(\gamma+\delta) - \gamma\delta(\alpha+\beta)](\alpha+\beta-\gamma-\delta)^2 > 0.$$

Le premier membre de cette égalité s'annule pour $\alpha = \gamma$, $\alpha = \delta$, $\beta = \gamma$, $\beta = \delta$, et l'on constate facilement qu'il est égal à $(\alpha-\gamma)(\alpha-\delta)(\beta-\gamma)(\beta-\delta)$. Il est donc réel si α, β, γ, δ sont réels. Il est encore réel si, ce que l'on peut supposer, α et β sont conjugués, et si γ et δ sont réels ou conjugués. Ainsi donc on peut toujours supposer a et b réels si

$$(x-\alpha)(x-\beta)(x-\gamma)(x-\delta)$$

est un polynôme à coefficients réels.

Remarque II. — Si le polynôme placé sous le radical y n'était pas décomposé en facteurs, en remplaçant x par $\frac{a+b\xi}{1+\xi}$ et en annulant les coefficients de ξ et ξ^3 sous le radical, on obtiendrait la même simplification.

Remarque III. — Si l'on avait

$$y = \sqrt{G(x-\alpha)(x-\beta)(x-\gamma)},$$

en posant

$$x - \alpha = \xi^2,$$

on trouverait

$$V = \int \Phi(\eta, \xi)\,d\xi,$$
$$\eta = \sqrt{G(\xi^2 + \alpha - \beta)(\xi^2 + \alpha - \gamma)},$$

Φ désignant une fonction rationnelle de ξ et de η.

Ainsi toute intégrale telle que V, dans laquelle y désigne un radical carré recouvrant un polynôme du troisième ou du quatrième degré, peut être ramenée à la forme

$$V = \int \Phi(x, y)\,dx,$$

y désignant un radical de la forme

$$\sqrt{G(1 + mx^2)(1 + nx^2)},$$

m et n désignant des constantes, et il est clair qu'en posant

$$\xi = x\sqrt{-m}, \quad k^2 = -\frac{n}{m},$$

on pourra ramener le radical à la forme

$$\sqrt{(1 - x^2)(1 - k^2x^2)}.$$

Posant alors

$$y = \sqrt{(1 - x^2)(1 - k^2x^2)},$$

les intégrales que nous nous proposons d'étudier prendront la forme

$$V = \int F(x, y)\,dx,$$

F désignant toujours une fonction rationnelle. Nous verrons par la suite que la quantité k^2, à laquelle on a donné le nom de *module*, peut toujours être censée réelle et moindre que l'unité.

RÉDUCTION DES INTÉGRALES ELLIPTIQUES A DES TYPES SIMPLES.

Reprenons l'intégrale

$$(1) \qquad V = \int F(x, y)\,dx,$$

dans laquelle nous avons vu que l'on pouvait supposer

$$y = \sqrt{(1 - x^2)(1 - k^2x^2)};$$

$F(x,y)$ peut toujours être mis sous la forme $\frac{\varphi(x,y)}{\psi(x,y)}$, φ et ψ désignant deux fonctions entières de x et y; mais une fonction entière de x et de y peut toujours être censée du premier degré en y, car y^2 est une fonction entière de x, y^3 est le produit de y par une fonction entière de x, etc. On peut donc poser

$$F(x,y) = \frac{A + By}{C + Dy},$$

A, B, C, D désignant des polynômes entiers en x.

Si l'on multiplie les deux termes de cette fraction par $C - Dy$, elle prend la forme

$$F(x,y) = M + Ny,$$

M et N désignant deux fonctions rationnelles de x, et comme $Ny = \frac{Ny^2}{y}$, on peut encore écrire

$$F(x,y) = M + \frac{P}{y},$$

P désignant une nouvelle fonction rationnelle de x; la formule (1) donne alors

$$V = \int M\,dx + \int P\frac{dx}{y}.$$

La première intégrale s'obtient par des procédés bien

connus et peut s'exprimer au moyen des logarithmes et des fonctions rationnelles. Il reste alors à étudier les intégrales de la forme

$$U = \int P \frac{dx}{y}. \tag{2}$$

Je dis que l'on peut toujours supposer qu'il n'entre dans l'expression de P que des puissances paires de x; en effet, on peut poser

$$P = \frac{H + Kx}{I + Lx},$$

H, K, I, L désignant des polynômes entiers en x^2, et, par suite, on a

$$P = \frac{(H + Kx)(I - Lx)}{I^2 - L^2x^2};$$

P peut donc être censé de la forme

$$\frac{M + Nx}{S},$$

M, N, S désignant des polynômes entiers en x^2. La formule (2) donne alors

$$U = \int \frac{M}{S}\frac{dx}{y} + \int \frac{N}{S}x\frac{dx}{y}.$$

La seconde intégrale, en posant $x^2 = z$, prend la forme

$$\int f(z) \frac{dz}{\sqrt{(1-z)(1-k^2z)}},$$

où $f(z)$ est rationnel en z; elle pourra donc s'obtenir par les procédés enseignés dans les *Éléments du Calcul intégral*. Il ne reste donc plus qu'à s'occuper des intégrales de la forme (2), dans lesquelles P ne contient que des puissances paires de x.

La fonction P, étant décomposée en éléments simples,

se composera de termes de la forme Ax^{2m} et $\frac{A}{(x^2-a^2)^m}$, m, A et a désignant des constantes, et l'intégrale U se composera elle-même de termes réductibles aux formes

$$u=\int\frac{x^{2m}}{y}\,dx,\quad v=\int\frac{dx}{(x^2-a^2)^m y}.$$

L'intégrale u peut encore se simplifier, et l'on peut toujours supposer $m=0$ ou $m=1$: il suffit pour cela d'observer que l'on a

$$d\left[x^{2m-3}\sqrt{(1-x^2)(1-k^2x^2)}\right]=\frac{ax^{2m}+bx^{2m-2}+cx^{2m-4}}{\sqrt{(1-x^2)(1-k^2x^2)}}\,dx,$$

a, b, c désignant des constantes que l'on déterminera en faisant les calculs indiqués; on en conclut la formule de réduction

$$x^{2m-3}y=a\int\frac{x^{2m}}{y}\,dx+b\int\frac{x^{2m-2}}{y}\,dx+c\int\frac{x^{2m-4}}{y}\,dx,$$

qui permettra de calculer $\int\frac{x^{2m}}{y}\,dx$ de proche en proche, quand on connaîtra

$$\int\frac{dx}{y}\quad\text{et}\quad\int\frac{x^2\,dx}{y};$$

il suffira pour cela d'y faire successivement $m=2, 3, \ldots$ Quant à l'intégrale v elle est, à un facteur constant près, la dérivée prise par rapport à a^2 de celle que l'on obtient en supposant $m=1$.

DES TRANSCENDANTES DE LEGENDRE ET DE JACOBI.

En définitive, les intégrales de la forme

$$\int F(x, y)\,dx,$$

où F désigne une fonction rationnelle de x et d'un radical carré recouvrant un polynôme du quatrième degré, peuvent se calculer au moyen des fonctions algébriques, logarithmiques, circulaires, et au moyen de trois transcendantes nouvelles :

$$\int_0^x \frac{dx}{\sqrt{(1-x^2)(1-k^2x^2)}}, \quad \int_0^x \frac{x^2\,dx}{\sqrt{(1-x^2)(1-k^2x^2)}},$$

$$\int \frac{dx}{(x^2-a^2)\sqrt{(1-x^2)(1-k^2x^2)}}$$

ou

$$\int \frac{dx}{(1+ax^2)\sqrt{(1-x^2)(1-k^2x^2)}}.$$

La première est, comme on le verra, la plus importante : ce sont les trois *intégrales elliptiques* de première, de deuxième et de troisième espèce.

Legendre pose $x = \sin\varphi$; les trois intégrales précédentes deviennent alors, en prenant pour limites inférieures zéro,

$$\int_0^\varphi \frac{d\varphi}{\sqrt{1-k^2\sin^2\varphi}},$$

$$\frac{1}{k^2}\int_0^\varphi \frac{d\varphi}{\sqrt{1-k^2\sin^2\varphi}} - \frac{1}{k^2}\int_0^\varphi \sqrt{1-k^2\sin^2\varphi}\,d\varphi$$

et

$$\int_0^\varphi \frac{d\varphi}{(1-a\sin^2\varphi)\sqrt{1-k^2\sin^2\varphi}};$$

la première était pour Legendre l'intégrale de première espèce, l'intégrale $\int_0^\varphi \sqrt{1-k^2\sin^2\varphi}\,d\varphi$ était l'intégrale de deuxième espèce, la troisième était l'intégrale de troisième espèce. L'intégrale de deuxième espèce représente l'arc d'ellipse exprimé en fonction de l'anomalie excentrique de son extrémité.

φ est ce que Legendre appelait l'*amplitude* des trois intégrales, k porte le nom de *module*, a est le *paramètre* de l'intégrale de troisième espèce.

Legendre, dans son *Traité des fonctions elliptiques*, étudie surtout les propriétés des trois intégrales que nous venons de signaler, et indique le moyen d'en construire des Tables. Mais Abel et Jacobi, se plaçant à un point de vue beaucoup plus élevé, ont considéré les intégrales elliptiques comme des fonctions inverses; pour bien faire saisir la pensée qui a guidé ces géomètres dans leurs recherches, nous ferons observer que les logarithmes et les fonctions circulaires inverses pourraient être définies par les formules

$$\log x = \int_1^x \frac{dx}{x}, \quad \operatorname{arc}\sin x = \int_0^x \frac{dx}{\sqrt{1-x^2}}, \ldots,$$

et auraient certainement été étudiées avant l'exponentielle, le sinus, etc., si ces fonctions *directes* n'avaient pas été fournies par des considérations élémentaires. Le fil de l'induction devait laisser penser que l'intégrale

$$\int_0^x \frac{dx}{\sqrt{(1-x^2)(1-k^2x^2)}}$$

ne définissait pas une fonction aussi intéressante que son inverse.

ÉTUDE DE L'INTÉGRALE $\int_0^y \frac{dy}{\sqrt{(y-\alpha)(y-\beta)(y-\gamma)(y-\delta)}}$

Avant d'étudier la fonction elliptique, il convient, pour la commodité de l'exposition, d'étudier l'intégrale un peu plus générale

$$x = \int_0^y \frac{dy}{\sqrt{(y-\alpha)(y-\beta)(y-\gamma)(y-\delta)}},$$

x est une fonction évidemment continue de y, tant que y n'est égal à aucune des quantités $\alpha, \beta, \gamma, \delta, \infty$, et réciproquement y sera une fonction continue de x; et, lors même que y passe par la valeur α par exemple, x reste continu. En effet, posant $x = f(y)$, on a

$$f(\alpha) = \int_0^\alpha \frac{dy}{\sqrt{y-\alpha}} \frac{1}{\sqrt{(y-\beta)(y-\gamma)(y-\delta)}}:$$

cette expression est finie comme l'on sait; on a aussi

$$f(\alpha+h) = \int_0^{\alpha+h} \frac{dy}{\sqrt{y-\alpha}} \frac{1}{\sqrt{(y-\beta)(y-\gamma)(y-\delta)}},$$

et, par suite,

$$f(\alpha+h) - f(\alpha) = \int_\alpha^{\alpha+h} \frac{dy}{\sqrt{y-\alpha}} \frac{1}{\sqrt{(y-\beta)(y-\gamma)(y-\delta)}};$$

soient M une quantité dont le module reste supérieur à celui de $\frac{1}{\sqrt{(y-\beta)(y-\gamma)(y-\delta)}}$, ε une quantité dont le module est au plus égal à 1, on aura

$$f(\alpha+h) - f(\alpha) = \mathrm{M}\varepsilon \int_\alpha^{\alpha+h} \frac{dy}{\sqrt{y-\alpha}} = 2\mathrm{M}\varepsilon\sqrt{h};$$

cette quantité est bien infiniment petite. Ainsi :

Théorème I. — *La fonction x et, par suite, son inverse y sont continues, excepté quand y ou x sont infinis.*

Pour préciser le sens de la fonction x, il faut supposer que, pour $y = 0$, le radical ait une valeur déterminée, que nous représenterons par $+\sqrt{\alpha\beta\gamma\delta}$, et quand je dis que, pour $y = 0$, le radical a cette valeur, j'entends par là que l'intégrale est engendrée avec la valeur $+\sqrt{\alpha\beta\gamma\delta}$ qui pourra prendre au point 0 la valeur $-\sqrt{\alpha\beta\gamma\delta}$ quand la variable y reviendra en ce point. Cela posé,

Théorème II. — *La fonction y admet deux périodes.*

En effet, les contours que l'on peut suivre pour engendrer l'intégrale x peuvent se ramener : 1° au contour rectiligne oy ; 2° à ce contour précédé de contours fermés aboutissant en o et formés de lacets.

Soient A, B, C, D les valeurs que prend l'intégrale autour des lacets relatifs aux points α, β, γ, δ.

Appelons i la valeur que prend l'intégrale x quand le chemin que suit la variable y est le contour rectiligne oy ; x pourra prendre les valeurs suivantes : 1° la valeur i ; 2° les valeurs $A - i$, $B - i$, $C - i$, $D - i$ (*).

En effet, par exemple, la variable y parcourant d'abord le lacet A dans le sens direct ou dans le sens rétrograde, x prend la valeur A, le radical revient en o avec sa valeur primitive changée de signe, la variable décrivant ensuite le chemin oy, l'intégrale prend le long de ce chemin la valeur $-i$, et l'intégrale totale se réduit à $A - i$.

3° En général, quel que soit le sens dans lequel on parcourt un lacet, la valeur de l'intégrale ne dépend que du signe du radical à l'entrée du lacet, et ce signe change à la sortie du lacet ; il en résulte que, si la valeur initiale du radical est précédée du signe +, la valeur générale de x sera

$$A - B + C - D + \ldots \pm i,$$

(*) L'intégrale le long d'un lacet est facile à calculer ; supposons qu'il s'agisse du lacet relatif au point α, elle se composera de l'intégrale rectiligne $(O\alpha)$, de l'intégrale prise le long du chemin circulaire décrit autour de α, intégrale nulle, et de l'intégrale rectiligne (αO), laquelle est égale à $(O\alpha)$ parce qu'elle est parcourue en sens inverse de $(O\alpha)$ et avec le signe — placé devant le radical. Ainsi $A = 2(O\alpha)$; le radical, en effet, change de signe quand le point y tourne autour de α.

le signe de i étant $+$ s'il est précédé d'un nombre pair de termes, — s'il est précédé d'un nombre impair de termes ; de sorte que, si l'on pose

$$P = m_1(A - B) + m_2(A - C) + m_3(A - D) \\ + m_4(B - C) + m_5(B - D) + m_6(C - D),$$

$m_1, m_2, \ldots, m_6$ étant des entiers positifs ou négatifs, les valeurs de x seront de la forme

$$(3) \qquad \begin{cases} P + i, & P + A - i, \quad P + B - i, \\ & P + C - i, \quad P + D - i, \end{cases}$$

que l'on peut simplifier. En effet, si l'on intègre

$$\int \frac{dy}{\sqrt{(y-\alpha)(y-\beta)(y-\gamma)(y-\delta)}}$$

le long d'un cercle de rayon infini décrit de l'origine comme centre, on obtient un résultat nul, mais cette intégrale est aussi égale à la somme des intégrales prises successivement le long des quatre lacets ; donc

$$A - B + C - D = 0,$$

si l'on pose

$$A - B = \omega, \quad B - C = \varpi,$$

on aura

$$B = A - \omega, \quad C = A - \omega - \varpi, \quad D = A - B + C = A - \varpi,$$
$$A - B = \varpi, \quad A - C = \omega + \varpi, \quad A - D = \varpi,$$
$$B - C = \varpi, \quad B - D = \varpi - \omega, \quad C - D = -\omega.$$

La quantité P est donc de la forme $m\omega + n\varpi$, et les diverses valeurs de x de la forme

$$m\omega + n\varpi + i \quad \text{ou} \quad m\omega + n\varpi + A - i.$$

Les quantités m et n désignant des entiers quelconques,

il résulte de là que, si l'on fait $y = f(x)$, on aura

$$(4)\quad f(m\omega + n\varpi + i) = f(m\omega + n\varpi + A - i) = f(i);$$

la fonction y admet donc les deux périodes ω et ϖ.

Si nous partageons le plan en une infinité de parallélogrammes, dont les côtés soient ω et ϖ, ces parallélogrammes porteront le nom de *parallélogrammes des périodes,* et nous pourrons énoncer le théorème suivant :

Théorème III. — *Dans chaque parallélogramme des périodes, la fonction y prend deux fois la même valeur pour deux valeurs distinctes de x.*

On peut démontrer directement que la fonction y est monodrome dans toute l'étendue du plan. En effet, si le point y se meut dans une portion du plan qui ne contient pas des points critiques, x reste fonction monodrome de y, et l'équation

$$(A)\quad \int_0^y \frac{dy}{\sqrt{(y-\alpha)(y-\beta)(y-\gamma)(y-\delta)}} - x = 0$$

fournit une série de valeurs de x comprises dans un certain contour C. Réciproquement, la racine y de cette équation ne pourra cesser d'être monodrome qu'autour des points où y acquerrait des valeurs multiples ou autour desquels le premier membre de l'équation cesserait d'être monodrome ou fini par rapport à y; or, la dérivée du premier membre de notre équation relative à y ne s'annule que pour $y = \infty$; les seuls points où y pourrait cesser d'être monodrome correspondent donc à $y = \alpha, \beta, \gamma, \delta$ et ∞,

Posons donc

$$y = \alpha + z^2,$$
$$\frac{dy}{dx} = 2z\frac{dz}{dx};$$

la formule (A) deviendra

$$\int_{\sqrt{\alpha}}^{z} \frac{2\,dz}{\sqrt{(z^2+\alpha-\beta)(z^2+\alpha-\gamma)(z^2+\alpha-\delta)}} - x = 0.$$

La fonction z ne cesse évidemment pas d'être monodrome autour du point $z=0$, et, par suite, y ne cesse pas d'être monodrome autour du point α (α, β, γ sont, bien entendu, supposés différents les uns des autres).

Si l'on veut étudier ce qui se passe autour du point $x=\xi$, pour lequel $y=\infty$, on posera

$$y=\frac{1}{z};$$

on aura alors, au lieu de la formule (A),

$$\int_{\infty}^{z} \frac{dz}{\sqrt{(1-\alpha z)(1-\beta z)(1-\gamma z)(1-\delta z)}} - x = 0,$$

et, en raisonnant comme plus haut, on voit que cette équation, pour $y=\infty$ ou pour $z=0$, ne cesse pas d'être monodrome par rapport à x.

Nous verrons plus loin une démonstration lumineuse de ces résultats, mais il était nécessaire de présenter ces considérations pour faire comprendre l'esprit qui nous guide dans nos recherches.

Notre but dans ce paragraphe était de montrer comment on pouvait être conduit à concevoir des fonctions possédant deux périodes.

ÉTUDE ET DISCUSSION DE LA FONCTION $\sin \operatorname{am} x$.

Considérons l'intégrale

$$(1) \qquad x=\int_0^{y} \frac{dy}{\sqrt{(1-y^2)(1-k^2y^2)}},$$

qui est la plus simple de celles auxquelles se ramènent

les intégrales que nous avons considérées plus haut Legendre posait

$$y = \sin\varphi;$$

il obtenait alors la relation

$$x = \int_0^\varphi \frac{d\varphi}{\sqrt{1 - k^2 \sin^2\varphi}};$$

φ était ce qu'il appelait l'amplitude de l'intégrale x. Alors, en posant $\varphi = \operatorname{am} x$, on a

$$y = \sin\operatorname{am} x;$$

le nom de $\sin\operatorname{am} x$ est resté à y considéré comme fonction de x. Nous adopterons la notation de Gudermann, plus simple que la précédente, due à Jacobi, et nous aurons

$$y = \sin\operatorname{am} x = \operatorname{sn} x,$$

$$\sqrt{1 - y^2} = \cos\operatorname{am} x = \operatorname{cn} x,$$

$$\sqrt{1 - k^2 y^2} = \operatorname{dn} x,$$

$$\frac{y}{\sqrt{1 - y^2}} = \operatorname{tang}\operatorname{am} x = \operatorname{tn} x.$$

Nous reviendrons d'ailleurs sur ces formules pour en préciser le sens et déterminer le signe qui convient à chaque radical. Dans ce qui va suivre, k sera quelconque, mais, dans la pratique, k sera généralement réel et moindre que l'unité.

D'après ce qu'on a vu au paragraphe précédent :

1° La fonction $\operatorname{sn} x$ sera continue, monodrome et monogène dans toute l'étendue du plan.

2° Elle possédera deux périodes, l'une

$$2\int_0^1 \frac{dy}{\sqrt{(1 - y^2)(1 - k^2 y^2)}} - 2\int_0^{-1} \frac{dy}{\sqrt{(1 - y^2)(1 - k^2 y^2)}},$$

correspondant aux deux lacets successifs et relatifs aux points critiques -1 et $+1$. Nous l'appellerons $4K$;

nous observerons qu'elle est réelle quand k est réel, et d'ailleurs moindre que l'unité en valeur absolue,

$$K = \int_0^1 \frac{dy}{\sqrt{(1-y^2)(1-k^2y^2)}};$$

l'autre période est

$$2\int_0^1 \frac{dy}{\Delta} - 2\int_0^{\frac{1}{k}} \frac{dy}{\Delta},$$

Δ désignant, pour abréger, le radical; on peut la représenter par $2K'\sqrt{-1}$, en posant

$$K'\sqrt{-1} = \int_1^{\frac{1}{k}} \frac{dy}{\Delta}.$$

Si l'on fait

$$k^2 + k'^2 = 1, \quad 1 - k^2y^2 = k'^2t^2,$$

on trouve

$$K' = \int_0^1 \frac{dt}{\sqrt{(1-t^2)(1-k'^2t^2)}}.$$

k est ce que l'on appelle le *module*,
k' est le *module complémentaire*,
K est l'*intégrale complète*,
K' est l'*intégrale complète complémentaire*.

Ainsi les côtés du parallélogramme des périodes sont $4K$ et $2K'\sqrt{-1}$.

3° La fonction $\operatorname{sn} x$ passe deux fois par la même valeur dans le parallélogramme, et, d'après la discussion faite au paragraphe précédent,

$$\operatorname{sn}(2K - x) = \operatorname{sn} x.$$

4° La fonction $\operatorname{sn} x$ s'annule en particulier deux fois dans chaque parallélogramme, et comme on a évidemment $\operatorname{sn} 0 = 0$, les zéros de $\operatorname{sn} x$ sont donnés par les formules o et 2K, ou, plus généralement,

$$\left.\begin{array}{l} 4Km + 2K'n\sqrt{-1} \\ 2(2m+1)K + 2K'n\sqrt{-1} \end{array}\right\} \quad \text{ou} \quad 2Km + 2K'n\sqrt{-1}.$$

5° Cherchons les infinis de $\operatorname{sn} x$. L'un d'eux sera donné par la formule

$$\alpha = \int_0^{\infty} \frac{dy}{\Delta} \quad \text{ou} \quad 2\alpha = \int_{-\infty}^{+\infty} \frac{dy}{\Delta},$$

et l'on peut supposer que le contour d'intégration soit rectiligne en laissant d'un même côté de lui-même les points critiques $+1$ et $+\frac{1}{k}$, et, de l'autre côté, -1 et $-\frac{1}{k}$; mais un tel contour peut être remplacé par un demi-cercle de rayon infini décrit sur lui-même comme diamètre, à la condition d'y adjoindre les deux lacets relatifs aux points critiques. Or le contour circulaire donne une intégrale nulle; on a donc

$$2\alpha = \int_{-\infty}^{+\infty} \frac{dy}{\Delta} = 2\int_1^{\frac{1}{k}} \frac{dy}{\Delta} = 2K'\sqrt{-1},$$

et, par suite,

$$\alpha = K'\sqrt{-1}, \quad \text{et} \quad \operatorname{sn}(K + K'\sqrt{-1}) = \frac{1}{k}.$$

Ainsi l'un des infinis de $\operatorname{sn} x$ est $K'\sqrt{-1}$, et, comme $\operatorname{sn}(2K - x) = \operatorname{sn} x$, un autre infini sera $2K - K'\sqrt{-1}$. En général, les infinis de $\operatorname{sn} x$ seront

$$\left.\begin{array}{l} 4mK + (2n+1)K'\sqrt{-1} \\ 2(2m+1)K + (2n+1)K'\sqrt{-1} \end{array}\right\} \quad \text{ou} \quad 2Km + (2n+1)K'\sqrt{-1}.$$

6° On a, comme il est facile de le voir,

$$\operatorname{sn} x = -\operatorname{sn}(-x).$$

7° $\operatorname{sn} K'\sqrt{-1}$ étant infini, posons, dans l'équation

$$\frac{dy}{dx} = \sqrt{(1-y^2)(1-k^2y^2)},$$

$y = \frac{1}{kz}$, $x = K'\sqrt{-1} + t$: nous aurons

$$\frac{dz}{dt} = \mp\sqrt{(1-z^2)(1-k^2z^2)};$$

d'où nous concluons, z s'annulant avec t,

$$u = \pm \operatorname{sn} t = \pm \operatorname{sn}(-K'\sqrt{-1} + x) = \pm \operatorname{sn}(K'\sqrt{-1} + x),$$

et, par suite,

$$\operatorname{sn}(K'\sqrt{-1} + x) = \frac{\pm 1}{k \operatorname{sn} x};$$

or pour $x = K$ on trouve $\frac{1}{k}$: donc

$$\operatorname{sn}(K'\sqrt{-1} + x) = \frac{1}{k \operatorname{sn} x}.$$

8° Enfin l'on a

$$\operatorname{sn}(K) = 1, \quad \operatorname{sn}(K + K'\sqrt{-1}) = \frac{1}{k}.$$

SUR LES FONCTIONS DOUBLEMENT PÉRIODIQUES.

La discussion faite au paragraphe précédent nous a révélé l'existence de fonctions monodromes et monogènes possédant deux périodes. Ces fonctions (et les fonctions elliptiques sont les plus simples d'entre elles) jouissent de propriétés communes qui peuvent en simplifier l'étude; nous commencerons par faire connaître ces propriétés.

Sans doute une bonne partie de la théorie des fonctions elliptiques pourrait être faite, et même a été édifiée avant la découverte, toute récente, de ces propriétés; mais leur connaissance explique bien des méthodes d'investigation qui pourraient, sans cela, être regardées comme des artifices de calcul heureux, mais peu propres à éclairer sur la méthode d'invention.

Théorème I. — *Il n'existe pas de fonction monodrome et monogène possédant deux périodes réelles et distinctes.*

En effet, si la fonction $f(x)$ possédait les deux périodes ω et ϖ, on aurait

$$f(x + m\omega + n\varpi) = f(x),$$

m et n désignant deux entiers quelconques. Or, si ω et ϖ sont commensurables, soit α leur plus grande commune mesure et

$$\omega = k\alpha, \quad \varpi = l\alpha.$$

Si l'on pose

$$mk + nl = 1,$$

cette équation aura toujours une solution, car k et l peuvent être censés premiers entre eux. On aura donc

$$mk\alpha + nl\alpha = \alpha \quad \text{ou} \quad m\omega + n\varpi = \alpha,$$

par suite

$$f(x + \alpha) = f(x);$$

α serait donc une période et ω et ϖ seraient ses multiples. Si ω et ϖ sont incommensurables, on pourra toujours satisfaire à la formule

$$m\omega + n\varpi = \varepsilon,$$

où ε est très-petit. Il suffit, en effet, pour cela, de réduire $\frac{\varpi}{\omega}$ en fraction continue : soit $\frac{p}{q}$ une réduite quelconque, $\frac{p'}{q'}$ la réduite suivante; $\frac{\varpi}{\omega}$ sera compris entre ces deux réduites dont la différence $\frac{1}{qq'}$ tend vers zéro. On pourra donc poser, en supposant $0 < \theta < 1$,

$$\frac{\varpi}{\omega} = \frac{p}{q} + \frac{\theta}{qq'}$$

et

$$m\omega + n\varpi = \omega\left[m + n\frac{p}{q} + n\frac{\theta}{qq'}\right] = \omega\left[\frac{mq+np}{q} + \frac{n\theta}{qq'}\right].$$

Or on peut, en supposant $\frac{p}{q}$ irréductible (ce qui a lieu pour les réduites d'une fraction continue), prendre $mq + np = 1$; mais m et n sont le numérateur et le dénominateur de la réduite qui précède $\frac{p}{q}$; donc $\frac{n}{q'} < 1$ et $m\omega + n\varpi$ se réduit à une quantité moindre que $\frac{2\omega}{q}$, c'est-à-dire aussi petite que l'on veut ε. On aurait donc

$$f(x+\varepsilon) = f(x) \quad \text{ou} \quad f(x+\varepsilon) - f(x) = 0,$$

ε étant aussi petit que l'on veut. La fonction

$$f(x+\varepsilon) - f(x) = 0$$

admettrait donc une infinité de racines ε, 2ε, 3ε,... dans un espace fini du plan; l'intégrale

$$\frac{1}{2\pi\sqrt{-1}}\int \frac{f'(x+z)}{f(x+z) - f(x)}\,dz$$

serait donc infinie, ce qui est absurde. Il est évident que deux périodes dont le rapport est réel ne peuvent pas coexister non plus. En effet, soit r le rapport des périodes; on pourra poser

$$\omega = r\varpi,$$

et l'on aura

$$f(x+\omega) = f(x), \quad f(x+r\omega) = f(x)$$

ou

$$F\left(\frac{x}{\omega}+1\right)=F\left(\frac{x}{\omega}\right),\quad F\left(\frac{x}{\omega}+r\right)=F\left(\frac{x}{\omega}\right),$$

en désignant par $F\left(\frac{x}{\omega}\right)$ la fonction $f(x)$; x étant quelconque, on aurait

$$F(x+1)+F(x),\quad F(x+r)=F(x),$$

et la fonction F aurait les périodes réelles 1 et r.

THÉORÈME II. — *Une fonction monodrome, monogène et continue ne saurait avoir plus de deux périodes.*

En effet, soient $a+b\sqrt{-1}$, $a'+b'\sqrt{-1}$, $a''+b''\sqrt{-1}$ trois périodes de la fonction $f(x)$, s'il est possible. Je dis que l'on pourra toujours trouver trois entiers m, m', m'', tels que l'on ait

$$\begin{aligned} a''' &= ma + m'a' + m''a'' < \varepsilon, \\ b''' &= mb + m'b' + m''b'' < \varepsilon, \end{aligned}$$

ε étant un nombre si petit que l'on voudra. En effet, considérons la quantité

$$a'''b'' - b'''a'' = m(ab'' - ba'') + m'(a'b'' - b'a'');$$

on pourra toujours, comme on l'a vu dans la démonstration du théorème précédent, choisir m et m' de telle sorte que $a'''b'' - b'''a''$ soit moindre qu'une quantité donnée, et même de telle sorte que l'on ait

$$a''' - b'''\frac{a''}{b''} \quad \text{ou} \quad m\frac{ab'' - ba''}{b''} + m'\frac{a'b'' - b'a''}{b''} < \delta,$$

c'est-à-dire, en valeur absolue,

$$(1) \qquad a''' < \delta + b'''\frac{a''}{b''};$$

mais m et m' ayant été ainsi déterminés, on pourra toujours choisir m'' de telle sorte que l'on ait en valeur absolue

$$\frac{b'''}{b''} \quad \text{ou} \quad \frac{mb}{b''} + m'\frac{b'}{b''} + m'' < \frac{1}{2},$$

et, par conséquent,

$$(2) \qquad \frac{b'''a''}{b''} < \frac{1}{2}a''.$$

On pourra donc, en vertu de (1), prendre

$$a''' < \delta + \frac{(a'')}{2},$$

(a'') désignant la valeur absolue de a'', ou, en définitive, prendre $a''' \leq \frac{(a'')}{2}$. Or, de (2), on tire $b''' < \frac{(b'')}{2}$; ainsi on pourra prendre a''' et b''' moindres en valeur absolue que les demi-valeurs absolues de a'' et b''. Cela étant, considérons les quantités

$$a^{\text{IV}} = n'a' + n''a'' + n'''a''',$$
$$b^{\text{IV}} = n'b' + n''b'' + n'''b''';$$

on pourra choisir les entiers n', n'', n''' de telle sorte que l'on ait en valeur absolue $a^{\text{IV}} < \frac{a'''}{2}$, $b^{\text{IV}} < \frac{b'''}{2}$. On pourra déterminer d'une façon analogue des nombres $a^{\text{V}} < \frac{a^{\text{IV}}}{2}$, $b^{\text{V}} < \frac{b^{\text{IV}}}{2}$, et ainsi de suite; mais a''', a^{IV}, a^{V}, ... sont des fonctions linéaires à coefficients entiers de a, a', a''; de même b''', b^{IV}, b^{V}, ... sont des fonctions linéaires à coefficients entiers de b, b', b''; ces fonctions linéaires vont en décroissant, au moins aussi rapidement que les termes de la progression géométrique de raison $\frac{1}{2}$; donc elles peuvent être prises moindres que toute quantité donnée. C. Q. F. D.

Si donc la fonction $f(x)$ admettait les trois périodes $a+b\sqrt{-1}$, $a'+b'\sqrt{-1}$, $a''+b''\sqrt{-1}$, elle admettrait une période $a^{(i)}+b^{(i)}\sqrt{-1}$ de module aussi petit que l'on voudrait; $f(x+\varepsilon)-f(x)=0$ aurait donc une infinité de racines dans un espace limité, ce qui est absurde. Il n'y aurait d'exception à cette conclusion que si l'un des nombres a_i et son correspondant b_i s'annulaient rigoureusement. Mais alors, en appelant ω, ω', ω'', pour abréger, les trois périodes et en désignant par m, m', m'' trois entiers, on aurait

$$(1)\qquad m\omega+m'\omega'+m''\omega''=0.$$

Soient n'_1 le plus grand commun diviseur de m et m', et μ, μ' les quotients de m et m' par m'_1; si l'on pose

$$\mu\omega+\mu'\omega'=\omega'_1,$$
$$n\omega+n'\omega'=\omega_1,$$

on pourra toujours choisir n et n' de telle sorte que le déterminant $\mu n'-n\mu'$ soit égal à 1 pour des valeurs entières de n et n'; alors ω et ω' s'exprimeront en fonctions linéaires de ω'_1 et ω_1, à coefficients entiers. On aura ensuite, au lieu de (1),

$$m'_1\omega'_1+m''\omega''=0.$$

Divisant les deux membres de cette formule par le plus grand commun diviseur de m'_1 et de m'', elle prend la forme

$$\mu'_1\omega'_1+\mu''\omega''=0.$$

et si l'on prend $n'_1\mu''-n''\mu'_1=1$, ce qui est possible, et si l'on pose

$$n'_1\omega'_1+n''\omega''=\omega''_2,$$

ω'_1 et ω'' seront des multiples de ω''_2. En résumé, ω et ω sont fonctions linéaires et à coefficients entiers de ω'_1 et de ω_1, c'est-à-dire de ω_2 et de ω_1. Il en est de même de ω''; nos trois périodes se réduisent donc à deux de la forme $p\omega''_2 + q\omega_1$, p et q désignant des entiers.

THÉORÈME DE M. HERMITE.

Théorème. — *L'intégrale d'une fonction doublement périodique prise le long d'un parallélogramme de périodes est nulle.*

Ce théorème, ou plutôt cette remarque fondamentale, est due à M. Hermite : elle est presque évidente. En effet, le long de deux côtés opposés, la fonction prend les mêmes valeurs, mais la différentielle de la variable y prend des valeurs égales et de signes contraires; la somme des intégrales prises le long des côtés opposés est donc nulle, et il en est de même de l'intégrale totale.

Première conséquence. — Une fonction doublement périodique s'annule au moins une fois et devient infinie au moins une fois dans chaque parallélogramme des périodes, car sans quoi elle ne deviendrait jamais ni nulle ni infinie; mais le théorème de M. Hermite nous apprend que dans chaque parallélogramme il y a au moins deux infinis et deux zéros.

En effet, si dans un parallélogramme il n'y avait qu'un infini, l'intégrale prise le long du parallélogramme serait égale au résidu relatif à cet infini multiplié par $2\pi\sqrt{-1}$. Or ce résidu ne saurait être nul; donc il ne saurait y avoir un seul infini dans le parallélogramme : il ne saurait non plus y avoir un seul zéro, car la fonction inverse n'aurait qu'un seul infini.

Deuxième conséquence. — *Dans chaque parallélogramme, il y a autant de zéros que d'infinis.*

En effet, soit $f(z)$ une fonction à deux périodes, $\dfrac{1}{2\pi\sqrt{-1}}\dfrac{f'(z)}{f(z)}$ aura les mêmes périodes; en l'intégrant le long d'un parallélogramme, on doit trouver zéro, ou la différence entre le nombre des zéros et des infinis de $f(z)$: cette différence est donc nulle.

TROISIÈME CONSÉQUENCE. — En intégrant

$$\frac{1}{2\pi\sqrt{-1}}\frac{zf'(z)}{f(z)}$$

le long du parallélogramme des périodes, et en appelant ω et ϖ les périodes, on trouve la différence entre la somme des zéros et celle des infinis contenus dans ce parallélogramme; elle est

$$\frac{1}{2\pi\sqrt{-1}}\left[-\omega\int\frac{f'(z)}{f(z)}dz+\varpi\int\frac{f'(z)}{f(z)}dz\right].$$

La première intégrale est prise le long de la période ϖ, et la seconde le long de la période ω; en effectuant, on a

$$\frac{1}{2\pi\sqrt{-1}}\left[-\omega\log\frac{f(z+\varpi)}{f(z)}+\varpi\log\frac{f(z+\omega)}{f(z)}\right]$$

ou, en appelant m et n des entiers,

$$\frac{1}{2\pi\sqrt{-1}}[\varpi\log 1-\omega\log 1]=m\varpi+n\omega;$$

cette quantité est une période.

QUATRIÈME CONSÉQUENCE. — *Une fonction doublement périodique, qui admet n infinis, ou, ce qui revient au même, n zéros dans un parallélogramme de périodes, passe aussi n fois par la même valeur a à l'intérieur de ce parallélogramme.*

En effet, soit $f(x)$ une telle fonction, $f(x)-a$ aura aussi n infinis et, par suite, n zéros; donc $f(x)$ passe n fois par la valeur a.

Une fonction doublement périodique qui possède

n infinis dans un parallélogramme élémentaire est dite *d'ordre n*.

La somme des valeurs de la variable x, pour lesquelles $f(x)$ prend la même valeur, est constante à des multiples des périodes près; en effet, d'après ce que l'on a vu (troisième conséquence), $f(z) - a$ est nul pour n valeurs de z qui, à un multiple des périodes près, ont une somme égale à celle des infinis de $f(x)$.

Il n'y a pas de fonctions du premier ordre, puisque toute fonction à deux périodes a au moins deux infinis dans chaque parallélogramme élémentaire, et les fonctions doublement périodiques les plus simples sont au moins du second ordre.

Nous allons maintenant essayer d'établir directement l'existence des fonctions monodromes, monogènes, continues et doublement périodiques.

REMARQUES RELATIVES AUX PRODUITS INFINIS.

Nous allons bientôt avoir à considérer des produits de la forme

$$\varphi(x) = \prod_{m=-\infty}^{m=+\infty} \prod_{n=-\infty}^{n=+\infty} \left(1 + \frac{x}{a + m\omega + n\omega'}\right),$$

et il est bon de montrer dès à présent que la valeur du produit en question dépend de la manière dont on l'effectue, c'est-à-dire, en définitive, de l'ordre des facteurs.

Considérons, en effet, m et n comme les coordonnées d'un point, et faisons le produit de tous les facteurs correspondant à des valeurs de m et n intérieures à une courbe C_1 et de tous les facteurs correspondant à des valeurs de m et n intérieures à une courbe C_2. Soient P_1

et P_2 les produits, on aura

$$\frac{P_1}{P_2} = \prod \left(1 + \frac{x}{a + m\omega + n\omega'}\right),$$

m et n désignant les valeurs entières comprises entre les deux contours C_1 et C_2. On en tire

$$\begin{aligned} \log P_1 - \log P_2 &= \Sigma \log\left(1 + \frac{x}{a + m\omega + n\omega'}\right) \\ &= x \sum \frac{1}{a + m\omega + n\omega'} - \frac{x^2}{2} \sum \left(\frac{1}{a + m\omega + n\omega'}\right)^2 + \ldots \end{aligned}$$

On voit que $\log P_1 - \log P_2$ peut être infini; mais il peut aussi être fini : c'est ce qui arrivera quand $\sum \frac{1}{a + m\omega + n\omega'}$ sera fini. C'est ce qui arrivera encore lorsque, $\sum \frac{1}{a + m\omega + n\omega'}$ étant nul, parce que les deux contours ont pour centre l'origine $\sum \frac{1}{(a + m\omega + n\omega')^2}$ ne sera pas nul : ce cas remarquable a été examiné par M. Cayley. En désignant par A la valeur de cette somme, on aura, en négligeant des termes infiniment petits,

$$\log P_1 - \log P_2 = -\frac{A x^2}{2},$$

et, par suite,

$$\frac{P_1}{P_2} = e^{-\frac{A x^2}{2}}.$$

L'ordre dans lequel on effectue le produit, même en prenant autant de termes positifs que de termes négatifs dans chaque produit partiel, peut influer sur le résultat en introduisant une exponentielle de la forme $e^{-\frac{A x^2}{2}}$;

c'est ce qui nous permettra d'expliquer un paradoxe que nous rencontrerons plus loin.

SUR LES FONCTIONS AUXILIAIRES DE JACOBI.

Essayons maintenant de former directement une fonction monodrome et monogène admettant les périodes $4K$ et $2K'\sqrt{-1}$ de $\operatorname{sn} x$. Si l'on observe que l'on a

$$\sin x = x\left(1-\frac{x^2}{\pi^2}\right)\left(1-\frac{x^2}{4\pi^2}\right)\ldots,$$

ou

$$\sin x = \lim \prod_{-n}^{+n}\left(1-\frac{x}{n\pi}\right) \quad \text{pour } n=\infty,$$

en supposant $1-\dfrac{x}{0\pi}$ remplacé par x, on sera tenté de poser

$$\operatorname{sn} x = \frac{\prod\left(1-\dfrac{x}{2Km+2K'n\sqrt{-1}}\right)}{\prod\left[1-\dfrac{x}{2Km+(2n+1)K'\sqrt{-1}}\right]},$$

en remplaçant $1-\dfrac{x}{2K0+2K'0\sqrt{-1}}$ par x, ou tout au moins y aura-t-il lieu de se demander si le second membre de cette formule ne serait pas doublement périodique. On voit d'ailleurs que ce second membre a été formé de manière à s'annuler et à devenir infini en même temps que $\operatorname{sn} x$. Malheureusement, d'après ce que l'on a vu au paragraphe précédent, les deux termes du quotient que nous considérons sont divergents, et ce quotient n'est pas bien déterminé· quoi qu'il en soit, en groupant convenablement les termes, on peut obtenir une fonction bien définie qu'il convient d'étudier.

Considérons, en particulier, le produit

$$\prod\left(1-\frac{x}{2Km+2K'n\sqrt{-1}}\right)$$

où

$$\left(1-\frac{x}{2K0+2K'0\sqrt{-1}}\right)$$

doit être remplacé par x.

En faisant d'abord varier m seul, il devient

$$\prod\frac{2Km+2K'n\sqrt{-1}-x}{2Km+2K'n\sqrt{-1}}$$
$$=\frac{2K'n\sqrt{-1}-x}{2K'n\sqrt{-1}}\prod\left(1-\frac{2K'n\sqrt{-1}-x}{2Km}\right)$$
$$:\prod\left(1-\frac{2K'n\sqrt{-1}}{2Km}\right),$$

ou, en observant que $x\prod\left(1-\frac{x}{m}\right)$ est égal à $\frac{1}{\pi}\sin\pi x$,

$$\frac{\sin\frac{2K'n\sqrt{-1}-x}{2K}\pi}{\sin\frac{2K'n\sqrt{-1}}{2K}\pi}.$$

Quand $n=0$, il faut remplacer ce produit par $\sin\frac{\pi x}{K}$, et le produit cherché peut s'écrire

$$\sin\frac{\pi x}{K}\prod\frac{\left(q^{-n}e^{-\frac{\pi x\sqrt{-1}}{2K}}-q^{n}e^{\frac{\pi x\sqrt{-1}}{2K}}\right)}{(q^{-n}-q^{n})},$$

en posant, pour abréger, $q=e^{-\pi\frac{K'}{K}}$. On peut encore écrire ce produit ainsi :

$$\sin\frac{\pi x}{K}\prod\frac{\left(e^{-\frac{\pi x\sqrt{-1}}{2K}}-q^{2n}e^{\frac{\pi x\sqrt{-1}}{2K}}\right)}{(1-q^{2n})},$$

ou, en groupant les termes correspondant à des valeurs de n égales, mais de signes contraires,

$$(1)\qquad \sin\frac{\pi x}{K}\prod\frac{1-2q^{2n}\cos\frac{\pi x}{K}+q^{4n}}{(1-q^{2n})^2}.$$

En traitant le second produit ou le dénominateur de $\operatorname{sn} x$ comme on a traité le premier, on le trouve successivement égal à

$$\prod\frac{\sin\frac{(2n+1)K'\sqrt{-1}-x}{2K}\pi}{\sin\frac{(2n+1)K'\sqrt{-1}}{2K}\pi}$$

ou

$$\prod\frac{1-2q^{2n+1}\cos\frac{\pi x}{K}+q^{2(2n+1)}}{(1-q^{2n+1})^2}.$$

Les deux résultats auxquels nous venons de parvenir sont d'ailleurs convergents si, ce que l'on peut toujours supposer, le module de q est moindre que l'unité, c'est-à-dire si la partie réelle de $\frac{K'}{K}$ est positive.

La méthode même que nous avons suivie pour former le numérateur et le dénominateur de $\operatorname{sn} x$ montre que ces termes ont des valeurs qui dépendent de l'ordre de leurs facteurs; et, en effet, si nous considérons, par exemple, le dénominateur qui, à un facteur constant près, est

$$\varphi(x)=\prod\left[1-2q^{2n+1}\cos\frac{\pi x}{K}+q^{2(2n+1)}\right],$$

il a manifestement la période $4K'$ que possédait $\operatorname{sn} x$, mais il n'a pas la période $2iK'$ qu'il aurait eue en laissant d'abord m constant pour faire varier n; et il n'a certainement pas la période $2iK'$, sans quoi il serait doublement périodique sans devenir infini. Quoi qu'il en soit, il est intéressant de rechercher ce que devient la fonction $\varphi(x)$ quand on change x en $x + 2K'\sqrt{-1}$; on a

$$\begin{aligned}\varphi(x + 2K'\sqrt{-1}) &\\ = \prod & \left[1 - 2q^{2n+1}\cos\pi\frac{x + 2K'\sqrt{-1}}{K} + q^{2(2n+1)}\right]\\ = \prod & \left(1 - q^{2n+1}e^{-\pi\frac{x+2K'\sqrt{-1}}{K}\sqrt{-1}}\right)\left(1 - q^{2n+1}e^{\pi\frac{x+2K'\sqrt{-1}}{K}\sqrt{-1}}\right)\\ = \prod & \left(1 - q^{2n-1}e^{-\frac{\pi x\sqrt{-1}}{K}}\right)\left(1 - q^{2n+3}e^{+\frac{\pi x\sqrt{-1}}{K}}\right),\end{aligned}$$

ou, si l'on veut,

$$\varphi(x + 2K'\sqrt{-1}) = \left(1 - q^{-1}e^{-\frac{\pi x\sqrt{-1}}{K}}\right)\varphi(x) : \left(1 - qe^{-\frac{\pi x\sqrt{-1}}{K}}\right)$$

c'est-à-dire

$$\text{(A)} \qquad \varphi(x + 2K'\sqrt{-1}) = -\varphi(x)e^{-\frac{\pi\sqrt{-1}}{K}(x+K'\sqrt{-1})}.$$

Le numérateur de la valeur de $\operatorname{sn} x$, que nous représenterons par $\theta(x)$, satisfait, comme on peut le vérifier, à la même équation; dès lors il est facile de voir que la fonction définie par le rapport $\frac{\theta(x)}{\varphi(x)}$ admet non-seulement la période $4K$ commune à θ et à φ, mais aussi la période $2K'\sqrt{-1}$. En effet, de la formule (A) et de

$$\theta(x + 2K'\sqrt{-1}) = -\theta(x)^{-\frac{\pi\sqrt{-1}}{K}(x+K'\sqrt{-1})},$$

on déduit

$$\frac{\theta(x+2K'\sqrt{-1})}{\varphi(x+2K'\sqrt{-1})}=\frac{\theta(x)}{\varphi(x)}.$$

Il resterait à prouver en toute rigueur que $\operatorname{sn} x=\dfrac{\theta(x)}{\varphi(x)}$; c'est ce qui serait évident, si l'on pouvait admettre que $\dfrac{\theta(x)}{\varphi(x)}$ représente une fonction continue, monodrome et monogène. En effet, $\operatorname{sn} x$ et $\dfrac{\theta(x)}{\varphi(x)}$ ayant les mêmes zéros et les mêmes infinis seraient égaux à un facteur constant près, qu'il serait facile après cela de calculer. Nous ne tarderons pas à prouver que l'on a bien à un facteur constant près $\operatorname{sn} x=\dfrac{\theta(x)}{\varphi(x)}$; jusqu'alors nous considérerons ce fait comme très-probable.

Les fonctions telles que θ et φ sont ce que nous appellerons des *fonctions elliptiques auxiliaires*.

CONSIDÉRATIONS NOUVELLES SUR LES FONCTIONS AUXILIAIRES DE JACOBI.

Nous voilà conduits à étudier les fonctions auxiliaires évidemment plus simples que les fonctions doublement périodiques qu'elles engendrent; mais, sous forme de produit, elles paraissent peu maniables, et nous allons essayer de les développer en série.

En définitive, il est à peu près établi que $\operatorname{sn} x$ (et l'on verrait de même que $\operatorname{cn} x$, $\operatorname{dn} x$) peut être considéré comme quotient de deux fonctions admettant l'une ses zéros, l'autre ses infinis. Ces fonctions n'ont qu'une période, mais elles se reproduisent, à un facteur commun près, quand on augmente leur variable d'une quantité convenablement choisie et qui sera une seconde période de leur quotient.

Désignons alors par $\theta(x)$ une fonction possédant la période ω, et développable par la formule de Fourier suivant les puissances de $e^{\frac{2\pi}{\omega}\sqrt{-1}}$, partageons le plan en parallélogrammes de côtés ω et ϖ, et proposons-nous de faire en sorte que dans chaque parallélogramme la fonction θ possède μ zéros.

Le nombre μ de ces zéros devra être égal à l'intégrale de $\frac{1}{2\pi\sqrt{-1}}\frac{\theta'(x)}{\theta(x)}$, prise le long du périmètre d'un parallélogramme, et cela quel que soit le point que l'on prendra pour sommet, si l'on veut que les zéros soient régulièrement distribués dans le plan. Or la valeur que prend notre intégrale le long des côtés parallèles à ϖ est nulle, puisque la fonction, admettant la période ω, prend des valeurs égales sur ces côtés, tandis que dx y prend des valeurs égales et de signes contraires. On devra donc avoir, en intégrant seulement le long des deux autres côtés,

$$(1) \qquad \mu = \frac{1}{2\pi\sqrt{-1}}\int_a^{a+\omega}\left[\frac{\theta'(x)}{\theta(x)} - \frac{\theta'(x+\varpi)}{\theta(x+\varpi)}\right]dx,$$

et cela quel que soit x; cette équation détermine θ. On peut poser

$$(2) \qquad \frac{\theta'(x)}{\theta(x)} - \frac{\theta'(x+\varpi)}{\theta(x+\varpi)} = \alpha + \beta x + \gamma x^2 + \ldots,$$

et déterminer les coefficients indéterminés α, β, γ, ... par l'équation (1); cette équation n'en détermine qu'un seul, et nous supposerons alors, pour simplifier, $\beta = 0$, $\gamma = 0$, ... La formule (1) donne alors

$$\mu = \frac{1}{2\pi\sqrt{-1}}\int_a^{a+\omega}\alpha\,dx = \frac{\alpha\omega}{2\pi\sqrt{-1}},$$

d'où

$$\alpha = \frac{2\pi\mu\sqrt{-1}}{\omega},$$

et, en remplaçant α, β, γ,... par leurs valeurs dans l'équation (2), on a

$$\frac{\theta'(x)}{\theta(x)} - \frac{\theta'(x+\varpi)}{\theta(x+\varpi)} = \frac{2\pi\mu\sqrt{-1}}{\omega},$$

ou, en intégrant,

$$\log \frac{\theta(x)}{\theta(x+\varpi)} = \frac{2\pi\mu\sqrt{-1}}{\omega}(x+c);$$

c désignant une constante. On en déduit

$$\theta(x+\varpi) = \theta(x) e^{-\frac{2\pi\sqrt{-1}}{\omega}\mu(x+c)}.$$

Ainsi il suffira d'assujettir la fonction $\theta(x)$ aux conditions

$$(3) \qquad \begin{cases} \theta(x+\omega) = \theta(x), \\ \theta(x+\varpi) = \theta(x) e^{-\frac{2\pi\sqrt{-1}}{\omega}\mu(x+c)}, \end{cases}$$

pour obtenir une fonction telle que nous la désirons. La première formule est satisfaite en posant

$$\theta(x) = \sum_{n=-\infty}^{n=+\infty} A_n e^{\frac{2\pi\sqrt{-1}}{\omega} n x}$$

ou

$$(4) \qquad \theta(x) = \Sigma e^{\frac{2\pi\sqrt{-1}}{\omega}[n x + \varphi(n)]}.$$

Nous allons déterminer $\varphi(n)$ de manière à satisfaire à la seconde condition (3); on a

$$\begin{aligned} \theta(x+\varpi) &= \Sigma e^{\frac{2\pi\sqrt{-1}}{\omega}[n x + n\varpi + \varphi(n)]} \\ &= \Sigma e^{\frac{2\pi\sqrt{-1}}{\omega}[(n+\mu)x + \varphi(n+\mu) + \varphi(n) - \varphi(n+\mu) - \mu x + n\varpi]} \end{aligned}$$

Si l'on pose alors

$$(5)\qquad \varphi(n) - \varphi(n+\mu) + n\varpi = -c\mu,$$

on aura

$$\theta(x+\varpi) = \Sigma e^{\frac{2\pi\sqrt{-1}}{\omega}[(n+\mu)x+\varphi(n+\mu)]} e^{-\frac{2\pi\sqrt{-1}}{\omega}\mu(x+c)}$$

ou

$$\theta(x+\varpi) = \theta(x) e^{-\frac{2\pi\sqrt{-1}}{\omega}\mu(x+c)},$$

et les formules (3) auront lieu. L'équation aux différences (5) ne détermine pas complétement $\varphi(x)$: elle laisse arbitraires $\varphi(1), \varphi(2), \ldots, \varphi(\mu)$. En appelant $\varphi(m)$ une de ces quantités, on a

$$\begin{aligned}
\varphi(m+\mu) &= \varphi(m) + c\mu + m\varpi,\\
\varphi(m+2\mu) &= \varphi(m+\mu) + c\mu + (m+\mu)\varpi,\\
&\ldots\ldots\ldots\ldots\ldots\ldots\ldots\ldots,\\
\varphi(m+i\mu) &= \varphi(m+\overline{i-1}\,\mu) + c\mu + (m+\overline{i-1}\,\mu)\varpi,
\end{aligned}$$

d'où l'on tire

$$\varphi(m+i\mu) = \varphi(m) + i\mu c + \varpi\frac{i}{2}(2m+i\mu-\mu);$$

et $\theta(x)$ prend la forme suivante, en remplaçant $\varphi(n)$ dans (4) par sa valeur

$$\theta(x) = e^{\varphi(0)}\theta_0(x) + e^{\varphi(1)}\theta_1(x) + \ldots + e^{\varphi(\mu-1)}\theta_{\mu-1}(x),$$

où l'on a posé

$$(6)\qquad \theta_m(x) = \sum_{i=-\infty}^{i=+\infty} e^{\frac{2\pi\sqrt{-1}}{\omega}\left[(m+i\mu)x+\mu ic+\frac{i}{2}\varpi(2m+i\mu-\mu)\right]}.$$

Donc :

1° *Les fonctions monodromes et monogènes satis-*

faisant aux formules

$$(3)\qquad \begin{cases} \theta(x+\omega)=\theta(x), \\ \theta(x+\varpi)=\theta(x)e^{-\frac{2\pi\sqrt{-1}}{\omega}\mu(x+c)} \end{cases}$$

sont fonctions linéaires et homogènes de μ *d'entre elles ;*

2° *Ces fonctions existent réellement, car la série* (6) *est convergente si la partie imaginaire de* $\frac{\varpi}{\omega}$ *est positive, ce que l'on peut toujours supposer. En effet, alors la racine* $i^{\text{ième}}$ *du* $i^{\text{ième}}$ *terme de la série* (6) *tend vers zéro ;*

3° *Ces fonctions ont* μ *zéros dans le parallélogramme des périodes* ω, ϖ.

Enfin le quotient de deux quelconques de ces fonctions a évidemment les périodes ω et ϖ, ce qui prouve, *a priori*, l'existence des fonctions à deux périodes arbitraires et à μ zéros ou du $\mu^{\text{ième}}$ ordre.

DES FONCTIONS DU PREMIER ORDRE.

Nous dirons qu'une fonction elliptique auxiliaire est d'ordre μ quand elle aura μ zéros dans son parallélogramme des périodes. Les fonctions du premier ordre satisfont aux équations

$$\theta(x+\omega)=\theta(x),$$
$$\theta(x+\varpi)=\theta(x)e^{-\frac{2\pi\sqrt{-1}}{\omega}(x+c)},$$

et, θ désignant l'une d'elles, les autres seront égales à θ, à un facteur constant près. On pourra alors poser

$$\theta=\sum_{-\infty}^{+\infty} e^{\frac{2\pi\sqrt{-1}}{\omega}\left(mx+mc+\frac{m^2}{2}\varpi\right)}.$$

Nous retrouverons cette fonction plus loin. Observons toutefois qu'elle n'engendrera pas de fonctions aux périodes simultanées ω et ϖ; mais il faut remarquer que, si la fonction en question est du premier ordre par rapport aux périodes ω et ϖ, elle sera du second ordre si l'on prend pour périodes ω et 2ϖ ou 2ω et ϖ : c'est pour cela que, devant la rencontrer de nouveau dans tous les ordres, nous ne nous en occuperons pas ici.

DES FONCTIONS DU SECOND ORDRE.

Les fonctions du second ordre satisfont aux équations

$$(1) \qquad \begin{cases} \theta(x+\omega) = \theta(x), \\ \theta(x+\varpi) = \theta(x)\, e^{-\frac{2\pi\sqrt{-1}}{\omega} 2(x+c)}. \end{cases}$$

Elles sont au nombre de deux distinctes θ_0 et θ_1, la solution la plus générale étant $A_0\theta_0 + A_1\theta_1$, A_0 et A_1 désignant deux constantes arbitraires. On a d'ailleurs

$$(2) \qquad \theta_0(x) = \sum_{i=-\infty}^{i=+\infty} e^{\frac{2\pi\sqrt{-1}}{\omega}[2ix + 2ic + i^2\varpi - i\varpi]},$$

$$(3) \qquad \theta_1(x) = \sum_{i=-\infty}^{i=+\infty} e^{\frac{2\pi\sqrt{-1}}{\omega}[(2i+1)x + 2ic + i^2\varpi]}.$$

Les fonctions qui servent de numérateur et de dénominateur à $\operatorname{sn} x$ sont du second ordre par rapport aux périodes $2K'\sqrt{-1}$ et $4K$. En effet, ces fonctions satisfont aux relations

$$(4) \qquad \begin{cases} \varphi(x+4K) = \varphi(x), \\ \varphi(x+2K'\sqrt{-1}) = -\varphi(x)\, e^{-\frac{\pi\sqrt{-1}}{K}(x+K'\sqrt{-1})}. \end{cases}$$

Or la seconde de ces relations peut s'écrire

$$\varphi(x+2\mathrm{K}'\sqrt{-1})=\varphi(x)e^{-\frac{2\pi\sqrt{-1}}{4\mathrm{K}}2(x+\mathrm{K}+\mathrm{K}'\sqrt{-1})}.$$

Ces formules coïncideront donc avec (1), en posant

$$\omega=4\mathrm{K},\quad \varpi=2\mathrm{K}'\sqrt{-1},\quad c=\mathrm{K}+\mathrm{K}'\sqrt{-1};$$

le numérateur et le dénominateur de $\operatorname{sn} x$ seront donc de la forme $A_0\theta_0(x)+A_1\theta_1(x)$, et l'on aura

$$(5)\quad \begin{cases} \theta_0(x)=\Sigma e^{\frac{\pi\sqrt{-1}}{2\mathrm{K}}(2ix+2i\mathrm{K}+2i^2\mathrm{K}'\sqrt{-1})}, \\ \theta_1(x)=\Sigma e^{\frac{\pi\sqrt{-1}}{2\mathrm{K}}[(2i+1)x+2i\mathrm{K}+2i\mathrm{K}'\sqrt{-1}(i+1)]}. \end{cases}$$

Groupons les termes correspondant à des valeurs de i égales et de signes contraires, et posons toujours $q=e^{-\pi\frac{\mathrm{K}'}{\mathrm{K}}}$, nous aurons

$$\theta_0(x)=1-2q^{1^2}\cos\frac{\pi x}{\mathrm{K}}+2q^{2^2}\cos\frac{2\pi x}{\mathrm{K}}+\ldots$$
$$+(-1)^i 2q^{i^2}\cos\frac{i\pi x}{\mathrm{K}}+\ldots,$$

$$\theta_1(x)=\sqrt{-1}\left(2q^0\sin\frac{\pi x}{2\mathrm{K}}-2q^{i(i+1)}\sin\frac{3\pi x}{2\mathrm{K}}+\ldots\right.$$
$$\left.\pm 2q^{i(i+1)}\sin\frac{(2i+1)\pi x}{2\mathrm{K}}+\ldots\right).$$

Jacobi désigne la fonction θ_0 par $\Theta(x)$; quant à la fonction θ_1, nous la remplacerons par $\frac{q^{\frac{1}{4}}}{\sqrt{-1}}\theta_1$, ce qui lui donne plus de symétrie, et nous la représenterons encore, avec Jacobi, par $\mathrm{H}(x)$; nous aurons alors

$$\Theta(x)=1-2q\cos\frac{\pi x}{\mathrm{K}}+2q^4\cos\frac{2\pi x}{\mathrm{K}}+\ldots+(-1)^i 2q^{i^2}\cos\frac{i\pi x}{\mathrm{K}}\ldots,$$
$$\mathrm{H}(x)=q^{\frac{1}{4}}\sin\frac{\pi x}{2\mathrm{K}}-q^{\frac{9}{4}}\sin\frac{3\pi x}{2\mathrm{K}}+\ldots\pm q^{\frac{(2i+1)^2}{4}}\sin\frac{(2i+1)\pi x}{2\mathrm{K}}\mp\ldots$$

Du reste, les fonctions les plus générales satisfaisant aux formules (4) sont de la forme $A\Theta(x) + BH(x)$.

Aux fonctions Θ et H on adjoint aujourd'hui les fonctions $\Theta(x+K)$, que l'on désigne par $\Theta_1(x)$, et $H(x+K)$, que l'on désigne par $H_1(x)$. Si, dans les formules (5), on remplace x par $x+K$, on trouve alors

$$\Theta_1(x) = 1 + 2q\cos\frac{\pi x}{K} + 2q^4\cos\frac{\pi x}{K} + \ldots,$$

$$H_1(x) = 2q^{\frac{1}{4}}\cos\frac{\pi x}{2K} + 2q^{\frac{9}{4}}\cos\frac{3\pi x}{2K} + \ldots.$$

Il existe entre les fonctions H et Θ une relation remarquable : quand on change x en $x + K'\sqrt{-1}$, Θ devient égal à $\sqrt{-1}\,H(x)e^{-\frac{\pi\sqrt{-1}}{4K}(2x+K'\sqrt{-1})}$, ce que l'on vérifie sans peine en remplaçant x par $x + K'\sqrt{-1}$ dans $\Theta(x)$ ou, ce qui revient au même, dans son égal $\theta_0(x)$ exprimé par la formule (5).

Voici le détail du calcul :

$$\Theta(x) = \Sigma e^{\frac{\pi\sqrt{-1}}{2K}(2ix+2iK+2i^2K'\sqrt{-1})},$$

$$\begin{aligned}\Theta(x+K'\sqrt{-1}) &= \Sigma e^{\frac{\pi\sqrt{-1}}{2K}[2ix+2iK+(2i^2+2i)K'\sqrt{-1}]}\\ &= e^{-\frac{\pi\sqrt{-1}}{4K}(2x+K'\sqrt{-1})}e^{-\frac{\pi K'}{4K}}\\ &\quad\times\Sigma e^{\frac{\pi\sqrt{-1}}{2K}[(2i+1)x+2iK+2i(i+1)K'\sqrt{-1}]}\\ &= \sqrt{-1}\,e^{-\frac{\pi\sqrt{-1}}{4K}(2x+K'\sqrt{-1})}H(x).\end{aligned}$$

On vérifiera facilement, d'une manière analogue, les formules non démontrées, que nous résumons dans le tableau suivant :

TABLEAU N° 1.

[1] $$\begin{cases} \Theta(x) = 1 - 2q\cos\frac{\pi x}{K} + 2q^4\cos\frac{2\pi x}{K} - 2q^9\cos\frac{3\pi x}{K} + \ldots, \\ \Theta_1(x) = 1 + 2q\cos\frac{\pi x}{K} + 2q^4\cos\frac{2\pi x}{K} + 2q^9\cos\frac{3\pi x}{K} + \ldots, \\ H(x) = 2q^{\frac{1}{4}}\sin\frac{\pi x}{2K} - 2q^{\frac{9}{4}}\sin\frac{3\pi x}{2K} + 2q^{\frac{25}{4}}\sin\frac{5\pi x}{2K} - \ldots, \\ H_1(x) = 2q^{\frac{1}{4}}\cos\frac{\pi x}{2K} + 2q^{\frac{9}{4}}\cos\frac{3\pi x}{2K} + 2q^{\frac{25}{4}}\cos\frac{5\pi x}{2K} + \ldots, \end{cases}$$

$$q = e^{-\frac{\pi K'}{K}}.$$

[2] $$\begin{cases} \Theta(x+K) = \Theta_1(x), & H(x+K) = H_1(x), \\ \Theta_1(x+K) = \Theta(x); & H_1(x+K) = -H(x). \end{cases}$$

[3] $$\begin{cases} \Theta(x+2K) = \Theta(x), & H(x+2K) = -H(x), \\ \Theta_1(x+2K) = \Theta_1(x); & H_1(x+2K) = -H_1(x), \end{cases}$$

[4] $4K$ est une période de Θ, Θ_1, H, H_1.

[5] $$\begin{cases} \Theta(x+2K'\sqrt{-1}) = -\Theta(x)e^{-\frac{\pi\sqrt{-1}}{K}(x+K'\sqrt{-1})}, \\ \Theta_1(x+2K'\sqrt{-1}) = \Theta_1(x)e^{-\frac{\pi\sqrt{-1}}{K}(x+K'\sqrt{-1})}, \\ H(x+2K'\sqrt{-1}) = -H(x)e^{-\frac{\pi\sqrt{-1}}{K}(x+K'\sqrt{-1})}, \\ H_1(x+2K'\sqrt{-1}) = H_1(x)e^{-\frac{\pi\sqrt{-1}}{K}(x+K'\sqrt{-1})}. \end{cases}$$

[6] $$\begin{cases} \Theta(x+K'\sqrt{-1}) = \sqrt{-1}\,H(x)e^{-\frac{\pi\sqrt{-1}}{4K}(2x+K'\sqrt{-1})}, \\ \Theta_1(x+K'\sqrt{-1}) = H_1(x)e^{-\frac{\pi\sqrt{-1}}{4K}(2x+K'\sqrt{-1})}, \\ H(x+K'\sqrt{-1}) = \sqrt{-1}\,\Theta(x)e^{-\frac{\pi\sqrt{-1}}{4K}(2x+K'\sqrt{-1})}, \\ H_1(x+K'\sqrt{-1}) = \Theta_1(x)e^{-\frac{\pi\sqrt{-1}}{4K}(2x+K'\sqrt{-1})}. \end{cases}$$

[7] $$\begin{cases} \Theta(-x) = \Theta(x), & H(-x) = -H(x), \\ \Theta_1(-x) = \Theta_1(x), & H_1(-x) = H(x). \end{cases}$$

RÉSOLUTION DES ÉQUATIONS $\Theta, \Theta_1, H, H_1 = 0$.

On a évidemment

$$H(x) = 0,$$

et, en vertu des formules [3] du tableau n° 1, comme

$$H(x + 2K) = -H(x),$$

on a aussi

$$H(2K) = 0.$$

$H(x)$ n'ayant que deux zéros dans le parallélogramme des périodes $4K$ et $2K'\sqrt{-1}$, les zéros seront de la forme suivante :

$$4jK + 2j'K'\sqrt{-1} \quad \text{et} \quad (4j+2)K + 2j'K'\sqrt{-1},$$

ou, si l'on veut,

$$(H) \qquad 2jK + 2j'K'\sqrt{-1},$$

j et j' désignant deux entiers. Mais, d'après [2], $H_1(x)$ est égal à $H(x+K)$; donc $H_1(x+K)$ est nul quand x est de la forme précédente; donc enfin les zéros de H_1 sont de la forme

$$(H_1) \qquad (2j+1)K + 2j'K'\sqrt{-1};$$

enfin, en vertu de [6], les zéros de Θ sont ceux de H augmentés de $K'\sqrt{-1}$; ils sont compris dans la formule

$$(\Theta) \qquad 2jK + (2j'+1)K'\sqrt{-1};$$

ceux de Θ_1 sont compris, en vertu des mêmes formules [6], dans celle-ci :

$$(\Theta_1) \qquad (2j+1)K + (2j'+1)K'\sqrt{-1}.$$

TABLEAU N° 2.

$$[8]\quad\left\{\begin{array}{ll}\text{Zéros de }\Theta(x)\ldots & 2jK+(2j'+1)K'\sqrt{-1},\\ \text{de }H(x)\ldots & 2jK+2j'K'\sqrt{-1},\\ \text{de }\Theta_1(x)\ldots & (2j+1)K+(2j'+1)K'\sqrt{-1},\\ \text{de }H_1(x)\ldots & (2j+1)K+2j'K'\sqrt{-1}.\end{array}\right.$$

NOUVELLES DÉFINITIONS DES FONCTIONS Θ, H, Θ_1, H_1.

Les fonctions Θ_1, H_1, Θ, H satisfont aux formules

$$(1)\quad\left\{\begin{array}{l}\Theta_1(x+2K)=\Theta_1(x),\\ \Theta_1(x+2K'\sqrt{-1})=\Theta_1(x)e^{-\frac{\pi\sqrt{-1}}{K}(x+K'\sqrt{-1})}.\end{array}\right.$$

$$(2)\quad\left\{\begin{array}{l}\Theta(x+2K)=\Theta(x),\\ \Theta(x+2K'\sqrt{-1})=-\Theta(x)e^{-\frac{\pi\sqrt{-1}}{K}(x+K'\sqrt{-1})}.\end{array}\right.$$

$$(3)\quad\left\{\begin{array}{l}H_1(x+2K)=-H_1(x),\\ H_1(x+2K'\sqrt{-1})=H_1(x)e^{-\frac{\pi\sqrt{-1}}{K}(x+K'\sqrt{-1})}.\end{array}\right.$$

$$(4)\quad\left\{\begin{array}{l}H(x+2K)=-H(x),\\ H(x+2K'\sqrt{-1})=-H(x)e^{-\frac{\pi\sqrt{-1}}{K}(x+K'\sqrt{-1})}.\end{array}\right.$$

Si l'on ajoute que ces quatre fonctions sont synectiques et, par suite, développables en séries d'exponentielles, elles seront déterminées à un facteur constant près par ces quatre formules. Ce fait est déjà établi à l'égard de la fonction Θ_1; nous allons le prouver pour les autres fonctions.

Lorsque l'on a

$$(5)\quad\left\{\begin{array}{l}\theta(x+\omega)=\theta(x),\\ \theta(x+\varpi)=\theta(x)e^{-\frac{2\pi\sqrt{-1}}{\omega}\mu(x+c)}\end{array}\right.$$

et que la fonction $\theta(x)$ est synectique, ces équations imposent à la fonction θ la forme

$$A_0\theta_0(x) + A_1\theta_1(x) + \ldots + A_{\mu-1}\theta_{\mu-1}(x),$$

où $A_0, A_1, \ldots, A_{\mu-1}$ sont des constantes et où $\theta_0, \theta_1, \ldots$ désignent des solutions de (5). Si donc on fait $\mu = 2$, $\omega = 4K$, $\varpi = 2K'\sqrt{-1}$, $c = K'\sqrt{-1}$, on aura

$$(6) \quad \begin{cases} \theta(x+4K) = \theta(x), \\ \theta(x+2K'\sqrt{-1}) = \theta(x)e^{-\frac{\pi\sqrt{-1}}{K}(x+K'\sqrt{-1})}, \end{cases}$$

et $\theta(x)$ sera de la forme $A_0\theta_0 + A_1\theta_1$. Or les deux fonctions $\Theta_1(x)$ et $H_1(x)$ satisfont à ces deux équations; leur solution générale sera donc

$$A_0\Theta_1(x) + A_1 H_1(x).$$

Si l'on ajoute que $\theta(x)$ s'annule pour une valeur donnée $K + K'\sqrt{-1}$, il faudra que $A_1 = 0$, et la fonction θ sera définie à un facteur près.

Ainsi les fonctions Θ_1, H_1, Θ, H sont définies par leurs zéros et par les formules telles que (6), que l'on peut déduire de (1), (2), (3), (4); mais elles ne sont définies qu'à un facteur constant près (on reconnaît dans H et Θ les valeurs qui figuraient en numérateur et en dénominateur dans $\operatorname{sn} x$).

SUR UNE FORMULE DE CAUCHY. — NOUVELLES EXPRESSIONS DE Θ, H, Θ_1, H_1 EN PRODUITS.

Posons

$$(1) \quad \begin{cases} F(z) = (1+qz)(1+qz^{-1})(1+q^3z)(1+q^3z^{-1})\ldots \\ \qquad \times(1+q^{2n+1}z)(1+q^{2n+1}z^{-1}). \end{cases}$$

Nous aurons évidemment

$$F(q^2z) = F(z)\,\frac{1+q^{2n+3}z}{1+qz}\,\frac{1+q^{-1}z^{-1}}{1+q^{2n+1}z^{-1}},$$

c'est-à-dire

$$(2)\qquad F(q^2 z)(qz + q^{2n+2}) = F(z)(1 + q^{2n+3}z).$$

Cette équation constitue une propriété de la fonction $F(z)$ qui va nous servir à la développer. $F(z)$ est de la forme

$$(3)\quad \left\{\begin{aligned} F(z) &= A_0 + A_1(z + z^{-1}) \\ &\quad + A_2(z^2 + z^{-2}) + \ldots + A_{n+1}(z^{n+1} + z^{-n-1}). \end{aligned}\right.$$

Remplaçons dans (2) $F(z)$ par cette valeur, nous aurons

$$\begin{aligned} &[A_0 + A_1(q^2 z + q^{-2}z) + \ldots + A_{n+1}(q^{2n+2}z^{n+1} + q^{-2n-1}z^{-n-1})](qz + q^{2n+2}) \\ &= [A_0 + A_1(z + z^{-1}) + \ldots + A_{n+1}(z^{n+1} + z^{-n-1})](1 + q^{2n+3}z), \end{aligned}$$

et, en égalant de part et d'autre les coefficients des mêmes puissances de z,

$$\begin{gathered} A_0 q + A_1 q^{2n+4} = A_0 q^{2n+3} + A_1, \\ A_1 q^3 + A_2 q^{2n+6} = A_1 q^{2n+3} + A_2, \\ \ldots\ldots\ldots\ldots\ldots\ldots\ldots\ldots\ldots, \end{gathered}$$

ou bien

$$\begin{gathered} A_0(q - q^{2n+3}) = A_1(1 - q^{2n+4}), \\ A_1(q^3 - q^{2n+3}) = A_2(1 - q^{2n+6}), \\ \ldots\ldots\ldots\ldots\ldots\ldots\ldots\ldots\ldots, \\ A_n(q^{2n+1} - q^{2n+2}) = A_{n+1}(1 - q^{4n}). \end{gathered}$$

Or on connaît A_{n+1} ; il est égal à

$$q q^3 q^5 \ldots q^{2n+1} = q^{1+3+\ldots+(2n+1)},$$

et l'on tire des formules précédentes

$$A_0 = q^{1+3+\ldots+(2n+1)} \frac{(1 - q^{2n+1})(1 - q^{2n+6})\ldots(1 - q^{4n})}{(q - q^{2n+3})(q^3 - q^{2n+3})\ldots(q^{2n+1} - q^{2n+3})}.$$

Supposons $q < 1$, alors pour $n = \infty$ on aura

$$\begin{gathered} A_0 = \frac{1}{(1 - q^2)(1 - q^4)(1 - q^6)(1 - q^8)\ldots} \\ A_1 = q A_0, \quad A_2 = q^3 A_1, \quad \ldots, \end{gathered}$$

et, par suite, en égalant les valeurs (1) et (3) de $F(z)$,

$$(1+qz)(1+qz^{-1})(1+q^3z)(1+q^3z^{-1})\ldots$$
$$=\frac{1+q(z+z^{-1})+q^4(z^2+z^{-2})+q^9(z^3+z^{-3})+\ldots}{(1-q^2)(1-q^4)(1-q^6)(1-q^8)\ldots}.$$

Telle est la formule de Cauchy; quand on y fait $z=e^{\frac{\pi x\sqrt{-1}}{K}}$, et quand on observe qu'alors

$$(1+q^{2n+1}z)(1+q^{2n+1}z^{-1})=1+2q^{2n+1}\cos\frac{\pi x}{K}+q^{4n+2},$$

$$z^{\mu}+z^{-\mu}=2\cos\frac{\pi\mu x}{K},$$

elle donne

$$\left(1+2q\cos\frac{\pi x}{K}+q^2\right)\left(1+2q^3\cos\frac{\pi x}{K}+q^6\right)\ldots$$
$$=\frac{1+2q\cos\frac{\pi x}{K}+2q^4\cos\frac{2\pi x}{K}+\ldots}{(1-q^2)(1-q^4)(1-q^6)\ldots}.$$

Si donc on désigne par c le produit

$$(1-q^2)(1-q^4)(1-q^6)\ldots,$$

on aura

$$\Theta_1(x)=c\left(1+2q\cos\frac{\pi x}{K}+q^2\right)\left(1+2q^3\cos\frac{\pi x}{K}+q^6\right)\ldots.$$

En changeant dans cette formule x en $x+K$, en $x+K'\sqrt{-1}$ et en $x+K+K'\sqrt{-1}$, on forme le tableau suivant :

TABLEAU N° 3.

$$c = (1-q^2)(1-q^4)(1-q^6)\ldots.$$

[9]
$$\left\{\begin{aligned}
\Theta_1(x) &= c\left(1+2q\cos\frac{\pi x}{K}+q^2\right)\left(1+2q^3\cos\frac{\pi x}{K}+q^6\right)\ldots;\\
\Theta\ (x) &= c\left(1-2q\cos\frac{\pi x}{K}+q^2\right)\left(1-2q^3\cos\frac{\pi x}{K}+q^6\right)\ldots;\\
H_1(x) &= c2q^{\frac{1}{4}}\cos\frac{\pi x}{2K}\left(1+2q^2\cos\frac{\pi x}{K}+q^4\right)\\
&\qquad\times\left(1+2q^4\cos\frac{\pi x}{K}+q^8\right)\ldots,\\
H\ (x) &= c2q^{\frac{1}{4}}\cos\frac{\pi x}{2K}\left(1-2q^2\cos\frac{\pi x}{K}+q^4\right)\\
&\qquad\times\left(1-2q^4\cos\frac{\pi x}{K}+q^8\right)\ldots
\end{aligned}\right.$$

RELATIONS ALGÉBRIQUES ENTRE Θ, H, Θ_1, H_1.

Considérons les fonctions $\Theta^2, H^2, \Theta_1^2, H_1^2$; elles satisfont toutes les quatre aux relations (p. 513)

$$\theta(x+2K) = \theta(x),$$

$$\theta(x+2K'\sqrt{-1}) = \theta(x)e^{-\frac{\pi\sqrt{-1}}{K}2(x+K'\sqrt{-1})};$$

donc deux des quatre fonctions en question sont des fonctions linéaires et homogènes des deux autres. Posons alors

$$\Theta^2(x) = AH^2(x) + A_1H_1^2(x);$$

on en conclura, pour $x=0$ et $x=K$,

$$\Theta^2(0) = A_1H_1^2(0),\quad \Theta^2(K) = AH^2(K).$$

D'ailleurs

$$H_1^2(0) = H^2(K);$$

on en déduit A et A_1, et la formule précédente donne

$$\Theta^2(x) = H^2(x)\frac{\Theta^2(K)}{H^2(K)} + H_1^2(x)\frac{\Theta^2(0)}{H_1^2(0)},$$

ce que l'on peut aussi écrire

$$(1) \qquad \Theta^2(x) = H^2(x)\frac{\Theta_1^2(0)}{H_1^2(0)} + H_1^2(x)\frac{\Theta^2(0)}{H_1^2(0)}.$$

On trouve de même

$$\Theta^2(x) = H^2(x)\frac{\Theta(K+K'\sqrt{-1})}{H(K+K'\sqrt{-1})} + \Theta_1^2(x)\frac{\Theta^2(0)}{\Theta_1^2(0)};$$

mais (formules [6])

$$\frac{\Theta(K+K'\sqrt{-1})}{H(K+K'\sqrt{-1})} = \frac{H(K)}{\Theta(K)} = \frac{H_1(0)}{\Theta_1(0)};$$

donc

$$(2) \qquad \Theta^2(x) = H^2(x)\frac{H_1^2(0)}{\Theta_1^2(0)} + \Theta_1^2(x)\frac{\Theta^2(0)}{\Theta_1^2(0)}.$$

RELATIONS DIFFÉRENTIELLES ENTRE LES FONCTIONS AUXILIAIRES.

Posons

$$y = \frac{H(x)}{\Theta(x)};$$

on aura

$$(1) \qquad \frac{dy}{dx} = \frac{H'(x)\Theta(x) - \Theta'(x)H(x)}{\Theta^2(x)}.$$

Or, en différentiant les formules [5], on a

$$(2) \quad \left\{ \begin{aligned} H'(x+2K'\sqrt{-1}) &= -H'(x)e^{-\frac{\pi\sqrt{-1}}{K}(x+K'\sqrt{-1})} \\ &\quad + H(x)e^{-\frac{\pi\sqrt{-1}}{K}(x+K'\sqrt{-1})}\frac{\pi\sqrt{-1}}{K}, \\ \Theta'(x+2K'\sqrt{-1}) &= -\Theta'(x)e^{-\frac{\pi\sqrt{-1}}{K}(x+K'\sqrt{-1})} \\ &\quad + \Theta(x)e^{-\frac{\pi\sqrt{-1}}{K}(x+K'\sqrt{-1})}\frac{\pi\sqrt{-1}}{K}. \end{aligned} \right.$$

Or les deux fonctions $H(x)$ et $\Theta(x)$ possèdent la période $4K$; il en est donc de même de $H'(x)\Theta(x) - \Theta'(x)H(x)$, et, quand on y change x en $x + 2K'\sqrt{-1}$, en vertu de (2), cette fonction devient

$$[\Theta(x)H'(x) - H(x)\Theta'(x)]e^{-\frac{2\pi\sqrt{-1}}{K}(x+K'\sqrt{-1})};$$

en d'autres termes, elle s'est trouvée multipliée par

$$e^{-\frac{2\pi\sqrt{-1}}{K}(x+K'\sqrt{-1})} = e^{-\frac{\pi\sqrt{-1}}{K}2(x+K'\sqrt{-1})}.$$

Or les fonctions $\Theta(x)H(x)$ et $\Theta_1(x)H_1(x)$ sont dans ce cas; on doit donc poser

$$(3)\quad H'(x)\Theta(x) - H(x)\Theta'(x) = A\Theta(x)H(x) + B\Theta_1(x)H_1(x),$$

ou, en divisant par Θ^2 et en tenant compte de (1),

$$\frac{dy}{dx} = A\frac{H(x)}{\Theta(x)} + B\frac{\Theta_1(x)}{\Theta(x)}\frac{H_1(x)}{\Theta(x)}.$$

Mais, si, dans (3), on change x en $-x$, on a

$$H'(x)\Theta(x) - H(x)\Theta'(x) = -A\Theta(x)H(x) + B\Theta_1(x)H_1(x),$$

et, en comparant cette formule avec (3), on a

$$A = 0;$$

donc

$$\frac{dy}{dx} = B\frac{\Theta_1}{\Theta}\frac{H_1}{\Theta}.$$

Si, dans (3), on fait $x = 0$, on a

$$H'(0)\Theta(0) = B\Theta_1(0)H_1(0).$$

Tirant B de là, la formule précédente donne

$$(4)\quad \frac{dy}{dx} = \frac{H'(0)\Theta(0)}{\Theta_1(0)H_1(0)}\frac{\Theta_1(x)H_1(x)}{\Theta^2(x)}.$$

Entre cette formule et les formules (1) et (2) du paragraphe précédent, éliminons $\Theta_1(x)$ et $H_1(x)$; nous aurons

$$\left(\frac{dy}{dx}\right)^2 = \frac{H'^2(0)}{\Theta^2(0)}\left[1 - \frac{\Theta_1^2(0)}{H_1^2(0)}y^2\right]\left[1 - \frac{H_1^2(0)}{\Theta_1^2(0)}y^2\right].$$

Cette équation serait identique à celle qui nous a servi primitivement à définir le sinus de l'amplitude x, si l'on supposait

$$(5)\quad \begin{cases} \operatorname{sn} x = \dfrac{\Theta_1(0)}{H_1(0)}y = \dfrac{\Theta_1(0)}{H_1(0)}\dfrac{H(x)}{\Theta(x)} = \dfrac{1}{\sqrt{k}}\dfrac{H(x)}{\Theta(x)}, \\ \dfrac{\Theta_1(0)}{H_1(0)}\dfrac{H'(0)}{\Theta(0)} = 1, \\ \dfrac{H_1^2(0)}{\Theta_1^2(0)} = k, \end{cases}$$

et l'on aurait

$$\left(\frac{d\operatorname{sn} x}{dx}\right)^2 = (1 - \operatorname{sn}^2 x)(1 - k^2 \operatorname{sn}^2 x).$$

On a donc bien

$$\operatorname{sn} x = \frac{H(x)}{\Theta(x)}\frac{\Theta_1(0)}{H_1(0)},$$

et il est nettement établi que la fonction $\operatorname{sn} x$ est monodrome, puisqu'on peut la former de toutes pièces en la considérant comme le quotient de deux fonctions monodromes.

Maintenant reprenons les formules (1) et (2) du paragraphe précédent; on peut les écrire, en divisant par $\Theta^2(x)$,

$$1 = \frac{H^2(x)}{\Theta^2(x)}\frac{\Theta(0)}{H_1^2(0)} + \frac{H_1^2(x)}{\Theta^2(x)}\frac{\Theta^2(0)}{H_1^2(0)},$$

$$1 = \frac{H^2(x)}{\Theta^2(x)}\frac{H_1^2(0)}{\Theta_1^2(0)} + \frac{\Theta_1^2(x)}{\Theta^2(x)}\frac{\Theta^2(0)}{\Theta_1^2(0)}.$$

La première, en vertu de (5), sera satisfaite en posant

$$\frac{H_1(x)}{\Theta(x)}\frac{\Theta(0)}{H_1(x)} = \operatorname{cosam} x = \operatorname{cn} x,$$

et la dernière donnera

$$1 = k^2 \operatorname{sn}^2 x + \frac{\Theta_1^2(x)}{\Theta^2(x)} \frac{\Theta^2(0)}{\Theta_1^2(0)},$$

ou bien

$$\frac{\Theta_1(x)}{\Theta(x)} \frac{\Theta(0)}{\Theta_1(0)} = \sqrt{1 - k^2 \operatorname{sn}^2 x} = \operatorname{dn}^2 x.$$

Elle donnera aussi, pour $x = K$,

$$1 = \frac{H^2(K)}{\Theta^2(K)} \frac{H_1^2(0)}{\Theta_1^2(0)} + \frac{\Theta_1^2(K)}{\Theta^2(K)} \frac{\Theta^2(0)}{\Theta_1^2(0)},$$

ou bien

$$1 = \frac{H_1^4(0)}{\Theta_1^4(0)} + \frac{\Theta^4(0)}{\Theta_1^4(0)}.$$

Le premier terme du second membre est k^2, le second est donc la quantité désignée plus haut par k'^2; k' est ce que nous avons appelé le *module complémentaire*. On a donc le tableau suivant :

TABLEAU N° 4.

[10]
$$\begin{cases} \operatorname{sn} x = \dfrac{1}{\sqrt{k}} \dfrac{H(x)}{\Theta(x)}, \\ \operatorname{cn} x = \sqrt{\dfrac{k'}{k}} \dfrac{H_1(x)}{\Theta(x)}, \\ \operatorname{dn} x = \sqrt{k'} \dfrac{\Theta_1(x)}{\Theta(x)}, \\ k = \dfrac{H_1^2(0)}{\Theta_1^2(0)} = \dfrac{\Theta^2(0)}{H'^2(0)}, \quad k' = \dfrac{\Theta^2(0)}{\Theta_1^2(0)}, \quad \dfrac{k}{k'} = \dfrac{H_1^2(0)}{\Theta^2(0)} \\ k^2 + k'^2 = 1, \end{cases}$$

[11]
$$\begin{cases} K = \displaystyle\int_0^1 \frac{dx}{\sqrt{(1-x^2)(1-k^2x^2)}}, \\ K' = \displaystyle\int_0^1 \frac{dx}{\sqrt{(1-x^2)(1-k'^2x^2)}}, \end{cases}$$

$$
[12]\quad
\begin{cases}
\operatorname{sn} 0 = 0, & \operatorname{cn} 0 = 1, & \operatorname{dn} 0 = 1,\\
\operatorname{sn} K = 1, & \operatorname{cn} K = 0, & \operatorname{dn} K = k',\\
\operatorname{sn} 2K = 0, & \operatorname{cn} 2K = -1, & \operatorname{dn} 2K = 1,\\
\operatorname{sn} K'\sqrt{-1} = \infty, & \operatorname{cn} K'\sqrt{-1} = \infty, & \operatorname{dn} K'\sqrt{-1} = \infty,\\
\operatorname{sn}(2K + K'\sqrt{-1}) = \infty, & \operatorname{cn}(2K + K'\sqrt{-1}) = \infty, & \operatorname{dn}(2K + K'\sqrt{-1}) = \infty,\\
\operatorname{sn}(K + K'\sqrt{-1}) = \dfrac{1}{k}, & \operatorname{cn}(K + K'\sqrt{-1}) = -\dfrac{k'\sqrt{-1}}{k}, & \operatorname{dn}(K + K'\sqrt{-1}) = 0,
\end{cases}
$$

$$
[13]\quad
\begin{cases}
\operatorname{sn}(-x) = -\operatorname{sn} x, & \operatorname{cn}(-x) = \operatorname{cn} x, & \operatorname{dn}(-x) = \operatorname{dn} x,\\
\operatorname{sn}(2K - x) = \operatorname{sn} x, & \operatorname{cn}(2K - x) = \operatorname{cn} x, & \operatorname{dn}(2K - x) = \operatorname{dn} x,\\
\operatorname{sn}(2K + x) = -\operatorname{sn} x, & \operatorname{cn}(2K + x) = -\operatorname{cn} x, & \operatorname{dn}(2K + x) = \operatorname{dn} x,\\
\operatorname{sn}(K - x) = \dfrac{\operatorname{cn} x}{\operatorname{dn} x}, & \operatorname{cn}(K - x) = k'\dfrac{\operatorname{sn} x}{\operatorname{dn} x}, & \operatorname{dn}(K - x) = \dfrac{k'}{\operatorname{dn} x},\\
\operatorname{sn}(K + x) = \dfrac{\operatorname{cn} x}{\operatorname{dn} x}, & \operatorname{cn}(K + x) = -k'\dfrac{\operatorname{sn} x}{\operatorname{dn} x}, & \operatorname{dn}(K + x) = \dfrac{k'}{\operatorname{dn} x},\\
\operatorname{sn}(K'\sqrt{-1} + x) = \dfrac{1}{k \operatorname{sn} x}, & \operatorname{cn}(K'\sqrt{-1} + x) = -\sqrt{-1}\,\dfrac{\operatorname{dn} x}{k \operatorname{sn} x}, & \operatorname{dn}(K'\sqrt{-1} + x) = -\sqrt{-1}\,\dfrac{\operatorname{cn} x}{\operatorname{sn} x},\\
\operatorname{sn}(2K'\sqrt{-1} + x) = \operatorname{sn} x, & \operatorname{cn}(2K'\sqrt{-1} + x) = -\operatorname{cn} x, & \operatorname{dn}(2K'\sqrt{-1} + x) = -\operatorname{dn} x.
\end{cases}
$$

[14]

Fonctions.	Périodes.	Zéros.	Infinis.
$\operatorname{sn} x$	$4K,\ 2K'\sqrt{-1}$,	$0,\ 2K$,	$K'\sqrt{-1},\ 2K + K'\sqrt{-1}$,
$\operatorname{cn} x$	$2K,\ 2K + 2K'\sqrt{-1}$,	$K,\ -K$,	$K'\sqrt{-1},\ 2K + K'\sqrt{-1}$,
$\operatorname{dn} x$	$2K,\ 4K'\sqrt{-1}$;	$\pm(K + K'\sqrt{-1})$,	$K'\sqrt{-1},\ 2K + K'\sqrt{-1}$.

RELATIONS ENTRE $\operatorname{sn} x$, $\operatorname{cn} x$ ET $\operatorname{dn} x$.

A la fonction $\operatorname{sn} x$, définie par l'équation

$$(1)\qquad \frac{dy}{dx} = \sqrt{(1-u^2)(1-k^2u^2)},$$

nous avons adjoint les fonctions

$$(2)\qquad \left\{\begin{aligned} \operatorname{cn} x &= v = \sqrt{1-u^2},\\ \operatorname{dn} x &= w = \sqrt{1-k^2u^2}.\end{aligned}\right.$$

La formule (1) pourra alors s'écrire

$$\frac{du}{dx} = \operatorname{cn} x \operatorname{dn} x = vw.$$

Des formules (2) on déduira

$$\frac{dv}{dx} = -\frac{u}{\sqrt{1-u^2}}\frac{du}{dx} = -uw,$$

$$\frac{dw}{dx} = -\frac{k^2u}{\sqrt{1-k^2u^2}}\frac{du}{dx} = -k^2vu.$$

Ainsi on a

$$(3)\qquad \left\{\begin{aligned} \frac{d\operatorname{sn} x}{dx} &= \operatorname{cn} x \operatorname{dn} x,\\ \frac{d\operatorname{cn} x}{dx} &= -\operatorname{dn} x \operatorname{sn} x,\\ \frac{d\operatorname{dn} x}{dx} &= -k^2\operatorname{sn} x \operatorname{cn} x.\end{aligned}\right.$$

Maintenant, si l'on observe que

$$u = \sqrt{1-v^2} = \frac{1}{k}\sqrt{1-w^2},\quad v = \frac{\sqrt{w^2-k'^2}}{k},\quad w = \sqrt{k'^2+k^2v^2},$$

les formules (3) pourront s'écrire

$$\frac{du}{dx} = \sqrt{(1-u^2)(1-k^2u^2)},$$

$$\frac{dv}{dx} = -\sqrt{(1-v^2)(k'^2+k^2v^2)},$$

$$\frac{dw}{dx} = -k\sqrt{(w^2-k'^2)(1-w^2)}.$$

Rien n'est plus simple, en partant des formules (3), que de former les équations auxquelles satisferaient tang am x, cotam x, ... On formera ainsi le tableau suivant :

TABLEAU N° 5.

$$[15] \quad \begin{cases} \dfrac{d\,\mathrm{sn}\,x}{dx} = \mathrm{cn}\,x\,\mathrm{dn}\,x, \\ \dfrac{d\,\mathrm{cn}\,x}{dx} = -\mathrm{dn}\,x\,\mathrm{sn}\,x, \\ \dfrac{d\,\mathrm{dn}\,x}{dx} = -k^2\,\mathrm{sn}\,x\,\mathrm{cn}\,x. \end{cases}$$

Fonctions.	Leur équation différentielle.
$u = \mathrm{sn}\,x$,	$\dfrac{du}{dx} = \sqrt{(1-u^2)(1-k^2u^2)}$,
$u = \mathrm{cn}\,x$,	$\dfrac{du}{dx} = -k'\sqrt{(1-u^2)\left(1+\dfrac{k^2}{k'^2}u^2\right)}$,
$u = \mathrm{dn}\,x$,	$\dfrac{du}{dx} = -\sqrt{(1-u^2)(u^2-k'^2)}$,
$u = \mathrm{tang\,am}\,x$,	$\dfrac{du}{dx} = \sqrt{(1+u^2)(1+k'^2u^2)}$,
$u = \mathrm{cot\,am}\,x$,	$\dfrac{du}{dx} = -\sqrt{(1+u^2)(k'^2+u^2)}$,
$u = \mathrm{s\acute{e}c\,am}\,x$,	$\dfrac{du}{dx} = k'\sqrt{(u^2-1)\left(u^2+\dfrac{k^2}{k'^2}\right)}$,
$u = \mathrm{cos\acute{e}c\,am}\,x$,	$\dfrac{du}{dx} = -\sqrt{(u^2-1)(u^2-k^2)}$,
$u = \dfrac{1}{\mathrm{dn}\,x}$,	$\dfrac{du}{dx} = \sqrt{(u^2-1)(1-k'^2u^2)}$,

[16]

Ce dernier tableau est utile pour la réduction de l'intégrale

$$\int \frac{du}{\sqrt{(u^2+m)(u^2+n)}}$$

aux fonctions elliptiques.

FORMULES D'ADDITION.

Considérons maintenant le produit

$$\mathrm{H}(x+a)\mathrm{H}(x-a)=\theta(x);$$

on a (tableau n° 1)

$$\theta(x+2\mathrm{K})=\theta(x),$$

$$\theta(x+2\mathrm{K}'\sqrt{-1})=\theta(x)e^{-2\frac{\pi\sqrt{-1}}{\mathrm{K}}(x+\mathrm{K}'\sqrt{-1})};$$

Les fonctions H^2 et Θ^2 satisfont à la même équation; donc (p. 513)

$$\mathrm{H}(x+a)\mathrm{H}(x-a)=\mathrm{A}\mathrm{H}^2(x)+\mathrm{B}\Theta^2(x).$$

Pour déterminer A et B, on fera $x=0$; on aura alors

$$-\mathrm{H}^2(a)=\mathrm{B}\Theta^2(0).$$

On fera ensuite $x=\mathrm{K}'\sqrt{-1}$; on aura alors

$$\mathrm{H}(\mathrm{K}'\sqrt{-1}+a)\mathrm{H}(\mathrm{K}'\sqrt{-1}-a)=\mathrm{A}\mathrm{H}^2(\mathrm{K}'\sqrt{-1})$$

ou

$$-\Theta(a)\Theta(-a)=-\mathrm{A}\Theta^2(0).$$

On a donc

$$\mathrm{B}=-\frac{\mathrm{H}^2(a)}{\Theta^2(0)},\quad \mathrm{A}=\frac{\Theta^2(a)}{\Theta^2(0)},$$

et, par suite,

$$\mathrm{H}(x+a)\mathrm{H}(x-a)=\frac{\Theta^2(a)\mathrm{H}^2(x)-\mathrm{H}^2(a)\Theta^2(x)}{\Theta^2(0)}.$$

On obtient de la même façon une foule d'autres formules, que nous résumons dans le tableau ci après.

TABLEAU N° 6.

$$[17]\quad\left\{\begin{aligned}
&H(x-a)H(x+a)=\frac{\Theta^2(a)H^2(x)-H^2(a)\Theta^2(x)}{\Theta^2(0)},\\
&H(x-a)\Theta(x+a)\\
&\quad=\frac{H_1(a)\Theta_1(a)}{H_1(0)\Theta(0)}H(x)\Theta(x)-\frac{H(a)\Theta(a)}{H_1(0)\Theta_1(0)}H_1(x)\Theta_1(x),\\
&H(x-a)H_1(x+a)\\
&\quad=\frac{\Theta_1(a)\Theta(a)}{\Theta(0)\Theta_1(0)}H(x)H_1(x)-\frac{H(a)\Theta(a)}{\Theta(0)\Theta_1(0)}\Theta(x)\Theta_1(x),\\
&H(x-a)\Theta_1(x+a)\\
&\quad=\frac{H_1(a)\Theta(a)}{H_1(0)\Theta(0)}H(x)\Theta_1(x)-\frac{H(a)\Theta_1(a)}{H_1(0)\Theta(0)}\Theta(x)H_1(x);
\end{aligned}\right.$$

$$[18]\quad\left\{\begin{aligned}
&\Theta(x-a)\Theta(x+a)=\frac{\Theta^2(a)\Theta^2(x)-H^2(a)H^2(x)}{\Theta^2(0)},\\
&\Theta(x-a)H(x+a)\\
&\quad=\frac{H_1(a)\Theta_1(a)H(x)\Theta(x)+H(a)\Theta(a)H_1(x)\Theta_1(x)}{\Theta_1(0)H_1(0)},\\
&\Theta(x-a)H_1(x+a)\\
&\quad=\frac{\Theta(a)\Theta_1(a)H(x)H_1(x)-H(a)\Theta(a)\Theta(x)\Theta_1(x)}{\Theta(0)\Theta_1(0)},\\
&\Theta(x-a)\Theta_1(x+a)\\
&\quad=\frac{H_1(a)\Theta(a)H(x)\Theta_1(x)-H(a)\Theta_1(a)\Theta(x)H_1(x)}{\Theta(0)H_1(0)}.
\end{aligned}\right.$$

En combinant ces formules par voie de division, et en ayant égard aux formules du tableau n° 4, on trouve, par exemple, en divisant la première [17] par la seconde [17],

$$\operatorname{sn}(x+a)=\frac{\operatorname{sn}^2 x-\operatorname{sn}^2 a}{\operatorname{sn}x\operatorname{cn}a\operatorname{dn}a-\operatorname{sn}a\operatorname{cn}x\operatorname{dn}x},$$

et, en multipliant haut et bas par

$$\operatorname{sn} x \operatorname{cn} a \operatorname{dn} a + \operatorname{sn} a \operatorname{cn} x \operatorname{dn} x,$$

$$\operatorname{sn}(x+a) = \frac{\operatorname{sn} x \operatorname{cn} a \operatorname{dn} a + \operatorname{sn} a \operatorname{cn} x \operatorname{dn} x}{1 - k^2 \operatorname{sn}^2 a \operatorname{sn}^2 x};$$

c'est par ce moyen que l'on formera le tableau suivant :

TABLEAU N° 7.

$$[19] \quad \begin{cases} \operatorname{sn}(a \pm b) = \dfrac{\operatorname{sn} a \operatorname{cn} b \operatorname{dn} b \pm \operatorname{sn} b \operatorname{cn} a \operatorname{dn} a}{1 - k^2 \operatorname{sn}^2 a \operatorname{sn}^2 b}, \\[2ex] \operatorname{cn}(a \pm b) = \dfrac{\operatorname{cn} a \operatorname{cn} b \mp \operatorname{sn} a \operatorname{sn} b \operatorname{dn} a \operatorname{dn} b}{1 - k^2 \operatorname{sn}^2 a \operatorname{sn}^2 b}, \\[2ex] \operatorname{dn}(a \pm b) = \dfrac{\operatorname{dn} a \operatorname{dn} b \mp k^2 \operatorname{sn} a \operatorname{sn} b \operatorname{cn} a \operatorname{cn} b}{1 - k^2 \operatorname{sn}^2 a \operatorname{sn}^2 b}. \end{cases}$$

Pour $a = b$:

$$[20] \quad \begin{cases} \operatorname{sn} 2a = \dfrac{2 \operatorname{sn} a \operatorname{cn} a \operatorname{dn} a}{1 - k^2 \operatorname{sn}^2 a}, \\[2ex] \operatorname{cn} 2a = \dfrac{\operatorname{cn}^2 a - \operatorname{sn}^2 a \operatorname{dn}^2 a}{1 - k^2 \operatorname{sn}^2 a}, \\[2ex] \operatorname{dn} 2a = \dfrac{\operatorname{dn}^2 a - k^2 \operatorname{sn}^2 a \operatorname{cn}^2 a}{1 - k^2 \operatorname{sn}^2 a}. \end{cases}$$

$$[21] \quad \begin{cases} \operatorname{sn}(a+b) + \operatorname{sn}(a-b) = G \operatorname{sn} a \operatorname{cn} b \operatorname{dn} b, \\ \operatorname{sn}(a+b) - \operatorname{sn}(a-b) = G \operatorname{sn} b \operatorname{cn} a \operatorname{dn} a, \\ \operatorname{cn}(a+b) + \operatorname{cn}(a-b) = G \operatorname{cn} a \operatorname{cn} b, \\ \operatorname{cn}(a+b) - \operatorname{cn}(a-b) = -G \operatorname{sn} a \operatorname{sn} b \operatorname{dn} a \operatorname{dn} b, \\ \operatorname{dn}(a+b) + \operatorname{dn}(a-b) = G \operatorname{dn} a \operatorname{dn} b, \\ \operatorname{dn}(a+b) - \operatorname{dn}(a-b) = -G k^2 \operatorname{sn} a \operatorname{sn} b \operatorname{cn} a \operatorname{cn} b. \end{cases}$$

On a posé

$$G = \frac{2}{1 - k^2 \operatorname{sn}^2 a \operatorname{sn}^2 b}.$$

Les formules d'addition [19] sont les premières que l'on ait trouvées sur les fonctions directes. Elles sont analogues aux formules fondamentales de la Trigonométrie ; mais ce n'est pas comme nous venons de le montrer qu'elles ont été trouvées.

C'est en intégrant l'équation

$$\frac{dx}{\sqrt{(1-x^2)(1-k^2x^2)}} \pm \frac{dy}{\sqrt{(1-y^2)(1-k^2y^2)}} = 0$$

que l'on est arrivé à la découverte des formules d'addition. La méthode la plus simple qui ait été donnée pour l'intégration de cette formule est due à Lagrange. D'autres méthodes, plus simples en apparence, ont l'inconvénient de s'appuyer sur des artifices qui supposent évidemment que l'on connaît d'avance l'intégrale.

AUTRE MANIÈRE POUR ARRIVER AUX FORMULES D'ADDITION DES FONCTIONS ELLIPTIQUES.

L'équation

$$\frac{dx}{\sqrt{(1-x^2)(1-k^2x^2)}} - \frac{dy}{\sqrt{(1-y^2)(1-k^2y^2)}} = 0,$$

qui devient, par les substitutions $x = \sin\varphi$, $y = \sin\psi$,

$$(1) \qquad \frac{d\varphi}{\sqrt{1-k^2\sin^2\varphi}} - \frac{d\psi}{\sqrt{1-k^2\sin^2\psi}} = 0$$

admet pour intégrale

$$\int_0^x \frac{dx}{\sqrt{(1-x^2)(1-k^2x^2)}} - \int_0^y \frac{dy}{\sqrt{(1-y^2)(1-k^2y^2)}} = \text{const.};$$

mais on peut lui trouver, comme l'ont prouvé Euler et Lagrange, une intégrale algébrique. Posons, à cet effet, avec Lagrange,

$$(2) \qquad \frac{d\varphi}{\sqrt{1-k^2\sin^2\varphi}} = \frac{d\psi}{\sqrt{1-k^2\sin^2\psi}} = dt$$

ou

$$(3) \qquad \frac{d\varphi}{dt} = \sqrt{1-k^2\sin^2\varphi}, \quad \frac{d\psi}{dt} = \sqrt{1-k^2\sin^2\psi},$$

puis

$$(4) \qquad \varphi + \psi = p, \quad \varphi - \psi = q;$$

on aura

$$(5) \qquad \begin{cases} \frac{1}{2}\left(\frac{dp}{dt} + \frac{dq}{dt}\right) = \sqrt{1 - k^2 \sin^2 \frac{p+q}{2}}, \\ \frac{1}{2}\left(\frac{dp}{dt} - \frac{dq}{dt}\right) = \sqrt{1 - k^2 \sin^2 \frac{p-q}{2}}; \end{cases}$$

d'où

$$\frac{dp}{dt} = \sqrt{1 - k^2 \sin^2 \frac{p+q}{2}} + \sqrt{1 - k^2 \sin^2 \frac{p-q}{2}},$$

$$\frac{dq}{dt} = \sqrt{1 - k^2 \sin^2 \frac{p+q}{2}} - \sqrt{1 - k^2 \sin^2 \frac{p-q}{2}},$$

d'où l'on tire

$$\frac{dp}{dt}\frac{dq}{dt} = k^2\left[\sin^2\frac{(p-q)}{2} - \sin^2\frac{(p+q)}{2}\right],$$

ou enfin

$$(6) \qquad \frac{dp}{dt}\frac{dq}{dt} = -k^2 \sin p \sin q.$$

Mais, en différentiant (3), on a

$$\frac{d^2\varphi}{dt^2} = \frac{-k^2\sin\varphi\cos\varphi}{\sqrt{1-k^2\sin^2\varphi}}\frac{d\varphi}{dt} = -k^2\sin\varphi\cos\varphi,$$

$$\frac{d\ \psi}{dt^2} = -k^2\sin\psi\cos\psi;$$

d'où l'on tire, par addition et soustraction,

$$(7)\quad \begin{cases} \dfrac{d^2p}{dt^2} = -k^2 \sin p \cos q, \\ \dfrac{d^2q}{dt^2} = -k^2 \sin q \cos p. \end{cases}$$

De (6) et (7), on tire

$$\frac{d^2p}{dp\,dq} = \frac{\cos q}{\sin q}, \quad \frac{d^2q}{dp\,dq} = \frac{\cos p}{\sin p},$$

ou

$$\frac{d^2p}{dp} = \frac{\cos q\,dq}{\sin q}, \quad \frac{d^2q}{dq} = \frac{\cos p\,dp}{\sin p},$$

ou

$$\frac{dp}{dt} = \alpha \sin q, \quad \frac{dq}{dt} = \alpha' \sin p,$$

α et α' désignant deux constantes qui doivent rentrer l'une dans l'autre. En remplaçant p et q par leurs valeurs dans ces formules, on a

$$(8)\quad \begin{cases} \sqrt{1 - k^2\sin^2\varphi} + \sqrt{1 - k^2\sin^2\psi} = \alpha \sin(\varphi - \psi), \\ \sqrt{1 - k^2\sin^2\varphi} - \sqrt{1 - k^2\sin^2\psi} = \alpha' \sin(\varphi + \psi). \end{cases}$$

Ce sont là deux intégrales de la formule (1); mais, en éliminant dt entre les deux formules précédentes, on obtient une nouvelle intégrale. En effet, on a

$$\frac{dp}{\alpha \sin q} = \frac{dq}{\alpha' \sin p} \quad \text{ou} \quad \alpha' \sin p\,dp = \alpha \sin q\,dq,$$

et, en intégrant,

$$\alpha \cos p = \alpha' \cos q + \alpha'',$$

α'' étant une nouvelle constante, et l'on a

$$(9)\quad \alpha \cos(\varphi + \psi) = \alpha' \cos(\varphi - \psi) + \alpha''.$$

Or, on peut mettre l'intégrale de la formule (1) sous la forme

$$(10)\quad \int_0^\varphi \frac{d\varphi}{\sqrt{1-k^2\sin^2\varphi}} - \int_0^\psi \frac{d\psi}{\sqrt{1-k^2\sin^2\psi}} = \int_0^\mu \frac{d\mu}{\sqrt{1-k^2\sin^2\mu}},$$

μ désignant une constante à laquelle se réduit φ pour $\psi = 0$. Si, dans les formules (8) et (9), on fait $\psi = 0$, on a

$$\sqrt{1-k^2\sin^2\mu} + 1 = \alpha \sin\mu,$$
$$\sqrt{1-k^2\sin^2\mu} - 1 = \alpha' \sin\mu,$$
$$\alpha\cos\mu = \alpha'\cos\mu + \alpha''.$$

On en tire

$$\alpha = \frac{\sqrt{1-k^2\sin^2\mu}+1}{\sin\mu}, \quad \alpha' = \frac{\sqrt{1-k^2\sin^2\mu}-1}{\sin\mu},$$
$$\alpha'' = \frac{\sqrt{1-k^2\sin^2\mu}+1}{\sin\mu}\cos\mu - \frac{\sqrt{1-k^2\sin^2\mu}-1}{\sin\mu}\cos\mu,$$

ou

$$\alpha'' = \frac{2\cos\mu}{\sin\mu}.$$

En portant dans la formule (9) ces valeurs de $\alpha, \alpha', \alpha''$, on a

$$\frac{\sqrt{1-k^2\sin^2\mu}+1}{\sin\mu}\cos(\varphi+\psi)$$
$$= \frac{\sqrt{1-k^2\sin^2\mu}-1}{\sin\mu}\cos(\varphi-\psi) + \frac{2\cos\mu}{\sin\mu},$$

et, en effectuant,

$$(11)\quad \cos\varphi\cos\psi - \sqrt{1-k^2\sin^2\mu}\sin\varphi\sin\psi = \cos\mu.$$

Cette formule est une des intégrales les plus célèbres de l'équation (1) ; les formules (8) en fournissent deux autres :

$$(12)\quad \begin{cases} \sqrt{1-k^2\sin^2\varphi}+\sqrt{1-k^2\sin^2\psi} \\ \qquad = \dfrac{\sqrt{1-k^2\sin^2\mu}+1}{\sin\mu}\sin(\varphi-\psi), \\ \sqrt{1-k^2\sin^2\varphi}-\sqrt{1-k^2\sin^2\psi} \\ \qquad = \dfrac{\sqrt{1-k^2\sin^2\mu}-1}{\sin\mu}\sin(\varphi+\psi), \end{cases}$$

identiques au fond à la formule (11).

Maintenant, si l'on fait

$$\int_0^\varphi \frac{d\varphi}{\sqrt{1-k^2\sin^2\varphi}}=a, \quad \int_0^\psi \frac{d\psi}{\sqrt{1-k^2\sin^2\psi}}=b,$$

la formule (10) donnera

$$\int_0^\mu \frac{d\mu}{\sqrt{1-k^2\sin^2\mu}}=a-b;$$

donc

$$\varphi=\operatorname{am}a, \quad \psi=\operatorname{am}b, \quad \mu=\operatorname{am}(a-b).$$

Les formules (11) et (12) donneront alors

$$(13)\quad \operatorname{cn}a\operatorname{cn}b\operatorname{dn}(a-b)-\operatorname{sn}a\operatorname{sn}b=\operatorname{cn}(a-b),$$

$$\operatorname{dn}a-\operatorname{dn}b=\frac{\operatorname{dn}(a-b)+1}{\operatorname{sn}(a-b)}(\operatorname{sn}a\operatorname{cn}b-\operatorname{sn}b\operatorname{cn}a),$$

$$\operatorname{dn}a+\operatorname{dn}b=\frac{\operatorname{dn}(a-b)-1}{\operatorname{sn}(a-b)}(\operatorname{sn}a\operatorname{cn}b+\operatorname{sn}b\operatorname{cn}a).$$

Si nous posons, un instant, $\operatorname{dn}(a-b)=y$, $\operatorname{sn}(a-b)=x$, nous aurons, au lieu de ces dernières formules,

$$x(\operatorname{dn}a-\operatorname{dn}b)=(y+1)(\operatorname{sn}a\operatorname{cn}b-\operatorname{sn}b\operatorname{cn}a),$$

$$x(\operatorname{dn}a+\operatorname{dn}b)=(y-1)(\operatorname{sn}a\operatorname{cn}b+\operatorname{sn}b\operatorname{cn}a),$$

ou

$$x\operatorname{dn}a-y\operatorname{sn}a\operatorname{cn}b=-\operatorname{sn}b\operatorname{cn}a,$$

$$x\operatorname{dn}b-y\operatorname{sn}b\operatorname{cn}a=-\operatorname{sn}a\operatorname{cn}b.$$

On en tire

$$\operatorname{sn}(a-b)=\frac{\operatorname{sn}^2 a \operatorname{cn}^2 b-\operatorname{sn}^2 b \operatorname{cn}^2 a}{\operatorname{dn} b \operatorname{cn} b \operatorname{sn} a-\operatorname{dn} a \operatorname{cn} a \operatorname{sn} b},$$

$$\operatorname{dn}(a+b)=\frac{\operatorname{sn} b \operatorname{dn} b \operatorname{cn} a-\operatorname{sn} a \operatorname{dn} a \operatorname{cn} b}{\operatorname{dn} b \operatorname{cn} b \operatorname{sn} a-\operatorname{dn} a \operatorname{cn} a \operatorname{sn} b}.$$

Si l'on multiplie haut et bas ces deux formules par l'expression conjuguée de leur dénominateur, on a, en observant que $\operatorname{sn}^2 a \operatorname{cn}^2 b - \operatorname{sn}^2 b \operatorname{cn}^2 a$ est égal à $\operatorname{sn}^2 a - \operatorname{sn}^2 b$,

$$(14)\quad \operatorname{sn}(a-b)=\frac{\operatorname{dn} b \operatorname{cn} b \operatorname{sn} a-\operatorname{dn} a \operatorname{cn} a \operatorname{sn} b}{1-k^2 \operatorname{sn}^2 a \operatorname{sn}^2 b},$$

$$(15)\quad \operatorname{dn}(a-b)=\frac{k^2 \operatorname{sn} a \operatorname{sn} b \operatorname{cn} a \operatorname{cn} b+\operatorname{dn} a \operatorname{dn} b}{1-k^2 \operatorname{sn}^2 a \operatorname{sn}^2 b}.$$

C. Q. F. D.

SUR LES PÉRIODES ÉLÉMENTAIRES.

Soit $f(z)$ une fonction doublement périodique. Considérons les points M_{00} et M_{10} qui représentent les imaginaires z_0 et $z_0+\omega$, ω désignant une période de $f(z)$. On peut toujours supposer que ω soit la plus petite période d'argument égal à l'argument de ω; car il n'existe pas deux périodes distinctes de même argument; toutes sont multiples de l'une d'elles, que l'on peut appeler ω. Soit ϖ une période distincte de ω, et supposons-la aussi la plus petite de celles qui possèdent son argument. Soit M_{01} le point qui représente l'imaginaire $z_0+\varpi$; sur les droites $M_{00}M_{10}$ et $M_{00}M_{01}$, on peut construire un parallélogramme que l'on pourra considérer comme un parallélogramme des périodes; on lui donne le nom de parallélogramme *élémentaire*, si aucun des points de son aire joints à M_{00} ne fournit une nouvelle période.

Il est clair que le parallélogramme élémentaire peut se former en prenant la période ω pour base et en faisant mouvoir le côté $M_{00}M_{10}$, pris pour base, parallèlement à lui-même, jusqu'à ce qu'il rencontre un point M_{01}, tel que $M_{00}M_{01}$ soit une période.

Soient ω et ϖ deux périodes élémentaires; ω' et ϖ' deux nouvelles périodes; il faudra nécessairement que l'on ait

$$(1) \quad \begin{cases} \omega' = m\omega + n\varpi, \\ \varpi' = m'\omega + n'\varpi, \end{cases}$$

m et n, m' et n' désignant des entiers; car une période quelconque s'obtiendra en joignant le point M_{00} à l'un des points de croisement M_{mn} des droites formant le réseau des parallélogrammes des périodes ω, ϖ. Pour que les périodes ω', ϖ' puissent former un nouveau parallélogramme élémentaire, il faut que m et n soient premiers entre eux, ainsi que m' et n'. En effet, si m et n avaient le diviseur commun δ, en posant $m = \delta m''$, $n = \delta n''$, on aurait

$$\omega' = \delta(m''\omega + n''\varpi),$$

et $\frac{\omega'}{\delta}$ serait une période; ω' ne saurait donc être une période élémentaire; mais ω et ϖ doivent s'exprimer en ω' et ϖ' sous les formes

$$\omega = \mu\omega' + \nu\varpi',$$
$$\varpi = \mu'\omega' + \nu'\varpi',$$

ce qui exige que le déterminant du système (1) divise $n\varpi' - n'\omega'$ et $m\varpi' - m'\omega'$, c'est-à-dire n, n', m et m'. Or, m et n étant premiers entre eux, le déterminant est égal à l'unité, et l'on a

$$mn' - nm' = \pm 1.$$

Soit

$$\omega = a + b\sqrt{-1},$$
$$\varpi = a' + b'\sqrt{-1},$$
$$\omega' = ma + na' + \sqrt{-1}(mb + nb'),$$
$$\varpi' = m'a + n'a' + \sqrt{-1}(m'b + n'b'),$$

l'aire du second parallélogramme des périodes est

$$(ma + na')(m'b' + n'b') - (m'a + n'a')(ma + nb')$$

ou

$$\begin{vmatrix} m & n \\ m' & n' \end{vmatrix} \begin{vmatrix} a & b \\ a' & b' \end{vmatrix} = ab' - ba'.$$

Donc :

Les aires des parallélogrammes élémentaires sont égales.

SUR LA FORME GÉNÉRALE DES FONCTIONS DOUBLEMENT PÉRIODIQUES, ET LEUR EXPRESSION EN FONCTION DE L'UNE D'ELLES.

THÉORÈME I. — *Il existe toujours une fonction doublement périodique admettant deux périodes données, deux zéros donnés et deux infinis donnés, pourvu que la somme des zéros soit égale à la somme des infinis à des multiples des périodes près.*

En effet, nous avons vu qu'il existait deux fonctions distinctes φ_1 et φ_2 satisfaisant aux formules

$$\varphi(x + \omega) = \varphi(x),$$

$$\varphi(x + \varpi) = \varphi(x) e^{\frac{-\pi\sqrt{-1}}{\omega} 2(x+c)},$$

et que la solution la plus générale de ces équations était

$$A_1\varphi_1 + A_2\varphi_2 = \varphi.$$

Ces fonctions φ_1 et φ_2 ont chacune deux zéros dans le parallélogramme des périodes ω et ϖ, ainsi que la fonction φ. Si nous divisons φ_1 par φ_2 ou si nous divisons $A_1\varphi_1 + A_2\varphi_2$ par $B_1\varphi_1 + B_2\varphi_2$, B_1 et B_2 désignant des constantes différentes de A_1 et A_2, nous obtiendrons une fonction doublement périodique $f(x)$. Soient a, b ses zéros, α et β ses infinis; considérons l'expression

$$(1) \qquad A\frac{f(x+s)-f(a'+s)}{f(x+s)-f(\alpha'+s)};$$

elle n'est plus infinie pour $x=\alpha$ ou $x=\beta$, mais elle l'est quand on pose $x=\alpha'$; elle admet en outre le zéro a'. Mais la fonction $f(x+s)-f(\alpha'+s)$, outre le zéro $x=\alpha'$, en possède un autre β', tout en conservant les infinis $x=\alpha-s$, $x=\beta-s$. On doit donc avoir, en observant que la somme des zéros est égale à celle des infinis,

$$\alpha'+\beta'\equiv\alpha-s+\beta-s \quad (*),$$

équation dans laquelle on peut choisir s, de telle sorte que β' ait une valeur donnée. L'expression (1) admettra alors deux infinis donnés α', β', le zéro donné a' et par suite un autre zéro b', tel que $\alpha'+\beta'\equiv a'+b'$; enfin le coefficient A permettra de prendre la fonction (1) égale à une quantité donnée différente de zéro pour une valeur donnée de x.

Théorème II. — *Il existe une fonction possédant les périodes ω et ϖ, les zéros $a_1, a_2, \ldots, a_n$ et les infinis $\alpha_1, \alpha_2, \ldots, \alpha_n$ satisfaisant à la relation*

$$a_1+a_2+\ldots+a_n\equiv\alpha_1+\alpha_2+\ldots+\alpha_n.$$

En effet, soit $F_1(x)$ une fonction aux périodes ω, ϖ, admettant les zéros a_1 et b_1 et les infinis α_1 et α_2, b_1 étant déterminé par la formule

$$a_1+b_1\equiv\alpha_1+\alpha_2.$$

Soit $F_2(x)$ une fonction aux mêmes périodes ayant pour zéros a_2 et b_2 et pour infinis α_3 et b_1, ... Soit $F_{n-1}(x)$ une fonction aux mêmes périodes admettant les zéros

(*) Le signe $\equiv$ est employé à la place de $=$ pour indiquer que l'on néglige des multiples des périodes.

a_{n-1} et b_{n-1} et les infinis b_{n-2} et α_n, tels que

$$a_{n-1} + b_{n-1} = \alpha_n + b_{n-2}.$$

La fonction

$$F_1(x)\,F_2(x)\ldots F_{n-1}(x)$$

aura les périodes ω, ϖ, les zéros $a_1, a_2, \ldots, a_{n-1}, b_{n-1}$ et les infinis $\alpha_1, \alpha_2, \ldots, \alpha_n$; mais on aura

$$a_1 + a_2 + \ldots + a_{n-1} + b_{n-1} = \alpha_1 + \alpha_2 + \ldots + \alpha_{n-1} + \alpha_n.$$

Théorème III. — *Deux fonctions doublement périodiques d'ordre fini dont les périodes ω et ϖ, ω' et ϖ' satisfont aux relations*

$$\Omega = m\omega = m'\omega',$$
$$\Pi = n\varpi = n'\varpi',$$

m et m' désignant des nombres entiers; en d'autres termes, deux fonctions u, v, dont les parallélogrammes élémentaires ont leurs côtés commensurables et dirigés dans le même sens, sont fonctions algébriques l'une de l'autre.

En effet, soient μ l'ordre de u, et ν l'ordre de v. Le parallélogramme de u, comme celui de v, tiendra un nombre exact de fois dans le parallélogramme ayant pour côtés Ω et Π, le premier $mn = M$ fois, le second $m'n' = N$ fois. Il en résulte que, à chaque valeur de u, correspondront, dans le parallélogramme Ω, Π, un nombre $M\mu$ de valeurs de la variable z, et par suite $M\mu$ valeurs de v; donc v est lié à u par une équation algébrique de degré $M\mu$ en v. On verrait de même qu'elle est de degré $N\nu$ en u; car u et v n'ont que des nombres limités de zéros et d'infinis et restent d'ailleurs monogènes et continues l'une par rapport à l'autre.

Théorème IV. — *Une fonction d'ordre n est liée à sa dérivée par une équation du degré n, par rapport à sa dérivée, et de degré 2n par rapport à la fonction.*

En effet, soit u une fonction aux périodes ω et ϖ; sa dérivée admet les mêmes périodes, mais les infinis de la dérivée sont en général en nombre double de celui de la fonction; car chaque infini de la fonction, lorsqu'il est simple, devient double dans la dérivée; en tout cas, l'ordre de la dérivée sera compris entre $n+1$ et $2n$. En vertu du théorème précédent, il existera entre u et u' une relation algébrique d'ordre n en u' et d'ordre n' en u, $n+1 \leq n' \leq 2n$, u' n'étant infini que si u est infini; le coefficient de u'^n pourra être pris égal à l'unité. A une même valeur de u correspondent n valeurs de z dont la somme est constante, et par suite n valeurs de $\frac{dz}{du} = \frac{1}{u'}$, dont la somme est nulle; donc le coefficient de u' est nul.

Par exemple, si u est du second ordre et a deux infinis distincts, on aura

$$u'^2 + \mathrm{U} = 0,$$

U désignant un polynôme du quatrième degré. Si u a un infini double, U sera seulement du troisième degré. Ce dernier théorème est de M. Méray.

DÉCOMPOSITION DES FONCTIONS A DEUX PÉRIODES EN ÉLÉMENTS SIMPLES.

Soient F(x) une fonction aux périodes ω et ϖ, et α_1, α_2, α_3, ... ses infinis. Soit $\theta(x)$ une fonction auxiliaire satisfaisant aux relations

$$\theta(x+\omega) = \theta(x),$$

$$\theta(x+\varpi) = \theta(x) e^{-\frac{2\pi\sqrt{-1}}{\omega}\mu(x+c)};$$

on aura

$$\frac{\theta'(x+\omega)}{\theta(x+\omega)} = \frac{\theta'(x)}{\theta(x)},$$

$$\frac{\theta'(x+\varpi)}{\theta(x+\varpi)} = \frac{\theta'(x)}{\theta(x)} - \frac{2\pi\sqrt{-1}}{\omega}\mu.$$

Considérons maintenant l'intégrale

$$\frac{1}{2\pi\sqrt{-1}}\int F(z)\frac{\theta'(z-x)}{\theta(z-x)}dz$$

prise le long d'un parallélogramme des périodes. Le long des côtés parallèles à ϖ, les valeurs de l'intégrale se détruiront, et il restera à intégrer le long des deux autres côtés, ce qui donnera, en appelant p une arbitraire,

$$\frac{1}{2\pi\sqrt{-1}}\int_p^{p+\omega} F(z)\frac{2\pi\sqrt{-1}}{\omega}\mu\,dz,$$

résultat indépendant de x et de p, que nous désignerons par C. Or, l'intégrale considérée est aussi égale à la somme des résidus de $F(z)\dfrac{\theta'(z-x)}{\theta(z-x)}$. Les résidus relatifs à $\theta(z-x)$ sont, en appelant $a_1, a_2, a_3, \ldots$ les zéros de $\theta(z)$,

$$F(x+a_1),\quad F(x+a_2),\quad \ldots,\quad F(x+a_\mu);$$

ceux relatifs à $F(z)$ sont

$$A_1\frac{\theta'(\alpha_1-x)}{\theta(\alpha_1-x)},\quad A_2\frac{\theta'(\alpha_2-x)}{\theta(\alpha_2-x)},\quad \ldots,$$

si les infinis α sont simples, et l'on a

$$A_i = \lim(x-\alpha)F(x)\quad \text{pour}\quad x=\alpha.$$

En général, si l'on pose

$$(z-\alpha)^m F(z) = \varphi(z),$$

on aura, pour résidu de $F(z)\dfrac{\theta'(z-x)}{\theta(z-x)}$,

$$\frac{d^{m-1}}{dx^{m-1}}\frac{1}{(m-1)!}\left[\varphi(\alpha)\frac{\theta'(\alpha-x)}{\theta(\alpha-x)}\right].$$

En résumé, on aura

$$C = \Sigma F(x + a) + \sum \frac{d^{m-1}}{d\alpha^{m-1}} \frac{1}{(m-1)!} \left[\frac{\theta'(\alpha - x)}{\theta(\alpha - x)} \varphi(\alpha) \right].$$

Supposons $\mu = 1$ et $a = 0$; on aura, au lieu de cette formule,

$$C = F(x) + \sum \frac{d^{m-1}}{d\alpha^{m-1}} \frac{1}{(m-1)!} \left[\frac{\theta'(\alpha - x)}{\theta(\alpha - x)} \varphi(\alpha) \right],$$

et $F(x)$ se trouve décomposé ainsi :

$$F(x) = C - \sum \frac{d^{m-1}}{d\alpha^{m-1}} \frac{1}{(m-1)!} \left[\frac{\theta'(\alpha - x)}{\theta(\alpha - x)} \varphi(\alpha) \right].$$

Cette formule donne $F(x)$ décomposée en éléments simples, tous intégrables au moyen de la fonction θ, ce qui démontre la possibilité d'intégrer les fonctions à deux périodes (du moins à l'aide des fonctions auxiliaires); mais le mode de décomposition dont il vient d'être question présente encore une foule d'autres applications que M. Hermite, auquel nous devons la théorie que nous venons d'exposer, a fait connaître.

Nous allons montrer immédiatement comment les intégrales de deuxième et de troisième espèce se ramènent par les considérations précédentes aux fonctions Θ et H de Jacobi.

La fonction de seconde espèce

$$\int \frac{z^2\, dz}{\sqrt{(1 - z^2)(1 - k^2 z^2)}},$$

quand on y fait $z = \operatorname{sn} x$, devient, à un facteur constant k^2 près,

$$\int k^2 \operatorname{sn}^2 x\, dx.$$

C'est cette intégrale que nous allons étudier. L'intégrale de troisième espèce

$$\int \frac{dz}{(1 - n^2 z^2)\sqrt{(1 - z^2)(1 - k^2 z^2)}}$$

devient, pour $z = \operatorname{sn} x$,

$$(a) \qquad \int \frac{dx}{1 - n^2 \operatorname{sn}^2 x};$$

nous la remplacerons par

$$\int \frac{k^2 \operatorname{sn} a \operatorname{cn} a \operatorname{dn} a \operatorname{sn}^2 x}{1 - k^2 \operatorname{sn}^2 a \operatorname{sn}^2 x},$$

en posant $n^2 = k^2 \operatorname{sn}^2 a$ et en observant que l'intégrale (a) ne diffère de celle-ci que par une fonction linéaire de $\operatorname{sn}^2 x$ et par un facteur constant.

ÉTUDE DE LA FONCTION $Z(x)$.

La fonction

$$Z(x) = \int_0^x k^2 \operatorname{sn}^2 x \, dx$$

est évidemment monodrome, car les résidus de $\operatorname{sn}^2 x$ sont nuls; nous allons le vérifier.

Décomposons, par la méthode de M. Hermite, $\operatorname{sn}^2 x$ en éléments simples, cette fonction ayant pour périodes $2K$ [puisque $\operatorname{sn}(x + 2K) = -\operatorname{sn} x$] et $2K'\sqrt{-1}$. Évaluons l'intégrale

$$(1) \qquad \frac{1}{2\pi\sqrt{-1}} \int \operatorname{sn}^2 z \frac{H'(z-x)}{H(z-x)} dz$$

le long d'un parallélogramme de côtés $2K$ et $2K'\sqrt{-1}$; le long des côtés verticaux, le résultat de l'intégration est nul; le long des côtés horizontaux, le résultat est

$$\frac{1}{2\pi\sqrt{-1}} \int_\alpha^{\alpha + 2K} \operatorname{sn}^2 z \times \left[\frac{H'(z-x)}{H(z-x)} - \frac{H'(z - x + 2K'\sqrt{-1})}{H(z - x + 2K'\sqrt{-1})} \right] dz.$$

En vertu de la formule

$$\mathrm{H}(x + 2\mathrm{K}'\sqrt{-1}) = -\mathrm{H}(x)\, e^{-\frac{\pi\sqrt{-1}}{\mathrm{K}}(x + \mathrm{K}'\sqrt{-1})},$$

l'intégrale considérée se réduit à

$$\frac{1}{2}\int_{\alpha}^{\alpha+2\mathrm{K}} \mathrm{sn}^2 z \frac{1}{\mathrm{K}} dz = \frac{1}{2\mathrm{K}}\int_{0}^{2\mathrm{K}} \mathrm{sn}^2 z\, dz\,;$$

nous désignerons cette quantité par C. Mais l'intégrale (1) est aussi égale à la somme des résidus de la fonction placée sous le signe $\int$; le résidu relatif au point x est $\mathrm{sn}^2 x$; calculons celui qui est relatif au point $\mathrm{K}'\sqrt{-1}$. Posons pour cela $z = \mathrm{K}'\sqrt{-1} + h$; nous aurons

$$\mathrm{sn}^2(\mathrm{K}'\sqrt{-1} + h)\frac{\mathrm{H}'(\mathrm{K}'\sqrt{-1} - x + h)}{\mathrm{H}(\mathrm{K}'\sqrt{-1} - x + h)}$$
$$= \frac{1}{k^2 \mathrm{sn}^2 h}\left\{\frac{\mathrm{H}'(\mathrm{K}'\sqrt{-1} - x)}{\mathrm{H}(\mathrm{K}\sqrt{-1} - x)} + h\left[\frac{\mathrm{H}'(\mathrm{K}'\sqrt{-1} - x)}{\mathrm{H}(\mathrm{K}'\sqrt{-1} - x)}\right]'\right\},$$

et par suite le coefficient de $\frac{1}{h}$ ou le résidu cherché est

$$\frac{1}{k^2}\left[\frac{\mathrm{H}'(\mathrm{K}'\sqrt{-1} - x)}{\mathrm{H}(\mathrm{K}\sqrt{-1} - x)}\right]'.$$

Si l'on observe que

$$\mathrm{H}(-x + \mathrm{K}'\sqrt{-1}) = \sqrt{-1}\,\Theta(-x)\, e^{-\frac{\pi\sqrt{-1}}{4\mathrm{K}}(-2x + \mathrm{K}'\sqrt{-1})},$$

on a

$$-\frac{\mathrm{H}'(\mathrm{K}\sqrt{-1} - x)}{\mathrm{H}(\mathrm{K}\sqrt{-1} - x)} = -\frac{\Theta'(-x)}{\Theta(-x)} + \frac{\pi\sqrt{-1}}{2\mathrm{K}}.$$

Notre résidu devient

$$-\frac{1}{k^2}\left[\frac{\Theta'(-x)}{\Theta(-x)}\right]' = \frac{1}{k^2}\left[\frac{\Theta'(x)}{\Theta(x)}\right]'.$$

On a donc enfin

$$C = \operatorname{sn}^2 x + \frac{1}{k^2}\left[\frac{\Theta'(x)}{\Theta(x)}\right]',$$

ou, en intégrant, en multipliant par k^2 et en posant $Ck^2 = \zeta$,

$$Z(x) = \zeta x - \frac{\Theta'(x)}{\Theta(x)};$$

telle est l'expression de $Z(x)$, monodrome comme l'on voit. On en déduit

$$(2) \qquad \int_0^x Z(x)\,dx = \zeta\frac{x^2}{2} - \log\frac{\Theta(x)}{\Theta(0)},$$

et l'on constate que la fonction

$$e^{-\int_0^x Z(x)dx} = e^{-\zeta\frac{x^2}{2}}\frac{\Theta(x)}{\Theta(0)}$$

est monodrome également. M. Weierstrass la désigne par le symbole $\mathrm{Al}\,x$. Il désigne par $\mathrm{Al}_1 x$, $\mathrm{Al}_2 x$, $\mathrm{Al}_3 x$ les produits de $\mathrm{Al}\,x$ par $\operatorname{sn} x$, $\operatorname{cn} x$, $\operatorname{dn} x$.

La constante ζ est susceptible de prendre une forme remarquable. En effet, en différentiant (2), on a

$$Z(x) = \zeta x - \frac{\Theta'(x)}{\Theta(x)}$$

et, en différentiant encore,

$$\operatorname{sn}^2 x = \zeta - \frac{\Theta''(x)\Theta(x) - \Theta'^2(x)}{\Theta^2(x)}.$$

Si l'on fait alors $x = 0$, on a

$$0 = \zeta - \frac{\Theta''(0)}{\Theta(0)},$$

ou enfin

$$\zeta = \frac{\Theta''(0)}{\Theta(0)}.$$

On a ainsi plusieurs expressions de la constante ζ, que l'on peut considérer comme parfaitement connue.

ÉTUDE DE L'INTÉGRALE ELLIPTIQUE DE TROISIÈME ESPÈCE

On peut parfois éviter la méthode de décomposition donnée plus haut. En voici un exemple :

La formule [14] donne

$$\Theta(x+a)\,\Theta(x-a) = \frac{\Theta^2(a)}{\Theta^2(0)}\,\Theta^2(x) - \frac{H^2(a)}{\Theta^2(0)}\,H^2(x);$$

on peut l'écrire

$$\Theta(x+a)\,\Theta(x-a) = \frac{\Theta^2(x)\,\Theta^2(a)}{\Theta^2(0)}(1 - k^2\operatorname{sn}^2 x\operatorname{sn}^2 a).$$

On en déduit immédiatement

$$1 - k^2\operatorname{sn}^2 a\operatorname{sn}^2 x = \frac{\Theta^2(0)\,\Theta(x+a)\,\Theta(x-a)}{\Theta^2(x)\,\Theta^2(a)}.$$

En prenant les dérivées logarithmiques des deux membres par rapport à a, on trouve (en observant que $\operatorname{sn}' a = \operatorname{dn} a \operatorname{cn} a$),

$$\frac{-2k^2\operatorname{sn} a\operatorname{cn} a\operatorname{dn} a\operatorname{sn}^2 x}{1 - k^2\operatorname{sn}^2 a\operatorname{sn}^2 x} = \frac{\Theta'(x+a)}{\Theta(x+a)} - \frac{\Theta'(x-a)}{\Theta(x-a)} - 2\frac{\Theta'(a)}{\Theta(a)}.$$

Si l'on change les signes et que l'on intègre de zéro à x, on trouve

$$\int_0^x \frac{k^2\operatorname{sn} a\operatorname{cn} a\operatorname{dn} a\operatorname{sn}^2 x}{1 - k^2\operatorname{sn}^2 a\operatorname{sn}^2 x}\,dx = x\frac{\Theta'(a)}{\Theta(a)} + \frac{1}{2}\log\frac{\Theta(x-a)}{\Theta(x+a)}.$$

Cette intégrale n'est pas tout à fait l'intégrale de troisième espèce de Legendre, mais il est clair qu'elle s'y ramène aisément. Jacobi la désigne par $\Pi(x, a)$. Ainsi l'on a

$$(1) \qquad \Pi(x, a) = x\frac{\Theta'(a)}{\Theta(a)} + \frac{1}{2}\log\frac{\Theta(x-a)}{\Theta(x+a)}.$$

On en conclut, en changeant x en a et a en x, puis en retranchant,

$$\Pi(x, a) - \Pi(a, x) = x\frac{\Theta'(a)}{\Theta(a)} - a\frac{\Theta'(x)}{\Theta(x)}.$$

On peut d'ailleurs s'assurer que les valeurs des logarithmes se sont détruites, en observant que l'on doit avoir une identité pour $x = 0$, $a = 0$.

C'est dans l'égalité précédente que consiste *l'échange du paramètre et de l'argument*, proposition généralisée dans la théorie des fonctions abéliennes. On peut aussi l'écrire

$$\Pi(x, a) - \Pi(a, x) = x\mathrm{Z}(a) - a\mathrm{Z}(x).$$

EXPRESSION D'UNE FONCTION DOUBLEMENT PÉRIODIQUE AU MOYEN D'UNE FONCTION DU SECOND ORDRE AUX MÊMES PÉRIODES. — THÉORÈME DE LIOUVILLE.

Soit $f(x)$ une fonction monodrome et monogène du second ordre aux périodes ω et ϖ; soient α et $s - \alpha$ ses infinis, s désignant la quantité constante à laquelle se réduit la somme des valeurs de z pour lesquelles $f(z)$ prend une valeur donnée dans un même parallélogramme. Soit $\mathrm{F}(z)$ une fonction quelconque aux mêmes périodes ω, ϖ; soient β_1, β_2, ..., β_p ses infinis. La fonction $\dfrac{\mathrm{F}(z)}{f(z) - f(x)}$ intégrée le long d'un parallélogramme des périodes donne un résultat nul : la somme de ses résidus est donc nulle.

La somme des résidus relatifs aux infinis x et $s - x$ de $\dfrac{1}{f(z) - f(x)}$ est

$$\mathrm{F}(x)\frac{1}{f'(x)} + \mathrm{F}(s - x)\frac{1}{f'(s - x)},$$

ou bien

$$\frac{F(x) - F(s - x)}{f'(x)},$$

en observant que, $f(x)$ étant égal à $f(s - x)$, $f'(x)$ doit être égal et de signe contraire à $f'(s - x)$. La somme des résidus relatifs à $F(x)$ étant alors représentée par

$$\frac{1}{2\pi\sqrt{-1}}\int_F \frac{F(z)\,dz}{f(z) - f(x)},$$

on aura

$$(1)\quad F(x) - F(s - x) = \frac{1}{2\pi\sqrt{-1}} f'(x) \int_F \frac{F(z)\,dz}{f(x) - f(z)},$$

le signe F placé au-dessous du signe $\int$ indiquant qu'on ne doit intégrer qu'autour des infinis de $F(z)$.

Si l'on considère en second lieu la fonction

$$\frac{F(z)f'(z)}{f(z) - f(x)},$$

son intégrale prise le long d'un parallélogramme sera encore nulle, et il en sera de même de la somme de ses résidus. Or la somme des résidus relatifs à $\dfrac{f'(z)}{f(z) - f(x)}$ est égale à

$$F(x) + F(s - x) - F(\alpha) - F(s - \alpha),$$

et l'on a par suite

$$F(x) + F(s - x) - F(\alpha) - F(s - \alpha) + \frac{1}{2\pi\sqrt{-1}}\int_F \frac{F(z)f'(z)}{f(z) - f(x)}\,dz = 0,$$

ou bien

$$F(x) + F(s - x) = F(\alpha) + F(s - \alpha) + \frac{1}{2\pi\sqrt{-1}}\int_F \frac{F(z)f'(z)}{f(x) - f(z)}\,dz.$$

La comparaison de cette formule avec (1) donne

$$2F(x) = F(\alpha) + F(s - \alpha) + \frac{1}{2\pi\sqrt{-1}} \int_F \frac{F(z)[f'(x) + f'(z)]}{f(z) - f(x)} dz,$$

ou bien encore

$$(2) \quad \begin{cases} 2F(x) = F(\alpha) + F(s - \alpha) \\ \qquad + \sum \frac{1}{(\mu - 1)!} \frac{d^{\mu-1}}{d\beta^{\mu-1}} \left[\theta(\beta) \frac{f'(x) + f'(\beta)}{f(x) - f(\beta)}\right], \end{cases}$$

en posant $F(z) = (z - \beta)^\mu \theta(z)$, μ désignant le degré de multiplicité de l'infini β. Quand $\mu = 1$, le symbole $\sum \frac{1}{(\mu - 1)!} \frac{d^{\mu-1}}{d\beta^{\mu-1}}$ doit être supprimé.

La formule (2) montre que *toute fonction aux périodes* ω, ϖ *peut s'exprimer rationnellement au moyen de la fonction du second ordre* f *et de sa dérivée.*

On voit, en outre, que cette dérivée n'entrera que sous forme linéaire.

Ce théorème est dû à M. Liouville, mais l'expression (2) explicite de F, que nous venons de donner, n'est, je crois, pas encore connue; du moins on ne la trouve pas dans le Traité de MM. Briot et Bouquet.

Remarque. — La théorie précédente tomberait en défaut si $F(x)$ et $f(x)$ avaient des infinis communs, mais on tournerait facilement la difficulté en développant $F(x)$ divisé par une puissance convenablement choisie de $f(x)$.

APPLICATION DES CONSIDÉRATIONS PRÉCÉDENTES AU PROBLÈME DIT DE LA MULTIPLICATION.

Le problème de la multiplication des fonctions elliptiques a pour but de faire connaître $\operatorname{sn} mx$, $\operatorname{cn} mx$, dnmx en fonction de sn$x$, cn$x$, dn$x$. Notre formule (2) du paragraphe précédent résout cette question plus simplement et plus complétement qu'on ne l'avait fait jusqu'ici.

Soient k le module de sn$x$, $4K$ et $2K'\sqrt{-1}$ ses périodes, m un nombre entier : sn$m(x-a)$ admet évidemment les mêmes périodes. Construisons le parallélogramme des périodes, de telle sorte que ses côtés coïncident avec l'axe des x et l'axe des y positifs, puis déplaçons infiniment peu ce parallélogramme, en plaçant le sommet primitivement à l'origine, dans l'angle des coordonnées négatives.

Les infinis de sn$x$ sont $K'\sqrt{-1}$ et $2K+K'\sqrt{-1}$, ceux de sn$m(x-a)$ sont

$$\beta' = a + (2i+1)\frac{K'\sqrt{-1}}{m} + (2j+1)\frac{K}{m},$$

$$\beta'' = a + (2i+1)\frac{K'\sqrt{-1}}{m} + 2j\frac{2K}{m},$$

i et j variant de zéro à $m-1$. En faisant $s=2K$, la formule (2) du paragraphe précédent donne

$$(1)\quad \begin{cases} 2\,\mathrm{sn}\,m(x-a) = \mathrm{sn}\,m(K'\sqrt{-1}-a) \\ \qquad\qquad + \mathrm{sn}\,m(K'\sqrt{-1}+2K-a) \\ \qquad\qquad + \Sigma\,\text{résidu}\,.\,\mathrm{sn}\,m(z-a)\dfrac{\mathrm{sn}'x+\mathrm{sn}'z}{\mathrm{sn}\,x-\mathrm{sn}\,z}. \end{cases}$$

Le résidu relatif à un infini β' s'obtiendra en cherchant la limite de

$$z\,\mathrm{sn}\,m(\beta'-a+z)\frac{\mathrm{sn}'x+\mathrm{sn}'\beta'}{\mathrm{sn}\,x-\mathrm{sn}\,\beta'}$$

$$= z\,\mathrm{sn}\left[(2i+1)K'\sqrt{-1}+(2j+1)2K+mz\right]\frac{\mathrm{sn}'x+\mathrm{sn}'\beta'}{\mathrm{sn}\,x-\mathrm{sn}\,\beta}$$

$$= z\,\frac{-1}{k\,\mathrm{sn}\,mz}\,\frac{\mathrm{sn}'x+\mathrm{sn}'\beta'}{\mathrm{sn}\,x-\mathrm{sn}\,\beta'}.$$

Cette limite est

$$-\frac{1}{km}\,\frac{\operatorname{sn}'x+\operatorname{sn}'\beta'}{\operatorname{sn}x-\operatorname{sn}\beta'}.$$

L'infini β'' conduit au résidu

$$\frac{1}{km}\,\frac{\operatorname{sn}'x+\operatorname{sn}'\beta''}{\operatorname{sn}x-\operatorname{sn}\beta''}.$$

La formule (1) devient ainsi

$$2\operatorname{sn}m(x-a)$$
$$=\sum\frac{1}{km}\,\frac{\operatorname{sn}'x+\operatorname{sn}'\left[\frac{2i+1}{m}\mathrm{K}'\sqrt{-1}+4j\frac{\mathrm{K}}{m}+a\right]}{\operatorname{sn}x-\operatorname{sn}\left[\frac{2i+1}{m}\mathrm{K}'\sqrt{-1}+4j\frac{\mathrm{K}}{m}+a\right]}$$
$$-\sum\frac{1}{km}\,\frac{\operatorname{sn}'x-\operatorname{sn}'\left[\frac{2i+1}{m}\mathrm{K}'\sqrt{-1}+(2j+1)\frac{2\mathrm{K}}{m}+a\right]}{\operatorname{sn}x-\operatorname{sn}\left[\frac{2i+1}{m}\mathrm{K}'\sqrt{-1}+(2j+1)\frac{2\mathrm{K}}{m}+a\right]}.$$

En faisant $a=0$, on a la formule de la multiplication pour le sinus amplitude. On peut vérifier la formule précédente en prenant $m=1$; on a alors

$$2k\operatorname{sn}(x-a)$$
$$=\frac{\operatorname{sn}x+\operatorname{sn}'(\mathrm{K}'\sqrt{-1}+a)}{\operatorname{sn}x-\operatorname{sn}(\mathrm{K}'\sqrt{-1}+a)}+\frac{\operatorname{sn}'x+\operatorname{sn}'(\mathrm{K}'\sqrt{-1}+2\mathrm{K}+a)}{\operatorname{sn}x-\operatorname{sn}(\mathrm{K}'\sqrt{-1}+2\mathrm{K}+a)};$$

et si l'on observe que $\operatorname{sn}'x=\operatorname{cn}x\operatorname{dn}x$,

$$\operatorname{cn}(x+\mathrm{K}'\sqrt{-1})=-\sqrt{-1}\,\frac{\operatorname{dn}x}{k\operatorname{sn}x},$$

$$\operatorname{dn}(x+\mathrm{K}'\sqrt{-1})=-\sqrt{-1}\,\frac{\operatorname{cn}x}{\operatorname{dn}x},$$

$$\operatorname{sn}(x+\mathrm{K}'\sqrt{-1})=\frac{1}{k\operatorname{sn}x},$$

on trouve

$$\operatorname{sn}(x-a)=\frac{\operatorname{cn}a\operatorname{dn}a\operatorname{sn}x-\operatorname{cn}x\operatorname{dn}x\operatorname{sn}a}{1-k^2\operatorname{sn}^2x\operatorname{sn}^2a}.$$

Ainsi notre méthode donne aussi l'addition des fonctions elliptiques.

Nous ne nous étendrons pas davantage sur la multiplication. La division aurait pour but de calculer $\operatorname{sn}\frac{x}{m}$, $\operatorname{cn}\frac{x}{m}$, ... en fonction de $\operatorname{sn}x$, $\operatorname{cn}x$, $\operatorname{dn}x$, ... Sans entrer dans des détails à ce sujet, disons seulement qu'Abel a démontré que les équations d'où dépend la division des fonctions elliptiques sont comme celles d'où dépend la division des fonctions circulaires, résolubles par radicaux.

APPLICATION A L'ADDITION DES FONCTIONS DE TROISIÈME ESPÈCE.

Nous avons trouvé

$$\Pi(x, a) = x\frac{\Theta'(a)}{\Theta(a)} + \frac{1}{2}\log\frac{\Theta(x-a)}{\Theta(x+a)}.$$

Si l'on désigne alors par $\alpha_1, \alpha_2, \ldots, \alpha_{2n+1}$ des arguments tels que

$$\alpha_1 + \alpha_2 + \ldots + \alpha_{2n+1} = 0,$$

on aura

$$\Pi(\alpha_1, a) + \Pi(\alpha_2, a) + \ldots + \Pi(\alpha_{2n+1}, a)$$
$$= \frac{1}{2}\log\frac{\Theta(\alpha_1 - a)\Theta(\alpha_2 - a)\ldots\Theta(\alpha_{2n+1} - a)}{\Theta(\alpha_1 + a)\Theta(\alpha_2 + a)\ldots\Theta(\alpha_{2n+1} + a)}.$$

La quantité placée sous le signe log possède les périodes $4K$ et $2K'\sqrt{-1}$ par rapport à la variable a; on pourra donc l'exprimer en vertu du théorème de M. Liouville en fonction rationnelle de $\operatorname{sn}a$ et de sa dérivée $\operatorname{sn}'a$ ou $\operatorname{cn}a \times \operatorname{dn}a$. Nous ne donnons pas ici cette expression, qui est un peu compliquée.

DÉVELOPPEMENT DES FONCTIONS DOUBLEMENT PÉRIODIQUES EN SÉRIES TRIGONOMÉTRIQUES.

La formule de Fourier donne

$$\operatorname{sn} x = \sum_{-\infty}^{+\infty} \frac{e^{\frac{m\pi\sqrt{-1}}{2K}x}}{4K} \int_{x_0}^{x_0+4K} \operatorname{sn} z\, e^{-\frac{m\pi\sqrt{-1}}{2K}z}\, dz;$$

reste à calculer la valeur de l'intégrale qui entre dans cette formule. D'abord, en posant

$$A_m = \int_{x_0}^{x_0+4K} \operatorname{sn} z\, e^{-\frac{m\pi\sqrt{-1}}{2K}z}\, dz,$$

on trouve, au moyen de la formule $\operatorname{sn}(2K+x) = -\operatorname{sn} x$,

$$\begin{aligned} A_m &= \int_{x_0}^{x_0+2K} \operatorname{sn} z\, e^{-\frac{m\pi\sqrt{-1}}{2K}z}\, dz \\ &\quad + \int_{x_0}^{x_0+2K} (-\operatorname{sn} z)\, e^{-\frac{m\pi\sqrt{-1}}{2K}(z+2K)}\, dz \\ &= \int_{x_0}^{x_0+2K} \operatorname{sn} z\,[1-(-1)^m]\, e^{-\frac{m\pi\sqrt{-1}}{2K}z}\, dz. \end{aligned}$$

L'intégrale A_m étant indépendante de x_0, on peut supposer x_0 un peu plus petit que zéro. L'intégrale étant prise le long du contour rectiligne x_0, x_0+2K peut être remplacée par deux parallèles à $K'\sqrt{-1}$ de longueur infinie, menées l'une par x_0 et l'autre par x_0+2K au-dessous de l'axe des x, et par une parallèle à l'axe des x, menée à l'infini. Le long de ce nouveau contour, l'intégrale sera nulle; mais il faudra lui ajouter les résidus relatifs aux points $-K'\sqrt{-1}$, $-3K'\sqrt{-1}$, $-5K'\sqrt{-1}$, ..., multipliés par $2\pi\sqrt{-1}$. De plus, ces résidus seront pris dans le sens rétrograde.

Calculons le résidu relatif au point

$$-(2n+1)K'\sqrt{-1};$$

il est égal à

$$\lim \frac{x+(2n+1)K'\sqrt{-1}}{k\,\mathrm{sn}(x+K'\sqrt{-1})} e^{-\frac{m\pi\sqrt{-1}}{2K}[-(2n+1)K'\sqrt{-1}]};$$

mais, $\mathrm{sn}'x$ étant égal à 1 pour $x=0$ ou $2\pi K'\sqrt{-1}$, cette quantité peut s'écrire

$$\frac{1}{k} q^{\frac{2n+1}{2}m}.$$

On a donc

$$A_m = \frac{1}{4kK} \sum_{n=1}^{n=\infty} q^{\frac{2n+1}{2}m} [1-(-1)^m] 2\pi\sqrt{-1},$$

et l'on a

$$A_{2m}=0,$$

$$A_{2m+1} = \frac{1}{2kK} \sum q^{\frac{2n+1}{2}(2m+1)} 2\pi\sqrt{-1};$$

par conséquent

$$A_{2m+1} = \frac{1}{2kK} \frac{q^{\frac{2m+1}{2}}}{1-q^{2m+1}} 2\pi\sqrt{-1}.$$

Quand m est négatif, on a

$$\int_0^{4K} \mathrm{sn}\, z e^{\frac{m\pi\sqrt{-1}}{2K}z} dz = -\int_0^{4K} \mathrm{sn}\, z dz e^{-\frac{m\pi\sqrt{-1}}{2K}z}.$$

Les coefficients des termes également distants de l'origine sont donc égaux, et, en les groupant, on a

$$\mathrm{sn}\,x = \frac{\pi\sqrt{q}}{kK} \sum_{m=0}^{m=\infty} \frac{q^{m+1}}{1-q^{2m+1}} \sin\frac{(2m+1)\pi x}{4K},$$

$$\mathrm{cn}\,x = \frac{\pi\sqrt{q}}{kK} \sum_0^{\infty} \frac{q^{m+1}}{1-q^{2m+1}} \cos\frac{(2m+1)\pi x}{4K},$$

$$\mathrm{dn}\,x = \frac{\pi}{4K}\left(1+4\sum_0^{\infty} \frac{q^m}{1+q^{2m}} \cos\frac{m\pi x}{2K}\right).$$

A ces formules il convient de joindre les suivantes, auxquelles on parvient d'une façon toute semblable :

$$\frac{\Theta'(x)}{\Theta(x)} = \frac{2\pi}{K}\sum_{1}^{\infty}\frac{q^m}{1-q^{2m}}\sin\frac{m\pi x}{K},$$

$$\frac{\Theta_1'(x)}{\Theta_1(x)} = \frac{2\pi}{K}\sum_{1}^{\infty}\frac{(-1)^m q^m}{1-q^{2m}}\sin\frac{m\pi x}{K}.$$

$\frac{H'(x)}{H(x)}$ devenant infini pour $x=0$, on développera

$$\frac{d}{dx}\left[\frac{H(x)}{\sin\frac{\pi x}{2K}}\right];$$

on trouvera alors

$$\frac{H'(x)}{H(x)} = \frac{\pi}{2K}\cot\frac{\pi x}{2K} + \frac{2\pi}{K}\sum\frac{q^{2m}}{1-q^{2m}}\sin\frac{m\pi x}{K},$$

$$\frac{H_1'(x)}{H_1(x)} = -\frac{\pi}{2K}\tang\frac{\pi x}{2K} + \frac{2\pi}{K}\sum\frac{(-1)^m q^{2m}}{1-q^{2m}}\sin\frac{m\pi x}{K}.$$

De ces dernières formules on tire

$$\frac{d\log \operatorname{sn} x}{dx} = \frac{\operatorname{cn} x \operatorname{dn} x}{\operatorname{sn} x} = \frac{\pi}{2K}\cot\frac{\pi x}{2K} - \frac{2\pi}{K}\sum\frac{q^m}{1+q^m}\sin\frac{m\pi x}{K},$$

$$\frac{d\log \operatorname{cn} x}{dx} = -\frac{\pi}{2K}\tang\frac{\pi x}{2K} - \frac{2\pi}{K}\sum\frac{q^m}{1+(-1)^m q^m}\sin\frac{m\pi x}{K},$$

$$\frac{d\log \operatorname{dn} x}{dx} = -\frac{4\pi}{K}\sum\frac{q^{2m-1}}{1-q^{2(2m-1)}}\sin\frac{(2m-1)\pi x}{2K}.$$

On arrive plus simplement à ces résultats comme il suit.

Rappelons la formule

$$-\frac{1}{2}\log(1-2r\cos\varphi+r^2) = r\cos\alpha + \frac{r^2}{2}\cos 2\alpha + \frac{r^3}{3}\cos 3\alpha\ldots,$$

et partons de

$$\Theta(x) = c\left(1-2q\cos\frac{\pi x}{K}+q^2\right)\left(1-2q^3\cos\frac{\pi x}{K}+q^6\right)\ldots,$$

nous aurons

$$\frac{1}{2}\log\Theta(x) = \frac{1}{2}\log c - \cos\frac{\pi x}{K}\frac{q}{1-q^2}$$

$$- \frac{1}{2}\cos\frac{2\pi x}{K}\frac{q^2}{1-q^4} - \ldots,$$

et, en prenant les dérivées, nous aurons le développement de $\frac{\Theta'(x)}{\Theta(x)}$. On obtient d'une façon analogue ceux de $\frac{\Theta'_1(x)}{\Theta_1(x)}$, $\frac{H'(x)}{H(x)}$ et $\frac{H'_1(x)}{H(x)}$.

SUR LE PROBLÈME DE LA TRANSFORMATION.

Le problème de la transformation a pour but la comparaison des fonctions elliptiques correspondant à des modules différents. Exposons, d'abord, la théorie que Jacobi donne dans son ouvrage intitulé : *Fundamenta nova theoriæ functionum ellipticarum.*

Si dans l'expression

$$\frac{dx}{\sqrt{A + Bx + Cx^2 + Dx^3 + Ex^4}}$$

on pose $x = \frac{U}{V}$, U et V désignant des polynômes entiers en y, on aura

$$(1)\quad \left\{ \begin{aligned} &\frac{dx}{\sqrt{A + Bx + Cx^2 + Dx^3 + Ex^4}} \\ &\quad = \frac{V\,dU - U\,dV}{\sqrt{AV^4 + BV^3U + CV^2U^2 + DVU^3 + EU^4}}, \end{aligned} \right.$$

et l'on peut, d'une infinité de manières, déterminer U et V, de telle sorte que le second membre de cette formule soit de la forme

$$\frac{dy}{\sqrt{A' + B'y + C'y^2 + D'y^3 + E'y^4}}.$$

En effet, pour que dans le second membre de (4) le polynôme sous le radical se ramène au quatrième degré, il faut que ce polynôme, qui est d'un degré quadruple de celui de U et V, ne contienne que des facteurs doubles, à l'exception de quatre qui seront simples; on aura donc, en appelant T un polynôme entier,

$$\begin{aligned}&AV^4 + BV^3U + \ldots + EU^4\\&\quad = T^2(A' + B'y + C'y^2 + D'y^3 + E'y^4);\end{aligned}$$

le second membre de (1) se réduira alors à la forme demandée si l'on a

$$(2)\qquad \frac{V\,dU - U\,dV}{T\,dy} = \text{const.}$$

Or, il en est ainsi quand U et V sont de même degré ou de degrés différents d'une unité. Soit en effet

$$\begin{aligned}&A + Bx + Cx^2 + Dx^3 + Ex^4\\&\quad = E(x-\alpha)(x-\beta)(x-\gamma)(x-\delta),\end{aligned}$$

et par suite

$$\begin{aligned}&AV^4 + BV^3U + CV^2U^2 + DVU^3 + EU^4\\&\quad = E(U-\alpha V)(U-\beta V)(U-\gamma V)(U-\delta V).\end{aligned}$$

Les facteurs $(U-\alpha V)$, $(U-\beta V)$, ... sont premiers entre eux, car tout diviseur simple de $U-\alpha V$ et de $U-\beta V$, par exemple, sera diviseur simple de U et V, et, comme on peut supposer U et V premiers entre eux, les facteurs $U-\alpha V$, ... le seront aussi. Or on a identiquement

$$-\alpha(V\,dU - U\,dV) = (U-\alpha V)\,dU - U\,d(U-\alpha V);$$

il en résulte que tout facteur double de $U-\alpha V$ est facteur de $V\,dU - U\,dV$, car ce facteur appartient à la dérivée $\frac{d}{dy}(U-\alpha V)$.

En résumé, le polynôme $AV^4 + BV^3U + \ldots$ jouit de cette propriété que ses facteurs doubles sont aussi facteurs doubles de $U - \alpha V$, de $U - \beta V$, de $U - \gamma V$ ou de $U - \delta V$, puisque ces polynômes ne peuvent avoir de facteur commun, et, par suite, ses facteurs doubles divisent $UdV - VdU$. Si donc on suppose tous les facteurs de $AV^4 + BV^3U + \ldots$ doubles, à l'exception de quatre d'entre eux, le polynôme T divisera

$$VdU - UdV.$$

Si alors on suppose que V et U soient de même degré p, ou l'un de degré p et l'autre de degré $p - 1$, $AV^4 + \ldots$ sera de degré $4p$, T^2 de degré $4p - 4$ et T de degré $2p - 2$;

$$UdV - VdU$$

est évidemment de même degré, et, par suite, la formule (2) est satisfaite.

On pourra donc effectuer la transformation d'une infinité de manières, car on pourra d'une infinité de manières déterminer les coefficients de U et V, de telle sorte que $AV^4 + BV^3U \ldots$ ait tous ses facteurs doubles à l'exception de quatre d'entre eux, U et V étant de degrés différents de zéro ou de 1.

Le *degré* de la transformation est le degré de celui des polynômes U, V qui possède le degré le plus élevé.

TRANSFORMATION DU DEUXIÈME DEGRÉ.

Nous n'avons pas à parler de la transformation du premier degré; on a vu que non-seulement elle réussissait toujours, mais encore qu'elle servait à la réduction à la forme canonique.

Si l'on veut opérer la transformation du second degré, deux des facteurs $V - \alpha U$, $V - \beta U$, ... devront être des carrés parfaits, on devra donc poser

$$U - \alpha V = (my + m')^2, \quad U - \beta V = (ny + n')^2.$$

On en conclut

$$\frac{U - \alpha V}{U - \beta V} = \frac{(my + m')^2}{(ny + n')^2},$$

ou bien, en observant que $\frac{U}{V} = x$,

$$\frac{x - \alpha}{x - \beta} = \frac{(my + m')^2}{(ny + n')^2}.$$

On pourra ensuite déterminer m, m', n, n' de manière à donner à la nouvelle intégrale la forme canonique, mais nous n'effectuerons pas le calcul en disant toutefois qu'il existe deux solutions à la question.

MÉTHODE D'ABEL.

Supposons que l'on désire calculer toutes les valeurs de y rationnelles par rapport à x, et telles que

$$\frac{dy^2}{(1 - y^2)(1 - k^2 y^2)} = \frac{\varepsilon^2 dx^2}{(1 - x^2)(1 - k^2 x^2)}.$$

Si l'on pose

$$y = \frac{P}{Q},$$

P et Q désignant des fonctions entières de degré μ, à chaque valeur de y correspondront μ valeurs de x, et si l'on désigne par x_1 et x_2 deux d'entre elles, on aura

$$\frac{dx_1}{\sqrt{(1 - x_1^2)(1 - k^2 x_1^2)}} = \frac{\pm dx_2}{\sqrt{(1 - x_2)^2 (1 - k^2 x_2^2)}}.$$

Si l'on égale à du les deux membres de la formule

précédente, on aura, si l'on veut,

$$x_1 = \operatorname{sn} u,$$
$$x_2 = \operatorname{sn}(\alpha \pm u),$$

α désignant une constante; on peut se borner à considérer le signe $+$, car $\operatorname{sn}(\alpha - u) = \operatorname{sn}(2K + u - \alpha)$ et $2K - \alpha$ est une constante. Ainsi, l'une des racines de l'équation $y = \frac{P}{Q}$ étant représentée par $\operatorname{sn} u$, les autres seront de la forme $\operatorname{sn}(u + \alpha)$. Si donc on pose $\frac{P}{Q} = \psi(x)$, on aura

$$y = \psi(\operatorname{sn} u)$$

identiquement, et, comme on a aussi $y = \psi(\operatorname{sn} \overline{u + \alpha})$, il faut en conclure

$$\psi(\operatorname{sn} u) = \psi(\operatorname{sn} \overline{u + \alpha}) = \psi(\operatorname{sn} \overline{u + 2\alpha}) \ldots;$$

par suite, les racines de $y = \psi(x)$ sont

$$\operatorname{sn} u, \quad \operatorname{sn} \overline{u + \alpha}, \quad \operatorname{sn} \overline{u + 2\alpha}, \quad \operatorname{sn} \overline{u + 3\alpha}, \quad \ldots;$$

mais les racines de l'équation en question sont en nombre limité au plus égal à μ: il est facile d'en conclure que les μ valeurs de x se décomposent en cycles

$$\begin{array}{llll} \operatorname{sn} u, & \operatorname{sn}(u + \alpha), & \ldots, & \operatorname{sn}(u + \overline{n-1}\,\alpha), \\ \operatorname{sn} u', & \operatorname{sn}(u' + \alpha), & \ldots, & \operatorname{sn}(u' + \overline{n-1}\,\alpha), \\ \ldots & \ldots & \ldots & \ldots, \end{array}$$

n désignant un sous-multiple de μ. Si μ est un nombre premier, les cycles se réduiront à un seul. Nous examinerons en particulier le cas où μ est un nombre premier impair. Les solutions de $y = \psi(x)$ sont alors

$$\operatorname{sn} u, \quad \operatorname{sn}(u + \alpha), \quad \ldots, \quad \operatorname{sn}(u + \overline{\mu - 1}\,\alpha);$$

mais, $\operatorname{sn}(u + \mu\alpha)$ étant égal à $\operatorname{sn} u$, il faut que $\mu\alpha$ soit une période; donc

$$\alpha = \frac{1}{\mu}\left(4Km + 2K'n\sqrt{-1}\right).$$

Mais l'équation $y = \psi(x)$ est de la forme

$$(A_\mu - B_\mu y)x^\mu + \ldots + A_0 - B_0 y = 0;$$

on en déduit, pour le produit des racines,

$$x_1 x_2 \ldots x_\mu = \pm \frac{A_0 - B_0 y}{A_\mu - B_\mu y},$$

et pour y une expression de la forme

$$y = \frac{a' + a x_1 x_2 \ldots x_\mu}{b' + b x_1 x_2 \ldots x_\mu}.$$

On peut simplifier cette expression; on a en effet

$$x_i = \mathrm{sn}(u + \overline{i-1}\,\alpha),$$
$$x_{\mu-i} = \mathrm{sn}(u + \mu\alpha - \overline{i-1}\,\alpha) = \mathrm{sn}(u - \overline{i-1}\,\alpha),$$

car $\mu\alpha$ est une période, et, en faisant usage d'une formule connue,

$$x_i x_{\mu-i} = \frac{\mathrm{sn}^2 u - \mathrm{sn}^2(i-1)\alpha}{1 - k^2 \mathrm{sn}^2 u\, \mathrm{sn}^2(i-1)\alpha};$$

on a donc

$$x_1 x_2 \ldots x_\mu = \frac{\mathrm{sn}\,u(\mathrm{sn}^2 u - \mathrm{sn}^2\alpha)(\mathrm{sn}^2 u - \mathrm{sn}^2 2\alpha)\ldots\left(\mathrm{sn}^2 u - \mathrm{sn}^2\frac{\mu-1}{2}\alpha\right)}{(1 - k^2 \mathrm{sn}\,u\,\mathrm{sn}\,\alpha)\ldots\left(1 - k^2 \mathrm{sn}\,u\,\mathrm{sn}\frac{\mu-1}{2}\alpha\right)}.$$

Le produit $x_1 x_2 \ldots x_\mu$ est ainsi exprimé à l'aide de la seule racine $x_1 = \mathrm{sn}\,u$. Alors y prend la forme

$$y = \frac{a' + a\varphi(x_1)}{b' + b\varphi(x_1)}.$$

TRANSFORMATION DE LANDEN.

Considérons un demi-cercle tracé sur $AB = 2R$ comme diamètre : soient O son centre, P un point fixe pris sur AB, M un point variable de la circonférence, soient $OP = a$, $MPO = \psi$, $MAO = \varphi$. Supposons que le

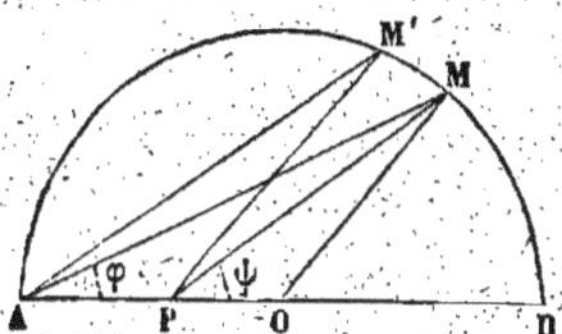

point M se déplace infiniment peu et posons $MM' = ds$, nous aurons

$$(1) \qquad \frac{ds}{MP} = \frac{\sin M'PM}{\sin PM'M}.$$

Or

$$ds = 2R\,d\varphi, \quad MP = \sqrt{R^2 + a^2 + 2aR\cos 2\varphi}, \quad M'PM = d\psi,$$

et MM'P est égal à $\frac{\pi}{2}$ plus l'angle que OM fait avec MP ou PMO; (1) devient alors

$$(2) \qquad \frac{2R\,d\varphi}{\sqrt{R^2 + a^2 + 2aR\cos 2\varphi}} = \frac{a\psi}{\cos PMO}.$$

Si l'on observe alors que

$$\frac{R}{\sin\psi} = \frac{a}{\sin PMO}$$

ou

$$R\sin PMO = a\sin\psi,$$

$$R^2\cos^2 PMO = R^2 - a^2\sin^2\psi,$$

la formule (2) deviendra

$$\frac{2\,d\varphi}{\sqrt{R^2 + a^2 + 2aR\cos 2\varphi}} = \frac{d\psi}{\sqrt{R^2 - a^2\sin^2\psi}},$$

ou bien

$$\frac{2\,d\varphi}{\sqrt{(R+a)^2 - 4aR\sin^2\varphi}} = \frac{d\psi}{\sqrt{R^2 - a^2\sin^2\psi}},$$

ou enfin

$$\frac{2R}{R+a}\,\frac{d\varphi}{\sqrt{1 - \frac{4aR}{(R+a)^2}\sin^2\varphi}} = \frac{d\psi}{\sqrt{1 - \frac{a^2}{R^2}\sin^2\psi}}.$$

Posons

$$(3)\qquad \sqrt{\frac{4aR}{(R+a)^2}} = k, \quad \frac{a}{R} = k_1,$$

et nous aurons

$$(4)\qquad \frac{2R}{R+a}\,\frac{d\varphi}{\sqrt{1 - k^2\sin^2\varphi}} = \frac{d\psi}{\sqrt{1 - k_1^2\sin^2\psi}}.$$

Le triangle PMO donne d'ailleurs

$$\frac{a}{R} = k_1 = \frac{\sin(2\varphi - \psi)}{\sin\psi},$$

d'où

$$\frac{1 - k_1}{1 + k_1} = \frac{\sin\psi - \sin(2\varphi - \psi)}{\sin\psi + \sin(2\varphi - \psi)},$$

ou bien

$$(5)\qquad \frac{1 - k_1}{1 + k_1} = \frac{\operatorname{tang}(\psi - \varphi)}{\operatorname{tang}\varphi};$$

d'ailleurs les équations (3) donnent

$$(6)\qquad k = \frac{2\sqrt{k_1}}{1 + k_1},$$

et la formule (4) devient

$$(7)\qquad \int_0^{\varphi} \frac{2}{1 + k_1}\,\frac{d\varphi}{\sqrt{1 - k^2\sin^2\varphi}} = \int_0^{\psi} \frac{d\psi}{\sqrt{1 - k_1^2\sin^2\psi}}.$$

Voici comment on fera usage de ces formules : supposons que l'on veuille calculer

$$\int_0^{\psi} \frac{d\psi}{\sqrt{1 - k_1^2 \sin^2\psi}},$$

on calculera à l'aide de (6) un nouveau module k, et à l'aide de la substitution (5) (que l'on n'aura pas besoin d'effectuer réellement si l'on n'a pas besoin de faire un calcul numérique), on convertira l'intégrale proposée en une autre de module k, donné par la formule (6). Il est facile de prouver que $k < k_1$; en répétant alors la substitution, on peut ainsi obtenir ce que l'on appelle une *échelle de modules* de plus en plus voisins de un; on pourra donc développer l'intégrale suivant les puissances de $1 - k$, et l'on aura une série très-convergente.

Je dis, en effet, que $k < k_1$: c'est ce que prouve la formule (6), car la moyenne arithmétique $\frac{1 + k_1}{2}$ de 1 et k_1 est moindre que leur moyenne géométrique $\sqrt{k_1}$: ainsi $k < k_1$; donc on finira par rendre $k < 1$. Supposons déjà $k_1 < 1$, on a

$$\frac{1 + k_1}{2} > 1:$$

donc $\frac{2\sqrt{k_1}}{1 + k_1} > \sqrt{k_1} > k_1$; ainsi $k > k_1$, mais $k < 1$: donc, etc.

On peut donc aussi se donner k et calculer k_1; si alors k est moindre que l'unité, on aura $k_1 < k$, et l'on obtiendra des modules tendant vers zéro; quand k sera très-petit, l'intégrale elliptique développée suivant les puissances de k sera rapidement convergente.

Il est facile de voir que, si l'on pose

$$k = \sin\theta,$$

on aura

$$k_1 = \tang^2 \frac{\theta}{2},$$

$$\tang(\psi - \varphi) = \cos\theta \tang\varphi,$$

ce qui simplifie le calcul logarithmique.

SUR LES APPLICATIONS DES THÉORIES PRÉCÉDENTES.

Nous avons vu que toute intégrale d'une fonction rationnelle de x et d'un radical tel que

$$\sqrt{ax^4 + bx^3 + cx^2 + dx + e}$$

se ramenait à trois types simples ne renfermant plus que le radical

$$\sqrt{A(1 + mx^2)(1 + m'x^2)}.$$

Ce radical, dans lequel A, m, m' peuvent être supposés réels, comme on l'a vu, si a, b, c, d, e le sont eux-mêmes, peut se ramener au suivant :

$$\sqrt{(1 - x^2)(1 - k^2x^2)},$$

en faisant sortir A de dessous le radical et en posant $mx^2 = -z^2$ et $-\frac{m'}{m} = k^2$; mais alors k n'est pas nécessairement réel. Je me propose maintenant de montrer que l'on peut toujours supposer k réel et compris entre zéro et 1, ce qui simplifiera évidemment la construction des Tables des fonctions elliptiques.

D'abord, on peut toujours supposer $A = \pm 1$ en faisant sortir sa valeur absolue de dessous le radical; enfin, on peut supposer $m = \pm 1$, en posant $x\sqrt{m} = z$, si m est positif, et $x\sqrt{-m} = z$, si z est négatif. Ainsi nous pourrons toujours supposer $m = \pm 1$ et $m' = \pm k^2$. Cela posé, on a vu et l'on vérifie très-facilement que, en posant $k'^2 = 1 - k^2$,

$$(1)\quad \text{Si}\quad z = \operatorname{sn} x,\quad \text{on a}\quad \frac{dz}{dx} = \sqrt{(1-z^2)(1-k^2z^2)},$$

$$(2)\quad z = \frac{1}{\operatorname{sn} x},\quad \frac{dz}{dx} = -k\sqrt{(1-z^2)\left(1-\frac{1}{k^2}z^2\right)},$$

$$(3)\quad z = \operatorname{dn} x,\quad \frac{dz}{dx} = -k'\sqrt{-(1-z^2)\left(1-\frac{1}{k'^2}z^2\right)},$$

$$(4)\quad z = \frac{1}{\operatorname{dn} x},\quad \frac{dz}{dx} = -\sqrt{-(1-z^2)(1-k'^2z'^2)},$$

$$(5)\quad z = \operatorname{tn} x,\quad \frac{dz}{dx} = \sqrt{(1+z^2)(1+k'^2z^2)},$$

$$(6)\quad z = \frac{1}{\operatorname{tn} x},\quad \frac{dz}{dx} = -k'\sqrt{(1+z^2)\left(1+\frac{1}{k'^2}z^2\right)},$$

$$(7)\quad z = \operatorname{cn} x,\quad \frac{dz}{dx} = -k'\sqrt{(1-z^2)\left(1+\frac{k^2}{k'^2}z^2\right)},$$

$$(8)\quad z = \frac{1}{\operatorname{cn} x},\quad \frac{dz}{dx} = k\sqrt{-(1-z^2)\left(1+\frac{k'^2}{k^2}z^2\right)}.$$

Dans ces formules, on peut constater que le radical est partout de la forme

$$\sqrt{\pm(1 \pm z^2)(1 \pm k_1^2 z^2)},$$

et que l'on y rencontre toutes les combinaisons possibles des signes avec toutes les valeurs réelles et positives de k_1^2, en supposant $k_1^2 < 1$, trois combinaisons exceptées, à savoir

$$\sqrt{-(1+z^2)(1+k_1^2z^2)},\quad \sqrt{\pm(1+z^2)(1-k_1^2z^2)};$$

mais la première est impossible si le radical doit être réel, et les deux autres rentrent dans les formes (7) et

(8) par le changement de $\frac{k}{k'}z$ en z ou de $\frac{k'}{k}z$ en z. Nous n'en parlerons donc pas.

Il résulte de là que toutes les équations de la forme

$$\frac{dz}{dx} = A\sqrt{\pm(1 \pm mz^2)(1 \pm m'z^2)}$$

s'intégreront par les fonctions elliptiques, et que toute intégrale de la forme

$$\int F\left[z, \sqrt{\pm(1+mz^2)(1+m'z^2)}\right]dz$$

se ramènera à la forme

$$\int f\left[z, \sqrt{(1-z^2)(1-k_1^2z^2)}\right]dz,$$

où l'on aura

$$k_1^2 < 1.$$

Montrons sur un exemple la marche à suivre pour opérer cette réduction. Supposons qu'il s'agisse de l'intégrale

$$u = \int \frac{dz}{\sqrt{(1+z^2)(1-k_1^2z^2)}};$$

en posant $k_1 z = \zeta$, on aura

$$u = \frac{1}{k_1}\int \frac{d\zeta}{\sqrt{(1-\zeta^2)\left(1+\frac{1}{k_1^2}\zeta^2\right)}}.$$

On posera [*voir* formule (7)]

$$\frac{1}{k_1^2} = \frac{k^2}{1-k^2},$$

d'où

$$k^2 = \frac{1}{1+k_1^2} < 1,$$

et l'on aura

$$(u)\qquad u = \frac{k}{k'} \int \frac{d\zeta}{\sqrt{(1-\zeta^2)\left(1+\frac{k^2}{k'^2}\zeta^2\right)}}.$$

On en conclut que ζ est égal à $\operatorname{cn}\left(-\frac{k'^2}{k}u + \text{const.}\right)$, et par suite que

$$\sqrt{1-\zeta^2} = \operatorname{sn}\left(-\frac{k'^2}{k}u + \text{const.}\right).$$

Si donc on pose

$$\sqrt{1-\zeta^2} = z,$$

z sera le sinus amplitude d'un multiple de u, et l'intégrale u sera ramenée à la forme voulue

$$u = -\frac{1}{k}\int \frac{dz}{\sqrt{(1-z^2)(1-k^2z^2)}}.$$

La méthode de réduction que nous venons d'indiquer a, sur celles que l'on enseigne, l'avantage d'être purement analytique; elle se retrouve facilement; si l'on n'indique pas la marche qui conduit aux substitutions à effectuer, on peut hésiter longtemps avant de les retrouver. D'ailleurs, notre méthode a l'avantage de donner immédiatement z exprimé en fonction de u au moyen des fonctions sn, cn, dn.

Voici d'ailleurs les substitutions à effectuer dans les différents cas pour réduire l'intégrale

$$\int F\left[x, \sqrt{A(1+mx^2)(1+m'x^2)}\right] dx$$

à la forme

$$\int f\left[z, \sqrt{(1-z^2)(1-k^2z^2)}\right] dz \quad \text{où} \quad k < 1,$$

d'après MM. Briot et Bouquet, 1re édition, p. 194.

1° A positif, $m = -h^2$, $m' = -h'^2$, $h > h'$, on pose

$$x = \frac{z}{h}.$$

2° A positif, $m = -h^2$, $m' = h'^2$,

$$hx = \sqrt{1 - z^2}.$$

3° A positif, $m = h^2$, $m' = h'^2$, $h > h'$,

$$hx = \frac{z}{\sqrt{1 - z^2}}.$$

4° A négatif, $m = -h^2$, $m' = h'^2$,

$$hx = \frac{1}{\sqrt{1 - z^2}}.$$

5° A négatif, $m = -h^2$, $m' = -h'^2$, $h > h'$,

$$h'x = \sqrt{1 - \frac{h^2 - h'^2}{h^2} z^2}.$$

Quand on a ramené le radical à la forme voulue, il reste encore à calculer les quantités que l'on a désignées par K et K' et dont dépendent les périodes. A cet effet, on calcule d'abord la quantité $q = e^{-\pi \frac{K'}{K}}$; on part pour cela de la formule

$$\operatorname{dn} x = \sqrt{k'} \frac{\Theta_1(x)}{\Theta(x)}.$$

Si l'on fait $x = 0$, on a

$$\sqrt{k'} = \frac{\Theta(0)}{\Theta_1(0)} = \frac{1 - 2q + 2q^4 - 2q^9 - \ldots}{1 + 2q + 2q^4 + 2q^9 + \ldots}.$$

On pourra résoudre cette équation par la méthode du retour des suites. Quand on connaît q, K se calcule facilement, et, en effet, on a

$$\frac{\operatorname{sn} x}{x} = \frac{1}{\sqrt{k}} \frac{H(x)}{x\Theta(x)},$$

et, pour $x = 0$,

$$1 = \frac{1}{\sqrt{k}} \frac{H'(0)}{\Theta(0)}.$$

En faisant, dans l'expression de $\operatorname{sn} x$, $x = K$, $\operatorname{sn} x$ devient égal à 1, et l'on a

$$1 = \frac{1}{\sqrt{k}} \frac{H(K)}{\Theta(K)};$$

donc

$$1 = \frac{H'(0)\Theta(K)}{H(K)\Theta(0)}.$$

Remplaçons $H'(0) = \lim \frac{H(x)}{x}$ pour $x = 0$, $\Theta(K)$, $H(K)$ et $\Theta(0)$ par leurs développements en produits, nous aurons

$$\frac{2K}{\pi} = \frac{(1-q^2)^2(1-q^4)^2\ldots}{(1-q)^2(1-q^3)^2\ldots} \frac{(1+q)^2(1+q^3)^2\ldots}{(1+q^2)^2(1+q^4)^2\ldots}$$

ou

$$\begin{aligned}\sqrt{\frac{2K}{\pi}} &= \frac{(1-q^2)(1-q^4)\ldots}{(1-q)(1-q^3)\ldots} \frac{(1+q)(1+q^3)\ldots}{(1+q^2)(1+q^4)\ldots} \\ &= \frac{(1-q)(1-q^2)\ldots(1+q)(1+q^2)\ldots(1+q)(1+q^3)\ldots}{(1-q)(1-q^3)\ldots(1+q^2)(1+q^4)\ldots} \\ &= (1+q)^2(1+q^3)^2(1+q^5)^2\ldots(1-q^2)(1-q^4)(1-q^6)\ldots.\end{aligned}$$

C'est précisément la valeur de $\Theta_1(0)$.

On a donc finalement

$$\sqrt{\frac{2K}{\pi}} = \Theta_1(0) = 1 + 2q + 2q^4 + 2q^9 + \ldots,$$

d'où l'on conclut K.

Mais il est clair que l'on pourra aussi calculer K et K′ par les formules

$$K = \int_0^1 \frac{dx}{\sqrt{(1-x^2)(1-k^2x^2)}}, \quad K' = \int_0^1 \frac{dx}{\sqrt{(1-x^2)(1-k'^2x^2)}},$$

en les développant en série. Si k est voisin de l'unité, K sera donné par une série peu convergente; mais K′ sera alors donné par une série très-convergente. Pour augmenter la convergence des séries, on pourra employer la transformation de Lauden.

Le développement en série de K, par exemple, se fera comme il suit :

$$[(1-x^2)(1-k^2x^2)]^{-\frac{1}{2}}$$
$$= \frac{1}{\sqrt{1-x^2}} + \frac{1}{2}k^2\frac{x^2}{\sqrt{1-x^2}} + \frac{1.3}{2.4}\frac{k^4x^4}{\sqrt{1-x^2}} + \ldots,$$

$$\int_0^1 \frac{dx}{\sqrt{(1-x^2)(1-k^2x^2)}}$$
$$= \frac{\pi}{2}\left[1+\left(\frac{1}{2}\right)^2 k^2 + \left(\frac{1.3}{2.4}\right)^2 k^4 + \left(\frac{1.3.5}{2.4.6}\right)^2 k^6 + \ldots\right].$$

REMARQUE.

Les formules (1), (2), ..., (8) du paragraphe précédent conduisent à des formules curieuses que l'on peut rapprocher des formules élémentaires

$$\cos x = \frac{e^{x\sqrt{-1}} + e^{-x\sqrt{-1}}}{2}, \quad \sin x = \frac{e^{x\sqrt{-1}} - e^{-x\sqrt{-1}}}{2\sqrt{-1}}.$$

Considérons, par exemple, la formule (5); on en tire

$$x = \int \sqrt{(1+z^2)(1-k'^2z^2)}\,dz.$$

Or z, étant la tangente amplitude de x, s'annule avec x: on doit donc prendre pour limite inférieure de l'intégrale zéro; mais alors on a

$$\sqrt{-1}\,z = \operatorname{sn}(k', x\sqrt{-1}),$$

ou bien

$$\operatorname{tn}(k, x) = \frac{1}{\sqrt{-1}}\operatorname{sn}(k', x\sqrt{-1}),$$

ou encore

$$\frac{\operatorname{sn}(k, x)}{\sqrt{1-\operatorname{sn}^2(k, x)}} = \frac{1}{\sqrt{-1}} \operatorname{sn}(k', x\sqrt{-1}).$$

Il est clair que l'on pourrait obtenir ainsi une infinité de formules du même genre, mais qui seront plus curieuses qu'utiles.

RÉSUMÉ DES PRINCIPALES FORMULES ELLIPTIQUES.

$$q = e^{-\pi \frac{K'}{K}},$$

$$\Theta(x) = 1 - 2q \cos \frac{\pi x}{K} + 2q^4 \cos \frac{2\pi x}{K} - 2q^9 \cos \frac{3\pi x}{K} + \ldots,$$

$$\Theta_1(x) = 1 + 2q \cos \frac{\pi x}{K} + 2q^4 \cos \frac{2\pi x}{K} + 2q^9 \cos \frac{3\pi x}{K} - \ldots,$$

$$H(x) = 2q^{\frac{1}{4}} \sin \frac{\pi x}{2K} - 2q^{\frac{9}{4}} \sin \frac{3\pi x}{2K} + 2q^{\frac{25}{4}} \sin \frac{5\pi x}{2K} - \ldots,$$

$$H_1(x) = 2q^{\frac{1}{4}} \cos \frac{\pi x}{2K} + 2q^{\frac{9}{4}} \cos \frac{3\pi x}{2K} + 2q^{\frac{25}{4}} \cos \frac{5\pi x}{2K} + \ldots,$$

$$c = (1-q^2)(1-q^4)(1-q^6)\ldots,$$

$$\Theta(x) = c\left(1 - 2q \cos \frac{\pi x}{K} + q^2\right)\left(1 - 2q^3 \cos \frac{\pi x}{K} + q^6\right)\ldots,$$

$$\Theta_1(x) = c\left(1 + 2q \cos \frac{\pi x}{K} + q^2\right)\left(1 + 2q^3 \cos \frac{\pi x}{K} + q^6\right)\ldots,$$

$$H(x) = 2cq^{\frac{1}{4}} \sin \frac{\pi x}{2K}\left(1 - 2q^2 \cos \frac{\pi x}{K} + q^4\right)\left(1 - 2q^4 \cos \frac{\pi x}{K} + q^8\right)\ldots,$$

$$H_1(x) = 2cq^{\frac{1}{4}} \cos \frac{\pi x}{2K}\left(1 + 2q^2 \cos \frac{\pi x}{K} + q^4\right)\left(1 + 2q^4 \cos \frac{\pi x}{K} + q^8\right)\ldots,$$

$$\Theta(-x) = \Theta(x), \quad \Theta_1(-x) = \Theta_1(x),$$

$$H(-x) = -H(x), \quad H_1(-x) = H_1(x),$$

$$\Theta(x+K) = \Theta_1(x), \quad \Theta(x-K) = \Theta_1(x),$$

$$\Theta_1(x+K) = \Theta(x), \quad \Theta_1(x-K) = \Theta(x),$$

$$H(x+K) = H_1(x), \quad H(x-K) = -H_1(x),$$

$$H_1(x+K) = -H(x), \quad H_1(x-K) = H(x),$$

$$\begin{aligned}
\Theta\,(x+2\mathrm{K}) &= \quad \Theta\,(x),\\
\Theta_1(x+2\mathrm{K}) &= \quad \Theta_1(x),\\
\mathrm{H}\,(x+2\mathrm{K}) &= -\mathrm{H}\,(x),\\
\mathrm{H}_1(x+2\mathrm{K}) &= -\mathrm{H}_1(x).
\end{aligned}$$

Si l'on fait

$$e^{-\frac{\pi\sqrt{-1}}{\mathrm{K}}(x+\mathrm{K}'\sqrt{-1})} = \mathrm{A} \quad \text{et} \quad e^{-\frac{\pi\sqrt{-1}}{4\mathrm{K}}(2x+\mathrm{K}'\sqrt{-1})} = \mathrm{B},$$

on a

$$\begin{aligned}
\Theta\,(x+2\mathrm{K}'\sqrt{-1}) &= -\mathrm{A}\Theta\,(x), & \Theta\,(x+\mathrm{K}'\sqrt{-1}) &= \sqrt{-1}\,\mathrm{BH}\,(x),\\
\Theta_1(x+2\mathrm{K}'\sqrt{-1}) &= \quad \mathrm{A}\Theta_1(x), & \Theta_1(x+\mathrm{K}'\sqrt{-1}) &= \mathrm{BH}_1(x),\\
\mathrm{H}\,(x+2\mathrm{K}'\sqrt{-1}) &= -\mathrm{AH}\,(x), & \mathrm{H}\,(x+\mathrm{K}'\sqrt{-1}) &= \sqrt{-1}\,\mathrm{B}\Theta\,(x),\\
\mathrm{H}_1(x+2\mathrm{K}'\sqrt{-1}) &= \quad \mathrm{AH}_1(x), & \mathrm{H}_1(x+\mathrm{K}'\sqrt{-1}) &= \mathrm{B}\Theta_1(x).
\end{aligned}$$

$\Theta(x)$ est nul pour $x = 2i\mathrm{K} + (2j+1)\mathrm{K}'\sqrt{-1}$,

$\mathrm{H}(x)$ » $x = 2i\mathrm{K} + 2j\mathrm{K}'\sqrt{-1}$,

$\Theta_1(x)$ » $x = (2i+1)\mathrm{K} + (2j+1)\mathrm{K}'\sqrt{-1}$,

$\mathrm{H}_1(x)$ » $x = (2i+1)\mathrm{K} + 2j\mathrm{K}'\sqrt{-1}$,

$$\mathrm{K} = \int_0^1 \frac{dx}{\sqrt{(1-x^2)(1-k^2x^2)}}, \quad \mathrm{K}' = \int_0^1 \frac{dx}{\sqrt{(1-x^2)(1-k'^2x^2)}},$$

$$k' = \sqrt{1-k^2},$$

$$\mathrm{sn}\,x = \frac{1}{\sqrt{k}}\,\frac{\mathrm{H}(x)}{\Theta(x)}, \quad \mathrm{cn}\,x = \sqrt{\frac{k'}{k}}\,\frac{\mathrm{H}_1(x)}{\Theta(x)}, \quad \mathrm{dn}\,x = \sqrt{k'}\,\frac{\Theta_1(x)}{\Theta(x)},$$

$\mathrm{sn}\,x$ s'annule pour $x \equiv 0$ et $2\mathrm{K}$,

$\mathrm{cn}\,x$ » $x \equiv \mathrm{K}, \ -\mathrm{K}$,

$\mathrm{dn}\,x$ » $x \equiv \pm(\mathrm{K} + \mathrm{K}'\sqrt{-1})$,

Périodes de $\mathrm{sn}\,x = 4\mathrm{K}, \quad 2\mathrm{K}'\sqrt{-1}$,

» $\mathrm{cn}\,x = 4\mathrm{K}, \quad 2\mathrm{K}'\sqrt{-1} + 2\mathrm{K}$,

» $\mathrm{dn}\,x = 2\mathrm{K}, \quad 4\mathrm{K}'\sqrt{-1}$.

Infinis des trois fonctions $\equiv \mathrm{K}'\sqrt{-1}, \quad 2\mathrm{K} + \mathrm{K}'\sqrt{-1}$.

$\operatorname{sn} 0 = 0,$	$\operatorname{cn} 0 = 1,$	$\operatorname{dn} 0 = 1,$
$\operatorname{sn} K = 1,$	$\operatorname{cn} K = 0,$	$\operatorname{dn} K = k',$
$\operatorname{sn} 2K = 0,$	$\operatorname{cn} 2K = -1,$	$\operatorname{dn} 2K = 1,$
$\operatorname{sn} K'\sqrt{-1} = \infty,$	$\operatorname{cn} K'\sqrt{-1} = \infty,$	$\operatorname{dn} K'\sqrt{-1} = \infty,$
$\operatorname{sn} 2K'\sqrt{-1} = 0,$	$\operatorname{cn} 2K'\sqrt{-1} = -1,$	$\operatorname{dn} 2K'\sqrt{-1} = -1,$
$\operatorname{sn}\left(K + K'\sqrt{-1}\right) = \frac{1}{k},$	$\operatorname{cn}\left(K + K'\sqrt{-1}\right) = -\frac{k'\sqrt{-1}}{k},$	$\operatorname{dn}\left(K + K'\sqrt{-1}\right) = 0,$
$\operatorname{sn}\left(2K + K'\sqrt{-1}\right) = \infty,$	$\operatorname{cn}\left(2K + K'\sqrt{-1}\right) = \infty,$	$\operatorname{dn}\left(2K + K'\sqrt{-1}\right) = \infty,$
$\operatorname{sn}\left(2K + 2K'\sqrt{-1}\right) = 0,$	$\operatorname{cn}\left(2K + 2K'\sqrt{-1}\right) = 1,$	$\operatorname{dn}\left(2K + 2K'\sqrt{-1}\right) = -1.$
$\operatorname{sn}(-x) = -\operatorname{sn} x,$	$\operatorname{cn}(-x) = \operatorname{cn} x,$	$\operatorname{dn}(-x) = \operatorname{dn} x,$
$\operatorname{sn}(2K \pm x) = \mp \operatorname{sn} x,$	$\operatorname{cn}(2K \pm x) = \mp \operatorname{cn} x,$	$\operatorname{dn}(2K \pm x) = \operatorname{dn} x,$
$\operatorname{sn}\left(K'\sqrt{-1} + x\right) = \frac{1}{k \operatorname{sn} x},$	$\operatorname{cn}\left(K'\sqrt{-1} + x\right) = -\frac{\sqrt{-1}}{k}\frac{\operatorname{dn} x}{\operatorname{sn} x},$	$\operatorname{dn}\left(K'\sqrt{-1} + x\right) = -\sqrt{-1}\frac{\operatorname{cn} x}{\operatorname{sn} x},$
$\operatorname{sn}(K + x) = \frac{\operatorname{cn} x}{\operatorname{dn} x},$	$\operatorname{cn}(K + x) = -k'\frac{\operatorname{sn} x}{\operatorname{dn} x},$	$\operatorname{dn}(K + x) = \frac{k'}{\operatorname{dn} x},$
$\operatorname{sn}\left(2K'\sqrt{-1} + x\right) = \operatorname{sn} x,$	$\operatorname{cn}\left(2K'\sqrt{-1} + x\right) = -\operatorname{cn} x,$	$\operatorname{dn}\left(2K'\sqrt{-1} + x\right) = -\operatorname{dn} x,$
$\operatorname{sn}' x = \operatorname{cn} x \operatorname{dn} x,$	$\operatorname{cn}' x = -\operatorname{sn} x \operatorname{dn} x,$	$\operatorname{dn}' x = -k^2 \operatorname{sn} x \operatorname{cn} x.$

$$\mathrm{sn}(a \pm b) = \frac{\mathrm{sn}\,a\,\mathrm{cn}\,b\,\mathrm{dn}\,b \pm \mathrm{sn}\,b\,\mathrm{cn}\,a\,\mathrm{dn}\,a}{1 - k^2\,\mathrm{sn}^2 a\,\mathrm{sn}^2 b},$$

$$\mathrm{cn}(a \pm b) = \frac{\mathrm{cn}\,a\,\mathrm{cn}\,b \mp \mathrm{sn}\,a\,\mathrm{sn}\,b\,\mathrm{dn}\,a\,\mathrm{dn}\,b}{1 - k^2\,\mathrm{sn}^2 a\,\mathrm{sn}^2 b},$$

$$\mathrm{dn}(a \pm b) = \frac{\mathrm{dn}\,a\,\mathrm{dn}\,b \mp k^2\,\mathrm{sn}\,a\,\mathrm{sn}\,b\,\mathrm{cn}\,a\,\mathrm{cn}\,b}{1 - k^2\,\mathrm{sn}^2 a\,\mathrm{sn}^2 b},$$

$$\int_0^x k^2\,\mathrm{sn}^2 x\,dx = cx - \frac{\Theta'(x)}{\Theta(x)} = \mathrm{Z}(x),$$

$$c = 8\,\frac{1 - 2q + 2q^4 - 2q^9 - \ldots}{q - 4q^4 + 9q^9 - \ldots},$$

$$\int_0^x \frac{k^2\,\mathrm{sn}\,a\,\mathrm{cn}\,a\,\mathrm{dn}\,a\,\mathrm{sn}^2 x}{1 - k^2\,\mathrm{sn}^2 a\,\mathrm{sn}^2 x}\,dx = \Pi(x, a)$$

$$= x\,\frac{\Theta'(a)}{\Theta(a)} + \frac{1}{2}\log\frac{\Theta(x-a)}{\Theta(x+a)}.$$

PREMIÈRES APPLICATIONS GÉOMÉTRIQUES. — FORMULES FONDAMENTALES.

Dans les applications du Calcul intégral, les fonctions trigonométriques se présentent sous leurs formes inverses quand on ne les introduit pas directement dans le calcul sous leur forme normale. Il faudra donc nous attendre à rencontrer par analogie les intégrales elliptiques avant les fonctions directes : aussi allons-nous revenir un instant sur ces fonctions inverses.

Nous avons posé

$$(1) \qquad \int_0^\varphi \frac{d\varphi}{\sqrt{1 - k^2 \sin^2\varphi}} = \mathrm{F}(\varphi) = \mathrm{F}(k, \varphi)$$

et de là nous tirons

$$\sin\varphi = \mathrm{sn}\,\mathrm{F}, \quad \varphi = \mathrm{am}\,\mathrm{F},$$

Nous poserons encore, avec Legendre,

$$(2) \qquad \int_0^{\varphi} d\varphi \sqrt{1 - k^2 \sin^2\varphi} = \mathrm{E}(\varphi) = \mathrm{E}(\varphi, k).$$

La fonction (1) est l'intégrale de première espèce, l'intégrale $\mathrm{E}(\varphi)$ est l'intégrale de seconde espèce de Legendre : elle diffère de celle de Jacobi. On a

$$\mathrm{E}(\varphi) = \int_0^{\varphi} \frac{d\varphi}{\sqrt{1 - k^2 \sin^2\varphi}} - k^2 \int_0^{\varphi} d\varphi \frac{\sin^2\varphi}{\sqrt{1 - k^2 \sin^2\varphi}}.$$

La seconde intégrale est celle de Jacobi, qui se réduit à $\mathrm{Z}(x) = k^2 \int_0^x \mathrm{sn}^2 x\, dx$ quand on fait $\sin\varphi = \sin \mathrm{am}\, x$; nous la désignerons par $\mathrm{J}(\varphi)$, de sorte que $\mathrm{J}(\mathrm{am}\, x) = \mathrm{Z}(x)$; nous aurons alors

$$(3) \qquad \mathrm{E}(\varphi) = \mathrm{F}(\varphi) - \mathrm{J}(\varphi), \quad \mathrm{J}(\varphi) = \mathrm{F}(\varphi) - \mathrm{E}(\varphi).$$

La fonction elliptique de seconde espèce $\mathrm{E}(\varphi)$ représente un arc d'ellipse dont les coordonnées seraient

$$x = a \sin\varphi, \quad y = b \cos\varphi;$$

φ est alors le complément de l'anomalie excentrique, et l'on trouve

$$ds = a\, d\varphi \sqrt{1 - \frac{a^2 - b^2}{a^2} \sin^2\varphi},$$

et, par suite, en prenant a pour unité, et en faisant $1 - b^2 = k^2$,

$$ds = d\varphi \sqrt{1 - k^2 \sin^2\varphi};$$

on a donc

$$s = \mathrm{E}(\varphi, \sqrt{1 - b^2})$$

ce qu'il fallait prouver.

Si, pour évaluer l'arc d'hyperbole, on posait

$$x = a\frac{e^{\psi} - e^{-\psi}}{2}, \quad y = b\frac{e^{\psi} + e^{-\psi}}{2},$$

on trouverait

$$ds = a\,d\psi\sqrt{1 + \frac{a^2 + b^2}{4a^2}(e^{\psi} - e^{-\psi})^2}.$$

Par une suite de transformations, on finirait par ramener cette expression aux fonctions elliptiques, mais il est plus simple de suivre une autre voie pour évaluer l'arc d'hyperbole; nous prendrons l'équation de cette courbe sous la forme

$$a^2y^2 - b^2x^2 = a^2b^2,$$

ou

$$y = \frac{b}{a}\sqrt{a^2 + x^2}.$$

Si l'on forme l'élément d'arc $ds = \sqrt{dx^2 + dy^2}$, on trouve

$$ds = \frac{\left(a^2 + \frac{a^2 + b^2}{a^2}x^2\right)dx}{\sqrt{(a^2 + x^2)\left(a^2 + \frac{a^2 + b^2}{a^2}x^2\right)}},$$

ce que l'on peut écrire, en posant d'abord $\frac{x}{a} = x'$,

$$ds = \frac{2\left(1 + \frac{a^2 + b^2}{a^2}x'^2\right)a\,dx'}{\sqrt{(1 + x'^2)\left(1 + \frac{a^2 + b^2}{a^2}x'^2\right)}};$$

après quoi, conformément aux règles que nous avons données pour la réduction des fonctions elliptiques, nous poserons

$$\sqrt{\frac{a^2 + b^2}{a^2}}\,x' = \frac{x''}{\sqrt{1 - x''^2}};$$

nous aurons alors

$$ds = \frac{dx''}{\sqrt{(1-x''^2)\left(1-\frac{b^2}{a^2+b^2}x''^2\right)}}\ \frac{a^2}{\sqrt{a^2+b^2(1-x''^2)}}.$$

Posons

$$x'' = \sin\varphi, \quad \frac{b^2}{a^2+b^2} = k^2,$$

et nous aurons

$$ds = \frac{d\varphi}{\sqrt{1-k^2\sin^2\varphi}}\ \frac{a\sqrt{1-k^2}}{\cos^2\varphi}.$$

Nous poserons

$$(4) \qquad \Upsilon(\varphi) = \int_0^\varphi \frac{\sqrt{1-k^2}}{\cos^2\varphi}\ \frac{d\varphi}{\sqrt{1-k^2\sin^2\varphi}};$$

l'arc d'hyperbole sera donc représenté par $a\Upsilon(\varphi)$ et simplement par $\Upsilon(\varphi)$, quand a sera l'unité. La suite des transformations que nous venons d'effectuer revient à faire

$$\sqrt{\frac{1}{1-k^2}}\,x' = \frac{\sin\varphi}{\cos\varphi},$$

$$x = ax' = a\sqrt{1-k^2}\,\mathrm{tang}\,\varphi,$$

$$y = \frac{ak}{\sqrt{1-k^2}}\ \frac{\sqrt{1-k^2\sin^2\varphi}}{\cos\varphi}.$$

COMPARAISON DES ARCS D'ELLIPSE ET D'HYPERBOLE.

Nous continuerons dans ce paragraphe le numérotage de formules employé dans le précédent et nous prouverons d'abord que la fonction Υ se ramène à E et à F (il est bon de remarquer que Υ est un cas particulier de l'intégrale de troisième espèce); on a

$$\Upsilon(\varphi) = \int_0^\varphi \frac{(1-k^2)\,d\varphi}{\cos^2\varphi\sqrt{1-k^2\sin^2\varphi}}.$$

Si l'on observe alors que

$$d\tang\varphi\sqrt{1-k^2\sin^2\varphi} = d\varphi\left(\frac{1}{\cos^2\varphi\sqrt{}} - \frac{k^2\tang^2\varphi}{\sqrt{}} - \frac{k^2\sin^2\varphi}{\sqrt{}}\right)$$
$$= d\varphi\left[\frac{(1-k^2)}{\cos^2\varphi\sqrt{}} + \frac{k^2}{\sqrt{}} - \frac{k^2\sin^2\varphi}{\sqrt{}}\right],$$

on aura, en intégrant et en ayant égard à (1), (2), (3),

$$(5)\qquad \tang\varphi\sqrt{1-k^2\sin^2\varphi} = \Upsilon(\varphi) + (k^2-1)\,F(\varphi) - E(\varphi):$$

la fonction $\Upsilon(\varphi)$ se ramène donc à $F(\varphi)$ et à $E(\varphi)$.

Mais on peut aller plus loin, et exprimer $\Upsilon(\varphi)$ au moyen de deux fonctions E d'amplitude et de modules différents. Ce théorème sera démontré si l'on prouve que $F(\varphi)$ peut être évalué en fonction de deux fonctions E; ce théorème célèbre, en vertu duquel un arc d'hyperbole peut être mesuré par deux arcs d'ellipse, est dû à Landen et porte son nom.

Or la transformation de Landen permet d'écrire

$$(6)\qquad \frac{d\varphi_1}{\sqrt{1-k_1^2\sin^2\varphi_1}} = \frac{1+k}{2}\,\frac{d\varphi}{\sqrt{1-k^2\sin^2\varphi}},$$

et la relation qui en résulte pour les angles φ et φ_1 peut s'écrire

$$(7)\qquad \sin^2\varphi_1 = \frac{1}{2}\left(1 + k\sin^2\varphi - \cos\varphi\sqrt{1-k^2\sin^2\varphi}\right);$$

d'ailleurs,

$$k = \frac{2\sqrt{k_1}}{1+k_1}.$$

Si nous multiplions membre à membre (6) et (7), nous aurons

$$\frac{1}{k_1^2}\,J(k_1,\varphi_1) = \frac{1+k}{4k}\,J(k,\varphi) + \frac{1+k}{4}\,F(k,\varphi) - \frac{1+k}{4}\sin\varphi,$$

ou, en vertu de (3),

$$\frac{1}{k_1^2}[F(k_1,\varphi_1) - E(k_1,\varphi_1)]$$
$$= \frac{1+k}{4k}[F(k,\varphi) - E(k,\varphi)] + \frac{1+k}{4}F(k,\varphi) - \frac{1+k}{4}\sin\varphi;$$

mais la formule (6) donne

$$F(k_1,\varphi_1) = \frac{1+k}{2}\,F(k,\varphi);$$

en remplaçant alors $F(k_1, \varphi_1)$ par cette valeur, on a

$$F(k,\varphi) = \frac{2}{\sqrt{1-k_2}}[E(k,\varphi) - (1+k)E(k_1,\varphi_1) + k\sin\varphi],$$

ce qui démontre le théorème énoncé.

SUR L'ADDITION DES INTÉGRALES DE PREMIÈRE ESPÈCE.

Les questions traitées ci-dessus, quoique se rattachant à la théorie des fonctions elliptiques, pourraient se traiter sans avoir aucune notion de ces fonctions; il était bon de les signaler, parce qu'elles ont fait naître des recherches ultérieures et ont été le point de départ de la théorie: on sait qu'Euler avait deviné l'intégrale algébrique de l'équation d'où dépend le théorème de l'addition des fonctions $\operatorname{sn} x$, $\operatorname{cn} x$, $\operatorname{dn} x$. Il convient de faire connaître ici une méthode géométrique due à Lagrange, qui a dû contribuer pour sa part à faciliter les premières recherches.

Soient φ, ψ, μ les côtés d'un triangle sphérique et C l'angle opposé à μ; posons

$$\frac{\sin^2 C}{\sin^2 \mu} = k^2, \quad \cos C = \pm\sqrt{1 - k^2 \sin^2 \mu}.$$

Supposons actuellement que l'on fasse varier φ et ψ en laissant μ constant, ainsi que l'angle C, nous aurons

$$(1) \qquad \cos\mu = \cos\varphi\cos\psi \pm \sin\varphi\sin\psi\sqrt{1 - k^2\sin^2\mu};$$

mais, le côté μ variant seulement de position, ses extrémités décrivent sur les côtés φ et ψ des éléments $d\varphi$ et $d\psi$ dont les projections sur μ doivent être égales. En effet, soient AA′ et BB′ les positions voisines du côté μ, si du point O où se croisent ces positions, comme pôle, on décrit les arcs BC, A′C, comme OB = OC, A′O = C′O, il faut bien que AC = B′C′. Or

$$AC = d\varphi\cos(\varphi, \mu), \quad B'C' = d\psi\cos(\psi, \mu):$$

donc

$$d\varphi\cos(\varphi, \mu) = d\psi\cos(\psi, \mu),$$

ou

$$d\varphi\sqrt{1 - \sin^2(\varphi, \mu)} = d\psi\sqrt{1 - \sin^2(\psi, \mu)};$$

mais

$$\frac{\sin(\varphi, \mu)}{\sin\psi} = \frac{\sin C}{\sin\mu} = k:$$

donc

$$\sin(\varphi, \mu) = k\sin\psi.$$

La formule précédente donne alors

$$(2) \qquad d\varphi\sqrt{1 - k^2\sin^2\psi} = \pm\, d\psi\sqrt{1 - k^2\sin^2\varphi}.$$

La formule (1) est donc l'intégrale de celle-ci, μ y est constant; si l'on fait alors $\psi = 0$, on a $\mu = \varphi$. Si l'on écrit (2) ainsi

$$(3) \qquad \frac{d\varphi}{\sqrt{1 - k^2\sin^2\varphi}} + \frac{d\psi}{\sqrt{1 - k^2\sin^2\varphi}} = 0,$$

ou

$$(4) \qquad F(\varphi) + F(\psi) = F(\mu),$$

$F(\mu)$ désignant la constante, μ se réduira à φ pour $\psi = 0$, et (1) sera équivalente à la relation transcendante (4); la formule (1) devant avoir lieu pour $\mu = 0$ et $\varphi = -\psi$, il faudra alors prendre le signe — devant le radical. Que l'on fasse $\varphi = \text{am}\, a$, $\psi = \text{am}\, b$, $\mu = \text{am}(a + b)$, on aura alors

$$\text{cn}(a + b) = \text{cn}\, a\, \text{cn}\, b - \text{sn}\, a\, \text{sn}\, b\, \text{dn}(a + b).$$

Cette équation, combinée avec les suivantes :

$$\text{cn}\, a = \sqrt{1 - \text{sn}^2 a},$$
$$\text{dn}\, a = \sqrt{1 - k^2 \text{sn}^2 a},$$

fera connaître $\text{cn}(a + b)$, $\text{dn}(a + b)$ et $\text{sn}(a + b)$: on retrouve ainsi les formules fondamentales de l'addition des fonctions elliptiques. On peut retrouver ces formules en cherchant les lignes de courbure des surfaces du second ordre : c'est ce que nous allons voir.

LIGNES DE COURBURE DE L'HYPERBOLOÏDE.

On peut considérer les lignes de courbure de l'hyperboloïde gauche comme les lignes bissectrices des génératrices. Or les génératrices ont pour équations

$$\frac{x}{a} = \frac{z}{c}\cos\varphi + \sin\varphi, \quad \frac{x}{a} = \frac{z}{c}\sin\psi - \cos\psi,$$

$$\frac{y}{b} = \frac{z}{c}\sin\varphi - \cos\varphi, \quad \frac{y}{b} = \frac{z}{c}\cos\psi + \sin\psi.$$

Les paramètres φ et ψ servent à caractériser une génératrice; en les prenant pour variables, les équations différentielles des lignes de courbure prennent la forme

$$\Phi\, d\varphi = \pm \Psi\, d\psi,$$

équations dans lesquelles on a

$$\Phi^2 = \left(\frac{dx}{d\varphi}\right)^2 + \left(\frac{dy}{d\varphi}\right)^2 + \left(\frac{dz}{d\varphi}\right)^2,$$

$$\Psi^2 = \left(\frac{dx}{d\psi}\right)^2 + \left(\frac{dy}{d\psi}\right)^2 + \left(\frac{dz}{d\psi}\right)^2;$$

en effectuant les calculs, on trouve

$$\sqrt{1-k^2\sin^2\psi}\, d\varphi = \pm \sqrt{1-k^2\sin^2\varphi}\, d\psi,$$

ou bien

$$\frac{d\varphi}{\sqrt{1-k^2\sin^2\varphi}} \pm \frac{d\psi}{\sqrt{1-k^2\sin^2\psi}} = 0,$$

d'où l'on conclut l'équation des lignes de courbure sous forme finie. Il est assez curieux que l'on puisse ramener ainsi aux fonctions elliptiques la solution d'un problème résolu par une tout autre voie.

THÉORÈME DE PONCELET.

Voici encore une interprétation très-curieuse du théorème qui vient de nous occuper : considérons deux cercles intérieurs l'un à l'autre; soient R et r leurs

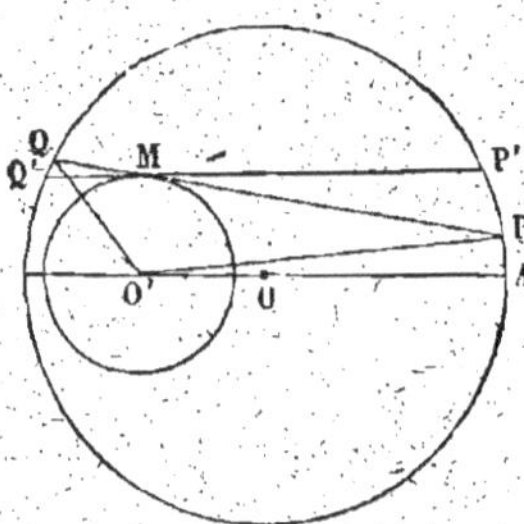

rayons et PQ, P′Q′ deux tangentes infiniment voisines menées au cercle de rayon r; soit OO′ la ligne des centres

$$\text{arc AP} = 2\varphi R, \quad \text{arc AQ} = 2\psi R.$$

On aura

$$\frac{PP'}{QQ'} = \frac{d\varphi}{d\psi};$$

mais les triangles semblables $PP'M$, $QQ'M$ donnent

$$\frac{PP'}{QQ'} = \frac{MP}{MQ'} = \frac{MP}{MQ};$$

ainsi

$$\frac{d\varphi}{d\psi} = \frac{MP}{MQ};$$

or, à la limite, le point M vient sur le cercle r au point de contact de PQ, et l'on a

$$\overline{MP}^2 = \overline{O'P}^2 - r^2 = R^2 + a^2 - r^2 + 2Ra\cos 2\varphi,$$

$$\overline{MQ}^2 = \overline{O'Q}^2 - r^2 = R^2 + a^2 - r^2 + 2Ra\cos 2\psi:$$

on a donc

$$\frac{d\varphi}{d\psi} = \sqrt{\frac{R^2 + a^2 - r^2 + 2aR\cos 2\varphi}{R^2 + a^2 - r^2 + 2aR\cos 2\psi}}$$

$$= \sqrt{\frac{(R+a)^2 - r^2 - 2aR\sin^2\varphi}{(R+a)^2 - r^2 - 2aR\sin^2\psi}}.$$

Si l'on fait

$$k^2 = \frac{2aR}{(R+a)^2 - r^2},$$

on a l'équation connue

$$(1) \qquad \frac{d\varphi}{\sqrt{1 - k^2\sin^2\varphi}} - \frac{d\psi}{\sqrt{1 - k^2\sin^2\psi}} = 0,$$

d'où l'on peut conclure une construction géométrique de son intégrale. Mais on peut en déduire un résultat nouveau.

L'équation précédente devient, en intégrant,

$$(2) \qquad \left\{ \begin{aligned} -\int_0^\varphi \frac{d\varphi}{\sqrt{1 - k^2\sin^2\varphi}} + \int_0^\psi \frac{d\varphi}{\sqrt{1 - k^2\sin^2\psi}} \\ = \int_0^\mu \frac{d\mu}{\sqrt{1 - k^2\sin^2\mu}} \end{aligned} \right.$$

et μ est la valeur de ψ pour $\varphi = 0$. On voit que μ ne dépend ni de φ ni de ψ; si donc, à partir du point φ, on mène une seconde tangente QR au cercle intérieur, et

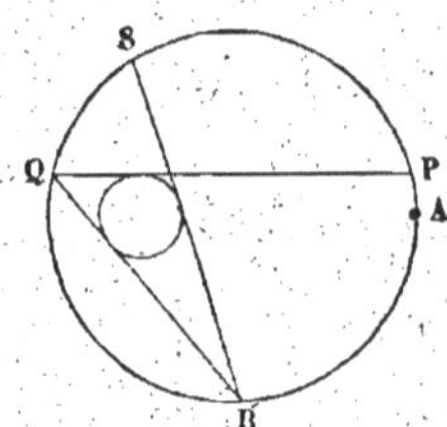

si l'on pose $AR = 2\chi$, on aura encore, en posant

$$1 - k^2\sin^2\varphi = \Phi, \quad 1 - k^2\sin^2\psi = \Psi, \quad \ldots, \quad 1 - k^2\sin^2\mu = M,$$

$$(3) \qquad -\int_0^\psi \frac{d\psi}{\sqrt{\Psi}} + \int_0^\chi \frac{d\chi}{\sqrt{X}} = \int_0^\mu \frac{d\mu}{\sqrt{M}};$$

en menant par R une nouvelle tangente RS, on aurait entre l'arc $2\theta = AS$ et l'arc 2χ une relation analogue: les intégrales $\int_0^\varphi \frac{d\varphi}{\sqrt{\Phi}}, \int_0^\psi \frac{d\psi}{\sqrt{\Psi}}, \ldots$ forment donc une progression arithmétique dont la raison est $\int_0^\mu \frac{d\mu}{\sqrt{M}}$.

Supposons que le polygone PQRST soit fermé et que le point T coïncide avec A, le dernier des arcs $\varphi, \psi, \chi, \ldots$ sera de la forme $\varphi + 2n\pi$. En ajoutant alors les formules, telles que (2) et (3), on a

$$-\int_0^{\varphi} \frac{d\varphi}{\sqrt{\Phi}} + \int_0^{\varphi + n\pi} \frac{d\varphi}{\sqrt{\Phi}} = m\int_0^\mu \frac{d\mu}{\sqrt{M}}$$

ou bien

$$\int_\varphi^{\varphi + n\pi} \frac{d\varphi}{\sqrt{1 - k^2\sin^2\varphi}} = m\int_0^\mu \frac{d\mu}{\sqrt{1 - k^2\sin^2\mu}};$$

le premier membre de cette formule ne dépend pas de φ; car on peut prendre pour limite o et $n\pi$. Donc :

S'il existe un polygone de m côtés inscrit dans un cercle et circonscrit à un autre, il existera une infinité de polygones de m côtés jouissant de la même propriété.

Ce théorème est évidemment projectif et s'applique aux coniques : il a été découvert par Poncelet; la démonstration précédente est de Jacobi.

ADDITION DES ARCS D'ELLIPSE. — THÉORÈME DE FAGNANO.

Nous avons posé

$$Z(x) = \int_0^x k^2 \mathrm{sn}^2 x\, dx.$$

Nous aurons alors

$$\int_0^x k^2 \mathrm{sn}^2 (x+y)\, dx = \int_0^{x+y} k^2 \mathrm{sn}^2 (x+y)\, dx - \int_0^y k^2 \mathrm{sn}^2 y\, dy$$

ou

$$\int_0^x k^2 \mathrm{sn}^2 (x+y)\, dx = Z(x+y) - Z(y),$$

$$\int_0^x k^2 \mathrm{sn}^2 (x-y)\, dx = Z(x-y) + Z(y).$$

Retranchons ces formules l'une de l'autre, en ayant égard aux relations

$$\mathrm{sn}(x+y) + \mathrm{sn}(x-y) = \frac{2 \mathrm{sn}\, x\ \mathrm{cn}\, y\ \mathrm{dn}\, y}{1 - k^2\ \mathrm{sn}^2 x\ \mathrm{sn}^2 y},$$

$$\mathrm{sn}(x+y) - \mathrm{sn}(x-y) = \frac{2 \mathrm{sn}\, y\ \mathrm{cn}\, x\ \mathrm{dn}\, x}{1 - k^2\ \mathrm{sn}^2 x\ \mathrm{sn}^2 y};$$

nous aurons

$$\int_0^x \frac{4k^2 \operatorname{sn}x \operatorname{sn}y \operatorname{cn}x \operatorname{cn}y \operatorname{dn}x \operatorname{dn}y}{(1-k^2 \operatorname{sn}^2 x \operatorname{sn}^2 y)^2}\,dx$$

$$= Z(x+y) - 2Z(y) - Z(x-y).$$

La quantité sous le signe $\int$ est une dérivée connue, si l'on observe que $2 \operatorname{sn}x \operatorname{cn}x \operatorname{dn}x$ est la dérivée de $\operatorname{sn}^2 x$, et l'on a

$$\frac{2\operatorname{sn}^2 x \operatorname{sn}y \operatorname{cn}y \operatorname{dn}y}{1-k^2 \operatorname{sn}^2 x \operatorname{sn}^2 y} = Z(x+y) - 2Z(y) - Z(x-y).$$

Si l'on pose alors

$$\varphi = \operatorname{am}x, \quad \psi = \operatorname{am}y, \quad \mu = \operatorname{am}(x+y), \quad \nu = \operatorname{am}(x-y),$$

et si l'on observe que Zu devient $J(\operatorname{am}u)$, et que

$$Z(x) = J(\varphi) = F(\varphi) - E(\varphi), \ldots,$$

la formule précédente devient

$$\frac{2\sin^2\varphi \sin\psi \cos\psi \sqrt{1-k^2\sin^2\psi}}{1-k^2\sin^2\varphi \sin^2\varphi}$$
$$= F(\mu) - 2F(\psi) - F(\nu) - E(\mu) + 2E(\psi) + E(\nu);$$

et comme $F(\mu) = F(\varphi) + F(\psi)$,

$$\frac{2\sin^2\varphi \sin\psi \cos\psi \sqrt{1-k^2\sin^2\psi}}{1-k^2\sin^2\varphi \sin^2\psi} = -E(\mu) + E(\nu) + 2E(\psi),$$

si l'on échange φ et ψ, μ ne change pas, ν se change en $-\nu$ et le second membre devient $-E(\mu) - E(\nu) + 2E(\varphi)$.

En ajoutant alors à cette formule celle que l'on obtient en changeant φ en ψ, et *vice versâ*, on trouve [eu égard à la formule qui fait connaître $\operatorname{sn}(x+y)$]

$$E(\varphi) + E(\psi) - E(\mu) = k^2 \sin\varphi \sin\psi \sin\mu$$

On obtient le théorème de Fagnano en posant $\mu = \frac{\pi}{2}$;

alors $E(\mu)$ est le quart d'ellipse; nous le désignerons par E et nous aurons

(1) $$F(\varphi) + E(\psi) - E = k^2 \sin\varphi \sin\psi.$$

Entre les angles φ, ψ, μ, on a la relation

$$\cos\mu = \cos\varphi \cos\psi - \sin\varphi \sin\psi \sqrt{1 - k^2 \sin^2\mu}.$$

Si alors on fait $\mu = \frac{\pi}{2}$, on a

$$0 = \cos\varphi \cos\psi - \sin\varphi \sin\psi \sqrt{1 - k^2}$$

ou

(2) $$\operatorname{tang}\varphi \operatorname{tang}\psi = \frac{1}{\sqrt{1 - k^2}} \quad \text{ou} \quad b \operatorname{tang}\varphi \operatorname{tang}\psi = 1.$$

La formule (1) montre que, si les arcs d'ellipse $E(\varphi)$ et $E - E(\psi)$ sont tels qu'ils correspondent à des anomalies φ, ψ satisfaisant à la formule (2), leur différence est rectifiable. Les équations de l'ellipse sont

$$x = \sin\varphi, \quad y = \sqrt{1 - k^2} \cos\varphi = b \cos\varphi.$$

Si l'on cherche la distance l du point φ de l'ellipse à la perpendiculaire menée de l'origine sur la tangente, on trouve

$$l = \frac{k^2 \operatorname{tang}\varphi}{\sqrt{(b^2 \operatorname{tang}^2 + 1)(1 + \operatorname{tang}^2\varphi)}}.$$

En chassant les dénominateurs, on trouve une équation du quatrième degré en $\operatorname{tang}\varphi$, à savoir

$$b^2 \operatorname{tang}^4\varphi + \operatorname{tang}^2\varphi \left(1 + b^2 - \frac{k^4}{l^2}\right) + 1 = 0.$$

Soient φ et ψ les deux solutions de cette équation, on en déduit

$$b \operatorname{tang}\varphi \operatorname{tang}\psi = 1.$$

L'identité de cette formule avec (2) montre de quelle

façon doivent être construits les angles φ et ψ. On voit que les arcs $E(\varphi)$ et $E - E(\psi)$ auront une différence rectifiable, s'ils sont choisis de telle sorte que les normales menées par leurs extrémités soient à des distances égales du centre de l'ellipse.

SUR LES ARCS DE LEMNISCATE.

La lemniscate est, comme l'on sait, une courbe telle que le produit de ses rayons vecteurs issus de deux points fixes est constant. Son équation en coordonnées polaires est, en prenant pour axe polaire la droite qui joint les points fixes et pour origine le milieu de cette droite,

$$r^4 - 2a^2r^2\cos 2\theta + a^4 = b^4,$$

$2a$ désignant la distance des points fixes et b une constante.

M. Serret, dans un Mémoire inséré au tome VIII du *Journal de M. Liouville*, a montré que toute fonction elliptique de première espèce pouvait être représentée par deux arcs de lemniscate. Voici son analyse :

Soit $\frac{b}{a} < 1$, la courbe se compose de deux branches distinctes. On pose $\frac{b^2}{a^2} = \sin 2\psi$. Soient s_0^1 et σ_0^1 les deux arcs de lemniscate, dont les extrémités ont pour angles polaires θ_0 et θ_1, on a

$$s_0^1 = \frac{b^2}{a}\int_{\theta_0}^{\theta_1} \frac{\sqrt{\cos 2\theta + \sqrt{\cos^2 2\theta - \cos^2 2\psi}}}{\sqrt{\cos^2 2\theta - \cos^2 2\psi}}\,d\theta,$$

$$\sigma_0^1 = \frac{b^2}{a}\int_{\theta_0}^{\theta_1} \frac{\sqrt{\cos 2\theta - \sqrt{\cos^2 2\theta - \cos^2 2\psi}}}{\sqrt{\cos^2 2\theta - \cos^2 2\psi}}\,d\theta.$$

On déduit de là, en ajoutant et en retranchant,

$$s_0^1 + \sigma_0^1 = \sqrt{2}\,\frac{b^2}{a}\int_{\theta_0}^{\theta_1}\frac{d\theta}{\sqrt{\cos 2\theta - \cos 2\psi}}$$

$$s_0^1 - \sigma_0^1 = \sqrt{2}\,\frac{b^2}{a}\int_{\theta_0}^{\theta_1}\frac{d'\theta}{\sqrt{\cos 2\theta + \cos 2\psi}}.$$

Si l'on pose, dans la première formule,

$$\sin\theta = \sin\psi\,\sin\varphi,$$

dans la seconde,

$$\sin\theta = \cos\psi\,\sin\varphi,$$

on a

$$s_0^1 + \sigma_0^1 = \frac{b^2}{a}\left[F(\sin\psi, \varphi_1) - F(\sin\psi, \varphi_0)\right]$$

$$s_0^1 - \sigma_0^1 = \frac{b^2}{a}\left[F(\cos\psi, \varphi_1) - F(\cos\psi, \varphi_0)\right].$$

On voit que les modules de $s_0^1 + \sigma_0^1$ et de $s_0^1 - \sigma_0^1$ sont complémentaires.

Un calcul un peu différent conduit aux mêmes conclusions quand on suppose $\frac{b}{a} > 1$; mais alors ce sont les arcs correspondant à des rayons vecteurs perpendiculaires qu'il faut désigner par s_0^1, σ_0^1.

La lemniscate de Bernoulli est la plus célèbre; elle a pour équation

$$r^2 = 2a^2\cos 2\theta.$$

L'arc de cette courbe est donné par la formule

$$ds = \frac{a\sqrt{2}\,d\theta}{\sqrt{\cos 2\theta}}.$$

Si l'on pose

$$\sin\theta = \frac{1}{\sqrt{2}}\sin\varphi,$$

on a

$$ds = a\frac{d\varphi}{\sqrt{1-\frac{1}{2}\sin^2\varphi}}.$$

On en conclut, en comptant convenablement l'arc,

$$s = a\,F\left(\frac{1}{2}, \varphi\right)$$

ou bien

$$s = a\,F\left[\frac{1}{2}, \text{arc}\sin\left(\sqrt{2}\sin\theta\right)\right].$$

On trouve aussi

$$s = \int\frac{2a^2\,dr}{\sqrt{1-\left(\frac{r^2}{2a^2}\right)^2}}.$$

AIRES DE QUELQUES COURBES.

La quadrature d'une courbe du troisième degré ne dépend absolument que des fonctions elliptiques; pour nous en convaincre, plaçons l'origine sur la courbe: l'équation de la courbe sera de la forme

$$\varphi_3(x, y) + 2\varphi_2(x, y) + \varphi_1(x, y) = 0,$$

φ_1, φ_2, φ_3 désignant des polynômes homogènes de degrés 1, 2, 3. On peut l'écrire

$$x^2\varphi_3\left(1, \frac{y}{x}\right) + 2x\,\varphi_2\left(1, \frac{y}{x}\right) + \varphi_1\left(1, \frac{y}{x}\right) = 0,$$

et, en posant

$$y = tx,$$

on a

$$x^2\varphi_3(1, t) + 2x\,\varphi_2(1, t) + \varphi_1(1, t) = 0.$$

On en tire

$$x = \frac{-\varphi_2 \pm \sqrt{\varphi_2^2 - \varphi_1\varphi_3}}{\varphi_3};$$

en appelant alors R la racine d'un polynôme du quatrième degré, on voit que x est de la forme $f(t, R)$, où f désigne une fonction rationnelle; $\frac{dx}{dt}$ et $y = tx$ seront de la même forme, et par suite l'intégrale

$$\int y\,dx = \int y \frac{dx}{dt} dt$$

ne dépendra que des fonctions elliptiques.

Lorsqu'une courbe du quatrième degré a deux points doubles, on peut aussi exprimer son aire au moyen des fonctions elliptiques. En effet, au moyen d'une transformation homographique, on peut transporter les deux points doubles à l'infini : soit

$$f(x, y, z) = 0$$

l'équation de la courbe ainsi transformée; on peut supposer que $z = 0$, $x = 0$ et $z = 0$, $y = 0$ soient les coordonnées des points doubles. Quand on fera

$$z = 0, \quad x = 0$$

dans les formules

$$\frac{df}{dx} = 0, \quad \frac{df}{dy} = 0, \quad \frac{df}{dz} = 0,$$

elles devront être satisfaites; les dérivées des termes du quatrième degré en x et y devront donc s'annuler pour $x = 0$, ce qui exige que le terme en y^4 et le terme en xy^3 soient nuls; la dérivée $\frac{df}{dz}$ étant nulle pour $x = 0$, il faut que le terme en x^3 soit nul également; on verrait de même que les termes $x^3 y$, et x^4 ainsi que y^3, disparaissent. L'équation de la courbe prend donc la forme

$$\begin{aligned} &Ax^2y^2 + Bx^2y + Cxy^2 \\ &\quad + Dx^2 + Exy + Fy^2 + Gx + Hy + K = 0, \end{aligned}$$

et, si l'on résout cette équation par rapport à y, on trouve pour cette fonction une expression rationnelle par rapport à x et par rapport à un radical recouvrant un polynôme du quatrième degré.

SUR LES COURBES DE DEGRÉ m QUI ONT $\frac{1}{2}(m-1)(m-2)$ POINTS DOUBLES.

On sait que $\frac{1}{2}(m-1)(m-2)$ est le nombre maximum de points doubles que puisse posséder une courbe d'ordre m.

Une courbe d'ordre m qui possède $\frac{1}{2}(m-1)(m-2)$ points doubles est quarrable par les fonctions algébriques et logarithmiques (y compris les fonctions circulaires inverses).

Il suffit de prouver que l'x et l'y de cette courbe sont fonctions rationnelles d'un même paramètre λ; pour y parvenir par les $\frac{1}{2}(m-1)(m-2)$ points doubles D de la courbe

$$(1) \qquad f(x, y) = 0,$$

d'ordre m, faisons passer une courbe d'ordre $m-2$. Cette courbe est déterminée quand on l'assujettit à passer par $\frac{1}{2}(m-2)(m+1)$ points; or, elle passe déjà par $\frac{1}{2}(m-1)(m-2)$ points D : on peut donc l'assujettir encore à

$$\frac{1}{2}(m-2)(m+1) - \frac{1}{2}(m-1)(m-2) = m-2$$

conditions. Nous l'assujettirons à rencontrer la courbe (1) en $m-3$ points fixes que nous appellerons A; elle contiendra alors dans son équation un paramètre arbitraire λ, et cette équation sera

$$(2) \qquad \varphi(x,y) + \lambda\psi(x,y) = 0.$$

Mais cette courbe (2) coupe (1) en $m(m-2)$ points; sur ces $m(m-2)$ points, les points D comptent pour deux et équivalent à $(m-1)(m-2)$ points d'intersection; si l'on y ajoute les $m-1$ points A, on voit que

$$(m-1)(m-2) + m - 3 = m^2 - 2m - 1$$

points d'intersection des courbes (1) et (2) sont fixes et connus; il n'en reste plus que

$$m(m-2) - (m^2 - 2m - 1) = 1$$

qui soient variables. Si l'on forme alors la résultante des équations (1) et (2), toutes les racines x de cette résultante seront connues et indépendantes de λ, à l'exception d'une seule que l'on obtiendra par suite à l'aide d'une simple division et qui sera rationnelle en λ. Ainsi x et y s'exprimeront rationnellement en fonction de λ.

C. Q. F. D.

Réciproquement, on peut prouver que, *si x et y sont des fonctions rationnelles de λ de la forme $\frac{\varphi(\lambda)}{\psi(\lambda)}$, $\frac{\chi(\lambda)}{\psi(\lambda)}$, φ, χ, ψ étant de degrés m au plus, x et y seront les coordonnées d'une courbe d'ordre m ayant $\frac{1}{2}(m-1)(m-2)$ points doubles.*

Posons, en effet,

$$(1) \qquad \frac{x}{\varphi(\lambda,\mu)} = \frac{y}{\chi(\lambda,\mu)} = \frac{z}{\psi(\lambda,\mu)},$$

z étant introduit ici pour l'homogénéité ainsi que μ (nous supposerons ultérieurement $z=1$, $\mu=1$). La courbe représentée par les équations (1) coupera la droite

$$(2) \qquad ax + by + cz = 0$$

en m points, car les λ d'intersection seront donnés par la formule du degré m

$$a\varphi(\lambda,\mu)+b\chi(\lambda,\mu)+c\psi(\lambda,\mu)=0.$$

λ aura m valeurs et par suite x et y auront m valeurs simultanées.

Comptons maintenant les points d'inflexion ; ces points satisfont à l'équation (2) et aux suivantes :

$$(3)\qquad a\frac{dx}{d\lambda}+b\frac{dy}{d\lambda}+c\frac{dz}{d\lambda}=0,$$

$$(4)\qquad a\frac{d^2x}{d\lambda^2}+b\frac{d^2y}{d\lambda^2}+c\frac{d^2z}{d\lambda^2}=0;$$

or, en vertu du théorème des fonctions homogènes, (2) et (3) peuvent s'écrire

$$(5)\qquad a\left(x^2\frac{d^2x}{d\lambda^2}+2\,xy\frac{d^2x}{d\lambda\,d\mu}+\mu^2\frac{d^2x}{d\mu^2}\right)+\ldots=0,$$

$$(6)\qquad a\left(x\frac{d^2x}{d\lambda^2}+y\frac{d^2x}{d\lambda\,d\mu}\right)+\ldots=0;$$

la résultante des formules (4), (5), (6) donnera les λ des points d'inflexion. Or (5) et (6) se simplifient et peuvent s'écrire

$$a\frac{d^2x}{d\mu^2}+b\frac{d^2y}{d\mu^2}+c\frac{d^2z}{d\mu^2}=0,$$

$$a\frac{d^2x}{d\lambda\,d\mu}+b\frac{d^2\mu}{d\lambda\,d\mu}+c\frac{d^2z}{d\lambda\,d\mu}=0,$$

et la résultante cherchée prend la forme

$$\begin{vmatrix} \frac{d^2x}{d\lambda^2} & \frac{d^2y}{d\lambda^2} & \frac{d^2z}{d\lambda^2} \\ \frac{d^2x}{d\lambda\,d\mu} & \frac{d^2y}{d\lambda\,d\mu} & \frac{d^2z}{d\lambda\,d\mu} \\ \frac{d^2x}{d\mu^2} & \frac{d^2y}{d\mu^2} & \frac{d^2z}{d^2\mu} \end{vmatrix}=0.$$

Cette équation est manifestement du degré $3(m-2)$; ainsi la courbe considérée possède $3(m-2)$ points d'inflexion. Or une courbe d'ordre m possède normalement $3m(m-2)$ points d'inflexion; celle que nous considérons en a donc perdu

$$3m(m-2)-3(m-2)=3(m-1)(m-2).$$

Or on sait que les points d'inflexion ne disparaissent que parce qu'ils se trouvent remplacés par des points singuliers. Chaque point double faisant disparaître six points d'inflexion, on en conclut que $\frac{3(m-1)(m-2)}{6}$ ou $\frac{1}{2}(m-1)(m-2)$ points doubles se sont attachés à la courbe. C. Q. F. D.

Il faut bien remarquer que dans notre raisonnement nous avons tenu compte des points situés à l'infini, ce qui résulte de l'emploi des coordonnées homogènes. En second lieu, nous n'avons, en fait de points singuliers, considéré que des points doubles, mais il est clair que nos énoncés devront être corrigés si les points singuliers, au lieu d'être des points doubles, devenaient points triples ou seulement points de rebroussement.

Les théorèmes précédents sont dus à M. Clebsch qui les a établis, mais moins simplement, dans le *Journal de Crelle* (t. 64, p. 43).

SUR LES COURBES D'ORDRE m POSSÉDANT $\frac{1}{2}m(m-3)$ POINTS DOUBLES.

Les courbes d'ordre m possédant $\frac{1}{2}m(m-3)$ points doubles sont quarrables par les fonctions elliptiques.

Pour démontrer ce théorème, considérons une courbe

$$(1) \qquad f(x,y)=0,$$

d'ordre m, possédant $\frac{1}{2}m(m-3)$ points doubles D ; ce nombre est égal à $\frac{1}{2}(m-1)(m-2)-1$, c'est-à-dire au maximum du nombre des points doubles moins un. Pour déterminer une courbe d'ordre $m-2$, il faut $\frac{1}{2}(m-2)(m+1)$ conditions ; on pourra donc assujettir une courbe d'ordre $m-2$ à passer par les $\frac{1}{2}m(m-3)$ points D et par

$$\frac{1}{2}(m-2)(m+1)-\frac{1}{2}m(m-3)-1=m-2$$

autres points de la courbe (1), que nous appellerons A. Cette courbe contiendra dans son équation un paramètre arbitraire λ et pourra être représentée sous la forme

$$(2) \qquad \varphi(x,y)+\lambda\psi(x,y)=0;$$

mais cette courbe (2) coupe la courbe (1) d'abord en $m(m-3)$ points confondus avec les points doubles D qui comptent pour deux, et en $m-2$ points A, ce qui fait en tout m^2-2m-2 points ; or les courbes (1) et (2) devant se couper en $m(m-2)$ points, il restera deux points que j'appellerai B sur la courbe (1) et par lesquels passera encore la courbe (2). Nous supposerons les points A fixes ; les points B dépendront alors de la valeur attribuée à λ ; nous les déterminerons comme il suit :

Par l'origine, imaginons une série de droites

$$(3) \qquad y=\alpha x,$$

passant par les intersections A, B, D des courbes (1) et (2) ; les coefficients angulaires α seront racines de l'équation

$$(4) \quad (y_1-\alpha x_1)(y_2-\alpha x_2)(y_3-\alpha x_3)\ldots=0 \quad \text{ou} \quad R=0,$$

dans laquelle $(x_1, y_1), (x_2, y_2), \ldots$ sont les solutions communes à (1) et (2); on peut supposer que $x_1 y_1$ et $x_2 y_2$ sont les coordonnées des points B. Alors on voit: 1° que l'équation (4) est la résultante de (1), (2) et (3); 2° que cette résultante est divisible par le facteur

$$(y_1 - \alpha x_1)(y_2 - \alpha x_2),$$

que nous représenterons par

$$(5) \qquad A\alpha^2 + 2B\alpha + C = 0 \quad \text{ou} \quad R_1 = 0,$$

et qu'il sera facile de former. Ce facteur fera connaître les coefficients angulaires des droites allant de l'origine aux points B; 3° la résultante $R = 0$ pouvant s'obtenir en éliminant x entre

$$f(x, \alpha x) = 0 \quad \text{et} \quad \varphi(x, \alpha x) + \lambda\psi(x, \alpha x) = 0$$

sera de degré m par rapport à λ; mais comme, dans cette résultante, $x_3, y_3, x_4, y_4, \ldots$ sont indépendants de λ, le facteur $A\alpha^2 + 2B\alpha + C$ le contiendra seul et par suite l'équation (5) sera du degré m en λ.

On tire de (5)

$$(6) \qquad \alpha = \frac{-B + \sqrt{B^2 - AC}}{A},$$

en ne considérant que l'une des valeurs de α; la valeur correspondante de x s'obtiendra par les considérations suivantes : soient a_{ij} et b_{ij} les coefficients de $x^i y^j$ dans φ et ψ et $C_{ij} = a_{ij} + \lambda b_{ij}$, faisons varier $a_{ij}, b_{ij}, a_{kl}, b_{kl}$ de manière à ne pas altérer la résultante $R_1 = 0$; les quantités x ne varieront pas, et l'on aura

$$\frac{dR_1}{dC_{ij}} dC_{ij} + \frac{dR_1}{dC_{kl}} dC_{kl} = 0,$$

$$\frac{d(\varphi + \lambda\psi)}{dC_{ij}} dC_{ij} + \frac{d(\varphi + \lambda\psi)}{dC_{kl}} dC_{kl} = 0;$$

cette dernière formule peut s'écrire

$$x^i y^j dC_{ij} + x^k y^l dC_{kl} = 0,$$

et l'on en conclut

$$(7) \qquad \frac{dR_1}{dC_{ij}} : x^i y^j = \frac{dR_1}{dC_{kl}} : x^k y^l;$$

de là plusieurs manières de se procurer x en fonction rationnelle de α et de λ, par exemple au moyen de l'équation

$$\frac{dR_1}{dC_{10}} : x = \frac{dR_1}{dC_{00}}.$$

Maintenant revenons à la formule (6), pour étudier la quantité $B^2 - AC$ placée sous le radical et la décomposer en facteurs. Pour cela annulons-la : l'équation $R_1 = 0$ aura une racine double ; les droites allant de l'origine aux points B seront confondues, ce qui peut avoir lieu : 1° soit parce que les points B sont en ligne droite avec l'origine ; 2° soit parce que les points B sont confondus.

1° Supposons d'abord les points B en ligne droite avec l'origine, x doit être indéterminé ; donc, dans les formules (7), les $\frac{dR_1}{dC_{ij}}$ doivent être nuls. Or on a

$$\frac{dR_1}{d\lambda} = \sum \frac{dR_1}{dC_{ij}} \frac{dC_{ij}}{d\lambda} = \sum \frac{dR_1}{dC_{ij}} b_{ij} = 0;$$

mais, l'équation (5) ayant une racine double, on a aussi

$$\frac{dR_1}{d\alpha} = 0;$$

or, quand on pose $\frac{dR_1}{d\alpha} = 0$ ou $A\alpha + B = 0$, ou $\alpha = -\frac{A}{B}$. R_1 se réduit à

$$R_1 = -\frac{B^2 - AC}{A};$$

en égalant $\frac{dR_1}{d\lambda}$ à zéro, on a alors

$$\frac{1}{A}\frac{d(B^2-AC)}{d\lambda}=\frac{d\frac{1}{A}}{d\lambda}(B^2-AC)=0;$$

donc enfin $B^2 - AC$ s'annule en même temps que sa dérivée pour les valeurs λ pour lesquelles deux points B sont en ligne droite avec l'origine; $B^2 - AC$ aura donc autant de facteurs doubles qu'il y aura de valeurs de λ pour lesquelles les points B sont en ligne droite avec l'origine, et l'on pourra écrire

$$\sqrt{B^2-AC}=\Theta(\lambda)\sqrt{V}.$$

2° Supposons maintenant les points B confondus, les valeurs de λ pour lesquelles cette circonstance se présentera s'obtiendront en exprimant que les courbes (1) et (2) se touchent : alors aux points de contact on aura

$$\frac{df}{dx}:\left(\frac{d\varphi}{dx}+\lambda\frac{d\psi}{dx}\right)=\frac{df}{dy}:\left(\frac{d\varphi}{dy}+\lambda\frac{d\psi}{dy}\right)=\frac{df}{dz}:\left(\frac{d\varphi}{dz}+\lambda\frac{d\psi}{dz}\right);$$

en égalant ces rapports à $\frac{1}{\rho}$, en chassant les dénominateurs, puis en éliminant ρ et λ, on trouve

$$J=0, \tag{8}$$

J désignant le déterminant de f, φ, ψ. L'équation (8) est celle de la *jacobienne* des courbes $f=0$, $\varphi=0$, $\psi=0$; or on sait que (Salmon, *Leçons d'Algèbre supérieure*, traduites par Bazin, p. 72) si les courbes $\varphi=0$, $\psi=0$ sont de même degré : 1° la jacobienne passe par les points communs aux trois courbes; 2° si $f=0$ a un point singulier en D, la jacobienne y a un point singulier avec les mêmes tangentes et par conséquent coupe $f=0$ en six points confondus en D; 3° la jacobienne touche la courbe f aux points A et par conséquent y coupe f en deux points confondus.

Or la jacobienne est de degré

$$m - 1 + 2(m - 2) = 3m - 7;$$

elle coupe $f = 0$ en $m(3m - 7)$ points dont il faut défalquer les points D au nombre de

$$6 \frac{1}{2} m(m - 3) = 3m(m - 3),$$

et les points A au nombre de $2(m - 2)$; il reste donc

$$m(3m - 7) - 3m(m - 3) - 2(m - 2) = 4$$

points où la jacobienne peut rencontrer $f = 0$ et par suite où la courbe (2) peut toucher (1), et par suite quatre valeurs de λ pour lesquelles $B^2 - 4AC$ s'annule par le fait du contact de (1) et (2). Le polynôme V est donc du quatrième degré en λ; d'où il résulte que l'α et par suite l'x et l'y d'un point variable B de la courbe $f = 0$ peuvent s'exprimer rationnellement en fonction d'un paramètre λ et d'un radical de la forme

$$\sqrt{\lambda^4 + \alpha\lambda^3 + \beta\lambda^2 + \gamma\lambda + \delta},$$

ce qui démontre le théorème énoncé plus haut.

La première démonstration de ce théorème est due à M. Clebsch (*Journal de Crelle*, t. 64, p. 210).

Remarque. — On pourra représenter les coordonnées x, y de la courbe (1) sous la forme

$$x = F\left[\lambda, \sqrt{(1 - \lambda^2)(1 - k^2\lambda^2)}\right],$$
$$y = \Phi\left[\lambda, \sqrt{(1 - \lambda^2)(1 - k^2\lambda^2)}\right],$$

à l'aide d'une transformation rationnelle opérée sur la variable λ; si l'on fait alors $\lambda = \operatorname{sn} t$, on aura

$$x = G(\operatorname{sn} t) + \operatorname{sn}' t\, H(\operatorname{sn} t)$$
$$y = K(\operatorname{sn} t) + \operatorname{sn}' t\, L(\operatorname{sn} t),$$

G, H, K, L désignant des fonctions rationnelles. En effet, le radical entrera si l'on veut dans x et y sous forme linéaire; or il est égal à cn t dn t, c'est-à-dire à sn' t.

C. Q. F.

Ainsi, quand une courbe a son maximum de points doubles moins 1, ses coordonnées sont des fonctions rationnelles d'un même sinus amplitude et de sa dérivée, ou, si l'on veut encore, sont des fonctions doublement périodiques de même période d'une même variable.

QUELQUES COURBES REMARQUABLES DONT L'ÉQUATION DÉPEND DES FONCTIONS ELLIPTIQUES.

Lorsque l'on cherche une courbe plane dont le rayon de courbure soit proportionnel à l'inverse de l'abscisse, on est conduit à l'équation

$$y=\int_0^x \frac{x^2+c}{\sqrt{a^4-(x^2+c)^2}}\,dx.$$

Cette courbe est une élastique, on la rencontre encore quand on cherche parmi les courbes isopérimètres celle qui engendre le volume de révolution minimum; en transformant convenablement les coordonnées, on peut prendre $c=0$: alors on a $\frac{dy}{dx}=0$, quand $x=0$, et

$$y=\int_0^x \frac{x^2\,dx}{\sqrt{a^4-x^4}},$$

ou

$$y=\int_0^x \frac{x^2\,dx}{a^2\sqrt{\left(1-\frac{x^2}{a^2}\right)\left(1+\frac{x^2}{a^2}\right)}}.$$

Si l'on fait $\frac{x}{a} = t$, on a

$$y = \int_0^t \frac{at^2 dt}{\sqrt{(1-t^2)(1+t^2)}};$$

or, en prenant le module k égal à $\frac{\sqrt{2}}{2}$, en sorte que $k^2 = k'^2$, on a

$$\mathrm{cn}'\theta = -\frac{\sqrt{2}}{2}\sqrt{(1-\mathrm{cn}^2\theta)(1+\mathrm{cn}^2\theta)};$$

si donc on fait

$$t = \mathrm{cn}\,\theta, \quad dt = -\frac{\sqrt{2}}{2}\sqrt{(1-t^2)(1+t^2)}\,d\theta,$$

on aura

$$y = -\int_\theta^{\pm K} a\frac{\sqrt{2}}{2}\,d\theta\,\mathrm{cn}^2\theta = -\frac{a\sqrt{2}}{2}\int_\theta^{\pm K}(1-\mathrm{sn}^2\theta)\,d\theta;$$

la limite inférieure est d'ailleurs arbitraire si l'on choisit convenablement l'origine : on a alors

$$\begin{cases} y = -\dfrac{a\sqrt{2}}{2}\theta + \dfrac{a\sqrt{2}}{4}\mathrm{Z}(\theta), \\ x = a\,\mathrm{cn}\,\theta. \end{cases}$$

La courbe de M. Delaunay engendrée par le foyer d'une ellipse ou d'une hyperbole qui roule sans glisser sur une droite a pour équation

$$dy = \frac{(x^2 \pm b^2)\,dx}{\sqrt{4a^2x^2 - (x^2 \pm b^2)^2}};$$

son abscisse et son ordonnée s'exprimeront facilement aussi par les fonctions elliptiques. Dans cette courbe, la moyenne harmonique du rayon de courbure et de la normale est constante.

SUR LE MOUVEMENT DE ROTATION AUTOUR D'UN POINT.

Les équations du mouvement d'un corps solide qui présente un point fixe et qui n'est sollicité par aucune force extérieure sont, comme on sait,

$$(1)\qquad \begin{cases} A\dfrac{dp}{dt} = (B - C)qr, \\ B\dfrac{dq}{dt} = (C - A)rp, \\ C\dfrac{dr}{dt} = (A - B)pq. \end{cases}$$

A, B, C sont les moments d'inertie principaux relatifs au point fixe; p, q, r sont les composantes de la rotation instantanée autour des axes principaux relatifs au même point; enfin, t est le temps.

L'analogie entre les équations (1) et celles qui lient entre eux $\operatorname{sn} x$, $\operatorname{cn} x$, $\operatorname{dn} x$ et leurs dérivées est telle, que l'on est tenté de poser

$$p = \alpha \operatorname{cn} g(t - \tau),$$
$$q = \beta \operatorname{sn} g(t - \tau),$$
$$r = \gamma \operatorname{dn} g(t - \tau),$$

α, β, γ, g, τ et le module k désignant des constantes arbitraires; et l'on satisfera effectivement aux formules (1) si, observant que

$$\operatorname{cn}' x = - \operatorname{sn} x \operatorname{dn} x,$$
$$\operatorname{sn}' x = \operatorname{cn} x \operatorname{dn} x,$$
$$\operatorname{dn}' x = - k^2 \operatorname{sn} x \operatorname{cn} x,$$

on prend

$$(a)\qquad \begin{cases} \alpha = gk\sqrt{\dfrac{BC}{(A - B)(A - C)}}, \\ \beta = gk\sqrt{\dfrac{AC}{(A - B)(B - C)}}, \\ \gamma = g\sqrt{\dfrac{AB}{(A - C)(B - C)}}. \end{cases}$$

Ces formules, auxquelles on est conduit ainsi par la méthode des coefficients indéterminés, fourniront pour α, β, γ des valeurs réelles si l'on a $A > B > C$, ce qu'il est toujours permis de supposer.

Les trois arbitraires de la solution sont g, k, τ. On peut faire abstraction de la dernière τ, et, en comptant convenablement le temps, poser

$$(2) \qquad p = \alpha \operatorname{cn} gt, \quad q = \beta \operatorname{sn} gt, \quad r = \gamma \operatorname{dn} gt.$$

Les formules (1) sont donc intégrées.

Mais, pour résoudre complétement le problème, il ne suffit pas de connaître p, q, r, il faut encore calculer les valeurs des angles θ, φ, ψ, qui, dans les formules de transformation de coordonnées d'Euler, servent à définir la position des axes principaux d'inertie par rapport à trois axes fixes passant au point fixe. On démontre dans les Traités de Mécanique que l'on a

$$(3) \qquad \left\{ \begin{aligned} p &= \sin\varphi \sin\theta \frac{d\psi}{dt} + \cos\varphi \frac{d\theta}{dt}, \\ q &= \cos\varphi \sin\theta \frac{d\psi}{dt} - \sin\varphi \frac{d\theta}{dt}, \\ r &= \frac{d\varphi}{dt} + \cos\theta \frac{d\psi}{dt}. \end{aligned} \right.$$

Prenons le plan du maximum des aires, ou plan invariable, pour plan des xy. On sait que Ap, Bq, Cr sont les moments des quantités de mouvement relatives aux axes principaux. Si donc on désigne par G la constante des aires $\sqrt{A^2p^2 + B^2q^2 + C^2r^2}$, on aura

$$Ap = G\cos(z, A), \quad Bq = G\cos(z, B), \quad Cr = G\cos(z, C),$$

ou bien

$$(4) \qquad \left\{ \begin{aligned} Ap &= G \sin\theta \sin\varphi, \\ Bq &= G \sin\theta \cos\varphi, \\ Cr &= G \cos\theta. \end{aligned} \right.$$

La constante G est facile à calculer au moyen de k et de g. De ces trois formules on tire θ et φ; il reste à calculer l'angle ψ. Pour cela, entre les formules (3), éliminons $\frac{d\theta}{dt}$, nous aurons

$$p \sin\varphi + q \cos\varphi = \sin\theta \frac{d\psi}{dt}$$

ou

$$d\psi = \frac{p \sin\varphi + q \cos\varphi}{\sin\theta} dt.$$

Éliminons φ et θ de là, au moyen des formules (4), nous aurons

$$d\psi = G \frac{Ap^2 + Bq^2}{G^2 - C^2r^2} dt = G \frac{Ap^2 + Bq^2}{A^2p^2 + B^2q^2} dt,$$

ou enfin

$$(5) \qquad d\psi = G \frac{A\alpha^2 \operatorname{cn}^2 gt + B\beta^2 \operatorname{sn}^2 gt}{A^2\alpha^2 \operatorname{cn}^2 gt + B^2\beta^2 \operatorname{sn}^2 gt} dt.$$

Posons, pour abréger

$$(6) \qquad gt = x;$$

nous aurons alors

$$d\psi = \frac{G}{g} \frac{A\alpha^2 \operatorname{cn}^2 x + B\beta^2 \operatorname{sn}^2 x}{A^2\alpha^2 \operatorname{cn}^2 x + B^2\beta^2 \operatorname{sn}^2 x} dx.$$

Remplaçons $\operatorname{cn}^2 x$ par $1 - \operatorname{sn}^2 x$, et α, β, γ par leurs valeurs (a); nous aurons

$$d\psi = \frac{G}{g} \frac{B - C + (A - B) \operatorname{sn}^2 x}{A(B - C) + C(A - B) \operatorname{sn}^2 x} dx.$$

Posons

$$(7) \qquad \sqrt{\frac{A}{C} \frac{B - C}{A - B}} = \sqrt{-1} \operatorname{sn} \sqrt{-1}\, a,$$

et a sera réel, puisque $\operatorname{sn} a$ est une fonction impaire;

nous aurons alors

$$d\psi = \frac{G}{gC} \frac{\frac{B-C}{A-B} + \mathrm{sn}^2 x}{\mathrm{sn}^2 x - \mathrm{sn}^2 a\sqrt{-1}}\, dx,$$

ou

$$d\psi = \frac{G}{gC} \frac{\mathrm{sn}^2 x - \frac{C}{A}\mathrm{sn}^2 a\sqrt{-1}}{\mathrm{sn}^2 x - \mathrm{sn}^2 a\sqrt{-1}}\, dx,$$

ce que l'on peut écrire

$$(8) \qquad \psi = \frac{G}{gCA} \int \frac{A\,\mathrm{sn}^2 x - C\,\mathrm{sn}^2 a\sqrt{-1}}{\mathrm{sn}^2 x - \mathrm{sn}^2 a\sqrt{-1}}\, dx$$

Désignons par $F(x)$ la quantité placée sous le signe $\int$, en sorte que

$$\psi = \frac{G}{gAC} \int F(x)\, dx.$$

Nous allons, pour pouvoir intégrer, décomposer $F(x)$ en éléments simples, par la méthode de M. Hermite. Nous désignerons par Γ l'intégrale de

$$F(z)\,\frac{H'(z-x)}{H(z-x)} = f(z),$$

prise le long d'un parallélogramme de côtés $2K$ et $2K'\sqrt{-1}$ (périodes de la fonction $\mathrm{sn}^2 x$). Cette quantité Γ est indépendante de x; elle est égale à la somme des résidus de la fonction $f(z)$ pris à l'intérieur du parallélogramme en question. Si l'on suppose que ce parallélogramme contienne le point x, le résidu relatif à ce point sera $F(x)$; quant aux résidus relatifs aux autres infinis $a\sqrt{-1}$ et $-a\sqrt{-1}$, ils sont de la forme

$$\frac{H'(a\sqrt{-1}-x)}{H(a\sqrt{-1}-x)},$$

multipliée par la limite de

$$\frac{(x-a\sqrt{-1})(A\,\mathrm{sn}^2 x - C\,\mathrm{sn}^2 a\sqrt{-1})}{\mathrm{sn}^2 x - \mathrm{sn}^2 a\sqrt{-1}}$$

pour $x = a\sqrt{-1}$; or cette limite est

$$\frac{(A-C)\,\mathrm{sn}^2 a\sqrt{-1}}{2\,\mathrm{sn}\, a\sqrt{-1}\,\mathrm{sn}' a\sqrt{-1}} \text{ ou } \frac{(A-C)\,\mathrm{sn}^2 a\sqrt{-1}}{2\,\mathrm{sn}\, a\sqrt{-1}\,\mathrm{cn}\, a\sqrt{-1}\,\mathrm{dn}\, a\sqrt{-1}},$$

ainsi donc on a

$$\begin{aligned} \Gamma = & \frac{A\,\mathrm{sn}^2 x - C\,\mathrm{sn}^2 a\sqrt{-1}}{\mathrm{sn}^2 x - \mathrm{sn}^2 a\sqrt{-1}} \\ & + \frac{1}{2}\frac{H'(a\sqrt{-1}-x)}{H(a\sqrt{-1}-x)}\,\frac{(A-C)\,\mathrm{sn}^2 a\sqrt{-1}}{\mathrm{sn}\, a\sqrt{-1}\,\mathrm{cn}\, a\sqrt{-1}\,\mathrm{dn}\, a\sqrt{-1}} \\ & + \frac{1}{2}\frac{H'(a\sqrt{-1}+x)}{H(a\sqrt{-1}+x)}\,\frac{(A-C)\,\mathrm{sn}^2 a\sqrt{-1}}{\mathrm{sn}\, a\sqrt{-1}\,\mathrm{cn}\, a\sqrt{-1}\,\mathrm{dn}\, a\sqrt{-1}} \end{aligned}$$

ou bien

$$\begin{aligned} F(x) = & \frac{A\,\mathrm{sn}^2 x - C\,\mathrm{sn}^2 a\sqrt{-1}}{\mathrm{sn}^2 x - \mathrm{sn}^2 a\sqrt{-1}} \\ = & \Gamma - \frac{1}{2}\frac{(A-C)\,\mathrm{sn}\, a\sqrt{-1}}{\mathrm{cn}\, a\sqrt{-1}\,\mathrm{dn}\, a\sqrt{-1}} \\ & \times\left[\frac{H'(a\sqrt{-1}+x)}{H(a\sqrt{-1}+x)} + \frac{H'(a\sqrt{-1}-x)}{H(a\sqrt{-1}-x)}\right]. \end{aligned}$$

Substituant cette valeur dans (8), on a

$$(9)\quad \left\{ \begin{aligned} \psi = & \frac{G\Gamma}{gAC}x + \frac{1}{2}\frac{G(A-C)}{gAC}\,\frac{\mathrm{sn}\, a\sqrt{-1}}{\mathrm{cn}\, a\sqrt{-1}\,\mathrm{dn}\, a\sqrt{-1}} \\ & \times \log\frac{H(x-a\sqrt{-1})}{H(x+a\sqrt{-1})}. \end{aligned} \right.$$

Cette formule se simplifie beaucoup quand on remplace

G par sa valeur. On a

$$\begin{aligned}G^2 &= A^2p^2 + B^2q^2 + C^2r^2\\ &= A^2\alpha^2\operatorname{cn}^2 x + B^2\beta^2\operatorname{sn}^2 x + C^2\gamma^2\operatorname{dn}^2 x;\end{aligned}$$

si (ce qui est permis, puisque G est constant) on fait $x = 0$, on a

$$G^2 = A^2\alpha^2 + C^2\gamma^2$$

et, en remplaçant α et γ par leurs valeurs (a),

$$G^2 = g^2 \frac{ABC}{A-C} \frac{Ak^2(B-C) + C(A-B)}{(A-B)(B-C)};$$

d'un autre côté, si, à l'aide de (7), on calcule cn $a\sqrt{-1}$ et dn $a\sqrt{-1}$, et si alors on forme la quantité

$$\frac{1}{2}\frac{G(A-C)}{gAC}\frac{\operatorname{sn} a\sqrt{-1}}{\operatorname{cn} a\sqrt{-1}\operatorname{dn} a\sqrt{-1}},$$

on la trouve, réductions faites, égale à $\frac{\sqrt{-1}}{2}$; il en résulte que la formule (9) se réduit à

$$\psi = \frac{G\Gamma x}{gAC} + \frac{\sqrt{-1}}{2}\log\frac{H(x - a\sqrt{-1})}{H(x + a\sqrt{-1})}.$$

On peut introduire, comme l'a fait Jacobi, la fonction Θ à la place de H, en observant qu'à un facteur constant près on a

$$H(x - a\sqrt{-1}) = \Theta(x - a\sqrt{-1} - K'\sqrt{-1})e^{\frac{\pi\sqrt{-1}}{2K}x},$$

$$H(x + a\sqrt{-1}) = \Theta(x + a\sqrt{-1} + K'\sqrt{-1})e^{\frac{\pi\sqrt{-1}}{2K}x}.$$

Si donc on fait $a + K' = \zeta$, on aura, en négligeant une constante,

$$(10)\qquad \psi = \frac{G\Gamma x}{gAC} + \frac{\sqrt{-1}}{2}\log\frac{\Theta(x - \zeta\sqrt{-1})}{\Theta(x + \zeta\sqrt{-1})},$$

Rueb, en modifiant des formules données par Legendre, était parvenu par une tout autre voie à ces résultats; Jacobi est allé plus loin en calculant encore les lignes trigonométriques de ψ de manière à revenir, au moyen des formules d'Euler, aux neuf cosinus qui définissent la position du corps. Indiquons rapidement la marche qu'il a suivie.

La formule (10), en ayant égard à (6), devient

$$\psi = \frac{\mathrm{G}\Gamma t}{\mathrm{AC}} + \frac{\sqrt{-1}}{2}\log\frac{\Theta(x-\zeta\sqrt{-1})}{\Theta(x+\zeta\sqrt{-1})};$$

si l'on pose

$$\psi_1 = \frac{\sqrt{-1}}{2}\log\frac{\Theta(x-\zeta\sqrt{-1})}{\Theta(x+\zeta\sqrt{-1})}, \quad \frac{\mathrm{G}\Gamma}{\mathrm{AC}} = n,$$

on aura

$$\psi = nt + \psi_1,$$

et ψ se composera d'une partie proportionnelle au temps (et l'on pourra appeler la quantité n le moyen mouvement) et d'une partie ψ_1 dont nous allons calculer le sinus et le cosinus. On a

$$e^{\psi_1\sqrt{-1}} = \sqrt{\frac{\Theta(x+\zeta\sqrt{-1})}{\Theta(x-\zeta\sqrt{-1})}},$$

et l'on en conclut facilement $\cos\psi_1$ et $\sin\psi_1$. Pour plus de développements, nous renverrons au Mémoire de Jacobi inséré dans ses *Mathematische Werke*, t. XI, p. 139, écrit en français.

MOUVEMENT DU PENDULE CONIQUE.

Prenons pour axe des z la verticale descendante du point de suspension, pour plan des xy le plan horizontal passant par le même point. Soient r la longueur du pendule, θ sa colatitude, ψ sa longitude : le théorème des forces vives donnera

$$(1)\qquad r^2\left(\frac{d\theta}{dt}\right)^2 + r^2\sin^2\theta\left(\frac{d\psi}{dt}\right)^2 = 2gr\cos\theta + a,$$

et celui des aires

$$(2)\qquad r^2\sin^2\theta\left(\frac{d\psi}{dt}\right) = c.$$

a et c sont deux constantes dont nous allons fixer la valeur. Soient $v_0^2 = 2gh_0$ la vitesse initiale du mobile, h sa hauteur initiale au-dessus du point le plus bas; en faisant $t = 0$ dans (1), nous aurons

$$v_0^2 = 2gr\cos\theta_0 + a,$$

ou

$$2gh_0 = 2gh + a;$$

d'où

$$(3)\qquad a = 2g(h_0 - h).$$

Désignons par μ l'angle que v_0 fait avec l'horizon. En faisant $t = 0$, $\theta = \theta_0$ dans (2), nous aurons

$$r^2\sin^2\theta_0\left(\frac{d\psi}{dt}\right)_0 = c;$$

mais $r\sin\theta_0\left(\frac{d\psi}{dt}\right)_0$ est égal à $v_0\cos\mu$ et $r\sin\theta_0$ est égal à $\sqrt{r^2 - h^2}$, on a donc

$$(4)\qquad c = \sqrt{r^2 - h^2}\,v_0\cos\mu = \sqrt{2gh_0(r^2 - h^2)}\cos\mu.$$

Maintenant, entre (1) et (2), éliminons $\frac{d\psi}{dt}$, nous aurons

$$\left(\frac{d\theta}{dt}\right)^2 = \frac{(2gr\cos\theta + a)\,r^2\sin^2\theta - c^2}{r\sin^2\theta}.$$

Si nous posons

$$(6)\qquad r\cos\theta = z,$$

nous aurons

$$(7) \qquad r^2\left(\frac{dz}{dt}\right)^2 = (2gz + a)(r^2 - z^2) - c^2$$

ou, en vertu de (3) et (4),

$$r^2\left(\frac{dz}{dt}\right)^2 = 2g[(z + h_0 - h)(r^2 - z^2) - h_0(r^2 - h^2)\cos^2\mu].$$

Si l'on substitue à z, dans le second membre, $-\infty$, $-r$, h, $+r$, on obtient des résultats ayant pour signes $+$, $-$, $+$, $-$; on peut donc poser

$$(8) \qquad r^2\left(\frac{dz}{dt}\right)^2 = -2g(z - \alpha)(z - \beta)(z - \gamma),$$

α, β, γ désignant des quantités réelles dont deux sont comprises entre $-r$ et $+r$, et dont la troisième est négative et moindre que $-r$.

On sait que, pour ramener l'équation (8) à celle qui définit la fonction elliptique, il faut poser $z = \alpha + pu^2$; posons donc

$$(6) \qquad z = \alpha + p\,\mathrm{sn}^2\omega t;$$

nous aurons, au lieu de (8), en écrivant s au lieu de $\mathrm{sn}\,\omega t$ et en désignant par k le module inconnu de $\mathrm{sn}\,\omega t$,

$$\begin{aligned} s^4(2r^2\omega^2pk^2 + gp^2) & \\ + s^2[(1 + k^2)\,2r^2\omega^2p + gp(2\alpha - \beta - \gamma)] & \\ + 2r^2\omega^2p + g(\alpha - \beta)(\alpha - \gamma) &= 0. \end{aligned}$$

Cette formule aura lieu, quel que soit s, si

$$\frac{2r^2}{g}\omega^2k^2 = -p,$$

$$\frac{2r^2}{g}(1 + k^2)\omega^2 = 2\alpha - \beta - \gamma,$$

$$\frac{2r^2}{g}\omega^2p = -(\alpha - \beta)(\alpha - \gamma).$$

En éliminant ω par division, on en tire

$$\frac{k^2}{1+k^2} = \frac{-p}{2\alpha-\beta-\gamma}, \quad \frac{k^2}{1} = \frac{p^2}{(\alpha-\beta)(\alpha-\gamma)};$$

d'où, égalant les valeurs de k^2,

$$-p = \frac{p^2+(\alpha-\beta)(\alpha-\gamma)}{2\alpha-\beta-\gamma}.$$

En résolvant par rapport à p, on trouve $-(\alpha-\beta)$ ou $-(\alpha-\gamma)$; alors $k^2 = \frac{\alpha-\beta}{\alpha-\gamma}$ ou $\frac{\alpha-\gamma}{\alpha-\beta}$. Pour que k soit réel, il faudra que $\alpha-\beta$ et $\alpha-\gamma$ soient de même signe, ce à quoi on arrivera en prenant pour α la racine positive la plus grande. Enfin, pour que k soit moindre que l'unité, on prendra $p=-(\alpha-\beta)$, $k^2 = \frac{\alpha-\beta}{\alpha-\gamma}$, et l'on supposera que γ soit la plus petite des racines; alors on aura

$$(10) \qquad \omega = \sqrt{\frac{g(\alpha-\gamma)}{2r^2}}, \quad k^2 = \frac{\alpha-\beta}{\alpha-\gamma};$$

la formule (9) donne alors

$$z = \alpha - (\alpha-\beta)\,\mathrm{sn}^2\,\omega t,$$

ou bien

$$z = \alpha\,\mathrm{cn}^2\,\omega t + \beta\,\mathrm{sn}^2\,\omega t,$$

ou, en vertu de (6),

$$(11) \qquad r\cos\theta = \alpha\,\mathrm{cn}^2\,\omega t + \beta\,\mathrm{sn}^2\,\omega t.$$

Maintenant, la formule (2) donne

$$\frac{d\psi}{dt} = \frac{c}{r^2\sin^2\theta},$$

et, en vertu de (11),

$$\begin{aligned} d\psi &= \frac{c\,dt}{r^2-(\alpha\,\mathrm{cn}^2\omega t+\beta\,\mathrm{sn}^2\omega t)^2} \\ &= \frac{c\,dt}{2r}\left(\frac{1}{r-\alpha\,\mathrm{cn}^2\omega t-\beta\,\mathrm{sn}^2\omega t}+\frac{1}{r+\alpha\,\mathrm{cn}^2\,\omega t+\beta\,\mathrm{sn}^2\omega t}\right) \end{aligned}$$

On a donc enfin

$$\frac{2r}{c}(\psi - \psi_0) = \frac{1}{r - \alpha}\int_0^t \frac{dt}{1 + \frac{\alpha - \beta}{r - \alpha}\operatorname{sn}^2\omega t}$$

$$+ \frac{1}{r + \alpha}\int_0^t \frac{dt}{1 - \frac{\alpha - \beta}{r + \alpha}\operatorname{sn}^2\omega t}.$$

Les deux intégrales qui figurent ici sont de seconde espèce; $\frac{2r}{c}(\psi - \psi_0)$ se composera donc d'un terme proportionnel à t et de termes périodiques de la forme

$$\frac{\Theta'(\omega t + \varepsilon)}{\Theta(\omega t + \varepsilon)}.$$

Si donc on imprimait au pendule un mouvement uniforme de rotation convenable, son mouvement relatif serait périodique.

FIN DE LA THÉORIE ÉLÉMENTAIRE DES FONCTIONS ELLIPTIQUES.

TABLE DES MATIÈRES

DE LA

THÉORIE ÉLÉMENTAIRE DES FONCTIONS ELLIPTIQUES.

Pages.

Notions préliminaires.. 468
Des intégrales prises entre des limites imaginaires........................ 470
Cas où le théorème de Cauchy est en défaut........................ 476
Calcul des résidus.. 478
Application à la recherche d'intégrales définies........................ 481
Quelques propriétés des fonctions........................ 485
Théorèmes de Cauchy et de Laurent........................ 489
Remarque concernant les fonctions périodiques........................ 491
Notions sur les fonctions algébriques........................ 493
Discussion de la fonction $\sqrt{x-a}$........................ 495
Discussion de la fonction $\sqrt{A(x-a)(x-b)\ldots(x-l)}$........ 497
Sur les premières transcendantes que l'on rencontre dans le Calcul intégral........................ 498
Des divers chemins que peut suivre la variable dans la recherche des intégrales des fonctions algébriques........................ 503
Des intégrales elliptiques........................ 506
Réduction à trois types........................ 510
Étude de l'intégrale de première espèce........................ 514
Sur les fonctions doublement périodiques........................ 523
Théorème de M. Hermite........................ 529
Remarques relatives aux produits infinis........................ 531
Sur les fonctions auxiliaires de Jacobi........................ 533
Des fonctions du premier ordre........................ 541
Des fonctions du second ordre........................ 542
Nouvelles définitions des fonctions Θ, H........................ 547
Relations différentielles entre les fonctions auxiliaires........................ 552
Relations entre $\operatorname{dn} x$, $\operatorname{cn} x$, $\operatorname{sn} x$........................ 557
Formules d'addition........................ 559
Sur les périodes élémentaires........................ 567
Décomposition en éléments simples........................ 572
De la fonction $Z(x)$........................ 575
Expression d'une fonction doublement périodique par les fonctions elliptiques........................ 579

Pages.

Application au problème de la multiplication.................... 581
Addition des fonctions de troisième espèce.................... 584
Développement des fonctions elliptiques en séries trigonométriques. 585
Sur le problème de la transformation.................... 588
Transformation du deuxième degré.................... 590
Méthode d'Abel.................... 591
Transformation de Landen.................... 594
Sur les applications des théories précédentes.................... 597
Résumé des principales formules elliptiques.................... 607
Comparaison des arcs d'ellipse et d'hyperbole.................... 610
Lignes de courbure de l'hyperboloïde.................... 614
Théorème de Poncelet.................... 615
Théorème de Fagnano.................... 618
Sur les arcs de lemniscate.................... 621
Aire de quelques courbes.................... 623
Quelques courbes dont l'équation dépend des fonctions elliptiques. 625
Mouvement de rotation autour d'un point.................... 635
Pendule conique.................... 642

APPENDICE AU TOME II.

EXERCICES SUR LE CALCUL INTÉGRAL.

QUESTIONS TIRÉES DU RECUEIL DE M. TISSERAND [1].

1. Prouver que l'intégrale $\int \frac{b-x}{b+x} \frac{dx}{\sqrt{x(x+a)(x+c)}}$ s'exprime à l'aide des fonctions logarithmiques ou circulaires lorsque $b^2 = ac$.

2. Trouver les courbes telles que le segment intercepté sur Ox par la tangente et la normale soit constant.

3. Trouver une courbe telle que les tangentes de ses diamètres aux points où ils rencontrent la courbe soient toutes parallèles à une direction donnée.

4. Ou bien aillent toutes passer par un point donné.

5. Trouver les courbes telles que le coefficient angulaire m de la tangente en un point quelconque et le coefficient angulaire m' de la tangente du diamètre au même point soient liés par la relation $mm' = \text{const}$.

6. Déterminer la fonction f de manière que les trajectoires obliques des courbes qui ont pour équation en coordonnées polaires $r = Cf(\theta)$ s'obtiennent en faisant tourner les courbes proposées d'un certain angle autour du pôle (C est un paramètre variable.)

7. Trajectoires orthogonales d'une cycloïde dont la base se meut parallèlement à elle-même, un de ses points décrivant une droite fixe.

8. Trouver les courbes égales à leurs développées.

9. Trouver les courbes telles que, ρ désignant le rayon de courbure, V l'angle de la tangente et du rayon vecteur, on ait $\rho = \frac{a}{\sin^m V}$.

---

(1) *Recueil complémentaire d'Exercices sur le Calcul infinitésimal*, par M. TISSERAND. Paris, Gauthier-Villars.

10. Trouver les courbes telles que $\rho = rf(V)$, ρ et V ayant la même signification que dans l'exercice précédent, et r désignant le rayon vecteur.

11. Trouver les courbes telles que $\rho = f(r)$; application aux cas de $f(r) = kr$, ou $\frac{r^3}{a^2}$, ou $\frac{a^2}{r}$.

12. On trace sur un cylindre de révolution une ligne dont la première courbure est constante : trouver ce que devient cette courbe quand on développe la surface du cylindre sur un plan.

13. Même question quand on trace sur le cylindre une courbe dont le plan osculateur fait un angle constant avec la surface.

14. Trouver les lignes de courbure de l'hélicoïde gauche à plan directeur.

15. Trouver les lignes de courbure de la surface qui a pour équation $e^{-z} = \cos x \cos y$.

16. Trouver les lignes géodosiques de l'hélicoïde gauche à plan directeur.

17. Trouver sur l'hyperboloïde à une nappe les courbes qui, en chacun de leurs points, sont tangentes à l'une des bissectrices des angles formés par les génératrices rectilignes qui passent en ce point.

18. Montrer que la famille des surfaces $\alpha = \frac{xy}{z}$ fait partie d'un système triple orthogonal, et trouver les deux autres familles du système.

19. Même question pour les surfaces $\alpha = xyz$.

20. Déterminer les fonctions φ et ψ de manière que la famille des surfaces représentées par l'équation $\alpha = \varphi(z)\,\psi\left(\frac{y}{x}\right)$ fasse partie d'un système triple orthogonal; les fonctions φ et ψ étant déterminées, trouver les deux autres familles du système.

QUESTIONS PROPOSÉES AUX EXAMENS DE LICENCE.

1. Calculer l'intégrale

$$\int_0^{2\pi} \frac{a^2\cos^2 x + b^2\sin^2 x}{g^2\cos^2 x + h^2\sin^2 x}\,dx.$$

2. Calculer l'intégrale

$$\int_0^{\pi}\int_0^{2\pi}(A^2\sin^2\theta\cos^2\psi+B^2\sin^2\theta\sin^2\psi+C^2\cos^2\theta)^{-\frac{3}{2}}\sin\theta\,d\theta\,d\psi;$$

on remarquera que c'est la mesure du volume d'un certain ellipsoïde.

3. Démontrer que l'on a

$$\int_{x_0}^{x}\int_{x_0}^{x}\cdots\int_{x_0}^{x}f(x)\,dx^n=\frac{1}{2.4\ldots 2n}\int_{x_0}^{x}(x^2-z^2)^n f(z)\,dz.$$

Intégrer les équations différentielles suivantes :

4. $$(y'^2-y)^2=y(y'^2+y)^2,$$

5. $$y'^3-\tfrac{3}{2}y'^2=(x-y)^2,$$

6. $$y'y'''(1+y'^2)=(3y'^2-1)y''^2,$$

7. $$x^2y''-2xy'+y=x^2+px+q,$$

8. $$(x^2+y^2)y''-yy'^2+xy'^3+xy'-y=0,$$

9. $$x^3y'''-3x^2y''+7xy'-8y=x^3-2x,$$

10. $$yy''+y'^2-4yy'+y^2=3e^{2x},$$

11. $$\frac{d^4y}{dx^4}-2\frac{d^2y}{dx^2}+y=Ae^x+Be^{-x}+C\cos x+D\sin x.$$

12. $$\frac{d^5y}{dx^5}+\frac{d^2y}{dx^2}=x.$$

13. $$\frac{d^3y}{dx^3}-3\frac{dy}{dx}+2y=(ax+b)e^x+ce^{-2x},$$

14. $$x^3y'''-9x^2y''+37xy'-64y=[a+bLx+c(Lx)^2]x^4.$$

15. Intégrer l'équation

$$ax^2y'^2+2xy(y-2a)y'-2y^2(y-2a)=0,$$

et chercher les solutions singulières.

16. Montrer que l'équation

$$(1-x^2)\frac{d^2y}{dx^2}-2x\frac{dy}{dx}+n(n+1)y=0,$$

où n est un nombre entier, peut être satisfaite par un polynôme, et déduire de là l'intégrale générale.

17. Même question pour l'équation

$$(x-x^2)\frac{d^2y}{dx^2}-[p+(1+\beta-n)x]\frac{dy}{dx}+n\beta y=0,$$

p étant entier et β fractionnaire.

18. Étant donnée l'équation

$$(2x+1)\frac{d^2y}{dx^2}+(4x-2)\frac{dy}{dx}-8y=(6x^2+x-3)e^x,$$

montrer que l'équation privée de second membre a une intégrale de la forme e^{rx}, r étant une constante qu'on déterminera, et intégrer ensuite l'équation complète.

Intégrer les systèmes suivants d'équations simultanées

19. $$\frac{dy}{dx}=\frac{z}{(z-y)^2},\qquad \frac{dz}{dx}=\frac{y}{(z-y)^2};$$

20. $$\begin{cases}\dfrac{dy}{dx}+yF'(x)-z\varphi'(x)=0,\\[2mm] \dfrac{dz}{dx}+zF'(x)+y\varphi'(x)=0;\end{cases}$$

21. $$\begin{cases}\dfrac{d^2x}{dt^2}+5x+y=\cos 2t,\\[2mm] \dfrac{d^2y}{dt^2}-x+3y=0,\end{cases}$$

22. $$\begin{cases}\dfrac{d^2y}{dx^2}-5\dfrac{dy}{dx}+\dfrac{dz}{dx}+13y+20z=e^x,\\[2mm] \dfrac{d^2z}{dx^2}+\dfrac{dy}{dx}+3\dfrac{dz}{dx}+2y+3z=e^{-x}.\end{cases}$$

23. Déterminer deux fonctions u et v des variables indépendantes x, y telles que l'on ait

$$du=(3u+12v)dx+(2u+12v)dy,$$
$$dv=(u+2v)dx+(u+v)dy.$$

24. Trouver les intégrales réelles du système d'équations

$$\frac{dz}{dt}-\frac{dy}{dt}=x,\quad \frac{dx}{dt}-\frac{dz}{dt}=y,\quad \frac{dx}{dt}-\frac{dy}{dt}=z.$$

25. Intégrer l'équation aux différentielles totales

$$(x-4z)dx+(y-5z)dy+(4z-4x-5y+1)dz=0;$$

trouver le lieu des centres de courbure des sections faites par un plan quelconque passant par l'origine dans les surfaces que représente l'intégrale générale [1].

---

[1] Nous supposerons partout les axes de coordonnées rectangulaires.

26. Éliminer α entre les deux équations

$$z + \varphi(\alpha) + 2(x^2 - \alpha)\varphi'(\alpha) = 0,$$
$$y^2 + 2[z + \varphi(\alpha)]\varphi'(\alpha) = 0;$$

intégrer ensuite l'équation aux dérivées partielles qu'on a obtenue, et particulariser son intégrale de manière qu'elle représente une surface passant par le cercle

$$z = 0, \quad x^2 + y^2 = m^2.$$

27. Former et intégrer l'équation aux dérivées partielles des surfaces engendrées par une droite qui rencontre constamment l'axe des z sous un angle déterminé.

28. Trouver la valeur de z qui se réduit à zéro pour $x = a$, et satisfait à l'équation

$$ax^4 \frac{dz}{dx} + (x^4 z + ax^3 y - ax^2 y^2)\frac{dz}{dy} = 2ax^2 yz - 2a^2 y^3.$$

29. Intégrer l'équation

$$\left(x - \frac{dz}{dy}\right)\left(y - \frac{dz}{dx}\right) = 1,$$

et disposer de la fonction qui figure dans l'intégrale générale de telle sorte que, pour $x = 1$, on ait $z = y$.

30. Intégrer l'équation aux dérivées partielles

$$\left(x^2 \frac{d^2 z}{dx^2} + 2xy \frac{d^2 z}{dx\,dy} + y^2 \frac{d^2 z}{dy^2}\right)(x^2 + y^2)$$
$$= \left(x \frac{dz}{dx} + y \frac{dz}{dy}\right)(x^2 + y^2) + \left(x \frac{dz}{dx} + y \frac{dz}{dy}\right)^3,$$

en substituant à x et y des coordonnées polaires : indiquer le mode de génération des surfaces représentées par l'intégrale générale.

31. Intégrale complète de l'équation des surfaces telles que le tétraèdre compris entre les plans coordonnés et un plan tangent quelconque ait un volume donné. Intégrale singulière : lignes de plus grande pente et ombilics de la surface représentée par cette intégrale.

32. Éliminer le paramètre a de l'équation

$$(2a - x)y^2 = x^3;$$

trajectoires orthogonales des courbes représentées par cette équation.

33. Trouver une courbe plane telle que sa courbure en un point quelconque soit dans un rapport constant avec la courbure que présente au point correspondant la transformée de la courbe cherchée par rayons vecteurs réciproques, le centre et le module d'inversion étant donnés.

34. Trajectoires orthogonales des courbes définies par l'équation

$$(x^2+y^2)^2 \pm c^2xy = 0.$$

35. Trajectoires orthogonales des courbes définies par l'équation

$$r^2 = a^2 l \frac{\tang\theta}{\tang\alpha},$$

α étant un paramètre variable. Chercher si l'aire comprise entre l'une des courbes proposées et les rayons vecteurs correspondant à $\theta = \alpha$ et à $\theta = \frac{\pi}{2}$ a une valeur finie.

36. Trouver et construire une courbe plane telle que le triangle ayant pour base l'ordonnée d'un point quelconque de la courbe et pour sommet le centre de courbure correspondant ait une aire constante.

37. Déterminer et construire une courbe plane telle que le triangle qui a pour côtés la tangente et la normale en un point de la courbe, ainsi que la perpendiculaire menée par le pôle au rayon vecteur du même point, présente une aire constante.

38. Trouver une courbe plane telle que, dans le quadrilatère formé par les axes coordonnés (toujours rectangulaires), la tangente et la normale en un point de la courbe, les diagonales se coupent sous un angle constant.

39. Trouver une courbe plane telle que la droite menée, dans une direction donnée, depuis le centre du cercle osculateur à la courbe en un point M jusqu'à la tangente en M ait une longueur constante.

40. Trouver une courbe plane telle que le centre du cercle osculateur en l'un de ses points M se projette sur le rayon vecteur OM en un point symétrique de M par rapport au pôle O.

41. Trouver une courbe plane telle que la distance p du pôle à la tangente en un de ses points M soit une fonction donnée du rayon vecteur r de ce point; cas où cette fonction est de la forme λr, ou $\frac{r^2}{a}$, ou $\sqrt{ar}$, ou $\frac{a^2}{r}$.

42. Lieu des centres de courbure principaux : 1° d'un ellipsoïde, aux divers points d'une de ses sections principales, 2° d'un

paraboloïde équilatère, aux divers points de l'une des génératrices qui passent au sommet.

43. Déterminer, sur un paraboloïde elliptique, le lieu des points où la normale fait un angle donné avec l'axe de la surface : aire de la partie du paraboloïde comprise à l'intérieur de ce lieu.

44. On considère l'enveloppe des plans donnés par l'équation

$$z = \alpha x + y F(\alpha) + R\sqrt{1 + \alpha^2 + [F(\alpha)]^2},$$

α étant un paramètre variable et F une fonction donnée, et l'on demande de prouver que les lignes de courbure de la surface sont les génératrices et des courbes situées sur des sphères concentriques.

45. Lignes asymptotiques de la surface $zx^2 = ay^2$.

46. Lignes asymptotiques de la surface engendrée par une parabole qui tourne autour de sa tangente au sommet, ou par une droite horizontale, animée d'un mouvement hélicoïdal par rapport à une droite verticale.

47. Montrer que les lignes asymptotiques de la surface engendrée par une droite qui glisse sur trois lignes directrices peuvent se déterminer à l'aide d'une simple quadrature quand l'une des directrices est rectiligne : si une seconde directrice est rectiligne, on sait effectuer la quadrature.

Trouver les trajectoires orthogonales :

48. Des génératrices d'une surface gauche de révolution;

49. Des paraboles tracées sur un paraboloïde donné et dans des plans parallèles;

50. Des cercles tracés sur une sphère et passant par deux points fixes de la sphère.

51. Lignes géodésiques d'un cône droit.

52. Trouver sur le cylindre $x^2 = z$ une courbe telle que la tangente en un quelconque de ses points M coupe le plan XOY au milieu de la droite qui joint les points de rencontre du plan osculateur en M avec OX et OY.

53. Étant donnée la parabole

$$z = 0, \quad y = x^2,$$

par un de ses points M on mène une droite MP parallèle à OZ et égale à l'aire comprise entre l'arc de parabole OM et sa corde : lieu du point P; courbure, torsion; montrer que le lieu est une hélice.

54. Former l'équation générale des surfaces orthogonales aux sphères qui touchent le plan XOY à l'origine; en déduire quelques systèmes triplement orthogonaux.

55. Surface de révolution telle que la somme des rayons de courbure principaux en chaque point soit constante : forme de la méridienne.

56. Conoïde droit tel que ses lignes asymptotiques autres que les génératrices se projettent sur le plan directeur suivant des lignes qui coupent les projections des génératrices sous un angle donné.

57. Surfaces telles que la portion de normale au point M comprise entre ce point et le plan OXY soit égale à OM; examiner le cas où la surface doit couper OXY suivant une spirale $r = ae^{m\theta}$.

58. Déterminer une surface passant par une droite donnée dans le plan OXY et telle que le triangle dont les sommets sont : 1° l'origine, 2° le point de rencontre de OXY avec la normale au point M de la surface, 3° la projection de M sur OXY, ait une aire constante.

59. Former l'équation aux dérivées partielles des surfaces telles qu'en chaque point du plan XOY les tangentes aux projections des deux lignes de courbure qui s'y coupent soient également inclinées sur OX; intégrer cette équation en supposant z de la forme $\varphi(x) + \psi(y)$; déterminer, dans ce cas, les lignes de courbure.

60. Surface telle que le produit de la distance de l'origine au plan tangent en M par la portion de normale en M comprise entre ce point et le plan des xy ait une valeur constante.

61. Étant données les surfaces représentées par les équations

$$\frac{y}{x} = \operatorname{tang}\frac{z}{a}, \qquad \sqrt{x^2+y^2} = \frac{a}{2}\left(e^{\frac{z}{a}} + e^{-\frac{z}{a}}\right),$$

montrer quelle correspondance il faut établir entre chaque point de la première surface et un point de la seconde pour que l'arc décrit par le premier point, quand il se déplace d'une manière quelconque, soit égal à l'arc décrit par le point correspondant : en deux points correspondants les rayons de courbure principaux ont même produit.

62. Déterminer les développées des courbes tracées sur un cône droit de manière à couper les génératrices sous un angle constant.

63. Calculer les intégrales suivantes :

$$\int_0^\infty \frac{\cos ax\,dx}{1+x^4},$$

$$\int_0^{2\pi} \cot\left(x-a-b\sqrt{-1}\right)dx,$$

$$\int_{-\infty}^{\infty}\left(x^2+2\beta x\sqrt{-1}-\beta^2-\alpha^2\right)^{-n},\ (n \text{ entier positif}).$$

64. Calculer l'intégrale

$$\int \frac{dz}{(z-1)^2(z^2+1)},$$

prise le long du cercle $x^2+y^2=2x+2y$.

65. Calculer l'intégrale

$$\int \frac{dz}{(1+z)\sqrt{z}},$$

prise le long du cercle dont l'équation est

$$(x+1)^2+y^2=4.$$

66. Soit ABC une circonférence ayant 2 pour rayon et l'origine O pour centre : calculer

$$\int \frac{dz}{\sqrt{z^2+z+1}},$$

le long du contour OABCAO : au point de départ on suppose le radical égal à $+1$.

67. Étant donnée la relation $z=u+e^u$, sur quelles lignes doivent rester les points A et B, affixes de z et de u, pour que la droite AB ait une longueur constante m? Trajectoires orthogonales de ces lignes quand m varie. Dans quelle région doit rester A pour que la valeur de u qui s'annule pour $z=1$ soit développable suivant les puissances entières de $z-1$?

FIN DU SECOND VOLUME.

PARIS. — IMPRIMERIE GAUTHIER-VILLARS,
29942 Quai des Grands-Augustins, 55.

www.ingramcontent.com/pod-product-compliance
Lightning Source LLC
LaVergne TN
LVHW010115230826
846091LV00001BA/54

* 9 7 8 2 0 1 3 0 6 4 0 0 2 *